ŒUVRES

DE

CHARLES HERMITE

PUBLIÉES

SOUS LES AUSPICES DE L'ACADÉMIE DES SCIENCES

Par ÉMILE PICARD,

MEMBRE DE L'INSTITUT.

TOME I.

PARIS,

GAUTHIER-VILLARS, IMPRIMEUR-LIBRAIRE

DU BUREAU DES LONGITUDES, DE L'ÉCOLE POLYTECHNIQUE,

Quai des Grands-Augustins, 55.

1905

ŒUVRES

DE

CHARLES HERMITE.

30776 — PARIS, IMPRIMERIE GAUTHIER-VILLARS,
55, Quai des Grands-Augustins.

ŒUVRES

DE

CHARLES HERMITE

PUBLIÉES

SOUS LES AUSPICES DE L'ACADÉMIE DES SCIENCES

Par ÉMILE PICARD,

MEMBRE DE L'INSTITUT.

TOME I.

PARIS,

GAUTHIER-VILLARS, IMPRIMEUR-LIBRAIRE

DU BUREAU DES LONGITUDES, DE L'ÉCOLE POLYTECHNIQUE,

Quai des Grands-Augustins, 55.

1905

AVERTISSEMENT.

En faisant paraître le premier Volume des *Œuvres de Charles Hermite*, je tiens à dire combien j'ai été aidé dans cette publication par un géomètre distingué, Xavier Stouff, professeur à la Faculté des Sciences de Besançon, enlevé il y a deux ans par une mort prématurée. Dans plusieurs Mémoires d'Hermite publiés à l'étranger, des fautes d'impression s'étaient glissées, et, pour les corriger, il a été parfois nécessaire de reprendre de longs calculs. Cette revision du texte a été l'occasion de remarques, dont il m'a paru utile d'indiquer quelques-unes sous la forme de notes très brèves.

La Préface qui suit est la Leçon que j'ai faite à la Sorbonne sur l'Œuvre scientifique de Charles Hermite quelques semaines après sa mort. Le portrait, inséré dans ce Volume, est la reproduction d'un dessin au crayon représentant Hermite à l'âge d'environ vingt-cinq ans.

Émile PICARD.

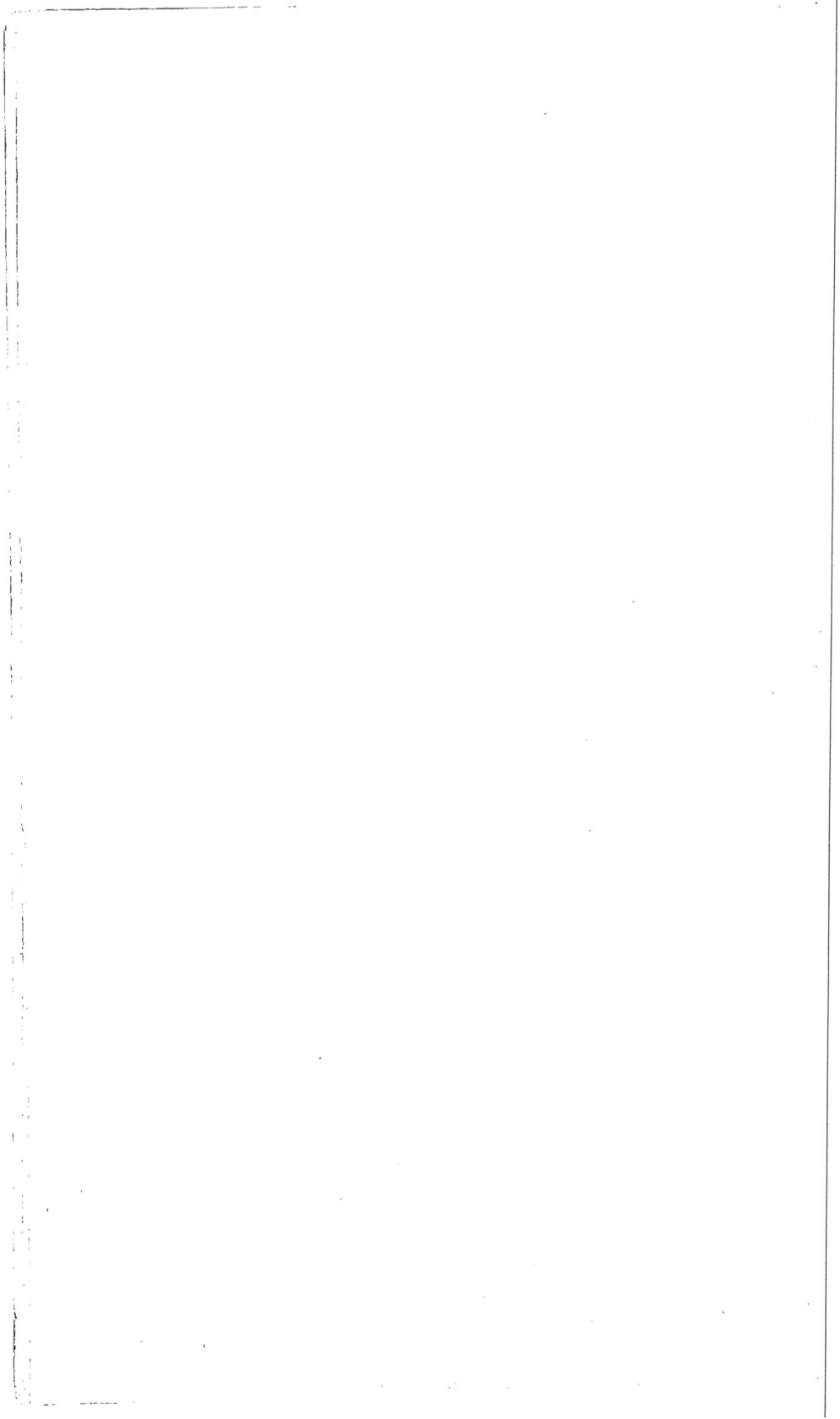

PRÉFACE.

Vous savez, Messieurs, la perte immense qu'a faite la Science française le 14 janvier dernier. La mort de M. Hermite touche particulièrement l'Université de Paris, où l'illustre géomètre a occupé de 1869 à 1897 la chaire d'Analyse supérieure. Il n'a pas voulu qu'on prît la parole sur sa tombe; nous n'avons donc pas pu entendre les voix autorisées qui auraient dit ce que lui doivent la Science et l'Enseignement. Cette grande vie scientifique demandera des études approfondies, qui se préparent certainement de différents côtés. A défaut d'une telle étude, qu'il me soit permis aujourd'hui, en reprenant cette année mon cours dans cette chaire qui fut celle de M. Hermite, de jeter un coup d'œil sur son œuvre.

I.

Charles Hermite naquit à Dieuze, en Lorraine, le 24 décembre 1822; il fit ses études au collège de Nancy, et les termina à Paris au collège Henri IV et au collège Louis-le-Grand. Il eut à Louis-le-Grand comme professeur de Mathématiques spéciales un maître distingué, M. Richard, qui, quinze ans auparavant, avait été le professeur d'Évariste Galois. Tout en suivant les cours du collège, le jeune Hermite allait lire à la bibliothèque Sainte-Geneviève le *Traité de la résolution des équations numériques* de Lagrange, et il achetait avec ses économies la traduction française des *Recherches arithmétiques* de Gauss : « C'est surtout dans ces deux livres, aimait-il plus tard à répéter, que j'ai appris l'Algèbre. » L'excellent M. Richard s'alarmait un peu de voir son élève si loin des programmes d'examen, mais il n'en disait pas moins un jour au père d'Hermite, qui ne se rendait peut-être pas très bien compte de la valeur du compliment : « C'est un petit Lagrange. » Le premier volume des *Nouvelles Annales de Mathématiques*, fondées en 1842, renferme deux Notes signées de Charles Hermite, élève du collège Louis-le-Grand. L'une n'est qu'un exercice, mais, dans la seconde, on reconnaît un lecteur assidu de Lagrange qui a déjà beaucoup réfléchi sur la théorie des équations. L'objet de ce travail est de démontrer l'impossibilité de la résolution algébrique des équations du cinquième degré; la démonstration très simple qu'on y trouve pourrait, avec de légères additions, devenir classique. Hermite entre à l'École Polytechnique à la fin de 1842; les exercices de l'École ne l'empêchent pas de poursuivre ses méditations mathématiques, et, dès le mois de janvier 1843, il écrit à Jacobi, sur le conseil de Liouville, pour lui faire part de ses recherches sur les fonctions abéliennes. Le grand géomètre allemand avait, par une merveilleuse divination, montré quelques années auparavant comment on devait généraliser le problème de l'inversion de l'intégrale elliptique. Mais les propriétés essentielles des nouvelles transcendantes étaient si peu connues, qu'un géomètre, doué cependant d'une rare pénétration, se méprenait encore en 1844 sur leur nature, faute d'avoir saisi le principe fondamental relatif à la coexistence des périodes; les travaux de Göpel et de Rosenhain ne devaient venir que quelques années plus tard. Hermite étend aux fonctions abéliennes le théorème donné par Abel pour la division de l'argument dans les fonctions elliptiques; il montre que les équations correspondantes sont résolubles par radicaux, et il traite de l'abaissement de l'équation relative à la division des fonctions complètes. L'année suivante, en août 1844, Hermite envoie à Jacobi une seconde Lettre où il étudie le problème de la transformation des fonctions elliptiques. Son but est d'abord de retrouver les résultats énoncés par Jacobi sur cette question capitale, mais on trouve, en réalité, dans ce Mémoire, tous les principes de la théorie des fonctions Θ de différents ordres, fonctions quelquefois désignées sous le nom de *fonctions intermédiaires* et si importantes pour la théorie générale des fonctions doublement périodiques. Ces deux Lettres intéressèrent vivement Jacobi, qui fit au jeune mathématicien français l'honneur de les insérer dans l'édition complète de ses *Œuvres*. On a souvent cité les dernières phrases de la réponse de Jacobi, qui possédait de son côté plusieurs des résultats indiqués par son correspondant. « Ne soyez pas fâché, Monsieur, si quelques-unes de vos découvertes se sont rencontrées avec mes anciennes recherches. Comme vous dûtes commencer par où je finis, il y a nécessairement une petite sphère de contact. Dans la suite, si vous m'honorez de vos Communications, je n'aurai qu'à apprendre. » Une autre phrase, celle-là d'un intérêt purement mathématique, mérite encore d'être retenue : « En cherchant, disait Jacobi, à tirer la transformation directe des propriétés des fonctions Θ, sans faire usage de leurs décompositions en facteurs infinis, vous avez pensé savamment aux cas, plus généraux, où probablement on doit se résigner à l'impossibilité d'une décomposition en facteurs. » Cette remarque devait fructifier dans l'esprit d'Hermite ; nous la retrouverons plus tard dans son Mémoire célèbre sur la transformation des fonctions abéliennes.

C'est principalement de théorie des nombres que s'occupe Hermite dans les années suivantes. Il y est conduit d'abord par le théorème purement arithmétique de Jacobi sur l'impossibilité d'une fonction d'une variable à trois périodes, et peu à peu la lecture assidue des *Recherches arithmétiques* de Gauss l'amène à des problèmes de plus en plus étendus. La théorie des formes et les irrationnelles algébriques font alors l'objet des méditations profondes d'Hermite qui, continuant sa correspondance avec Jacobi, lui envoie quatre Lettres sur la théorie des nombres. Rien ne montre mieux que ces Lettres le génie d'Hermite ; la puissance d'invention sur des sujets aussi nouveaux et aussi difficiles y est prodigieuse. Les idées s'y pressent abondantes et touffues ; elles seront développées et précisées dans des Mémoires ultérieurs, et il en est plus d'une dont la fécondité n'est pas aujourd'hui épuisée. C'est dans la théorie des formes quadratiques à un nombre quelconque de variables que se trouvent les principes des méthodes employées : il est d'abord établi que, étant donnée une forme quadratique à n variables et à coefficients réels quelconques, le minimum de la forme pour des valeurs entières qui ne sont pas toutes nulles est inférieur à $\rho_n \sqrt[n]{D}$, en désignant par D la valeur absolue du déterminant, et par ρ_n une quantité numérique dépendant seulement de n. Hermite a donné pour ce nombre $\left(\frac{3}{4}\right)^{-\frac{n-1}{2}}$; on a depuis obtenu pour ρ_n une valeur inférieure, mais le point essentiel est, pour un nombre donné de variables, la limitation du minimum à l'aide du déterminant seul de la forme, quoique dans certaines questions il puisse être avantageux d'avoir la moindre valeur possible. Ce résultat obtenu, une considération extrêmement originale permet, en premier lieu, à Hermite de l'appliquer à la généralisation de la théorie des fractions continues, en cherchant l'approximation simultanée de plusieurs quantités au moyen de fractions ayant même dénominateur m; l'erreur dans cette représentation approchée de n quantités est de l'ordre $\frac{1}{m\sqrt[n]{m}}$. C'est un point sur lequel il convient d'insister, non pas seulement à cause de l'intérêt du résultat, mais parce que nous avons là le premier et mémorable exemple de cette introduction des variables continues dans la théorie des nombres, que nous allons bientôt retrouver dans des problèmes plus vastes.

Dans le cas d'une seule grandeur A, le résultat est bien simple, mais met remarquablement en évidence le rôle de la variable continue; Hermite considère la forme quadratique linéaire

$$(x - Ay)^2 + \frac{y^2}{\Delta^2},$$

Δ étant une quantité positive quelconque; du théorème précédent on conclut de suite que l'on peut trouver deux entiers m et n, tels que

$$|m - An| < \frac{1}{n\sqrt{3}},$$

résultat plus précis, d'ailleurs, que celui donné par la théorie des fractions continues, à cause du facteur $\sqrt{3}$. Quand Δ croît d'une manière continue, les mêmes entiers m et n peuvent d'abord être conservés pour satisfaire aux conditions voulues;

mais, au passage de Δ par une certaine valeur, il faut brusquement prendre deux nouveaux nombres m' et n', et l'on a la relation

$$mn' - m'n = \pm 1.$$

La théorie élémentaire des fractions continues se présente ainsi sous un jour essentiellement nouveau et se trouve susceptible d'être généralisée, en même temps que la continuité avec la variable Δ se trouve introduite dans une question arithmétique.

Dans le cas de n quantités données $A_1, A_2, \ldots, A_n$, il faudra envisager la forme quadratique à $n+1$ variables x_0, $x_1, \ldots, x_n$

$$(x_1 - A_1 x_0)^2 + (x_2 - A_2 x_0)^2 + \ldots + (x_n - A_n x_0)^2 + \frac{x_0^2}{\Delta^2},$$

où Δ est une quantité positive quelconque. En appliquant à cette forme le résultat énoncé sur le minimum d'une forme quadratique, on arrive de suite à la représentation approchée des quantités A, l'approximation étant liée à la quantité Δ qu'on peut prendre aussi grande que l'on veut. Le théorème de Jacobi sur l'impossibilité d'une fonction à trois périodes peut être aussi établi par des considérations analogues, et Hermite fut ainsi conduit à la démonstration de l'impossibilité pour une fonction de n variables complexes d'avoir plus de $2n$ systèmes de périodes simultanées, théorème que Riemann devait retrouver ultérieurement. Citons encore ici, quoiqu'elle ait été donnée beaucoup plus tard par Hermite, la démonstration d'un résultat d'abord établi par Tchebycheff et susceptible de généralisations très étendues : étant données deux constantes quelconques a et b, on peut trouver deux entiers x et y, tels que

$$|x - ay - b| < \frac{1}{2y}.$$

La méthode d'Hermite lui permet même de remplacer le facteur $\frac{1}{2}$ par le facteur plus petit $\sqrt{\frac{2}{27}}$.

L'*introduction de variables continues* dans certaines formes quadratiques a été l'idée fondamentale qui a dominé la longue suite des travaux arithmétiques d'Hermite. Je ne puis songer à entrer dans le détail de ces profondes recherches; arrêtons-nous seulement sur les points de vue nouveaux, qui ont été si féconds dans l'étude des formes quadratiques à un nombre quelconque de variables, des irrationnelles algébriques et des formes décomposables en facteurs linéaires. On sait que Gauss, dans ses recherches arithmétiques, a élevé un monument à la théorie arithmétique des formes quadratiques à deux variables dont l'étude avait été commencée par Lagrange et Legendre, et a posé les bases de la théorie des formes quadratiques ternaires. Le problème de la réduction des formes quadratiques est d'une importance capitale; la difficulté n'est pas la même suivant qu'il s'agit de formes définies ou indéfinies. Hermite, traitant d'abord le cas plus simple des formes quadratiques définies à un nombre quelconque de variables et dont les coefficients sont des quantités réelles quelconques, donne différents procédés de réduction, d'où se déduit immédiatement que, pour les formes définies à coefficients entiers et de déterminant donné, il n'y a qu'un nombre limité de classes. L'étude des formes indéfinies à coefficients entiers présente des difficultés beaucoup plus considérables, qui tiennent en grande partie à ce qu'il y a une infinité de substitutions semblables, comme les appelle Hermite, c'est-à-dire de substitutions à coefficients entiers transformant la forme en elle-même. Les points essentiels de la théorie des formes indéfinies sont rattachés, d'une manière vraiment géniale, à la considération d'une forme définie associée dépendant d'un certain nombre de paramètres arbitraires, et ici nous voyons apparaître les variables continues dans un problème arithmétique extrêmement difficile. Les substitutions à coefficients entiers, permettant de *réduire successivement* cette forme définie, quand, par une variation continue des paramètres, elle cesse d'être réduite, conduisent aux substitutions semblables, et l'on peut démontrer qu'il existe un nombre fini de substitutions à l'aide desquelles on obtient toutes les substitutions transformant la forme en elle-même. Il résulte aussi de cette admirable analyse que, pour les formes indéfinies à coefficients entiers comme pour les formes définies, il n'y a qu'un nombre limité de classes pour un déterminant donné; on en déduit la solution du problème de l'équivalence de deux formes.

Les principes précédents s'appliquent aussi aux formes à coefficients entiers de degré quelconque décomposables en facteurs linéaires; leur théorie est même à bien des égards beaucoup plus simple que celle des formes quadratiques. Les substitutions semblables sont ici deux à deux permutables, et elles peuvent toutes s'exprimer par un produit de puissances de certaines substitutions, dont le nombre s'obtient d'une manière très remarquable : Si a désigne le nombre des facteurs réels dans la forme, et b le nombre des couples de facteurs imaginaires conjugués, il y a $a + b$ substitutions semblables fondamentales. La démonstration de ce beau théorème, énoncé seulement par Hermite au commencement d'un de ses Mémoires, n'a jamais, je crois, été développée. A l'égard des formes quadratiques indéfinies, on ne connaît aujourd'hui encore aucune proposition analogue relative au nombre des substitutions fondamentales, qui ne sont pas, en général, per mutables; ce serait là un difficile, mais bien intéressant sujet de recherches.

Les formes quadratiques binaires indéfinies appartiennent en même temps aux deux types précédents; l'application à ce cas très particulier des principes généraux pourra donner une idée des méthodes d'Hermite. Soit une forme indéfinie f à coefficients entiers que nous mettons sous la forme

$$f = a(x + \alpha y)(x + \beta y).$$

La forme définie associée est alors

$$\varphi = (x + \alpha y)^2 + \Delta(x + \beta y)^2 \qquad (\Delta > 0),$$

et l'on doit en faire la *réduction continuelle* en donnant à Δ toutes les valeurs positives. Pour la variation de Δ dans un intervalle convenable ne comprenant pas l'origine, on obtient un certain nombre de réduites de la forme proposée, qui se reproduisent ensuite périodiquement quand Δ va vers l'infini ou vers zéro. On retrouve ainsi, comme chez Gauss, une sorte de périodicité, mais sous un point de vue bien différent et susceptible des généralisations les plus étendues.

Nous n'avons parlé jusqu'ici que des formes à variables réelles. Hermite a introduit dans la Science la notion de formes à indéterminées conjuguées, qui a ouvert à l'Arithmétique et à l'Algèbre un champ extrêmement vaste. Ces formes se partagent encore en formes définies et formes indéfinies; laissant de côté ces dernières, Hermite fait une théorie complète de la réduction des formes définies à indéterminées conjuguées. Les conséquences qu'il en tire sont très nombreuses. Il en est d'une rare élégance. Telles sont les recherches concernant l'approximation des quantités complexes par des fractions dont les éléments sont des entiers complexes de Gauss; la méthode d'Hermite lui donne des résultats plus précis que ceux de Dirichlet, et surtout elle lui permet de trouver les rapports existant entre deux approximations consécutives, ce qui est indispensable pour mettre dans toute son évidence l'analogie entre les nombres réels et les nombres complexes. Citons encore la démonstration des théorèmes de Jacobi sur le nombre des représentations d'un nombre par une somme de quatre carrés.

Des applications d'un caractère plus général concernent les formes à coefficients entiers complexes et à variables complexes de degré quelconque décomposables en facteurs linéaires; en supposant qu'une telle forme φ est irréductible, c'est-à-dire que l'équation $\varphi = 0$ n'admet d'autres solutions entières que les valeurs nulles des variables, Hermite démontre qu'elles ne forment qu'un nombre limité de classes pour un déterminant donné. De ce théorème il déduit une des plus admirables propositions de la science des nombres, à savoir que : les racines de toutes les équations à coefficients entiers complexes d'un degré donné, et pour lesquelles le discriminant a la même valeur, ne représentent qu'un nombre essentiellement limité d'irrationnelles distinctes. Nous pouvons, en deux mots, esquisser la démonstration; à l'équation proposée de degré n, à coefficients entiers,

$$\mathrm{P}y^n + \mathrm{Q}y^{n-1} + \ldots + \mathrm{R}y + \mathrm{S} = 0,$$

et dont nous désignerons les racines par $a, b, \ldots, l$, on fait correspondre la forme φ à n variables $x, y, z, \ldots, u$,

$$\begin{aligned}\varphi = \mathrm{P}^{n-1}&(x + ay + a^2 z + \ldots + a^{n-1}u)\\ &\times (x + by + b^2 z + \ldots + b^{n-1}u)\ldots(x + ly + l^2 z + \ldots + l^{n-1}u),\end{aligned}$$

dont le déterminant ne dépend que du discriminant de l'équation. Les formes φ appartenant à un nombre limité de classes, il en résulte de suite que le nombre des irrationnelles distinctes est limité.

Au début de sa carrière, les fonctions elliptiques et abéliennes avaient appelé l'attention d'Hermite sur certaines irrationnelles algébriques. Depuis cette époque, les nombres algébriques avaient toujours été l'objet de ses méditations. C'est, sans doute, à leur occasion qu'il entreprit la longue suite de ses recherches arithmétiques. « Permettez-moi, disait-il dans une de ses Lettres à Jacobi, de revenir sur les circonstances remarquables auxquelles donne lieu la réduction des formes dont les coefficients dépendent des racines d'équations algébriques à coefficients entiers. Peut-être parviendra-t-on à déduire de là un système complet de caractères pour chaque espèce de ce genre de quantités, analogue, par exemple, à ceux que donne la théorie des fractions continues pour les racines des équations du second degré », et, plus loin, il ajoute : « Quelle tâche immense pour la théorie des nombres de pénétrer dans la nature d'une telle multiplicité d'êtres, en les classant en groupes irréductibles entre eux, de les constituer tous individuellement par des définitions caractéristiques et élémentaires. » On le voit à plusieurs reprises revenir sur ce programme. La question capitale de la recherche des unités complexes dans un corps algébrique est liée par lui à la réduction de certaines formes quadratiques; dès 1845, il passe bien près du théorème célèbre de Dirichlet donnant le nombre exact des unités complexes indépendantes. Mais il s'attache surtout à trouver pour les irrationnelles algébriques un algorithme mettant en évidence les propriétés de ces irrationnelles. Pour les irrationnelles du troisième degré en particulier, le résultat est remarquablement simple : on est conduit à un algorithme périodique entièrement analogue à celui des fractions continues dans leur application aux irrationnelles du second degré. Ainsi, en envisageant une équation du troisième degré à coefficients entiers ayant une racine réelle α et deux racines imaginaires β et γ, on est conduit, d'après ce point de vue, à réduire pour toutes les valeurs positives de la quantité Δ la forme ternaire

$$(x+\alpha y+\alpha^2 z)^2+\Delta(x+\beta y+\beta^2 z)(x+\gamma y+\gamma^2 z),$$

et dans cette réduction continuelle se manifeste une périodicité caractéristique des irrationnelles du troisième degré. Il serait intéressant de comparer les vues générales d'Hermite sur les irrationnelles avec les résultats donnés récemment par M. Minkowski où la considération de certaines chaînes de substitutions permet de donner des critériums nécessaires et suffisants pour qu'un nombre soit algébrique.

II.

La théorie arithmétique des formes binaires rentre évidemment dans le même ordre d'idées que celle des irrationnelles algébriques. Hermite lui a consacré plusieurs Mémoires et a étudié particulièrement le cas des formes de degré impair et le cas des formes quadratiques. Mais, tandis que pour les formes quadratiques les préliminaires algébriques de la théorie arithmétique des formes sont immédiats, il n'en est plus de même quand on s'élève aux formes de degré quelconque ; la partie algébrique de la théorie prend alors un développement inattendu et présente un intérêt considérable. C'est ce qui amena Hermite à s'occuper de divers problèmes d'Algèbre et particulièrement de la théorie des formes binaires où il allait obtenir de magnifiques résultats en même temps que ses émules Cayley et Sylvester.

Les théorèmes de Sturm et de Cauchy sur le nombre des racines des équations satisfaisant à certaines conditions avaient vivement frappé les géomètres. Sur ce sujet on doit à Hermite quelques résultats qui resteront classiques. En partant de la remarque relative à la décomposition des formes quadratiques en somme de carrés, que Sylvester, qui l'a trouvée en même temps, nomme la *loi d'inertie* et que Jacobi avait aussi rencontrée, Hermite considère d'abord une équation à coefficients réels, et construit une forme quadratique associée à l'équation renfermant une arbitraire réelle t. Quand cette forme est réduite à une somme de carrés, le nombre des carrés négatifs est égal au nombre des couples de racines imaginaires de l'équation augmenté du nombre des racines réelles inférieures à t. Un cas particulier dont la démonstration est immédiate se formule ainsi : dans la forme quadratique à n variables

$$\Sigma(x_0 + \alpha x_1 + \ldots + \alpha^{n-1} x_{n-1})^2,$$

où la somme est étendue aux n racines α de l'équation, le nombre des carrés négatifs est égal au nombre des couples de racines imaginaires. Poussant la question plus loin, Hermite considère une équation à coefficients complexes; il associe alors à l'équation une forme quadratique à indéterminées conjuguées, et, quand celle-ci, par une transformation élémentaire, a été débarrassée de ses termes rectangles, le nombre des coefficients positifs est égal au nombre des racines dont le coefficient de $\sqrt{-1}$ est positif. Le théorème de

Sturm, le théorème de Cauchy relatif au nombre des racines d'une équation contenue dans un contour et donnant par un calcul algébrique ce nombre de racines quand le contour est formé d'une courbe unicursale, se déduisent des résultats précédents, et sont ainsi établis, comme le remarque Hermite, sans faire intervenir aucune considération de continuité.

Les travaux d'Hermite relatifs à la théorie algébrique des formes binaires sont d'une rare perfection; la simplicité des méthodes et l'élégance des résultats en font de véritables œuvres d'art. La théorie des invariants devait son origine à un Mémoire de Boole, mais le vrai fondateur en fut Cayley qui sut créer toute une nouvelle branche de l'Algèbre. Sylvester vint ensuite et apporta un grand nombre de résultats nouveaux, parmi lesquels la découverte des premiers covariants. L'idée des invariants n'était pas neuve pour Hermite; une notion générale sur les invariants s'était offerte jadis à lui, amenée par une considération purement arithmétique. Il entre dans la lice, et Sylvester pouvait dire plus tard : « Nous formions alors, Cayley, Hermite et moi, une trinité invariantive. » Un calcul symbolique extrêmement ingénieux permet à Hermite de montrer qu'à tout covariant d'une forme de degré m, et qui par rapport aux coefficients de cette forme est du degré p, correspond un covariant du degré m par rapport aux coefficients d'une forme de degré p. Les deux covariants sont d'ailleurs du même degré par rapport aux indéterminées : c'est la célèbre loi de réciprocité d'Hermite. Ses applications sont innombrables. Pour citer un exemple relatif aux invariants, la forme quadratique ayant comme invariant de degré 2μ la puissance μ de son discriminant, il résulte de la loi de réciprocité que toutes les formes de degré pair ont un invariant du second degré. La loi est surtout intéressante pour les covariants. Hermite démontre que toutes les formes binaires, sauf les formes biquadratiques, ont un covariant quadratique. L'importance de ces covariants quadratiques est capitale; on en déduit la notion de substitution canonique, celle-ci étant une substitution ramenant le covariant quadratique à la forme xy. Au moyen de cette substitution, des invariants et des covariants d'une forme, qu'il eût été presque impossible d'obtenir jamais en fonction explicite des coefficients de cette forme, prennent une forme simple. Grâce à cette théorie, Hermite découvre l'invariant du dix-huitième degré des formes du cinquième degré; c'était le premier exemple d'un invariant gauche, c'est-à-dire se reproduisant multiplié par une puissance impaire du déterminant de la substitution. Nous devons noter particulièrement la découverte des covariants linéaires pour les formes de degré impair à partir du cinquième degré; elle a conduit Hermite, au moyen d'un changement de variables effectué à l'aide de deux covariants linéaires, aux formes-types dont les coefficients sont tous des invariants de la forme initiale. Une application extrêmement intéressante de ces théorèmes généraux concerne les formes du cinquième degré. Ces formes possèdent quatre invariants fondamentaux, en fonctions entières desquels s'expriment tous les autres invariants; les trois premiers avaient été découverts par Sylvester, et le quatrième est l'invariant gauche dont j'ai parlé plus haut. Les coefficients de la forme-type du cinquième degré s'expriment rationnellement à l'aide de ces invariants; Hermite en déduit qu'on peut amener toute équation du cinquième degré à ne dépendre que de deux paramètres qui sont des invariants absolus, et la discussion complète de la nature, réelle ou imaginaire, des racines de l'équation générale du cinquième degré se fait de la manière la plus élégante.

La lecture de ces beaux Mémoires laisse une impression de simplicité et de force; aucun mathématicien du XIXe siècle n'eut, plus qu'Hermite, le secret de ces transformations algébriques profondes et cachées qui, une fois trouvées, paraissent d'ailleurs si simples. C'est à un tel art du calcul algébrique que pensait sans doute Lagrange, quand il disait à Lavoisier que la Chimie deviendrait un jour facile comme l'Algèbre.

Nous avons dit que l'objet primitif d'Hermite dans ses Études sur les formes binaires avait été arithmétique. Il voulait en particulier approfondir cette proposition, que les formes à coefficients entiers et en nombre infini, qui ont les mêmes invariants, ne forment qu'un nombre limité de classes distinctes. Il a développé surtout ses recherches pour les formes cubiques et les formes biquadratiques, mais il a indiqué sur les formes de degré impair quelconque un théorème bien inattendu, qui se déduit de la considération des formes-types : toutes les formes binaires de degré impair (à partir du cinquième) à coefficients entiers ne forment qu'un seul genre, au sens d'Eisenstein, c'est-à-dire sont transformables les unes dans les autres par des substitutions linéaires de déterminant *un* à coefficients entiers ou fractionnaires. Que de problèmes restent ouverts dans cette vaste théorie des formes! quelles seront les transcendantes numériques permettant d'exprimer le nombre des classes en fonctions des invariants? c'est le secret de l'avenir.

Détourné par de nouvelles études, Hermite ne devait plus revenir qu'incidemment sur ses premières recherches arithmétiques; je l'ai entendu plusieurs fois regretter de ne pas avoir approfondi davantage certaines parties des Mémoires dont je viens d'essayer de donner une idée. Gauss eut sans doute de tels regrets en relisant vers la fin de sa vie ses *Disquisitiones arithmeticæ*. Une grande œuvre scientifique n'est jamais achevée. Les méthodes générales introduites par Hermite ont ouvert à la théorie des nombres des horizons entièrement nouveaux qui ne sont pas encore complètement explorés. Tous ceux qui, depuis lui, se sont occupés de la théorie des formes ont profondément subi son influence; il suffira de citer le beau Mémoire de Camille Jordan sur l'équivalence des formes, et de rappeler que le merveilleux principe de la réduction continuelle s'adapte même à des recherches toutes modernes sur la théorie de certaines fonctions uniformes.

Hermite, dans la première partie de sa carrière, que je viens de retracer, c'est-à-dire jusque vers 1855, fut en relations suivies, d'abord avec Jacobi et ensuite avec Dirichlet, qui était peut-être à cette époque le plus apte à le comprendre: il avait, à ses débuts, trouvé auprès de ces grands géomètres le meilleur accueil et en avait gardé un fidèle souvenir. Il écrivait encore quelques semaines avant sa mort qu'il avait toujours été et qu'il serait jusqu'à son dernier jour un disciple de Gauss, de Jacobi et de Dirichlet. Les affinités entre esprits de premier ordre sont toujours intéressantes et utiles à suivre; le témoignage d'Hermite à ce sujet est précieux, et l'étude de la plus grande partie de son œuvre le confirme bien. Cauchy, qu'il a cependant beaucoup connu, n'a pas exercé sur lui, au moins à ses débuts, la même influence scientifique.

III.

La théorie des fonctions abéliennes n'avait jamais cessé de préoccuper Hermite depuis l'époque où il était élève à l'École Polytechnique. Il voulut étendre à ces fonctions le problème de la transformation qu'avaient traité avec tant d'éclat Abel et Jacobi dans le cas des fonctions elliptiques; son Mémoire de 1855 sur la transformation des fonctions abéliennes est une de ses plus belles œuvres. Étant données les deux équations différentielles qui, pour un radical portant sur un polynome d'ailleurs arbitraire du cinquième ou du sixième degré, définissent les fonctions abéliennes, Hermite considère simultanément les quinze fonctions uniformes quadruplement périodiques introduites par Göpel et Rosenhain, et qui sont les analogues de $\operatorname{sn} x$, $\operatorname{cn} x$ et $\operatorname{dn} x$. Le problème de la transformation est alors ainsi posé : Pour un polynome donné, déterminer un nouveau polynome tel qu'en formant deux combinaisons linéaires convenables des équations différentielles relatives à ce polynome, les quinze fonctions abéliennes correspondantes s'expriment rationnellement à l'aide des quinze premières. Pour la solution de ce problème algébrique, Hermite se place au point de vue transcendant, et cherche d'abord à étendre aux fonctions Θ de deux variables l'analyse indiquée jadis dans sa seconde lettre à Jacobi pour les fonctions Θ d'une variable. Mais des difficultés d'une nature arithmétique, que n'avait pas connues la théorie des fonctions elliptiques, se présentent dans le nouveau problème. Les périodes des anciennes fonctions doivent être des sommes de multiples des périodes des nouvelles. Or il existe une relation bilinéaire bien connue entre ces périodes; les nombres entiers figurant dans la transformation des périodes ne sont donc pas arbitraires, ce qui conduit à un ensemble remarquable de substitutions linéaires à coefficients entiers dont les propriétés doivent d'abord être étudiées. Un nombre entier k joue dans l'étude de ces substitutions un rôle essentiel; la notion de systèmes équivalents et non équivalents se pose alors, et il est établi que le nombre des substitutions non équivalentes est égal à $1 + k + k^2 + k^3$, si k est premier. On en peut conclure que le nombre des transformations distinctes des fonctions abéliennes relatives à un nombre premier k est égal à $720 \times (1 + k + k^2 + k^3)$. En même temps que ce théorème fondamental, correspondant au théorème d'Abel et de Jacobi sur le nombre $6(n + 1)$ des transformations d'ordre n des fonctions elliptiques (n étant premier), Hermite donne le moyen de former les relations algébriques entre les anciennes et les nouvelles fonctions, résolvant ainsi complètement le problème qu'il s'était posé. Cet admirable travail, rédigé d'une manière très concise, a fait l'objet de nombreux commentaires, et ouvert la voie à des recherches de nature variée, dont quelques-unes ne se rapportent qu'indirectement à la théorie des fonctions abéliennes. Citons entre autres le Mémoire de Laguerre sur le Calcul des systèmes linéaires, où se trouve généralisée la notion des formes quadratiques correspondant aux substitutions linéaires indiquées plus haut; en Algèbre, à un point de vue tout différent, la notion importante de substitution abélienne, telle qu'elle est utilisée par M. Jordan, trouve son point de départ dans une importante remarque du Mémoire sur la transformation des fonctions abéliennes.

Au milieu de tant de travaux, Hermite ne cessait de s'intéresser à la théorie des fonctions elliptiques. Je crois bien qu'elle a été son étude de prédilection. Les belles formules, d'une allure si parfaite, qu'on y rencontre remplissaient de joie, comme il le disait, son âme d'algébriste, ainsi que les rapports si remarquables de ces transcendantes avec l'Algèbre et les propriétés des nombres; les *Fundamenta nova* de Jacobi étaient toujours sur sa table de travail. Une addition à la sixième édition du Traité de Lacroix est restée célèbre dans la théorie des fonctions doublement périodiques; c'est de l'intégration d'une fonction doublement périodique, le long d'un parallélogramme de périodes, qu'Hermite, ici disciple de Cauchy, déduit les propriétés fondamentales de ces fonctions, et en particulier la décomposition en éléments simples si importante pour le Calcul intégral.

En 1858, Hermite reprend l'étude de la transformation des fonctions elliptiques, et cherche à en approfondir davantage le mécanisme. Il rencontre ainsi une abondante moisson et tout d'abord la résolution de l'équation du cinquième degré. Jacobi avait montré que, dans la transformation de degré n (n étant premier), il y a une relation de degré $n+1$ entre les racines quatrièmes de l'ancien et du nouveau module; c'est l'équation qu'on appelle l'*équation modulaire*. Deux fonctions vont jouer un rôle essentiel. Employant les notations de Jacobi, on sait que $\sqrt[4]{k}$ et $\sqrt[4]{k'}$ sont des fonctions uniformes de $\omega = \frac{K'i}{K}$; Hermite les désigne par $\varphi(\omega)$ et $\psi(\omega)$ et étudie les transformations qu'elles subissent quand on effectue sur ω une substitution linéaire. Le fait que les modules satisfaisant à l'équation modulaire s'expriment, en utilisant les fonctions précédentes, par des fonctions uniformes d'un paramètre avait vivement frappé Hermite; il eut le pressentiment que cette circonstance n'était possible qu'à cause de la nature singulière de ces fonctions, et la fonction $\varphi(\omega)$ sur laquelle il attira si vivement l'attention forme le premier exemple de ces fonctions, ayant des lignes de singularités essentielles, dont M. Poincaré devait plus tard faire une étude générale sous le nom de *fonctions fuchsiennes*.

Galois avait énoncé que pour $n = 5, 7, 11$ les équations modulaires sont susceptibles d'un abaissement au degré inférieur d'une unité; ce résultat, retrouvé aussi par M. Betti, avait été vérifié par Hermite dès l'époque déjà lointaine de ses lettres à Jacobi. Il effectue maintenant la réduction d'une manière complète pour $n = 5$, en employant pour former une réduite une fonction convenable des six racines; il trouve ainsi une équation du cinquième degré, susceptible d'être identifiée avec l'équation

$$x^5 - x - a = 0,$$

forme à laquelle un géomètre anglais, Jerrard, avait ramené l'équation générale du cinquième degré sans employer d'autres irrationnalités que des radicaux carrés et cubiques. a étant donné, l'identification conduit à une équation du quatrième degré pour trouver le module de la fonction elliptique. L'équation du cinquième degré se trouve donc résolue, en ce sens que ses racines se trouvent représentées par des expressions s'exprimant simplement à l'aide de $\varphi(\omega)$ et $\psi(\omega)$. Cette résolution de l'équation du cinquième degré frappa vivement l'attention des géomètres et, quelque temps après, Kronecker et Brioschi traitaient la même question sans faire la réduction préalable à l'équation de Jerrard et en utilisant la relation algébrique entre le module et le multiplicateur dans la transformation du cinquième ordre.

Dans un Mémoire étendu sur l'équation du cinquième

degré, Hermite exposa ensuite ses travaux, ainsi que ceux de Kronecker et de Brioschi, en utilisant ses anciennes recherches sur les formes du cinquième degré. On trouve, de plus, dans ce Mémoire, quelques résultats généraux concernant les équations de degré quelconque. Il y est montré que, pour une équation de degré quelconque, on peut former un certain nombre d'invariants dont les signes donnent le nombre des racines réelles et imaginaires de l'équation; pareillement on peut former un système de covariants doubles, c'est-à-dire à deux séries de variables, servant, comme les fonctions de Sturm, à déterminer le nombre des racines réelles comprises entre deux nombres. Hermite complétait ainsi d'une manière remarquable ses premières études sur des suites analogues à celles de Sturm.

Nous rencontrons bientôt après un long Mémoire sur la théorie des équations modulaires. Pour réaliser effectivement l'abaissement de l'équation modulaire dans les trois cas prévus par Galois, il fallait calculer le discriminant de cette équation. Hermite entreprend alors d'une manière générale une étude du discriminant des équations modulaires et sa décomposition en facteurs, et est ainsi conduit à d'importantes notions arithmétiques sur le nombre des classes de formes quadratiques. La théorie des équations modulaires n'est d'ailleurs pas le seul lien où la théorie des fonctions elliptiques vient se lier à la théorie des formes quadratiques binaires de déterminant négatif. Un autre plus élémentaire s'offre lorsqu'on développe en séries trigonométriques certains quotients de fonctions Θ; on obtient ainsi des identités, d'où découlent des propositions très cachées d'Arithmétique, et c'est ainsi, entre autres résultats, qu'Hermite retrouve les propositions de Legendre et de Gauss sur la décomposition des nombres en trois carrés. Ces rapprochements étranges, entre des questions de natures si différentes, exerçaient sur son esprit une sorte de fascination et étaient une des causes de l'attrait qu'il eut toujours pour la théorie des fonctions elliptiques. Aussi écrivait-il un jour à propos des travaux de Legendre et de Gauss sur la décomposition des nombres en carrés : « Ces illustres géomètres, en poursuivant au prix de tant d'efforts leurs profondes recherches sur cette partie de l'Arithmétique supérieure, tendaient ainsi à leur insu vers une autre région de la Science et donnaient un mémorable exemple de cette mystérieuse unité, qui se manifeste parfois dans les travaux analytiques en apparence les plus éloignés. »

IV.

De telles analogies et de tels rapprochements se retrouvent aussi dans d'autres parties des Mathématiques. La théorie des fractions continues en Arithmétique, c'est-à-dire la représentation approchée d'un nombre incommensurable par un nombre rationnel, avait été étendue aux fonctions d'une variable. Étant donnée une fonction d'une variable x développée suivant les puissances positives et entières de x, on peut se proposer de représenter cette fonction par une fonction rationnelle de x, dont le numérateur et le dénominateur soient de degré n, avec une approximation de l'ordre $2n+1$ par rapport à x; cette théorie des fractions continues algébriques offre la plus grande analogie avec la théorie des fractions continues arithmétiques. Hermite, qui s'était occupé de la représentation simultanée de plusieurs nombres par des fractions de même dénominateur, devait naturellement s'attacher au problème analogue pour plusieurs fonctions. Ce mode nouveau d'approximations algébriques simultanées le conduisit à une de ses plus belles découvertes, je veux parler de la transcendance du nombre e, base des logarithmes népériens. Son point de départ, dans ce Mémoire célèbre *Sur la fonction exponentielle,* publié en 1873, est l'approximation simultanée d'un certain nombre d'exponentielles de la forme e^{ax} au moyen de fractions rationnelles; les différences entre ces exponentielles et leurs valeurs approchées sont représentées à l'aide d'intégrales définies, et ces approximations permettent d'établir, en faisant $x = 1$ et en supposant entiers les nombres a, que e ne peut satisfaire à aucune équation algébrique à coefficients entiers. On savait depuis longtemps former des séries représentant des nombres transcendants; Liouville paraît avoir donné le premier de tels exemples, mais ces nombres ne jouaient aucun rôle en Analyse. L'intérêt qui s'attache à un nombre aussi fondamental que e donnait, au contraire, un prix immense à la démonstration de sa transcendance. Quelques années après, M. Lindemann, en s'inspirant des études d'Hermite, démontrait la transcendance du rapport π de la circonférence au diamètre; en même temps se trouvait, par suite, établie l'impossibilité de la quadrature du cercle. L'étude de ces belles questions a été, dans ces dernières années, notablement simplifiée, mais les principes au fond sont restés les mêmes, et les démonstrations très simples que nous possédons aujourd'hui ont été suggérées par les méthodes d'Hermite.

Après son Mémoire sur l'exponentielle, Hermite continua ses recherches sur les fractions continues algébriques. On connaissait depuis Gauss le rôle des polynomes de Legendre dans le développement de $\log \frac{x-1}{x+1}$ en fraction continue, et les recherches de M. Heine et de M. Christoffel avaient montré les rapports de la théorie des fractions continues avec certaines équations différentielles linéaires du second ordre. Hermite étend tous ces résultats en montrant comment une certaine équation linéaire d'ordre $n+1$, généralisant l'équation de Gauss, se lie aux modes d'approximations simultanées dont il avait donné une application dans son Mémoire *Sur la fonction exponentielle;* il étend ainsi, pour ne citer qu'un exemple, le résultat de Gauss, en développant n logarithmes de la forme $\log\frac{x-z_i}{x-z_0}$ $(i=1, 2, \ldots, n)$ en fractions continues, ce qui le conduit à généraliser à un point de vue très intéressant les polynomes de Legendre.

Nous avons déjà eu l'occasion de dire que la théorie des fractions continues arithmétiques peut se généraliser de diverses manières. De même, la théorie des fractions continues algébriques peut être étendue dans des directions différentes. Le problème suivant paraissait à Hermite de grande importance et l'a souvent préoccupé : étant données n séries S_1, $S_2, \ldots, S_n$ procédant suivant les puissances croissantes de x, déterminer les polynomes $X_1, X_2, \ldots, X_n$ de degrés μ_1, $\mu_2, \ldots, \mu_n$ de manière à avoir pour la somme

$$S_1X_1+S_2X_2+\ldots+S_nX_n$$

une approximation d'ordre $\mu_1+\ldots+\mu_n+n-1$. Il en donne une solution très simple dans le cas où les S sont des exponentielles e^{ax}, et réussit dans le cas général, pour $n=3$, à trouver un algorithme conduisant au résultat cherché sans avoir de systèmes d'équations à résoudre. Chemin faisant, il traite, mais d'une tout autre manière, le problème suivant, résolu par Tchebycheff et analogue à un problème déjà mentionné d'Arithmétique : Trouver deux polynomes X et Y de degrés m et n, de manière à avoir pour $S_1 X + S_2 Y - S_3$ une approximation d'ordre $m + n - 2$. L'allure arithmétique, si je puis le dire, de ces problèmes intéressait vivement Hermite; ils se rattachaient pour lui à des questions importantes d'Analyse; le Mémoire sur e en est la meilleure preuve. Il avait antérieurement consacré un élégant Mémoire au cas particulier de la détermination d'un système de polynomes U, V, W, tels que $U \sin x + V \cos x + W$ commence par la plus haute puissance possible de la variable; il en avait tiré une démonstration immédiate du théorème de Lambert sur l'incommensurabilité de π^2 et peut-être avait-il songé un instant à déduire de ce genre de considérations la transcendante de π.

La puissance de travail d'Hermite était considérable. La transcendance de e, les fractions continues algébriques ne lui font pas abandonner les fonctions elliptiques. Dès 1872, il est en possession de l'intégration de l'équation de Lamé, comme le montrent les feuilles lithographiées de son Cours de l'École Polytechnique. En 1877, il commence la publication dans les *Comptes rendus* de son grand Mémoire *Sur quelques applications des fonctions elliptiques*. Les fonctions doublement périodiques de seconde espèce, c'est-à-dire les fonctions qui se reproduisent à un facteur constant près par l'addition d'une période, jouent un rôle capital dans le travail d'Hermite; il étend à ces fonctions la décomposition en éléments simples qu'il avait donnée jadis pour les fonctions de première espèce. Il est prêt alors pour faire l'intégration d'une équation rencontrée par Lamé dans la théorie de la chaleur. Cette équation linéaire du second ordre renferme une constante arbitraire. Lamé en avait fait l'intégration pour certaines valeurs de cette constante; Hermite l'intègre dans tous les cas au moyen des fonctions doublement périodiques de seconde espèce, et rattache à cette intégration la solution de quelques problèmes classiques de Mécanique, comme la recherche du mouvement d'un corps solide ayant un point fixe et n'étant soumis à aucune force, et celui du pendule conique. Le côté algébrique tient aussi une grande place dans ce Mémoire, et les équations correspondant aux cas examinés par Lamé y sont l'objet d'une discussion approfondie. Ces études sur l'équation de Lamé ont ouvert la voie à bien des recherches analytiques; mais, ce qui intéressait le plus Hermite, ce sont les applications qu'on en pouvait faire à la Mécanique et à l'Astronomie. Le titre qu'il avait donné à son Mémoire est à cet égard significatif, ainsi que la sympathie avec laquelle il suivit les efforts de Gyldén pour introduire les fonctions elliptiques en Mécanique céleste.

J'ai déjà bien longuement parlé des travaux d'Hermite sur les fonctions elliptiques. Je ne puis m'arrêter sur toutes les questions qu'il a étudiées dans cette théorie. Que de Mémoires seraient encore à citer, renfermant des idées ingénieuses et originales sur lesquelles il revenait avec joie : décomposition des fonctions doublement périodiques de troisième espèce, à laquelle M. Appell devait apporter des compléments très importants, développements des fonctions elliptiques suivant les puissances croissantes de la variable, recherches des valeurs asymptotiques de quelques fonctions numériques, et tant d'autres.

Hermite, comme Kronecker, s'est toujours servi des notations de Jacobi. Il se trouvait trop vieux pour adopter les notations de Weierstrass, quand elles ont commencé à se répandre. Il en reconnaissait sans doute l'avantage au point de vue de la théorie générale, et certains invariants mis en évidence étaient faits pour lui plaire. Mais je crois que la symétrie introduite le touchait peu, la dissymétrie entre les périodes se produisant nécessairement dans les applications. Rien n'aurait pu le décider à abandonner les fonctions Θ et les admirables identités, si précieuses pour l'Arithmétique, dont la forme lui était familière depuis tant d'années.

V.

C'est en 1869 qu'Hermite fut nommé professeur à la Faculté des Sciences. Au début, il traita de la théorie des équations, mais à partir de 1875, abandonnant l'Algèbre dans ses Leçons, il se consacra au Calcul intégral et à la théorie des fonctions. Ceux qui l'ont entendu, et il y en a certainement parmi vous, garderont toujours le souvenir de cet enseignement incomparable. Quelles merveilleuses causeries, d'un ton grave que relevait par moments l'enthousiasme, où, à propos de la question la plus élémentaire, il faisait surgir tout d'un coup d'immenses horizons, et où à côté de la Science d'aujourd'hui on apercevait la Science de demain. Jamais professeur ne fut moins didactique, mais ne fut plus vivant. Je ne puis, dans mes souvenirs, le comparer qu'à Wurtz; sous des formes très différentes l'enseignement fut pour eux un apostolat, et j'ai connu des auditeurs peu familiers avec les sciences et égarés dans les amphithéâtres de l'illustre géomètre et de l'illustre chimiste, sortir stupéfaits de voir qu'une leçon d'Analyse et une leçon de Chimie pussent être si poignantes et si dramatiques. Quand Hermite parlait de la Science, il faisait songer à Pasteur, et il aurait pu faire sienne cette phrase qui revenait souvent sur les lèvres de son grand contemporain, que la Science se fait non seulement avec l'esprit, mais aussi avec le cœur. C'est ce dont témoigne l'inépuisable dévouement d'Hermite pour ses élèves ; que d'heures il a passées à correspondre avec des géomètres de tous pays, connus ou inconnus, lui soumettant leurs essais et sollicitant ses avis. Vrai directeur scientifique, il répondait à tous avec une exquise bienveillance, donnant sans compter son temps et ses idées, persuadé qu'un savant ne contribue pas seulement aux progrès de la Science par ses travaux personnels, mais aussi par les conseils donnés, particulièrement à ceux qui entrent dans la vie scientifique. Une manifestation grandiose devait montrer à Hermite, au soir de sa vie, qu'il n'avait pas eu affaire à des ingrats ; beaucoup d'entre nous ont sans doute assisté à cette belle et touchante cérémonie du 24 décembre 1892, où a été fêté son soixante-dixième anniversaire.

L'enseignement d'Hermite à la Sorbonne a exercé une très grande influence. Ses cours ont été lithographiés et ont été lus et médités par tous les géomètres contemporains. Il ne craignait pas de s'arrêter sur les débuts du Calcul intégral, et il donnait à réfléchir à ses lecteurs sur les sujets les plus élémentaires. Ainsi une remarque immédiate sur l'expression de $\log \frac{x-a}{x-b}$ par une intégrale définie l'amène un jour à la notion de ce qu'il appelle une *coupure*, notion qu'il développe ensuite d'une manière générale. Les théories fondamentales de Cauchy relatives aux fonctions d'une variable complexe tenaient une grande place dans son cours. Vers 1880, un Mémoire de Weierstrass récemment paru appela vivement l'attention ; les leçons d'Hermite firent connaître en France les idées du grand analyste allemand. Depuis vingt ans, tous les géomètres ont étudié dans ces leçons la théorie des fonctions analytiques; les idées essentielles, dégagées de tout ce qui est accessoire, y sont mises en évidence avec un relief singulier. En même temps s'aperçoit l'esprit précis de l'algébriste que fut toujours Hermite. Il aimait certes les théorèmes généraux, mais à condition qu'on les appliquât ensuite à quelque question spéciale. Tous les géomètres n'ont pas à cet égard les mêmes besoins; il suffit à quelques-uns de jouir d'un bel énoncé général et il semble qu'ils craignent presque de gâter leur plaisir artistique par la pensée d'une application à un problème spécial. Il est heureux, je crois, que tous les esprits n'aient pas les mêmes tendances, mais Hermite sur ce point avait une opinion bien arrêtée. Aussi cherchait-il à illustrer par de nombreux exemples les propositions générales de Weierstrass et de Mittag-Leffler sur la théorie des fonctions. Les fonctions elliptiques lui donnaient un beau champ d'applications. Son cours lui était l'occasion de travaux portant toujours une marque personnelle. D'une année à l'autre, il étendait le cercle des questions traitées; dans les derniers temps de son enseignement, il s'était attaché particulièrement à la théorie des intégrales eulériennes. Outre les applications qu'il y pouvait faire des théorèmes généraux de l'Analyse, il se plaisait dans les transformations difficiles des intégrales définies, qu'il maniait avec un art consommé rappelant les grands géomètres de la première moitié du siècle dernier, art qui semble se perdre aujourd'hui. Des Mémoires élégants sur une extension de la formule de Stirling et sur la fonction $\log\Gamma(a)$ furent le fruit de ces nouvelles recherches.

Hermite, dans ses leçons, ne s'arrêtait pas à discuter les premiers principes de l'Analyse. Il pensait modestement que les études de Philosophie mathématique, si en honneur aujourd'hui, devaient être de grande importance, puisque tant d'esprits éminents s'y adonnent; mais, malgré toute sa bonne volonté, il ne pouvait arriver à s'y intéresser. La cause en était peut-être dans sa philosophie un peu mystique sur l'essence du nombre; il croyait que les nombres forment un monde ayant son existence propre en dehors de nous, monde dont nous pouvons saisir seulement ici-bas quelques-unes des harmonies profondes. Dans l'antiquité il eût été platonicien, et au moyen âge, dans la longue querelle entre le réalisme et le nominalisme, il aurait suivi Guillaume de Champeaux avec les réalistes. Dans une sphère moins élevée, mais dans un ordre d'idées se rattachant à ce qui précède, il avait vu avec regrets les efforts faits depuis une vingtaiue d'années pour introduire l'extrême rigueur dans l'enseignement élémentaire. On lit, dans un article écrit quelques semaines avant sa mort et destiné à un journal d'enseignement : « L'admiration, a-t-on dit, est le principe du savoir, ...; je m'autoriserai de cette pensée pour exprimer le désir qu'on fasse la part plus large, pour les étudiants, aux choses simples et belles, qu'à l'extrême rigueur aujourd'hui si en honneur, mais bien peu attrayante, souvent même fatigante et sans grand profit pour le commençant qui n'en peut comprendre l'intérêt. » Toute la méthode d'enseignement d'Hermite tient en raccourci dans ces quelques lignes : personne plus que lui ne sut exciter l'admiration pour les choses simples et belles.

Arrivé au terme de cette leçon, je suis loin d'avoir énuméré tous les Mémoires ou Notes d'Hermite qui demanderaient une mention. Il faut au moins citer ses recherches sur la représentation analytique des substitutions, ses belles études sur les polynomes à deux variables qui généralisent les polynomes de Legendre, sur l'interpolation, sur les nombres de Bernoulli, sur les fonctions sphériques, etc.; toutes portant la trace de sa rare pénétration.

Lagrange vieillissant, à ce que raconte Delambre, avait perdu le goût des Mathématiques, et son enthousiasme s'était éteint. Hermite fut plus heureux; les fatigues de l'âge ne ralentirent pas son activité intellectuelle, ni l'intérêt qu'il prenait aux choses de la pensée. Sa belle intelligence garda jusqu'à la fin toute sa vivacité, et il continuait à suivre de près le mouvement scientifique contemporain. Sans doute, chose bien naturelle chez un vieillard de son âge, il avait à faire des réserves au sujet de certaines hardiesses de la pensée mathématique actuelle; mais, plus optimiste sur ce terrain qu'il ne l'était dans d'autres domaines, il aimait à espérer que de cette vie intense sortirait quelque chose de grand et de durable, et il entrevoyait un bel avenir pour la Science mathématique du xxe siècle. Parfois il regrettait que la théorie des nombres fût peu cultivée en France, regret d'autant mieux justifié que la pénétration fatale de la théorie des nombres dans la théorie des fonctions donnera une grande force à ceux qui seront pénétrés des principes de l'Arithmétique supérieure, et que certaines recherches relatives à la fois à l'Arithmétique et à l'Analyse des fonctions pourraient donner, semble-t-il, dès aujourd'hui une fructueuse moisson. Il se rappelait qu'il n'aurait jamais pu écrire son Mémoire sur la transformation des fonctions abéliennes s'il n'avait été familier avec les questions arithmétiques, exemple de l'appui que se prêtent les diverses parties de la Science et du danger qu'il y a pour les chercheurs à se cantonner dans des domaines spéciaux.

Dans ses dernières années, l'immense correspondance

d'Hermite l'occupait de plus en plus. Il n'avait jamais aimé le monde, et il en redoutait les obligations qui ne sont souvent pour l'homme d'étude que de grandes pertes de temps. Toute son activité extérieure se concentrait dans de longues causeries épistolaires avec de lointains amis. Les Mathématiques en formaient une bonne part, mais aussi bien d'autres sujets, et, entre deux pages consacrées aux fonctions elliptiques et aux nombres de Bernoulli, venait s'intercaler une page sur la politique européenne. Ses lectures s'étendaient sur les sujets les plus variés, et son excellente mémoire retenait tout ce qu'il avait lu. A côté du savant, il y avait chez Hermite un écrivain. Dans les Notices qu'il eut à écrire de temps à autre, son style grave, exempt de toutes recherches, laissait une impression profonde; plus d'une page dans sa correspondance mériterait d'être conservée, s'il était permis de la publier.

L'œuvre d'Hermite se trouve dispersée dans un grand nombre de journaux scientifiques français et étrangers; elle grandira encore quand elle se trouvera rassemblée et qu'on pourra ainsi mieux juger de sa belle unité. A peu d'exceptions près, les Mémoires sont courts. La marche générale des idées y est toujours mise avec évidence, mais, surtout dans la première partie de la carrière d'Hermite, la rédaction se présente sous une forme synthétique, et le soin d'établir de nombreuses propositions intermédiaires, dont l'énoncé seul est indiqué, est laissé à la charge du lecteur. Quel fructueux exercice que la lecture d'un de ces Mémoires fondamentaux pour l'étudiant bien doué qui cherche à en rétablir tous les détails.

Le temps n'est pas encore venu, et, d'ailleurs, il ne m'appartient pas de porter un jugement sur l'œuvre d'Hermite.

Certaines parties de cette œuvre sont aujourd'hui en pleine lumière et ont rendu son nom célèbre, d'autres seront dans l'avenir la source de belles découvertes et contribueront encore à sa renommée. Une impression peut toutefois se dégager de cette étude sommaire. Les Travaux les plus importants d'Hermite se rapportent aux fonctions elliptiques et abéliennes, aux formes algébriques et à la théorie des nombres; mais ces divers Travaux ne sont pas isolés et l'on éprouve un singulier embarras à les faire rentrer dans une classification qui, en Mathématiques comme ailleurs, est toujours insuffisante et provisoire. Les recherches sur l'équation du cinquième degré appartiennent-elles à l'Algèbre ou à la Théorie des fonctions elliptiques, et le Mémoire sur la transformation des fonctions abéliennes relève-t-il de l'Arithmétique ou de la Théorie des fonctions? Si cependant, en restant dans les cadres habituels, on veut essayer de définir le génie d'Hermite, on peut dire que les points de vue arithmétique et algébrique prédominent dans son œuvre. C'est en Algèbre et en Arithmétique qu'il a été surtout un inventeur et un créateur. Avec Cayley et Sylvester, il a fondé la théorie des covariants des formes algébriques, et les admirables recherches, où il a introduit le continu dans le domaine du discontinu, lui assurent dans la Théorie des nombres, cette reine des Mathématiques, une place d'honneur à côté des deux grands géomètres, dont il aimait à se dire le disciple, Gauss et Dirichlet.

ŒUVRES

DE

CHARLES HERMITE.

LIEU GÉOMÉTRIQUE

DES POLES D'UNE SECTION CONIQUE

PAR RAPPORT A UNE AUTRE.

Nouvelles Annales de Mathématiques, Tome I.

On donne sur un plan deux sections coniques A, B; on considère une tangente menée à la première comme une polaire par rapport à l'autre, et on demande le lieu de son pôle en supposant que le point de tangence parcourt la courbe A.

Soit rapportée la courbe A à un axe et à la tangente au sommet, Oy, son équation sera :

$$y^2 = 2px + nx^2,$$

et celle de sa tangente au point (α, β);

$$\beta y = p(x + \alpha) + nx\alpha, \tag{1}$$

avec la condition

$$\beta^2 = 2p\alpha + n\alpha^2. \tag{2}$$

Soit

$$Ay^2 + Bxy + \ldots = 0,$$

l'équation de la courbe B, celle de sa polaire par rapport au point

x', y' sera, comme on sait,

$$yY' + xX' - V' = 0;$$

en l'identifiant avec l'équation (1) de la tangente, on aura :

$$-\frac{X'}{Y'} = \frac{p + n\alpha}{\beta}; \qquad \frac{V'}{Y'} = \frac{p\alpha}{\beta},$$

de telle sorte que si α et β étaient effectivement donnés, ces relations détermineraient les coordonnées du pôle, x' et y'; on aura donc l'équation du lieu cherché en éliminant α et β entre ces équations et l'équation (2). Pour faire le calcul, j'observe qu'elles donnent tout d'abord :

$$\alpha = \frac{pV'}{pX' - nV'}; \qquad \beta = \frac{-p^2Y'}{pX' - nV'},$$

d'où il résulte en substituant dans (2),

$$\frac{p^4Y'^2}{(pX' - nV')^2} = \frac{2p^2V'}{pX' - nV'} + \frac{np^2V'^2}{(pX' - nV')^2},$$

d'où

$$p^2Y'^2 = 2V'(pX' - nV') + nV'^2,$$

et enfin

$$p^2Y'^2 = 2pV'X' - nV'^2;$$

comme X', Y', V' sont des fonctions linéaires de x' et y', le lieu est encore une section conique.

CONSIDÉRATIONS SUR LA RÉSOLUTION ALGÉBRIQUE

DE

L'ÉQUATION DU CINQUIÈME DEGRÉ [1].

Nouvelles Annales de Mathématiques, Tome I.

I.

1. On sait que Lagrange a fait dépendre la résolution algébrique de l'équation générale du cinquième degré, de la détermination d'une racine d'une équation *particulière* du sixième degré, qu'il nomme *réduite* (*Résolution des équations numériques*, Note XIII). De sorte que, si cette réduite était décomposable en facteurs rationnels du second ou du troisième degré, on aurait la résolution de l'équation du cinquième degré. Je vais essayer de démontrer qu'une telle décomposition est impossible. A cet effet, j'ai besoin de la proposition suivante due à Lagrange (*Mémoires de l'Académie de Berlin*, t. 3) et de quelques observations sur les permutations.

2. Deux fonctions semblables non symétriques des racines d'une même équation $X = o$ peuvent toujours s'exprimer rationnellement l'une par l'autre.

Démonstration. — On appelle *fonctions semblables de racines* celles qui varient ensemble ou deviennent les mêmes pour les mêmes permutations : telles sont

$$\alpha + \beta, \quad \alpha^m + \beta^m, \quad \alpha^m \beta^m, \quad \ldots.$$

(1) Cet article, ainsi que le précédent, sont signés par M. Hermite, élève au Collège Louis-le-Grand (Institution Mayer). E. P.

Soient donc φ et ψ deux fonctions quelconques semblables des racines d'une équation, et supposons qu'en permutant les racines de toutes les manières possibles, la fonction φ ait n valeurs représentées par

$$\varphi_1, \quad \varphi_2, \quad \varphi_3, \quad \ldots, \quad \varphi_{n-1}, \quad \varphi_n,$$

les valeurs correspondantes de ψ sont

$$\psi_1, \quad \psi_2, \quad \psi_3, \quad \ldots, \quad \psi_{n-1}, \quad \psi_n.$$

Il est évident, par la théorie des équations, que les n valeurs de φ sont racines d'une équation de degré n, qu'on obtient en effectuant le produit des facteurs

$$F(x) = (x - \varphi_1)(x - \varphi_2)(x - \varphi_3)\ldots(x - \varphi_{n-1})(x - \varphi_n) = 0,$$

et, par les formules des fonctions symétriques, on connaît les coefficients de cette équation.

On a de même

$$f(x) = (x - \psi_1)(x - \psi_2)\ldots(x - \psi_{n-1})(x - \psi_n) = 0;$$

désignons par $F'(\varphi_1)$, $F'(\varphi_2)$, ..., les valeurs successives de la dérivée de $F(x)$, en remplaçant x par φ_1, φ_2, ..., φ_n.

Formons la fonction suivante du degré $n - 1$

$$\frac{F(x)}{(x - \varphi_1)F'(\varphi_1)}\psi_1 + \frac{F(x)}{(x - \varphi_2)F'(\varphi_2)}\psi_2 + \ldots + \frac{F(x)}{(x - \varphi_n)F'(\varphi_n)}\psi_n = \pi(x),$$

et, par la théorie des fonctions symétriques, les coefficients de cette fonction sont donnés en fonction des coefficients de $X = 0$, car on reconnaît facilement que les racines de l'équation $X = 0$ y entrent sous forme invariable; donc $\pi(x)$ est une fonction rationnelle de x. Faisant dans cette identité $x = \varphi_1$, le premier membre se réduit à son premier terme, car le quotient $\frac{F(x)}{x - \varphi_1}$ devient $F'(\varphi_1)$, lorsque $x = \varphi_1$, et tous les autres termes s'évanouissent : on suppose d'ailleurs tous les facteurs inégaux; donc

$$\psi_1 = \pi(\varphi_1);$$

de même

$$\psi_2 = \pi(\varphi_2), \quad \ldots \qquad \text{C. Q. F. D.}$$

3. *Application.*

$$X = x^3 + px^2 + qx + r = 0 \quad (\text{racines } \alpha, \beta, \gamma)$$

$$\varphi = \alpha\beta, \qquad \psi = \alpha + \beta,$$

$$\varphi_1 = \alpha\beta, \qquad \varphi_2 = \alpha\gamma, \qquad \varphi_3 = \beta\gamma,$$

$$F(x) = (x - \alpha\beta)(x - \alpha\gamma)(x - \beta\gamma),$$

$$\psi_1 = \alpha + \beta, \qquad \psi_2 = \alpha + \gamma, \qquad \psi_3 = \beta + \gamma,$$

$$f(x) = (x - \alpha - \beta)(x - \alpha - \gamma)(x - \beta - \gamma),$$

$$F'(\varphi_1) = \alpha\beta(\beta - \gamma)(\alpha - \gamma), \quad \ldots,$$

$$\pi(x) = \frac{(x - \alpha\gamma)(x - \beta\gamma)}{\alpha\beta(\beta - \gamma)(\alpha - \gamma)}(\alpha + \beta) + \ldots;$$

et faisant les réductions

$$\pi(x) = \frac{x^2}{\alpha\beta\gamma} + x\left(\frac{1}{\alpha} + \frac{1}{\beta} + \frac{1}{\gamma}\right) - \frac{x^2 - qx}{r},$$

soit

$$X = x^3 - 7x + 6; \quad \alpha = 1; \quad \beta = 2; \quad \gamma = -3; \quad \pi(x) = \frac{x^2 + 7x}{6};$$

donnant à x successivement les trois valeurs de φ, savoir 2 ; -3 ; -6, on obtient $+3$; -2 ; -1 ; les trois valeurs de ψ.

4. Tous les coefficients des diviseurs d'une équation sont des fonctions semblables des racines de cette équation ; par conséquent, connaissant un de ces coefficients, on peut déterminer tous les autres, en fonction rationnelle du coefficient connu.

5. Venons aux permutations : cinq quantités α, β, γ, δ, ε permutées cinq à cinq fournissent cent-vingt permutations qu'on peut partager en vingt-quatre groupes de cinq permutations rangées par ordre *circulant ;* exemple : le premier groupe commence par $\alpha\beta\gamma\delta\varepsilon$ et sa formation est indiquée par l'échelle 23451 ; cela veut dire que la première lettre doit être remplacée par la seconde ; la seconde par la troisième ; la troisième par la quatrième, etc. ; de sorte que le second terme de ce groupe est $\beta\gamma\delta\varepsilon\alpha$, qui donne le troisième $\gamma\delta\varepsilon\alpha\beta$, etc. ; le premier terme du second groupe est $\alpha\beta\gamma\varepsilon\delta$; l'échelle de formation est toujours 23451, de sorte que le second terme est $\beta\gamma\varepsilon\delta\alpha$, et ainsi de suite ; les têtes de groupe sont donc fournies par les vingt-quatre permutations des quatre lettres β, γ, δ, ε ; ces vingt-quatre permutations peuvent donc se diviser en six groupes

de quatre termes rangés aussi par ordre *dérivatif* avec l'échelle 2413, c'est-à-dire à remplacer la première lettre par la deuxième, la deuxième par la quatrième, la troisième par la première, et la quatrième par la troisième; ainsi, le premier terme du premier groupe étant $\beta\gamma\delta\varepsilon$ donne le second $\gamma\varepsilon\beta\delta$, d'où l'on déduit le troisième $\varepsilon\delta\gamma\beta$; le quatrième $\delta\beta\varepsilon\gamma$. Les têtes de groupe sont données par les permutations de $\gamma\delta\varepsilon$ et les divers termes par l'indice constant 2413.

6. Soit maintenant l'équation générale du cinquième degré

$$(1)\qquad x^5 - A_1x^4 + A_2x^3 - A_3x^2 + A_4x - A_5 = 0 \quad (\text{racines } \alpha,\ \beta,\ \gamma,\ \varepsilon,\ \delta).$$

Les coefficients sont supposés réels et rationnels.

Formons l'équation au produit de deux racines; elle est de la forme

$$(2)\qquad x^{10} - B_1x^9 + B_2x^8 + \ldots + B_{10} = 0 \quad \text{racines} \begin{cases} \alpha\beta, & \beta\gamma, & \gamma\delta, & \delta\varepsilon, & \varepsilon\alpha, \\ \alpha\gamma, & \gamma\varepsilon, & \varepsilon\beta, & \beta\delta, & \delta\alpha. \end{cases}$$

B_1, B_2, ... sont des coefficients connus, réels et rationnels, et $B_1 = A_2$; soit $f(m, n, p, q, r)$ une fonction symétrique quelconque des cinq quantités qui y entrent; remplaçons d'abord les cinq quantités respectivement par les cinq racines de la première ligne, on obtient

$$f(\alpha\beta,\ \beta\gamma,\ \gamma\delta,\ \delta\varepsilon,\ \varepsilon\alpha) = \varphi,$$

et ensuite par les cinq racines de la seconde ligne, on obtient

$$f(\alpha\gamma,\ \gamma\varepsilon,\ \varepsilon\beta,\ \beta\delta,\ \delta\alpha) = \psi.$$

Quelque permutation qu'on fasse entre les racines, $\varphi + \psi$ ne peut prendre plus de six valeurs différentes. En effet, φ n'est susceptible au plus que de cent vingt valeurs différentes ou de vingt-quatre groupes de cinq termes chacun donnés par l'indice 23451; il est évident par la seule inspection que les cinq termes de chaque groupe deviennent identiques : ainsi le premier terme du premier groupe est

$$f(\alpha\beta,\ \beta\gamma,\ \gamma\delta,\ \delta\varepsilon,\ \varepsilon\alpha);$$

et le second terme devient

$$f(\beta\gamma,\ \gamma\delta,\ \delta\varepsilon,\ \varepsilon\alpha,\ \alpha\beta)$$

égal au premier. Donc les cent vingt valeurs de φ et de ψ se réduisent à vingt-quatre termes donnés par les permutations des quatre racines β, γ, δ, ε, lesquelles se rangent en six groupes de quatre termes fournis par l'indice 2413; mais il est évident que φ se change par cet indice en ψ et *vice versa;* car $\beta\gamma\delta\varepsilon$, qui appartient à φ, donne en vertu de cet indice $\gamma\varepsilon\beta\delta$ qui appartient à ψ, et ainsi des autres.

On prouvera de même que $\varphi\psi$ n'est susceptible que de six valeurs.

II.

7. Soit

$$\varphi = \alpha\beta + \beta\gamma + \gamma\delta + \delta\varepsilon + \varepsilon\alpha,$$
$$\psi = \alpha\gamma + \gamma\varepsilon + \varepsilon\beta + \beta\delta + \delta\alpha;$$

l'équation d'où dépendent les valeurs de $\varphi\psi$ sera donc de la forme

$$(3) \qquad x^6 - C_1 x^5 + C_2 x^4 + \ldots + C_6 = 0.$$

Désignant les six racines par λ_1, λ_2, λ_3, ..., λ_6, on aura

1. $(\alpha\beta + \beta\gamma + \gamma\delta + \delta\varepsilon + \varepsilon\alpha)(\alpha\gamma + \gamma\varepsilon + \varepsilon\beta + \beta\delta + \delta\alpha) = \lambda_1,$
2. $(\alpha\delta + \delta\varepsilon + \varepsilon\beta + \beta\gamma + \gamma\alpha)(\alpha\beta + \beta\delta + \delta\gamma + \gamma\varepsilon + \varepsilon\alpha) = \lambda_2,$
3. $(\alpha\gamma + \gamma\beta + \beta\delta + \delta\varepsilon + \varepsilon\alpha)(\alpha\delta + \delta\gamma + \gamma\varepsilon + \varepsilon\beta + \beta\alpha) = \lambda_3,$
4. $(\alpha\gamma + \gamma\delta + \delta\varepsilon + \varepsilon\beta + \beta\alpha)(\alpha\varepsilon + \varepsilon\gamma + \gamma\beta + \beta\delta + \delta\alpha) = \lambda_4,$
5. $(\alpha\varepsilon + \varepsilon\beta + \beta\gamma + \gamma\delta + \delta\alpha)(\alpha\gamma + \gamma\varepsilon + \varepsilon\delta + \delta\beta + \beta\alpha) = \lambda_5,$
6. $(\alpha\delta + \delta\varepsilon + \varepsilon\gamma + \gamma\beta + \beta\alpha)(\alpha\gamma + \gamma\delta + \delta\beta + \beta\varepsilon + \varepsilon\alpha) = \lambda_6.$

Ces six racines se composent de douze facteurs; la somme de deux facteurs de la même racine est connue et constamment égale à A_2; de plus, chaque facteur a deux ou trois termes en commun avec dix autres facteurs, et ces termes communs sont des racines de l'équation (2). Cela posé, je dis que l'équation (3) ne peut admettre un facteur rationnel ni du deuxième, ni du troisième degré; supposons qu'il existe un facteur rationnel du deuxième degré, et qu'il comprenne les deux racines λ_1, λ_2 : dans cette hypothèse, ces deux racines sont déterminables et n'impliquent qu'un radical carré : connaissant le produit et la somme de deux facteurs, on connaît les facteurs; donc, les quatre facteurs qui servent à former les racines λ_1, λ_2 sont connus et ne renferment que des radicaux carrés. Or, l'équation (2) admet deux cent cinquante-deux facteurs du cinquième degré, tous de la forme

$$x^5 - C_1 x^4 + C_2 x^3 - C_3 x^2 + C_4 x - C_5.$$

Il est évident que dans le nombre il existe quatre facteurs où C_1 a pour valeurs les quatre facteurs des racines λ_1, λ_2; C_1 est donc déterminé, et ne renferme que des radicaux carrés; et par conséquent tous les autres coefficients C_2, C_3, C_4 sont aussi déterminés d'après la proposition énoncée (4). Parmi ces quatre facteurs du second degré il y en a deux qui ont deux racines en commun, $\beta\gamma$ et $\delta\varepsilon$ par exemple; si l'on avait pris les deux racines λ_1 et λ_4, on trouverait, dans les diviseurs du cinquième degré, trois racines en commun $\alpha\beta$, $\gamma\delta$, $\delta\varepsilon$. En tout cas, deux facteurs du cinquième degré qui correspondent à deux racines de l'équation (3) ont soit deux, soit trois racines en commun. D'après la théorie des équations, des racines communes à deux diviseurs peuvent être données séparément; donc $\alpha\beta$ est racine d'une équation, soit du deuxième, soit du troisième degré, dont les coefficients ne renferment que des radicaux carrés; donc la valeur de $\alpha\beta$ est donnée en fonction des coefficients de l'équation (1) et ne renferme que des radicaux carrés et cubiques; mais $\alpha + \beta$ peut toujours s'exprimer rationnellement en fonction de $\alpha\beta$ (2); il s'ensuivrait donc que les racines α et β de l'équation du cinquième degré ne renfermeraient que des racines carrées ou cubiques, résultat absurde, qui provient de l'admission d'un facteur rationnel du second degré dans l'équation (3); donc ce facteur n'existe pas. On démontrerait de la même manière et *a fortiori* que cette équation n'a pas de facteur rationnel du troisième degré; et par conséquent les racines λ_1, λ_2, ... ne peuvent s'exprimer en radicaux carrés et cubiques.

III.

8. Je vais maintenant démontrer comme une conséquence de ce qui précède que les racines de la réduite de Lagrange ne peuvent non plus s'exprimer en radicaux carrés et cubiques. En effet, rappelons succinctement la manière d'obtenir cette réduite. On pose l'équation

$$\mu^5 - 1 = 0,$$

et l'on fait

$$t = \alpha + \mu\beta + \mu^2\gamma + \mu^3\delta + \mu^4\varepsilon,$$

d'où

$$t^5 = A^5 + (\mu - 1)\xi' + (\mu^2 - 1)\xi'' + (\mu^3 - 1)\xi''' + (\mu^4 - 1)\xi^{(4)} = 0,$$

où ξ', ξ'', ξ''', $\xi^{(4)}$ sont des fonctions déterminées des cinq racines de l'équation (1); la réduite dont il s'agit a pour racines les valeurs que peut prendre une fonction symétrique de ces quantités, pour toutes les permutations entre les racines α, β, γ, δ, ε; or ces valeurs se réduisent à six, par la même raison que les valeurs de $\varphi\psi$ se sont réduites à six (7) : 1° à cause de l'échelle de permutation 23451 qui les réduit à vingt-quatre; 2° de l'échelle 2413, qui réduit les vingt-quatre à six; nommons l une racine quelconque de la réduite de Lagrange et λ une racine correspondant à la même permutation de notre équation (3). Il est évident que ces quantités varient simultanément ou restent les mêmes pour les mêmes permutations; elles sont donc des fonctions semblables des racines; l'une peut donc s'exprimer en fonction rationnelle de l'autre; on a ainsi $\lambda = F(l)$; donc, si l ne renfermait que des radicaux carrés et cubiques, il en serait de même de λ, ce qui a été démontré impossible : donc l doit admettre d'autres radicaux; par conséquent la réduite de Lagrange est essentiellement irréductible, n'a pas de facteurs rationnels du deuxième et du troisième degré. Or, elle devrait en avoir pour que la résolution de l'équation du cinquième degré fût possible, donc cette résolution est impossible et *a fortiori* la résolution des équations de degré supérieur.

EXTRAITS

DE

DEUX LETTRES DE M. CHARLES HERMITE

A M. JACOBI.

Tome I des *Opuscula mathematica* de Jacobi, 1846
et *Journal de Crelle*, Tome 32.

I.

Paris, Janvier 1843.

L'étude de votre Mémoire publié dans le *Journal de M. Crelle* sous le titre : *De functionibus quadrupliciter periodicis quibus theoria transcendentium Abelianarum innititur,* m'a conduit, pour la division des arguments dans ces fonctions, à un théorème analogue à celui que vous avez donné dans le troisième Volume du même journal, pour obtenir l'expression la plus simple des racines des équations traitées par Abel. M. Liouville m'a engagé à vous écrire pour vous soumettre ce Travail; oserais-je espérer Monsieur, que vous daignerez l'accueillir avec toute l'indulgence dont il a besoin?

Soit

$$\Delta(x) = \sqrt{[x(1-x)(1-\varkappa^2 x)(1-\lambda^2 x)(1-\mu^2 x)]};$$

$$u = \int_0^x \frac{(\alpha - \beta x)\,\partial x}{\Delta(x)} + \int_0^y \frac{(\alpha + \beta y)\,\partial y}{\Delta(y)},$$

$$u' = \int_0^x \frac{(\alpha' + \beta' x)\,\partial x}{\Delta(x)} + \int_0^y \frac{(\alpha' + \beta' y)\,\partial y}{\Delta(y)},$$

$$x = \lambda_0(u, u'), \qquad y = \lambda_1(u, u').$$

Faisons pour abréger

$$x_n = \lambda_0(nu, nu'), \qquad y_n = \lambda_1(nu, nu');$$

ces deux quantités seront déterminées simultanément par les deux racines d'une équation du second degré,

$$\mathrm{U}x_n^2 + \mathrm{U}'x_n - \mathrm{U}'' = 0,$$

dont les coefficients seront des fonctions rationnelles de x, y, $\Delta(x)$, $\Delta(y)$; j'ai trouvé qu'ils étaient de la forme $\mathrm{P}+\mathrm{Q}\,\Delta(x)\Delta(y)$, où P et Q sont des fonctions rationnelles de x et y; mais cette remarque n'est pas essentielle pour ce qui suit.

Je partirai de ce que les racines simultanées des deux équations

$$\text{(A)} \qquad \mathrm{U}x_n^2 + \mathrm{U}'x_n + \mathrm{U}'' = 0, \qquad \mathrm{U}y_n^2 + \mathrm{U}'y_n + \mathrm{U}'' = 0$$

sont données par les formules

$$x = \lambda_0\left(u + \frac{mi_1\sqrt{-1} + m'i_2 + m''i_3\sqrt{-1} + m'''i_4}{n},\right.$$
$$\left. u' + \frac{mi'_1\sqrt{-1} + m'i'_2 + m''i'_3\sqrt{-1} + m'''i'_4}{n}\right),$$
$$y = \lambda_1\left(u + \frac{mi_1\sqrt{-1} + m'i_2 + m''i_3\sqrt{-1} + m'''i_4}{n},\right.$$
$$\left. u' + \frac{mi'_1\sqrt{-1} + m'i'_2 + m''i'_3\sqrt{-1} + m'''i'_4}{n}\right),$$

en attribuant aux nombres entiers m, m', m'', m''' les valeurs $0, 1, 2, \ldots, n-1$.

Cela posé, soit pour abréger

$$\mathrm{I} = mi_1\sqrt{-1} + m'i_2 + m''i_3\sqrt{-1} + m'''i_4,$$
$$\mathrm{I}' = mi'_1\sqrt{-1} + m'i'_2 + m''i'_3\sqrt{-1} + m'''i'_4,$$

et désignons par $f(x, y)$ une fonction rationnelle symétrique de x et y, et par p, q, r, s quatre racines de l'équation binome $x^n = 1$, je dis que l'on aura

$$\sum_{0}^{n-1}{}_{m'''}\sum_{0}^{n-1}{}_{m''}\sum_{0}^{n-1}{}_{m'}\sum_{0}^{n-1}{}_{m}\left\{ f\left[\lambda_0\left(u+\frac{\mathrm{I}}{n},\, u'+\frac{\mathrm{I}'}{n}\right),\right.\right.$$
$$\left.\left.\lambda_1\left(u+\frac{\mathrm{I}}{n},\, u'+\frac{\mathrm{I}'}{n}\right)\right]\right\} p^m q^{m'} r^{m''} s^{m'''}$$
$$= \sqrt[n]{\{\mathrm{A} + \mathrm{B}\Delta[\lambda_0(nu, nu')] + \mathrm{C}\Delta[\lambda_1(nu, nu')] + \mathrm{D}\Delta[\lambda_0(nu, nu')]\Delta[\lambda_1(nu, nu')]\}},$$

A, B, C, D désignant des fonctions rationnelles de $\lambda_0(nu, nu')$, $\lambda_1(nu, nu')$.

Le premier membre peut d'abord se ramener à une fonction rationnelle de $\lambda_0(u, u')$, $\lambda_1(u, u')$. En effet, d'après la propriété fondamentale des fonctions λ_0, λ_1, un terme quelconque, tel que $f\left[\lambda_0\left(u + \frac{1}{n}, u' + \frac{1'}{n}\right), \lambda_1\left(u + \frac{1}{n}, u' + \frac{1'}{n}\right)\right]$, pourra être exprimé rationnellement en $\lambda_0(u, u')$, $\lambda_1(u, u')$, $\Delta[\lambda_0(u, u')]$, $\Delta[\lambda_1(u, u')]$, et les quantités analogues relatives à la division des indices. Or on trouve aisément ces formules

$$\Delta(x) = (\alpha - \beta x)\frac{dx}{du} + (\alpha' + \beta' x)\frac{dx}{du'},$$

$$\Delta(y) = (\alpha - \beta y)\frac{dy}{du} + (\alpha' + \beta' y)\frac{dy}{du'},$$

qui montrent que les radicaux carrés $\Delta[\lambda_0(u, u')]$, $\Delta[\lambda_1(u, u')]$ pourront s'exprimer rationnellement en $\lambda_0(u, u')$, $\lambda_1(u, u')$; car en faisant disparaître les irrationnelles des équations (A), puis les différentiant successivement par rapport à u et u', on obtiendra les expressions des dérivées partielles en fonction rationnelle de $\lambda_0(u, u')$ et $\lambda_1(u, u')$.

Représentons le premier membre de l'équation (B) par $\varphi(u, u')$; on démontrera bien aisément que

$$\varphi\left(u + \frac{k i_1\sqrt{-1} + k' i_2 + k'' i_3\sqrt{-1} + k''' i_4}{n}, u' + \frac{k i'_1\sqrt{-1} + k' i'_2 + k'' i'_3\sqrt{-1} + k''' i'_4}{n}\right)$$
$$= p^{-k} q^{-k'} r^{-k''} s^{-k'''}\varphi(u, u'),$$

quels que soient les entiers k, k', k'', k'''.

En l'élevant à la puissance $n^{\text{ième}}$, on obtient donc une fonction rationnelle de $\lambda_0(u, u')$, $\lambda_1(u, u')$, qui ne change point en substituant à ces quantités deux autres quelconques des racines simultanées des équations proposées. Il suit de là et de la théorie des fonctions symétriques des racines d'un système d'équations à plusieurs inconnues, que cette fonction pourra être déterminée rationnellement par les coefficients des équations (A).

J'observe actuellement qu'il a été introduit les quantités $\frac{d\lambda_0(nu, nu')}{du}$, $\frac{d\lambda_0(nu, nu')}{du'}$, $\frac{d\lambda_1(nu, nu')}{du}$, $\frac{d\lambda_1(nu, nu')}{du'}$ que l'on pourra éliminer par les formules suivantes :

$$(\alpha\beta'-\beta\alpha')\frac{dx}{du}=\frac{\Delta(x)}{y-x}(\alpha'+\beta'y), \qquad (\alpha'\beta-\beta'\alpha)\frac{dx}{du'}=\frac{\Delta(x)}{y-x}(\alpha+\beta y),$$

$$(\alpha\beta'-\beta\alpha')\frac{dy}{du}=\frac{\Delta(y)}{x-y}(\alpha'+\beta'x), \qquad (\alpha'\beta-\beta'\alpha)\frac{dx}{du'}=\frac{\Delta(y)}{x-y}(\alpha+\beta x).$$

Or, une fonction rationnelle quelconque des deux radicaux $\Delta[\lambda_0(u, u')]$, $\Delta[\lambda_1(u, u')]$ peut toujours être mise sous la forme

$$a+b\,\Delta[\lambda_0(u, u')]+c\,\Delta[\lambda_1(u, u')]+d\,\Delta[\lambda_0(u, u')]\,\Delta[\lambda_1(u, u')],$$

ce qui achève la démonstration du théorème énoncé.

En supposant successivement $f(x, y)=x+y$, et $f(x, y)=xy$, on aura séparément par une somme de n^4-1 radicaux $n^{\text{ièmes}}$ les coefficients d'une équation du second degré, dont les racines détermineront finalement celles des équations proposées. On pourrait aussi faire voir qu'il suffit de connaître l'un d'eux, l'autre se déterminant rationnellement par celui-là.

Pour obtenir la division des indices, soit

$$u=\frac{k i_1\sqrt{-1}+k' i_2+k'' i_3\sqrt{-1}+k''' i_4}{n}=\frac{I}{n},$$

$$u'=\frac{k i'_1\sqrt{-1}+k' i'_2+k'' i'_3\sqrt{-1}+k''' i'_4}{n}=\frac{I'}{n};$$

on aura $x_n=0$, $y_n=0$, et les équations à résoudre seront

$$(C) \qquad U'=0, \qquad U''=0;$$

leurs racines seront comprises dans les formules

$$\lambda_0\left(\frac{m i_1\sqrt{-1}+m' i_2+m'' i_3\sqrt{-1}+m''' i_4}{n}, \frac{m i'_1\sqrt{-1}+m' i'_2+m'' i'_3\sqrt{-1}+m''' i'_4}{n}\right),$$

$$\lambda_1\left(\frac{m i_1\sqrt{-1}+m' i_2+m'' i_3\sqrt{-1}+m''' i_4}{n}, \frac{m i'_1\sqrt{-1}+m' i'_2+m'' i'_3\sqrt{-1}+m''' i'_4}{n}\right),$$

en attribuant aux nombres entiers m, m', m'', m''' les valeurs 0, 1, 2, ..., $n-1$. Mais si l'on suppose n premier et impair, on verra aisément qu'en supposant successivement

$$\left\{\begin{array}{ll} I_1=i_1\sqrt{-1}, \quad I'_1=i'_1\sqrt{-1}; & I_2=\mu i_1\sqrt{-1}+i_2, \quad I'_2=\mu i'_1\sqrt{-1}+i'_2; \\ I_3=\mu i_1\sqrt{-1}+\mu' i_2+i_3\sqrt{-1}, & I'_3=\mu i'_1\sqrt{-1}+\mu' i'_2+i'_3\sqrt{-1}; \\ I_4=\mu i_1\sqrt{-1}+\mu' i_2+\mu'' i_3\sqrt{-1}+i_4, & I'_4=\mu i'_1\sqrt{-1}+\mu' i'_2+\mu'' i'_3\sqrt{-1}+i'_4; \end{array}\right.$$

on pourra leur substituer les suivantes

$$x=\lambda_0\left(m\frac{I_1}{n},\ m\frac{I'_1}{n}\right),\qquad y=\lambda_1\left(m\frac{I_1}{n},\ m\frac{I'_1}{n}\right),$$

$$x=\lambda_0\left(m\frac{I_2}{n},\ m\frac{I'_2}{n}\right),\qquad y=\lambda_1\left(m\frac{I_2}{n},\ m\frac{I'_2}{n}\right),$$

$$x=\lambda_0\left(m\frac{I_3}{n},\ m\frac{I'_3}{n}\right),\qquad y=\lambda_1\left(m\frac{I_3}{n},\ m\frac{I'_3}{n}\right),$$

$$x=\lambda_0\left(m\frac{I_4}{n},\ m\frac{I'_4}{n}\right),\qquad y=\lambda_1\left(m\frac{I_4}{n},\ m\frac{I'_4}{n}\right),$$

en excluant la solution zéro, et donnant à m les valeurs $1, 2, \ldots, n-1$ et à μ, μ', μ'' les valeurs $0, 1, 2, \ldots, n-1$.

Mais comme les intégrales qui entrent dans les expressions de u et u' ont été prises à la limite inférieure zéro, on a $\lambda_0(-u, -u')=\lambda_0(u, u')$, $\lambda_1(-u, -u')=\lambda_1(u, u')$, d'où il arrive que les n^4-1 solutions des équations (C) sont égales deux à deux; et il suffira de prendre, dans les formules précédentes, $m=1, 2, \ldots, \frac{1}{2}(n-1)$.

Soit toujours $f(x, y)$ une fonction rationnelle et symétrique de x et y; on établira d'abord qu'en désignant par I l'une des quantités I_1, I_2, I_3, I_4, par I' la quantité correspondante au second argument, l'expression

$$f\left[\lambda_0\left(k\frac{I}{n},\ k\frac{I'}{n}\right),\ \lambda_1\left(k\frac{I}{n},\ k\frac{I'}{n}\right)\right]$$

peut se ramener, quel que soit le nombre entier k, à une fonction rationnelle de $\lambda_0\left(\frac{I}{n}, \frac{I'}{n}\right)$, $\lambda_1\left(\frac{I}{n}, \frac{I'}{n}\right)$. Cela résulte de ce que les radicaux $\Delta\left[\lambda_0\left(\frac{I}{n}, \frac{I'}{n}\right)\right]$, $\Delta\left[\lambda_1\left(\frac{I}{n}, \frac{I'}{n}\right)\right]$ s'expriment eux-mêmes rationnellement en $\lambda_0\left(\frac{I}{n}, \frac{I'}{n}\right)$, $\lambda_1\left(\frac{I}{n}, \frac{I'}{n}\right)$, comme il est facile de le voir d'après ce qui a été dit plus haut.

Cela posé, l'expression

$$\sum_0^{\frac{1}{2}(n-1)}{}_k\left\{f\left[\lambda_0\left(k\frac{I}{n},\ k\frac{I'}{n}\right),\ \lambda_1\left(k\frac{I}{n},\ k\frac{I'}{n}\right)\right]\right\}^l,$$

où l est un entier quelconque, pourra être ramenée à une fonction rationnelle et symétrique de $\lambda_0\left(\frac{I}{n}, \frac{I'}{n}\right)$, $\lambda_1\left(\frac{I}{n}, \frac{I'}{n}\right)$, que je représenterai, pour abréger, par $\varphi\left(\frac{\text{I}}{n}, \frac{\text{I}'}{n}\right)$, et que l'on démontrera aisément jouir de la propriété que

$$\varphi\left(\nu\frac{\text{I}}{n}, \nu\frac{\text{I}'}{n}\right) = \varphi\left(\frac{\text{I}}{n}, \frac{\text{I}'}{n}\right),$$

quel que soit le nombre entier ν.

Donc, donnant successivement à I et I' toutes les valeurs correspondantes comprises dans les formules (D), on pourra construire une équation entièrement rationnelle, qui aura pour racines les valeurs qui en résulteront pour la fonction $\varphi\left(\frac{\text{I}}{n}, \frac{\text{I}'}{n}\right)$.

Il est bien facile de voir que son degré sera le nombre

$$1 + n + n^2 + n^3 = \frac{n^4 - 1}{n - 1};$$

ainsi, l'équation de degré $\frac{1}{2}(n^4 - 1)$ de laquelle dépend la détermination d'une fonction rationnelle symétrique de $\lambda_0\left(\frac{\text{I}}{n}, \frac{\text{I}'}{n}\right)$, $\lambda_1\left(\frac{\text{I}}{n}, \frac{\text{I}'}{n}\right)$, peut être décomposée en $\frac{n^4 - 1}{n - 1}$ facteurs du degré $\frac{1}{2}(n - 1)$, au moyen des racines d'une équation rationnelle du degré $\frac{n^4 - 1}{n - 1}$.

Les équations de degré $\frac{1}{2}(n - 1)$ sont résolubles par radicaux. Pour le faire voir en peu de mots, soit ρ une racine primitive par rapport au nombre premier n, on établira d'abord que leurs racines peuvent être représentées par la formule

$$f\left[\lambda_0\left(\rho^k\frac{\text{I}}{n}, \rho^k\frac{\text{I}'}{n}\right), \lambda_1\left(\rho^k\frac{\text{I}}{n}, \rho^k\frac{\text{I}'}{n}\right)\right],$$

en supposant $k = 0, 1, 2, \ldots, \frac{1}{2}(n - 3)$; et si l'on considère la puissance de degré $\frac{1}{2}(n - 1)$ de l'expression

$$\sum_k^{\frac{1}{2}(n-3)} {}_0 f\left[\lambda_0\left(\rho^k\frac{\text{I}}{n}, \rho^k\frac{\text{I}'}{n}\right), \lambda_1\left(\rho^k\frac{\text{I}}{n}, \rho^k\frac{\text{I}'}{n}\right)\right]\theta^k,$$

où θ est une racine de $\theta^{\frac{1}{2}(n-1)} - 1 = 0$, on verra qu'elle peut être ramenée à une fonction rationnelle et symétrique de $\lambda_0\left(\frac{\text{I}}{n}, \frac{\text{I}'}{n}\right)$, $\lambda_1\left(\frac{\text{I}}{n}, \frac{\text{I}'}{n}\right)$ que je représenterai, pour abréger, par $\psi\left(\frac{\text{I}}{n}, \frac{\text{I}'}{n}\right)$, et qui jouira, comme la fonction φ, de la propriété que

$$\psi\left(\frac{\nu \mathrm{I}}{n}, \frac{\nu \mathrm{I}'}{n}\right) = \psi\left(\frac{\mathrm{I}}{n}, \frac{\mathrm{I}'}{n}\right).$$

Dès lors on démontre aisément qu'on peut trouver une fonction rationnelle $\mathrm{F}(x)$ telle que, pour toutes les valeurs de I et I' comprises dans les formules (D), on ait

$$\psi\left(\frac{\mathrm{I}}{n}, \frac{\mathrm{I}'}{n}\right) = \mathrm{F}\left[\varphi\left(\frac{\mathrm{I}}{n}, \frac{\mathrm{I}'}{n}\right)\right].$$

Or, connaissant la fonction ψ, on sait comment en déduire toutes les racines de l'équation proposée.

Les considérations précédentes semblent pouvoir s'appliquer également aux autres classes des transcendantes nommées généralement par Legendre *fonctions ultra-elliptiques;* il est facile en effet de trouver les formules suivantes. Soit

$$\begin{aligned}
\Delta(x) &= \sqrt{[x(1-x)(1-\lambda_1^2 x)\ldots(1-\lambda_{2n+1}^2 x)]},\\
\theta_k(x) &= \alpha_k + \beta_k x + \gamma_k x^2 + \ldots + \eta_k x^n,\\
\Phi_k(x) &= \int_0^x \frac{\theta_k(x)\,dx}{\Delta(x)};
\end{aligned}$$

posons

$$\begin{aligned}
u_0 &= \Phi_0(x_0) + \Phi_0(x_1) + \ldots + \Phi_0(x_n),\\
u_1 &= \Phi_1(x_0) + \Phi_1(x_1) + \ldots + \Phi_1(x_n),\\
&\ldots\ldots\ldots\ldots\ldots\ldots\ldots\ldots;\\
u_n &= \Phi_n(x_0) + \Phi_n(x_1) + \ldots + \Phi_n(x_n),
\end{aligned}$$

et soit

$$\begin{aligned}
x_0 &= \lambda_0(u_0, u_1, \ldots, u_n),\\
x_1 &= \lambda_1(u_0, u_1, \ldots, u_n),\\
&\ldots\ldots\ldots\ldots\ldots\ldots\ldots\ldots,\\
x_n &= \lambda_n(u_0, u_1, \ldots, u_n),
\end{aligned}$$

on aura

$$\begin{aligned}
\Delta(x_0) &= \theta_0(x_0)\frac{dx_0}{du_0} + \theta_1(x_0)\frac{dx_0}{du_1} + \theta_2(x_0)\frac{dx_0}{du_2} + \ldots + \theta_n(x_0)\frac{dx_0}{du_n},\\
\Delta(x_1) &= \theta_0(x_1)\frac{dx_1}{du_0} + \theta_1(x_1)\frac{dx_1}{du_1} + \theta_2(x_1)\frac{dx_1}{du_2} + \ldots + \theta_n(x_1)\frac{dx_1}{du_n},\\
&\ldots\ldots\ldots\ldots\ldots\ldots\ldots\ldots\ldots\ldots\ldots\ldots,\\
\Delta(x_n) &= \theta_0(x_n)\frac{dx_n}{du_0} + \theta_1(x_n)\frac{dx_n}{du_1} + \theta_2(x_n)\frac{dx_n}{du_2} + \ldots + \theta_n(x_n)\frac{dx_n}{du_n}.
\end{aligned}$$

Les fonctions θ étant du degré n, on trouve aussi que les racines de l'équation du $n^{\text{ième}}$ degré

$$o = \theta_0(x)\frac{dx_k}{du_0} + \theta_1(x)\frac{dx_k}{du_1} + \theta_2(x)\frac{dx_k}{du_2} + \ldots + \theta_n(x)\frac{dx_k}{du_n}$$

sont les n fonctions $x_0, x_1, x_2, \ldots, x_{k-1}, x_{k+1}, \ldots, x_n$.

En cherchant à déterminer directement le degré des équations relatives à la division des arguments dans les fonctions λ, j'ai été conduit à cette remarque, que l'équation algébrique correspondante à l'équation transcendante

$$\Phi(\alpha_0) + \Phi(\alpha_1) + \Phi(\alpha_2) + \ldots + \Phi(\alpha_n) = \mu\,\Phi(x)$$

a ses coefficients rationnels en x, quel que soit le nombre entier μ; mais voici quelque chose de plus étendu.

Considérez la transcendante $\int_0^x \frac{\theta(x)\,\partial x}{\sqrt[n]{[F(x)^k]}}$, où $F(x)$ est un polynome entier du degré m, $\theta(x)$ un autre polynome d'un degré $< m\frac{k}{n} - 1$. Si l'on suppose n et m premiers entre eux, et si l'on fait $\nu = \frac{1}{2}(m-1)(n-1)$, on sait que la somme d'un nombre quelconque de pareilles intégrales relatives aux variables $x, y, z, \ldots$ est réductible à une somme composée de ν termes seulement, dont les arguments $\alpha_0, \alpha_1, \ldots, \alpha_{\nu-1}$ sont déterminés par les racines d'une équation du degré ν, dont les coefficients sont rationnels en $x, y, z, \ldots, \sqrt[n]{[F(x)]}, \sqrt[n]{[F(y)]}, \sqrt[n]{[F(z)]}, \ldots$.

Or, si l'on fait $x = y = z = \ldots$, l'équation correspondante à l'équation transcendante

$$\int_0^{\alpha_0} \frac{\theta(x)\,dx}{\sqrt[n]{[F(x)^k]}} + \int_0^{\alpha_1} \frac{\theta(x)\,dx}{\sqrt[n]{[F(x)^k]}} + \ldots + \int_0^{\alpha_{\nu-1}} \frac{\theta(x)\,dx}{\sqrt[n]{[F(x)^k]}} = \mu \int_0^{x} \frac{\theta(x)\,dx}{\sqrt[n]{[F(x)^k]}}$$

aura tous ses coefficients rationnels en x.

II.

Paris, Août 1844.

La bonté avec laquelle vous avez accueilli mes premières recherches sur les fonctions abéliennes m'engage à vous écrire une seconde fois, pour vous soumettre quelques nouveaux résultats auxquels j'ai été conduit par l'étude de vos Ouvrages, en essayant d'étendre aux transcendantes plus générales les principales théories des fonctions elliptiques. Mon Travail m'a amené, naturellement, à rechercher la démonstration de quelques-uns des théorèmes que vous avez énoncés dans le *Journal de M. Crelle;* c'est aussi, Monsieur, ce dont je vous demanderai la permission de vous entretenir d'abord; je m'occuperai surtout de l'expression de $\sin\operatorname{am}(u, \varkappa)$ par $\sin\operatorname{am}\left(\frac{u}{M}, \lambda\right)$, si importante pour la théorie des fonctions elliptiques; mais je ne sais si j'aurai véritablement rencontré les principes qui vous ont conduit à ce beau théorème.

En suivant vos notations, je nommerai $\mathrm{H}(x)$, $\Theta(x)$ les deux fonctions qui donnent

$$\sin\operatorname{am}(x) = \frac{1}{\sqrt{\varkappa}}\,\frac{\mathrm{H}(x)}{\Theta(x)},$$

et qui satisfont aux conditions

$$(1)\qquad \begin{cases} \Theta(x+2i\mathrm{K}') = -e^{-\frac{i\pi}{\mathrm{K}}(x+i\mathrm{K}')}\,\Theta(x), \\ \Theta(x+2\mathrm{K}) \;\;= \Theta(x), \\ \mathrm{H}(x+2i\mathrm{K}') = -e^{-\frac{i\pi}{\mathrm{K}}(x+i\mathrm{K}')}\,\mathrm{H}(x), \\ \mathrm{H}(x+2\mathrm{K}) \;\;= -\mathrm{H}(x); \end{cases}$$

et voici d'abord une remarque sur laquelle je me fonderai principalement. Soit $\Phi(x)$ une fonction définie par l'équation

$$(2)\qquad \Phi(x+2i\mathrm{K}') = -e^{-\frac{i\pi}{\mathrm{K}}(x+i\mathrm{K}')}\,\Phi(x)$$

et par la condition de périodicité

$$(3)\qquad \Phi(x+4\mathrm{K}) = \Phi(x),$$

on trouvera qu'en supposant

$$\Phi(x) = \sum_{-\infty}^{+\infty}{}_m a_m e^{m\frac{i\pi x}{2K}}$$

les coefficients se déterminent de la manière suivante :

$$a_{2\mu} = (-1)^\mu a_0 q^{\mu^2}, \qquad a_{2\mu+1} = (-1)^\mu a_1 q^{\mu(\mu+1)},$$

de sorte qu'en employant les fonctions H et Θ on a

$$\Phi(x) = A\,H(x) + B\,\Theta(x).$$

Cela posé, soient n un nombre premier, p un entier compris entre o et $n-1$; faisons $\alpha = e^{-p\frac{8i\pi}{n}}$ et considérons la somme

$$\frac{H(x)}{\Theta(x)} + \alpha\frac{H\left(x+\frac{4K}{n}\right)}{\Theta\left(x+\frac{4K}{n}\right)} + \alpha^2\frac{H\left(x+\frac{8K}{n}\right)}{\Theta\left(x+\frac{8K}{n}\right)} + \ldots + \alpha^{n-1}\frac{H\left[x+\frac{4(n-1)K}{n}\right]}{\Theta\left[x+\frac{4(n-1)K}{n}\right]};$$

nommons $\Phi(x)$ le numérateur et $\Phi_0(x)$ le dénominateur, savoir :

$$\Phi_0(x) = \Theta(x)\,\Theta\left(x+\frac{4K}{n}\right)\Theta\left(x+\frac{8K}{n}\right)\ldots\Theta\left(x+\frac{4(n-1)K}{n}\right);$$

on déduit sans peine de la propriété fondamentale des Θ, qui est exprimée par l'égalité (1), la condition

$$\Phi_0(x+2iK') = -e^{-n\frac{i\pi}{K}(x+iK')}\,\Phi_0(x),$$

et il est clair que l'on a

$$\Phi_0\left(x+\frac{4K}{n}\right) = \Phi_0(x).$$

Or ces deux équations peuvent être ramenées aux équations (2) et (3), de la manière suivante. Soit $\varphi(x)$ une fonction définie par les deux conditions

$$\varphi(x+2iK_1') = -e^{-\frac{i\pi}{K_1}(x+iK_1')}\,\varphi(x) \quad \text{et} \quad \varphi(x+4K_1) = \varphi(x) :$$

on aura, d'après ce qui a été dit tout à l'heure,

$$\varphi(x) = \mathrm{A}\,\mathrm{H}_1(x) + \mathrm{B}\,\Theta_1(x),$$

en désignant par H_1 et Θ_1 les fonctions H et Θ, dans lesquelles K et K′ seraient supposés devenus K_1 et K'_1; posons ensuite $n\frac{\mathrm{K}_1}{\mathrm{K}} = \frac{\mathrm{K}'_1}{\mathrm{K}'}$, et faisons $x = \frac{n\mathrm{K}_1}{\mathrm{K}}z$; il viendra, comme on le voit facilement

$$\varphi\left[\frac{n\mathrm{K}_1}{\mathrm{K}}(z + 2i\mathrm{K}')\right] = -e^{-n\frac{i\pi}{\mathrm{K}}(z+i\mathrm{K}')}\varphi\left(\frac{n\mathrm{K}_1}{\mathrm{K}}z\right)$$

et

$$\varphi\left[\frac{n\mathrm{K}_1}{\mathrm{K}}\left(z + \frac{4\mathrm{K}}{n}\right)\right] = \varphi\left(\frac{n\mathrm{K}_1}{\mathrm{K}}z\right).$$

Or ces équations font voir que l'on aura

$$\Phi_0(x) = \varphi\left(\frac{n\mathrm{K}_1}{\mathrm{K}}x\right) = \mathrm{A}\,\mathrm{H}_1\left(\frac{n\mathrm{K}_1}{\mathrm{K}}x\right) + \mathrm{B}\,\Theta_1\left(\frac{n\mathrm{K}_1}{\mathrm{K}}x\right),$$

et comme la fonction Φ_0 est paire, il faut faire $\mathrm{A} = 0$ et il vient

$$\Phi_0(x) = \text{const.}\,\Theta_1\left(\frac{n\mathrm{K}_1}{\mathrm{K}}x\right).$$

Je passe actuellement au numérateur désigné par $\Phi(x)$. On établit immédiatement qu'il satisfait encore à l'équation

$$(4) \qquad \Phi(x + 2i\mathrm{K}') = -e^{-n\frac{i\pi}{\mathrm{K}}(x+i\mathrm{K}')}\Phi(x),$$

et l'on peut même observer que chacun des n produits dont la somme le compose la vérifie isolément. On trouve ensuite, en désignant par j un nombre entier,

$$\Phi\left(x + \frac{4j\mathrm{K}}{n}\right) = \alpha^{-j}\,\Phi(x).$$

Si donc je pose

$$\Psi(x) = e^{-2p\frac{i\pi x}{\mathrm{K}}}\Phi(x),$$

j'aurai

$$\Psi\left(x + \frac{4j\mathrm{K}}{n}\right) = \Psi(x).$$

D'ailleurs de l'équation fondamentale (4) on tirera

$$\Psi(x + 2i\mathrm{K}') = -e^{-n\frac{i\pi}{\mathrm{K}}(x+i\mathrm{K}')+4p\frac{\pi\mathrm{K}'}{\mathrm{K}}}\Psi(x),$$

et en mettant $x - 4p\frac{iK'}{n}$ à la place de x, et faisant pour plus de clarté

$$\Psi_1(x) = \Psi\left(x - \frac{4piK'}{n}\right),$$

on en déduit

$$\Psi_1(x + 2iK') = -e^{-n\frac{i\pi}{K}(x+iK')}\Psi_1(x).$$

Ainsi par cette transformation nous sommes entièrement ramenés à l'équation (4). Mais on a la condition de périodicité

$$\Psi_1\left(x + \frac{4K}{n}\right) = \Psi_1(x),$$

donc, en raisonnant comme plus haut, il viendra

$$\Psi_1(x) = A\,H_1\left(\frac{nK_1}{K}x\right) + B\,\Theta_1\left(\frac{nK_1}{K}x\right).$$

Faisons pour la suite $\frac{nK_1}{K} = \frac{1}{M}$; nous aurons le théorème exprimé par l'égalité

$$\begin{aligned}\sin\operatorname{am}(x) &+ \alpha\sin\operatorname{am}\left(x + \frac{4K}{n}\right) + \alpha^2\sin\operatorname{am}\left(x + \frac{8K}{n}\right) + \ldots \\ &+ \alpha^{n-1}\sin\operatorname{am}\left[x + \frac{4(n-1)K}{n}\right] \\ &= e^{2p\frac{i\pi x}{K}}\frac{A\,H_1\left(\frac{x}{M} + 4p\frac{iK'_1}{n}\right) + B\,\Theta_1\left(\frac{x}{M} + 4p\frac{iK'_1}{n}\right)}{\Theta_1\left(\frac{x}{M}\right)}.\end{aligned}$$

J'observe que le premier membre change de signe en augmentant x de $2K$; le nombre n étant impair, il en est de même de la fonction $H_1\left(\frac{x}{M}\right)$; d'ailleurs $\Theta_1\left(\frac{x}{M}\right)$ ne change pas; ainsi il faut faire $B = 0$, et il vient

$$\begin{aligned}\sin\operatorname{am}(x) + \alpha\sin\operatorname{am}\left(x + \frac{4K}{n}\right) + \ldots + \alpha^{n-1}\sin\operatorname{am}\left[x + \frac{4(n-1)K}{n}\right] \\ = \text{const.}\,e^{2p\frac{i\pi x}{K}}\frac{H_1\left(\frac{x}{M} + 4p\frac{iK'_1}{n}\right)}{\Theta_1\left(\frac{x}{M}\right)} \\ = \text{const.}\sin\operatorname{am}\left(\frac{x}{M} + 4p\frac{iK'_1}{n}\right)\frac{e^{2p\frac{i\pi x}{K}}\Theta_1\left(\frac{x}{M} + 4p\frac{iK'_1}{n}\right)}{\Theta_1\left(\frac{x}{M}\right)}.\end{aligned}$$

Je substitue maintenant aux fonctions Θ à période réelle, les fonctions analogues $\vartheta(x) = e^{\frac{\pi x^2}{4KK'}}\Theta(x)$, à la période imaginaire $4iK'$; on trouve

$$\vartheta_1\left(\frac{x}{M}\right) = e^{n\frac{\pi x^2}{4KK'}}\Theta_1\left(\frac{x}{M}\right),$$

de sorte qu'à un facteur constant près, l'expression

$$\frac{e^{2p\frac{i\pi x}{K}}\Theta_1\left(\frac{x}{M} + 4p\frac{iK'_1}{n}\right)}{\Theta_1\left(\frac{x}{M}\right)}$$

se transforme en la suivante :

$$\frac{\vartheta_1\left(\frac{x}{M} + 4p\frac{iK'_1}{n}\right)}{\vartheta_1\left(\frac{x}{M}\right)},$$

où l'exponentielle $e^{2p\frac{i\pi x}{K}}$ a disparu; ainsi il vient

$$\begin{aligned}\operatorname{sinam}(x) + \alpha\operatorname{sinam}\left(x + \frac{4K}{n}\right) + \ldots + \alpha^{n-1}\operatorname{sinam}\left[x + \frac{4(n-1)K}{n}\right]\\ = \text{const.}\operatorname{sinam}\left(\frac{x}{M} + 4p\frac{iK'_1}{n}\right)\frac{\vartheta_1\left(\frac{x}{M} + 4p\frac{iK'_1}{n}\right)}{\vartheta_1\left(\frac{x}{M}\right)}.\end{aligned}$$

Pour déterminer la constante, je multiplie les deux membres par $x - iK'$, puis je fais $x = iK'$; en nommant $\varkappa$, $\varkappa_1$ les modules des fonctions K, K_1, le terme $\operatorname{sinam}(x)$ qu'il y a seul lieu de considérer dans le premier membre donne $\frac{1}{\varkappa}$; dans le second il suffit d'avoir la valeur de la dérivée de $\vartheta_1\left(\frac{x}{M}\right)$, pour $x = iK'$. Or, on obtient sans peine pour résultat $\frac{i\sqrt{\varkappa_1}\,\vartheta_1(0)}{M}$: ainsi on a l'égalité

$$\frac{1}{\varkappa} = \text{const.}\operatorname{sinam}\left(\frac{iK'}{M} + 4p\frac{iK'_1}{n}\right)\frac{\vartheta_1\left(\frac{iK'}{M} + 4p\frac{iK'_1}{n}\right)}{\frac{1}{M}i\sqrt{\varkappa_1}\,\vartheta_1(0)},$$

et l'on en tire après quelques transformations faciles

$$\text{const.} = \frac{\varkappa_1}{M\varkappa}\frac{\vartheta_1(0)}{\vartheta_1\left(\frac{4piK'_1}{n}\right)}.$$

Nous voici de la sorte parvenus au théorème exprimé par l'égalité

$$\frac{\mathrm{M}\varkappa}{\varkappa_1}\left\{\sin\mathrm{am}(x)+\alpha\sin\mathrm{am}\left(x+\frac{4\mathrm{K}}{n}\right)+\ldots+\alpha^{n-1}\sin\mathrm{am}\left[x+\frac{4(n-1)\mathrm{K}}{n}\right]\right\}$$

$$=\sin\mathrm{am}\left(\frac{x}{\mathrm{M}}+4p\frac{i\mathrm{K}'_1}{n}\right)\frac{\vartheta_1(0)\,\vartheta_1\left(\frac{x}{\mathrm{M}}+4p\frac{i\mathrm{K}'_1}{n}\right)}{\vartheta_1\left(\frac{x}{\mathrm{M}}\right)\vartheta_1\left(4p\frac{i\mathrm{K}'_1}{n}\right)}.$$

Je n'ai plus maintenant qu'à vous emprunter, Monsieur, la méthode par laquelle vous établissez les propriétés si remarquables de la fonction

$$\chi(u)=e^{ru^2}\,\Omega(u).$$

En formant le produit

$$\psi(x)=\frac{\vartheta_1\left(\frac{x}{\mathrm{M}}\right)\vartheta_1\left(\frac{x}{\mathrm{M}}+\frac{4i\mathrm{K}'_1}{n}\right)\vartheta_1\left(\frac{x}{\mathrm{M}}+\frac{8i\mathrm{K}'_1}{n}\right)\ldots\vartheta_1\left[\frac{x}{\mathrm{M}}+\frac{4(n-1)i\mathrm{K}'_1}{n}\right]}{\vartheta_1(0)\,\vartheta_1^2\left(\frac{4i\mathrm{K}'_1}{n}\right)\vartheta_1^2\left(\frac{8i\mathrm{K}'_1}{n}\right)\ldots\vartheta_1^2\left[\frac{2(n-1)i\mathrm{K}'_1}{n}\right]},$$

on aura $\psi\left(x+4p\frac{i\mathrm{K}'}{n}\right)=\psi(x)$, et l'on en déduit la formule suivante :

$$\frac{\vartheta_1(0)\,\vartheta_1\left(\frac{x}{\mathrm{M}}+4p\frac{i\mathrm{K}'_1}{n}\right)}{\vartheta_1\left(\frac{x}{\mathrm{M}}\right)\vartheta_1\left(4p\frac{i\mathrm{K}'_1}{n}\right)}$$

$$\ldots_m\left[1-\varkappa_1^2\sin^2\mathrm{am}\left(\frac{x}{\mathrm{M}}\right)\sin^2\mathrm{am}\left(\frac{4mi\mathrm{K}'_1}{n}\right)\right]\prod_{1}^{\frac{1}{2}(n-1)}{}_m\left[1-\varkappa_1^2\sin^2\mathrm{am}\left(4p\frac{i\mathrm{K}'_1}{n}\right)\sin^2\mathrm{am}\left(\frac{4mi\mathrm{K}'_1}{n}\right)\right]$$
$$\overline{\prod_{1}^{\frac{1}{2}(n-1)}{}_m\left[1-\varkappa_1^2\sin^2\mathrm{am}\left(\frac{x}{\mathrm{M}}+4p\frac{i\mathrm{K}'_1}{n}\right)\sin^2\mathrm{am}\left(\frac{4mi\mathrm{K}'_1}{n}\right)\right]}\ \Bigg\}^{\frac{1}{n}},$$

de laquelle découle ainsi la démonstration de votre théorème sur l'expression algébrique de $\sin\mathrm{am}(x)$ par $\sin\mathrm{am}\left(\frac{x}{\mathrm{M}}\right)$.

La méthode précédente est fondée principalement sur ce caractère, digne de toute notre attention, de la fonction $\sin\mathrm{am}(x)$, d'être exprimable par le quotient de deux fonctions développables en séries, toujours convergentes, et qui restent les mêmes, ou ne font qu'acquérir un facteur commun, en augmentant l'argument de certaines quantités constantes. Tel est le lien si simple par lequel se trouve rattaché, aux notions analytiques élémentaires, l'ensemble des propriétés caractéristiques de la nouvelle transcendante, qui ont leur source dans le principe de la double période. Mais il est important d'abord d'observer, dans toute fonction rationnelle de $\sin\mathrm{am}(x)$, l'analogie des fonctions qui jouent les rôles de numérateur et de dénominateur, avec les fonctions H et Θ. A cet effet, je considère la fonction homogène d'un degré quelconque n :

$$\Phi(x) = \mathrm{A}\mathrm{H}^n(x) + \mathrm{B}\mathrm{H}^{n-1}\Theta(x) + \ldots + \mathrm{L}\mathrm{H}(x)\Theta^{n-1}(x) + \mathrm{I}\,\Theta^n(x).$$

On trouve bien facilement, d'après chaque terme en particulier,

$$\Phi(x + 2i\mathrm{K}') = (-1)^n e^{-\frac{ni\pi}{\mathrm{K}}(x+i\mathrm{K}')}\Phi(x);$$

on a d'ailleurs

$$\Phi(x + 4\mathrm{K}) = \Phi(x);$$

ainsi dans ce cas général, l'expression analytique du caractère de la double périodicité se présente sous la même forme que pour la fonction $\sin\mathrm{am}(x)$. Introduisons aussi la fonction

$$\mathrm{H}'(x)\Theta(x) - \mathrm{H}(x)\Theta'(x),$$

qui représente le numérateur de la dérivée de $\frac{\mathrm{H}(x)}{\Theta(x)}$; en la désignant un instant par $\chi(x)$, on aura sans peine

$$\chi(x + 2\mathrm{K}) = -\chi(x), \qquad \chi(x + 2i\mathrm{K}') = e^{-2\frac{i\pi}{\mathrm{K}}(x+i\mathrm{K}')}\chi(x).$$

De là résulte que la fonction suivante

$$(\alpha) \quad \begin{aligned} \Pi(x) = {} & \mathrm{A}\mathrm{H}^n(x) + \mathrm{B}\mathrm{H}^{n-1}(x)\Theta(x) + \ldots + \mathrm{L}\mathrm{H}(x)\Theta^{n-1}(x) + \mathrm{I}\,\Theta^n(x) \\ & + [\mathrm{H}'(x)\Theta(x) - \mathrm{H}(x)\Theta'(x)] \\ & \times [\mathrm{A}'\mathrm{H}^{n-2}(x) + \mathrm{B}'\mathrm{H}^{n-3}(x)\Theta(x) + \ldots + \mathrm{I}'\,\Theta^{n-2}(x)] \end{aligned}$$

donnera encore

$$\Pi(x + 4\mathrm{K}) = \Pi(x), \qquad \Pi(x + 2i\mathrm{K}') = (-1)^n e^{-n\frac{i\pi}{\mathrm{K}}(x+i\mathrm{K}')}\Pi(x).$$

Mais on ne peut pas satisfaire à ces deux équations par une solution plus générale que la fonction définie par l'équation (α) qui renferme $2n$ constantes arbitraires.

Supposons en effet

$$\Pi(x) = \sum_{-\infty}^{+\infty} a_m e^{m\frac{i\pi x}{2K}};$$

la seconde équation donnera facilement

$$a_{m+2n} = (-1)^n a_m q^{m+n},$$

d'où

$$a_{m+2kn} = (-1)^{kn} a_m q^{km+k^2n},$$

k étant un nombre entier positif ou négatif. On voit par là que tous les coefficients s'obtiendront au moyen des quantités a_0, a_1, ..., a_{2n-1} qui restent arbitraires. Si à la condition

$$\Pi(x+4K) = \Pi(x)$$

on substitue la condition plus particulière

$$\Pi(x+2K) = -\Pi(x),$$

tous les coefficients à indices pairs devront être nuls, ce qui réduira à moitié le nombre des constantes arbitraires.

Ainsi je considère l'expression

$$\sin\operatorname{am}(x)\,F[\sin^2\operatorname{am}(x)] - \frac{d\sin\operatorname{am}(x)}{dx}f[\sin^2\operatorname{am}(x)],$$

où $F(x)$ et $f(x)$ désignent deux fonctions entières, l'une du degré m, l'autre du degré $m-1$; je remplace $\sin\operatorname{am}(x)$ par $\frac{1}{\sqrt{\varkappa}}\frac{H(x)}{\Theta(x)}$, le numérateur

$$\Pi(x) = \Theta(x)^{2m+1}\left\{\frac{1}{\sqrt{\varkappa}}\frac{H(x)}{\Theta(x)}F\left[\frac{1}{\varkappa}\frac{H^2(x)}{\Theta^2(x)}\right] - \frac{1}{\sqrt{\varkappa}}\frac{H'(x)\Theta(x)-H(x)\Theta'(x)}{\Theta^2(x)}f\left[\frac{1}{\varkappa}\frac{H^2(x)}{\Theta^2(x)}\right]\right\}$$

vérifiera les deux équations

$$\Pi(x+2K) = -\Pi(x), \qquad \Pi(x+2iK') = -e^{-(2m+1)\frac{i\pi}{K}(x+iK')}\Pi(x)$$

indépendamment des valeurs des coefficients au nombre de $2m+1$ qu'il renferme; il en représentera donc la solution la plus générale. Mais, d'une autre part, je considère le produit des

$2m+1$ facteurs

$$H(x+a_1)\,H(x+a_2)\ldots H(x+a_{2m})\,H(x+a_{2m+1}):$$

il satisfait évidemment à la première des équations précédentes, et l'on voit sans peine qu'il vérifiera la seconde, en assujettissant les constantes $a_1, a_2, \ldots, a_{2m}, a_{2m+1}$, à la seule condition

$$a_1+a_2+\ldots+a_{2m}+a_{2m+1}=2jK,$$

j étant un nombre entier quelconque. En introduisant un facteur constant, on aura une nouvelle expression de la solution générale, dont la comparaison avec la première donne le théorème exprimé par l'égalité

$$\begin{aligned}\sin\operatorname{am}(x)\,F[\sin^2\operatorname{am}(x)] &- \frac{d\sin\operatorname{am}(x)}{dx}\,f[\sin^2\operatorname{am}(x)]\\ &= \text{const.}\,\frac{H(x+a_1)\,H(x+a_2)\ldots H(x+a_{2m+1})}{\Theta^{2m+1}(x)}.\end{aligned}$$

Ainsi nous obtenons, sous la forme trouvée par Abel, les propriétés fondamentales des fonctions elliptiques relatives à l'addition des arguments.

Dans le cas le plus simple, celui de $m=1$, on aura

$$\begin{aligned}\sin\operatorname{am}x[\sin^2\operatorname{am}(x)+A] &- B\,\frac{d\sin\operatorname{am}(x)}{dx}\\ &= \text{const.}\,\frac{H(x+a_1)\,H(x+a_2)\,H(x-a_1-a_2)}{\Theta^3(x)}.\end{aligned}$$

Les coefficients A, B dépendent des quantités a_1 et a_2, au moyen des deux équations qui expriment que le premier membre s'annule pour $x=-a_1$, $x=-a_2$.

Si l'on suppose $a_1=-a_2$, on trouvera

$$B=0, \qquad A=-\sin^2\operatorname{am}(a_1),$$

ce qui donnera

$$\sin\operatorname{am}(x)[\sin^2\operatorname{am}(x)-\sin^2\operatorname{am}(a_1)] = \text{const.}\,\frac{H(x)\,H(x+a_1)\,H(x-a_1)}{\Theta^3(x)};$$

et par suite

$$\begin{aligned}\sin^2\operatorname{am}(x)-\sin^2\operatorname{am}(a_1) &= \text{const.}\,\frac{H(x+a_1)\,H(x-a_1)}{\Theta^2(x)},\\ \log[\sin^2\operatorname{am}(x)-\sin^2\operatorname{am}(a_1)] &\\ = \text{const.}+\log H(x+a_1) &+ \log H(x-a_1) - 2\log\Theta(x).\end{aligned}$$

Cette dernière équation conduit à la théorie des fonctions de troisième espèce, en différentiant par rapport à a_1, et intégrant par rapport à x.

Mais je reprends les deux équations

$$\Pi(x+4\mathrm{K})=\Pi(x), \qquad \Pi(x+2i\mathrm{K}')=(-1)^n e^{-n\frac{i\pi}{\mathrm{K}}(x+i\mathrm{K}')}\Pi(x),$$

dont la solution générale est donnée par l'expression

$$\begin{aligned}\Pi(x)=&\ \mathrm{A}\mathrm{H}^n(x)+\mathrm{B}\mathrm{H}^{n-1}(x)\Theta(x)+\ldots+\mathrm{I}\Theta^n(x)\\ &+[\mathrm{H}(x)\Theta(x)-\mathrm{H}(x)\Theta'(x)]\\ &\times[\mathrm{A}'\mathrm{H}^{n-2}(x)+\mathrm{B}'\mathrm{H}^{n-3}(x)\Theta(x)+\ldots+\mathrm{I}'\Theta^{n-2}(x)].\end{aligned}$$

En faisant $\alpha=e^{-p\frac{2i\pi}{n}}$ et

$$\begin{aligned}\Phi(x)=\Pi(x)+\alpha\Pi\left(x+\frac{4\mathrm{K}}{n}\right)+\alpha^2\Pi\left(x+\frac{8\mathrm{K}}{n}\right)+\ldots\\ +\alpha^{n-1}\Pi\left[x+\frac{4(n-1)\mathrm{K}}{n}\right],\end{aligned}$$

on aura toujours la seconde équation

$$\Phi(x+2i\mathrm{K}')=(-1)^n e^{-n\frac{i\pi}{\mathrm{K}}(x+i\mathrm{K}')}\Phi(x),$$

mais de plus

$$\Phi\left(x+\frac{4j\mathrm{K}}{n}\right)=\alpha^{-j}\Phi(x).$$

Posant donc

$$\Psi(x)=e^{-p\frac{i\pi x}{2\mathrm{K}}}\Phi(x).$$

il viendra

$$\Psi\left(x+\frac{4\mathrm{K}}{n}\right)=\Psi(x), \qquad \Psi(x+2i\mathrm{K}')=(-1)^n e^{-n\frac{i\pi}{\mathrm{K}}(x+i\mathrm{K}')+p\frac{\pi\mathrm{K}'}{\mathrm{K}}}\Psi(x).$$

Je mets à la place du facteur $(-1)^n$, $e^{ni\pi}$, et je fais

$$\Psi_1(x)=\Psi\left[x+\frac{(n-1)\mathrm{K}}{n}-\frac{p}{n}i\mathrm{K}'\right];$$

j'obtiendrai par là les deux équations

$$\Psi_1\left(x+\frac{4\mathrm{K}}{n}\right)=\Psi_1(x), \qquad \Psi_1(x+2i\mathrm{K}')=-e^{-n\frac{i\pi}{\mathrm{K}}(x+i\mathrm{K}')}\Psi_1(x).$$

On aurait pu faire plus généralement

$$\Psi_1(x)=\Psi\left[x+\frac{(n-\nu)\mathrm{K}}{n}-p\frac{i\mathrm{K}'}{n}\right],$$

ν désignant un nombre impair quelconque, et l'on serait arrivé aux mêmes conditions. En faisant

$$\frac{1}{M} = \frac{nK_1}{K},$$

on trouvera, comme je l'ai déjà établi, que le nombre n soit impair ou pair,

$$\Psi_1(x) = aH_1\left(\frac{x}{M}\right) + b\Theta_1\left(\frac{x}{M}\right).$$

Nous voici donc parvenu au théorème exprimé par l'égalité suivante :

$$\begin{aligned} H(x) + \alpha H\left(x + \frac{4K}{n}\right) + \alpha^2 H\left(x + \frac{8K}{n}\right) + \ldots + \alpha^{n-1} H\left[x + \frac{4(n-1)K}{n}\right] \\ = e^{p\frac{i\pi x}{2K}}\left\{ aH_1\left[\frac{x}{M} + \frac{piK' - (n-\nu)K}{nM}\right] + b\Theta_1\left[\frac{x}{M} + \frac{piK' - (n-\nu)K}{nM}\right]\right\}. \end{aligned}$$

Sans m'arrêter à la détermination des constantes a, b, il est clair qu'en remplaçant α successivement par toutes les racines de l'équation binome $x^n = 1$, ou en faisant $p = 0, 1, 2, \ldots, n-1$, on aura un système de n équations linéaires qui donneront

$$\begin{aligned} H(x) = \sum_{0}^{n-1}{}_p\, e^{p\frac{i\pi x}{2K}} \Bigg\{ & a_p H_1\left[\frac{x}{M} + \frac{piK' - (n-\nu)K}{nM}\right] \\ & + b_p \Theta_1\left[\frac{x}{M} + \frac{piK' - (n-\nu)K}{nM}\right]\Bigg\}. \end{aligned}$$

Cette nouvelle expression de la fonction $H(x)$ conduit au développement en série de toute fonction rationnelle de $\sin\mathrm{am}(x)$ et de sa dérivée. (J'ai remarqué à ce sujet qu'en cherchant le développement de la fonction

$$\vartheta(x) = e^{\frac{\pi x^2}{4KK'}}\Theta(x),$$

d'après celui de

$$\begin{aligned} \Theta(x) &= 1 - 2q\cos\frac{\pi x}{K} + 2q^4\cos 2\frac{\pi x}{K} - \ldots \\ &= 1 + \sum_{1}^{\infty}{}_n (-1)^n \left[e^{\frac{n\pi}{K}(ix - nK')} + e^{-\frac{n\pi}{K}(ix + nK')}\right], \end{aligned}$$

on arrivait au résultat suivant :

$$\vartheta(x) = e^{\frac{\pi}{4KK'}x^2} + \sum_{1}^{\infty}{}_n (-1)^n \left[e^{\frac{\pi}{4KK'}(x + 2niK')^2} + e^{\frac{\pi}{4KK'}(x - 2niK')^2}\right].$$

La fonction $e^{\frac{\pi x^2}{4KK'}}H(x)$ donne de même

$$\sum_{1}^{\infty}{}_{n}(-1)^n\left\{e^{\frac{\pi}{4KK'}[x+(2n+1)iK']^2}-e^{\frac{\pi}{4KK'}[x-(2n+1)iK']^2}\right\}.$$

La théorie de la transformation découle bien simplement des mêmes principes. Considérez, en effet, la somme ou la somme des produits 2 à 2, 3 à 3, etc., ou le produit des n fonctions (n étant impair) :

$$\frac{H(x)}{\Theta(x)}\,\frac{H\left(x+\frac{4K}{n}\right)}{\Theta\left(x+\frac{4K}{n}\right)}\,\frac{H\left(x+\frac{8K}{n}\right)}{\Theta\left(x+\frac{8K}{n}\right)}\cdots\frac{H\left[x+\frac{4(n-1)K}{n}\right]}{\Theta\left[x+\frac{4(n-1)K}{n}\right]}.$$

Soient $\Phi_1(x)$ le numérateur, $\Phi_0(x)$ le dénominateur : pour l'une et pour l'autre de ces deux fonctions on trouve les conditions

$$\Phi(x+2iK')=-e^{-n\frac{i\pi}{K}(x+iK')}\Phi(x),\qquad \Phi\left(x+\frac{4K}{n}\right)=\Phi(x),$$

desquelles il résulte

$$\Phi_1(x)=A_1H_1\left(\frac{nK_1}{K}x\right)+B_1\Theta_1\left(\frac{nK_1}{K}x\right),$$

$$\Phi_0(x)=A_0H_1\left(\frac{nK_1}{K}x\right)+B_0\Theta_1\left(\frac{nK_1}{K}x\right).$$

Or la fonction $\Phi_1(x)$ sera paire ou impaire selon qu'elle sera relative à une somme de produits d'un nombre pair ou d'un nombre impair de fonctions. Dans le premier cas, on devra faire $A_1=0$, dans le second, $B_1=0$; d'ailleurs pour $\Phi_0(x)$ on a toujours $A_0=0$. De là résulte que la somme des produits 2 à 2, 4 à 4, ..., $n-1$ à $n-1$ des quantités

$$\frac{H(x)}{\Theta(x)},\quad \frac{H\left(x+\frac{4K}{n}\right)}{\Theta\left(x+\frac{4K}{n}\right)},\quad \ldots,\quad \frac{H\left[x+\frac{4(n-1)K}{n}\right]}{\Theta\left[x+\frac{4(n-1)K}{n}\right]},$$

est constante, et qu'elles peuvent être considérées comme les racines d'une équation du $n^{\text{ième}}$ degré, dont les coefficients sont des fonctions du premier degré de $\dfrac{H_1\left(\frac{nK_1}{K}x\right)}{\Theta_1\left(\frac{nK_1}{K}x\right)}$. On en conclut l'expression connue de cette dernière fonction, par une fonction rationnelle de l'une quelconque des quantités précédentes, etc. Toutes ces propriétés, spéciales à la fonction à double période $\frac{H(x)}{\Theta(x)}$, découlent immédiatement, comme on le voit, de l'équation de définition des fonctions H et Θ simplement périodiques; on peut même remarquer la grande extension que reçoit le développement en produit infini de $\sin\text{am}(x)$, qui a été obtenu la première fois comme conséquence des formules de transformation, au moyen de l'égalité obtenue plus haut, savoir :

$$\sin\text{am}(x)\,F[\sin^2\text{am}(x)] - \frac{d\sin\text{am}(x)}{dx}f[\sin^2\text{am}(x)]$$

$$= \text{const.}\,\frac{H(x+a_1)H(x+a_2)\ldots H(x+a_{2m+1})}{\Theta^{2m+1}(x)}.$$

Jusqu'à présent, je n'ose point encore espérer, Monsieur, d'appliquer avec succès la méthode précédente à l'analyse des fonctions de deux variables à quatre périodes simultanées; ce sera donc sous un autre point de vue que je vais essayer de lier en quelques points, par des résultats analogues, la théorie des fonctions abéliennes et des fonctions elliptiques. Ainsi je prendrai les fonctions de troisième espèce, et sous la forme suivante :

$$\int\left[\left(\frac{\Delta a}{x-a}+\frac{\Delta b}{x-b}\right)\frac{dx}{\Delta x}+\left(\frac{\Delta a}{y-a}+\frac{\Delta b}{y-b}\right)\frac{dy}{\Delta y}\right];$$

l'intégrale étant assujettie à s'évanouir, lorsque l'on fait à la fois $x=0$, $y=0$, Δx représentant la racine carrée du polynome $p_1x^1+p_2x^2+p_3x^3+p_4x^4+p_5x^5$. Je la désignerai par $\Pi(u, v, \alpha, \beta)$, lorsqu'on y aura fait les substitutions $x=\lambda_0(u, v)$, $y=\lambda_1(u, v)$, les nouvelles variables u et v étant comme à l'ordinaire

$$u=\int_0^x\frac{dx}{\Delta x}+\int_0^y\frac{dy}{\Delta y},\qquad v=\int_0^x\frac{x\,dx}{\Delta x}+\int_0^y\frac{y\,dy}{\Delta y},$$

et de même $a=\lambda_0(\alpha, \beta)$, $b=\lambda_1(\alpha, \beta)$. On aura alors les expressions suivantes des coefficients différentiels

$$\frac{d\Pi}{du}=\Delta a\,\frac{x+y-a}{(a-x)(a-y)}+\Delta b\,\frac{x+y-b}{(b-x)(b-y)},$$

$$\frac{d\Pi}{dv}=-\frac{\Delta a}{(a-x)(a-y)}-\frac{\Delta b}{(b-x)(b-y)}.$$

J'introduirai pareillement les variables u et v dans les fonctions de seconde espèce, savoir :

$$\int\left(\frac{x^2\,dx}{\Delta x}+\frac{y^2\,dy}{\Delta y}\right) \quad \text{et} \quad \int\left(\frac{x^3\,dx}{\Delta x}+\frac{y^3\,dy}{\Delta y}\right);$$

elles deviendront respectivement

$$\int[(\lambda_0+\lambda_1)\,dv-\lambda_0\lambda_1\,du],$$
$$\int[(\lambda_0^2+\lambda_0\lambda_1+\lambda_1^2)\,dv-\lambda_0\lambda_1(\lambda_0+\lambda_1)\,du].$$

Cela posé, la première étant désignée pour un instant par $(u, v)_1$, et la seconde par $(u, v)_2$, je ferai

$$E_1(u, v)=2p_4(u, v)_1+3p_5(u, v)_2 \qquad \text{et} \qquad E_2(u, v)=p_5(u, v)_1;$$

on aura alors le théorème exprimé par l'égalité suivante :

$$(1)\quad 2\Pi(u, v, \alpha, \beta)-2\Pi(\alpha, \beta, u, v)$$
$$=p_3(\alpha v-\beta u)+\alpha E_1(u, v)+\beta E_2(u, v)-u E_1(\alpha, \beta)-v E_2(\alpha, \beta),$$

de laquelle se tirent les valeurs des fonctions complètes. Prenons en effet pour u et v deux demi-périodes simultanées i, j, les valeurs correspondantes de x et y donneront $\Delta(x)=0$, $\Delta(y)=0$; ainsi l'on aura

$$2\Pi(i, j, \alpha, \beta)=p_3(\alpha j-\beta i)+\alpha E_1(i, j)+\beta E_2(i, j)-i E_1(\alpha, \beta)-j E_2(\alpha, \beta).$$

On remarque sur cette expression un singulier genre de discontinuité de la fonction Π. En effet, les arguments u, v, étant quelconques, il est hors de doute que l'on peut, sans altérer sa valeur, ajouter les périodes simultanées aux arguments α, β; mais si l'on suppose $u=i$, $v=j$, la fonction deviendra uniquement périodique pour ces indices; c'est ce que l'on vérifie aisément sur la valeur précédente.

L'égalité (1) peut être transformée en une autre plus simple. Posons

$$Z_1(u, v)=E_1(u, v)-Au-Bv, \qquad Z_2(u, v)=E_2(u, v)-A'u-B'v$$

et déterminons A, B, A′, B′, par les conditions

$$Ai+Bj=E_1(i, j), \qquad Ai'+Bj'=E_1(i', j'),$$
$$A'i+B'j=E_2(i, j), \qquad A'i'+B'j'=E_2(i', j'),$$

i', j' désignant deux autres demi-périodes simultanées. Faisons en outre

$$\Phi(u, v, \alpha, \beta) = 2\Pi(u, v, \alpha, \beta) + u Z_1(\alpha, \beta) + v Z_2(\alpha, \beta) - c(\alpha v - \beta u),$$

c étant une constante dont la valeur est $c = p_3 + \mathrm{B} - \mathrm{A}'$, il viendra

$$(2) \qquad \Phi(u, v, \alpha, \beta) - \Phi(\alpha, \beta, u, v) = -c(\alpha v - \beta u).$$

Dans le théorème exprimé par cette égalité, la fonction Φ, comme il est aisé de voir, jouira de la propriété que

$$\Phi(u + 2i, v + 2j, \alpha, \beta) = \Phi(u, v, \alpha, \beta),$$
$$\Phi(u + 2i', v + 2j', \alpha, \beta) = \Phi(u, v, \alpha, \beta);$$

ainsi on obtiendrait une fonction séparément périodique en u et en v, en prenant

$$\Psi(u, v, \alpha, \beta) = \Phi\left(\frac{iu + i'v}{\pi}, \frac{ju + j'v}{\pi}, \alpha, \beta\right).$$

Peut-être cela conduira-t-il à un développement de la fonction Ψ de la forme $\Sigma a_{m,n} e^{\sqrt{-1}(mu+nv)}$. J'ai remarqué à ce sujet que, le théorème d'Abel permettant d'exprimer algébriquement

$$\lambda_0\left(\frac{iu + i'v}{\pi}, \frac{ju + j'v}{\pi}\right), \quad \lambda_1\left(\frac{iu + i'v}{\pi}, \frac{ju + j'v}{\pi}\right),$$

au moyen de

$$\lambda_0\left(\frac{iu}{\pi}, \frac{ju}{\pi}\right), \quad \lambda_1\left(\frac{iu}{\pi}, \frac{ju}{\pi}\right), \quad \text{et} \quad \lambda_0\left(\frac{i'v}{\pi}, \frac{j'v}{\pi}\right), \quad \lambda_1\left(\frac{i'v}{\pi}, \frac{j'v}{\pi}\right),$$

on obtenait un nouveau genre de réduction des fonctions de deux variables à des fonctions algébriques de fonctions d'une variable, parfaitement analogue à celui que vous m'avez fait, Monsieur, l'honneur de m'écrire; mais ce cas particulier, auquel j'ai été ainsi amené, ne m'a point semblé moins difficile à traiter que le cas général.

Quoi qu'il en soit, le théorème d'Abel donnera, pour l'addition des arguments dans la fonction Π, l'égalité

$$\begin{aligned}&\Pi(u + u', v + v', \alpha, \beta)\\ &\quad = \Pi(u, v, \alpha, \beta) + \Pi(u', v', \alpha, \beta) + \log f(u, v, u', v', \alpha, \beta),\end{aligned}$$

et l'on aura de même [1]

$$(3)\quad \begin{aligned}&\Phi(u+u', v+v', \alpha, \beta)\\ &\quad = \Phi(u, v, \alpha, \beta) + \Phi(u', v', \alpha, \beta) + \log f(u, v, u', v', \alpha, \beta).\end{aligned}$$

L'égalité (2), au moyen de laquelle on peut faire l'échange simultané des arguments u, v et α, β, nous donnera le théorème correspondant :

$$\begin{aligned}&\Phi(\alpha, \beta, u+u', v+v')\\ &\quad = \Phi(\alpha, \beta, u, v) + \Phi(\alpha, \beta, u', v') + \log f(u, v, u', v', \alpha, \beta),\end{aligned}$$

auquel on pourrait arriver aussi par une voie directe. Cela posé, je mets dans l'équation (3), à la place de u, u', v, v' respectivement, $i+u$, $i+u'$, $j+v$, $j+v'$; il viendra

$$\begin{aligned}&\Phi(u+u'+2i, v+v'+2j, \alpha, \beta)\\ &\quad = \Phi(u+i, v+j, \alpha, \beta) + \Phi(u'+i, v'+j, \alpha, \beta)\\ &\qquad + \log f(u+i, v+j, u'+i, v'+j, \alpha, \beta),\end{aligned}$$

ou bien

$$\begin{aligned}&\Phi(u+u', v+v', \alpha, \beta)\\ &\quad = \Phi(u+i, v+j, \alpha, \beta) + \Phi(u'+i, v'+j, \alpha, \beta)\\ &\qquad + \log f(u+i, v+j, u'+i, v'+j, \alpha, \beta).\end{aligned}$$

Cela étant, je fais $\alpha = u - u'$, $\beta = v - v'$, ce qui donne

$$\begin{aligned}&\Phi(u+u', v+v', u-u', v-v')\\ &\quad = \Phi(u+i, v+j, u-u', v-v') + \Phi(u'+i, v'+j, u-u', v-v')\\ &\qquad + \log f(u+i, v+j, u'+i, v'+j, u-u', v-v').\end{aligned}$$

Je change ensuite u', v' en $-u'$, $-v'$. Comme la fonction Φ change de signe avec les deux arguments u, v, le terme $\Phi(-u'+i, -v'+j, \ldots)$ pourra s'écrire $-\Phi(u'-i, v'-j, \ldots)$, et, en ajoutant aux deux premiers arguments leurs périodes $2i$, $2j$, $-\Phi(u'+i, v'+j, \ldots)$, de sorte qu'il viendra

$$\begin{aligned}&\Phi(u-u', v-v', u+u', v+v')\\ &\quad = \Phi(u+i, v+j, u+u', v+v') - \Phi(u'+i, v'+j, u+u', v+v')\\ &\qquad + \log f(u+i, v+j, i-u', j-v', u+u', v+v').\end{aligned}$$

En ajoutant membre à membre les deux dernières égalités, et

[1] La fonction désignée ici par f est le carré de la précédente. E. P.

développant dans le second membre par le théorème sur l'addition des deux derniers arguments, il viendra

$$\begin{aligned}&\Phi(u+u', v+v', u-u', v-v') + \Phi(u-u', v-v', u+u', v+v')\\ &\quad = 2\Phi(u+i, v+j, u, v) - 2\Phi(u'+i, v'+j, u', v') + \text{fonct. log}^{\text{e}}.\end{aligned}$$

Enfin, si l'on applique au premier membre le théorème

$$\Phi(u, v, \alpha, \beta) - \Phi(\alpha, \beta, u, v) = -c(\alpha v - \beta u),$$

on obtiendra l'égalité

$$\begin{aligned}&\Phi(u+u', v+v', u-u', v-v')\\ &\quad = \Phi(u+i, v+j, u, v) - \Phi(u'+i, v'+j, u', v')\\ &\qquad - c(uv'-u'v) + \text{une fonct. log}^{\text{e}},\end{aligned}$$

par laquelle la réduction des fonctions elliptiques de troisième espèce est étendue aux fonctions abéliennes.

Mais j'ai entrevu un autre genre de démonstration, fondée sur des considérations toutes différentes, et dont je vais essayer de donner l'idée en l'appliquant aux fonctions elliptiques.

Soit, comme à l'ordinaire,

$$\Delta(x) = \sqrt{[(1-x^2)(1-\varkappa^2 x^2)]};$$

posons

$$z = \int_0^x \frac{\Delta(a)\, dx}{(x-a)\Delta(x)},$$

on trouvera facilement

$$\Delta(a)\frac{dz}{da} = \varkappa^2 \int_0^x \frac{x^2-a^2}{\Delta(x)}\, dx - \frac{\Delta(x)}{x-a} - \frac{1}{a},$$

et, en différentiant de nouveau par rapport à a,

$$\frac{d\left(\Delta(a)\dfrac{dz}{da}\right)}{da} = -2a\varkappa^2 \int_0^x \frac{dx}{\Delta x} - \frac{\Delta(x)}{(x-a)^2} + \frac{1}{a^2}.$$

D'ailleurs on a immédiatement

$$\Delta(x)\frac{dz}{dx} = \frac{\Delta(a)}{x-a}, \qquad \frac{d\left[\Delta(x)\dfrac{dz}{dx}\right]}{dx} = -\frac{\Delta(a)}{(x-a)^2};$$

on en conclut cette équation

$$\frac{d\left[\Delta(a)\dfrac{dz}{da}\right]}{da}\Delta(a) = \frac{d\left[\Delta(x)\dfrac{dz}{dx}\right]}{dx}\Delta(x) - 2a\varkappa^2\Delta(a)\int_0^x \frac{dx}{\Delta(x)} + \frac{\Delta(a)}{a^2}.$$

En prenant pour variables indépendantes les arguments ξ et α des fonctions

$$x = \sin\operatorname{am}(\xi), \qquad a = \sin\operatorname{am}(\alpha),$$

et mettant $\Delta[\operatorname{am}(\alpha)]$ au lieu de $\Delta[\sin\operatorname{am}(\alpha)]$, il viendra

$$\frac{d^2 z}{d\alpha^2} = \frac{d^2 z}{d\xi^2} - 2\varkappa^2 \xi \sin\operatorname{am}(\alpha)\,\Delta[\operatorname{am}(\alpha)] + \frac{\Delta[\operatorname{am}(\alpha)]}{\sin^2\operatorname{am}(\alpha)}.$$

Soit

$$\mathrm{E}(\alpha) = \int_0^\alpha \sin^2\operatorname{am}(\alpha)\,d\alpha \qquad \text{et} \qquad z = -\varkappa^2\xi\,\mathrm{E}(\alpha) - \int \frac{d\alpha}{\sin\operatorname{am}(\alpha)} + u;$$

on aura

$$\frac{d^2 u}{d\alpha^2} = \frac{d^2 u}{d\xi^2}, \qquad \text{donc} \qquad u = \mathrm{F}(\alpha+\xi) + f(\alpha-\xi).$$

Considérons donc l'égalité

$$u = \int_0^\xi \frac{\Delta[\operatorname{am}(\alpha)]\,d\xi}{\sin\operatorname{am}(\xi) - \sin\operatorname{am}(\alpha)} + \varkappa^2\xi\,\mathrm{E}(\alpha) + \int \frac{d\alpha}{\sin\operatorname{am}(\alpha)} = \mathrm{F}(\alpha+\xi) + f(\alpha-\xi).$$

En faisant $\xi = 0$, on a

$$\mathrm{F}(\alpha) + f(\alpha) = \int \frac{d\alpha}{\sin\operatorname{am}(\alpha)};$$

on trouverait de même, pour $\alpha = 0$,

$$\mathrm{F}(\xi) + f(-\xi) = \int \frac{d\xi}{\sin\operatorname{am}(\xi)},$$

donc

$$\mathrm{F}(\alpha) + f(\alpha) = \mathrm{F}(\alpha) + f(-\alpha) \qquad \text{ou} \qquad f(\alpha) = f(-\alpha).$$

Je m'arrête un instant à cette remarque ; car, sans aller plus loin, on peut tirer de là les théorèmes fondamentaux des fonctions elliptiques. En effet, en différentiant par rapport à ξ, il vient

$$\frac{\Delta[\operatorname{am}(\alpha)]}{\sin\operatorname{am}(\xi) - \sin\operatorname{am}(\alpha)} + \varkappa^2\,\mathrm{E}(\alpha) = \mathrm{F}'(\alpha+\xi) - f'(\alpha-\xi).$$

Faisant successivement $\xi = x + a$, $\xi = x - a$, et retranchant on obtient l'égalité

$$\frac{\Delta[\operatorname{am}(\alpha)]}{\sin\operatorname{am}(x+a) - \sin\operatorname{am}(\alpha)} - \frac{\Delta[\operatorname{am}(\alpha)]}{\sin\operatorname{am}(x-a) - \sin\operatorname{am}(\alpha)}$$
$$= \mathrm{F}'(\alpha+x+a) - \mathrm{F}'(\alpha+x-a) - f'(\alpha-x-a) + f'(\alpha-x+a).$$

Or la fonction $f'(x)$ étant impaire, on voit immédiatement que le second membre est symétrique par rapport à x et α; on aura donc

$$\frac{\Delta[\operatorname{am}(\alpha)]}{\sin\operatorname{am}(x+a)-\sin\operatorname{am}(\alpha)}-\frac{\Delta[\operatorname{am}(\alpha)]}{\sin\operatorname{am}(x-a)-\sin\operatorname{am}(\alpha)}$$
$$=\frac{\Delta[\operatorname{am}(x)]}{\sin\operatorname{am}(\alpha+a)-\sin\operatorname{am}(x)}-\frac{\Delta[\operatorname{am}(x)]}{\sin\operatorname{am}(\alpha-a)-\sin\operatorname{am}(x)}.$$

De là se tire le théorème d'Euler sur l'addition des fonctions elliptiques. Soit en effet $\alpha = 0$, on aura

$$\frac{1}{\sin\operatorname{am}(x+a)}-\frac{1}{\sin\operatorname{am}(x-a)}$$
$$=\frac{\Delta[\operatorname{am}(x)]}{\sin\operatorname{am}(a)-\sin\operatorname{am}(x)}+\frac{\Delta[\operatorname{am}(x)]}{\sin\operatorname{am}(a)+\sin\operatorname{am}(x)}$$
$$=\frac{2\sin\operatorname{am}(a)\,\Delta[\operatorname{am}(x)]}{\sin^2\operatorname{am}(a)-\sin^2\operatorname{am}(x)},$$

et permutant x et a

$$\frac{1}{\sin\operatorname{am}(x+a)}+\frac{1}{\sin\operatorname{am}(x-a)}=\frac{2\sin\operatorname{am}(x)\,\Delta[\operatorname{am}(a)]}{\sin^2\operatorname{am}(x)-\sin^2\operatorname{am}(a)};$$

donc, en ajoutant membre à membre

$$\frac{1}{\sin\operatorname{am}(x+a)}=\frac{\sin\operatorname{am}(x)\,\Delta[\operatorname{am}(a)]-\sin\operatorname{am}(a)\,\Delta[\operatorname{am}(x)]}{\sin^2\operatorname{am}(x)-\sin^2\operatorname{am}(a)};$$

ce qui se ramène sans difficulté à la formule connue. De la même source on tire encore le théorème sur l'addition des arguments dans la fonction de troisième espèce, en opérant ainsi que je l'ai fait dans une lettre adressée à M. Liouville, imprimée déjà dans les *Comptes rendus*, et qui paraîtra de nouveau dans le prochain numéro du *Journal de Mathématiques*. Il ne serait pas difficile d'arriver à la forme que vous prenez ordinairement, Monsieur, pour les fonctions de troisième espèce; il suffirait pour cela de partir de la formule suivante, que l'on démontrerait comme précédemment; savoir, i étant une quelconque des quantités qui donnent $\sin\operatorname{am}(u+i)=\sin\operatorname{am}(u-i)$:

$$\frac{\Delta[\operatorname{am}(\alpha+i)]}{\sin\operatorname{am}(x+a)-\sin\operatorname{am}(\alpha+i)}-\frac{\Delta[\operatorname{am}(\alpha+i)]}{\sin\operatorname{am}(x-a)-\sin\operatorname{am}(\alpha+i)}$$
$$=\frac{\Delta[\operatorname{am}(x+i)]}{\sin\operatorname{am}(\alpha+a)-\sin\operatorname{am}(x+i)}-\frac{\Delta[\operatorname{am}(x+i)]}{\sin\operatorname{am}(\alpha-a)-\sin\operatorname{am}(x+i)},$$

et de prendre i tel que $\dfrac{1}{\sin\operatorname{am}(i)}=0$.

Mais je reviens à l'égalité

$$\int_0^\xi \frac{\Delta[\mathrm{am}(\alpha)]\,d\xi}{\sin\mathrm{am}(\xi)-\sin\mathrm{am}(\alpha)}+\varkappa^2\xi\,\mathrm{E}(\alpha)+\int\frac{d\alpha}{\sin\mathrm{am}(\alpha)}=\mathrm{F}(\alpha+\xi)+f(\alpha-\xi).$$

Changeons α en $-\alpha$, puis retranchons membre à membre, il viendra

$$\int_0^\xi \frac{2\sin\mathrm{am}(\alpha)\,\Delta[\mathrm{am}(\alpha)]\,d\xi}{\sin^2\mathrm{am}(\xi)-\sin^2\mathrm{am}(\alpha)}+2\varkappa^2\xi\,\mathrm{E}(\alpha)$$
$$=\mathrm{F}(\alpha+\xi)+f(\alpha-\xi)-\mathrm{F}(\xi-\alpha)-f(-\xi-\alpha).$$

Le second membre pourra encore évidemment être représenté par $\mathrm{F}(\alpha+\xi)+f(\alpha-\xi)$, et puisque le premier s'annule pour $\xi=0$, et $\alpha=0$, par $\mathrm{F}(\xi+\alpha)-\mathrm{F}(\xi-\alpha)$, F étant une fonction paire. Pour la déterminer, différentions par rapport à ξ; puis faisons $\xi=0$, il viendra

$$2\mathrm{F}'(\alpha)=-\frac{2\sin\mathrm{am}(\alpha)\,\Delta[\mathrm{am}(\alpha)]}{\sin^2\mathrm{am}(\alpha)}+2\varkappa^2\,\mathrm{E}(\alpha),$$

d'où, en posant $\mathrm{Z}(\alpha)=\int\mathrm{E}(\alpha)\,d\alpha$:

$$\mathrm{F}(\alpha)=-\tfrac{1}{2}\log\sin^2\mathrm{am}(\alpha)+\varkappa^2\,\mathrm{Z}(\alpha);$$

il vient donc cette égalité

$$\int_0^\xi \frac{2\sin\mathrm{am}(\alpha)\,\Delta[\mathrm{am}(\alpha)]\,d\xi}{\sin^2\mathrm{am}(\xi)-\sin^2\mathrm{am}(\alpha)}$$
$$=-2\varkappa^2\xi\,\mathrm{E}(\alpha)+\tfrac{1}{2}\log\frac{\sin^2\mathrm{am}(\xi-\alpha)}{\sin^2\mathrm{am}(\xi+\alpha)}-\varkappa^2[\mathrm{Z}(\xi-\alpha)-\mathrm{Z}(\xi+\alpha)],$$

de laquelle se conclut sans peine tout le reste de cette recherche.

SUR LA DIVISION

DES

FONCTIONS ABÉLIENNES

OU ULTRA-ELLIPTIQUES [1].

Mémoires présentés par divers Savants étrangers à l'Académie des Sciences, Tome X.

L'objet principal du premier Mémoire d'Abel sur la théorie des fonctions elliptiques est la résolution des équations relatives à leur division en parties égales. Le beau résultat auquel il est parvenu, savoir, que cette résolution est toujours possible à l'aide de radicaux, en supposant connue la division de la fonction complète, peut être étendu aux transcendantes d'ordre plus élevé nommées par Legendre *fonctions ultra-elliptiques,* au moyen des nouveaux principes sur lesquels M. Jacobi a fondé leur théorie.

C'est ce qu'on va essayer de faire voir, en considérant d'abord les transcendantes qui sont l'objet du Mémoire intitulé : *De functionibus quadrupliciter periodicis quibus theoria transcendentium Abelianarum innititur* (*Journal de Crelle,* t. 13, p. 55).

I.

Soit

$$\Delta(x) = \sqrt{x(1-x)(1-p_1^2 x)(1-p_2^2 x)(1-p_3^2 x)}:$$

considérez les fonctions x et y déterminées par les deux équations

$$\int_0^x \frac{(\alpha+\beta x)\,dx}{\Delta(x)} + \int_0^y \frac{(\alpha+\beta y)\,dy}{\Delta(y)} = u,$$

$$\int_0^x \frac{(\alpha'+\beta' x)\,dx}{\Delta(x)} + \int_0^y \frac{(\alpha'+\beta' y)\,dy}{\Delta(y)} = u',$$

(1) Ce Mémoire est signé de M. Hermite, élève de l'École Polytechnique.

E. P.

et soit

$$x = \lambda_0(u, u'), \qquad y = \lambda_1(u, u').$$

La propriété fondamentale de ces fonctions de deux variables consiste en ce que les quantités

$$\lambda_0(u + v, u' + v'), \quad \lambda_1(u + v, u' + v')$$

sont les racines d'une équation du second degré, dont les coefficients sont des fonctions rationnelles de

$$\lambda_0(u, u'), \quad \lambda_1(u, u'), \quad \Delta[\lambda_0(u, u')], \quad \Delta[\lambda_1(u, u')],$$
$$\lambda_0(v, v'), \quad \lambda_1(v, v'), \quad \Delta[\lambda_0(v, v')], \quad \Delta[\lambda_1(v, v')].$$

Il en résulte que, quel que soit le nombre entier n, les deux fonctions

$$\lambda_0(nu, nu'), \quad \lambda_1(nu, nu')$$

seront pareillement les racines d'une équation du second degré à coefficients rationnels en

$$\lambda_0(u, u'), \quad \lambda_1(u, u'), \quad \Delta[\lambda_0(u, u')], \quad \Delta[\lambda_1(u, u')].$$

Cela fait voir que, par la résolution de deux équations algébriques, on pourra déterminer inversement

$$\lambda_0(u, u') \quad \text{et} \quad \lambda_1(u, u')$$

par

$$\lambda_0(nu, nu') \quad \text{et} \quad \lambda_1(nu, nu').$$

Représentons, pour abréger, par x_n et y_n les fonctions relatives aux arguments multiples nu, nu', et soit

$$\mathrm{U}x_n^2 + \mathrm{U}'x_n + \mathrm{U}'' = 0$$

l'équation qui sert à les déterminer, au moyen de x et y; j'ai trouvé qu'on pouvait mettre les coefficients sous la forme

$$\mathrm{P} + \mathrm{Q}\,\Delta(x)\,\Delta(y),$$

en désignant par P et Q des fonctions rationnelles de x et y; mais cette remarque n'est pas essentielle pour ce qui va suivre. Je partirai de ce que les racines simultanées des équations

$$(1) \qquad \begin{cases} \mathrm{U}x_n^2 + \mathrm{U}'x_n + \mathrm{U}'' = 0, \\ \mathrm{U}y_n^2 + \mathrm{U}'y_n + \mathrm{U}'' = 0 \end{cases}$$

sont données, d'après M. Jacobi, par les formules suivantes, où l'on a

$$i_1 = 2\int_{-\infty}^{0} \frac{(\alpha+\beta x)\,dx}{\sqrt{-1}\,\Delta(x)}, \qquad i_2 = 2\int_{0}^{1} \frac{(\alpha+\beta x)\,dx}{\Delta(x)},$$

$$i_3 = 2\int_{\frac{1}{p_2^2}}^{\frac{1}{p_3^2}} \frac{(\alpha+\beta x)\,dx}{\sqrt{-1}\,\Delta(x)}, \qquad i_4 = 2\int_{\frac{1}{p_3^2}}^{\infty} \frac{(\alpha+\beta x)\,dx}{\Delta(x)},$$

$$i'_1 = 2\int_{-\infty}^{0} \frac{(\alpha'+\beta' x)\,dx}{\sqrt{-1}\,\Delta(x)}, \qquad i'_2 = 2\int_{0}^{1} \frac{(\alpha'+\beta' x)\,dx}{\Delta(x)},$$

$$i'_3 = 2\int_{\frac{1}{p_2^2}}^{\frac{1}{p_3^2}} \frac{(\alpha'+\beta' x)\,dx}{\sqrt{-1}\,\Delta(x)}, \qquad i'_4 = 2\int_{\frac{1}{p_3^2}}^{\infty} \frac{(\alpha'+\beta' x)\,dx}{\Delta(x)};$$

savoir

$$= \lambda_0\left(u + \frac{m i_1\sqrt{-1} + m' i_2 + m'' i_3\sqrt{-1} + m''' i_4}{n},\ u' + \frac{m i'_1\sqrt{-1} + m' i'_2 + m'' i'_3\sqrt{-1} + m''' i'_4}{n}\right.$$

$$y = \lambda_1\left(u + \frac{m i_1\sqrt{-1} + m' i_2 + m'' i_3\sqrt{-1} + m''' i_4}{n},\ u' + \frac{m i'_1\sqrt{-1} + m' i'_2 + m'' i'_3\sqrt{-1} + m''' i'_4}{n}\right.$$

en attribuant aux nombres entiers m, m', m'', m''', les valeurs 0, 1, 2, $\ldots$, $n-1$.

Voici maintenant le théorème sur lequel repose leur résolution. Soit $f(x, y)$ une fonction rationnelle et symétrique de x et y. p, q, r, s quatre racines de l'équation binome $t^n = 1$. Faisons, pour abréger,

$$\mathrm{I} = m i_1\sqrt{-1} + m' i_2 + m'' i_3\sqrt{-1} + m''' i_4;$$

$$\mathrm{I}' = m i'_1\sqrt{-1} + m' i'_2 + m'' i'_3\sqrt{-1} + m''' i'_4,$$

on aura

$$\sum_{m'''=0}^{n-1}\sum_{m''=0}^{n-1}\sum_{m'=0}^{n-1}\sum_{m=0}^{n-1}\left\{ f\left[\lambda_0\left(u+\frac{\mathrm{I}}{n},\ u'+\frac{\mathrm{I}'}{n}\right),\ \lambda_1\left(u+\frac{\mathrm{I}}{n},\ u'+\frac{\mathrm{I}'}{n}\right)\right] p^m q^{m'} r^{m''} s^{m'''}\right\}$$

$$= \sqrt[n]{\mathrm{A} + \mathrm{B}\,\Delta[\lambda_0(nu, nu')] + \mathrm{C}\,\Delta[\lambda_1(nu, nu')] + \mathrm{D}\,\Delta[\lambda_0(nu, nu')]\,\Delta[\lambda_1(nu, nu')]},$$

A, B, C, D, étant des fonctions rationnelles de $\lambda_0(nu, nu')$, $\lambda_1(nu, nu')$.

Le premier membre peut d'abord être ramené à une fonction rationnelle de $\lambda_0(u, u')$, $\lambda_1(u, u')$, contenant d'ailleurs des quantités relatives aux arguments multiples. En effet, d'après la propriété fondamentale des fonctions λ, le terme général

$$f\left[\lambda_0\left(u+\frac{\mathrm{I}}{n},\ u'+\frac{\mathrm{I}'}{n}\right),\quad \lambda_1\left(u+\frac{\mathrm{I}}{n},\ u'+\frac{\mathrm{I}'}{n}\right)\right]$$

pourra être exprimé rationnellement en fonction de

$$\lambda_0(u,\ u'),\qquad \lambda_1(u,\ u'),\qquad \Delta[\lambda_0(u,\ u')],\qquad \Delta[\lambda_1(u,\ u')]$$

et des quantités analogues relatives à la division des indices : or, on trouve aisément les formules

$$\Delta(x) = (\alpha+\beta x)\frac{dx}{du} + (\alpha'+\beta' x)\frac{dx}{du'},$$

$$\Delta(y) = (\alpha+\beta y)\frac{dy}{du} + (\alpha'+\beta' y)\frac{dy}{du'},$$

desquelles il résulte que les radicaux

$$\Delta[\lambda_0(u,\ u')],\qquad \Delta[\lambda_1(u,\ u')]$$

s'exprimeront eux-mêmes rationnellement en $\lambda_0(u,\ u')$ et $\lambda_1(u,\ u')$, car, en faisant disparaître les irrationnelles des équations, puis les différentiant successivement par rapport à u et u', on obtiendra les dérivées partielles en fonction rationnelle de $\lambda_0(u,\ u')$ et $\lambda_1(u,\ u')$.

Représentons pour un instant ce premier nombre par $\varphi(u,\ u')$; on démontrera aisément, au moyen des propriétés relatives à la périodicité des fonctions λ, l'égalité suivante

$$\left(u+\frac{ki_1\sqrt{-1}+k'i_2+k''i_3\sqrt{-1}+k'''i_4}{n},\quad u'+\frac{ki'_1\sqrt{-1}+k'i'_2+k''i'_3\sqrt{-1}+k'''i'_4}{n}\right)$$
$$= p^{-k}q^{-k'}r^{-k''}s^{-k'''}\varphi(u,\ u'),$$

quels que soient les entiers k, k', k'', k'''.

En l'élevant à la puissance n, on obtient donc une fonction rationnelle de $\lambda_0(u,\ u')$, $\lambda_1(u,\ u')$, qui ne change point en substituant à ces quantités deux autres quelconques des racines simultanées des équations proposées. Il résulte de là, et de la théorie des fonctions symétriques des racines d'un système d'équations à plusieurs inconnues, que cette fonction pourra être déterminée rationnellement par les coefficients des équations proposées.

Mais comme il a été introduit précédemment les dérivées partielles de $\lambda_0(nu, nu')$, $\lambda_1(nu, nu')$, on pourra les éliminer par les formules suivantes

$$(\alpha\beta' - \beta\alpha')\frac{dx}{du} = \frac{\Delta(x)}{y-x}(\alpha' + \beta' y), \qquad (\alpha'\beta - \beta'\alpha)\frac{dx}{du'} = \frac{\Delta(x)}{y-x}(\alpha + \beta y),$$

$$(\alpha\beta' - \beta\alpha')\frac{dy}{du} = \frac{\Delta(y)}{x-y}(\alpha' + \beta' x), \qquad (\alpha'\beta - \beta'\alpha)\frac{dy}{du'} = \frac{\Delta(y)}{x-y}(\alpha + \beta x),$$

appliquées, bien entendu, aux quantités x_n, y_n.

Il suffit maintenant, pour achever la démonstration du théorème énoncé, d'observer que toute fonction rationnelle des deux radicaux

$$\Delta[\lambda_0(nu, nu')], \qquad \Delta[\lambda_1(nu, nu')]$$

peut être mise sous la forme

$$A + B\Delta[\lambda_0(nu, nu')] + C\Delta[\lambda_1(nu, nu')] + D\Delta[\lambda_0(nu, nu')]\Delta[\lambda_1(nu, nu')].$$

En supposant successivement

$$f(x, y) = x + y \quad \text{et} \quad f(x, y) = xy,$$

le théorème précédent donnera, exprimés par une somme de $n^4 - 1$ radicaux $n^{\text{ièmes}}$, les coefficients d'une équation du second degré, dont les racines détermineront, en dernière analyse, celles des équations proposées. On le verra facilement, en considérant le système des équations linéaires qu'on obtiendrait en attribuant à p, q, r, s, leurs diverses valeurs. J'ajouterai ici, mais sans m'arrêter à le démontrer, que les $n^4 - 1$ radicaux dont je viens de parler peuvent s'exprimer rationnellement par quatre d'entre eux.

II.

Pour obtenir la division des indices, faisons

$$nu = ki_1\sqrt{-1} + k'i_2 + k''i_3\sqrt{-1} + k'''i_4,$$
$$nu' = ki'_1\sqrt{-1} + k'i'_2 + k''i'_3\sqrt{-1} + k'''i'_4;$$

on aura

$$x_n = 0, \qquad y_n = 0,$$

et les équations à résoudre seront

$$(2) \qquad U' = 0, \qquad U'' = 0.$$

Leurs racines seront données par les formules

$$= \lambda_0\left(\frac{mi_1\sqrt{-1}+m'i_2+m''i_3\sqrt{-1}+m'''i_4}{n},\ \frac{mi'_1\sqrt{-1}+m'i'_2+m''i'_3\sqrt{-1}+m'''i'_4}{n}\right),$$

$$= \lambda_1\left(\frac{mi_1\sqrt{-1}+m'i_2+m''i_3\sqrt{-1}+m'''i_4}{n},\ \frac{mi_1\sqrt{-1}+m'i'_2+m''i'_3\sqrt{-1}+m'''i'_4}{n}\right),$$

en attribuant aux nombres m, m', m'', m''', les valeurs $0, 1, 2, \ldots, n-1$; mais si l'on suppose le nombre n premier et si l'on fait

$$(3)\quad \begin{cases} I_1 = i_1\sqrt{-1}, \\ I_2 = mi_1\sqrt{-1}+i_2, \\ I_3 = mi_1\sqrt{-1}+m'i'_2+i_3\sqrt{-1}, \\ I_4 = mi_1\sqrt{-1}+m'i_2+m''i_3\sqrt{-1}+i_4, \\ I'_1 = i'_1\sqrt{-1}, \\ I'_2 = mi'_1\sqrt{-1}+i'_2, \\ I'_3 = mi'_1\sqrt{-1}+m'i'_2+i'_3\sqrt{-1}, \\ I'_4 = mi'_1\sqrt{-1}+m'i'_2+m''i'_3\sqrt{-1}+i'_4, \end{cases}$$

il est aisé de voir qu'on peut les remplacer par les suivantes

$$x = \lambda_0\left(\mu\frac{I_1}{n}, \mu\frac{I'_1}{n}\right), \qquad y = \lambda_1\left(\mu\frac{I_1}{n}, \mu\frac{I'_1}{n}\right),$$

$$x = \lambda_0\left(\mu\frac{I_2}{n}, \mu\frac{I'_2}{n}\right), \qquad y = \lambda_1\left(\mu\frac{I_2}{n}, \mu\frac{I'_2}{n}\right),$$

$$x = \lambda_0\left(\mu\frac{I_3}{n}, \mu\frac{I'_3}{n}\right), \qquad y = \lambda_1\left(\mu\frac{I_3}{n}, \mu\frac{I'_3}{n}\right),$$

$$x = \lambda_0\left(\mu\frac{I_4}{n}, \mu\frac{I'_4}{n}\right), \qquad y = \lambda_1\left(\mu\frac{I_4}{n}, \mu\frac{I'_4}{n}\right),$$

en supposant à m, m', m'', les valeurs $0, 1, 2, \ldots, n-1$ et à μ, les valeurs $1, 2, 3, \ldots, n-1$.

Cependant, si l'on observe que

$$\lambda_0(-u, -u') = \lambda_0(u, u'),$$

$$\lambda_1(-u, -u') = \lambda_1(u, u'),$$

comme on peut aisément le démontrer, on verra qu'il suffit de faire

$$\mu = 1, 2, \ldots, \frac{n-1}{2},$$

conjointement avec les autres valeurs de m, m', m''; car, passé le terme $\frac{n-1}{2}$, on ne ferait plus que reproduire les valeurs déjà obtenues.

Cela posé, soient ρ une racine primitive, par rapport au nombre premier n, I, l'une quelconque des quantités comprises dans la formule $mi_1\sqrt{-1}+m'i_2+m''i_3\sqrt{-1}+m'''i_4$, I' la quantité correspondante relative à l'argument u', et $f(x, y)$ une fonction rationnelle et symétrique de x et y; considérez l'expression

$$(4) \qquad \sum_{0}^{\frac{1}{2}(n-1)-1}{}_{k} f\left[\lambda_0\left(\rho^k\frac{\mathrm{I}}{n}, \rho^k\frac{\mathrm{I}'}{n}\right), \quad \lambda_1\left(\rho^k\frac{\mathrm{I}}{n}, \rho^k\frac{\mathrm{I}'}{n}\right)\right]\theta^k;$$

où θ est une racine de $t^{n-1}=1$; le terme général pourra s'exprimer rationnellement en

$$\lambda_0\left(\frac{\mathrm{I}}{n}, \frac{\mathrm{I}'}{n}\right), \quad \lambda_1\left(\frac{\mathrm{I}}{n}, \frac{\mathrm{I}'}{n}\right)$$

et

$$\Delta\left[\lambda_0\left(\frac{\mathrm{I}}{n}, \frac{\mathrm{I}'}{n}\right)\right], \quad \Delta\left[\lambda_1\left(\frac{\mathrm{I}}{n}, \frac{\mathrm{I}'}{n}\right)\right].$$

Or, on a vu précédemment que, pour toute valeur des arguments u et u', les radicaux

$$\Delta[\lambda_0(u, u')], \quad \Delta[\lambda_1(u, u')]$$

s'expriment rationnellement au moyen de

$$\lambda_0(u, u'), \quad \lambda_1(u, u')$$

et des quantités relatives aux arguments multiples; ainsi, on pourra transformer l'expression (4) en une fonction rationnelle et symétrique de $\lambda_0\left(\frac{\mathrm{I}}{n}, \frac{\mathrm{I}'}{n}\right)$, $\lambda_1\left(\frac{\mathrm{I}}{n}, \frac{\mathrm{I}'}{n}\right)$, que je représenterai, pour abréger, par $\varphi\left(\frac{\mathrm{I}}{n}, \frac{\mathrm{I}'}{n}\right)$.

Or, si dans l'égalité

$$\varphi\left(\frac{\mathrm{I}}{n}, \frac{\mathrm{I}'}{n}\right) = \sum_{0}^{\frac{1}{2}(n-1)-1}{}_{k} f\left[\lambda_0\left(\rho^k\frac{\mathrm{I}}{n}, \rho^k\frac{\mathrm{I}'}{n}\right), \quad \lambda_1\left(\rho^k\frac{\mathrm{I}}{n}, \rho^k\frac{\mathrm{I}'}{n}\right)\right]\theta^k,$$

on remplace I et I' par $\rho^h\mathrm{I}$ et $\rho^h\mathrm{I}'$, on trouvera aisément

$$\varphi\left(\rho^h\frac{\mathrm{I}}{n}, \rho^h\frac{\mathrm{I}'}{n}\right) = \theta^{-h}\varphi\left(\frac{\mathrm{I}}{n}, \frac{\mathrm{I}'}{n}\right).$$

Cela posé, comme le nombre ρ^h équivaut, suivant le module n, à un nombre quelconque μ pour une valeur convenable de h, en faisant

$$\psi\left(\frac{I}{n}, \frac{I'}{n}\right) = \varphi^{\frac{1}{2}(n-1)}\left(\frac{I}{n}, \frac{I'}{n}\right),$$

on aura

$$\psi\left(\mu\frac{I}{n}, \mu\frac{I'}{n}\right) = \psi\left(\frac{I}{n}, \frac{I'}{n}\right).$$

Si donc on donne à I et I' toutes les valeurs correspondantes comprises dans les formules (3), en attribuant à m, m', m'' les valeurs

$$0, \quad 1, \quad 2, \quad \ldots, \quad n-1,$$

on pourra former une équation dont les racines seront les valeurs correspondantes de la fonction ψ, et dont les coefficients seront des fonctions rationnelles de ceux des équations proposées. Il est bien facile de voir, d'après les expressions (3), que son degré sera $1+n+n^2+n^3$; or, il suffira d'en connaître une seule racine pour résoudre les équations (2).

En effet, si nous considérons une de ces racines, et si nous la désignons par (θ) pour rappeler qu'elle dépend de la quantité θ qui entre dans l'expression (4), on aura

$$(\theta)^{\frac{1}{\frac{1}{2}(n-1)}} = \sum f\left[\lambda_0\left(\rho^k\frac{I}{n}, \rho^k\frac{I'}{n}\right), \quad \lambda_1\left(\rho^k\frac{I}{n}, \rho^k\frac{I'}{n}\right)\right]\theta^k,$$

d'où, en substituant successivement à θ toutes les racines de $x^{\frac{1}{2}(n-1)} = 1$, $\theta, \theta', \theta'', \ldots, \theta^{\left[\frac{1}{2}(n-3)\right]}$, 1, et ajoutant membre à membre les équations résultantes

$$f\left[\lambda_0\left(\frac{I}{n}, \frac{I'}{n}\right), \quad \lambda_1\left(\frac{I}{n}, \frac{I'}{n}\right)\right]$$
$$= (\theta)^{\frac{1}{\frac{1}{2}(n-1)}} + (\theta')^{\frac{1}{\frac{1}{2}(n-1)}} + (\theta'')^{\frac{1}{\frac{1}{2}(n-1)}} + \ldots + (1)^{\frac{1}{\frac{1}{2}(n-1)}};$$

donc, en faisant $f(x, y) = x + y$, puis $f(x, y) = xy$, on connaîtra par là les coefficients d'une équation du second degré dont les racines déterminent, en dernière analyse, celle des équations proposées.

III.

Des considérations toutes semblables aux précédentes s'appliquent aux autres classes des fonctions ultra-elliptiques, et il suffira, pour le faire voir, d'établir les formules suivantes.

Soit

$$\Delta(x) = \sqrt{x(1-x)(1-p_1^2 x)\dots(1-p_{2n+1}^2 x)},$$
$$\theta_k(x) = \alpha_k + \beta_k x + \gamma_k x^2 + \dots + \eta_k x^n.$$

Posons

$$u_0 = \sum_0^n {}_h \int_0^{x_h} \frac{\theta_0(x)\,dx}{\Delta(x)}, \qquad u_1 = \sum_0^n {}_h \int_0^{x_h} \frac{\theta_1(x)\,dx}{\Delta(x)}, \qquad \dots,$$
$$u_n = \sum_0^n {}_h \int_0^{x_h} \frac{\theta_n(x)\,dx}{\Delta(x)},$$

et considérons, d'après M. Jacobi, $x_0, x_1, \dots, x_n$, comme déterminés par ces équations en fonction de $u_0, u_1, \dots, u_n$, de sorte qu'on ait

$$x_0 = \lambda_0(u_0, u_1, \dots, u_n), \qquad x_1 = \lambda_1(u_0, u_1, \dots, u_n), \qquad \dots,$$
$$x_n = \lambda_n(u_0, u_1, \dots, u_n).$$

En les différentiant, par rapport à u_0, il viendra

$$1 = \sum_1^n {}_h \frac{dx_h}{du_0}\frac{\theta_0(x_h)}{\Delta(x_h)}, \qquad 0 = \sum_0^n {}_h \frac{dx_h}{du_0}\frac{\theta_1(x_h)}{\Delta(x_h)}, \qquad \dots, \qquad 0 = \sum_0^n {}_h \frac{dx_h}{du_0}\frac{\theta_h(x_h)}{\Delta(x_h)},$$

et si on les ajoute après les avoir respectivement multipliées, à partir de la seconde, par des quantités $t_1, t_2, \dots, t_n$, telles que

$$\theta_0(x_1) + t_1\theta_1(x_1) + t_2\theta_2(x_1) + \dots + t_n\theta_n(x_1) = 0,$$
$$\theta_0(x_2) + t_1\theta_1(x_2) + t_2\theta_2(x_2) + \dots + t_n\theta_n(x_2) = 0,$$
$$\dots\dots\dots\dots\dots\dots\dots\dots\dots\dots\dots\dots,$$
$$\theta_0(x_n) + t_1\theta_1(x_n) + t_2\theta_2(x_n) + \dots + t_n\theta_n(x_n) = 0,$$

on trouvera, en faisant, pour abréger,

$$D = \theta_0(x_0) + t_1\theta_1(x_0) + t_2\theta_2(x_0) + \dots + t_n\theta_n(x_0),$$
$$\frac{dx_0}{du_0} = \frac{\Delta(x_0)}{D},$$

et il est bien aisé de voir qu'en différentiant par rapport à u_1, u_2, ..., u_n, on aurait d'une manière semblable

$$\frac{dx_0}{du_1} = \frac{t_1 \Delta(x_0)}{D}, \qquad \frac{dx_0}{du_2} = \frac{t_2 \Delta(x_0)}{D}, \qquad \ldots, \qquad \frac{dx_0}{du_n} = \frac{t_n \Delta(x_0)}{D}.$$

Ces formules font d'abord voir comment le radical $\Delta(x_0)$ s'exprime rationnellement par l'une quelconque des dérivées partielles de x_0 et les fonctions $x_0, x_1, \ldots, x_n$; mais en ajoutant les équations précédentes, après les avoir multipliées, la première par $\theta_0(x_0)$, la seconde par $\theta_1(x_0)$, et ainsi de suite, on obtient cette expression

$$\Delta(x_0) = \theta_0(x_0)\frac{dx_0}{du_0} + \theta_1(x_0)\frac{dx_0}{du_1} + \ldots + \theta_n(x_0)\frac{dx_0}{du_n},$$

et il est clair qu'on aurait de même

$$\Delta(x_1) = \theta_0(x_1)\frac{dx_1}{du_0} + \theta_1(x_1)\frac{dx_1}{du_1} + \ldots + \theta_n(x_1)\frac{dx_1}{du_n},$$

$$\ldots\ldots\ldots\ldots\ldots\ldots\ldots\ldots\ldots\ldots\ldots\ldots,$$

$$\Delta(x_n) = \theta_0(x_n)\frac{dx_n}{du_0} + \theta_1(x_n)\frac{dx_n}{du_1} + \ldots + \theta_n(x_n)\frac{dx_n}{du_n}.$$

Les propriétés relatives à la périodicité des fonctions λ sont comprises dans le théorème suivant.

Soit

$$i_1^{(k)} = 2\int_0^1 \frac{\theta_k(x)\,dx}{\Delta(x)}, \qquad i_2^{(k)} = 2\int_1^{\frac{1}{p_1^2}} \frac{\theta_k(x)\,dx}{\Delta(x)},$$

$$i_3^{(k)} = 2\int_{\frac{1}{p_1^2}}^{\frac{1}{p_2^2}} \frac{\theta_k(x)\,dx}{\Delta(x)}, \qquad \ldots, \qquad i_{2n+2}^{(k)} = 2\int_{\frac{1}{p_{2n}^2}}^{\frac{1}{p_{2n+1}^2}} \frac{\theta_k(x)\,dx}{\Delta(x)}$$

et

$$I^{(k)} = m_1 i_1^{(k)} + m_2 i_2^{(k)} + m_3 i_3^{(k)} + \ldots + m_{2n+2}\, i_{2n+2}^{(k)},$$

quels que soient les entiers $m_1, m_2, \ldots$, on aura

$$\lambda_0(u_0 + I^{(0)}, u_1 + I^{(1)}, \ldots, u_n + I^{(n)}) = \lambda_0(u_0, u_1, \ldots, u_n),$$

$$\lambda_1(u_0 + I^{(0)}, u_1 + I^{(1)}, \ldots, u_n + I^{(n)}) = \lambda_1(u_0, u_1, \ldots, u_n),$$

$$\ldots\ldots\ldots\ldots\ldots\ldots\ldots\ldots\ldots\ldots\ldots\ldots,$$

$$\lambda_n(u_0 + I^{(0)}, u_1 + I^{(1)}, \ldots, u_n + I^{(n)}) = \lambda_n(u_0, u_1, \ldots, u_n).$$

Parmi les $2n+2$ indices de périodicité, $n+1$ seront réels, savoir

$$2i_1, \quad 2i_3, \quad \ldots, \quad 2i_{2n+1},$$

et les autres imaginaires, et de la forme $a\sqrt{-1}$, où a est réel. Ainsi, pour le cas de $n=1$, on trouverait les indices

$$2\int_0^1 \frac{\theta_k(x)\,dx}{\Delta(x)}, \quad 2\int_1^{\frac{1}{p_1^2}} \frac{\theta_k(x)\,dx}{\Delta(x)}, \quad 2\int_{\frac{1}{p_1^2}}^{\frac{1}{p_2^2}} \frac{\theta_k(x)\,dx}{\Delta(x)}, \quad 2\int_{\frac{1}{p_2^2}}^{\frac{1}{p_3^2}} \frac{\theta_k(x)\,dx}{\Delta(x)},$$

k étant 0 ou 1, et ils se ramènent à ceux de M. Jacobi par ces équations

$$\int_{-\infty}^0 \frac{(\alpha+\beta x)\,dx}{\Delta(x)} + \int_{\frac{1}{p_2^2}}^{\frac{1}{p_3^2}} \frac{(\alpha+\beta x)\,dx}{\Delta(x)} = \int_1^{\frac{1}{p_1^2}} \frac{(\alpha+\beta x)\,dx}{\Delta(x)},$$

$$\int_0^1 \frac{(\alpha+\beta x)\,dx}{\Delta(x)} + \int_{\frac{1}{p_3^2}}^{\infty} \frac{(\alpha+\beta x)\,dx}{\Delta(x)} = \int_{\frac{1}{p_1^2}}^{\frac{1}{p_2^2}} \frac{(\alpha+\beta x)\,dx}{\Delta(x)}.$$

Enfin, la propriété fondamentale des fonctions λ, et qui est relative à l'addition des arguments, consiste en ce que les quantités

$$\lambda_0(u_0+v_0, u_1+v_1, \ldots, u_n+v_n), \quad \lambda_1(u_0+v_0, u_1+v_1, \ldots, u_n+v_n), \quad \ldots,$$
$$\lambda_n(u_0+v_0, u_1+v_1, \ldots, u_n+v_n)$$

sont les racines d'une équation de degré $n+1$, dont les coefficients sont des fonctions rationnelles de

$$\begin{array}{llll}
\lambda_0(u_0, u_1, \ldots, u_n), & \lambda_1(u_0, u_1, \ldots, u_n), & \ldots, & \lambda_n(u_0, u_1, \ldots, u_n), \\
\Delta[\lambda_0(u_0, u_1, \ldots, u_n)], & \Delta[\lambda_1(u_0, u_1, \ldots, u_n)], & \ldots, & \Delta[\lambda_n(u_0, u_1, \ldots, u_n)], \\
\lambda_0(v_0, v_1, \ldots, v_n), & \lambda_1(v_0, v_1, \ldots, v_n), & \ldots, & \lambda_n(v_0, v_1, \ldots, v_n), \\
\Delta[\lambda_0(v_0, v_1, \ldots, v_n)], & \Delta[\lambda_1(v_0, v_1, \ldots, v_n)], & \ldots, & \Delta[\lambda_n(v_0, v_1, \ldots, v_n)].
\end{array}$$

SUR

LA THÉORIE DES TRANSCENDANTES A DIFFÉRENTIELLES ALGÉBRIQUES.

EXTRAIT D'UNE LETTRE A M. LIOUVILLE.

Comptes rendus des séances de l'Académie des Sciences, t. XVIII.

J'ai essayé d'introduire, dans l'analyse des transcendantes à différentielles algébriques quelconques, des fonctions inverses de plusieurs variables, à l'exemple de ce qui a été fait par M. Jacobi pour les fonctions abéliennes. Je vais passer rapidement en revue les principaux résultats que j'ai obtenus, en réservant les démonstrations et les développements accessoires pour un Mémoire que j'espère bientôt avoir l'honneur de présenter à l'Académie.

I.

En suivant la marche tracée par M. Jacobi dans le célèbre Mémoire intitulé *Considerationes generales de transcendentibus Abelianis,* j'ai été conduit d'abord à rechercher le système d'équations différentielles ordinaires dont les intégrales complètes sont données par le théorème d'Abel, considéré dans toute son étendue. Cette recherche, au reste, était assez facile en s'aidant des résultats consignés par Abel lui-même dans le Mémoire couronné par l'Académie des Sciences [1].

[1] Tome VII des *Savants étrangers*. *Voyez* aussi un élégant Mémoire de Minding, publié dans le *Journal de Crelle,* t. 23.

Soit, en suivant les notations d'Abel,

$$\chi(y) = p_0 + p_1 y + p_2 y^2 + \ldots + p_{n-1} y^{n-1} + y^n = 0$$

une équation algébrique quelconque irréductible, dont tous les coefficients sont des fonctions rationnelles et entières d'une même variable x.

Nommons ses racines

$$y_1, \quad y_2, \quad y_3, \quad \ldots, \quad y_n,$$

et désignons par

$$f(x, y) = t_0 + t_1 y + t_2 y^2 + \ldots + t_{n-2} y^{n-2} \tag{1}$$

une fonction rationnelle et entière de x et y, dans laquelle le degré d'un coefficient quelconque t_m soit pris égal au nombre entier immédiatement inférieur à la somme, diminuée d'une unité, des $n - m - 1$ plus grands exposants des développements de chaque racine y suivant les puissances descendantes de x.

Soit enfin γ le nombre des coefficients arbitraires contenus dans $f(x, y)$; cette fonction sera susceptible d'un nombre γ de formes différentes que je représenterai par

$$f_1(x, y), \quad f_2(x, y), \quad \ldots, \quad f_\gamma(x, y).$$

Cela posé, en désignant par

$$x_1, \quad x_2, \quad \ldots, \quad x_\mu,$$

des variables en nombre quelconque μ plus grand que γ, et par

$$y_{(1)}, \quad y_{(2)}, \quad \ldots, \quad y_{(\mu)}$$

des fonctions irrationnelles choisies arbitrairement parmi les n racines

$$y_1, \quad y_2, \quad \ldots, \quad y_n,$$

on aura, au moyen du théorème d'Abel, sous forme algébrique, les intégrales complètes du système des équations

$$\begin{array}{l}
\dfrac{f_1(x_1, y_{(1)})}{\chi'(y_{(1)})} dx_1 + \dfrac{f_1(x_2, y_{(2)})}{\chi'(y_{(2)})} dx_2 + \ldots + \dfrac{f_1(x_\mu, y_{(\mu)})}{\chi'(y_{(\mu)})} dx_\mu = 0, \\
\dfrac{f_2(x_1, y_{(1)})}{\chi'(y_{(1)})} dx_1 + \dfrac{f_2(x_2, y_{(2)})}{\chi'(y_{(2)})} dx_2 + \ldots + \dfrac{f_2(x_\mu, y_{(\mu)})}{\chi'(y_{(\mu)})} dx_\mu = 0, \\
\ldots\ldots\ldots\ldots\ldots\ldots\ldots\ldots\ldots\ldots\ldots\ldots\ldots\ldots\ldots\ldots, \\
\dfrac{f_\gamma(x_1, y_{(1)})}{\chi'(y_{(1)})} dx_1 + \dfrac{f_\gamma(x_2, y_{(2)})}{\chi'(y_{(2)})} dx_2 + \ldots + \dfrac{f_\gamma(x_\mu, y_{(\mu)})}{\chi'(y_{(\mu)})} dx_\mu = 0.
\end{array}$$

Il est inutile de dire que, dans chacune des racines $y_{(1)}$, ou $y_{(2)}$, ..., on remplace la quantité x par la variable x_1 ou x_2, ..., du terme où elle entre.

II.

D'après cela, je prendrai pour fonctions inverses les quantités

$$x_1,\quad x_2,\quad \ldots,\quad x_\gamma,$$

définies par les γ équations suivantes

$$(2)\quad \left\{\begin{aligned} &\sum_{k=1}^{k=\gamma}\int_0^{x_k}\frac{f_1(x_k, y_{(k)})}{\chi'(y_{(k)})}\,dx_k = u_1, \qquad \sum_{k=1}^{k=\gamma}\int_0^{x_k}\frac{f_2(x_k, y_{(k)})}{\chi'(y_{(k)})}\,dx_k = u_2,\\ &\ldots\ldots\ldots\ldots\ldots\ldots\ldots\ldots, \qquad \sum_{k=1}^{k=\gamma}\int_0^{x_k}\frac{f_\gamma(x_k, y_{(k)})}{\chi'(y_{(k)})}\,dx_k = u_\gamma;\end{aligned}\right.$$

et je poserai, en conséquence,

$$x_1 = \lambda_1(u_1, u_2, \ldots, u_\gamma),\quad x_2 = \lambda_2(u_1, u_2, \ldots, u_\gamma),\quad \ldots,$$
$$x_\gamma = \lambda_\gamma(u_1, u_2, \ldots, u_\gamma).$$

Cela étant, les intégrales du système d'équations différentielles considéré plus haut, intégrales fournies immédiatement par le théorème d'Abel, donnent sans difficulté, par un changement convenable de constantes, le théorème fondamental, qui consiste en ce que les γ fonctions

$$\lambda_k(u_1 + v_1, u_2 + v_2, \ldots u_\gamma + v_\gamma)$$

sont les racines d'une équation de degré γ dont les coefficients sont des fonctions rationnelles des diverses fonctions

$$\lambda_k(u_1, u_2, \ldots, u_\gamma),$$
$$\lambda_k(v_1, v_2, \ldots, v_\gamma),$$

et des valeurs correspondantes de celles des racines y que l'on a fait entrer dans les équations (2).

III.

De là découle cette propriété importante des fonctions inverses, qui consiste dans la coexistence d'une série d'indices de périodicité pour tous les arguments, et qui montre toute l'étendue de ce caractère singulier, dont un admirable Mémoire de M. Jacobi a révélé depuis longtemps l'existence dans les fonctions abéliennes. Considérons l'équation

$$\chi'(y_1)\,\chi'(y_2)\,\chi'(y_3)\ldots\chi'(y_n)=0,$$

dont le premier membre, comme on sait, s'exprime par une fonction entière de x. Chacune de ses racines jouit de la propriété de rendre égales deux des racines y de l'équation

$$\chi(y)=0.$$

Supposons donc que $y_{(1)}$ devienne égale à une autre racine $y_{[1]}$ pour les diverses valeurs

$$x=\alpha'_1,\ \alpha''_1,\ \alpha'''_1,\ \ldots,\ \alpha_1^{(n_1)};$$

de même que

$$y_{(2)}=y_{[2]}$$

pour

$$x=\alpha'_2,\ \alpha''_2,\ \alpha'''_2,\ \ldots,\ \alpha_2^{(n_2)},$$

et

$$y_{(3)}=y_{[3]}$$

pour

$$x=\alpha'_3,\ \alpha''_3,\ \alpha'''_3,\ \ldots,\ \alpha_3^{(n_3)},$$

et ainsi de suite.

Faisons, pour abréger l'écriture,

$$\frac{f_k(x,y_{(1)})}{\chi'(y_{(1)})}-\frac{f_k(x,y_{[1]})}{\chi'(y_{[1]})}=(k,1),$$

$$\frac{f_k(x,y_{(2)})}{\chi'(y_{(2)})}-\frac{f_k(x,y_{[2]})}{\chi'(y_{[2]})}=(k,2),$$

$$\ldots\ldots\ldots\ldots\ldots\ldots\ldots\ldots$$

$$\frac{f_k(x,y_{(\gamma)})}{\chi'(y_{(\gamma)})}-\frac{f_k(x,y_{[\gamma]})}{\chi'(y_{[\gamma]})}=(k,\gamma);$$

et désignons par les lettres m des nombres entiers positifs ou négatifs. Si l'on pose

$$\mathrm{I}_k = \sum_{n=1}^{n=n_1-1} m_1^{(n)} \int_{\alpha_1^{(n)}}^{\alpha_1^{(n+1)}} (k,1)\,dx + \sum_{n=1}^{n=n_2-1} m_2^{(n)} \int_{\alpha_2^{(n)}}^{\alpha_2^{(n+1)}} (k,2)\,dx + \ldots$$
$$+ \sum_{n=1}^{n=n_\gamma-1} m_\gamma^{(n)} \int_{\alpha_\gamma^{(n)}}^{\alpha_\gamma^{(n+1)}} (k,\gamma)\,dx,$$

on aura ce théorème :

Une fonction rationnelle et symétrique quelconque des γ fonctions inverses conservera la même valeur en ajoutant simultanément aux divers arguments

$$u_1, \quad u_2, \quad u_3, \quad \ldots, \quad u_\gamma$$

les quantités constantes

$$\mathrm{I}_1, \quad \mathrm{I}_2, \quad \mathrm{I}_3, \quad \ldots, \quad \mathrm{I}_\gamma.$$

Par une autre méthode, indépendante du théorème sur l'addition des arguments, mais qu'il serait trop long d'indiquer ici, on obtient directement les égalités

$$\lambda_1(u_1+\mathrm{I}_1, u_2+\mathrm{I}_2, \ldots, u_\gamma+\mathrm{I}_\gamma) = \lambda_1(u_1, u_2, \ldots, u_\gamma),$$
$$\lambda_2(u_1+\mathrm{I}_1, u_2+\mathrm{I}_2, \ldots, u_\gamma+\mathrm{I}_\gamma) = \lambda_2(u_1, u_2, \ldots, u_\gamma),$$
$$\ldots\ldots\ldots\ldots\ldots\ldots\ldots\ldots\ldots\ldots\ldots\ldots,$$
$$\lambda_\gamma(u_1+\mathrm{I}_1, u_2+\mathrm{I}_2, \ldots, u_\gamma+\mathrm{I}_\gamma) = \lambda_\gamma(u_1, u_2, \ldots, u_\gamma).$$

IV

Les racines de l'équation

$$\chi'(y_1)\chi'(y_2)\ldots\chi'(y_n) = 0,$$

qui se sont présentées comme limites des intégrales qui entrent dans l'expression des indices de périodicité, jouissent de la propriété générale d'être les valeurs maxima ou minima des fonctions inverses. Cela résulte des expressions de leurs différences partielles que je vais rapporter.

Soit

(3) $$\mathrm{F}(x,y) = \mu_1 f_1(x,y) + \mu_2 f_2(x,y) + \ldots + \mu_\gamma f_\gamma(x,y);$$

concevons qu'on détermine les constantes μ par les $\gamma - 1$ conditions

$$F(x_2, y_{(2)}) = 0, \qquad F(x_3, y_{(3)}) = 0, \qquad \ldots, \qquad F(x_\gamma, y_{(\gamma)}) = 0.$$

Nommons $F_1(x, y)$ ce que devient alors l'expression (3); les équations (2) donneront sans peine

$$\frac{dx_1}{du_1} = \frac{\mu_1 \chi'(y_{(1)})}{F_1(x_1, y_{(1)})}, \qquad \frac{dx_1}{du_2} = \frac{\mu_2 \chi'(y_{(1)})}{F_1(x_1, y_{(1)})}, \qquad \ldots, \qquad \frac{dx_1}{du_\gamma} = \frac{\mu_\gamma \chi'(y_{(1)})}{F_1(x_1, y_{(1)})}.$$

De même, si l'on appelle $F_2(x, y)$ la fonction $F(x, y)$ déterminée par les conditions

$$F(x_1, y_{(1)}) = 0, \qquad F(x_3, y_{(3)}) = 0, \qquad \ldots, \qquad F(x_\gamma, y_{(\gamma)}) = 0,$$

on aura

$$\frac{dx_2}{du_1} = \frac{\mu_1 \chi'(y_{(2)})}{F_2(x_2, y_{(2)})}, \qquad \frac{dx_2}{du_2} = \frac{\mu_2 \chi'(y_{(2)})}{F_2(x_2, y_{(2)})}, \qquad \ldots, \qquad \frac{dx_2}{du_\gamma} = \frac{\mu_\gamma \chi'(y_{(2)})}{F_2(x_2, y_{(2)})},$$

et ainsi de suite; d'où résulte la proposition énoncée.

De ce qui précède on tire des équations linéaires aux différences partielles qui méritent d'être indiquées, savoir

$$\begin{aligned}
&f_1(x_1, y_{(1)}) \frac{dx_1}{du_1} + f_2(x_1, y_{(1)}) \frac{dx_1}{du_2} + \ldots + f_\gamma(x_1, y_{(1)}) \frac{dx_1}{du_\gamma} = \chi'(y_{(1)}),\\
&f_1(x_2, y_{(2)}) \frac{dx_2}{du_1} + f_2(x_2, y_{(2)}) \frac{dx_2}{du_2} + \ldots + f_\gamma(x_2, y_{(2)}) \frac{dx_2}{du_\gamma} = \chi'(y_{(2)}),\\
&\ldots\ldots\ldots\ldots\ldots\ldots\ldots\ldots\ldots\ldots\ldots\ldots\ldots\ldots\ldots\ldots,\\
&f_1(x_\gamma, y_{(\gamma)}) \frac{dx_\gamma}{du_1} + f_2(x_\gamma, y_{(\gamma)}) \frac{dx_\gamma}{du_2} + \ldots + f_\gamma(x_\gamma, y_{(\gamma)}) \frac{dx_\gamma}{du_\gamma} = \chi'(y_{(\gamma)}).
\end{aligned}$$

Remarquons enfin cette conséquence que, l'équation

$$f_1(x, y) \frac{dx_1}{du_1} + f_2(x, y) \frac{dx_1}{du_2} + \ldots + f_\gamma(x, y) \frac{dx_1}{du_\gamma} = 0$$

étant satisfaite par

$$\begin{aligned}
x &= x_2, & y &= y_{(2)},\\
x &= x_3, & y &= y_{(3)},\\
&\ldots\ldots, & &\ldots\ldots;\\
x &= x_\gamma, & y &= y_{(\gamma)},
\end{aligned}$$

on peut, au moyen des différences partielles de l'une des fonctions inverses, déterminer algébriquement les $\gamma - 1$ autres.

V.

Le théorème relatif à l'addition des arguments conduit encore à exprimer les fonctions inverses dans toute leur généralité, au moyen des cas particuliers les plus simples, où l'on ne suppose successivement qu'un argument variable, les autres étant égaux à des constantes quelconques, à zéro par exemple.

Ce genre de réduction, qui est dû à M. Jacobi, se retrouve dans une autre partie de la théorie, comme on va le voir.

En nous bornant, pour plus de simplicité, aux fonctions de la première classe des transcendantes abéliennes, considérons la différentielle totale

$$\frac{F(x)}{\sqrt{f(x)}}\,dx + \frac{F(y)}{\sqrt{f(y)}}\,dy;$$

où $F(x)$ est une fonction rationnelle quelconque, et $f(x)$ un polynome du cinquième ou du sixième degré. Si l'on substitue aux variables x et y les variables u et v des fonctions inverses définies par les équations

$$\int_0^x \frac{dx}{\sqrt{f(x)}} + \int_0^y \frac{dy}{\sqrt{f(y)}} = u,$$

$$\int_0^x \frac{x\,dx}{\sqrt{f(x)}} + \int_0^y \frac{y\,dy}{\sqrt{f(y)}} = v,$$

son intégrale étant désignée par

$$\Pi(u, v)$$

jouira, en vertu du théorème d'Abel, de la propriété exprimée par l'égalité

$$\Pi(u+u', v+v') = \Pi(u, v) + \Pi(u', v') + \text{une fonction alg. et log.};$$

en faisant

$$u = 0, \quad v' = 0,$$

on trouve

$$\Pi(u', v) = \Pi(0, v) + \Pi(u', 0) + \text{une fonction alg. et log.}$$

Ainsi, la fonction $\Pi(u, v)$ à double argument est ramenée aux deux cas les plus simples, où l'on suppose successivement un seul argument variable; on voit encore qu'on n'aura plus à considérer que des intégrales de formules différentielles qui contiennent seulement une variable indépendante, à savoir, des intégrales, par rapport à u, de fonctions rationnelles et symétriques de

$$\lambda_1(u, o), \quad \lambda_2(u, o),$$

et des intégrales, par rapport à v, de fonctions rationnelles et symétriques de

$$\lambda_1(o, v), \quad \lambda_2(o, v).$$

On se convaincra facilement de la généralité des considérations précédentes : ainsi, dans le cas des fonctions de la seconde classe des transcendantes abéliennes, où s'offrent des fonctions à triple argument,

$$\Pi(u, v, w),$$

on aura de même l'égalité

$$\begin{aligned} &\Pi(u+u', v+v', w+w') \\ &\quad = \Pi(u, v, w) + \Pi(u', v', w') + \text{une fonct. alg. et log.}, \end{aligned}$$

ou bien encore la suivante

$$\begin{aligned} &\Pi(u+u'+u'', v+v'+v'', w+w'+w'') \\ &\quad = \Pi(u, v, w) + \Pi(u', v', w') + \Pi(u'', v'', w'') + \text{une fonct. alg. et log.}; \end{aligned}$$

et, en faisant

$$\begin{aligned} u &= o, & v &= o, \\ u' &= o, & w' &= o, \\ v'' &= o, & w'' &= o, \end{aligned}$$

il vient

$$\Pi(u'', v', w) = \Pi(o, o, w) + \Pi(o, v', o) + \Pi(u'', o, o) + \text{une fonct. alg. et log.},$$

ce qui conduit aux mêmes conséquences que précédemment.

VI.

La méthode qui m'a donné la division des arguments dans les fonctions abéliennes s'étend aux nouvelles transcendantes; mais, jusqu'à présent, je n'ai pu aborder la théorie de la transformation sans être arrêté par les plus grandes difficultés. Mes tentatives m'ont conduit, néanmoins, à quelques considérations sur cette théorie bornée aux fonctions elliptiques; je vais les rapporter en peu de mots,

Soient $\varphi(u, k)$, ou simplement $\varphi(u)$, la fonction inverse, définie par l'égalité

$$\varphi'(u) = \sqrt{[1-\varphi^2(u)][1-k^2\varphi^2(u)]} = \Delta(u, k),$$

2ω et $2\varpi\sqrt{-1}$ les indices de périodicité, et n un nombre impair quelconque. Le théorème fondamental, donné pour la première fois par M. Jacobi, consiste en ce que la fonction

$$z = \sum \varphi\left(u + \frac{2p\omega}{n}\right) = \varphi(u) + \varphi\left(u + \frac{2\omega}{n}\right) + \ldots + \varphi\left(u + \frac{2(n-1)\omega}{n}\right),$$

où l'une des périodes des fonctions elliptiques se trouve divisée par le nombre n, peut être représentée de la manière suivante

$$\alpha\varphi\left(\frac{u}{a}, \lambda\right),$$

λ désignant un nouveau module, a et α des constantes. On en déduit ensuite que toute fonction rationnelle et symétrique des quantités

$$\varphi(u),\quad \varphi\left(u + \frac{2\omega}{n}\right),\quad \varphi\left(u + \frac{4\omega}{n}\right),\quad \ldots,\quad \varphi\left[u + \frac{2(n-1)\omega}{n}\right],$$

où, de même, l'une des périodes des fonctions elliptiques subsiste, tandis que l'autre se trouve divisée par le nombre n, peut être représentée par une fonction rationnelle de $\varphi\left(\frac{u}{a}, \lambda\right)$. Or voici la démonstration du théorème de M. Jacobi à laquelle je me suis trouvé conduit.

Il existe, entre $\frac{dz}{du}$ et z, une relation algébrique qui s'obtiendra par l'élimination de $\varphi(u)$ entre les deux égalités

$$z = \sum \varphi\left(u + \frac{2p\omega}{n}\right), \qquad \frac{dz}{du} = \sum \Delta\left(u + \frac{2p\omega}{n}\right).$$

Soit pour cela $\varphi(u) = x$; z, comme on le voit aisément, se transforme en une fonction rationnelle $\frac{x\mathrm{U}}{\mathrm{V}}$, U et V étant deux polynomes pairs du degré $n-1$; on établit ensuite sans peine que les racines de l'équation

$$(4)\qquad z = \sum \varphi\left(u + \frac{2p\omega}{n}\right)$$

sont de la forme

$$\varphi(u) = \varphi(\varepsilon),\quad \varphi\left(\varepsilon + \frac{2\omega}{n}\right),\quad \varphi\left(\varepsilon + \frac{4\omega}{n}\right),\quad \ldots,\quad \varphi\left(\varepsilon + \frac{2(n-1)\omega}{n}\right).$$

Cela résulte, en effet, de ce que l'expression de z ne change point en augmentant u d'un multiple quelconque de $\frac{2\omega}{n}$.

Or, la même chose a lieu nécessairement dans la dérivée $\frac{dz}{du}$; et comme

$$z = \frac{x\mathrm{U}}{\mathrm{V}},$$

on a

$$\frac{dz}{du} = \frac{\mathrm{V}\dfrac{d(x\mathrm{U})}{dx} - x\mathrm{U}\dfrac{d\mathrm{V}}{dx}}{\mathrm{V}^2}\sqrt{(1-x^2)(1-k^2x^2)}.$$

Ainsi, le carré de $\frac{dz}{du}$, qui est une fonction rationnelle de x, conservera la même valeur en y substituant successivement les diverses racines de l'équation (4); par suite, $\frac{dz}{du}$ s'exprimera par la racine carrée d'une fonction rationnelle de z.

Or, cette fonction sera entière, car

$$\sum \Delta\left(u + \frac{2p\omega}{n}\right)$$

ne peut devenir infini sans que quelqu'une des quantités $\varphi\left(u + \frac{2p\omega}{n}\right)$ ne le soit, ce qui rend dès lors z infini lui-même. Pour obtenir maintenant le nombre et la nature des valeurs de z qui donnent

$$\frac{dz}{du} = 0,$$

il faut chercher les racines de l'équation

$$\sum \Delta\left(u + \frac{2p\omega}{n}\right) = 0.$$

On trouve très facilement qu'elles sont comprises dans les deux formules

$$x^2 = \varphi^2\left(\frac{\omega}{2} + \frac{2p\omega}{n}\right), \qquad x^2 = \varphi^2\left(\frac{\varpi}{2}\sqrt{-1} + \frac{2p\omega}{n}\right),$$

p devant être supposé successivement $0, 1, 2, \ldots, \frac{n-1}{2}$. Mais j'observe que, pour les substituer dans l'expression de z, il est inutile d'avoir égard à ces diverses valeurs de p, de sorte qu'il reste seulement à considérer les racines

$$x^2 = \varphi^2\left(\frac{\omega}{2}\right), \qquad x^2 = \varphi^2\left(\frac{\varpi}{2}\sqrt{-1}\right).$$

On voit, par là, que le polynome en z, qui entre dans l'expression de $\frac{dz}{du}$, sera du quatrième degré, ne contiendra que des puissances paires de z, et s'évanouira pour les valeurs

$$z^2 = \left[\sum \varphi\left(\frac{\omega}{2} + \frac{2p\omega}{n}\right)\right]^2 = \alpha^2, \qquad z^2 = \left[\sum \varphi\left(\frac{\varpi}{2}\sqrt{-1} + \frac{2p\omega}{n}\right)\right]^2 = \beta^2.$$

Ainsi l'on aura

$$\frac{dz}{du} = C\sqrt{\left(1 - \frac{z^2}{\alpha^2}\right)\left(1 - \frac{z^2}{\beta^2}\right)}.$$

C étant une constante qu'on détermine en observant que, pour $u = 0$ et, par suite, $z = 0$, on a

$$\frac{dz}{du} = C = \sum \Delta\left(\frac{2p\omega}{n}\right);$$

faisant donc

$$\frac{\alpha}{\beta} = \lambda, \qquad \frac{\alpha}{C} = a,$$

on a

$$z = a\varphi\left(\frac{u}{a}, \lambda\right).$$

VII.

Il résulte, de ce qui précède, que l'équation

$$a\varphi\left(\frac{u}{a}, \lambda\right) = \frac{xU}{V} \qquad \text{ou} \qquad xU - a\varphi\left(\frac{u}{a}, \lambda\right)V = 0$$

a pour racines les n quantités

$$\varphi(u), \quad \varphi\left(u + \frac{2\omega}{n}\right), \quad \ldots, \quad \varphi\left(u + \frac{2(n-1)\omega}{n}\right).$$

Je vais faire voir qu'on peut tirer de là, directement, la transformation des fonctions de troisième espèce, sans établir préalablement, comme le fait M. Jacobi, la formule de transformation des fonctions de seconde espèce. Soit, pour abréger,

$$F(x) = x\mathrm{U} - \alpha\varphi\left(\frac{u}{a}, \lambda\right)\mathrm{V};$$

en désignant par m une quantité quelconque, on aura, comme l'on sait,

$$\frac{F'(m)}{F(m)} = \sum \frac{1}{m - \varphi\left(u + \dfrac{2p\omega}{n}\right)},$$

ou bien encore

$$\frac{F'(m)}{F(m)} = \frac{1}{m - \varphi(u)} + \sum_{p=1}^{p=\frac{n-1}{2}} \left[\frac{1}{m - \varphi\left(u + \dfrac{2p\omega}{n}\right)} + \frac{1}{m - \varphi\left(u - \dfrac{2p\omega}{n}\right)}\right].$$

Or, on peut écrire

$$\frac{F'(m)}{F(m)} = \frac{\mathrm{A}\varphi\left(\dfrac{u}{a}, \lambda\right) - \mathrm{B}}{\varphi\left(\dfrac{u}{a}, \lambda\right) - \mathrm{M}},$$

en posant

$$\mathrm{A} = \frac{\mathrm{V}'}{\mathrm{V}}, \qquad \mathrm{B} = \frac{(x\mathrm{U})'}{\alpha\mathrm{V}}, \qquad \mathrm{M} = \frac{x\mathrm{U}}{\alpha\mathrm{V}} \qquad \text{pour} \qquad x = m.$$

Il importe beaucoup de remarquer cette valeur de M qui, pour $m = \varphi(\mu, k)$, devient $\varphi\left(\frac{\mu}{a}, \lambda\right)$; ainsi l'on a l'égalité

$$\frac{\mathrm{A}\varphi\left(\dfrac{u}{a}, \lambda\right) - \mathrm{B}}{\varphi\left(\dfrac{\mu}{a}, \lambda\right) - \varphi\left(\dfrac{u}{a}, \lambda\right)} = \frac{1}{\varphi(u) - \varphi(\mu)} + \sum \left[\frac{1}{\varphi\left(u + \dfrac{2p\omega}{n}\right) - \varphi(\mu)} + \frac{1}{\varphi\left(u - \dfrac{2p\omega}{n}\right) - \varphi(\mu)}\right],$$

d'où, en changeant le signe de μ,

$$\frac{\mathrm{A}\varphi\left(\dfrac{u}{a}, \lambda\right) + \mathrm{B}}{\varphi\left(\dfrac{\mu}{a}, \lambda\right) + \varphi\left(\dfrac{u}{a}, \lambda\right)} = \frac{1}{\varphi(u) + \varphi(\mu)} + \sum \left[\frac{1}{\varphi\left(u + \dfrac{2p\omega}{n}\right) + \varphi(\mu)} + \frac{1}{\varphi\left(u - \dfrac{2p\omega}{n}\right) + \varphi(\mu)}\right];$$

puis, retranchant membre à membre,

$$\frac{A\varphi^2\left(\frac{u}{a}, \lambda\right) - B\varphi\left(\frac{\mu}{a}, \lambda\right)}{\varphi^2\left(\frac{\mu}{a}, \lambda\right) - \varphi^2\left(\frac{u}{a}, \lambda\right)}$$
$$= \frac{\varphi(\mu)}{\varphi^2(u) - \varphi^2(\mu)} + \varphi(\mu)\sum\left[\frac{1}{\varphi^2\left(u + \frac{2p\omega}{n}\right) - \varphi^2(\mu)} + \frac{1}{\varphi^2\left(u - \frac{2p\omega}{n}\right) - \varphi^2(\mu)}\right].$$

Soit maintenant

$$\Pi(x, \mu, k) = \int_0^x \frac{du}{\varphi^2(u, k) - \varphi^2(\mu, k)};$$

l'équation précédente donnera, en intégrant depuis $u = 0$ jusqu'à $u = x$, et en ayant égard aux valeurs des constantes,

$$\frac{\varphi\left(\frac{\mu}{a}, \lambda\right)\Delta\left(\frac{\mu}{a}, \lambda\right)}{\Delta(\mu, k)}\Pi\left(\frac{x}{a}, \frac{\mu}{a}, \lambda\right) - Ax$$
$$= \varphi(\mu)\Pi(x, \mu, k) + \varphi(\mu)\sum_{p=1}^{p=\frac{n-1}{2}}\left[\Pi\left(x + \frac{2p\omega}{n}, \mu, k\right) + \Pi\left(x - \frac{2p\omega}{n}, \mu, k\right)\right],$$

ou bien

$$\varphi\left(\frac{\mu}{a}, \lambda\right)\Delta\left(\frac{\mu}{a}, \lambda\right)\Pi\left(\frac{x}{a}, \frac{\mu}{a}, \lambda\right)$$
$$= \Delta(\mu, k)Ax + \varphi(\mu, k)\Delta(\mu, k)\Pi(x, \mu, k)$$
$$+ \varphi(\mu, k)\Delta(\mu, k)\sum_{p=1}^{p=\frac{n-1}{2}}\left[\Pi\left(x + \frac{2p\omega}{n}, \mu, k\right) + \Pi\left(x - \frac{2p\omega}{n}, \mu, k\right)\right].$$

Le second membre peut être ramené à ne contenir qu'une seule fonction de troisième espèce, avec une quantité logarithmique ; on a, en effet, la formule

$$\frac{\Delta(\mu)}{\varphi(\mu) - \varphi(x + a)} - \frac{\Delta(\mu)}{\varphi(\mu) - \varphi(x - a)} = \frac{\Delta(x)}{\varphi(x) - \varphi(\mu + a)} - \frac{\Delta(x)}{\varphi(x) - \varphi(\mu - a)},$$

qu'il est facile de vérifier ; elle donne, en changeant μ en $-\mu$,

$$\frac{\Delta(\mu)}{\varphi(\mu) + \varphi(x + a)} - \frac{\Delta(\mu)}{\varphi(\mu) + \varphi(x - a)} = \frac{\Delta(x)}{\varphi(x) + \varphi(\mu + a)} - \frac{\Delta(x)}{\varphi(x) + \varphi(\mu - a)}.$$

Ajoutant membre à membre et intégrant depuis $x = 0$, on trouve sans peine,

$$\varphi(\mu)\Delta(\mu)[\Pi(x-a,\mu)-\Pi(x+a,\mu)]$$
$$= -2\varphi(\mu)\Delta(\mu)\Pi(a,\mu)+\frac{1}{2}\log\left\{\frac{1-\dfrac{\varphi^2(x)}{\varphi^2(\mu+a)}}{1-\dfrac{\varphi^2(x)}{\varphi^2(\mu-a)}}\right\},$$

d'où, en permutant a et x, et changeant les signes des deux membres,

$$\varphi(\mu)\Delta(\mu)[\Pi(x+a,\mu)+\Pi(x-a,\mu)]$$
$$= 2\varphi(\mu)\Delta(\mu)\Pi(x,\mu)-\frac{1}{2}\log\left\{\frac{1-\dfrac{\varphi^2(a)}{\varphi^2(\mu+x)}}{1-\dfrac{\varphi^2(a)}{\varphi^2(\mu-x)}}\right\}.$$

On arrive donc définitivement à la formule suivante, pour la transformation des fonctions de troisième espèce,

$$\varphi\left(\frac{\mu}{a},\lambda\right)\Delta\left(\frac{\mu}{a},\lambda\right)\Pi\left(\frac{x}{a},\frac{\mu}{a},\lambda\right)$$
$$=\Delta(\mu,k)\mathrm{A}x+n\varphi(\mu,k)\Delta(\mu,k)\Pi(x,\mu,k)$$
$$-\frac{1}{2}\sum_{p=1}^{p=\frac{n-1}{2}}\log\left\{\frac{1-\dfrac{\varphi^2\left(\dfrac{2p\omega}{n}\right)}{\varphi^2(\mu+x)}}{1-\dfrac{\varphi^2\left(\dfrac{2p\omega}{n}\right)}{\varphi^2(\mu-x)}}\right\}.$$

VIII.

Dès les premiers pas qui ont été faits dans la théorie des fonctions elliptiques, on a imaginé de les différentier par rapport au module, ce qui a conduit à plusieurs résultats importants. Or, le même moyen analytique s'applique avec facilité à toutes les fonctions de la forme

$$\int f(x,y)\,dx,$$

où y est donné par l'équation

$$\chi(y) = y^n - \mathrm{X} = 0,$$

X étant une fonction entière de x.

Voici, par exemple, le théorème qui en résulte pour les fonctions abéliennes.

Soit

$$F(x) = x(x-a)\dots(x-k)$$

un polynome du degré $2m+1$; *on pourra représenter toutes les fonctions abéliennes de première et de seconde espèce par l'intégrale*

$$z = \int_0^x \frac{(x-a)^k\,dx}{\sqrt{F(x)}},$$

et en considérant z *comme une fonction du module* a, *on obtient l'équation linéaire de l'ordre* $2m$

$$0 = \frac{2\sqrt{F(x)}}{(x-a)^{2m-k}} + \sum_{n=1}^{n=2m+1} \frac{4m-n-2k}{1.2.3\dots n} F^{(n)}(a)$$
$$\times \frac{(-2)^{2m-n+1}}{(2k-1)(2k-3)\dots(2k+2n-4m-1)} \frac{d^{2m-n+1}z}{da^{2m-n+1}}.$$

Lorsque k *est compris entre* 0 *et* $m-1$, *de sorte que* z *représente les transcendantes de première espèce, l'intégrale complète s'obtient en ajoutant à la fonction*

$$\int_0^x \frac{(x-a)^k\,dx}{\sqrt{F(x)}}$$

les diverses intégrales définies qui entrent dans l'expression des indices de périodicité de la fonction inverse, multipliées chacune par une constante arbitraire.

De là résulteraient facilement, entre autres choses, des théorèmes analogues à l'équation de Legendre entre les fonctions elliptiques complètes de première et de seconde espèce, à modules complémentaires; relation déjà généralisée par divers géomètres (1). Mais je ne veux pas m'étendre plus longuement sur ce sujet, qui, du reste, donne lieu à de nombreuses conséquences, que je développerai dans une autre occasion.

---

(1) *Voyez*, par exemple, un Mémoire de M. Catalan, couronné par l'Académie de Bruxelles.

PRINCIPAUX THÉORÈMES

DE

L'ANALYSE DES FONCTIONS ELLIPTIQUES.

Extrait des *Mémoires de la Société royale des Sciences, Lettres et Arts de Nancy*, 1845.

I.

Les recherches que j'ai l'honneur de présenter à la Société ont pour but d'établir les principaux théorèmes de l'analyse des fonctions elliptiques, par une méthode nouvelle qui repose principalement sur l'intégration de l'équation aux différentielles partielles du phénomène des cordes vibrantes. Dans la marche que nous allons suivre, on verra s'offrir tout d'abord comme un élément essentiel du calcul la transcendante remarquable, au moyen de laquelle les trois espèces de fonctions elliptiques s'expriment analytiquement de la manière la plus simple. Les propriétés diverses et caractéristiques de ces fonctions s'offriront naturellement comme conséquences de modes divers d'expressions par une quantité unique, et nous retrouverons par cette marche en quelque sorte synthétique les premiers résultats qui ont servi dans l'origine de fondement à toute la théorie, et auxquels on s'est arrêté longtemps avant d'arriver aux idées plus générales.

II.

Soit

$$(1) \qquad \Delta(x) = (1 + 2cx^2 + x^4)^{\frac{1}{2}},$$

c étant une constante que l'on supposera, si l'on veut, plus petite que l'unité; considérons la fonction de troisième espèce

$$(2) \qquad z = \int_0^x \frac{\Delta a\, dx}{(x-a)\,\Delta x},$$

où a désigne le paramètre. En différentiant par rapport à a, on trouvera

$$(3) \qquad \Delta(a)\frac{dz}{da} = \int_0^x \frac{2(x-a)(a^3+ca)+\Delta^2 a}{(x-a)^2\,\Delta x}\,dx;$$

mais on a identiquement

$$(4) \qquad \frac{d}{dx}\,\frac{\Delta x}{x-a} = \frac{\dfrac{d\,\Delta x}{dx}(x-a)-\Delta x}{(x-a)^2} = \frac{2(x-a)(cx+x^3)-\Delta^2 x}{(x-a)^2\,\Delta x};$$

d'où en intégrant

$$(5) \qquad \frac{\Delta(x)}{x-a} = \int_0^x \frac{2(x-a)(cx+x^3)-\Delta^2 x}{(x-a)^2\,\Delta x}\,dx + \text{const.}$$

La constante se détermine en faisant $x=0$, et l'on trouve ainsi

$$(6) \qquad \frac{\Delta(x)}{x-a} = \int_0^x \frac{2(x-a)(cx+x^3)-\Delta^2 x}{(x-a)^2\,\Delta x}\,dx - \frac{1}{a}.$$

Ajoutant membre à membre avec l'équation (3), il vient

$$\Delta a\frac{dz}{da} + \frac{\Delta x}{x-a}$$
$$= \int_0^x \frac{2(x^2-a^2)(x^2-ax+a^2+c)-(x^2-a^2)(x^2+a^2+2c)}{(x-a)^2\,\Delta x}\,dx - \frac{1}{a},$$

et en réduisant

$$(7) \qquad \Delta a\frac{dz}{da} + \frac{\Delta x}{x-a} = \int_0^x \frac{(x^2-a^2)\,dx}{\Delta x} - \frac{1}{a}.$$

On voit que dans ce résultat il n'entre plus la fonction plus compliquée de troisième espèce, de laquelle nous sommes partis. D'ailleurs, en différentiant de nouveau par rapport à a, il vient

$$\frac{d}{da}\Delta a\frac{dz}{da} + \frac{\Delta x}{(x-a)^2} = -2a\int_0^x \frac{dx}{\Delta x} + \frac{1}{a^2},$$

mais il est visible que

$$\frac{dz}{dx} = \frac{\Delta a}{(x-a)\Delta x};$$

d'où

$$\Delta x \frac{dz}{dx} = \frac{\Delta a}{x-a}$$

et différentiant encore par rapport à x, il vient

$$\frac{d}{dx}\left(\Delta x \frac{dz}{dx}\right) = -\frac{\Delta a}{(x-a)^2}.$$

De là se conclut immédiatement le résultat remarquable exprimé par l'équation différentielle partielle

$$(8) \qquad \Delta a \frac{d}{da}\left(\Delta a \frac{dz}{da}\right) - \Delta x \frac{d}{dx}\left(\Delta x \frac{dz}{dx}\right) = -2a\,\Delta a \int_0^x \frac{dx}{\Delta x} + \frac{\Delta a}{a^2}.$$

Ici nous nous trouvons naturellement conduit à prendre pour variables indépendantes, au lieu de x et a, les arguments α et ξ des fonctions inverses définies par les égalités

$$\xi = \int_0^x \frac{dx}{\Delta x}, \qquad \alpha = \int_0^a \frac{da}{\Delta a}$$

et nous poserons, d'après cela,

$$x = \lambda(\xi), \qquad a = \lambda(\alpha).$$

Alors l'équation (8) prend la forme plus simple

$$\frac{d^2 z}{d\alpha^2} - \frac{d^2 z}{d\xi^2} = -2a\xi\,\Delta(a) + \frac{\Delta a}{a^2}.$$

On peut aisément faire disparaître le second membre en posant

$$U = z + A\xi + B,$$

A et B étant des fonctions de α, indépendantes de la variable ξ.

Il n'y a qu'à faire

$$\frac{d^2 A}{d\alpha^2} = 2a\,\Delta a, \qquad \frac{d^2 B}{d\alpha^2} = -\frac{\Delta a}{a^2}$$

ou

$$A = \int_0^\alpha a^2\,d\alpha, \qquad B = \int^\alpha \frac{d\alpha}{a}$$

et il vient effectivement

$$\frac{d^2 U}{d\alpha^2} - \frac{d^2 U}{d\xi^2} = 0,$$

ce qui est, comme on sait, l'équation de laquelle d'Alembert a tiré la loi de mouvement de vibration d'une corde flexible, écartée très peu de sa position d'équilibre.

III.

En désignant par F et Φ deux fonctions arbitraires, l'intégrale générale de l'équation précédente est

$$U = F(\alpha + \xi) + \Phi(\alpha - \xi).$$

Pour déterminer les deux fonctions arbitraires, observons qu'ayant

$$U = \int_0^x \frac{\Delta a\, dx}{(x - a)\,\Delta x} + \xi \int a^2\, d\alpha + \int \frac{d\alpha}{a}$$

à cause de

$$d\xi = \frac{dx}{\Delta x}$$

on peut écrire

$$U = \int_0^\xi \frac{\Delta a\, d\xi}{x - a} + \xi \int a^2\, d\alpha + \int \frac{d\alpha}{a};$$

on aura donc

$$F(\alpha + \xi) + \Phi(\alpha - \xi) = \int_0^\xi \frac{\Delta a\, d\xi}{x - a} + \xi \int a^2\, d\alpha + \int \frac{d\alpha}{a};$$

d'où, en différentiant par rapport à ξ,

$$F'(\alpha + \xi) - \Phi'(\alpha - \xi) = \frac{\Delta a}{x - a} + \int a^2\, d\alpha.$$

Faisons maintenant dans les deux équations qui précèdent $\xi = 0$; on trouve

$$F(\alpha) + \Phi(\alpha) = \int \frac{d\alpha}{a},$$

$$F'(\alpha) - \Phi'(\alpha) = -\frac{\Delta a}{a} + \int a^2\, d\alpha.$$

Ce sont ces deux équations qui vont nous servir pour déterminer les fonctions arbitraires; posons, suivant l'usage,

$$E(\alpha) = \int a^2\, d\alpha,$$

$$Z(\alpha) = \int E(\alpha)\, d\alpha,$$

on obtiendra en intégrant la dernière

$$F(\alpha) - \Phi(\alpha) = Z(\alpha) - \log a.$$

D'ailleurs on trouve aisément

$$\int \frac{d\alpha}{a} = \frac{1}{2} \log \frac{\Delta a - (1 + ca^2)}{a^2}.$$

On en conclut les expressions suivantes :

$$2F(\alpha) = \quad Z(\alpha) + \frac{1}{2} \log \frac{\Delta a - (1 + ca^2)}{a^4},$$

$$2\Phi(\alpha) = -Z(\alpha) + \frac{1}{2} \log[\Delta a - (1 + ca^2)].$$

IV.

Les conséquences des résultats qu'on vient d'obtenir embrassent les points les plus importants de la théorie des fonctions elliptiques. Parmi ces conséquences on doit surtout distinguer celles qui sont relatives à l'établissement de formules par lesquelles la fonction inverse $\lambda(x+y)$, relative à la somme de deux arguments, s'exprime en λx et λy. Ce sont aussi ces formules, en quelque sorte élémentaires, que je vais établir en premier lieu.

Pour abréger l'écriture, on désignera dans tout ce qui va suivre par $\Delta\xi$ ce que devient Δx quand on y remplace x par $\lambda(\xi)$; cela posé, reprenons l'équation

$$\int_0^\xi \frac{\Delta(\alpha)\, d\xi}{\lambda(\xi) - \lambda(\alpha)} + \xi \int a^2\, d\alpha + \int \frac{d\alpha}{a} = F(\alpha + \xi) + \Phi(\alpha - \xi).$$

En différentiant par rapport à ξ, on a

$$\frac{\Delta(\alpha)}{\lambda(\xi) - \lambda(\alpha)} + \int a^2\, d\alpha = F'(\alpha + \xi) - \Phi'(\alpha - \xi).$$

Soit fait successivement

$$\xi = x + y, \qquad \xi = x - y;$$

puis retranchons membre à membre, il viendra

$$\frac{\Delta\alpha}{\lambda(x+y) - \lambda(\alpha)} - \frac{\Delta\alpha}{\lambda(x-y) - \lambda(\alpha)}$$
$$= F'(x+y+\alpha) - F'(x-y+\alpha) + \Phi'(\alpha - x + y) - \Phi'(\alpha - x - y).$$

La première partie du second membre, savoir

$$F'(x+y+\alpha) - F'(x-y+\alpha)$$

est une fonction symétrique de x et de α. Or je dis qu'il en est de même de la seconde. En effet, on voit facilement, d'après l'expression obtenue plus haut de $\Phi(\alpha)$, que sa dérivée est une fonction impaire, et si l'on permute x et α, dans

$$\Phi'(\alpha - x + y) - \Phi'(\alpha - x - y),$$

il vient

$$\Phi'(x - \alpha + y) - \Phi'(x - \alpha - y)$$

ou bien

$$\Phi'(\alpha - x + y) - \Phi'(\alpha - x - y),$$

puisque Φ' est impaire.

L'expression $\frac{\Delta\alpha}{\lambda(x+y) - \lambda(\alpha)} - \frac{\Delta\alpha}{\lambda(x-y) - \lambda(\alpha)}$ étant ainsi symétrique par rapport à x et α, on a l'égalité

$$\frac{\Delta\alpha}{\lambda(x+y) - \lambda(\alpha)} - \frac{\Delta\alpha}{\lambda(x-y) - \lambda(\alpha)}$$
$$= \frac{\Delta x}{\lambda(\alpha+y) - \lambda(x)} - \frac{\Delta x}{\lambda(\alpha-y) - \lambda(x)}.$$

Soit fait $\alpha = 0$; il viendra $\Delta\alpha = 1$ et par suite

$$\frac{1}{\lambda(x+y)} - \frac{1}{\lambda(x-y)} = \frac{\Delta x}{\lambda y - \lambda x} + \frac{\Delta x}{\lambda y + \lambda x} = \frac{2\lambda y\, \Delta x}{\lambda^2 y - \lambda^2 x}.$$

Si dans cette équation on permute x et y, il vient

$$\frac{1}{\lambda(x+y)} + \frac{1}{\lambda(x-y)} = -\frac{2\lambda x\, \Delta y}{\lambda^2 y - \lambda^2 x},$$

On en déduit, en ajoutant et retranchant membre à membre et divisant par 2

$$\frac{1}{\lambda(x+y)} = \frac{\lambda y\, \Delta x - \lambda x\, \Delta y}{\lambda^2 y - \lambda^2 x},$$

$$\frac{1}{\lambda(x-y)} = -\frac{\lambda y\, \Delta x + \lambda x\, \Delta y}{\lambda^2 y - \lambda^2 x}.$$

En prenant les inverses et chassant les radicaux du dénominateur, il vient définitivement

$$\lambda(x+y) = \frac{\lambda x\, \Delta y + \lambda y\, \Delta x}{1 - \lambda^2 x\, \lambda^2 y},$$

$$\lambda(x-y) = \frac{\lambda x\, \Delta y - \lambda y\, \Delta x}{1 - \lambda^2 x\, \lambda^2 y}.$$

Une vérification immédiate de ces deux résultats s'obtient en faisant

$$c = 1 \quad \text{et} \quad \lambda x = \operatorname{tang} x, \qquad \Delta(x) = \frac{1}{\cos^2 x},$$

et il vient en supprimant un facteur commun aux deux termes des fractions

$$\operatorname{tang}(x+y) = \frac{\operatorname{tang} x + \operatorname{tang} y}{1 - \operatorname{tang} x \operatorname{tang} y},$$

$$\operatorname{tang}(x-y) = \frac{\operatorname{tang} x - \operatorname{tang} y}{1 + \operatorname{tang} x \operatorname{tang} y}$$

ce qui est bien les formules connues relatives aux tangentes.

Dans une autre circonstance, j'aurai l'honneur d'offrir à la Société la suite de ces recherches et le développement des principales conséquences, auxquelles donnent lieu les résultats que je viens d'exposer.

NOTE

SUR

LA THÉORIE DES FONCTIONS ELLIPTIQUES.

Cambridge and Dublin Mathematical Journal, t. III; 1848.

J'ai lu avec le plus vif intérêt le beau travail de M. Cayley, qui a réussi à faire découler toute la théorie des fonctions elliptiques de la considération délicate des produits infinis doubles. J'avais découvert de mon côté le point de vue suivant, plus voisin peut-être encore de l'idée fondamentale de la double périodicité dans les fonctions analytiques.

En désignant par

$$\sum_{m=-\infty}^{m=+\infty} a_m e^{2m\frac{i\pi x}{a}} \quad \text{et} \quad \sum_{m=-\infty}^{m=+\infty} b_m e^{2m\frac{i\pi x}{a}}$$

les expressions générales de deux fonctions périodiques simples, dont la période est a, assujetties d'une manière essentielle à la condition d'être toujours convergentes pour toutes les valeurs réelles ou imaginaires de x, je me suis proposé de déterminer a_m et b_m de telle manière que le quotient

$$\frac{\Sigma a_m e^{2m\frac{i\pi x}{a}}}{\Sigma b_m e^{2m\frac{i\pi x}{a}}},$$

admette une autre période b. En posant $q = e^{i\pi\frac{b}{a}}$, cela conduit à l'égalité

$$\frac{\Sigma a_m e^{2m\frac{i\pi x}{a}}}{\Sigma b_m e^{2m\frac{i\pi x}{a}}} = \frac{\Sigma a_m q^{2m} e^{2m\frac{i\pi x}{a}}}{\Sigma b_m q^{2m} e^{2m\frac{i\pi x}{a}}}.$$

Chassant les dénominateurs, on trouve pour les coefficients d'une même exponentielle $e^{2\mu\frac{i\pi x}{a}}$, dans le premier membre et dans le second, respectivement les deux séries

$$\sum_{m=-\infty}^{m=+\infty} a_m b_{\mu-m} q^{2(\mu-m)} \quad \text{et} \quad \sum_{m=-\infty}^{m=+\infty} a_m b_{\mu-m} q^{2m}.$$

Or, la manière la plus simple d'arriver à les rendre égales consiste à les rendre identiques, en sorte qu'un terme quelconque de l'une, tel que $a_m b_{\mu-m} q^{2(\mu-m)}$, ait son égal $a_n b_{\mu-n} q^{2n}$ dans l'autre.

Faisons donc, et cela pour toute valeur de l'entier μ,

$$a_m b_{\mu-m} q^{2(\mu-m)} = a_n b_{\mu-n} q^{2n},$$

et concevons que n soit exprimé en m de manière à produire la série des nombres entiers, lorsque m prend lui-même toutes ses valeurs. On réalisera cette circonstance en prenant $n = m + k$, k étant un entier quelconque; l'équation précédente pourra alors s'écrire

$$\frac{a_m}{a_{m+k}} q^{-2(m+k)} = \frac{b_{\mu-(m+k)}}{b_{\mu-m}} q^{-2(\mu-m)},$$

et comme μ est quelconque, si l'on fait $\mu - m - k = m'$, m' sera un nombre entier variable entièrement indépendant de m; or il vient ainsi

$$\frac{a_m}{a_{m+k}} q^{-2(m+k)} = \frac{b_{m'}}{b_{m'+k}} q^{-2(m'+k)}.$$

Sous cette forme, on voit que chaque membre est une quantité constante, ce qui conduit aux égalités

$$\frac{a_m}{a_{m+k}} q^{-2(m+k)} = \text{const.} \qquad \frac{b_m}{b_{m+k}} q^{-2(m+k)} = \text{const.}$$

Donc a_m et b_m dépendent de la même équation

$$\frac{z_m}{z_{m+k}} q^{-2(m+k)} = \text{const.}$$

qu'on peut encore écrire sous la forme

$$z_m = z_{m+k} q^{2(m+k)+\alpha},$$

en changeant de constante, la solution générale est

$$z_m = \Pi(m) q^{-\frac{m^2}{k} - \alpha m}$$

la fonction $\Pi(m)$ étant assujettie à la condition suivante :

$$\Pi(m + k) = \Pi(m).$$

Nous voici donc arrivés à cette forme analytique d'une fonction $\Phi(x)$ aux périodes a et b, savoir

$$\Phi(x) = \frac{\Sigma \Pi(m) q^{-\frac{m^2}{k} - \alpha m} e^{2m\frac{i\pi x}{a}}}{\Sigma \Phi(m) q^{-\frac{m^2}{k} - \alpha m} e^{2m\frac{i\pi x}{a}}},$$

où la condition de convergence prouve immédiatement que, en supposant

$$\frac{b}{a} = \omega + i\omega',$$

le nombre entier k doit être du signe de ω', sa valeur absolue reste d'ailleurs arbitraire. En désignant par $\Theta(x)$ le numérateur ou le dénominateur, on trouvera ensuite

$$\Theta(x + a) = \Theta(x), \qquad \Theta(x + b) = \Theta(x) e^{\frac{k i \pi}{a}[2x + (1 - \alpha) b]}$$

et de ces équations qui ne comportent d'arbitraire que la fonction périodique $\Pi(m)$ se déduisent toutes les propriétés caractéristiques des fonctions elliptiques, sans qu'il soit nécessaire pour cela d'établir, préalablement, l'équation différentielle, tous les résultats déjà connus pouvant se démontrer indépendamment les uns des autres.

SUR LA THÉORIE

DES

FONCTIONS ELLIPTIQUES.

Comptes rendus des séances de l'Académie des Sciences,
Tome XXIX, 1849.

La théorie des fonctions elliptiques que j'ai l'honneur de présenter à l'Académie repose principalement sur quelques propositions que M. Cauchy a déduites de la considération des intégrales prises entre des limites imaginaires. Le véritable sens analytique de ces expressions a été donné, comme on le sait, pour la première fois, par le grand géomètre. Ses découvertes, à ce sujet, ont été l'origine du calcul des résidus, qui renferme les principes les plus étendus qu'on possède pour l'étude des fonctions d'une variable. Les recherches présentes montreront une nouvelle application de ces principes, et il ne sera peut-être pas sans intérêt de rapprocher les méthodes dues aux illustres fondateurs de la théorie des fonctions elliptiques, de celles dont j'ai trouvé l'origine dans les travaux de M. Cauchy.

RAPPORT SUR UN MÉMOIRE PRÉSENTÉ PAR M. HERMITE
ET RELATIF AUX

FONCTIONS A DOUBLE PÉRIODE (1),

Par A. CAUCHY.

Comptes rendus des séances de l'Académie des Sciences,
Tome XXXII, 1851.

Le Mémoire dont nous allons rendre compte a pour objet principal la détermination générale de celles des fonctions à double période qui ne cessent jamais d'être continues tant qu'elles restent finies. Pour faire mieux saisir la pensée de l'Auteur, il convient de jeter d'abord un coup d'œil rapide sur la nature et les propriétés caractéristiques des fonctions à double période.

Supposons que, x, y étant les coordonnées rectangulaires ou obliques d'un point mobile Z, on trace dans le plan des x, y un parallélogramme ABCD, dont les côtés a, b soient parallèles, le premier à l'axe des x, le second à l'axe des y. Divisons d'ailleurs le plan des x, y par deux systèmes de droites équidistantes et parallèles aux axes en une infinité d'éléments tous pareils au parallélogramme ABCD. Enfin soit v une fonction de x, y, qui offre une valeur déterminée pour chacun des systèmes de valeurs de x, y propres à représenter les coordonnées de points situés dans l'intérieur de ce parallélogramme. Une autre fonction u, qui, pour chacun des systèmes dont il s'agit, coïnciderait avec la fonction v, sera ce qu'on doit naturellement appeler une *fonction à double période,* si elle ne varie pas, quand on fait croître ou décroître l'abscisse x d'un multiple de a, ou l'ordonnée y d'un multiple de b; et il est clair que, dans ce cas, u reprendra la même valeur quand on substituera aux coordonnées d'un point situé dans le parallélogramme ABCD les coordonnées d'un point homologue situé de la même manière dans l'un des autres parallélogrammes

---

(1) Le Mémoire d'Hermite annoncé par la Note précédente n'ayant jamais été publié et ayant disparu des archives de l'Académie, nous croyons devoir réimprimer le Rapport de Cauchy sur ce travail. E. P.

élémentaires. Si d'ailleurs on veut que la fonction u satisfasse à la condition de rester toujours continue, tant qu'elle ne deviendra pas infinie, il ne suffira pas que cette condition se trouve remplie, quand le point Z sera intérieur au parallélogramme; il sera encore nécessaire que u reprenne la même valeur quand, après avoir placé le point Z sur l'un des côtés du parallélogramme, on le transportera sur le côté opposé, en lui faisant décrire une droite parallèle à l'un des axes coordonnés.

Ajoutons que, si la fonction u, supposée doublement périodique, est assujettie à la seule condition de rester finie et continue tant que le point Z est renfermé dans l'intérieur du parallélogramme ABCD, on pourra généralement la développer en une série double ordonnée suivant les puissances ascendantes et descendantes des exponentielles

$$e^{\alpha x i}, \quad e^{6 y i},$$

les valeurs de α, 6 étant

$$\alpha = \frac{2\pi}{a}, \qquad 6 = \frac{2\pi}{b}.$$

Supposons maintenant que, les coordonnées x, y étant rectangulaires, on nomme z une variable imaginaire liée aux variables x, y par la formule

$$z = x + yi.$$

La position du point mobile Z sera complètement déterminée par la *coordonnée imaginaire* z, et, pour que u soit fonction de x, y, il suffira que u soit fonction de z. D'ailleurs, pour que la fonction de z, désignée par u, soit doublement périodique, il suffira qu'elle reprenne la même valeur quand le point Z, supposé d'abord intérieur au rectangle ABCD, ira prendre la place de l'un quelconque des points homologues situés dans les autres rectangles élémentaires; en d'autres termes, il suffira que u reprenne la même valeur quand on fera croître ou décroître z d'un multiple de a, ou d'un multiple de bi; et cette condition pourra toujours être remplie, quelle que soit la forme de la fonction u pour les points intérieurs au rectangle ABCD.

Ce n'est pas tout : on pourra, aux deux périodes a et bi, supposées l'une réelle, l'autre imaginaire, substituer deux périodes imaginaires assujetties à la seule condition que leur rapport ne soit pas réel. Cela posé, concevons que l'on désigne par a, b, non plus deux quantités réelles, mais deux expressions imaginaires, dont le rapport ne soit pas réel. Pour que u soit une fonction de z doublement périodique, il suffira que u ne varie pas, quand on fera croître ou décroître z d'un multiple de a ou d'un multiple de b. Alors aussi a, b pourront être censés représenter en grandeur et en direction les côtés d'un parallélogramme élémentaire ABCD, et la fonction u sera entièrement connue, quand on la connaîtra pour chacune des valeurs de z correspondantes aux points situés dans l'intérieur de ce parallélogramme.

D'après ce qu'on vient de dire, il est clair que, si a et b représentent les deux périodes de la variable z dans une fonction doublement périodique u, la valeur de u correspondante au cas où le point mobile Z reste compris dans l'intérieur d'un parallélogramme élémentaire ABCD pourra être choisie arbitrairement. Si d'ailleurs cette valeur, arbitrairement attribuée à u, est toujours finie et continue dans l'intérieur du parallélogramme, on pourra, de formules déjà connues, déduire l'expression analytique générale, propre à représenter la valeur de la fonction u supposée doublement périodique, quelle que soit la valeur attribuée à la variable z.

La fonction u, supposée doublement périodique, ne pourra plus être choisie arbitrairement pour les valeurs de z correspondantes aux divers points d'un parallélogramme élémentaire, si elle est assujettie à la condition de rester continue *avec sa dérivée*, pour des valeurs quelconques de z, tant qu'elle ne devient pas infinie. Cette condition sera remplie, par exemple si u est l'une des fonctions elliptiques, ou même une fonction rationnelle de ces fonctions. Mais il importait de savoir quelle est la forme la plus générale que puisse prendre une fonction doublement périodique, quand on l'assujettit à la condition énoncée. Telle est l'importante question que M. Hermite s'est proposé de résoudre. La solution qu'il en a donnée s'appuie sur des propositions remarquables, déduites en grande partie des principes établis par l'un de nous dans divers Mémoires, et spécialement dans le Tome II des *Exercices de Mathématiques*. Entrons à ce sujet dans quelques détails.

La variable imaginaire z étant censée représenter les coordonnées imaginaires d'un point mobile Z, désignons par $F(z)$ une fonction doublement périodique de z, qui reste continue avec sa dérivée, tant qu'elle ne devient pas infinie; et soient a, b les deux périodes de z assujetties à la seule condition que leur rapport $\frac{a}{b}$ ne soit pas réel. Les quatre points

$$A, \quad B, \quad C, \quad D,$$

dont les coordonnées imaginaires seront

$$z, \quad z+a, \quad z+b, \quad z+a+b,$$

coïncideront avec les quatre sommets d'un parallélogramme élémentaire ABCD, dont les côtés seront représentés, non seulement en grandeur, mais encore en direction, par les deux constantes a, b; et, si l'on pose

$$\zeta = z + at + bt',$$

t, t' étant deux variables réelles, les valeurs de ζ, correspondantes à des valeurs de t, t' comprises entre les limites 0, 1, représenteront les coordonnées imaginaires de points renfermés dans le parallélogramme élémentaire ABCD. Le binome $z + at$, en particulier, représentera les coordonnées imaginaires d'un point situé sur la droite AB; et si, pour tous les points de cette droite, la fonction de z et de t représentée par $F(z+at)$ conserve une valeur finie, cette fonction, qui ne varie pas quand on y fait croître ou décroître t d'un nombre entier quelconque, pourra être développée suivant les puissances ascendantes et descendantes de l'exponentielle

$$e^{2\pi t i}.$$

Soit A_m le coefficient de la $m^{\text{ième}}$ puissance de cette exponentielle dans le développement de $F(z+at)$, m étant positif ou négatif, mais entier. On aura

$$A_m = \int_0^1 e^{-2m\pi t i}\, F(z+at)\, dt$$

ou, ce qui revient au même,

$$A_m = \int_0^1 \Pi(z+at)\, dt,$$

la valeur de $\Pi(\zeta)$ étant

$$\Pi(\zeta) = e^{\frac{2m\pi(z-\zeta)}{a} i}\, F(\zeta)$$

et

$$F(z+at) = \sum_{m=-\infty}^{m=\infty} A_m e^{2m\pi t i},$$

par conséquent

$$(2) \qquad F(z) = \sum_{m=-\infty}^{m=\infty} A_m.$$

D'ailleurs, la nouvelle fonction, désignée ici par $\Pi(\zeta)$, ne variera pas quand on y fera croître ζ de a, et vérifiera évidemment la condition

$$(3) \qquad \Pi(\zeta + b) = q^{-2m}\Pi(\zeta),$$

la valeur de q étant

$$q = e^{\frac{\pi b}{a} i}.$$

Enfin, si l'on suppose que la sommation indiquée par le signe $\sum$ s'étende seulement aux diverses valeurs positives ou négatives de m, la valeur $m = 0$ étant exclue, alors, à la place de la formule (2), on obtiendra la suivante

$$(4) \qquad F(z) = A_0 + \sum_{m=-\infty}^{m=\infty} A_m,$$

la valeur de A_0 étant

$$(5) \qquad A_0 = \int_0^1 F(z + at)\,dt.$$

D'autre part, si l'on désigne par $f(z)$ une fonction de z qui demeure continue avec sa dérivée, tant qu'elle reste finie; par (P, Q) la valeur de l'intégrale rectiligne

$$\int f(z)\,dz,$$

étendue à tous les points de la droite qui a pour origine le point P et pour extrémité le point Q; par S l'aire du parallélogramme élémentaire ABCD; enfin, par (S) l'intégrale $\int f(\zeta)d\zeta$, étendue à tous les points situés sur le contour de ce parallélogramme, on aura, non seulement

$$(Q, P) = -(P, Q)$$

et, par suite,

$$(6) \qquad (S) = (A, B) + (B, D) - (C, D) - (A, C),$$

mais encore

$$(7) \qquad (S) = 2\pi i \mathcal{E}[f(\zeta)],$$

le signe $\mathcal{E}$ étant relatif aux seules valeurs de ζ qui représenteront les coordonnées de points renfermés dans le parallélogramme élémentaire ABCD. Cela posé, comme, en réduisant $f(z)$ à la fonction doublement périodique $F(z)$, on aura évidemment

$$(B, D) = (A, C)$$

et, par suite,

$$(S) = 0,$$

la formule (7) donnera

$$\mathcal{E}[F(\zeta)] = 0. \tag{8}$$

Si, au contraire, on remplace $f(z)$ par $\Pi(z)$, alors, en ayant égard à la formule (3), on trouvera

$$(B, D) = (A, C), \qquad (C, D) = q^{-2m}(A, B),$$

et, comme on aura

$$(A, B) = \int_z^{z+a} \Pi(\zeta)\,d\zeta = aA_m,$$

on tirera des formules (6) et (7)

$$(S) = a(1 - q^{-2m})A_m = 2\pi i\,\mathcal{E}\,\Pi(\zeta);$$

par conséquent,

$$A_m = \frac{2\pi i}{a}\,\frac{\mathcal{E}\,\Pi(\zeta)}{1 - q^{-2m}}. \tag{9}$$

Il résulte immédiatement de cette formule, jointe à l'équation (4), que, si, en attribuant à z une valeur de la forme $at + bt'$, et à t, t' des valeurs réelles dont la seconde reste comprise entre les limites 0, 1, on pose

$$\theta(z) = \sum_{m=-\infty}^{m=\infty} \frac{e^{\frac{2m\pi(z-b)}{a}i}}{1 - q^{-2m}}, \tag{10}$$

on aura

$$F(z) = A_0 + \frac{2\pi i}{a}\,\mathcal{E}\,\theta(z + b - \zeta)[F(\zeta)], \tag{11}$$

le signe $\mathcal{E}$ étant relatif aux seules valeurs ζ_1, ζ_2, ..., ζ_μ de la variable ζ qui vérifieront l'équation

$$\frac{1}{F(\zeta)} = 0, \tag{12}$$

et représenteront les coordonnées de points renfermés dans l'intérieur du parallélogramme élémentaire ABCD. D'ailleurs, on tirera de l'équation (10), en y remplaçant m par $-m$,

(13) $$\theta(z) = -\theta(b - z).$$

Supposons maintenant que les valeurs de

$$\zeta = z + at + bt',$$

désignées par $\zeta_1, \zeta_2, \ldots, \zeta_\mu$, se trouvent rangées d'après l'ordre de grandeur des valeurs correspondantes de t'. Soient, d'ailleurs,

$$Z_1, \quad Z_2, \quad \ldots, \quad Z_\mu$$

les points dont $\zeta_1, \zeta_2, \ldots, \zeta_\mu$ représentent les coordonnées imaginaires. Si, dans le second membre de la formule (11), on attribue à z un accroissement Δz tellement choisi, que le point A′ correspondant à la coordonnée imaginaire $z + \Delta z$ soit renfermé dans l'intérieur de la bande comprise entre la droite AB et la parallèle menée à cette droite par le point Z_1, le terme

$$A_0 = \int_0^1 F(z + at)\,dt$$

ne variera pas; mais, si le point A′ vient à franchir cette parallèle, le terme A_0 prendra un accroissement qui se déduira sans peine des formules (6), (7), et dont la valeur sera

$$-\frac{2\pi i}{a} \mathcal{E}[F(\zeta)],$$

le signe $\mathcal{E}$ se rapportant à la seule valeur ζ_1 de la variable ζ. Dans la même hypothèse, l'expression

$$\frac{2\pi i}{a} \mathcal{E}\,\theta(z + b - \zeta)[F(\zeta)],$$

que renferme le second membre de la formule (11), se trouvera évidemment diminuée du terme correspondant à la valeur ζ_1 de ζ, et augmentée du terme correspondant à la valeur $\zeta_1 + b$. Cela posé, il est clair que, si l'on assujettit $\theta(z)$ à vérifier généralement la condition

(14) $$\theta(z + b) = \theta(z) - 1,$$

la formule (11) pourra être étendue au cas où le signe $\mathcal{L}$ serait relatif aux valeurs de ζ qui représenteraient les coordonnées de points renfermés, non plus dans le parallélogramme élémentaire ABCD, mais dans le parallélogramme semblable $A'B'C'D'$ avec lequel on peut faire coïncider le premier en transportant les côtés parallèlement à eux-mêmes, et substituant au sommet A le sommet A'. Par suite aussi, on pourra, en supposant le terme A_0 réduit à une constante dans la formule (11), admettre que, dans cette formule, le signe $\mathcal{L}$ se rapporte aux seules valeurs de ζ qui vérifient l'équation (12), et sont de la forme

$$\zeta = at + bt', \tag{15}$$

t, t' étant des variables réelles comprises entre les limites o, 1.

En vertu de la formule (11), considérée sous ce point de vue, toute fonction de z qui, étant doublement périodique, reste continue avec sa dérivée tant qu'elle ne devient pas infinie, se réduit à la somme d'un certain nombre de termes, dont chacun est proportionnel à une fonction de la forme

$$\theta(z - z_1),$$

z_1 étant une valeur particulière de z, ou bien encore à l'une des dérivées de cette même fonction différentiée par rapport à z. Tel est le théorème fondamental obtenu par M. Hermite. Ajoutons que la fonction désignée ici par $\theta(z)$ a évidemment pour dérivée une fonction doublement périodique de z. Si l'on désigne par $\varphi(z)$ cette dérivée, la fonction $\varphi(z)$ restera continue, aussi bien que $\theta(z)$, tant qu'elle ne deviendra pas infinie, et, par suite, rien n'empêchera de prendre pour $F(z)$, dans la formule (11), ou la fonction $\varphi(z)$, ou une fonction rationnelle de $\varphi(z)$. En réduisant effectivement $F(z)$ au carré de $\varphi(z)$, M. Hermite obtient une équation qui sert à exprimer ce carré en fonction linéaire de $\varphi(z)$ et de $\varphi''(z)$; il en conclut aisément que le carré de $\varphi'(z)$ est proportionnel au produit des trois facteurs

$$\varphi(z) - \varphi\left(\frac{a}{2}\right), \quad \varphi(z) - \varphi\left(\frac{b}{2}\right), \quad \varphi(z) - \varphi\left(\frac{a+b}{2}\right),$$

et la transcendante $\theta(z)$ se trouve ainsi ramenée aux fonctions elliptiques. Par suite aussi l'on peut réduire à une fonction rationnelle de fonctions elliptiques toute fonction doublement périodique qui reste toujours continue avec sa dérivée, tant qu'elle ne devient pas infinie ([1]).

En partant des formules que nous avons rappelées, et substituant aux périodes a, b les autres périodes qu'on peut introduire dans le calcul, en déplaçant les sommets du parallélogramme élémentaire ABCD, M. Hermite obtient successivement sous diverses formes la valeur de la transcendante $\theta(z)$. D'ailleurs, la comparaison des diverses formes sous lesquelles se présente $\theta(z)$, et de ses divers développements, permet à l'auteur d'établir un grand nombre de propositions nouvelles. L'une de ces propositions, très digne de remarque, est relative à l'intervalle dans lequel reste convergente la série qui représente le développement de la fonction $\theta(z)$ ([2]).

En résumé, les Commissaires pensent que, dans le travail soumis à leur examen, M. Hermite a donné de nouvelles preuves de la sagacité qu'il avait déjà montrée dans de précédentes recherches. Ils pensent que ce travail est très digne d'être approuvé par l'Académie, et inséré dans le recueil des *Mémoires des Savants étrangers*.

([1]) Déjà, en 1844, M. Liouville avait obtenu, par une méthode très différente de celle qu'a suivie M. Hermite, et avait énoncé, en présence de ce dernier, la réduction ici indiquée.

([2]) M. Hermite, après avoir fixé l'intervalle dans lequel le développement de la transcendante $\theta(z)$ demeure convergent, prouve que, dans le cas où cet intervalle atteint sa valeur maximum, le rapport entre cet intervalle et le plus petit côté d'un parallélogramme élémentaire ne peut s'abaisser au-dessous de $\sqrt{\frac{3}{4}}$. M. Jacobi, dans une Lettre adressée à M. Hermite, avait énoncé une proposition qui coïncide avec ce théorème, et qui s'appliquait à la transcendante $\Theta(z)$.

NOTE

SUR

LA RÉDUCTION DES FONCTIONS HOMOGÈNES

A COEFFICIENTS ENTIERS ET A DEUX INDÉTERMINÉES.

Journal für die reine und angewandte Mathematik,
Tome XXXVI; 1848.

Soit

$$f(y, x) = Ay^n + Bxy^{n-1} + Cx^2y^{n-2} + \ldots + Kx^{n-1}y + Lx^n$$

la forme proposée; nommons

$$\alpha_1, \quad \alpha_2, \quad \alpha_3, \quad \ldots, \quad \alpha_n$$

les racines, supposées d'abord toutes réelles, de l'équation

$$Az^n + Bz^{n-1} + Cz^{n-2} + \ldots + Kz + L = 0;$$

je définirai le déterminant de $f(y, x)$ la plus petite des valeurs que peut prendre l'expression

$$D = A \frac{\left[\frac{1}{2}\sum_{i}^{n}{}_{1}\sum_{j}^{n}{}_{1}\Delta_i\Delta_j(\alpha_i - \alpha_j)^2\right]^{\frac{1}{4}n}}{(\Delta_1\Delta_2\ldots\Delta_n)^{\frac{1}{2}}},$$

lorsque les quantités $\Delta_1, \Delta_2, \ldots, \Delta_n$ prennent toutes les valeurs réelles et positives depuis zéro jusqu'à l'infini. Et d'abord un tel minimum existe toujours, comme on le reconnaît aisément; posant donc les équations

$$\frac{dD}{d\Delta_1} = 0, \qquad \frac{dD}{d\Delta_2} = 0 \qquad \ldots, \qquad \frac{dD}{d\Delta_n} = 0,$$

on est assuré d'avance qu'elles seront satisfaites, au moins par un système de déterminations réelles et positives de $\Delta_1, \Delta_2, \ldots, \Delta_n$. Ces équations deviennent, en prenant

$$2\Delta = \sum_{1}^{n}{}_{j} \sum_{1}^{n}{}_{i} \Delta_i \Delta_j (\alpha_i - \alpha_j)^2,$$

$$(1)\quad 2\Delta = n\Delta_1 \frac{d\Delta}{d\Delta_1}, \qquad 2\Delta = n\Delta_2 \frac{d\Delta}{d\Delta_2}, \qquad \ldots, \qquad 2\Delta = n\Delta_n \frac{d\Delta}{d\Delta_n},$$

et, à proprement parler, elles ne contiennent que les rapports $\frac{\Delta_2}{\Delta_1}, \frac{\Delta_3}{\Delta_1}$, etc. Leur somme d'ailleurs donne l'identité

$$2\Delta = \Delta_1 \frac{d\Delta}{d\Delta_1} + \Delta_2 \frac{d\Delta}{d\Delta_2} + \ldots + \Delta_n \frac{d\Delta}{d\Delta_n}.$$

Cette définition du déterminant pour une forme $f(y, x)$ de degré quelconque comprend, comme il est aisé de le voir, le cas particulier des formes quadratiques; mais, en passant aux valeurs suivantes de n, la détermination de $\mathbf{D}$, en fonction des coefficients A, B, ..., L, exige la résolution d'équations algébriques de degré de plus en plus élevé, et dont voici le caractère essentiel. Représentons en général leur premier membre par

$$F(\mathbf{D}, A, B, C, \ldots, K, L),$$

le coefficient de la plus haute puissance de $\mathbf{D}$ étant l'unité, je dis qu'il ne changera pas de valeur, si l'on y remplace respectivement

$$A,\quad B,\quad C,\quad \ldots,\quad K,\quad L$$

par les coefficients

$$A',\quad B',\quad C',\quad \ldots,\quad K',\quad L'$$

de la transformée

$$\begin{aligned} f(my' + m^0x', ny' + n^0x') &= f_1(y', x') \\ &= A'y'^n + B'x'y'^{n-1} + \ldots + K'x'^{n-1}y' + L'y'^n, \end{aligned}$$

les entiers m, m^0; n, n^0 étant soumis à la condition

$$mn^0 - nm^0 = \pm 1.$$

Pour le faire voir, soit

$$f(y, x) = A(y - \alpha_1 x)(y - \alpha_2 x)\ldots(y - \alpha_n x)$$

en posant

$$\alpha'_i = \frac{n_0 \alpha_i - m_0}{m - n \alpha_i},$$

on aura

$$f_1(y', x') = A'(y' - \alpha'_1 x')(y' - \alpha'_2 x') \dots (y' - \alpha'_n x')$$

et

$$A' = A(m - n\alpha_1)(m - n\alpha_2) \dots (m - n\alpha_n).$$

Or si l'on substitue, dans les équations (1), α'_i à α_i pour obtenir les valeurs des quantités Δ relatives au déterminant de la nouvelle forme $f_1(y', x')$, comme les différences $\alpha'_i - \alpha'_j$ deviennent

$$\frac{\alpha_i - \alpha_j}{(m - n\alpha_i)(m - n\alpha_j)},$$

on voit immédiatement que cela revient à prendre pour inconnue, en général, $\frac{\Delta_i}{(m - n\alpha_i)^2}$ au lieu de Δ_i; donc, par cette substitution, $\Delta_1, \Delta_2, \dots, \Delta_n$ deviennent simplement, à un facteur constant près,

$$(m - n\alpha_1)^2 \Delta_1, \quad (m - n\alpha_2)^2 \Delta_2, \quad \dots .$$

Soit λ ce facteur indéterminé; il en résulte que, par la substitution de α'_i à α_i, $\Delta = \frac{1}{2} \Sigma\Sigma \Delta_i \Delta_j (\alpha_i - \alpha_j)^2$ se change en $\lambda^2 \Delta$, mais la valeur de $\mathbf{D}$ reste absolument la même, le produit

$$\lambda^{\frac{1}{2}n} (m - n\alpha_1)(m - n\alpha_2) \dots (m - n\alpha_n)$$

disparaissant comme facteur commun au numérateur et au dénominateur, d'après la valeur ci-dessus de A'. Ainsi, les deux équations en $\mathbf{D}$, qui sont relatives à la forme proposée et à sa transformée, ont les mêmes racines, et sont par conséquent identiques.

Voici maintenant quelques exemples du calcul de $\mathbf{D}$:

1° $n = 3$,

$$f(y, x) = Ay^3 + By^2x + Cyx^2 + Dx^3.$$

On trouve

$$\Delta = \Delta_1 \Delta_2 (\alpha_1 - \alpha_2)^2 + \Delta_1 \Delta_3 (\alpha_1 - \alpha_3)^2 + \Delta_2 \Delta_3 (\alpha_2 - \alpha_3)^2,$$

et les équations (1) deviennent

$$2\Delta = 3\Delta_1 [\Delta_2 (\alpha_1 - \alpha_2)^2 + \Delta_3 (\alpha_1 - \alpha_3)^2],$$
$$2\Delta = 3\Delta_2 [\Delta_1 (\alpha_2 - \alpha_1)^2 + \Delta_3 (\alpha_2 - \alpha_3)^2],$$
$$2\Delta = 3\Delta_3 [\Delta_1 (\alpha_3 - \alpha_1)^2 + \Delta_2 (\alpha_3 - \alpha_2)^2],$$

d'où l'on tire

$$\Delta_1\Delta_3(\alpha_1-\alpha_3)^2=\Delta_2\Delta_3(\alpha_2-\alpha_3)^2,\qquad \Delta_2\Delta_1(\alpha_2-\alpha_1)^2=\Delta_3\Delta_1(\alpha_3-\alpha_1)^2,$$

ou bien

$$\frac{\Delta_2}{\Delta_1}=\frac{(\alpha_1-\alpha_3)^2}{(\alpha_2-\alpha_3)^2},\qquad \frac{\Delta_3}{\Delta_1}=\frac{(\alpha_1-\alpha_2)^2}{(\alpha_2-\alpha_3)^2}.$$

Soit donc

$$\Delta_1=(\alpha_2-\alpha_3)^2,\qquad \Delta_2=(\alpha_1-\alpha_3)^2;\qquad \Delta_3=(\alpha_1-\alpha_2)^2;$$

on obtiendra successivement

$$\Delta=3(\alpha_1-\alpha_2)^2(\alpha_2-\alpha_3)^2(\alpha_3-\alpha_1)^2,$$
$$\Delta_1\Delta_2\Delta_3=(\alpha_1-\alpha_2)^2(\alpha_2-\alpha_3)^2(\alpha_3-\alpha_1)^2,$$

et, par suite,

$$\begin{aligned}\mathbf{D}=\mathrm{A}\frac{\Delta^{\frac{3}{4}}}{(\Delta_1\Delta_2\Delta_3)^{\frac{1}{2}}}&=\left\{[27\mathrm{A}^4(\alpha_1-\alpha_2)^2(\alpha_2-\alpha_3)^2(\alpha_3-\alpha_1)^2]\right\}^{\frac{1}{4}}\\&=\left\{27[\mathrm{B}^2\mathrm{C}^2-4\mathrm{B}^3\mathrm{D}-4\mathrm{C}^3\mathrm{A}-27\mathrm{A}^2\mathrm{D}^2+18\mathrm{ABCD}]\right\}^{\frac{1}{4}}.\end{aligned}$$

2° $n=4$,

$$f(y,x)=\mathrm{A}y^4+\mathrm{B}y^3x+\mathrm{C}y^2x^2+\mathrm{D}yx^3+\mathrm{E}x^4.$$

Il vient alors

$$\Delta=2\Delta_1[\Delta_2(\alpha_1-\alpha_2)^2+\Delta_3(\alpha_1-\alpha_3)^2+\Delta_4(\alpha_1-\alpha_4)^2],$$
$$\Delta=2\Delta_2[\Delta_1(\alpha_2-\alpha_1)^2+\Delta_3(\alpha_2-\alpha_3)^2+\Delta_4(\alpha_2-\alpha_4)^2],$$
$$\Delta=2\Delta_3[\Delta_1(\alpha_3-\alpha_1)^2+\Delta_2(\alpha_3-\alpha_2)^2+\Delta_4(\alpha_3-\alpha_4)^2],$$
$$\Delta=2\Delta_4[\Delta_1(\alpha_4-\alpha_1)^2+\Delta_2(\alpha_4-\alpha_2)^2+\Delta_3(\alpha_4-\alpha_3)^2];$$

on en déduit, par une combinaison facile,

$$\Delta_1\Delta_2(\alpha_1-\alpha_2)^2=\Delta_3\Delta_4(\alpha_3-\alpha_4)^2,$$
$$\Delta_2\Delta_3(\alpha_2-\alpha_3)^2=\Delta_4\Delta_1(\alpha_4-\alpha_1)^2,$$
$$\Delta_1\Delta_3(\alpha_1-\alpha_3)^2=\Delta_2\Delta_4(\alpha_2-\alpha_4)^2,$$

ou bien encore

$$\Delta_1^2(\alpha_1-\alpha_2)^2(\alpha_1-\alpha_4)^2=\Delta_3^2(\alpha_3-\alpha_2)^2(\alpha_3-\alpha_4)^2,$$
$$\Delta_2^2(\alpha_2-\alpha_3)^2(\alpha_2-\alpha_4)^2=\Delta_1^2(\alpha_1-\alpha_4)^2(\alpha_1-\alpha_3)^2,$$
$$\Delta_4^2(\alpha_4-\alpha_2)^2(\alpha_4-\alpha_3)^2=\Delta_1^2(\alpha_1-\alpha_2)^2(\alpha_1-\alpha_3)^2.$$

Ainsi, nous prendrons

$$\Delta_1^2 = (\alpha_2 - \alpha_3)^2(\alpha_3 - \alpha_4)^2(\alpha_4 - \alpha_2)^2,$$
$$\Delta_2^2 = (\alpha_3 - \alpha_4)^2(\alpha_4 - \alpha_1)^2(\alpha_1 - \alpha_3)^2,$$
$$\Delta_3^2 = (\alpha_4 - \alpha_1)^2(\alpha_1 - \alpha_2)^2(\alpha_2 - \alpha_4)^2,$$
$$\Delta_4^2 = (\alpha_1 - \alpha_2)^2(\alpha_2 - \alpha_3)^2(\alpha_3 - \alpha_1)^2,$$

et pour avoir, comme la question l'exige, des déterminations positives, nous supposons

$$\alpha_1 > \alpha_2 > \alpha_3 > \alpha_4,$$

ce qui donnera

$$\Delta_1 = -(\alpha_2 - \alpha_3)(\alpha_3 - \alpha_4)(\alpha_4 - \alpha_2),$$
$$\Delta_2 = -(\alpha_3 - \alpha_4)(\alpha_4 - \alpha_1)(\alpha_1 - \alpha_3),$$
$$\Delta_3 = -(\alpha_4 - \alpha_1)(\alpha_1 - \alpha_2)(\alpha_2 - \alpha_4),$$
$$\Delta_4 = -(\alpha_1 - \alpha_2)(\alpha_2 - \alpha_3)(\alpha_3 - \alpha_1).$$

Soit, pour abréger l'écriture, Ω le carré du produit des six différences des racines prises deux à deux; on conclura de ce qui précède (¹) :

$$\Delta_1\Delta_2\Delta_3\Delta_4 = \Omega,$$

$$\Delta = 4\Omega^{\frac{1}{2}}(\alpha_1 - \alpha_3)(\alpha_2 - \alpha_4),$$

$$\mathbf{D} = \frac{A\Delta}{(\Delta_1\Delta_2\Delta_3\Delta_4)^{\frac{1}{2}}} = 4A(\alpha_1 - \alpha_3)(\alpha_2 - \alpha_4).$$

La détermination de $\mathbf{D}$, en fonction des coefficients de $f(y, x)$, se ramène aisément à la résolution d'une équation du troisième degré : en représentant par $\Phi(A, B, C, D, E)$ la fonction rationnelle et entière de ces coefficients qu'on obtient pour le produit symétrique $A^6\Omega$, cette équation sera

$$\mathbf{D}^3 - 4^2\mathbf{D}(C^2 - 3BD + 12AE) - 4^3\Phi^{\frac{1}{2}} = 0,$$

et ses trois racines

$$4A(\alpha_1 - \alpha_3)(\alpha_2 - \alpha_4),$$
$$4A(\alpha_2 - \alpha_1)(\alpha_3 - \alpha_4),$$
$$4A(\alpha_3 - \alpha_2)(\alpha_1 - \alpha_4).$$

Voici maintenant la méthode générale de réduction; ayant déter-

(¹) Nous corrigeons dans les lignes qui suivent quelques légères erreurs de calcul sans aucune importance pour la théorie générale. E. P.

miné par la théorie précédente les quantités $\Delta_1, \Delta_2, \ldots, \Delta_n$, soit

$$y = my' + m^0 x',$$
$$x = ny' + n^0 x',$$

la substitution propre à réduire la forme binaire

$$\Delta_1(y - \alpha_1 x)^2 + \Delta_2(y - \alpha_2 x)^2 + \ldots + \Delta_n(y - \alpha_n x)^2,$$

dont le déterminant changé de signe est la quantité désignée ci-dessus par Δ, je dis que cette même substitution effectuée dans la forme proposée $f(y, x)$ conduira à une transformée $f_1(y', x')$, dont tous les coefficients auront des valeurs limitées qui dépendront seulement du déterminant D et de l'exposant n.

Soit

$$\mathfrak{a} = \Delta_1(m - n\alpha_1)^2 + \Delta_2(m - n\alpha_2)^2 + \ldots + \Delta_n(m - n\alpha_n)^2,$$
$$\mathfrak{a}_0 = \Delta_1(m^0 - n^0\alpha_1)^2 + \Delta_2(m^0 - n^0\alpha_2)^2 + \ldots + \Delta_n(m^0 - n^0\alpha_n)^2;$$

d'après le caractère principal des formes binaires réduites, on aura

$$\mathfrak{a}\mathfrak{a}_0 < \tfrac{4}{3}\Delta,$$

ce qui donne, en supposant $\mathfrak{a} < \mathfrak{a}_0$, la limite $\mathfrak{a}^2 < \frac{4}{3}\Delta$; or voici les conséquences qui s'en déduisent : En premier lieu, le produit des quantités positives

$$\Delta_1(m - n\alpha_1)^2, \qquad \Delta_2(m - n\alpha_2)^2, \qquad \ldots,$$

ne pouvant dépasser son maximum $\left(\frac{\mathfrak{a}}{n}\right)^n$, on aura

$$\Delta_1\Delta_2\ldots\Delta_n(m - n\alpha_1)^2(m - n\alpha_2)^2\ldots(m - n\alpha_n)^2 < \left(\frac{\mathfrak{a}}{n}\right)^n,$$

d'où l'on tire aisément

$$\mathrm{A}(m - n\alpha_1)(m - n\alpha_2)\ldots(m - n\alpha_n) < \left(\frac{1}{n}\right)^{\frac{1}{2}n}\left(\frac{4}{3}\right)^{\frac{1}{4}n}\mathrm{D}.$$

Secondement, si l'on omet dans $\mathfrak{a}$ le terme $\Delta_i(m - n\alpha_i)^2$, en raisonnant comme tout à l'heure, on trouvera

$$\Delta_1\Delta_2\ldots\Delta_{i-1}\Delta_{i+1}\Delta_{i+2}\ldots\Delta_n(m - n\alpha_1)^2\ldots(m - n\alpha_{i-1})^2$$
$$\times(m - n\alpha_{i+1})^2\ldots(m - n\alpha_n)^2 < \left(\frac{\mathfrak{a}}{n-1}\right)^{n-1};$$

multipliant membre avec l'inégalité $\Delta_i(m^0 - n^0\alpha_i)^2 < a_0$ et posant, pour abréger,

$$(\alpha_i) = (m - n\alpha_1)(m - n\alpha_2)\ldots(m^0 - n^0\alpha_i)\ldots(m - n\alpha_n),$$

on obtiendra facilement

$$A(\alpha_i) < \left(\frac{1}{n-1}\right)^{\frac{1}{2}(n-1)} \left(\frac{4}{3}\right)^{\frac{1}{4}n} \mathbf{D}.$$

Ces deux conclusions auxquelles nous sommes arrivé démontrent immédiatement la proposition annoncée; en effet, soit comme précédemment

$$f_1(y', x') = A'(y' - \alpha'_1 x')(y' - \alpha'_2 x')\ldots(y' - \alpha'_n x'),$$

on aura

$$A' = A(m - n\alpha_1)(m - n\alpha_2)\ldots(m - n\alpha_n) < \left(\frac{1}{n}\right)^{\frac{1}{2}n} \left(\frac{4}{3}\right)^{\frac{1}{4}n} \mathbf{D}$$

et

$$\alpha'_i = \frac{n^0\alpha_i - m^0}{m - n\alpha_i} = -\frac{A(\alpha_i)}{A'} < \frac{1}{A'}\left(\frac{1}{n-1}\right)^{\frac{1}{2}(n-1)} \left(\frac{4}{3}\right)^{\frac{1}{4}n} \mathbf{D};$$

ainsi, le nombre entier A', d'une part, et toutes les quantités α'_1, α'_2, ..., de l'autre, sont limitées; donc il en est de même encore de tous les autres coefficients B', C', ..., L'. Entre autres relations qu'on peut établir à cet égard, on doit remarquer la suivante, qui fournit une limite du produit des coefficients extrêmes, savoir

$$A'L' < \left(\frac{1}{n}\right)^{n} \left(\frac{4}{3}\right)^{\frac{1}{2}n} \mathbf{D}^2.$$

Je vais maintenant considérer les formes $f(y, x)$, où les racines de l'équation $f(z, 1)$ sont en partie réelles et en partie imaginaires; nommons donc

$$\alpha_1, \quad \alpha_2, \quad \alpha_3, \quad \ldots, \quad \alpha_\mu$$

les racines réelles, et

$$\beta_1, \ \gamma_1; \quad \beta_2, \ \gamma_2; \quad \ldots, \quad \beta_\nu, \ \gamma_\nu$$

les divers couples de racines imaginaires conjuguées, de sorte que

$$\mu + 2\nu = n;$$

posons

$$\Delta = \frac{1}{2}\sum_{1}^{\mu}{}_{j}\sum_{1}^{\mu}{}_{i}\Delta_i\Delta_j(\alpha_i-\alpha_j)^2$$
$$+\frac{1}{4}\sum_{1}^{\nu}{}_{j}\sum_{1}^{\nu}{}_{i}\Delta'_i\Delta'_j[(\beta_i-\beta_j)(\gamma_i-\gamma_j)-(\beta_i-\gamma_j)(\beta_j-\gamma_i)]$$
$$+\sum_{1}^{\nu}{}_{j}\sum_{1}^{\mu}{}_{i}\Delta_i\Delta'_j(\alpha_i-\beta_j)(\alpha_i-\gamma_j);$$

je définirai le déterminant de $f(y, x)$ la plus petite des valeurs que peut prendre l'expression

$$\mathbf{D} = \frac{A\Delta^{\frac{1}{4}n}}{(\Delta_1\ldots\Delta_\mu)^{\frac{1}{2}}(\Delta'_1\Delta'_2\ldots\Delta'_\nu)},$$

lorsque les quantités Δ_1, Δ_2, ..., Δ_μ; Δ'_1, Δ'_2, Δ'_ν passent par toutes les valeurs réelles et positives, depuis zéro jusqu'à l'infini. On obtiendra alors, pour le minimum cherché, les équations

$$2\Delta = n\Delta_1\frac{d\Delta}{d\Delta_1},\qquad 2\Delta = n\Delta_2\frac{d\Delta}{d\Delta_2},\qquad \ldots,\qquad 2\Delta = n\Delta_\mu\frac{d\Delta}{d\Delta_\mu},$$
$$4\Delta = n\Delta'_1\frac{d\Delta}{d\Delta'_1},\qquad 4\Delta = n\Delta_2\frac{d\Delta}{d\Delta'_2},\qquad \ldots,\qquad 4\Delta = n\Delta'_\nu\frac{d\Delta}{d\Delta'_\nu},$$

et un raisonnement semblable à celui qui a été employé ci-dessus prouve que toutes les transformées $f_1(y', x')$, équivalentes à la forme proposée, conduiront à la même équation pour déterminer $\mathbf{D}$ en fonction de leurs coefficients.

D'après cela, je fais dans $f(y, x)$ la substitution

$$y = my' + m^0 x',$$
$$x = ny' + n^0 x'$$

propre à réduire la forme binaire quadratique

$$\Delta_1(y-\alpha_1 x)^2 + \Delta_2(y-\alpha_2 x)^2 + \ldots + \Delta_\mu(y-\alpha_\mu x)^2$$
$$+\Delta'_1(y-\beta_1 x)(y-\gamma_1 x) + \Delta'_2(y-\beta_2 x)(y-\gamma_2 x) + \ldots$$
$$+\Delta'_\nu(y-\beta_\nu x)(y-\gamma_\nu x)$$

de déterminant $-\Delta$, et je dis que tous les coefficients de la transformée $f_1(y', x')$ auront des valeurs finies, limitées seulement au moyen de **D** et des nombres μ, ν. Soit

$$f_1(y', x') = A(y' - \alpha'_1 x')(y' - \alpha'_2 x')\ldots(y' - \alpha'_\mu x')$$
$$\times (y' - \beta'_1 x')(y' - \beta'_2 x')\ldots(y' - \beta'_\nu x')$$
$$\times (y' - \gamma'_1 x')(y' - \gamma'_2 x')\ldots(y' - \gamma'_\nu x')$$

et

$$A' = A(m - n\alpha_1)(m - n\alpha_2)\ldots(m - n\alpha_\mu)$$
$$\times (m - n\beta_1)(m - n\beta_2)\ldots(m - n\beta_\nu)$$
$$\times (m - n\gamma_1)(m - n\gamma_2)\ldots(m - n\gamma_\nu).$$

On pourra comme précédemment faire

$$\alpha'_i = -\frac{A(\alpha_i)}{A'}, \qquad \beta'_i = -\frac{A(\beta_i)}{A'}, \qquad \gamma'_i = -\frac{A(\gamma_i)}{A'},$$

et l'on obtiendra, par des raisonnements analogues,

$$A' < 2^\nu \left(\frac{1}{n}\right)^{\frac{1}{2}n} \left(\frac{4}{3}\right)^{\frac{1}{4}n} \mathbf{D},$$

en partant de la relation

$$\Delta_1(m - n\alpha_1)^2 + \Delta_2(m - n\alpha_2)^2 + \ldots + \Delta_\mu(m - n\alpha_\mu)^2$$
$$+ \Delta'_1(m - n\beta_1)(m - n\gamma_1) + \Delta'_2(m - n\beta_2)(m - n\gamma_2) + \ldots$$
$$+ \Delta'_\nu(m - n\beta_\nu)(m - n\gamma_\nu) < \sqrt{\frac{4}{3}}\,\Delta.$$

On aura encore les deux limites suivantes

$$A(\alpha_i) < 2^\nu \left(\frac{1}{n-1}\right)^{\frac{1}{2}(n-1)} \left(\frac{4}{3}\right)^{\frac{1}{4}n} \mathbf{D},$$

$$A^2(\beta_i)(\gamma_i) < \left(\frac{1}{n-\nu}\right)^{n-\nu} \left(\frac{1}{\nu-1}\right)^{\nu-1} \left(\frac{4}{3}\right)^{\frac{1}{2}n} \mathbf{D}^2.$$

Ainsi le coefficient A′, les racines réelles et les modules des racines imaginaires sont limités comme je l'ai annoncé ; donc il en est de même de tous les nombres entiers qui forment les coefficients de la transformée $f_1(y', x')$.

Les principes précédents s'appliquent avec beaucoup de facilité aux formes cubiques et biquadratiques ; on observe alors cette circonstance remarquable que, pour chaque degré, c'est toujours la même équation en D qui vient s'offrir, bien que les calculs par lesquels on y arrive diffèrent beaucoup, suivant le nombre des racines réelles et imaginaires, mais je n'ai pu jusqu'à présent découvrir la raison générale de ce fait important.

Le cas des formes binaires du second degré à facteurs réels, si distinct des autres, se rattache à une théorie très étendue fondée sur la réduction des formes quadratiques à un nombre quelconque d'indéterminées, et qui embrasse toutes les irrationnelles algébriques; je la soumettrai dans un prochain Mémoire au jugement des Géomètres.

Paris, mars 1848.

SUR LA THÉORIE

DES

FORMES QUADRATIQUES TERNAIRES.

Journal für die reine und angewandte Mathematik, tome XL; 1850.

Un des principaux caractères des formes ternaires réduites, lorsqu'elles sont définies, consiste en ce que le produit des coefficients des trois carrés des variables est toujours inférieur au double du déterminant. C'est là, comme on sait, une limite précise, découverte d'abord par induction, puis démontrée par M. Gauss dans l'écrit si remarquable sur l'Ouvrage de M. Seeber. Mais les transformations analytiques de l'expression

$$D = aa'a'' + 2bb'b'' - ab^2 - a'b'^2 - a''b''^2$$

données par l'illustre géomètre, et desquelles résulte avec tant d'élégance la limite indiquée, me semblent tenir à des principes singulièrement cachés, et qu'il m'a été impossible de retrouver malgré tous mes efforts. Après de longues recherches, j'ai découvert enfin une méthode nouvelle pour obtenir la limite de M. Gauss, et je vais la développer dans cette Note, après avoir d'abord donné une démonstration simple de l'existence des caractères attribués par M. Seeber aux formes réduites.

Soit, en suivant la notation des *Disquisitiones arithmeticæ*,

$$f = ax^2 + a'y^2 + a''z^2 + 2byz + 2b'xz + 2b''xy$$

une forme définie positive à coefficients quelconques, car il n'y a aucunement lieu de les supposer entiers dans la théorie de la réduction. Considérons la série entière des transformées distinctes équivalentes à f, et formons un groupe particulier de celles où le coefficient de l'un des carrés a la plus petite valeur possible.

Réunissons ensuite dans un second groupe toutes les formes du premier, où un autre coefficient des carrés est encore le plus petit possible. Enfin, formons un dernier groupe des formes précédentes, où le troisième coefficient des carrés est un minimum : je dis que les formes, ou la forme unique obtenue ainsi, offriront tous les caractères des réduites de M. Seeber.

Qu'on les représente, en effet, par

$$F = Ax^2 + A'y^2 + A''z^2 + 2Byz + 2B'xz + 2B''xy = \begin{pmatrix} A, & A', & A'' \\ B, & B', & B'' \end{pmatrix},$$

les diverses formes binaires

$$(A, B'', A'), \quad (A, B', A''), \quad (A', B, A'')$$

seront nécessairement réduites. Si, par exemple, (A', B, A'') ne l'était pas, en effectuant dans F la substitution propre à la réduire, on arriverait à une transformée équivalente, où l'un au moins des coefficients de y^2 et z^2 serait diminué, A restant le même; c'est donc à cette transformée que la méthode employée aurait conduit, et non à la proposée. Dans le cas où B, B', B'' sont négatifs, il faut encore arriver à la condition

$$A + A' > -2(B + B' + B''),$$

ou bien

$$A + A' + A'' + 2B + 2B' + 2B'' > A'',$$

A'' désignant le plus grand des coefficients des carrés. Pour cela, considérons la transformée équivalente à la proposée, obtenue par la substitution

$$\begin{aligned} x &= X + Z, \\ y &= Y + Z, \\ z &= Z, \end{aligned}$$

où les coefficients de X^2, Y^2, Z^2 seront respectivement, A, A', et $A + A' + A'' + 2B + 2B' + 2B''$; cette dernière quantité ne peut donc être inférieure à A'', car c'est encore à cette transformée et non à la proposée que la méthode eût conduit.

J'omettrai, pour abréger, l'algorithme de réduction auquel les caractères des formes réduites conduisent tout naturellement, car il ne me semble pas très important au point de vue de la théorie, et j'arrive à mon principal objet, à la condition

$$AA'A'' < 2D.$$

Tout repose sur le question suivante : $f(x, y, z)$ étant une forme définie quelconque, déterminer la limite précise du minimum de $f(x, y, 1)$, pour des valeurs entières de x et y.

Réduisons la forme binaire qui résulte des termes du second degré de $f(x, y, 1)$, par une substitution propre ou impropre

$$x = mX + nY,$$
$$y = \mu X + \nu Y,$$

de manière que le coefficient moyen de la transformée soit positif (c'est là une condition essentielle, pour les considérations géométriques que nous aurons à développer tout à l'heure), et posons

$$\begin{aligned} &f(mX + nY, \mu X + \nu Y, 1) \\ &\quad = AX^2 + 2B''XY + A'Y^2 + 2BY + 2B'X + A'' = F. \end{aligned}$$

En désignant par α et β deux constantes convenablement choisies, on pourra faire

$$F = A(X+\alpha)^2 + 2B''(X+\alpha)(Y+\beta) + A'(Y+\beta)^2 + \frac{D}{\Delta},$$

D étant le déterminant de $f(x, y, z)$ et Δ celui de la forme binaire (A, B'', A') qui est réduite et où B'' est positif. Soient, enfin, ξ et η deux nombres entiers tels que $\xi + \alpha$ et $\eta + \beta$ soient positifs et moindres que l'unité ; je dis que le minimum de F correspondra à l'un des quatre systèmes de valeurs

$$\begin{aligned} X &= \xi, & Y &= \eta, \\ X &= \xi - 1, & Y &= \eta, \\ X &= \xi, & Y &= \eta - 1, \\ X &= \xi - 1, & Y &= \eta - 1. \end{aligned}$$

On sait, en effet, qu'une propriété essentielle des formes binaires réduites $\varphi(x, y)$ consiste dans la relation

$$\varphi(x-1, y) < \varphi(x, y),$$

si l'on a à la fois

$$x > y \quad \text{et} \quad x > 1,$$

ou bien encore

$$\varphi(x, y-1) < \varphi(x, y),$$

avec les conditions

$$y > x \quad \text{et} \quad y > 1.$$

Les quatre systèmes de valeurs considérées sont d'ailleurs évidemment les seuls pour lesquels les valeurs absolues de $X + \alpha$, $Y + \beta$ soient inférieures à l'unité, et il nous reste à déterminer auquel de ces systèmes correspond le minimum absolu de F, ainsi qu'à trouver une limite précise de ce minimum.

Pour cela, j'aurai recours aux considérations géométriques suivantes :

Soit OAB un triangle tel qu'on ait

$$\overline{OA}^2 = A, \qquad \overline{OB}^2 = A', \qquad OA.OB\cos AOB = B'';$$

Fig. 1.

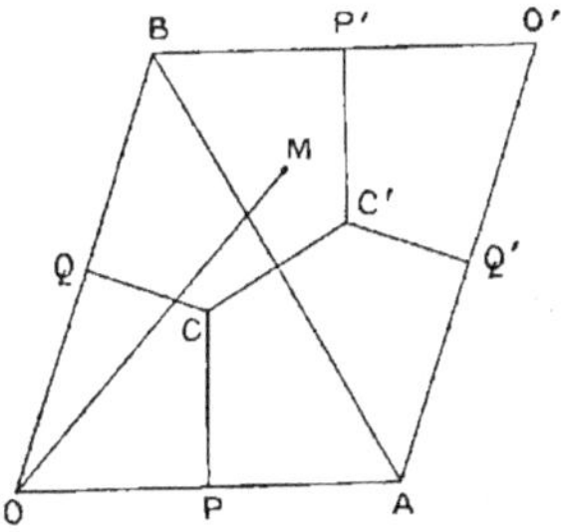

le carré de la distance à l'origine O, d'un point M dont les coordonnées obliques parallèles à OA et OB sont $OA.t$ et $OB.u$, sera précisément la valeur de la forme binaire $A t^2 + 2B'' tu + A' u^2$; et si on la désigne un instant pour abréger par $\varphi(t, u)$, on voit facilement qu'on aura les relations

$$\overline{MO}^2 = \varphi(t, u), \qquad \overline{MA}^2 = \varphi(t-1, u),$$
$$\overline{MB}^2 = \varphi(t, u-1), \qquad \overline{MO'}^2 = \varphi(t-1, u-1),$$

en achevant le parallélogramme OABO'. Cela posé, il est maintenant facile de reconnaître quelle est la plus petite de ces quatre distances.

Soient C et C' les centres des cercles circonscrits aux triangles OAB, O'AB; menons d'une part les perpendiculaires CP, CQ, sur les milieux de OA et OB, de l'autre les perpendiculaires C'Q', C'P', sur les milieux de O'A, O'B, et joignons CC'; selon que le point M tombera dans l'intérieur des figures

$$\text{OPCQ}, \quad \text{PAQ'C'C}, \quad \text{C'Q'O'P'}, \quad \text{P'BQCC'},$$

le sommet le plus voisin sera

$$\text{O}, \quad \text{A}, \quad \text{O'}, \quad \text{B}.$$

Mais, dans ces divers cas, la distance la plus grande au sommet correspondant ne surpassera jamais $\text{CO} = \text{CA} = \text{AC'} = \text{C'O'}, \ldots$, c'est-à-dire le rayon du cercle circonscrit au triangle OAB. Or un calcul bien simple donne

$$\overline{\text{CO}}^2 = \frac{\text{AA'}(\text{A} + \text{A'} - 2\text{B''})}{4(\text{AA'} - \text{B''}^2)}.$$

Nous voici donc conduits à cette limite précise du minimum de F ou de l'expression proposée $f(x, y, 1)$, savoir

$$f(x, y, 1) < \frac{\text{AA'}(\text{A} + \text{A'} - 2\text{B''})}{4\Delta} + \frac{\text{D}}{\Delta}.$$

De là, comme on va voir, se déduit immédiatement la proposition que nous avions en vue. Désignons par

$$f(x, y, z) = \begin{pmatrix} a, & a', & a'' \\ b, & b', & b'' \end{pmatrix}$$

une forme définie réduite, où les coefficients a, a', a'' sont rangés par ordre croissant de grandeur; (a, b'', a') sera, comme on l'a vu, une forme binaire réduite, et nous pourrons toujours y supposer b'' positif. J'ajoute que a'' est le minimum de $f(x, y, 1)$ pour des valeurs entières de x et y, savoir pour $x = 0$, $y = 0$; s'il existait, en effet, deux entiers, m et n, pour lesquels on eût

$$f(m, n, 1) < a''$$

la substitution

$$\begin{aligned} x &= \text{X} + m\text{Z}, \\ y &= \text{Y} + n\text{Z}, \\ z &= \phantom{\text{Y} + n}\text{Z} \end{aligned}$$

donnerait une transformée équivalente, où a et a' seraient conservés, tandis que a'' serait remplacé par la valeur moindre

$f(m, n, 1)$; c'est donc cette transformée qui serait la réduite et non la proposée.

Nous pouvons ainsi, entre les coefficients de f, établir la relation obtenue plus haut, savoir

$$a'' < \frac{aa'(a - 2b'' + a')}{4(aa' - b''^2)} + \frac{D}{aa' - b''^2}.$$

On en déduit

$$D > a''(aa' - b''^2) - \tfrac{1}{4} aa'(a - 2b'' + a'),$$

d'où

$$2D - aa'a'' > aa'a'' - 2a''b''^2 - \tfrac{1}{2} aa'(a - 2b'' + a').$$

Or le second membre de cette inégalité est essentiellement positif; en effet, pour la plus petite et la plus grande valeur de b'', savoir

$$b'' = 0 \quad \text{et} \quad b'' = \tfrac{1}{2} a,$$

il se réduit à

$$aa'a'' - \tfrac{1}{2} aa'(a + a') = aa'\left[\tfrac{1}{2}(a'' - a) + \tfrac{1}{2}(a'' - a')\right],$$

et à

$$aa'a'' - \tfrac{1}{2} a^2 a'' - \tfrac{1}{2} aa'^2 = \tfrac{1}{2} aa''(a' - a) + \tfrac{1}{2} aa'(a'' - a');$$

quantités positives. Si donc pour des valeurs intermédiaires de b'' il pouvait devenir négatif, ce ne serait qu'à la condition de s'évanouir deux fois dans l'intervalle compris entre les limites $b'' = 0$, $b'' = \frac{1}{2} a$; mais cela est impossible, l'équation

$$aa'a'' - 2a''b''^2 - \tfrac{1}{2} aa'(a + a' - 2b'') = 0$$

ayant nécessairement ses racines de signes contraires.

On a donc toujours, comme nous voulions l'établir,

$$aa'a'' < 2D.$$

Paris, avril 1850.

LETTRES DE M. HERMITE A M. JACOBI

SUR DIFFÉRENTS OBJETS

DE LA

THÉORIE DES NOMBRES.

Opuscula mathematica de Jacobi, tome II, et *Journal de Crelle*, tome 40.

Première Lettre.

Près de deux années se sont écoulées, sans que j'aie encore répondu à la lettre pleine de bonté que vous m'avez fait l'honneur de m'écrire ([1]). Aujourd'hui je viens vous supplier de me pardonner ma longue négligence et vous exprimer toute la joie que j'ai ressentie en me voyant une place dans le recueil de vos Œuvres. Depuis longtemps éloigné du travail, j'ai été bien touché d'un tel témoignage de votre bienveillance; permettez-moi, Monsieur, de croire qu'elle ne m'abandonnera pas; elle me devient encore en quelque sorte d'un plus grand prix en me sentant, après un long intervalle, ramené de nouveau à l'étude, sur la voie de quelques-unes de vos pensées.

J'ai cru voir l'origine de belles et importantes questions d'Analyse dans cette partie de votre Mémoire : *De functionibus quadrupliciter periodicis*, etc., où vous établissez l'impossibilité d'une fonction à trois périodes imaginaires. L'algorithme si singu-

([1]) Cette lettre, imprimée dans le *Journal de Liouville*, Vol. XI, p. 97, et dans le premier Volume des *Opuscula mathematica*, p. 357, porte la date du 6 août 1845. JACOBI.

lier, par lequel vous réduisez à un degré de petitesse arbitraire les deux expressions

$$ma + m'a' + m''a'', \qquad mb + m'b' + m''b'',$$

n'est-il pas le premier exemple d'un mode nouveau d'approximation, où les principales questions de la théorie des fractions continues viennent se représenter, sous un point de vue plus étendu?

Par exemple, étant données deux irrationnelles A, B, on pourra déterminer, lorsqu'elle existe, toute relation linéaire telle que

$$Aa + Bb + c = 0,$$

où a, b, c sont entiers. Qu'on prenne, en effet,

$$mA - m' = \alpha, \qquad mB - m'' = \beta,$$

α et β pourront devenir aussi petits que l'on voudra; d'ailleurs on en conclura

$$a\alpha + b\beta = m(Aa + Bb) - am' - bm'' = -(am' + bm'' + cm).$$

Le second membre de cette égalité est un nombre entier, donc $a\alpha + b\beta$ ne pourra diminuer au delà de l'unité sans se réduire à zéro. Ainsi le calcul des nombres, m, m', m'', poussé à cette limite, il n'y aura plus qu'à convertir $\frac{\beta}{\alpha}$ en fraction continue pour obtenir la relation cherchée.

Cherchant à appliquer le nouvel algorithme aux irrationnelles définies par des équations du troisième degré à coefficients entiers, j'ai vu s'offrir quelques questions d'une grande étendue auxquelles je me suis principalement appliqué, et qui m'ont amené à considérer la méthode d'approximation que je me proposais d'étudier, sous un point de vue bien éloigné de son origine. C'est dans quelques propriétés très élémentaires des formes quadratiques, à un nombre quelconque de variables, que j'ai rencontré les principes d'Analyse dont je vous demande la permission de vous entretenir.

J'ai tiré de ces principes une démonstration de votre beau théorème sur la décomposition des nombres premiers $5m + 1$, en quatre facteurs complexes, formés des racines cinquièmes de l'unité. Je ne sais, Monsieur, s'il me sera donné de vous suivre dans les nouvelles régions de l'Arithmétique transcendante dont vous avez ainsi ouvert la voie. Jusqu'ici j'ai eu plutôt en vue, dans cette recherche, l'application qui s'offre d'elle-même à la théorie de la division des fonctions abéliennes dépendant de l'intégrale $\int \frac{dx}{\sqrt{1-x^5}}$. Peut-être, d'ailleurs, trouvera-t-on là des éléments nouveaux pour cette question si difficile des lois de réciprocité des résidus de cinquième puissance, sur laquelle vous avez le premier appelé l'attention des géomètres.

Tout polynome homogène du second degré à $n+1$ variables,

$$f(x_0, x_1, \ldots, x_n),$$

peut être mis sous la forme

$$f = \frac{1}{2}\frac{df}{dx_0}x_0 + \frac{1}{2}\frac{df}{dx_1}x_1 + \ldots + \frac{1}{2}\frac{df}{dx_n}x_n.$$

Si l'on pose

$$\frac{1}{2}\frac{df}{dx_0} = X_0, \qquad \frac{1}{2}\frac{df}{dx_1} = X_1, \qquad \ldots, \qquad \frac{1}{2}\frac{df}{dx_n} = X_n,$$

en nommant D le déterminant relatif à ce système d'équations linéaires, la substitution des variables $X_0, X_1, \ldots, X_n$ conduira à un nouveau polynome que je représenterai ainsi, savoir

$$\frac{F(X_0, X_1, \ldots, X_n)}{D}.$$

Cela étant, je nommerai D le déterminant de f, et F la forme adjointe à f; on trouve ensuite aisément *que la forme adjointe à* F, *sera* $D^{n-1}f$.

La notion des formes adjointes donne le théorème suivant :

Si la forme f, à $n+1$ variables $x_0, x_1, \ldots, x_n$, se change par la substitution

$$\begin{gathered}
\alpha y_0 + \alpha' y_1 + \alpha'' y_2 + \ldots + \alpha^{(n-1)} y_{n-1} - x_0 = 0,\\
\beta y_0 + \beta' y_1 + \beta'' y_2 + \ldots + \beta^{(n-1)} y_{n-1} - x_1 = 0,\\
\ldots\ldots\ldots\ldots\ldots\ldots\ldots\ldots\ldots\ldots,\\
\lambda y_0 + \lambda' y_1 + \lambda'' y_2 + \ldots + \lambda^{(n-1)} y_{n-1} - x_n = 0,
\end{gathered}$$

en la forme g, qui n'en renferme plus que n, le déterminant relatif à g s'obtiendra par la forme adjointe F, *en donnant aux variables* $X_0, X_1, \ldots, X_n$, *respectivement, les valeurs* *représentées par les coefficients des termes x_0, x_1, ..., x_n dans le déterminant de la substitution, ces derniers termes étant regardés comme une $(n+1)^{ième}$ colonne de coefficients.*

Un autre théorème essentiel, dans mon analyse, se fonde sur la proposition, aisée à démontrer, qu'étant donnée une forme binaire (a, b, a') de déterminant négatif $-D$, et dont les coefficients ne sont plus entiers, mais des quantités quelconques, l'on peut toujours trouver deux nombres entiers premiers entre eux, α, β, tels qu'on ait

$$a\alpha^2 + 2b\alpha\beta + a'\beta^2 < \sqrt{\tfrac{4}{3}D}.$$

Quant aux formes de déterminant positif D, on obtient dans tous les cas la limite inférieure

$$a\alpha^2 + 2b\alpha\beta + a'\beta^2 < \sqrt{D}.$$

Soit actuellement $f(x_0, x_1, \ldots, x_n)$ une forme quelconque à $n+1$ variables, dont les coefficients soient entiers ou irrationnels, et dont le déterminant soit D en valeur absolue; *je dis qu'on pourra toujours trouver $n+1$ nombres entiers, α, β, γ, ..., λ, tels qu'on ait*

$$f(\alpha, \beta, \gamma, \ldots, \lambda) < \left(\frac{4}{3}\right)^{\frac{1}{2}n} \sqrt[n+1]{D}.$$

Supposons que ce théorème soit vrai pour les formes de n variables, on pourra démontrer qu'il est vrai aussi pour les formes de $n+1$ variables; il sera donc vrai, en général, puisqu'il a lieu pour les formes binaires. Cette démonstration se base sur le lemme :

Que l'on peut toujours déterminer n colonnes de $n+1$ nombres entiers telles qu'en ajoutant une $(n+1)^{ième}$ colonne et formant le déterminant, les coefficients multipliés dans ce déterminant par les différents termes de la $(n+1)^{ième}$ colonne soient des nombres entiers donnés.

En effet, étant proposés $n+1$ nombres entiers quelconques,

$$\alpha,\quad \beta,\quad \gamma,\quad \ldots,\quad \varkappa,\quad \lambda,$$

déterminons a, b, c, ..., k d'une part, c', d', ..., k' de l'autre, par les équations

$$a\beta - b\alpha = \alpha_1, \qquad c'\gamma - c\pi_1 = \pi_2, \qquad \ldots, \qquad k'\varkappa - k\pi_{n-2} = \pi_{n-1},$$

où π_1 désigne le plus grand commun diviseur de α et β, π_2 le plus grand commun diviseur de γ et π_1, ..., π_{n-1} le plus grand commun diviseur de π_{n-2} et $\varkappa$, on saura prouver *que le déterminant du système*

$$\begin{array}{lcccccc}
(0) & \dfrac{\beta}{\pi_1} & \dfrac{b\gamma}{\pi_2} & \dfrac{bc\delta}{\pi_3} & \dfrac{bcd\varepsilon}{\pi_4} & \ldots & bcd\ldots k.\lambda, \\
(1) & -\dfrac{\alpha}{\pi_1} & -\dfrac{a\gamma}{\pi_2} & -\dfrac{ac\delta}{\pi_3} & -\dfrac{acd\varepsilon}{\pi_4} & \ldots & -acd\ldots k.\lambda, \\
(2) & 0 & \dfrac{\pi_1}{\pi_2} & \dfrac{c'\delta}{\pi_3} & \dfrac{c'd\varepsilon}{\pi_4} & \ldots & c'd\ldots k.\lambda, \\
(3) & 0 & 0 & -\dfrac{\pi_2}{\pi_3} & -\dfrac{d'\varepsilon}{\pi_4} & \ldots & -d'\ldots k.\lambda, \\
\ldots & . & . & .. & \ldots & \ldots & \ldots\ldots\ldots\ldots, \\
(n) & 0 & 0 & 0 & 0 & \ldots & (-1)^n\pi_{n-1},
\end{array}$$

est (¹)

$$\alpha(0) + \beta(1) + \gamma(2) + \ldots + \lambda(n).$$

Ce lemme, joint au théorème ci-dessus, fait voir que, *si l'on déduit d'une forme f, de $n+1$ variables, une autre f_0 de n variables, en substituant aux $n+1$ variables des fonctions linéaires de n variables affectées de coefficients entiers, on pourra choisir ces fonctions à substituer de manière que le déterminant de f_0 devienne*

$$F(\alpha, \beta, \ldots, \lambda),$$

F *étant la forme adjointe de f et α, β, ..., λ des entiers donnés à l'arbitraire.*

L'adjointe de F étant $D^{n-1}f$, on pourra donc aussi déduire de F une forme de n variables F_0 dont le déterminant sera

$$D^{n-1}f(\alpha, \beta, \ldots, \lambda),$$

α, β, ..., λ étant des entiers donnés quelconques. Donc, dans l'hypothèse admise pour des formes de n variables, la forme F_0 et,

---

(¹) Il faudrait mettre $(-1)^{\frac{n(n+1)}{2}}$ devant la somme ci-dessus, mais ce facteur est sans importance pour la suite. E. P.

par suite, la forme F elle-même pourront prendre une valeur moindre que

$$\left(\frac{4}{3}\right)^{\frac{1}{2}(n-1)} \sqrt[n]{D^{n-1} f(\alpha, \beta, \ldots, \lambda)},$$

valeur que je désignerai par $F(\alpha_0, \beta_0, \ldots, \lambda_0)$. On prouve de la même manière que f pourra prendre une valeur moindre que

$$\left(\frac{4}{3}\right)^{\frac{1}{2}(n-1)} \sqrt[n]{F(\alpha_0, \beta_0, \ldots, \lambda_0)},$$

valeur que je désignerai par $f(\alpha', \beta', \ldots, \lambda')$. On aura donc

$$f(\alpha', \beta', \ldots, \lambda') < \left(\frac{4}{3}\right)^{\frac{1}{2}(n-1)} \sqrt[n]{F(\alpha_0, \beta_0, \ldots, \lambda_0)},$$

$$F(\alpha_0, \beta_0, \ldots, \lambda_0) < \left(\frac{4}{3}\right)^{\frac{1}{2}(n-1)} \sqrt[n]{D^{n-1} f(\alpha, \beta, \ldots, \lambda)},$$

et, par suite,

$$f(\alpha', \beta', \ldots, \lambda') < \left(\frac{4}{3}\right)^{\frac{n^2-1}{2n}} \sqrt[n^2]{D^{n-1} f(\alpha, \beta, \ldots, \lambda)}.$$

En continuant de la même manière, et en posant

$$f(\alpha^{(i)}, \beta^{(i)}, \ldots, \lambda^{(i)}) = f^{(i)}, \qquad f(\alpha, \beta, \ldots, \lambda) = f^{(0)},$$

$$\left(\frac{4}{3}\right)^{\frac{n^2-1}{2n}} \sqrt[n^2]{D^{n-1}} = l,$$

on trouvera successivement

$$f' < l \sqrt[n^2]{f^{(0)}}, \quad f'' < l \sqrt[n^2]{f'}, \quad \ldots, \quad f^{(m)} < l \sqrt[n^2]{f^{(m-1)}},$$

d'où suit

$$f^{(m)} < l^{1+\frac{1}{n^2}+\frac{1}{n^4}+\ldots+\frac{1}{n^{2(m-1)}}} \sqrt[n^{2m}]{f^{(0)}}.$$

On pourra donc, en prenant m assez grand, parvenir à une valeur de f,

$$f^{(m)} < l^{\frac{n^2}{n^2-1}} \quad \text{ou} \quad f^{(m)} < \left(\frac{4}{3}\right)^{\frac{1}{2}n} \sqrt[n+1]{D},$$

ce qu'il fallait démontrer [1].

---

[1] M. Hermite fait dans le post-scriptum quelques observations complémen-

De nombreuses questions me semblent dépendre des résultats précédents. Voici, en premier lieu, comment j'ai essayé d'y ramener votre nouveau mode d'approximation :

A et B étant les quantités données, je considère la forme ternaire

$$f = (x' - Ax)^2 + (x'' - Bx)^2 + \frac{x^2}{\Delta},$$

dont le déterminant est une quantité positive quelconque $\frac{1}{\Delta}$. Pour toutes les valeurs de Δ, on saura déterminer trois nombres entiers, m, m', m'', tels qu'on ait

$$(m' - Am)^2 + (m'' - Bm)^2 + \frac{m^2}{\Delta} < \frac{4}{3} \frac{1}{\sqrt[3]{\Delta}},$$

et, par suite,

$$m' - Am < \frac{2}{\sqrt{3}} \frac{1}{\sqrt[6]{\Delta}}, \quad m'' - Bm < \frac{2}{\sqrt{3}} \frac{1}{\sqrt[6]{\Delta}}, \quad m < \frac{2}{\sqrt{3}} \sqrt[3]{\Delta}.$$

Les deux premières relations font voir qu'on peut rendre simultanément d'un degré de petitesse arbitraire, $m' - Am$, $m'' - Bm$; la troisième donne la mesure précise de l'ordre d'approximation des fractions $\frac{m'}{m}$, $\frac{m''}{m}$, en montrant que l'erreur est proportionnelle à $\frac{1}{m\sqrt{m}}$. Enfin, la forme adjointe de f étant

$$(x + Ax' + Bx'')^2 + \frac{x'^2 + x''^2}{\Delta},$$

le calcul conduit encore à une suite de nombres entiers, tels que α, β, γ qui rendent la fonction linéaire $A\alpha + B\beta + \gamma$ de l'ordre $\frac{1}{\alpha^2}$ ou $\frac{1}{\beta^2}$, et l'on démontre que, s'il existe une relation telle que $Aa + Bb + c = 0$, a, b, c étant entiers, on verra la fonction $Aa + Bb + c$ s'offrir nécessairement à partir d'une certaine valeur de Δ, puis se reproduire indéfiniment, pour toutes les valeurs plus grandes.

---

taires sur cette démonstration. Remarquons que, s'il s'agit d'une forme indéfinie dont les coefficients ne sont pas entiers, la démonstration n'exclut pas que la forme puisse se rapprocher indéfiniment de la limite indiquée, en lui restant supérieure; mais on est certain que le minimum de la forme est aussi voisin de $\left(\frac{4}{3}\right)^{\frac{n}{2}} \sqrt[n+1]{D}$ que l'on veut. E. P.

Voici d'autres conséquences :

Soit

$$F(x) = x^n + Ax^{n-1} + \ldots + Kx + L = 0$$

une équation quelconque irréductible à coefficients entiers et dont $\alpha, \beta, \ldots, \lambda$ soient les racines; si la congruence $F(x) \equiv 0$ admet une solution $x \equiv a$ pour un certain module N, en posant

$$\varphi(\alpha) = Nx_0 + (\alpha - a)x_1 + (\alpha^2 - a^2)x_2 + \ldots + (\alpha^{n-1} - a^{n-1})x_{n-1},$$

$x_0, x_1, \ldots$ désignant des entiers, la forme

$$\mathfrak{f} = \varphi(\alpha)\varphi(\beta)\ldots\varphi(\lambda)$$

représentera toujours des nombres entiers multiples de N : or je dis qu'on pourra trouver une infinité de systèmes de valeurs de x_0, $x_1, \ldots, x_{n-1}$ pour lesquelles on ait

$$\mathfrak{f} = MN,$$

l'entier M étant au-dessous de la limite,

$$\left(\frac{4}{3}\right)^{\frac{1}{4}n(n-1)} \left(\frac{\Delta}{n^n}\right)^{\frac{1}{2}},$$

dans laquelle Δ représente le produit des $n(n-1)$ différences des racines $\alpha, \beta, \ldots, \lambda$ prises deux à deux.

Supposons en premier lieu, les racines $\alpha, \beta, \ldots, \lambda$ réelles; je considère la forme quadratique à n variables

$$f = D_0\varphi^2(\alpha) + D_1\varphi^2(\beta) + \ldots + D_{n-1}\varphi^2(\lambda),$$

où $D_0, D_1, \ldots, D_{n-1}$ sont essentiellement positifs : soit D le déterminant de f, on saura trouver pour $x_0, x_1, \ldots, x_{n-1}$, un système de valeurs entières telles qu'on ait

$$f = \omega\left(\frac{4}{3}\right)^{\frac{1}{2}(n-1)} \sqrt[n]{D},$$

ω étant moindre que l'unité. Or le produit des quantités positives $D_0\varphi^2\alpha$, $D_1\varphi^2\beta, \ldots$ ne pourra jamais dépasser son maximum $\left(\frac{f}{n}\right)^n$, correspondant au cas où elles sont toutes égales; on aura donc

$$D_0 D_1 \ldots D_{n-1} \mathfrak{f}^2 < \left(\frac{4}{3}\right)^{\frac{1}{2}n(n-1)} \frac{D}{n^n}.$$

Il faut ici obtenir D, qui est le déterminant relatif au système des équations linéaires dont les premiers membres seraient

$$\frac{1}{2}\frac{df}{dx_0}, \quad \frac{1}{2}\frac{df}{dx_1}, \quad \ldots, \quad \frac{1}{2}\frac{df}{dx_{n-1}}.$$

Or on trouve sans difficulté

$$D = \Delta D_0 D_1 \ldots D_{n-1} N^2,$$

ce qui conduit à la limite annoncée.

Comme il ne reste dans le résultat aucune trace des quantités $D_0, D_1, \ldots, D_{n-1}$, il suit qu'en leur attribuant toutes les valeurs possibles, *les mêmes multiples de* N *se reproduiront nécessairement une infinité de fois, pour une infinité de systèmes de valeurs distinctes de* $x_0, x_1, \ldots, x_{n-1}$.

Si l'équation proposée, $F(x) = 0$, n'a plus toutes ses racines réelles, on fera correspondre dans la forme f, à chaque couple de racines conjuguées α, β, le produit $D_0\varphi(\alpha)\varphi(\beta)$, au lieu de $D_0\varphi^2(\alpha) + D_1\varphi^2(\beta)$. Dans le cas où toutes les racines seraient imaginaires, ce qui suppose le degré un nombre pair $n = 2\mu$, on sera conduit de la sorte à la forme

$$f = D_0\varphi(\alpha)\varphi(\beta) + D_1\varphi(\gamma)\varphi(\delta) + \ldots + D_{\mu-1}\varphi(\varkappa)\varphi(\lambda).$$

Le déterminant s'obtient aussi dans ce cas aisément, et l'on trouve

$$D = (D_0 D_1 \ldots D_{\mu-1})^2 \frac{\Delta}{2^n} N^2.$$

Comme on a, d'ailleurs,

$$D_0 D_1 \ldots D_{\mu-1} \mathfrak{f} < \left(\frac{f}{\mu}\right)^{\mu}$$

et

$$f = \omega \left(\frac{4}{3}\right)^{\frac{1}{2}(n-1)} \sqrt[n]{D},$$

on en tire la limite

$$M < \left(\frac{4}{3}\right)^{\frac{1}{4}n(n-1)} \left(\frac{\Delta}{n^n}\right)^{\frac{1}{2}},$$

qui ne diffère pas de celle que nous venons d'obtenir dans le cas des racines réelles.

Supposons que l'équation proposée soit

$$\frac{x^p - 1}{x - 1} = 0,$$

qui donne lieu à une congruence soluble pour tout module premier $N = kp + 1$; Δ sera alors p^{p-2}. Ainsi dans le cas de $p = 5$, on aura la limite

$$\left(\frac{4}{3}\right)^3 \left(\frac{5^3}{4^4}\right)^{\frac{1}{2}}$$

laquelle est > 1 mais < 2, donc on aura précisément

$$\mathfrak{f} = N.$$

C'est, comme vous voyez, Monsieur, la démonstration de votre théorème.

Mais il y a plus. Prenant $p = 7$, on trouve l'expression

$$\left(\frac{4}{3}\right)^{\frac{15}{2}} \left(\frac{7^5}{6^6}\right)^{\frac{1}{2}},$$

qui est moindre que 6. Or, la forme $\mathfrak{f}$ étant toujours $\equiv 0$ ou 1 suivant le module 7, on ne pourra avoir encore dans ce cas que $\mathfrak{f} = N$.

Considérons, en second lieu, l'équation $F(z) = 0$, qui a pour racines les $\frac{1}{2}(p - 1)$ périodes de deux racines de $\frac{x^p - 1}{x - 1} = 0$; on aura la proposition que la congruence $F(z) \equiv 0$ est résoluble pour tout module premier $N = kp - 1$. On trouvera alors

$$\Delta = p^{\frac{1}{2}(p-3)},$$

d'où l'on tirera comme ci-dessus la limite de M. Dans le cas de $p = 7$, $n = 3$, il vient

$$M < \left(\frac{4}{3}\right)^{\frac{3}{2}} \left(\frac{7^2}{3^3}\right)^{\frac{1}{2}}$$

et, par suite, $M < 3$. Or il est facile de voir que suivant le module 7 la forme $\mathfrak{f}$ est toujours $\equiv 0$, 1, ou -1. On ne peut donc admettre que $M = 1$.

De là résulte ce théorème :

Que tout nombre premier $7m - 1$ est décomposable en trois facteurs complexes formés des racines de l'équation

$$z^3 + z^2 - 2z - 1 = 0.$$

En réfléchissant aux questions précédentes j'ai été conduit à m'occuper de la théorie de la *réduction* des formes quadratiques à un nombre quelconque de variables, qui m'a semblé devoir être introduite dans l'étude des expressions telles que $\mathbf{f}$. De même que pour les formes binaires, on obtient ce résultat que, pour un déterminant donné, elles se laissent distribuer en un nombre toujours fini de classes. La méthode de réduction devra reposer encore sur l'emploi de substitutions linéaires à coefficients entiers, et au déterminant ± 1, par lesquelles une forme donnée est changée en une autre entièrement équivalente et de même déterminant. Voici quelques réflexions sur ce sujet.

Soient d'abord

$$\begin{aligned}
x_0 &= \alpha X_0 + \alpha' X_1 + \alpha'' X_2 + \ldots + \alpha^{(n)} X_n,\\
x_1 &= \beta X_0 + \beta' X_1 + \beta'' X_2 + \ldots + \beta^{(n)} X_n,\\
&\ldots\ldots\ldots\ldots\ldots\ldots\ldots\ldots\ldots\ldots,\\
x_n &= \lambda X_0 + \lambda' X_1 + \lambda'' X_2 + \ldots + \lambda^{(n)} X_n
\end{aligned}$$

les substitutions qui changent $f(x_0, x_1, \ldots, x_n)$ en la forme équivalente et de même déterminant $F(X_0, X_1, \ldots, X_n)$. Nommons

$$g(y_0, y_1, \ldots, y_n), \qquad G(Y_0, Y_1, \ldots, Y_n),$$

les formes adjointes respectivement à f et F; par la définition même donnée ci-dessus des formes adjointes, on prouve très facilement que l'on aura

$$g(y_0, y_1, \ldots, y_n) = G(Y_0, Y_1, \ldots, Y_n),$$

en posant

$$\begin{aligned}
Y_0 &= \alpha y_0 + \beta y_1 + \ldots + \lambda y_n,\\
Y_1 &= \alpha' y_0 + \beta' y_1 + \ldots + \lambda' y_n,\\
&\ldots\ldots\ldots\ldots\ldots\ldots\ldots\ldots,\\
Y_n &= \alpha^{(n)} y_0 + \beta^{(n)} y_1 + \ldots + \lambda^{(n)} y_n.
\end{aligned}$$

Il suit de cette proposition que, si dans la forme f on change seulement les n variables $x_1, x_2, \ldots, x_n$ en d'autres $X_1, X_2, \ldots, X_n$, pour obtenir la transformation correspondante de la forme adjointe, on aura à changer seulement les n variables $y_1, y_2, \ldots, y_n$ en d'autres $Y_1, Y_2, \ldots, Y_n$, et réciproquement. D'où l'on voit *qu'en changeant dans la forme adjointe les n variables $y_1, y_2, \ldots, y_n$ en d'autres $Y_1, Y_2, \ldots, Y_n$ par la transformation correspondante de la forme proposée, le coefficient de x_0^2 ne sera pas altéré.*

Changeant au contraire, dans la forme proposée, la seule variable x_0 en X par la substitution

$$x_0 = X + \alpha' x_1 + \alpha'' x_2 + \ldots + \alpha^{(n)} x_n,$$

les substitutions correspondantes à faire dans la forme adjointe seront

$$y_1 = Y_1 - \alpha' y_0, \qquad y_2 = Y_2 - \alpha'' y_0, \qquad \ldots, \qquad y_n = Y_n - \alpha^{(n)} y_0.$$

D'où l'on voit *qu'en changeant, dans la forme proposée, la seule variable x_0 par la transformation correspondante de la forme adjointe ne seront altérés que les termes multipliés par* y_0 et y_0^2.

Voici le résultat que j'ai obtenu au moyen de ces lemmes :

Nommons réduite *une forme*

$$F(X_0, X_1, \ldots, X_n)$$

du déterminant D, *telle, en premier lieu, qu'en faisant*

$$\frac{1}{2}\frac{dF}{dX_0} = AX_0 + BX_1 + CX_2 + \ldots + LX_n$$

on ait (¹)

$$A < \left(\frac{4}{3}\right)^{\frac{1}{2}n} \sqrt[n+1]{D}, \quad B < \frac{1}{2}A, \quad C < \frac{1}{2}A, \quad \ldots, \quad L < \frac{1}{2}A,$$

telle encore que la forme adjointe à F, $G(Y_0, Y_1, \ldots, Y_n)$, *représente pour* $Y_0 = 0$, *elle aussi, une forme réduite : si l'on sait ramener les formes d'ordre n à des formes équivalentes*

(¹) Ces inégalités et, en général, celles que l'on rencontrera dans les questions de réduction sont relatives aux valeurs absolues, et D représente la valeur absolue du discriminant de la forme. E. P.

réduites, on saura aussi ramener à des formes équivalentes réduites les formes d'ordre $n+1$.

En effet, lorsqu'on se propose de changer la forme donnée f dans une autre équivalente $f_1(x'_0, x'_1, \ldots, x'_n)$, au moyen de la substitution,

$$\begin{aligned} x_0 &= \alpha x'_0 + \alpha' x'_1 + \ldots + \alpha^{(n)} x'_n, \\ x_1 &= \beta x'_0 + \beta' x'_1 + \ldots + \beta^{(n)} x'_n, \\ &\ldots\ldots\ldots\ldots\ldots\ldots\ldots, \\ x_n &= \lambda x'_0 + \lambda' x'_1 + \ldots + \lambda^{(n)} x'_n, \end{aligned}$$

on peut prendre pour $\alpha, \beta, \ldots, \lambda$ des entiers quelconques sans commun diviseur, puisqu'on sera toujours maître de déterminer les autres nombres $\alpha', \beta', \ldots, \lambda', \alpha'', \beta'', \ldots$, de manière que le déterminant des $(n+1)^2$ coefficients soit égal à ± 1 (¹). Prenons donc pour $\alpha, \beta, \ldots, \lambda$ les entiers sans commun diviseur par lesquels on peut satisfaire à l'inégalité

$$f(\alpha, \beta, \ldots, \lambda) < \left(\frac{4}{3}\right)^{\frac{1}{2}n} \sqrt[n+1]{\mathrm{D}},$$

en nommant A le coefficient de x'^2_0 dans la transformée f_1, on aura

$$\mathrm{A} = f(\alpha, \beta, \ldots, \lambda)$$

et, par suite,

$$\mathrm{A} < \left(\frac{4}{3}\right)^{\frac{1}{2}n} \sqrt[n+1]{\mathrm{D}}.$$

La forme $f(x_0, x_1, \ldots, x_n)$ étant transformée dans la forme équivalente $f_1(x'_0, x'_1, \ldots, x'_n)$, supposons en même temps la forme adjointe à f,

$$g(y_0, y_1, \ldots, y_n)$$

transformée dans l'adjointe à f_1,

$$g_1(\mathrm{Y}_0, y'_1, y'_2, \ldots, y'_n).$$

Faisons ensuite dans cette dernière $\mathrm{Y}_0 = 0$, et ramenons la forme d'ordre n,

$$g_1(0, y'_1, y'_2, \ldots, y'_n),$$

(¹) M. Hermite avait ajouté à sa Lettre la résolution la plus générale de ce problème, publiée depuis dans le *Journal de Liouville*, vol. XIV, p. 21.

à une forme équivalente réduite aux variables $y''_1, y''_2, \ldots, y''_n$. Supposons que par la même substitution la forme $g_1(Y_0, y'_1, y'_2, \ldots, y'_n)$ soit changée en $g_2(Y_0, y''_1, y''_2, \ldots, y''_n)$; cette forme représentera, pour $Y_0 = 0$, la forme réduite d'ordre n. Transformons en même temps la forme $f_1(x'_0, x'_1, \ldots, x'_n)$, dont g_1 est l'adjointe, dans la forme $f_2(x'_0, X_1, X_2, \ldots, X_n)$, dont l'adjointe est g_2. De ce qu'on a remarqué ci-dessus il suit que, par cette dernière transformation, le coefficient de x'^2_0, A, ne sera pas altéré. Enfin, faisons

$$x'_0 = X_0 + m_1 X_1 + m_2 X_2 + \ldots + m_n X_n,$$
$$y''_1 = Y_1 - m_1 Y_0, \qquad y''_2 = Y_2 - m_2 Y_0, \qquad \ldots, \qquad y''_n = Y_n - m_n Y_0,$$

et supposons que par ces substitutions f_2 et g_2 soient changées respectivement en

$$F(X_0, X_1, X_2, \ldots, X_n) \quad \text{et} \quad G(Y_0, Y_1, Y_2, \ldots, Y_n):$$

le coefficient de X_0^2 dans F sera encore A et la forme G représentera encore pour $Y_0 = 0$ la réduite d'ordre n. Or, posant

$$\frac{1}{2}\frac{\partial f_2}{\partial x'_0} = A x'_0 - b X_1 + c X_2 + \ldots + l X_n,$$
$$\frac{1}{2}\frac{\partial F}{\partial X_0} = A X_0 + B X_1 + C X_2 + \ldots + L X_n;$$

on aura

$$\frac{\partial f_2}{\partial x'_0} = \frac{\partial F}{\partial X_0}$$

et, par suite,

$$B = b + m_1 A, \qquad C = c + m_2 A, \qquad \ldots, \qquad L = l + m_n A.$$

Donc, $m_1, m_2, \ldots, m_n$ pouvant être des entiers quelconques, on saura les déterminer de manière qu'on ait

$$B < \tfrac{1}{2} A, \quad C < \tfrac{1}{2} A, \quad \ldots, \quad L < \tfrac{1}{2} A,$$

et l'on aura satisfait à toutes les conditions.

Je remarquerai à présent *qu'étant donnés*

$$\frac{\partial F}{\partial X_0} \quad \text{et} \quad G(0, Y_1, Y_2, \ldots, Y_n),$$

en même temps que le déterminant D *de* F, *on connaîtra la forme* $G(Y_0, Y_1, \ldots, Y_n)$ *et, par suite,* $F(X_0, X_1, \ldots, X_n)$.

En effet, soit

$$\begin{aligned} F = {} & X_0(AX_0 + BX_1 + CX_2 + \ldots + LX_n) \\ & + X_1(BX_0 + B'X_1 + C'X_2 + \ldots + L'X_n) \\ & + X_2(CX_0 + C'X_1 + C''X_2 + \ldots + L''X_n) \\ & \ldots\ldots\ldots\ldots\ldots\ldots\ldots\ldots \\ & + X_n(LX_0 + L'X_1 + L''X_2 + \ldots + L^{(n)}X_n), \\ G = {} & Y_0[(A)Y_0 + (B)Y_1 + \ldots + (L)Y_n] \\ & + Y_1[(B)Y_0 + (B')Y_1 + \ldots + (L')Y_n] \\ & \ldots\ldots\ldots\ldots\ldots\ldots\ldots\ldots, \\ & + Y_n[(L)Y_0 + (L')Y_1 + \ldots + (L^{(n)})Y_n]; \end{aligned}$$

on aura

$$\begin{aligned} & A(A) + B(B) + C(C) + \ldots + L(L) = D, \\ & A(B) + B(B') + C(C') + \ldots + L(L') = 0, \\ & A(C) + B(C') + C(C'') + \ldots + L(L'') = 0, \\ & \ldots\ldots\ldots\ldots\ldots\ldots\ldots\ldots, \\ & A(L) + B(L') + C(L'') + \ldots + L(L^{(n)}) = 0. \end{aligned}$$

Or, étant donnés $\dfrac{\partial F}{\partial X_0}$ et $G(0, Y_1, \ldots, Y_n)$, on connaîtra

$$A,\ B,\ C,\ \ldots,\ L$$

et tous les n^2 coefficients (B'), (C'), ..., d'où l'on déduira, par les n dernières équations, les valeurs des coefficients

$$(B),\ (C),\ \ldots,\ (L),$$

et par la première, D étant aussi donné, celle du coefficient (A). On connaîtra donc tous les coefficients de $G(Y_0, Y_1, \ldots, Y_n)$ et, par suite, ceux de $F(X_0, X_1, \ldots, X_n)$.

Par ce qui précède on prouve aisément que *les formes d'un ordre quelconque, attachées à un même déterminant, peuvent être ramenées à un nombre fini d'entre elles* (¹). Et d'abord il suit des conditions ci-dessus que les coefficients A, B, ..., L ne pourront prendre qu'un nombre fini de valeurs, ensuite le déterminant de la forme $G(0, Y_1, Y_2, \ldots, Y_n)$ étant $D^{n-1}A$, s'il est démontré que les formes d'ordre n d'un même déterminant peuvent être ramenées à un nombre fini d'entre elles, on n'aura pour chaque valeur de A qu'un nombre limité de formes $G(0, Y_1, Y_2, \ldots, Y_n)$.

(¹) M. Hermite suppose ici implicitement qu'il s'agit de formes à coefficients entiers. E. P.

Or, par les nombres A, B, ..., L et la forme $G(o, Y_1, Y_2, ..., Y_n)$, étant déterminée la forme d'ordre $n+1$, $F(X_0, X_1, ..., X_n)$, ces formes aussi seront en nombre fini. Ainsi, la proposition étant admise pour les formes d'ordre n, elle sera démontrée pour les formes d'ordre $n+1$. Elle est donc vraie en général, puisqu'elle a lieu pour les formes binaires.

Vous voyez, Monsieur, que j'omets tout à fait le cas important où l'on a $A = o$; mais cette circonstance n'est point à considérer, lorsqu'on se propose seulement de poursuivre les rapports que j'ai essayé d'établir entre les formes quadratiques définies et les expressions désignées ci-dessus par $\mathfrak{f}$. Les résultats précédents me semblent alors ouvrir un vaste champ de recherches, mais dans lequel je n'ai presque fait jusqu'ici qu'entrevoir une longue série de questions et de problèmes difficiles à résoudre.

Convenons d'abord des notations suivantes, savoir :

$$\mathfrak{f} = f(\omega_0)f(\omega_1)\ldots f(\omega_n),$$

en prenant

$$f(\omega) = x_0\varphi_0(\omega) + x_1\varphi_1(\omega) + \ldots + x_n\varphi_n(\omega),$$

$\varphi_i(\omega)$ désignant la fonction à coefficients entiers

$$a_i + b_i\omega + c_i\omega^2 + \ldots + l_i\omega^n,$$

et les quantités $\omega_0, \omega_1, \ldots, \omega_n$ étant toujours les racines d'une même équation irréductible à coefficients entiers et dont celui de la plus haute puissance est l'unité. Je considère ensuite (dans le cas où toutes les racines sont réelles) la forme quadratique définie, d'ordre $n+1$,

$$\mathrm{f} = D_0 f^2(\omega_0) + D_1 f^2(\omega_1) + \ldots + D_n f^2(\omega_n),$$

où $D_0, D_1, \ldots, D_n$ sont supposés essentiellement positifs. En nommant Ω le produit des $n(n+1)$ différences des racines ω prises deux à deux, et Δ le déterminant du système

$$\begin{matrix} a_0, & a_1, & \ldots, & a_n, \\ b_0, & b_1, & \ldots, & b_n, \\ \ldots & \ldots & \ldots & \ldots, \\ l_0, & l_1, & \ldots, & l_n, \end{matrix}$$

on trouvera, pour le déterminant de f, l'expression

$$D = D_0 D_1 \ldots D_n \Delta^2 \Omega.$$

Cela posé, faisons la substitution

$$x_0 = \alpha X_0 + \alpha' X_1 + \ldots + \alpha^{(n)} X_n,$$
$$x_1 = \beta X_0 + \beta' X_1 + \ldots + \beta^{(n)} X_n,$$
$$\ldots\ldots\ldots\ldots\ldots\ldots,$$
$$x_n = \lambda X_0 + \lambda' X_1 + \ldots + \lambda^{(n)} X_n,$$

les coefficients étant déterminés par la méthode exposée tout à l'heure, de manière à réduire la forme adjointe à f. En posant, pour abréger,

$$\Phi_i(\omega) = \alpha^{(i)} \varphi_0(\omega) + \beta^{(i)} \varphi_1(\omega) + \ldots + \lambda^{(i)} \varphi_n(\omega),$$
$$\mathfrak{F}(\omega) = X_0 \Phi_0(\omega) + X_1 \Phi_1(\omega) + \ldots + X_n \Phi_n(\omega),$$

la forme quadratique f deviendra, d'une part,

$$F = D_0 \mathfrak{F}^2(\omega_0) + D_1 \mathfrak{F}^2(\omega_1) + \ldots + D_n \mathfrak{F}^2(\omega_n),$$

et la forme $\mathfrak{f}$, de l'autre,

$$\mathfrak{F} = \mathfrak{F}(\omega_0)\, \mathfrak{F}(\omega_1) \ldots \mathfrak{F}(\omega_n).$$

Or voici le dernier résultat auquel je suis arrivé, et qui me paraît appeler bien des recherches après lui :

Les substitutions en nombre infini, correspondantes à tous les systèmes possibles de valeurs des quantités $D_0, D_1, \ldots, D_n$, *ne conduiront jamais qu'à un nombre essentiellement limité de formes* $\mathfrak{F}$.

De là se tire aussi toute la théorie de la réduction des formes $\mathfrak{f}$. Je me suis principalement fondé sur la proposition suivante :

Étant donnée une forme quadratique f d'ordre $n+1$, *de déterminant* D, *réduite d'après la méthode ci-dessus, soient*

$$(a),\quad (a'),\quad (a''),\quad \ldots,\quad (a^{(n)})$$

les coefficients des carrés dans la forme adjointe g; on aura d'abord

$$(a^{(n)}) < \left(\frac{4}{3}\right)^{\frac{1}{2}n} \sqrt[n+1]{D^n},$$

puis, pour toutes les valeurs $i = 1, 2, \ldots, n$,

$$(a^{(n)})^i (a^{(n-i)}) < \mu \sqrt[n+1]{D^{n(i+1)}},$$

μ *étant un facteur numérique dépendant uniquement de* n *et* i.

Je vais prendre les formes *ternaires* pour exemple de la méthode qui donne ce résultat.

Soit

$$ax_0^2 + 2bx_0x_1 + 2cx_0x_2 + \ldots$$

la forme réduite donnée, et

$$(a)y_0^2 + (a')y_1^2 + (a'')y_2^2 + 2(b)y_0y_1 + 2(c)y_0y_2 + 2(c')y_1y_2$$

son adjointe g; la théorie générale donne, en premier lieu, les relations

$$a < \tfrac{4}{3}\sqrt[3]{D}, \qquad b < \tfrac{1}{2}a, \qquad c < \tfrac{1}{2}a;$$

ensuite, pour $y_0 = 0$, g doit devenir une forme binaire réduite. Cette dernière étant représentée par

$$(a')y_1^2 + 2(c')y_1y_2 + (a'')y_2^2,$$

son déterminant, comme on le sait, est aD; on a donc encore

$$(a'') < \sqrt{\tfrac{4}{3}aD}, \qquad (a')(a'') < \tfrac{4}{3}aD, \qquad (c') < \tfrac{1}{2}(a'').$$

Or, des relations

$$a(a) + b(b) + c(c) = D,$$
$$a(b) + b(a') + c(c') = 0,$$
$$a(c) + b(c') + c(a'') = 0,$$

on déduit sans difficulté

$$(c) < \tfrac{3}{4}(a''), \qquad (b)(a'') < aD, \qquad (c)(a'') < aD.$$

Donc, après avoir multiplié les deux membres de la première équation par $(a'')^2$ et divisé par a, on obtient

$$(a)(a'')^2 < \tfrac{4}{3}D^2 + aD\sqrt{\tfrac{4}{3}aD},$$

et enfin, en remplaçan a par sa limite supérieure,

$$(a)(a'')^2 < \tfrac{28}{9}D^2.$$

La propriété énoncée ci-dessus des formes réduites, qui m'a longtemps échappé, donne lieu à beaucoup d'autres conséquences que je suis forcé d'omettre. Seulement, j'observerai encore qu'en prenant pour point de départ g au lieu de f, et nommant $a^{(i)}$ les coefficients des carrés dans cette dernière forme, on serait arrivé pour les formes ternaires aux relations

$$a'' < \tfrac{4}{3}\sqrt[3]{D}, \qquad a'a'' < \left(\tfrac{4}{3}\right)^2 \sqrt[3]{D^2}, \qquad a a''^2 < \tfrac{28}{9} D,$$

et l'on trouverait dans le cas général

$$a^{(n)} < \left(\frac{4}{3}\right)^{\frac{1}{2}n} \sqrt[n+1]{D}, \qquad a^{(n)^i} a^{(n-i)} < \mu \sqrt[n+1]{D^{i+1}},$$

d'où l'on tire encore

$$a^{(n)^n} a^{(n-i)} < \nu D.$$

Appliquons maintenant ces résultats à la forme quadratique

$$F = D_0 \mathfrak{F}^2(\omega_0) + D_1 \mathfrak{F}^2(\omega_1) + \ldots + D_n \mathfrak{F}^2(\omega_n),$$

dont le déterminant a pour valeur

$$D = D_0 D_1 \ldots D_n \Delta^2 \Omega.$$

Il est aisé de voir qu'on aura

$$a^{(i)} = D_0 \Phi_i^2(\omega_0) + D_1 \Phi_i^2(\omega_1) + \ldots + D_n \Phi_i^2(\omega_n),$$

donc, en premier lieu,

$$D_0 D_1 \ldots D_n \Phi_n^2(\omega_0) \Phi_n^2(\omega_1) \ldots \Phi_n^2(\omega_n) < a^{(n)^{n+1}},$$

d'où

$$\Phi_n(\omega_0) \Phi_n(\omega_1) \ldots \Phi_n(\omega_n) < \mu \Delta \Omega^{\frac{1}{2}},$$

ce qui reproduit une conséquence obtenue précédemment. Secondement, faisons abstraction, dans $a^{(n)}$, du terme $D_k \Phi_n^2(\omega_k)$; il est clair qu'on aura

$$D_0 D_1 \ldots D_{k-1} D_{k+1} \ldots D_n,$$

$$\Phi_n^2(\omega_0) \Phi_n^2(\omega_1) \ldots \Phi_n^2(\omega_{k-1}) \Phi_n^2(\omega_{k+1}) \ldots \Phi_n(\omega_n) < (a^{(n)})^n;$$

donc combinant cette inégalité avec la suivante

$$D_k \Phi_i(\omega_k) < a^{(i)},$$

et posant, pour abréger,

$$\Psi_i(\omega_k) = \Phi_i(\omega_k)\,\Phi_n(\omega_0)\,\Phi_n(\omega_1)\ldots\Phi_n(\omega_{k-1})\,\Phi_n(\omega_{k+1})\ldots\Phi_n(\omega_n),$$

il viendra

$$D_0 D_1 \ldots D_n \Psi_i^2(\omega_k) < (a^{(n)})^n (a^{(i)}) < \nu D,$$

d'où

$$\Psi_i(\omega_k) < \nu \Delta \Omega^{\frac{1}{2}}.$$

Or $\Psi_i(\omega)$ est, comme on le voit aisément, un polynome entier en ω. Les diverses valeurs de ce polynome correspondantes aux diverses racines $\omega_0, \omega_1, \ldots, \omega_n$ étant toutes finies et même proportionnelles à $\Delta\Omega^{\frac{1}{2}}$, il en sera de même de tous ses coefficients qui sont des nombres entiers; de là suit immédiatement le résultat que je voulais obtenir.

On peut mettre en effet $\mathfrak{F}(\omega_k)$ sous la forme

$$\mathfrak{F}(\omega_k) = \Phi_n(\omega_k)\left[X_n + X_{n-1}\frac{\Phi_{n-1}(\omega_k)}{\Phi_n(\omega_k)} + \ldots + X_i\frac{\Phi_i(\omega_k)}{\Phi_n(\omega_k)} + \ldots\right],$$

ou bien

$$\mathfrak{F}(\omega_k) = \Phi_n(\omega_k)\left[X_n + X_{n-1}\frac{\Psi_{n-1}(\omega_k)}{\Psi_n(\omega_k)} + \ldots + X_i\frac{\Psi_i(\omega_k)}{\Psi_n(\omega_k)} + \ldots\right].$$

Donc, toutes les formes $\mathfrak{f}$ en nombre infini, qui correspondent à une même valeur du déterminant Δ, peuvent être ramenées par les substitutions précédentes à un nombre d'entre elles essentiellement limité, car les combinaisons de toutes les valeurs entières possibles pour les coefficients des polynomes $\Psi_i(\omega)$ sont en nombre fini. Enfin, ces dernières formes, qu'on peut nommer *réduites*, se représenteront elles-mêmes une infinité de fois en employant successivement les diverses substitutions qui correspondent à tous les systèmes de valeurs imaginables des quantités positives D_0, $D_1, \ldots, D_n$.

Dans le cas spécial des formes $\mathfrak{f}$ que j'ai d'abord considéré pour démontrer votre théorème sur les nombres premiers $5m+1$, on démontre facilement que les polynomes $\Psi_i(\omega)$ contiennent tous en facteur le nombre N; c'est donc uniquement de Ω que dépendront les limites des coefficients dans les formes réduites. On entrevoit ainsi la possibilité d'obtenir, par exemple, tout ce qui se rattache à la représentation des nombres premiers $11m+1$, par des facteurs complexes formés des racines onzièmes de l'unité, en opérant non plus sur chaque nombre donné, mais en général sur les racines de l'équation $x^{11} = 1$.

Mais j'ai hâte, Monsieur, de finir cette longue lettre, où il n'y a plus place pour la théorie des fonctions elliptiques. Je n'ai pu jusqu'ici faire à mon gré cette recherche de l'ensemble des transformations de la fonction Θ, ni retrouver ce résultat si remarquable de la réduction du module q à la limite $e^{-\pi\sqrt{\frac{3}{4}}}$, dont vous m'avez parlé dans votre lettre. Oserais-je vous demander quelques éclaircissements sur ce point? M. Borchardt a eu la bonté de me mettre un peu sur la voie pour déduire les propriétés des fonctions Θ de la multiplication des quatre séries $\Sigma e^{-(ax+ib)^2}$, mais je ne sais si je pourrai marcher bien loin. Permettez-moi, Monsieur, de vous prier de me rappeler à son souvenir; j'ai entendu M. Sturm parler avec de grands éloges de son Mémoire publié par M. Liouville.

Ayez la bonté, si vous le jugez convenable, de faire paraître dans le *Journal de M. Crelle* quelques-uns des résultats précédents; j'essayerai ensuite de les développer plus complètement.

P.-S. J'aperçois à l'instant que l'algorithme indiqué pour déterminer les nombres entiers $\alpha, \beta, \ldots, \lambda$, tels qu'on ait

$$f(\alpha, \beta, \ldots, \lambda) < \left(\frac{4}{3}\right)^{\frac{1}{2}(n-1)} \sqrt[n]{D},$$

peut être présenté d'une manière bien plus précise.

En premier lieu, pour les formes *binaires* de déterminant $-D$, « on ne peut objecter que les opérations continuent à l'infini, car on verrait s'offrir une infinité de quantités $a, a', a'', \ldots$ liées par les relations $a > a' > a'', \ldots$ et, par conséquent, différentes. Mais à chacune d'elles correspondent deux nombres entiers $\alpha^{(m)}, \beta^{(m)}$ qui donnent, par exemple,

$$a^{(m)} = a\alpha^{(m)2} + 2b\alpha^{(m)}\beta^{(m)} + a'\beta^{(m)2}.$$

Ces nombres sont essentiellement limités, donc il faudrait qu'une même combinaison α, β se produisît dans le cours du calcul une infinité de fois, ce qui conduirait à supposer égaux, contre l'hypothèse, une infinité de termes de la suite $a, a', a'', \ldots$. »

Pour les formes *ternaires* : « désignant, pour abréger,

$$f[\alpha^{(m)}, \beta^{(m)}, \gamma^{(m)}] \quad \text{par} \quad f^{(m)},$$

on voit naître de la continuation du calcul précédemment proposé une suite de quantités, $f, f', f'', \ldots$ liées par les relations

$$f' < \sqrt[4]{(\tfrac{4}{3})^3 \mathrm{D} f}, \qquad f'' < \sqrt[4]{(\tfrac{4}{3})^3 \mathrm{D} f'}, \qquad \ldots$$

Or, on obtiendra la limite annoncée dès qu'il se présentera une valeur $f^{(m+1)}$ égale ou supérieure à la précédente $f^{(m)}$. En effet, de

$$f^{(m+1)} > f^{(m)} \quad \text{et} \quad f^{(m+1)} < \sqrt[4]{(\tfrac{4}{3})^3 \mathrm{D} f^{(m)}}$$

on déduit aisément

$$f^{(m)} < \tfrac{4}{3} \sqrt[3]{\mathrm{D}}.$$

D'ailleurs, on ne peut admettre, dans le cas d'une forme définie, que les opérations se prolongent indéfiniment, car, les nombres $\alpha^{(m)}$, $\beta^{(m)}$, $\gamma^{(m)}$ étant essentiellement limités, on verrait se reproduire une infinité de fois une même combinaison de ces nombres entiers, ce qui ramènerait les mêmes termes dans la suite f, f', f'', contrairement à l'hypothèse. Si la forme f est indéfinie, mais à coefficients entiers (seul cas dont j'aurai besoin plus tard), la même conclusion subsiste, puisqu'une suite de nombres entiers décroissants ne peut aller à l'infini. »

Pour les formes *quaternaires :* « Or ici se représentent les mêmes considérations que dans le cas des formes ternaires; dès que le calcul conduira à un terme $f^{(m+1)}$ égal ou supérieur au précédent, on obtiendra la limite annoncée, car de

$$f^{(m+1)} \geqq f^{(m)} \quad \text{et} \quad f^{(m+1)} < \sqrt[9]{(\tfrac{4}{3})^{12} \mathrm{D}^2 f^{(m)}}$$

on déduit

$$f^{(m)} < \left(\frac{4}{3}\right)^{\frac{3}{2}} \sqrt[4]{\mathrm{D}}.$$

D'ailleurs les opérations s'arrêteront toujours, quels que soient les coefficients, si l'on opère sur une forme définie, et la même chose aura lieu pour une forme, même indéfinie, mais à coefficients entiers. »

Deuxième Lettre.

Permettez-moi de venir encore vous soumettre ce qu'il m'est arrivé de rencontrer, sur la théorie des formes quadratiques, depuis que j'ai eu l'honneur de vous écrire. J'avais ébauché bien à la hâte, dans ma lettre, la démonstration de cette propriété générale des formes de même déterminant de se laisser distribuer en un nombre fini de classes; depuis, j'ai été amené à une méthode de réduction plus simple et surtout plus analogue à l'algorithme de Lagrange pour les formes binaires. Soyez assez bon, Monsieur, pour me pardonner s'il m'arrive ainsi de vous entretenir de choses que je n'ai pas encore suffisamment mûries; en présence d'une théorie d'une immense étendue, je cède au plaisir de vous communiquer quelques résultats placés à l'abord de questions difficiles et qui peut-être seront au-dessus de mes forces. Aussi me suis-je borné, comme application de ma nouvelle méthode de réduction, à calculer les formes définies réduites de déterminant 1, à 3, 4, 5, 6 et 7 variables, et j'ai trouvé, comme dans le cas des formes binaires, une seule classe, représentée par une somme de 3, 4, 5, 6 et 7 carrés. L'idée principale de cette méthode consiste dans l'introduction de certaines formes liées intimement, comme je suis parvenu à le reconnaître, aux formes adjointes de M. Gauss, mais qu'il me semble indispensable de considérer d'une manière explicite. En représentant par

$$f(x_0, x_1, x_2, \ldots, x_n) = \sum_{0}^{n}{}_j \sum_{0}^{n}{}_i a_{i,j} x_i x_j,$$

sous la condition

$$a_{i,j} = a_{j,i},$$

une forme quelconque d'ordre $n+1$ (c'est-à-dire à $n+1$ indéterminées), je les définis de la manière suivante :

$$g(y_1, y_2, y_3, \ldots, y_n) = \sum_{1}^{n}{}_j \sum_{1}^{n}{}_i b_{i,j} y_i y_j,$$

en prenant

$$b_{i,j} = a_{0,0} a_{i,j} - a_{0,i} a_{0,j},$$

et voici le théorème auquel elles donnent lieu :

Si la substitution

$$(1)\quad \begin{cases} x_0 = X_0 + M_1 X_1 + M_2 X_2 + \ldots + M_n X_n, \\ x_1 = \quad m_1 X_1 + m_2 X_2 + \ldots + m_n X_n, \\ x_2 = \quad n_1 X_1 + n_2 X_2 + \ldots + n_n X_n, \\ \ldots\ldots\ldots\ldots\ldots\ldots\ldots\ldots, \\ x_n = \quad t_1 X_1 + t_2 X_2 + \ldots + t_n X_n \end{cases}$$

change $f(x_0, x_1, \ldots, x_n)$ *en* $F(X_0, X_1, \ldots, X_n)$, *en nommant* $G(Y_1, Y_2, \ldots, Y_n)$ *la forme d'ordre* n *déduite de* F, *comme* g *l'est de* f, *on aura*

$$g(y_1, y_2, \ldots, y_n) = G(Y_1, Y_2, \ldots, Y_n),$$

en posant

$$(2)\quad \begin{cases} y_1 = m_1 Y_1 + m_2 Y_2 + \ldots + m_n Y_n, \\ y_2 = n_1 Y_1 + n_2 Y_2 + \ldots + n_n Y_n, \\ \ldots\ldots\ldots\ldots\ldots\ldots\ldots\ldots, \\ y_n = t_1 Y_1 + t_2 Y_2 + \ldots + t_n Y_n. \end{cases}$$

Pour abréger, je nommerai g la *forme dérivée* de f, et (2) la substitution dérivée de (1). On trouve aisément que g est définie et positive, si f est elle-même définie et positive, que le déterminant de g est

$$D_0 = a_{0,0}^{n-1} D,$$

D étant le déterminant de f, et enfin que l'équivalence de f et F entraîne celle de g et G, la seule condition pour cela étant que le déterminant relatif aux équations (2) soit en valeur absolue l'unité.

De là se tire une conséquence importante; concevons que la substitution dérivée soit prise de telle sorte que G devienne une forme réduite de son ordre, les coefficients $M_1, M_2, \ldots, M_n$ resteront encore arbitraires; or, je dis qu'en posant

$$F(X_0, X_1, X_2, \ldots, X_n) = \sum_0^n{}_i \sum_0^n{}_j A_{i,j} X_i X_j,$$

on pourra les déterminer de manière à remplir la condition

$$A_{0,i} < \tfrac{1}{2} A_{0,0}$$

pour $i = 1, 2, \ldots, n$. Cela résulte, en effet, de la valeur suivante :

$$A_{0,i} = M_i a_{0,0} + m_i a_{0,1} + n_i a_{0,2} + \ldots + t_i a_{0,n},$$

qu'il est facile d'obtenir, et on a d'ailleurs $a_{0,0} = A_{0,0}$. Il est essentiel d'observer qu'au lieu de $a_{0,0}$, qui se conserve en passant de f à F, on aurait pu employer, dans ce qui précède, aussi bien l'un quelconque des coefficients $a_{\mu,\mu}$ des carrés des variables. Soit donc, pour plus de clarté, g_μ la forme dérivée composée avec ce coefficient; on pourra énoncer la proposition suivante :

Toute forme

$$f = \Sigma\Sigma a_{i,j} x_i x_j$$

peut être transformée en une autre équivalente

$$f' = \Sigma\Sigma a'_{i,j} x_i x_j,$$

telle qu'ayant, par exemple,

$$a'_{\mu,\mu} = a_{\mu,\mu},$$

la dérivée g'_μ soit une forme réduite de son ordre, et que la condition

$$a'_{\mu,i} < \tfrac{1}{2} a'_{\mu,\mu}$$

soit remplie pour toutes les valeurs de i autres que $i = \mu$.

C'est là-dessus que se fonde l'algorithme de réduction des formes définies, quelle que soit la nature de leurs coefficients, entiers ou irrationnels, mais voici d'abord le but des opérations. Supposons que, précédemment, on ait choisi pour $a_{\mu,\mu}$ le plus petit des coefficients $a_{i,i}$; deux cas peuvent se présenter : ou bien $a'_{\mu,\mu} = a_{\mu,\mu}$ restera encore la plus petite des quantités $a'_{i,i}$ dans la transformée f', ou bien il s'offrira un autre coefficient $a'_{\mu',\mu'} < a'_{\mu,\mu}$. Or, dans le premier cas, toutes les autres conditions étant d'ailleurs remplies, f' sera ce que je nomme *une forme réduite*. Mais, si c'est le second qui se présente, on poursuivra les opérations en partant de f', comme tout à l'heure en partant de f, et, en général, on déduira successivement les unes des autres une suite de transformées

$$f,\quad f',\quad f'',\quad \ldots,\quad f^{(k)},$$

toutes équivalentes et telles que

$$a_{\mu,\mu},\quad a'_{\mu',\mu'},\quad a''_{\mu'',\mu''},\quad \ldots,\quad a^{(k)}_{\mu^{(k)},\mu^{(k)}},$$

désignant respectivement les plus petits des coefficients

$$a_{i,i},\quad a'_{i,i},\quad a''_{i,i},\quad \ldots,\quad a^{(k)}_{i,i},$$

on ait

$$a_{\mu,\mu} > a'_{\mu',\mu'} > a''_{\mu'',\mu''} \ldots > a^{(k)}_{\mu^{(k)},\,\mu^{(k)}},$$

$$a'_{\mu,i} < \tfrac{1}{2} a'_{\mu,\mu}, \quad a''_{\mu',i} < \tfrac{1}{2} a''_{\mu',\mu'}, \quad \ldots, \quad a^{(k)}_{\mu^{(k-1)},i} < a^{(k)}_{\mu^{(k-1)},\,\mu^{(k-1)}},$$

et que d'ailleurs les diverses dérivées

$$g_\mu, \quad g'_{\mu'}, \quad g''_{\mu''}, \quad \ldots, \quad g^{(k)}_{\mu^{(k)}}$$

soient des formes réduites de leur ordre.

Or je dis qu'un tel système d'opérations ne peut se prolonger à l'infini, et qu'on obtiendra nécessairement une transformée

$$\mathfrak{f} = \Sigma\Sigma\,\mathfrak{A}_{i,j} x_i x_j$$

devant être considérée comme une forme réduite. En effet, partant d'une forme *définie* f, les quantités $a_{\mu,\mu}$, $a'_{\mu',\mu'}$ seront des valeurs de f, en supposant aux indéterminées des valeurs entières, et l'on ne saurait former qu'un nombre limité de ces valeurs restant toujours inférieures à un certain maximum; donc on ne peut admettre l'hypothèse d'une infinité de quantités de cette sorte, continuellement décroissantes et, par conséquent, inégales.

Je vais maintenant faire voir que tous les coefficients $\mathfrak{A}_{i,j}$, d'une forme définie réduite $\mathfrak{f}$, ne peuvent excéder certaines limites, qui dépendent du déterminant et du nombre des indéterminées. Pour cela, il faut d'abord établir la condition suivante :

$$\mathfrak{A}_{0,0}\,\mathfrak{A}_{1,1}\,\mathfrak{A}_{2,2}\ldots\mathfrak{A}_{n,n} < \left(\frac{4}{3}\right)^{\frac{1}{2}n(n+1)} \mathrm{D},$$

qui est l'extension d'une relation obtenue dans la théorie des formes binaires.

Supposons qu'elle soit admise pour les formes réduites d'ordre n, et désignons par exemple par $\mathfrak{A}_{0,0}$ le plus petit des coefficients $\mathfrak{A}_{i,i}$; la dérivée

$$\mathfrak{G} = \sum_{1}^{n}{}_{j} \sum_{1}^{n}{}_{i} \mathfrak{B}_{i,j} x_i x_j$$

étant une forme réduite de cet ordre, et son déterminant ayant pour valeur

$$\mathrm{D}_0 = \mathfrak{A}_{0,0}^{n-1}\,\mathrm{D},$$

on devra avoir

$$(3)\qquad \mathfrak{B}_{1,1}\,\mathfrak{B}_{2,2}\,\mathfrak{B}_{3,3}\ldots\mathfrak{B}_{n,n} < \left(\frac{4}{3}\right)^{\frac{1}{2}n(n-1)}\mathfrak{A}_{0,0}^{n-1}\,\mathrm{D}.$$

Or la valeur générale

$$(4)\qquad \mathfrak{B}_{i,j} = \mathfrak{A}_{0,0}\,\mathfrak{A}_{i,j} - \mathfrak{A}_{0,i}\,\mathfrak{A}_{0,j}$$

donne, lorsque les deux indices sont égaux,

$$\mathfrak{B}_{i,i} = \mathfrak{A}_{0,0}\,\mathfrak{A}_{i,i} - \mathfrak{A}_{0,i}^2,$$

de sorte que les quantités positives $\mathfrak{B}_{i,i}$ peuvent être considérées comme les déterminants, changés de signes, d'autant de formes binaires $(\mathfrak{A}_{0,0}, \mathfrak{A}_{0,i}, \mathfrak{A}_{i,i})$ toutes réduites, car on a à la fois

$$\mathfrak{A}_{0,0} < \mathfrak{A}_{i,i} \quad \text{et} \quad \mathfrak{A}_{0,i} < \tfrac{1}{2}\,\mathfrak{A}_{0,0},$$

donc, on peut poser

$$\mathfrak{A}_{0,0}\,\mathfrak{A}_{i,i} < \tfrac{4}{3}\,\mathfrak{B}_{i,i};$$

de là on conclut, l'inégalité subsistant pour toutes les valeurs de i,

$$\mathfrak{A}_{0,0}^{n}\,\mathfrak{A}_{1,1}\,\mathfrak{A}_{2,2}\ldots\mathfrak{A}_{n,n} < \left(\tfrac{4}{3}\right)^{n}\mathfrak{B}_{1,1}\,\mathfrak{B}_{2,2}\ldots\mathfrak{B}_{n,n},$$

et enfin d'après la relation (3)

$$\mathfrak{A}_{0,0}\,\mathfrak{A}_{1,1}\,\mathfrak{A}_{2,2}\ldots\mathfrak{A}_{n,n} < \left(\frac{4}{3}\right)^{\frac{1}{2}n(n+1)}\mathrm{D}.$$

Cette condition est par là démontrée dans toute sa généralité puisqu'elle a lieu pour les formes binaires.

Comme conséquence immédiate, on voit que les quantités $\mathfrak{A}_{i,i}$, $\mathfrak{A}_{0,i}$ sont nécessairement limitées, et il en est de même encore du déterminant D_0 de la dérivée, qui a pour valeur $\mathfrak{A}_{0,0}^{n-1}\,\mathrm{D}$. Cela posé, admettons que les formes réduites d'ordre n aient tous leurs coefficients limités; je dis que la même chose aura lieu pour les formes d'ordre $n+1$. En effet, toutes les quantités $\mathfrak{B}_{i,j}$ devront se trouver finies; donc, d'après la relation (4), qui donne

$$\mathfrak{A}_{i,j} = \frac{\mathfrak{B}_{i,j} + \mathfrak{A}_{0,i}\,\mathfrak{A}_{0,j}}{\mathfrak{A}_{0,0}},$$

il en sera de même en général pour $\mathfrak{A}_{i,j}$. Or, la proposition à laquelle je voulais arriver résulte immédiatement de là, puisqu'elle lieu pour les formes binaires, et, dans le cas des coefficients *entiers,* elle donne ce théorème (¹) :

Les formes définies ou indéfinies, réduites pour un déterminant donné, sont en nombre fini.

Maintenant, voici une remarque essentielle pour l'application des principes précédents au calcul de ces formes.

Soient toujours D le déterminant donné, et

$$\mathfrak{F} = \Sigma\Sigma \mathfrak{A}_{i,j} x_i x_j$$

l'une quelconque des formes définies réduites pour ce déterminant; la relation

$$\mathfrak{A}_{0,0}\, \mathfrak{A}_{1,1}\, \mathfrak{A}_{2,2} \ldots \mathfrak{A}_{n,n} < \left(\frac{4}{3}\right)^{\frac{1}{2}n(n+1)} \mathrm{D}$$

donne d'abord la limite

$$\mathfrak{A}_{0,0} < \left(\frac{4}{3}\right)^{\frac{1}{2}n} \sqrt[n+1]{\mathrm{D}}$$

pour le plus petit des coefficients $\mathfrak{A}_{i,i}$.

Soit encore

$$\mathfrak{G} = \Sigma\Sigma \mathfrak{B}_{i,j} x_i x_j$$

la dérivée réduite, composée avec $\mathfrak{A}_{0,0}$ et dont le déterminant est

$$\mathrm{D}_0 = \mathfrak{A}_{0,0}^{n-1}\, \mathrm{D}.$$

En désignant par $\mathfrak{B}_{\mu,\mu}$ le plus petit des coefficients $\mathfrak{B}_{i,i}$, on aura de même

$$\mathfrak{B}_{\mu,\mu} < \left(\frac{4}{3}\right)^{\frac{1}{2}(n-1)} \sqrt[n]{\mathrm{D}_0}.$$

Mais, d'après ce que j'ai observé ci-dessus, $\mathfrak{B}_{\mu,\mu}$ peut être considéré comme le déterminant changé de signe de la forme binaire réduite $(\mathfrak{A}_{0,0}, \mathfrak{A}_{0,\mu}, \mathfrak{A}_{\mu,\mu})$, donc on aura :

(¹) La démonstration suppose essentiellement que $\mathfrak{A}_{0,0}$ ne peut être nul, c'est-à-dire que la forme ne peut représenter zéro. Au reste, M. Hermite avait signalé ce cas d'exception dans une méthode de réduction analogue qui figure dans la lettre précédente. E. P.

1° Si $\mathfrak{A}_{0,0}$ est pair,

$$\mathfrak{B}_{\mu,\mu} \geqq \mathfrak{A}_{0,0}^2 - (\tfrac{1}{2}\mathfrak{A}_{0,0})^2 \quad \text{ou} \quad \geqq \tfrac{3}{4}\mathfrak{A}_{0,0}^2;$$

2° Si $\mathfrak{A}_{0,0}$ est impair,

$$\mathfrak{B}_{\mu,\mu} \geqq \mathfrak{A}_{0,0}^2 - [\tfrac{1}{2}(\mathfrak{A}_{0,0} - 1)]^2.$$

Or, en général, soient $\mathfrak{F}$, $\mathfrak{G}$, $\mathfrak{U}$, $\mathfrak{V}$, ... la suite des formes d'ordre $n+1$, n, $n-1$, $n-2$, ..., qu'on obtient en prenant, pour $\mathfrak{G}$, la dérivée réduite de $\mathfrak{F}$, pour $\mathfrak{U}$, la dérivée réduite de $\mathfrak{G}$, pour $\mathfrak{V}$, la dérivée réduite de $\mathfrak{U}$, ... Nommons respectivement $\mathfrak{A}$, $\mathfrak{B}$, $\mathfrak{C}$, $\mathfrak{D}$, ... les plus petits coefficients des carrés des variables dans ces formes, et D, D_0, D_{01}, D_{02}, ... leurs divers déterminants. On aura d'abord

$$D_0 = \mathfrak{A}^{n-1} D, \qquad D_{01} = \mathfrak{B}^{n-2} D_0, \qquad D_{02} = \mathfrak{C}^{n-3} D_{01}, \qquad \ldots,$$

puis on obtiendra la série des limites supérieures

$$\mathfrak{A} < \left(\frac{4}{3}\right)^{\frac{1}{2}n} \sqrt[n-1]{D}, \quad \mathfrak{B} < \left(\frac{4}{3}\right)^{\frac{1}{2}(n-1)} \sqrt[n]{D_0}, \quad \mathfrak{C} < \left(\frac{4}{3}\right)^{\frac{1}{2}(n-2)} \sqrt[n-1]{D_{01}}, \quad \ldots;$$

et, suivant les deux cas, l'une ou l'autre des limites inférieures suivantes :

$$\mathfrak{B} \geqq \tfrac{3}{4}\mathfrak{A}^2, \qquad \mathfrak{C} \geqq \tfrac{3}{4}\mathfrak{B}^2, \qquad \mathfrak{D} \geqq \tfrac{3}{4}\mathfrak{C}^2, \qquad \ldots,$$

ou

$$\mathfrak{B} \geqq \mathfrak{A}^2 - [\tfrac{1}{2}(\mathfrak{A}-1)]^2, \quad \mathfrak{C} \geqq \mathfrak{B}^2 - [\tfrac{1}{2}(\mathfrak{B}-1)]^2, \quad \mathfrak{D} \geqq \mathfrak{C}^2 - [\tfrac{1}{2}(\mathfrak{C}-1)]^2, \quad \ldots.$$

L'exemple des formes de déterminant 1, que je vais traiter, montrera l'utilité de ces formules. Dans ce cas, on a en général

$$\mathfrak{A} < \left(\frac{4}{3}\right)^{\frac{1}{2}n},$$

ainsi depuis les formes binaires jusqu'aux formes quinaires inclusivement, $\mathfrak{A} < 2$, donc $\mathfrak{A} = 1$, et, depuis les formes à six indéterminées jusqu'à celles qui n'en comprennent pas plus de huit, $\mathfrak{A} < 3$, donc $\mathfrak{A} = 1$ ou $\mathfrak{A} = 2$. Or on va voir que cette seconde valeur doit être rejetée jusqu'à $n = 7$ inclusivement.

Considérons d'abord les formes à *six* indéterminées; on trouve :

1° Pour $\mathfrak{A}$ la limite supérieure

$$\left(\frac{4}{3}\right)^{\frac{5}{2}} = 2,05\ldots, \qquad \text{donc } \mathfrak{A} = 2;$$

2° Pour $\mathfrak{B}$ la limite supérieure

$$\left(\frac{4}{3}\right)^2 \sqrt[5]{2^4} = 3,09\ldots, \qquad \text{donc } \mathfrak{B} = 3;$$

3° Pour $\mathfrak{C}$ la limite supérieure

$$\left(\frac{4}{3}\right)^{\frac{3}{2}} \sqrt[4]{2^4 3^3} = 7,01\ldots, \qquad \text{donc } \mathfrak{C} = 7.$$

Il est inutile d'aller plus loin, puisque la valeur de $\mathfrak{C}$ est en contradiction avec la limite

$$\mathfrak{C} \geqq \mathfrak{B}^2 - \left[\tfrac{1}{2}(\mathfrak{B} - 1)\right]^2;$$

il faut donc exclure déjà dans ce cas la valeur $\mathfrak{A} = 2$.

Passons aux formes à *sept* indéterminées; il viendra :

1° Pour $\mathfrak{A}$ la limite supérieure

$$\left(\frac{4}{3}\right)^3 = 2,36\ldots, \qquad \text{donc } \mathfrak{A} = 2;$$

2° Pour $\mathfrak{B}$ la limite supérieure

$$\left(\frac{4}{3}\right)^{\frac{5}{2}} \sqrt[6]{2^5} = 3,65\ldots, \qquad \text{donc } \mathfrak{B} = 3;$$

3° Pour $\mathfrak{C}$ la limite supérieure

$$\left(\frac{4}{3}\right)^2 \sqrt[5]{2^5 3^4} = 7,50\ldots, \qquad \text{donc } \mathfrak{C} = 7\,(^1);$$

pour la même raison que précédemment, $\mathfrak{A} = 2$ doit encore être rejeté.

Donc, comme dans les cas précédents, il n'existe que la seule valeur $\mathfrak{A} = 1$ (2), et voici maintenant les conséquences qui s'en déduisent :

En premier lieu, pour toutes les formes définies de détermi-

---

(1) M. Stouff, en reprenant le calcul indiqué, trouve 8,56 au lieu de 7,50 et, par suite, $\mathfrak{C} = 8$, et il n'y a pas de contradiction avec la limite inférieure, qui est aussi égale à 8. Le théorème énoncé par M. Hermite resterait donc douteux pour les formes à *sept* indéterminées; il est cependant exact, comme l'a vérifié M. Stouff en utilisant un résultat de MM. Korkine et Zolotareff. E. P.

(2) M. Hermite arrivait encore au même résultat pour les formes à *huit* in-

nant 1, dont le nombre des indéterminées ne surpasse pas 7, la dérivée réduite a encore l'unité pour déterminant. Soit donc

$$\mathfrak{f} = \Sigma\Sigma \mathfrak{A}_{i,j} x_i x_j \quad \text{et} \quad \mathfrak{G} = \Sigma\Sigma \mathfrak{B}_{i,j} x_i x_j$$

une forme et sa dérivée réduites, toutes deux ayant l'unité pour déterminant. Admettons que, pour les formes $\mathfrak{G}$, dont l'ordre est inférieur d'une unité, on ait

$$\mathfrak{B}_{i,i} = 1 \quad \text{et} \quad \mathfrak{B}_{i,j} = 0$$

lorsque i est différent de j; les deux conditions

$$\mathfrak{A}_{0,0} = 1, \qquad \mathfrak{A}_{0,i} < \tfrac{1}{2}\mathfrak{A}_{0,0}$$

donneront d'abord

$$\mathfrak{A}_{0,i} = 0,$$

et l'équation

$$\mathfrak{B}_{i,j} = \mathfrak{A}_{0,0}\mathfrak{A}_{i,j} - \mathfrak{A}_{0,i}\mathfrak{A}_{0,j}$$

conduira successivement, pour $i = j$ et i différent de j, aux deux valeurs

$$\mathfrak{A}_{i,i} = 1, \qquad \mathfrak{A}_{i,j} = 0.$$

Or les formes définies binaires réduites offrant la seule classe $x^2 + y^2$ de déterminant 1, on en conclut que, pour les formes ternaires, quaternaires, etc., jusqu'à celle de sept indéterminées, il n'existera pareillement qu'une seule classe représentée successivement par une somme de 3, 4, ..., 7 carrés.

Je n'essayerai pas, Monsieur, de vous développer encore d'autres applications particulières de ma méthode de réduction. Au reste, les formes réduites auxquelles on est ainsi conduit, pour un déterminant donné, n'offrent plus ce caractère, propre aux formes binaires, de ne pouvoir être équivalentes entre elles, à moins d'être identiques, aux signes près de certains coefficients; seulement, on peut démontrer que la limite du nombre des formes réduites équivalentes ne dépend que du nombre des indéterminées, et nullement de la valeur particulière du déterminant. Mais permettez-moi, Monsieur, de revenir un instant sur les circonstances remarquables

---

déterminées, mais il y avait une lacune dans sa discussion, et le résultat n'est pas exact. Aussi avons-nous supprimé cette partie du texte et, dans les lignes qui suivent, remplacé 8 par 7. E. P.

auxquelles donne lieu la réduction des formes dont les coefficients dépendent de racines d'équations algébriques à coefficients entiers. Peut-être parviendra-t-on à déduire de là un système complet de caractères pour chaque espèce de ce genre de quantités, analogue par exemple à ceux que donne la théorie des fractions continues pour les racines des équations du second degré. On ne peut du moins faire concourir trop d'éléments pour jeter quelque lumière sur cette variété infinie des irrationnelles algébriques, dont les symboles d'extraction de racines ne nous représentent que la plus faible partie. Ici, comme dans la théorie des transcendantes, il a été facile de trouver à une longue suite de notions analytiques de plus en plus complexes une origine commune, une définition unique et complète où n'entrent que les premiers éléments du calcul; mais quelle tâche immense, pour la théorie des nombres et le calcul intégral, de pénétrer dans la nature d'une telle multiplicité d'êtres de raison, en les classant en groupes irréductibles entre eux, de les constituer tous individuellement par des définitions caractéristiques et élémentaires!

L'exemple le plus simple auquel puisse s'appliquer ma méthode de réduction est celui des racines cubiques des nombres entiers. En désignant donc par α la valeur réelle, et par β et γ les deux valeurs imaginaires de $\sqrt[3]{A}$, on sera conduit, d'après le point de vue auquel je me suis placé, à réduire pour toutes les valeurs de la quantité Δ, croissantes depuis zéro jusqu'à l'infini, la forme ternaire

$$f = (x + \alpha y + \alpha^2 z)^2 + \Delta(x + \beta y + \beta^2 z)(x + \gamma y + \gamma^2 z),$$

dont le déterminant $D = \frac{27}{4}\Delta^2 A^2$. Soit, dans l'hypothèse d'une valeur donnée quelconque de Δ, que je représenterai par Δ_0, la substitution correspondante

$$\begin{aligned} x &= m\,X + n\,Y + p\,Z, \\ y &= m'X + n'Y + p'Z, \\ z &= m''X + n''Y + p''Z, \end{aligned}$$

en posant, pour abréger,

$$\begin{aligned} M(\alpha) &= m + \alpha m' + \alpha^2 m'', & N(\alpha) &= n + \alpha n' + \alpha^2 n'', & P(\alpha) &= p + \alpha p' + \alpha^2 p, \\ M(\beta) &= m + \beta m' + \beta^2 m'', & N(\beta) &= n + \beta n' + \beta^2 n'', & P(\beta) &= p + \beta p' + \beta^2 p'', \\ M(\gamma) &= m + \gamma m' + \gamma^2 m'', & N(\gamma) &= n + \gamma n' + \gamma^2 n'' & P(\gamma) &= p + \gamma p' + \gamma^2 p'', \end{aligned}$$

f deviendra

$$F = [XM(\alpha) + YN(\alpha) + ZP(\alpha)]^2$$
$$+ \Delta[XM(\beta) + YN(\beta) + ZP(\beta)][XM(\gamma) + YN(\gamma) + ZP(\gamma)].$$

Soit encore

$$(1) \qquad \begin{cases} \mathfrak{M} = M^2(\alpha) + \Delta M(\beta) M(\gamma), \\ \mathfrak{N} = N^2(\alpha) + \Delta N(\beta) N(\gamma), \\ \mathfrak{P} = P^2(\alpha) + \Delta P(\beta) P(\gamma); \end{cases}$$

on aura, d'après le caractère principal des formes définies réduites,

$$\mathfrak{M}\mathfrak{N}\mathfrak{P} < (\tfrac{4}{3})^3 D \quad \text{ou} \quad < (4A\Delta)^2,$$

d'où, en supposant $\mathfrak{M} < \mathfrak{N} < \mathfrak{P}$,

$$(2) \qquad \mathfrak{M} < (4A\Delta)^{\frac{2}{3}}, \qquad \mathfrak{M}^2\mathfrak{N} < (4A\Delta)^2, \qquad \mathfrak{M}^2\mathfrak{P} < (4A\Delta)^2.$$

Or de là résultent plusieurs propriétés essentielles que je vais d'abord établir.

En premier lieu, le nombre entier

$$\Omega = M(\alpha) M(\beta) M(\gamma)$$

vérifie la condition

$$\Omega < \left(\frac{4}{3}\right)^{\frac{3}{2}} A;$$

car, d'après la première des équations (1), le produit des deux facteurs $M(\alpha)$, $\Delta M(\beta) M(\gamma)$ ne peut dépasser son maximum

$$\tfrac{2}{3}\mathfrak{M}\sqrt{(\tfrac{1}{3}\mathfrak{M})},$$

d'où se tire la limite indiquée.

Secondement, les deux polynomes à coefficients entiers, savoir :

$$\Phi(\alpha) = N(\alpha) M(\beta) M(\gamma), \qquad \Psi(\alpha) = P(\alpha) M(\beta) M(\gamma),$$

qui sont respectivement de la forme

$$\Phi(\alpha) = \varphi + \alpha\varphi' + \alpha^2\varphi'', \qquad \Psi(\alpha) = \psi + \alpha\psi' + \alpha^2\psi'',$$

ont de même leurs coefficients limités. En effet, on a, d'après les relations (1),

$$N(\alpha) < \sqrt{\mathfrak{N}}, \qquad \Delta M(\beta) M(\gamma) < \mathfrak{M},$$

donc

$$\Delta\Phi(\alpha) < \mathfrak{M}\sqrt{\mathfrak{N}},$$

et, par la seconde des équations (2),

$$\Phi(\alpha) < 4\,\mathrm{A},$$

et l'on aura de même

$$\Psi(\alpha) < 4\,\mathrm{A}.$$

Soit ensuite, puisque β et γ sont deux imaginaires conjuguées,

$$\Phi(\beta) = \rho e^{\theta\sqrt{-1}}, \qquad \Phi(\gamma) = \rho e^{-\theta\sqrt{-1}},$$

d'où

$$\rho^2 = \Phi(\beta)\,\Phi(\gamma) = \mathrm{N}(\beta)\,\mathrm{N}(\gamma)\,\mathrm{M}^2(\alpha)\,\mathrm{M}(\beta)\,\mathrm{M}(\gamma).$$

La seconde des équations (1) donne d'abord

$$\Delta\,\mathrm{N}(\beta)\,\mathrm{N}(\gamma) < \mathfrak{N};$$

on tire ensuite de la première

$$\mathrm{M}^2(\alpha)\,\Delta\,\mathrm{M}(\beta)\,\mathrm{M}(\gamma) < \tfrac{1}{4}\,\mathfrak{M}^2,$$

et l'on en conclut la limite

$$\rho < 2\,\mathrm{A}.$$

Ainsi on peut poser, en désignant par ε et η des quantités comprises entre $+1$ et -1,

$$\begin{aligned}
\Phi(\alpha) &= \varphi + \alpha\varphi' + \alpha^2\varphi'' = 4\,\mathrm{A}\,\varepsilon,\\
\Phi(\beta) &= \varphi + \beta\varphi' + \beta^2\varphi'' = 2\,\mathrm{A}\,\eta\, e^{\theta\sqrt{-1}},\\
\Phi(\gamma) &= \varphi + \gamma\varphi' + \gamma^2\varphi'' = 2\,\mathrm{A}\,\eta\, e^{-\theta\sqrt{-1}},
\end{aligned}$$

d'où

$$\begin{aligned}
3\varphi &= 4\,\mathrm{A}\,(\varepsilon + \eta\cos\theta),\\
3\varphi' &= 4\sqrt[3]{\mathrm{A}^2}\left[\varepsilon + \eta\cos\left(\theta + \tfrac{2}{3}\pi\right)\right],\\
3\varphi'' &= 4\sqrt[3]{\mathrm{A}}\left[\varepsilon + \eta\cos\left(\theta - \tfrac{2}{3}\pi\right)\right];
\end{aligned}$$

donc

$$\varphi < \tfrac{8}{3}\,\mathrm{A}, \qquad \varphi' < \tfrac{8}{3}\sqrt[3]{\mathrm{A}^2}, \qquad \varphi'' < \tfrac{8}{3}\sqrt[3]{\mathrm{A}},$$

et l'on obtiendrait des limites semblables pour les coefficients du polynome Ψ, lesquels donnent lieu d'ailleurs à la condition remarquable

$$\varphi'\psi'' - \varphi''\psi' = \pm\,\Omega.$$

Cela posé, d'après tout ce qui vient d'être établi, nous représenterons la transformée déduite de la substitution effectuée dans f, non plus par F, mais par $\frac{F}{M^2(\alpha)} = \mathfrak{f}$, forme évidemment réduite en même temps que F et que j'écrirai ainsi

$$\mathfrak{f} = \left[X + \frac{N(\alpha)}{M(\alpha)} Y + \frac{P(\alpha)}{M(\alpha)} Z\right]^2$$
$$+ \Delta \frac{M(\beta)M(\gamma)}{M^2(\alpha)} \left[X + \frac{N(\beta)}{M(\beta)} Y + \frac{P(\beta)}{M(\beta)} Z\right] \left[X + \frac{N(\gamma)}{M(\gamma)} Y + \frac{P(\gamma)}{M(\gamma)} Z\right],$$

ou bien

$$\mathfrak{f} = \left[X + \frac{\Phi(\alpha)}{\Omega} Y + \frac{\Psi(\alpha)}{\Omega} Z\right]^2$$
$$+ \frac{\Delta\Omega}{M^3(\alpha)} \left[X + \frac{\Phi(\beta)}{\Omega} Y + \frac{\Psi(\beta)}{\Omega} Z\right] \left[X + \frac{\Phi(\gamma)}{\Omega} Y + \frac{\Psi(\gamma)}{\Omega} Z\right].$$

Or, Δ croissant d'une manière continue à partir de Δ_0, nommons $\Delta_1, \Delta_2, \Delta_3, \ldots$ la série des valeurs auxquelles viennent successivement correspondre des formes réduites distinctes $\mathfrak{f}, \mathfrak{f}_1, \mathfrak{f}_2, \mathfrak{f}_3, \ldots$. Toutes ces formes seront comprises dans le même type que $\mathfrak{f}$, mais on peut concevoir que l'une quelconque d'entre elles soit obtenue au moyen de la précédente, en y introduisant la valeur de Δ, à partir de laquelle elle cesse d'être une forme réduite, puis lui appliquant la méthode générale de réduction. En procédant ainsi, le calcul relatif à la série entière des valeurs de Δ, est ramené à un nombre limité d'opérations. En effet, le nombre entier désigné d'une manière générale par Ω, et les coefficients entiers des polynomes Φ et Ψ ayant des limites finies, on arrivera nécessairement à deux valeurs de Δ, Δ_i et $\Delta_{i'}$, auxquelles correspondront deux formes, $\mathfrak{f}_i$, $\mathfrak{f}_{i'}$, qui représenteront absolument la même combinaison de ces quantités. Faisant donc croître Δ, dans $\mathfrak{f}_{i'}$, à partir de la limite $\Delta_{i'}$, on verra se reproduire, dans le même ordre, les divers termes $\mathfrak{f}_{i+1}, \mathfrak{f}_{i+2}, \ldots$ de la suite obtenue pour le premier intervalle de Δ_i à $\Delta_{i'}$, et, jusqu'à la limite extrême des valeurs de Δ, l'ensemble des formes réduites sera cette série d'un nombre fini de formes, reproduite une infinité de fois.

En la considérant d'ailleurs dans l'ordre inverse, elle offrirait le résultat d'un système d'opérations où l'on aurait fait décroître la quantité Δ d'une manière continue depuis $\Delta_{i'}$ jusqu'à Δ_i; l'ensemble des formes correspondantes aux valeurs indéfiniment décroissantes de Δ sera donc encore la même suite prolongée à l'infini dans un sens opposé.

Si ce n'est pas trop présumer de votre indulgence et si j'avais réussi à vous intéresser un peu à ces recherches, je m'estimerais bien heureux de vous adresser encore ce qu'il pourra m'arriver de rencontrer dans la même voie. Après avoir prouvé que les propriétés précédentes sont caractéristiques pour les racines de toutes les équations du troisième degré à coefficients entiers, je me suis arrêté à quelques recherches sur l'équation $M(\alpha)M(\beta)M(\gamma)=1$ dont je pense obtenir la solution complète. Mais je désirerais surtout pouvoir vous soumettre un Travail sur les équations modulaires, dans lequel j'ai établi une proposition énoncée dans les *Œuvres posthumes de Galois*, imprimées dans le *Journal de Mathématiques*, et qui consiste en ce que les équations modulaires du sixième, huitième et douzième degré peuvent être abaissées respectivement au cinquième, septième et onzième degré. Je me suis proposé en même temps de retrouver ces relations si singulières que vous avez le premier découvertes entre les racines M, M', M'', ... de l'équation $F(k, M)=0$, mais je n'ai pu y réussir malgré tous mes efforts. Ces premières propriétés d'irrationnelles algébriques, non exprimables par radicaux, me paraissent du plus grand intérêt; comme les propriétés des racines des équations relatives à la division du cercle, elles serviront de point de départ pour pénétrer plus avant dans la théorie générale des équations. Ne publierez-vous donc pas un jour, Monsieur, les principes si cachés qui vous ont conduit à ces beaux théorèmes? Il me semble que ce serait encore une voie nouvelle que vous ouvririez aux recherches des géomètres, dans une des théories les plus vastes et les plus difficiles.

Troisième Lettre.

Je dois à l'obligeance de M. Borchardt d'avoir reçu votre dernière Lettre qui m'a été bien précieuse, en portant à ma connaissance l'écrit de M. Gauss sur les formes quadratiques ternaires. Permettez-moi de vous remercier aussi de toutes les autres indications que vous avez eu la bonté de me donner, mais dont mon ignorance de la langue allemande m'empêche malheureusement de profiter comme je le souhaiterais. C'est M. Borchardt lui-même qui a bien voulu me traduire l'article de M. Gauss, mais jusqu'ici je n'ai pu trouver personne pour me continuer le même service, et, à mon grand regret, je reste complètement étranger aux travaux de M. Kummer sur les nombres complexes, qui m'intéresseraient vivement.

Comme vous le savez, Monsieur, le but de mes premières recherches avait été d'examiner le nouveau mode d'approximation que vous avez donné en établissant l'impossibilité d'une fonction à trois périodes imaginaires. Ce n'est que longtemps après que j'ai vu comment cette question, et une infinité d'autres du même genre, dépendaient de la réduction des formes quadratiques. Mais, une fois arrivé à ce point de vue, les problèmes si vastes que j'avais cru me proposer m'ont semblé peu de chose à côté des grandes questions de la théorie des formes, considérée d'une manière générale. Dans cette immense étendue de recherches qui nous a été ouverte par M. Gauss, l'Algèbre et la Théorie des nombres me paraissent devoir se confondre dans un même ordre de notions analytiques, dont nos connaissances actuelles ne nous permettent pas encore de nous faire une juste idée. Peut-être, cependant, doit-on entrevoir qu'il appartiendra à cette partie de la science, constituée ainsi sur ses véritables bases, d'offrir le tableau de tous les éléments, en nombre fini ou illimité, dont dépendent les racines des équations algébriques, séparées en types irréductibles et classés suivant leurs rapports naturels.

Je ne sais si j'aurai réussi à faire un premier pas vers un but si éloigné, en donnant une méthode pour la réduction des formes binaires de degré quelconque (1). J'essayerai plus tard de poursuivre, sous ce point de vue, les conséquences des résultats que j'ai obtenus, mais, jusqu'à présent, j'ai été plutôt préoccupé de la recherche des principes propres à la réduction des formes les plus générales composées d'un nombre quelconque de variables, question capitale et qui peut-être sera bien au-dessus de mes forces. Voici néanmoins sur ce sujet un premier théorème destiné à présenter, dans le sens le plus étendu, la notion des formes adjointes de M. Gauss.

Soit

(1) $$X = f(x_1, x_2, \ldots, x_n)$$

l'expression générale d'une fonction homogène du $m^{\text{ième}}$ *degré à* n *variables. Faisons*

(2) $$\frac{dX}{dx_1} = y_1, \quad \frac{dX}{dx_2} = y_2, \quad \ldots, \quad \frac{dX}{dx_n} = y_n;$$

par l'élimination de $x_1, x_2, \ldots, x_n$ *on arrivera à une équation*

(3) $$\pi(X, y_1, y_2, \ldots, y_n) = 0.$$

Cela étant, les coefficients des diverses puissances de X seront ce que j'appellerai les *formes des divers degrés adjointes à* $f(x_1, x_2, \ldots, x_n)$, et je les désignerai généralement, en supposant égal à l'unité le coefficient de la puissance la plus élevée de X, par

$$g(y_1, y_2, \ldots, y_n).$$

Or on aura le théorème suivant, comme conséquence immédiate de la définition qu'on vient de proposer :

La fonction homogène

$$f(x_1, x_2, \ldots, x_n)$$

devenant

$$F(X_1, X_2, \ldots, X_n),$$

par la substitution

$$\begin{aligned} x_1 &= a_1 X_1 + a_2 X_2 + \ldots + a_n X_n, \\ x_2 &= b_1 X_1 + b_2 X_2 + \ldots + b_n X_n, \\ &\ldots\ldots\ldots\ldots\ldots\ldots, \\ x_n &= l_1 X_1 + l_2 X_2 + \ldots + l_n X_n, \end{aligned}$$

(1) *Journal de Crelle*, t. 36, p. 357, et p. 84 de ce Volume.

si l'on désigne par G la forme adjointe, composée avec les coefficients de F, comme g est composée avec les coefficients de f, on aura

$$g(y_1, y_2, \ldots, y_n) = G(Y_1, Y_2, \ldots, Y_n),$$

en prenant

$$Y_1 = a_1 y_1 + b_1 y_2 + \ldots + l_1 y_n,$$
$$Y_2 = a_2 y_1 + b_2 y_2 + \ldots + l_2 y_n,$$
$$\ldots\ldots\ldots\ldots\ldots\ldots\ldots\ldots,$$
$$Y_n = a_n y_1 + b_n y_2 + \ldots + l_n y_n.$$

Mais il importait surtout d'obtenir le résultat général de l'élimination des variables $x_1, x_2, \ldots, x_n$, entre les équations (1) et (2). Voici comment on peut y parvenir :

Soit

$$\varphi = X^{m-1} f(x_1, x_2, \ldots, x_n) - \frac{(x_1 y_1 + x_2 y_2 + \ldots + x_n y_n)^m}{m^m}$$

une nouvelle fonction homogène du $m^{\text{ième}}$ degré de $x_1, x_2, \ldots, x_n$; j'observe que, au moyen des équations proposées, les suivantes ont lieu, savoir :

$$\varphi = 0$$

et

$$\frac{d\varphi}{dx_1} = 0, \qquad \frac{d\varphi}{dx_2} = 0, \qquad \ldots, \qquad \frac{d\varphi}{dx_n} = 0.$$

Elles se réduisent en effet à des identités, en mettant à la place de X, d'une part, et de $y_1, y_2, \ldots, y_n$, de l'autre, leurs valeurs en $x_1, x_2, \ldots, x_n$, telles que les donnent les équations (1) et (2). Donc la question est ramenée à l'élimination de $x_1, x_2, \ldots, x_n$ entre les équations homogènes

$$\frac{d\varphi}{dx_1} = 0, \qquad \frac{d\varphi}{dx_2} = 0, \qquad \ldots, \qquad \frac{d\varphi}{dx_n} = 0,$$

car l'équation $\varphi = 0$ rentre dans celles-là, et on peut l'omettre.

Ainsi, représentant la forme f par la somme des valeurs du produit

$$x_1^{i_1} x_2^{i_2} \ldots x_n^{i_n} A_{i_1, i_2, \ldots, i_n},$$

lorsqu'on attribue aux quantités i tous les systèmes de valeurs entières et positives qui vérifient la condition

$$i_1 + i_2 + \ldots + i_n = m,$$

et désignant par

$$\mathfrak{f} = 0$$

la relation entre les coefficients A qui résulte de l'élimination de $x_1, x_2, \ldots, x_n$ entre les équations

$$\frac{df}{dx_1} = 0, \qquad \frac{df}{dx_2} = 0, \qquad \ldots, \qquad \frac{df}{dx_n} = 0,$$

on aura le théorème suivant :

L'équation

$$\Pi(X, y_1, y_2, \ldots, y_n) = 0$$

s'obtiendra en remplaçant $A_{i_1, i_2, \ldots, i_n}$, *dans*

$$\mathfrak{f} = 0,$$

par

$$X^{m-1} A_{i_1, i_2, \ldots, i_n} - (i_1, i_2, \ldots, i_n) \frac{y_1^{i_1} y_2^{i_2} \ldots y_n^{i_n}}{m^m},$$

$(i_1, i_2, \ldots, i_n)$ *étant le coefficient numérique de* $y_1^{i_1} y_2^{i_2} \ldots y_n^{i_n}$ *dans le développement de la puissance polynomiale*

$$(y_1 + y_2 + \ldots + y_n)^m.$$

On observera seulement qu'il y aura lieu de supprimer comme facteur étranger une certaine puissance de X, ce qui n'altère en rien la forme analytique du résultat que je viens d'obtenir.

L'application aux formes quadratiques est bien simple. La forme proposée étant

$$f = \sum_1^n{}_i \sum_1^n{}_j a_{i,j} x_i x_j,$$

sous la condition ordinaire

$$a_{i,j} = a_{j,i},$$

la forme adjointe g sera

$$g = \sum_1^n{}_i \sum_1^n{}_j \frac{dD}{da_{i,j}} y_i y_j,$$

D étant le déterminant de la forme f.

Je prendrai encore comme exemple les formes cubiques binaires

$$f = ax^3 + 3bx^2y + 3cxy^2 + ey^3.$$

Dans ce cas, l'expression désignée par $\mathfrak{f}$ coïncide avec le déterminant unique de la forme, tel que je l'ai obtenu dans la théorie de la réduction, et le coefficient du second terme de l'équation en X donne la forme adjointe

$$\frac{1}{\mathfrak{f}}\left(\frac{d\mathfrak{f}}{da}x^3+\frac{d\mathfrak{f}}{db}x^2y+\frac{d\mathfrak{f}}{dc}xy^2+\frac{d\mathfrak{f}}{de}y^3\right)$$
$$=\frac{1}{\mathfrak{f}}[(ae^2-3bce+2c^3)x^3-3(ace-2b^2e+bc^2)x^2y$$
$$+3(2ac^2-abe-b^2c)xy^2-(3abc-a^2e-2b^3)y^3].$$

En étudiant cette forme que je trouve dans un des Mémoires de M. Eisenstein, j'ai reconnu qu'elle se déduisait de f, en y remplaçant les variables par les deux expressions linéaires

$$\frac{d\Phi}{dx},\quad \frac{d\Phi}{dy},$$

Φ étant l'expression quadratique

$$(ac-b^2)y^2-(ae-bc)xy+(be-c^2)x^2,$$

considérée encore par M. Eisenstein, et par moi-même dans la Note du *Journal de Crelle*, sous la forme

$$(\alpha-\beta)^2(y-\gamma x)^2+(\beta-\gamma)^2(y-\alpha x)^2+(\gamma-\alpha)^2(y-\beta x)^2,$$

α, β, γ étant les racines de l'équation

$$ax^3+3bx^2+3cx+e=0.$$

Maintenant, Monsieur, je reviens à la théorie des formes quadratiques, pour essayer de vous compléter quelques points de la dernière Lettre que j'ai eu l'honneur de vous écrire. Et d'abord, j'ai dû reconnaître que ce qu'on devait se proposer avant tout, dans la théorie de la réduction, était de découvrir les valeurs entières des indéterminées pour lesquelles une forme définie donnée était *la plus petite possible*. De là, en effet, se tireraient les conséquences suivantes :

1° En cherchant la série des *minima* de la forme binaire

$$(y-ax)^2+\frac{x^2}{\Delta},$$

pour toutes les valeurs positives de la quantité Δ croissant d'une manière continue de zéro à l'infini, *les diverses fractions* $\frac{y}{x}$ *représenteraient l'ensemble des réduites de la fraction continue équivalente à* a.

2° En cherchant de même la série des *minima* de la forme ternaire

$$A(z - ax)^2 + B(y - bx)^2 + \frac{x^2}{\Delta},$$

où A et B sont deux quantités positives quelconques, a et b deux quantités réelles, *toutes les fractions* $\frac{z}{x}$, $\frac{y}{x}$ *auraient ce caractère essentiel qu'en choisissant un dénominateur* x_0 *moindre que* x, *deux autres fractions,* $\frac{z_0}{x_0}$, $\frac{y_0}{x_0}$, *donneraient nécessairement*

$$A(z_0 - ax_0)^2 + B(y_0 - bx_0)^2 > A(z - ax)^2 + B(y - bx)^2.$$

Car, si cette inégalité n'avait pas lieu, l'expression

$$A(z_0 - ax_0)^2 + B(y_0 - bx_0)^2 + \frac{x_0^2}{\Delta}$$

serait moindre que

$$A(z - ax)^2 + B(y - bx)^2 + \frac{x^2}{\Delta};$$

donc cette dernière ne serait pas, comme on l'a supposé, un *minimum*.

Cela étant, si l'on observe qu'on peut toujours faire

$$A(z - ax)^2 + B(y - bx)^2 + \frac{x^2}{\Delta} < \sqrt[3]{\frac{2AB}{\Delta}},$$

et *a fortiori*

$$A(z - ax)^2 + B(y - bx)^2 < \sqrt[3]{\frac{2AB}{\Delta}},$$

on voit que, en faisant croître continuellement Δ, la série des fractions $\frac{z}{x}$, $\frac{y}{x}$ converge indéfiniment vers les limites a et b, et que, pour chaque approximation, la somme des carrés des erreurs $z - ax$, $y - bx$, multipliés par les constantes A et B, est un *minimum*, c'est-à-dire que cette somme augmente, si le dénominateur commun x diminue.

Ce qui précède indique suffisamment une infinité d'autres conséquences analogues, qui toutes viennent dépendre de la recherche difficile d'une limite précise du *minimum* d'une forme définie quelconque. Là-dessus je ne puis former qu'une conjecture. Mes premières recherches, dans le cas d'une forme à n variables de déterminant D, m'avaient donné la limite

$$\left(\frac{4}{3}\right)^{\frac{1}{2}(n-1)} \sqrt[n]{\mathrm{D}};$$

je suis porté à présumer, mais sans pouvoir le démontrer, que le coefficient numérique $\left(\frac{4}{3}\right)^{\frac{1}{2}(n-1)}$ doit être remplacé par $\frac{2}{\sqrt[n]{(n+1)}}$.

Comme application des mêmes principes, je considérerai encore la question suivante :

Étant donnée une expression imaginaire $a+b\sqrt{-1}$: déterminer les entiers complexes

$$x+y\sqrt{-1}, \qquad t+u\sqrt{-1},$$

pour lesquels la norme de

$$(x+y\sqrt{-1})(a+b\sqrt{-1})-(t+u\sqrt{-1})$$

soit la plus petite possible, sous la condition que x^2+y^2 soit au-dessous d'une certaine limite.

On cherchera les minima successifs de la forme à *quatre* variables

$$f=(ax-by-t)^2+(ay+bx-u)^2+\frac{x^2+y^2}{\Delta},$$

pour toutes les valeurs de Δ; les diverses fractions complexes

$$\frac{t+u\sqrt{-1}}{x+y\sqrt{-1}},$$

auxquelles on parviendra ainsi, jouiront de cette propriété caractéristique *que le module de la différence*

$$a+b\sqrt{-1}-\frac{t+u\sqrt{-1}}{x+y\sqrt{-1}}$$

croîtra nécessairement en prenant toute autre fraction dont le dénominateur aurait un module moindre.

Mais une autre propriété de ces fractions les rapprochera encore davantage des réduites de la théorie des fractions continues. Soient

$$\frac{t+u\sqrt{-1}}{x+y\sqrt{-1}}, \qquad \frac{t_0+u_0\sqrt{-1}}{x_0+y_0\sqrt{-1}},$$

deux fractions différentes qui correspondent à deux *minima* consécutifs de la forme f, de sorte que les deux valeurs de Δ qui ont donné lieu à ces deux fractions soient *infiniment peu* différentes l'une de l'autre. Alors, en observant que le déterminant de f est en général $\frac{1}{\Delta^2}$, le premier minimum donnera, en admettant la conjecture ci-dessus,

$$(ax-by-t)^2+(ay+bx-u)^2+\frac{x^2+y^2}{\Delta}<\frac{2}{\sqrt[4]{5}}\,\frac{1}{\sqrt{\Delta}},$$

et le second

$$(ax_0-by_0-t_0)^2+(ay_0+bx_0-u_0)^2+\frac{x_0^2+y_0^2}{\Delta+\omega}<\frac{2}{\sqrt[4]{5}}\,\frac{1}{\sqrt{\Delta+\omega}},$$

ω désignant une quantité aussi petite qu'on voudra. Cela posé, multiplions ces deux inégalités, membre à membre; on trouvera, en employant une formule bien connue ([1]),

$$\ldots by-t)(ax_0-by_0-t_0)+(ay+bx-u)(ay_0+bx_0-u_0)+\frac{xx_0+yy_0}{\sqrt{\Delta(\Delta+\omega)}}\Big\}^2$$

$$\ldots-by-t)(ay_0+bx_0-u_0)+(ax_0-by_0-t_0)(ay+bx-u)+\frac{yx_0-y_0x}{\sqrt{\Delta(\Delta+\omega)}}\Big\}^2$$

$$\ldots\frac{\ldots\omega-\sqrt{\Delta})[a(yy_0-xx_0)+b(x_0y+xy_0)+t_0x-u_0y]+\sqrt{\Delta}(uy_0-u_0y+t_0x-x_0t)}{\sqrt{\Delta(\Delta+\omega)}}\Big\}^2$$

$$\ldots\frac{\ldots\omega-\sqrt{\Delta})[a(yx_0+xy_0)+b(xx_0-yy_0)-t_0y-u_0x]+\sqrt{\Delta}(ty_0-t_0y+ux_0-u_0x)}{\sqrt{\Delta(\Delta+\omega)}}\Big\}^2$$

$$<\frac{4}{\sqrt{5}}\,\frac{1}{\sqrt{\Delta(\Delta+\omega)}};$$

d'où, en négligeant les deux premiers carrés et introduisant la

---

([1]) La formule d'Euler, qui donne sous la forme d'une somme de quatre carrés le produit de deux sommes de quatre carrés, suit immédiatement de ce que le condition que ω est infiniment petit,

$$(uy_0 - u_0 y + t_0 x - x_0 t)^2 + (ty_0 - t_0 y + ux_0 - u_0 x)^2 < \frac{4}{\sqrt{5}},$$

et, par conséquent,

$$(uy_0 - u_0 y + t_0 x - x_0 t)^2 + (ty_0 - t_0 y + ux_0 - u_0 x)^2 = 1.$$

Ainsi, la norme du numérateur de la différence de deux fractions complexes consécutives est l'*unité;* on eût obtenu l'*unité* ou le nombre *deux,* en employant dans l'expression du minimum de f le facteur $\left(\frac{4}{3}\right)^{\frac{3}{2}}$ au lieu du coefficient hypothétique $\frac{2}{\sqrt[4]{5}}$ (¹).

La méthode précédente s'applique encore aux nombres complexes $x + y\sqrt{-n}$, dont la théorie est plus difficile et sur laquelle

---

produit des deux déterminants $(ad - bc)$, $(a'd' - b'c')$ est le déterminant du système

$$\begin{bmatrix} aa' + bc', & ab' + bd' \\ ca' + dc', & cb' + dd' \end{bmatrix}.$$

En effet, il suffit de supposer

$$\begin{array}{llll} a = p + q\sqrt{-1}, & b = r + s\sqrt{-1}, & c = -r + s\sqrt{-1}, & d = p - q\sqrt{-1}, \\ a' = p' + q'\sqrt{-1}, & b' = r' + s'\sqrt{-1}, & c' = -r' + s'\sqrt{-1}, & d' = p' - q'\sqrt{-1} \end{array}$$

pour obtenir

$$\begin{aligned} &(p^2 + q^2 + r^2 + s^2)(p'^2 + q'^2 + r'^2 + s'^2) \\ &\quad = (pp' - qq' - rr' - ss')^2 + (pq' + qp' + rs' - sr')^2 \\ &\qquad + (pr' - qs' + rp' + sq')^2 + (ps' + qr' + p's - q'r)^2. \end{aligned}$$

Celle de Lagrange vient en mettant $q\sqrt{A}$, $r\sqrt{B}$, $s\sqrt{AB}$, ... au lieu de $q, r, s, \ldots$

(¹) M. Hermite a repris cette question dans un Mémoire ultérieur en se servant des formes quadratiques binaires à indéterminées conjuguées, et démontré rigoureusement que la norme est bien égale à *un*.

On doit remarquer que la limite hypothétique $\frac{2}{\sqrt[n]{n+1}}\sqrt[n]{D}$ admise par M. Hermite est trop faible. Pour $n = 4$, elle ne donne déjà plus la limite supréieure du minimum. En effet, cette limite est alors, d'après MM. Korkine et Zolotareff, $\sqrt{2}\sqrt[4]{D}$, et c'est là une limite précise que l'on ne peut abaisser. Comme $\sqrt{2}$ surpasse $\frac{2}{\sqrt[4]{5}}$, la limite hypothétique est trop faible. Si l'on reprend le calcul ci-dessus, en remplaçant $\frac{2}{\sqrt[4]{5}}$ par $\sqrt{2}$, on retrouve d'ailleurs le résultat de M. Hermite, qui se trouve alors aussi complètement établi par cette voie. E. P.

je me propose de revenir. Mais ce n'est qu'au moyen de la réduction de formes de degrés plus élevés qu'on pourra résoudre les questions analogues à la précédente, dans lesquelles entreraient les nombres complexes *réels* $x + y\sqrt{n}$ et ceux qui dépendent d'irrationnelles numériques plus compliquées que les radicaux carrés.

Voici maintenant une autre série de questions importantes dont la solution dépend encore de la recherche du minimum d'une forme quadratique et qu'on peut comprendre dans cet énoncé général :

Trouver, en nombres entiers, le minimum du produit d'un certain nombre de fonctions linéaires et homogènes, à coefficients réels ou imaginaires.

Nommons

$$f_1,\ f_2,\ \ldots,\ f_n$$

les fonctions linéaires à coefficients réels,

$$g_1,\ g_2,\ \ldots,\ g_{n'};\qquad h_1,\ h_2,\ \ldots,\ h_{n'}$$

les fonctions à coefficients imaginaires, g_i et h_i étant des fonctions conjuguées. Si l'on suppose que leur produit prenne la plus petite valeur possible en attribuant aux indéterminées les valeurs entières $x = x_0$, $y = y_0$, ..., et qu'on désigne alors par

$$f_1^0,\ f_2^0,\ \ldots,\ f_n^0$$

ce que deviennent les facteurs linéaires réels, et de même par

$$g_1^0,\ h_1^0;\quad g_2^0,\ h_2^0;\quad \ldots,\ g_{n'}^0,\ h_{n'}^0,$$

les diverses couples de facteurs conjugués, *je dis que la forme quadratique*

$$\left(\frac{f_1}{f_1^0}\right)^2 + \left(\frac{f_2}{f_2^0}\right)^2 + \ldots + \left(\frac{f_n}{f_n^0}\right)^2 + 2\,\frac{g_1 h_1}{g_1^0 h_1^0} + 2\,\frac{g_2 h_2}{g_2^0 h_2^0} + \ldots + 2\,\frac{g_{n'} h_{n'}}{g_{n'}^0 h_{n'}^0}$$

sera elle-même la plus petite possible pour $x = x_0$, $y = y_0$, ...

Supposons, en effet, qu'on puisse avoir

$$\left(\frac{f_1}{f_1^0}\right)^2 + \left(\frac{f_2}{f_2^0}\right)^2 + \ldots + \left(\frac{f_n}{f_n^0}\right)^2 + 2\,\frac{g_1 h_1}{g_1^0 h_1^0} + 2\,\frac{g_2 h_2}{g_2^0 h_2^0} + \ldots + 2\,\frac{g_{n'} h_{n'}}{g_{n'}^0 h_{n'}^0} = M,$$

M étant moindre que $n+2n'$; comme le produit des facteurs

$$(a)\qquad \left(\frac{f_1}{f_1^0}\right)^2\left(\frac{f_2}{f_2^0}\right)^2\cdots\left(\frac{f_n}{f_n^0}\right)^2\left(\frac{g_1h_1}{g_1^0h_1^0}\right)^2\left(\frac{g_2h_2}{g_2^0h_2^0}\right)^2\cdots\left(\frac{g_{n'}h_{n'}}{g_{n'}^0h_{n'}^0}\right)^2$$

sera toujours inférieur à son *maximum*

$$\left(\frac{\mathrm{M}}{n+2n'}\right)^{n+2n'},$$

la supposition de $\mathrm{M} < n+2n'$ conduirait à

$$f_1f_2\ldots f_n.g_1h_1.g_2h_2\ldots g_{n'}h_{n'} < f_1^0f_2^0\ldots f_n^0.g_1^0h_1^0.g_2^0h_2^0\ldots g_{n'}^0h_{n'}^0,$$

et, par suite, le produit des facteurs linéaires ne serait pas, contre l'hypothèse, le plus petit possible pour $x=x_0$, $y=y_0$, ... J'ajoute qu'en faisant $\mathrm{M}=n+2n'$ le produit (a) ne pourra atteindre son maximum ou l'unité qu'autant qu'on aura

$$\left(\frac{f_1}{f_1^0}\right)^2=1,\qquad \left(\frac{f_2}{f_2^0}\right)^2=1,\qquad \ldots,\qquad \left(\frac{f_n}{f_n^0}\right)^2=1,$$
$$\frac{g_1h_1}{g_1^0h_1^0}=1,\qquad \frac{g_2h_2}{g_2^0h_2^0}=1,\qquad \ldots,\qquad \frac{g_{n'}h_{n'}}{g_{n'}^0h_{n'}^0}=1.$$

Nous voici donc encore conduit, comme vous le voyez, Monsieur, à cette recherche singulière *de tous les minima, d'une forme quadratique, correspondant aux divers systèmes de valeurs de plusieurs paramètres qu'il faudra supposer passer par tous les états possibles de grandeur*. Telle est du moins la voie qui nous est ouverte, par l'analyse précédente, pour la solution de nombreuses questions, parmi lesquelles je choisirai celle-ci :

$\varphi(\alpha)$ *désignant un nombre entier complexe, composé avec une racine* α *de l'équation* $\mathrm{F}(x)=0$ *à coefficients entiers, celui du premier terme étant l'unité, trouver toutes les solutions de l'équation*

$$\text{Norme } \varphi(\alpha)=1.$$

Soit M un *minimum* d'une quelconque des formes définies

$$\Phi=\left[\frac{\varphi(\alpha_1)}{\mathrm{A}_1}\right]^2+\left[\frac{\varphi(\alpha_2)}{\mathrm{A}_2}\right]^2+\ldots+\left[\frac{\varphi(\alpha_n)}{\mathrm{A}_n}\right]^2$$
$$+2\,\frac{\varphi(\beta_1)\,\varphi(\gamma_1)}{\mathrm{K}_1^2}+2\,\frac{\varphi(\beta_2)\,\varphi(\gamma_2)}{\mathrm{K}_2^2}+\ldots+2\,\frac{\varphi(\beta_{n'})\,\varphi(\gamma_{n'})}{\mathrm{K}_{n'}^2},$$

dans lesquelles $\alpha_1, \alpha_2, \ldots, \alpha_n$ désignent les racines réelles, et β_1, γ_1; β_2, γ_2; ...; $\beta_{n'}, \gamma_{n'}$ les couples des racines imaginaires de l'équation $F(x) = 0$. En faisant, pour abréger, $n + 2n' = m$, on déduira de la limite

$$M < \left(\frac{4}{3}\right)^{\frac{1}{2}(m-1)} \sqrt[m]{D},$$

où D est le déterminant de Φ, la relation suivante :

$$\text{Norme } \varphi^2(\alpha) < \left(\frac{4}{3}\right)^{\frac{1}{2}m(m-1)} \frac{\Delta}{m^m},$$

dans laquelle Δ représente la valeur absolue de l'expression

$$F'(\alpha_1)\, F'(\alpha_2) \ldots F'(\beta_{n'})\, F'(\gamma_{n'}),$$

et où n'entrent plus les valeurs de $A_1, A_2, \ldots, K_1, K_2, \ldots$.

Donc, quelles que soient les quantités $A_1, A_2, \ldots, K_{n'}$, le minimum de Φ conduit à une valeur toujours limitée pour la norme de $\varphi(\alpha)$; mais ce qui a été établi précédemment fait voir, de plus, qu'en faisant passer $A_1, A_2, \ldots, K_1, K_2, \ldots$ par tous les états possibles de grandeur, on obtiendra nécessairement toutes les *unités complexes,* toutes les solutions de l'équation

$$\text{Norme } \varphi(\alpha) = 1.$$

Considérons une solution particulière telle que $N\varphi_0(\alpha) = 1$, elle sera donnée, par le minimum de φ, dans l'hypothèse suivante :

$$\Phi = \left[\frac{\varphi(\alpha_1)}{\varphi_0(\alpha_1)}\right]^2 + \left[\frac{\varphi(\alpha_2)}{\varphi_0(\alpha_2)}\right]^2 + \ldots + \left[\frac{\varphi(\alpha_n)}{\varphi_0(\alpha_n)}\right]^2 + 2\,\frac{\varphi(\beta_1)\,\varphi(\gamma_1)}{\varphi_0(\beta_1)\,\varphi_0(\gamma_1)} + \ldots + 2\,\frac{\varphi(\beta_{n'})\,\varphi(\gamma_{n'})}{\varphi_0(\beta_{n'})\,\varphi_0(\gamma_{n'})}.$$

Mais ne pourrait-il pas exister deux ou plusieurs autres représentations distinctes du même *minimum* et conduisant, par suite, à de nouvelles solutions?

Observons, à cet effet, qu'on a les conditions

$$\left[\frac{\varphi(\alpha_1)}{\varphi_0(\alpha_1)}\right]^2 = 1, \quad \left[\frac{\varphi(\alpha_2)}{\varphi_0(\alpha_2)}\right]^2 = 1, \quad \ldots, \quad \left[\frac{\varphi(\alpha_n)}{\varphi_0(\alpha_n)}\right]^2 = 1,$$
$$\frac{\varphi(\beta_1)\,\varphi(\gamma_1)}{\varphi_0(\beta_1)\,\varphi_0(\gamma_1)} = 1, \quad \ldots, \quad \frac{\varphi(\beta_{n'})\,\varphi(\gamma_{n'})}{\varphi_0(\beta_{n'})\,\varphi_0(\gamma_{n'})} = 1,$$

déjà établies précédemment, de sorte qu'en supposant l'équation

$F(x)=0$ irréductible, si l'on prend $\varphi(\alpha_1)=\varphi_0(\alpha_1)$, la même équation aura lieu pour toute autre racine réelle ou imaginaire, et il en serait de même en partant de la condition $\varphi(\alpha_1)=-\varphi_0(\alpha_1)$. Or, le premier cas conduit nécessairement à $x=x_0$, $y=y_0$, ..., et le second à $x=-x_0$, $y=-y_0$, ...

Mais, si toutes les racines étaient imaginaires, la démonstration serait en défaut; dans ce cas, on est conduit à détacher de l'ensemble général des solutions un certain nombre d'entre elles qui offrent ce caractère singulier de donner lieu *à des entiers complexes dont le module analytique est l'unité*. Ainsi du minimum de la forme

$$\Phi=\frac{\varphi(\beta_1)\varphi(\gamma_1)}{\varphi_0(\beta_1)\varphi_0(\gamma_1)}+\frac{\varphi(\beta_2)\varphi(\gamma_2)}{\varphi_0(\beta_2)\varphi_0(\gamma_2)}+\ldots+\frac{\varphi(\beta_{n'})\varphi(\gamma_{n'})}{\varphi_0(\beta_{n'})\varphi_0(\gamma_{n'})}$$

on déduira non seulement

$$\varphi(\beta_1)=\varphi_0(\beta_1),\quad \varphi(\gamma_1)=\varphi_0(\gamma_1),\quad \ldots,\quad \varphi(\beta_{n'})=\varphi_0(\beta_{n'}),\quad \varphi(\gamma_{n'})=\varphi_0(\gamma_{n'}),$$

mais encore

$$\varphi(\beta_1)=\varphi_0(\beta_1)\psi(\beta_1),\qquad \varphi(\gamma_1)=\varphi_0(\gamma_1)\psi(\gamma_1),\qquad \ldots,$$
$$\varphi(\beta_{n'})=\varphi_0(\beta_{n'})\psi(\beta_{n'}),\qquad \varphi(\gamma_{n'})=\varphi_0(\gamma_{n'})\psi(\gamma_{n'}),$$

les nombres entiers complexes ψ satisfaisant aux conditions suivantes :

$$\psi(\beta_1)\psi(\gamma_1)=1,\qquad \psi(\beta_2)\psi(\gamma_2)=1,\qquad \ldots,\qquad \psi(\beta_{n'})\psi(\gamma_{n'})=1,$$

et l'on pourra en faire abstraction puisqu'ils peuvent être déterminés d'avance. J'ai trouvé, du moins, *qu'ils ne pouvaient être que de cette forme, savoir :*

$$\psi=e^{\frac{2k\pi}{l}\sqrt{-1}},$$

k et l étant entiers. Le dénominateur l est sans doute égal au nombre $2n'+1$, mais je n'ai pu encore suffisamment approfondir toutes ces circonstances qui me paraissent bien singulières.

Quoi qu'il en soit, les considérations qui précèdent établissent qu'on n'aura jamais à rechercher qu'une seule représentation, en nombres entiers, de chacun des minima distincts, donnant lieu à une unité complexe, qu'offrira la forme Φ, lorsque les quantités

$$A_1,\quad A_2,\quad \ldots,\quad A_n,\qquad K_1,\quad K_2,\quad \ldots,\quad K_{n'}$$

passeront par tous les états possibles de grandeur. Mais, une fois amenés à cette nouvelle recherche, il faut recourir à la théorie de la *réduction* des formes quadratiques quelconques. Je vais, avant tout, définir *ce que j'appelle réduire une forme donnée* (¹).

Soient f cette forme, et f', f'', ... la série entière de toutes celles qui lui sont équivalentes, et que je représenterai, d'une manière générale, par

$$f = \sum_{1}^{n}{}_{j} \sum_{1}^{n}{}_{i} a_{j,i} x_i x_j,$$

en supposant que les coefficients des carrés, rangés par ordre croissant de grandeur, soient

$$a_{1,1}, \quad a_{2,2}, \quad \ldots, \quad a_{n,n}.$$

Cela étant, nous subdiviserons, progressivement, l'ensemble de toutes les formes équivalentes, en réunissant dans un même groupe :

1° Toutes les formes où $a_{1,1}$ a la plus petite valeur possible;

2° Parmi celles-ci, toutes celles où $a_{2,2}$ est également un minimum;

3° Parmi les précédentes, celles où $a_{3,3}$ est encore un minimum; et ainsi de suite, de telle sorte qu'après avoir épuisé la série $a_{1,1}$, $a_{2,2}$, ..., $a_{n,n}$ on arrive à *une* ou *plusieurs* formes dont les coefficients des carrés sont nécessairement les mêmes.

Ces formes offrent un caractère essentiel qui consiste en ce que toutes les expressions quadratiques

$$(a_{i,i}, a_{i,j}, a_{j,j})$$

sont réduites. On peut établir qu'on a la limite

$$a_{1,1} a_{2,2} \ldots a_{n,n} < \mu D,$$

μ étant un coefficient numérique ne dépendant que du nombre n des variables; mais je ne m'arrêterai pas à la démonstration.

Revenons au dernier groupe de formes équivalentes auquel nous venons de parvenir, il pourra être subdivisé de nouveau, d'après la

---

(¹) Il est clair, d'après les opérations indiquées, qu'il s'agit seulement ici de formes définies. E. P.

grandeur des déterminants

$$A_{i,j} = a_{i,i}a_{j,j} - a_{i,j}^2,$$

en réunissant ensemble :

1° Toutes les formes où $A_{1,2}$ sera le plus petit possible;

2° Parmi ces dernières, toutes celles où $A_{1,3}$ est également un minimum;

3° Parmi les précédentes, celles où $A_{1,4}$ est encore un minimum; et ainsi de suite, de telle sorte qu'après avoir épuisé la série

$$A_{1,2},\quad A_{1,3},\quad \ldots,\quad A_{1,n},$$

on passe à la suivante

$$A_{2,3},\quad A_{2,4},\quad \ldots,\quad A_{2,n},$$

puis à celle-ci

$$A_{3,4},\quad A_{3,5},\quad \ldots,\quad A_{3,n},$$

et l'on continuera jusqu'à ce qu'on soit arrivé, en dernière analyse, à une ou à plusieurs formes offrant des valeurs numériques égales, pour toutes les quantités $A_{i,j}$.

Mais il est évident qu'alors les valeurs *absolues* des coefficients $a_{i,j}$ sont pareillement les mêmes. Or la forme unique qu'il faudra définitivement choisir pour réduire s'obtiendra par la considération des déterminants ternaires

$$A_{i,j,k} = a_{i,i}a_{j,j}a_{k,k} + 2a_{i,j}a_{i,k}a_{j,k} - a_{i,i}a_{j,k}^2 - a_{j,j}a_{i,k}^2 - a_{k,k}a_{i,j}^2,$$

en opérant comme on a fait précédemment avec les fonctions $A_{i,j}$. Les formes réunies en dernier lieu, offrant les mêmes valeurs des diverses expressions $A_{i,j,k}$, deviendront *identiques* (1), en rendant positifs par exemple, comme cela est toujours possible, tous les coefficients $a_{1,i}$.

Réduire une forme donnée f, ce sera donc chercher la transformation de cette forme en la réduite équivalente telle qu'elle vient d'être définie. Cette réduite, comme vous le voyez, Monsieur, n'est pas celle à laquelle conduit la méthode que j'ai eu l'honneur de vous soumettre dans ma dernière Lettre. Il y aura donc lieu d'es-

(1) Si certains des coefficients $a_{1,i}$ $(i = 2, 3, \ldots, n)$ étaient nuls, on n'obtiendrait pas nécessairement ainsi l'identité des deux formes, mais il est facile de combler cette lacune de manière à avoir toujours une réduite unique. E. P.

pérer une nouvelle substitution, mais jusqu'ici je n'ai vu d'autre moyen à employer que celui qui est indiqué par l'analyse précédente et qui consiste à former la série entière des formes aux plus petits coefficients des carrés. Seulement, il est facile de démontrer *que leur nombre a une limite indépendante du déterminant et qui est fonction uniquement du nombre des indéterminées.*

Dans le cas des formes ternaires, les réduites jouissent d'une propriété qui mérite peut-être d'être remarquée, *car elle ne me paraît pas s'étendre aux formes contenant un plus grand nombre de variables.* Elle consiste en ce que *toute forme ternaire réduite* $\varphi(x, y, z)$ *prend une valeur moindre, en diminuant celle des variables dont la valeur absolue est plus grande.*

Soit

$$\varphi = ax^2 + a'y^2 + a''z^2 + 2byz + 2b'xz + 2b''xy.$$

En supposant quelconques les signes des coefficients b, b', b'', on peut admettre que les indéterminées sont positives. Or, en supposant $x \geqq y$, $x > z$, on prouve aisément la proposition énoncée [1], dans chacun des quatre cas qu'offrent les signes de b' et b'', au moyen des équations identiques

$$\begin{aligned}
&\varphi(x-1, y, z) - \varphi(x, y, z) \\
&\quad = -2(x-1)(a+b''+b') + 2b''(x-y-1) + 2b'(x-z-1) - a \\
&\quad = -2(x-1)(a+b') - 2b''y + 2b'(x-z-1) - a \\
&\quad = -2(x-1)(a+b'') + 2b''(x-y-1) - 2b'z - a \\
&\quad = -2(x-1)a - 2b''y - 2b'z - a,
\end{aligned}$$

les quatre expressions précédentes correspondant aux quatre cas

$$\begin{aligned} b' &: - - + +, \\ b'' &: - + - +. \end{aligned}$$

Je reviens maintenant à la recherche de toutes les représentations distinctes des divers *minima* de la forme quadratique

$$\begin{aligned}
\Phi = &\left[\frac{\varphi(\alpha_1)}{A_1}\right]^2 + \left[\frac{\varphi(\alpha_2)}{A_2}\right]^2 + \ldots + \left[\frac{\varphi(\alpha_n)}{A_n}\right]^2 \\
&+ 2\,\frac{\varphi(\beta_1)\varphi(\gamma_1)}{K_1^2} + 2\,\frac{\varphi(\beta_2)\varphi(\gamma_2)}{K_2^2} + \ldots + 2\,\frac{\varphi(\beta_{n'})\varphi(\gamma_{n'})}{K_{n'}^2},
\end{aligned}$$

[1] Il peut y avoir un cas d'exception, auquel ne s'applique pas d'ailleurs la démonstration de M. Hermite; c'est celui dans lequel les trois variables ont leurs valeurs absolues égales à l'unité. E. P.

correspondant à tous les systèmes possibles de valeurs de A_1, $A_2, \ldots, K_1, K_2, \ldots$.

Dans cette forme, les quantités $\varphi(\alpha)$ sont les valeurs d'une expression telle que

$$x_0 + \alpha x_1 + \alpha^2 x_2 + \ldots + \alpha^{m-1} x_{m-1},$$

en supposant α, l'une quelconque des racines de l'équation,

$$F(x) = 0,$$

dont le degré $n + 2n'$ est toujours désigné par m. Cela posé, soit pour un système déterminé de valeurs des quantités A et K,

$$\begin{aligned} x_0 &= a_0 y_0 + a_1 y_1 + \ldots + a_{m-1} y_{m-1}, \\ x_1 &= b_0 y_0 + b_1 y_1 + \ldots + b_{m-1} y_{m-1}, \\ &\ldots\ldots\ldots\ldots\ldots\ldots\ldots\ldots \\ x_{m-1} &= l_0 y_0 + l_1 y_1 + \ldots + l_{m-1} y_{m-1}, \end{aligned}$$

la substitution propre à réduire Φ. En posant, pour abréger,

$$\begin{aligned} (\alpha)_i &= \quad a_i \quad + \quad \alpha b_i \quad + \alpha^2 c_i + \ldots + \alpha^{m-1} l_i, \\ \psi(\alpha) &= y_0(\alpha)_0 + y_1(\alpha)_1 + \ldots\ldots\ldots + y_{m-1}(\alpha)_{m-1}, \end{aligned}$$

la transformée réduite sera

$$\begin{aligned} \Psi = \left[\frac{\psi(\alpha_1)}{A_1}\right]^2 + \left[\frac{\psi(\alpha_2)}{A_2}\right]^2 + \ldots + \left[\frac{\psi(\alpha_n)}{A_n}\right]^2 \\ + 2\,\frac{\psi(\beta_1)\psi(\gamma_1)}{K_1^2} + 2\,\frac{\psi(\beta_2)\psi(\gamma_2)}{K_2^2} + \ldots + 2\,\frac{\psi(\beta_{n'})\psi(\gamma_{n'})}{K_{n'}^2}. \end{aligned}$$

Mais on peut l'écrire d'une autre manière.

Soit y_0 celle des indéterminées dont le carré a le plus petit coefficient, et posons

$$N = (\alpha_1)_0 (\alpha_2)_0 \ldots (\alpha_n)_0 (\beta_1)_0 (\gamma_1)_0 \ldots (\beta_{n'})_0 (\gamma_{n'})_0,$$

il est clair que, α désignant l'une quelconque des racines, $\dfrac{N}{(\alpha)_0}$ sera un polynome à coefficients entiers en α, et qu'il en sera de même de

$$\frac{N}{(\alpha)_0}(\alpha)_i,$$

que je désignerai par $\psi_i(\alpha)$. Or, de la valeur-limite du produit des coefficients des carrés des indéterminées dans toute forme réduite, telle qu'elle a été indiquée plus haut, on déduit facilement, *que* *tous ces polynomes $\psi_i(\alpha)$ ont pour coefficients des nombres entiers ayant aussi des limites finies.* Il en est de même d'ailleurs de N, comme on l'a vu précédemment d'une manière spéciale. Donc, transformant ainsi les fonctions $\psi(\alpha)$, savoir :

$$\psi(\alpha) = \frac{(\alpha)_0}{N}\left[y_0 N + y_1\psi_1(\alpha) + y_2\psi_2(\alpha) + \ldots + y_{m-1}\psi_{m-1}(\alpha)\right],$$

et posant

$$\chi(\alpha) = y_0 N + y_1\psi_1(\alpha) + y_2\psi_2(\alpha) + \ldots + y_{m-1}\psi_{m-1}(\alpha),$$

$$\frac{(\alpha_i)_0}{NA_i} = \frac{1}{A'_i}, \qquad \frac{(\beta_i)_0(\gamma_i)_0}{N^2K_i^2} = \frac{1}{K_i'^2},$$

l'expression de ψ devient

$$\Psi = \left[\frac{\chi(\alpha_1)}{A'_1}\right]^2 + \left[\frac{\chi(\alpha_2)}{A'_2}\right]^2 + \ldots + \left[\frac{\chi(\alpha_n)}{A'_n}\right]^2 + 2\,\frac{\chi(\beta_1)\chi(\gamma_1)}{K_1'^2} + \ldots,$$

et c'est là *le type analytique* (¹) auquel je voulais arriver pour y rapporter toute forme réduite. Le nombre de ces types, comme on le voit d'après le caractère des fonctions $\chi(\alpha)$, est essentiellement *fini*, et c'est là un résultat qui ouvre la voie à un nouvel ordre de recherches destinées, si je ne m'abuse étrangement, à jeter un grand jour sur la nature si inconnue des irrationnelles algébriques.

Et d'abord, *on en déduit immédiatement une démonstration directe de la possibilité de l'équation que je me suis proposé de résoudre, savoir*

$$\text{Norme } \varphi(\alpha) = 1.$$

En effet, on a pour cela le théorème : *Que lorsqu'une substitution*

$$\begin{aligned} x_0 &= p_0 y_0 + p_1 y_1 + \ldots + p_{m-1} y_{m-1}, \\ x_1 &= q_0 y_0 + q_1 y_1 + \ldots + q_{m-1} y_{m-1}, \\ &\ldots\ldots\ldots\ldots\ldots\ldots\ldots\ldots\ldots, \\ x_{m-1} &= s_0 y_0 + s_1 y_1 + \ldots + s_{m-1} y_{m-1}, \end{aligned}$$

correspondant à un système différent de valeurs de $A_1, A_2, \ldots, K_1, K_2, \ldots,$ *conduit au même type réduit* Ψ, *le nombre entier*

(¹) D'après M. Hermite deux de ces types sont les mêmes lorsqu'ils ne diffèrent entre eux que par rapport aux quantités A' et K'. JACOBI.

complexe représenté par le déterminant des quantités

$$\begin{array}{cccc} (\alpha)_0 & (\alpha)_1 & \ldots & (\alpha)_{m-1}, \\ q_0 & q_1 & \ldots & q_{m-1}, \\ r_0 & r_1 & \ldots & r_{m-1}, \\ \ldots & \ldots & \ldots & \ldots, \\ s_0 & s_1 & \ldots & s_{m-1}, \end{array}$$

aura pour norme l'unité.

J'ai trouvé aussi : *qu'il suffisait d'obtenir le système des substitutions propres à réduire la forme* Φ *dans un intervalle fini des quantités* A *et* K, *les substitutions correspondant à toutes les autres valeurs de ces mêmes quantités se déduisant de celles-là.*

De là on déduit que toutes les solutions de l'équation

$$\text{Norme } \varphi(\alpha) = 1$$

peuvent s'obtenir par un nombre *limité* d'entre elles, convenablement choisies, mais d'autres considérations mènent à la même conséquence. Je vais les indiquer en restant dans le cas particulier qui me les a fait découvrir.

Désignons par α la racine réelle, et par β et γ les deux racines imaginaires de l'équation du troisième degré à coefficients entiers

$$x^3 + Ax^2 + Bx + C = 0.$$

Soient aussi φ et ψ deux unités complexes de la forme

$$x + \alpha y + \alpha^2 z,$$

je dis *que de ces deux unités en résulte une troisième dont elles sont l'une et l'autre des puissances entières.*

Posons, en effet,

$$\Phi = \varphi^m \psi^n, \qquad \Psi = \varphi^{m_0} \psi^{n_0},$$

m, n, m_0, n_0 étant quatre nombres entiers tels que

$$mn_0 - nm_0 = 1,$$

on aura réciproquement

$$\varphi = \Phi^{n_0} \Psi^{-n}, \qquad \psi = \Psi^m \Phi^{-m_0}.$$

De deux choses l'une : ou l'on pourra faire par exemple $\Phi = 1$, et le théorème est démontré : ou bien au moins $\Phi = \psi^{\frac{\varepsilon}{n}}$, ε étant moindre que l'unité et n pouvant prendre une infinité de valeurs différentes. Or, ayant toujours norme $\Phi = 1$, on conclurait qu'il existe une infinité de solutions de cette équation dans lesquelles la valeur de l'unité complexe réelle et celle du module analytique des deux unités conjuguées imaginaires seraient aussi voisines du nombre 1 qu'on le voudrait, ce qui est absurde.

Une méthode toute semblable m'a conduit à démontrer que, dans le cas des *trois racines réelles,* toutes les unités sont les produits des puissances de *deux* d'entre elles qui ne sont pas réductibles l'une et l'autre aux puissances entières d'une troisième, et il ne me paraît pas difficile d'étendre les mêmes considérations au cas le plus général.

Quatrième Lettre.

La dernière Lettre que j'ai eu l'honneur de vous écrire était à peine partie que j'ai eu communication, par M. Liouville, d'une Note tirée des *Comptes rendus* de votre Académie, et dans laquelle vous traitez de la réduction des formes quadratiques, à coefficients entiers, sous un point de vue qui ne se serait jamais présenté à mon esprit et qui m'a vivement intéressé. Le résultat plein d'élégance auquel vous arrivez par une méthode si simple m'a fait rechercher si, dans ce nouveau type de formes réduites, il y avait encore possibilité d'obtenir *des limitations des coefficients, fonctions seulement du déterminant.*

En particulier, j'ai considéré les formes définies ternaires

$$f = ax^2 + a'y^2 + a''z^2 + 2byz + 2b'xz + 2b''xy,$$

dans lesquelles, d'après le principe de votre méthode, il faut faire par exemple

$$x = \frac{b}{\omega}\,\xi + \beta\eta, \qquad y = -\frac{b'}{\omega}\,\xi + \beta'\eta,$$

ω désignant le plus grand commun diviseur de b et b', déterminé par l'équation

$$\omega = b\beta' + b'\beta.$$

On obtient ainsi la transformée

$$\mathfrak{A}\xi^2 + \mathfrak{A}'\eta^2 + a''z^2 + 2\mathfrak{B}\xi\eta + 2\omega\eta z,$$

où l'un des rectangles des indéterminées a disparu.

Cela posé, *si les coefficients de la forme proposée sont limités, au moyen du déterminant* D, *il en sera de même des coefficients de la transformée.* En particulier, $\mathfrak{A}$ peut s'écrire

$$\mathfrak{A} = \frac{1}{\omega^2}(ab^2 + a'b'^2 - 2bb'b'') = \frac{1}{\omega^2}(aa'a'' - a''b''^2 - \mathrm{D}),$$

donc

$$\mathfrak{A} < \frac{aa'a''}{\omega^2}.$$

Or on peut ensuite supposer

$$2\mathfrak{B} < \mathfrak{A},$$

en déterminant convenablement β et β' dans l'équation

$$\omega = b\beta' + \beta b'$$

ou, ce qui est au fond la même chose, en changeant dans la transformée ξ en $\xi + m\eta$. Quant à la limite du dernier coefficient $\mathfrak{A}'$, elle se tire de l'équation

$$\mathfrak{A}\mathfrak{A}' - \mathfrak{B}^2 = aa' - b''^2.$$

En revenant aux premières considérations qui m'avaient fait entrevoir, il y a longtemps, l'importance de la recherche du minimum des formes à un nombre quelconque de variables, j'ai été conduit à présenter de la manière suivante les idées que vous avez le premier émises sur l'impossibilité de certaines fonctions périodiques.

Soient, pour les fonctions d'une seule variable,

$$a + b\sqrt{-1}, \qquad a' + b'\sqrt{-1}, \qquad a'' + b''\sqrt{-1}$$

trois indices quelconques de périodicité, je considère la forme définie ternaire

$$f = (ax + a'y + a''z)^2 + (bx + b'y + b''z)^2 + \frac{z^2}{\Delta^2},$$

dont le déterminant

$$\mathrm{D} = \left(\frac{ab' - ba'}{\Delta}\right)^2.$$

Si $ab' - ba'$ n'est pas nul, et que les deux équations

$$ax + a'y + a''z = 0, \qquad bx + b'y + b''z = 0$$

ne puissent être vérifiées pour des valeurs entières de x, y et z, la fonction sera impossible. Car pouvant faire, pour toute valeur de Δ,

$$f < \sqrt[3]{2D}$$

et, *a fortiori*,

$$(ax + a'y + a''z)^2 + (bx + b'y + b''z)^2 < \sqrt[3]{2D},$$

on déduirait des indices proposés une période dont le module serait infiniment petit. Mais cette conclusion n'a plus lieu si $ab' - ba' = 0$. Alors je considère la forme binaire

$$f = (ax + a'y)^2 + (bx + b'y)^2 + \frac{y^2}{\Delta^2},$$

dont le déterminant, dans l'hypothèse admise, se trouve être

$$D = \frac{a^2 + b^2}{\Delta^2}.$$

Or il est maintenant facile de prouver *que lorsque* $ab' - ba' = 0$ l'on ne peut même admettre les deux périodes

$$a + b\sqrt{-1} \quad \text{et} \quad a' + b'\sqrt{-1},$$

si on les suppose irréductibles, c'est-à-dire si les équations

$$ax + a'y = 0, \qquad bx + b'y = 0$$

ne peuvent avoir lieu en nombres entiers. On peut faire, en effet, pour toute valeur de Δ,

$$f < \sqrt{\frac{4}{3}D},$$

et, *a fortiori*,

$$(ax + a'y)^2 + (bx + b'y)^2 < \sqrt{\frac{4}{3}D},$$

ce qui conduit de nouveau à une période infiniment petite.

Les fonctions de plusieurs variables à périodes coexistantes que vous avez introduites le premier dans l'analyse, peuvent être traitées par les mêmes principes.

Soient

$$a_i + b_i\sqrt{-1}, \qquad c_i + d_i\sqrt{-1}, \qquad \ldots, \qquad k_i + l_i\sqrt{-1},$$

n indices simultanés de périodicité correspondant, respectivement, aux variables

$$x, \; y, \; \ldots, \; u,$$

dans une fonction telle que $\mathfrak{F}(x, y, \ldots, u)$, je dis *que si le nombre de ces groupes d'indices, supposés irréductibles, surpasse* $2n$, *la fonction proposée sera impossible, dans ce sens qu'on sera forcé d'admettre un groupe d'indices simultanés infiniment petits.*

Faisons, pour abréger,

$$\begin{aligned}
\mathfrak{A} &= a_1 x_1 + a_2 x_2 + \ldots + a_{2n+1} x_{2n+1},\\
\mathfrak{B} &= b_1 x_1 + b_2 x_2 + \ldots + b_{2n+1} x_{2n+1},\\
&\ldots\ldots\ldots\ldots\ldots\ldots\ldots\ldots\ldots,\\
\mathfrak{K} &= k_1 x_1 + k_2 x_2 + \ldots + k_{2n+1} x_{2n+1},\\
\mathfrak{L} &= l_1 x_1 + l_2 x_2 + \ldots + l_{2n+1} x_{2n+1},
\end{aligned}$$

le déterminant D de la forme

$$f = \mathfrak{A}^2 + \mathfrak{B}^2 + \ldots + \mathfrak{K}^2 + \mathfrak{L}^2 + \frac{x_{2n+1}^2}{\Delta^2}$$

sera, comme on le trouve aisément,

$$D = \frac{1}{\Delta^2}\,\text{dét.}\begin{Bmatrix} a_1 & b_1 & \ldots & k_1 & l_1 \\ a_2 & b_2 & \ldots & k_2 & l_2 \\ \ldots & \ldots & \ldots & \ldots & \ldots \\ a_{2n} & b_{2n} & \ldots & k_{2n} & l_{2n} \end{Bmatrix}^2,$$

et la conséquence que je voulais obtenir découle, comme précédemment, de la relation

$$f < \left(\frac{4}{3}\right)^n \sqrt[2n+1]{D},$$

à laquelle on peut toujours satisfaire quelque grand que soit Δ.

Si l'on suppose que le déterminant qui entre dans l'expression de D s'évanouisse, la démonstration n'est plus applicable, mais la proposition n'en a pas moins lieu, et l'on obtient ainsi le premier terme d'une série de nouveaux cas d'impossibilité dont voici les conditions analytiques.

Soit, pour abréger,

$$\begin{aligned}
\mathfrak{A}_i &= a_1 x_1 + a_2 x_2 + \ldots + a_{2n+1-i} x_{2n+1-i},\\
\mathfrak{B}_i &= b_1 x_1 + b_2 x_2 + \ldots + b_{2n+1-i} x_{2n+1-i},\\
&\ldots\ldots\ldots\ldots\ldots\ldots\ldots\ldots\ldots,\\
\mathfrak{K}_i &= k_1 x_1 + k_2 x_2 + \ldots + k_{2n+1-i} x_{2n+1-i},\\
\mathfrak{L}_i &= l_1 x_1 + l_2 x_2 + \ldots + l_{2n+1-i} x_{2n+1-i}
\end{aligned}$$

et soit D_i le déterminant de la forme

$$f_i = \mathfrak{A}_i^2 + \mathfrak{B}_i^2 + \ldots + \mathfrak{K}_i^2 + \mathfrak{L}_i^2 + \frac{x_{2n+1-i}^2}{\Delta^2}.$$

Si l'on suppose D_{i-1} nul, on trouve que $\Delta^2 D_i$ s'obtient en faisant la somme des carrés de tous les déterminants que fournit le système

$$\begin{matrix}
a_1, & b_1, & \ldots, & k_1, & l_1,\\
a_2, & b_2, & \ldots, & k_2, & l_2,\\
\ldots, & \ldots, & \ldots, & \ldots, & \ldots,\\
a_{2n-i}, & b_{2n-i}, & \ldots, & k_{2n-i}, & l_{2n-i},
\end{matrix}$$

en employant, d'une manière quelconque, $2n-i$ lignes verticales. Or, toute fonction périodique de n variables sera impossible lorsque, ayant $2n-i$ groupes de périodes simultanées irréductibles, savoir :

$$\left\{ a_\mu + b_\mu\sqrt{-1},\ c_\mu + d_\mu\sqrt{-1},\ \ldots,\ k_\mu + l_\mu\sqrt{-1} \right\}_{\mu=1}^{\mu=2n-i},$$

le déterminant D_i de la forme f_i, composé avec ces indices, s'annulera. En effet, on arrivera à un système de périodes simultanées infiniment petites, en considérant dans la série des formes

$$f_{i+1},\quad f_{i+2},\quad \ldots,\quad f_{2n-1},$$

la première de celles dont le déterminant ne s'évanouit point. La dernière d'ailleurs est dans ce cas, car on trouve aisément

$$D_{2n-1} = \frac{1}{\Delta^2}(a_1^2 + b_1^2 + \ldots + k_1^2 + l_1^2).$$

L'analyse que je viens d'employer s'applique à une question bien différente, *à la théorie des unités complexes les plus générales,* et donne ce théorème :

Soit m' le nombre des racines réelles et des couples *de racines imaginaires d'une équation irréductible à coefficients* *entiers et dont le premier coefficient est l'unité, si l'on a m' unités complexes quelconques, formées avec les racines de cette équation, elles peuvent toujours s'exprimer par les produits des puissances entières, positives ou négatives, de $m'-1$ autres convenablement choisies* (¹).

Nommons

$$\alpha_1, \quad \alpha_2, \quad \ldots, \quad \alpha_n$$

les racines réelles de l'équation proposée, et

$$\beta_1, \gamma_1; \quad \beta_2, \gamma_2; \quad \ldots; \quad \beta_{n'}, \gamma_{n'}$$

les divers couples de ses racines imaginaires. Soit encore

$$\varphi_i(\alpha) = a_i + \alpha b_i + \alpha^2 c_i + \ldots + \alpha^{m-1} l_i$$

une unité complexe quelconque, et

$$\log \varphi_i^2(\alpha) = (\alpha)_i,$$
$$\log \varphi_i(\beta)\varphi_i(\gamma) = (\beta, \gamma)_i,$$
$$F(\alpha) = x_1(\alpha)_1 + x_2(\alpha)_2 + \ldots + x_{m'}(\alpha)_{m'},$$
$$F(\beta, \gamma) = x_1(\beta, \gamma)_1 + x_2(\beta, \gamma)_2 + \ldots + x_{m'}(\beta, \gamma)_{m'};$$

je dis qu'il est toujours possible de déterminer, pour $x_1, x_2, \ldots, x_{m'}$, un système de valeurs entières, positives ou négatives, telles qu'on ait

$$(1) \qquad F(\alpha) = 0 \quad \text{ou} \quad \varphi_1^{2x_1}(\alpha)\varphi_2^{2x_2}(\alpha)\ldots\varphi_{m'}^{2x_{m'}}(\alpha) = 1.$$

Cette condition d'ailleurs aura nécessairement lieu à la fois pour toutes les racines, réelles ou imaginaires, puisqu'elles appartiennent, par hypothèse, à une équation irréductible.

Supposons, en effet, l'équation (1) impossible, et voyons quelles conséquences vont s'ensuivre.

(¹) Le théorème complet, savoir : *Qu'il y a effectivement, dans tous les cas, $m'-1$ unités complexes indépendantes par les produits des puissances desquelles on peut représenter toutes les autres*, est un des plus importants, mais aussi un des plus épineux de la Science des nombres. La démonstration rigoureuse de ce théorème a été donnée par M. Lejeune-Dirichlet dans les *Comptes rendus mensuels de l'Académie de Berlin* du 30 mars 1846. *Voir* aussi ceux d'octobre 1841 et d'avril 1842, et une Lettre du même auteur à M. Liouville. (*Journal de Mathématiques*, t. V; 1840.) JACOBI.

En premier lieu, deux systèmes distincts de valeurs entières des indéterminées, $x_1, x_2, \ldots, x_{m'}$, ne donneront jamais la même valeur de $F(\alpha)$. Car, ayant, par exemple,

$$x_1(\alpha)_1 + x_2(\alpha)_2 + \ldots + x_{m'}(\alpha)_{m'} = y_1(\alpha)_1 + y_2(\alpha)_2 + \ldots + y_{m'}(\alpha)_{m'},$$

on en déduirait

$$(x_1 - y_1)(\alpha)_1 + (x_2 - y_2)(\alpha)_2 + \ldots + (x_{m'} - y_{m'})(\alpha)_{m'} = 0,$$

c'est-à-dire une solution de l'équation (1), ce qui est contre l'hypothèse admise.

Cela posé, je considère la forme quadratique

$$\begin{aligned}\mathbf{F} = {} & F^2(\beta_1, \gamma_1) + F^2(\beta_2, \gamma_2) + \ldots + F^2(\beta_{n'}, \gamma_{n'}) \\ & + F^2(\alpha_1) + F^2(\alpha_2) + \ldots + F^2(\alpha_{n-1}) + \frac{x_{m'}^2}{\Delta^2},\end{aligned}$$

dont le déterminant est

$$D = \frac{1}{\Delta^2} \text{dét.} \begin{Bmatrix} (\alpha_1)_1 & (\alpha_1)_2 & \ldots & (\alpha_1)_{m'-1} \\ (\alpha_2)_1 & (\alpha_2)_2 & \ldots & (\alpha_2)_{m'-1} \\ \ldots & \ldots & \ldots & \ldots \\ (\alpha_{n-1})_1 & (\alpha_{n-1})_2 & \ldots & (\alpha_{n-1})_{m'-1} \\ (\beta_1, \gamma_1)_1 & (\beta_1, \gamma_1)_2 & \ldots & (\beta_1, \gamma_1)_{m'-1} \\ (\beta_2, \gamma_2)_1 & (\beta_2, \gamma_2)_2 & \ldots & (\beta_2, \gamma_2)_{m'-1} \\ \ldots & \ldots & \ldots & \ldots \\ (\beta_{n'}, \gamma_{n'})_1 & (\beta_{n'}, \gamma_{n'})_2 & \ldots & (\beta_{n'}, \gamma_{n'})_{m'-1} \end{Bmatrix}^2$$

et je le supposerai d'abord différent de zéro.

Dans ce cas, si je cherche les minima de la forme $\mathbf{F}$, pour des valeurs indéfiniment croissantes de Δ, il est clair qu'en posant

$$F(\alpha) = \log \Phi^2(\alpha)$$

et, par suite,

$$F(\beta, \gamma) = \log \Phi(\beta) \Phi(\gamma),$$

j'obtiendrai une infinité d'unités complexes, $\Phi(\alpha)$, toutes différentes, d'après la remarque précédemment faite, et dont les valeurs absolues réelles, ainsi que les modules des valeurs imaginaires, seront aussi voisins de l'unité qu'on voudra. Or on aurait de la sorte m' fonctions linéaires et homogènes, à m' indéterminées entières, qui seraient susceptibles de prendre une infinité de valeurs numériques inégales et comprises dans un intervalle limité, ce qui est absurde.

Lorsque le déterminant D sera différent de zéro, on peut donc satisfaire par des nombres entiers à l'équation

$$x_1(\alpha)_1 + x_2(\alpha)_2 + \ldots + x_{m'}(\alpha)_{m'} = 0.$$

Cela posé, je fais

$$\begin{array}{l} y_1(\alpha)_1 + y_2(\alpha)_2 + \ldots + y_{m'}(\alpha)_{m'} = \log \mathrm{Y}(\alpha), \\ z_1(\alpha)_1 + z_2(\alpha)_2 + \ldots + z_{m'}(\alpha)_{m'} = \log \mathrm{Z}(\alpha), \\ \ldots\ldots\ldots\ldots\ldots\ldots\ldots\ldots\ldots\ldots, \\ v_1(\alpha)_1 + v_2(\alpha)_2 + \ldots + v_{m'}(\alpha)_{m'} = \log \mathrm{V}(\alpha), \end{array}$$

les nombres entiers $y, z, \ldots, v$ étant pris de manière que le déterminant relatif à ces équations linéaires et à la précédente soit l'unité. Il est clair qu'on pourra tirer de là les valeurs des m' unités $\varphi_i(\alpha)$, exprimées par les produits des puissances entières de $\mathrm{Y}(\alpha)$, $\mathrm{Z}(\alpha)$, $\ldots$, $\mathrm{V}(\alpha)$, qui représentent d'autres unités complexes, au nombre seulement de $m' - 1$.

Il me reste à examiner le cas où le déterminant de la forme $\mathbf{F}$ est supposé s'évanouir. Soit alors

$$\begin{array}{l} \mathrm{F}_i(\alpha) = x_1(\alpha)_1 + x_2(\alpha)_2 + \ldots + x_{m'-i}(\alpha)_{m'-i}, \\ \mathrm{F}_i(\beta, \gamma) = x_1(\beta, \gamma)_1 + x_2(\beta, \gamma)_2 + \ldots + x_{m'-i}(\beta, \gamma)_{m'-i}, \end{array}$$

et soit D_i le déterminant de la forme

$$\begin{array}{l} \mathbf{F}_i = \mathrm{F}_i^2(\beta_1, \gamma_1) + \mathrm{F}_i^2(\beta_2, \gamma_2) + \ldots + \mathrm{F}_i^2(\beta_{n'}, \gamma_{n'}) \\ \qquad + \mathrm{F}_i^2(\alpha_1) + \mathrm{F}_i^2(\alpha_2) + \ldots + \mathrm{F}_i^2(\alpha_{n-1}) + \dfrac{x_{m'-i}^2}{\Delta^2}. \end{array}$$

Si l'on suppose D_{i-1} nul, on trouve, tout à fait comme précédemment, que $\Delta^2 \mathrm{D}_i$ s'obtient en faisant la somme des carrés des divers déterminants que fournit le système

$$\begin{array}{cccccccc} (\alpha_1)_1 & (\alpha_2)_1 & \ldots & (\alpha_{n-1})_1 & (\beta_1, \gamma_1)_1 & (\beta_2, \gamma_2)_1 & \ldots & (\beta_{n'}, \gamma_{n'})_1 \\ (\alpha_1)_2 & (\alpha_2)_2 & \ldots & (\alpha_{n-1})_2 & (\beta_1, \gamma_1)_2 & (\beta_2, \gamma_2)_2 & \ldots & (\beta_{n'}, \gamma_{n'})_2 \\ \ldots & \ldots & \ldots & \ldots & \ldots & \ldots & \ldots & \ldots \\ (\alpha_1)_{m'-1-i} & (\alpha_2)_{m'-1-i} & \ldots & (\alpha_{n-1})_{m'-1-i} & (\beta_1, \gamma_1)_{m'-1-i} & (\beta_2, \gamma_2)_{m'-1-i} & \ldots & (\beta_{n'}, \gamma_{n'})_{m'-1} \end{array}$$

en employant $m' - 1 - i$ lignes verticales. Considérant donc dans la série des formes

$$\mathbf{F}_1, \quad \mathbf{F}_2, \quad \ldots, \quad \mathbf{F}_{m'-2},$$

la première de celles dont le déterminant ne s'évanouit point [et la dernière est toujours dans ce cas ([1])], on obtiendra absolument les mêmes résultats que ceux auxquels nous sommes parvenus tout à l'heure, puisque le déterminant D_i devient d'une petitesse arbitraire pour des valeurs suffisamment grandes de Δ.

Je ne sais, Monsieur, si ces résultats et la méthode que j'ai employée sont connus, et nommément s'ils se trouvent déjà dans les travaux de M. Kummer, que vous avez eu la bonté de m'indiquer. M. Liouville sans doute les publierait de suite dans son Journal, si nous pouvions trouver un traducteur, et ce serait pour moi en particulier un grand plaisir de prendre connaissance de ces recherches d'après ce que vous m'en avez écrit. L'introduction du nombre complexe, auquel M. Kummer donne le nom *d'idéal*, m'intéresserait surtout au plus haut degré.

P. S. L'expression des unités complexes au moyen d'un nombre déterminé d'entre elles donne lieu à une remarque essentielle et que j'ai omise, lorsque les racines qui entrent dans leur composition sont toutes imaginaires. L'analyse que j'ai employée conduit alors de nouveau à isoler celle de ces unités dont le module analytique est *un*, si toutefois il en existe. C'est au reste le même résultat auquel je suis parvenu par une tout autre voie dans ma dernière Lettre.

([1]) Il faudrait excepter le cas où les unités complexes considérées auraient leurs modules analytiques égaux à l'unité. E. P.

SUR L'INTRODUCTION

DES

VARIABLES CONTINUES

DANS LA THÉORIE DES NOMBRES.

Journal de Crelle, tome 41.

I.

Amené depuis longtemps, par des recherches sur la théorie des fonctions elliptiques et abéliennes, à diverses questions d'Arithmétique transcendante, je viens offrir aux Lecteurs de ce Recueil quelques-uns des résultats auxquels je suis parvenu, et les principes de la méthode que j'ai suivie. Ces résultats sont relatifs surtout aux nombres complexes, considérés en général, ou plutôt à la théorie de certaines formes décomposables en facteurs linéaires et dont on verra plus bas la définition. Pour la méthode, son principal caractère consiste dans l'introduction, par un procédé général et très simple, de variables continues, qui font dépendre les questions relatives aux nombres entiers des principes analytiques les plus élémentaires. C'est là surtout ce que je me suis proposé de faire ressortir avec évidence, en revenant même sur une des théories exposées avec tant de profondeur et d'élégance dans les *Disquisitiones arithmeticæ* (la distribution en périodes des formes de déterminant positif), pour la présenter sous un nouveau point de vue. Quant aux questions nouvelles que j'ai essayé de traiter, je suis loin de les avoir approfondies autant que je l'aurais souhaité; aussi je demande l'indulgence du Lecteur pour ce que mon travail aura d'incomplet, espérant par la suite y revenir et le perfectionner.

II.

On connaît toute l'importance du problème général, dont l'objet est de distinguer si deux formes sont équivalentes ou non, et de trouver dans le premier cas toutes les transformations de l'une dans l'autre. Je m'occuperai, sous ce point de vue, des formes quadratiques définies, à un nombre quelconque de variables, et des formes binaires de degré quelconque, pour présenter d'une manière nouvelle ce que j'ai déjà dit dans le *Journal de Crelle*, tome 46. J'essayerai ensuite de fonder la théorie des nombres complexes, sur l'étude d'une série particulière de formes, que je définis de la manière suivante :

Soient

$$f(u) = u^n + A u^{n-1} + B u^{n-2} + \ldots + K u + L = 0$$

une équation irréductible à coefficients entiers, et

$$\varphi_i(u) = m_i u^{n-1} + p_i u^{n-2} + \ldots + r_i u + s_i$$

une fonction entière de u, à coefficients entiers : l'expression

$$\text{Norme } [X\varphi_1(u) + Y\varphi_2(u) + \ldots + V\varphi_n(u)]$$

sera évidemment une fonction homogène et à coefficients entiers des n variables, X, Y, ..., V. Je nomme encore Δ le déterminant du système

$$\begin{vmatrix} m_1 & p_1 & \ldots & r_1 & s_1 \\ m_2 & p_2 & \ldots & r_2 & s_2 \\ \ldots & \ldots & \ldots & \ldots & \ldots \\ m_n & p_n & \ldots & r_n & s_n \end{vmatrix}.$$

Cela étant, j'assimilerai à l'ensemble des formes quadratiques de même déterminant toutes les expressions

$$\Phi = \frac{1}{\Delta} \text{Norme } [X\varphi_1(u) + Y\varphi_2(u) + \ldots + V\varphi_n(u)],$$

dont les coefficients se réduiront à des nombres entiers. Ainsi il faut concevoir que la fonction $f(u)$ ne changeant point, on attribue à Δ la série indéfinie des valeurs entières, puis qu'on prenne, pour chaque valeur de Δ, tous les systèmes de nombres entiers m, p, ..., s, qui donnent à la norme le facteur Δ. Distribuer en classes distinctes toutes les expressions Φ, obtenues de la sorte, sera la question fondamentale d'une théorie analogue à celle des formes quadratiques binaires à facteurs réels, et qui indique sous quel point de vue j'envisage l'étude des nombres complexes.

La définition précédente peut être simplifiée en observant que toute forme Φ a une équivalente, dans laquelle le système

$$\begin{vmatrix} m_1 & p_1 & \dots & r_1 & s_1 \\ m_2 & p_2 & \dots & r_2 & s_2 \\ \dots & \dots & \dots & \dots & \dots \\ m_n & p_n & \dots & r_n & s_n \end{vmatrix},$$

dont le déterminant a pour valeur Δ, est remplacé par le suivant :

$$\begin{vmatrix} \delta & g & h & \dots & l \\ 0 & \delta_1 & h' & \dots & l' \\ 0 & 0 & \delta_2 & \dots & l'' \\ . & . & \dots & \dots & \dots \\ 0 & 0 & 0 & \dots & \delta_{n-1} \end{vmatrix}.$$

Les nombres entiers, désignés par les lettres g, h, ..., l, sont positifs et vérifient toutes les conditions

$$\begin{aligned} g < \delta_1, \quad h < \delta_2, \quad &\dots \quad l < \delta_{n-1}, \\ h' < \delta_2, \quad &\dots \quad l' < \delta_{n-1}, \\ &\dots\dots\dots\dots, \end{aligned}$$

et l'on a toujours

$$\delta\,\delta_1\,\delta_2\dots\delta_{n-1} = \Delta.$$

Ainsi, pour chaque valeur de Δ, on voit qu'il n'existe jamais qu'un nombre fini d'expressions Φ, distinctes. Mais je m'occuperai tout d'abord des formes binaires qui offrent, dans des circonstances analytiques plus simples, l'application des mêmes principes.

III.

La théorie connue de la réduction des formes quadratiques de déterminant négatif, étant le point de départ des recherches que je vais exposer, je le résumerai en peu de mots.

1° Toute forme

$$f = ax^2 + 2bxy + cy^2,$$

de déterminant négatif

$$b^2 - ac = -D,$$

a une équivalente

$$F = AX^2 + 2BXY + CY^2,$$

où le coefficient moyen $2B$ est, en valeur absolue, inférieur à A et C. Considérons en effet, l'ensemble des transformées déduites de f par la substitution

$$x = mX + m_0Y,$$
$$y = nX + n_0Y,$$

m, n, m_0, n_0 étant des entiers tels que

$$mn_0 - m_0n = 1;$$

puis réunissons dans un même groupe toutes celles où le coefficient de X^2 est le plus petit possible, et choisissons dans ce groupe la forme où le coefficient de Y^2 est lui-même un minimum : cette transformée remplira les conditions énoncées.

Pour le prouver, il suffit de faire voir qu'on ne peut supposer $\pm 2B > A$, puisque A est évidemment le minimum absolu de f, pour des valeurs entières des indéterminées, et ne peut surpasser C; or on en conclurait

$$A \mp 2B + C < C,$$

et la substitution

$$X = -X' + Y', \quad Y = -Y'$$

changerait F en

$$A(-X' + Y')^2 \mp 2BY'(-X' + Y') + CY'^2$$
$$= AX'^2 + 2(\pm B - A)X'Y' + (A \mp 2B + C)Y'^2,$$

transformée équivalente, où un coefficient moindre pour Y^2 est associé avec le même coefficient de X^2.

Les formes obtenues par la méthode qui vient d'être indiquée se nomment *formes réduites*, et il est évident que, pour une classe donnée, on a au plus deux réduites, qui ne diffèrent que par le signe du coefficient moyen.

2° Les conditions

$$\pm 2B < A, \quad \pm 2B < C$$

donnent

$$4B^2 < AC,$$

d'où l'on tire, à cause de $D = AC - B^2$, les limitations suivantes :

$$B^2 < \tfrac{1}{3} D, \qquad AC < \tfrac{4}{3} D.$$

On en déduit immédiatement que les formes à coefficients entiers de même déterminant peuvent être distribuées en un nombre limité de classes, puisqu'elles ne donnent qu'un nombre limité de réduites distinctes.

3° Les conditions

$$\pm 2B < A, \qquad \pm 2B < C$$

sont complètement caractéristiques des formes réduites. En effet, supposons, pour fixer les idées, B positif et prenons

$$F(x, y) = Ax^2 - 2Bxy + Cy^2,$$

les équations identiques

$$\begin{aligned} F(x-1, y) &= F(x, y) - A(x-y) - y(A-2B) - A(x-1), \\ F(x, y-1) &= F(x, y) - C(y-x) - x(C-2B) - C(y-1) \end{aligned}$$

montrent qu'on diminue la valeur numérique de la forme en diminuant d'une unité celle des deux indéterminées dont la valeur absolue est la plus grande. On conclut de là que A et C sont les deux premiers minima de F, pour des valeurs entières des indéterminées; le troisième minimum est $A - 2B + C$. Cette démonstration de la proposition énoncée est due à Legendre; je me suis servi de la propriété importante des formes réduites sur laquelle elle se fonde, dans ma recherche du minimum d'une forme ternaire définie, pour des valeurs entières des indéterminées, dont l'une est supposée égale à l'unité.

IV.

Comme première application des résultats précédents, considérons la forme suivante :

$$f = (x - ay)^2 + \frac{y^2}{\Delta^2},$$

dans laquelle a et Δ sont des quantités réelles quelconques; soient

$$F = AX^2 + 2BXY + CY^2$$

sa réduite et

$$x = mX + m_0 Y,$$
$$y = nX + n_0 Y$$

la substitution propre à l'obtenir. La condition $AC < \frac{4}{3} D$ donne, pour le coefficient minimum A, la limite $\sqrt{\frac{4}{3} D}$; on a d'ailleurs

$$D = \frac{1}{\Delta^2}, \qquad A = (m - an)^2 + \frac{n^2}{\Delta^2};$$

donc : *Pour une valeur donnée de* Δ, *on peut toujours déterminer deux entiers* m *et* n, *tels qu'on ait*

$$(m - an)^2 + \frac{n^2}{\Delta^2} < \frac{1}{\Delta}\sqrt{\frac{4}{3}}.$$

Or de là se tirent plusieurs conséquences :

1° Le produit des deux facteurs $(m - an)^2$ et $\frac{n^2}{\Delta^2}$ étant toujours inférieur à son maximum, savoir :

$$\frac{1}{4}\left[(m - an)^2 + \frac{n^2}{\Delta^2}\right]^2,$$

on aura *a fortiori*

$$(m - an)^2 \frac{n^2}{\Delta^2} < \frac{1}{3\Delta^2}$$

ou

$$m - an < \frac{1}{n\sqrt{3}}.$$

On a d'ailleurs à la fois

$$(m - an)^2 < \frac{1}{\Delta}\sqrt{\frac{4}{3}}, \qquad \frac{n^2}{\Delta^2} < \frac{1}{\Delta}\sqrt{\frac{4}{3}} \quad \text{ou} \quad n^2 < \Delta\sqrt{\frac{4}{3}};$$

donc, on peut approcher indéfiniment d'une quantité quelconque a par des fractions $\frac{m}{n}$, de telle sorte que l'erreur $\frac{m}{n} - a$ soit toujours moindre que $\frac{1}{n^2\sqrt{3}}$.

2° Les deux entiers m et n donnant, pour une certaine valeur de Δ, le minimum de f, on ne saurait avoir deux autres nombres entiers m', n', tels que n' soit $< n$ et $(m' - an')^2 < (m - an)^2$; donc, $m - an$ représente un minimum absolu de la fonction linéaire $x - ay$, relativement à toute valeur entière de x et à des valeurs entières de y qui ne surpassent pas n. Donc encore $\frac{m}{n}$ approche plus de a que toute autre fraction de dénominateur moindre, car l'hypothèse $n' < n$ entraînant $(m' - an')^2 > (m - an)^2$ on en déduit immédiatement

$$\left(\frac{m'}{n'} - a\right)^2 > \left(\frac{m}{n} - a\right)^2.$$

3° Laissant de côté la recherche complète de tous les minima de la fonction $\frac{x}{y} - a$, ces minima étant relatifs à des valeurs entières de x et à des valeurs entières de y, inférieures à une limite donnée qu'on fait grandir indéfiniment : je considère deux minima consécutifs de f, auxquels correspondent deux systèmes distincts $x = m$, $y = n$, puis $x = m'$, $y = n'$.

On devra concevoir deux valeurs infiniment voisines de Δ, auxquelles appartiennent successivement les deux systèmes, de sorte qu'en désignant par δ une quantité infiniment petite, on ait

$$(m - an)^2 + \frac{n^2}{\Delta^2} < \frac{1}{\Delta}\sqrt{\frac{4}{3}},$$

$$(m' - an')^2 + \frac{n'^2}{(\Delta + \delta)^2} < \frac{1}{\Delta + \delta}\sqrt{\frac{4}{3}},$$

en mettant la seconde inégalité sous la forme

$$(m' - an')^2 + \frac{n'^2}{\Delta^2} < \frac{1}{\Delta}\sqrt{\frac{4}{3}} + \varepsilon,$$

ε étant encore infiniment petit, et multipliant membre à membre, il viendra

$$\left[(m - an)(m' - an') + \frac{nn'}{\Delta^2}\right]^2 + \left(\frac{mn' - nm'}{\Delta}\right)^2 < \frac{4}{3\Delta^2} + \frac{\varepsilon}{\Delta}\sqrt{\frac{4}{3}}.$$

On en conclut, en négligeant ε vis-à-vis des quantités finies,

$$(mn' - nm')^2 < \frac{4}{3},$$

et, par suite,

$$mn' - nm' = \pm 1.$$

Cette relation prouve, entre autres choses, qu'étant données trois fractions consécutives, $\frac{m}{n}$, $\frac{m'}{n'}$, $\frac{m''}{n''}$, on aura cette loi de formation :

$$m'' = km' \pm m, \qquad n'' = kn' \pm n,$$

k étant entier. On peut toujours, en effet, supposer deux inconnues, k, l, définies par les deux équations

$$m'' = km' + lm, \qquad n'' = kn' + ln,$$

lesquelles donnent

$$l = \frac{m''n' - n''m'}{mn' - m'n} = \pm 1,$$

le numérateur ayant, aussi bien que le dénominateur, l'unité pour valeur absolue.

V.

Ce qu'on vient de voir, sur l'approximation des quantités par des fractions rationnelles, était connu par la théorie des fractions continues; en faisant dépendre ces résultats de la seule notion de formes réduites de déterminant négatif, j'ai eu pour but de donner un premier exemple de l'emploi d'une variable continue dans une question relative aux nombres entiers, et aussi de faire voir comment cette longue chaîne de vérités, propres à l'Arithmétique transcendante, se lie dans l'origine aux éléments de l'Algèbre. La recherche complète des conditions d'équivalence de deux formes de déterminant négatif se présenterait, maintenant, comme conséquence des résultats qui viennent d'être obtenus, mais je ne saurais pour cela que reproduire l'Ouvrage même de M. Gauss. Laissant donc de côté les propositions importantes qui se rapportent à l'équivalence propre et impropre, aux formes ambiguës, j'arrive à la théorie des fonctions homogènes, telles que

$$f(x, y) = a_0 x^n + a_1 x^{n-1} y + \ldots + a_{n-1} x y^{n-1} + a_n y^n.$$

1° Désignons par $x + \alpha y$ les facteurs linéaires réels, et par $x + \beta y$, $x + \gamma y$ les facteurs imaginaires conjugués de la forme proposée, de telle sorte qu'on ait

$$f(x, y) = a_0 (x + \alpha_1 y)(x + \alpha_2 y) \ldots \\ (x + \alpha_\mu y)(x + \beta_1 y)(x + \gamma_1 y) \ldots (x + \beta_\nu y)(x + \gamma_\nu y)$$

et

$$\mu + 2\nu = n;$$

composons ensuite, avec ces facteurs et avec des quantités réelles,

$t_1, t_2, \ldots, u_1, u_2, \ldots,$ la forme quadratique définie

$$\varphi(x,y) = t_1^2(x+\alpha_1 y)^2 + t_2^2(x+\alpha_2 y)^2 + \ldots + t_\mu^2(x+\alpha_\mu y)^2$$
$$+ 2u_1^2(x+\beta_1 y)(x+\gamma_1 y) + \ldots + 2u_\nu^2(x+\beta_\nu y)(x+\gamma_\nu y).$$

Cela étant, on concevra qu'on calcule la suite indéfinie des substitutions propres à réduire φ, lorsque les variables t et u passent par tous les états possibles de grandeur. Chacune de ces substitutions, faite dans f, donnera une certaine transformée; nous désignerons leur ensemble par le symbole (f). Or une première observation consistera en ceci :

f et F étant équivalentes, (f) et (F) seront composés des mêmes formes.

Pour le démontrer, soit

$$x = m\mathrm{X} + m_0\mathrm{Y}, \qquad y = n\mathrm{X} + n_0\mathrm{Y}$$

la substitution qui change f en

$$\mathrm{F} = \mathrm{A}_0\mathrm{X}^n + \mathrm{A}_1\mathrm{X}^{n-1}\mathrm{Y} + \ldots + \mathrm{A}_{n-1}\mathrm{X}\mathrm{Y}^{n-1} + \mathrm{A}_n\mathrm{Y}^n;$$

posons

$$\mathfrak{a} = \frac{m_0+\alpha n_0}{m+\alpha n}, \qquad \mathfrak{b} = \frac{m_0+\beta n_0}{m+\beta n}, \qquad \mathfrak{c} = \frac{m_0+\gamma n_0}{m+\gamma n};$$

on aura

$$\mathrm{F} = \mathrm{A}_0(\mathrm{X}+\mathfrak{a}_1\mathrm{Y})\ldots(\mathrm{X}+\mathfrak{a}_\mu\mathrm{Y})(\mathrm{X}+\mathfrak{b}_1\mathrm{Y})(\mathrm{X}+\mathfrak{c}_1\mathrm{Y})\ldots$$
$$(\mathrm{X}+\mathfrak{b}_\nu\mathrm{Y})(\mathrm{X}+\mathfrak{c}_\nu\mathrm{Y}),$$

et la forme quadratique Φ composée avec F, comme φ avec f, sera

$$\Phi = \mathrm{T}_1^2(\mathrm{X}+\mathfrak{a}_1\mathrm{Y})^2 + \ldots + \mathrm{T}_\mu^2(\mathrm{X}+\mathfrak{a}_\mu\mathrm{Y})^2$$
$$+ 2\mathrm{U}_1^2(\mathrm{X}+\mathfrak{b}_1\mathrm{Y})(\mathrm{X}+\mathfrak{c}_1\mathrm{Y}) + \ldots + 2\mathrm{U}_\nu^2(\mathrm{X}+\mathfrak{b}_\nu\mathrm{Y})(\mathrm{X}+\mathfrak{c}_\nu\mathrm{Y}).$$

Cela posé, si l'une des formes de (f) a été obtenue en faisant dans f la substitution propre à réduire φ, lorsqu'on y suppose, en général,

$$t = \tau, \qquad u = \upsilon;$$

je dis que la même forme se trouvera dans (F) et aura été obtenue en réduisant Φ dans l'hypothèse

$$\mathrm{T}^2 = \tau^2(m+\alpha n)^2, \qquad \mathrm{U}^2 = \upsilon^2(m+\beta n)(m+\gamma n).$$

Soient, pour abréger, P la substitution qui transforme f en F et Q la substitution propre à réduire φ; on vérifiera d'abord immédiatement que, par la substitution P, φ devient Φ : donc, réciproquement, par la substitution inverse P^{-1}, Φ devient φ, de telle sorte enfin que φ et Φ se changent en une seule et même forme réduite par les substitutions Q et $P^{-1}Q$.

Maintenant ces deux substitutions, faites respectivement dans f et F, donnent une même forme, la substitution inverse P^{-1} ramenant tout d'abord F à f.

Il est ainsi prouvé que toutes les formes de (f) sont dans (F); la réciproque est évidente, car on peut raisonner de F à f absolument comme on l'a fait de f à F; (f) et (F) sont donc identiques.

2° C'est parmi les formes dont l'ensemble a été désigné par (f) que nous choisirons une réduite pour représenter la classe entière à laquelle appartient f; dans ce but, nous allons établir quelques résultats préliminaires.

Soit, pour un système déterminé de valeurs de t et u,

$$x = mX + m_0 Y, \qquad y = nX + n_0 Y$$

a substitution propre à réduire φ; en conservant les notations précédentes la transformée réduite Φ sera

$$\begin{aligned}\Phi = {} & T_1^2(X + a_1 Y)^2 + \ldots + T_\mu^2(X + a_\mu Y)^2 \\ & + 2U_1^2(X + b_1 Y)(X + c_1 Y) + \ldots + 2U_\nu^2(X + b_\nu Y)(X + c_\nu Y),\end{aligned}$$

les quantités T et U ayant pour valeurs

$$T^2 = t^2(m + \alpha n)^2, \qquad U^2 = u^2(m + \beta n)(m + \gamma n).$$

La transformée déduite de f, par la même substitution, sera également représentée par

$$\begin{aligned}F &= A_0 X^n + A_1 X^{n-1} Y + \ldots + A_{n-1} X Y^{n-1} + A_n Y^n \\ &= A_0(X + a_1 Y)\ldots(X + a_\mu Y)(X + b_1 Y)(X + c_1 Y)\ldots(X + b_\nu Y)(X + c_\nu Y).\end{aligned}$$

Soit encore, pour abréger,

$$\Phi = PX^2 + 2QXY + RY^2,$$

de sorte que

$$\begin{aligned} T_1^2 + \ldots + T_\mu + 2U_1^2 + \ldots + 2U_\nu^2 &= P, \\ a_1^2 T_1^2 + \ldots + a_\mu^2 T_\mu^2 + 2 b_1 c_1 U_1^2 + \ldots + 2 b_\nu c_\nu U_\nu^2 &= R. \end{aligned}$$

On pourra faire, en général,

$$T = \omega\sqrt{P}, \qquad U = \varpi\sqrt{P},$$
$$aT = \varphi\sqrt{R}, \qquad \sqrt{(bc)}U = \psi\sqrt{R};$$

les quantités ω, ϖ d'une part, φ, ψ de l'autre, donnent les équations correspondantes

$$\omega_1^2 + \ldots + \omega_\mu^2 + 2\varpi_1^2 + \ldots + 2\varpi_\nu^2 = 1,$$
$$\varphi_1^2 + \ldots + \varphi_\mu^2 + 2\psi_1^2 + \ldots + 2\psi_\nu^2 = 1.$$

Enfin, nous remplacerons l'équation unique

$$\sqrt{(bc)}U = \psi\sqrt{R},$$

par les deux suivantes

$$bU = \psi\sqrt{R}\,e^{i\lambda}, \qquad cU = \psi\sqrt{R}\,e^{-i\lambda},$$

λ étant l'argument de l'imaginaire b. Cela posé, nous transformerons comme il suit l'expression en facteurs linéaires de F. Multiplions les facteurs réels $X + aY$ par T, et chacun des facteurs imaginaires conjugués $X + bY$, $X + cY$ par U; on aura d'abord

$$T_1T_2\ldots T_\mu U_1^2U_2^2\ldots U_\nu^2 F = A_0\ldots(TX + aTY)(UX + bUY)(UX + cUY)\ldots;$$

puis, en introduisant les quantités ω, ϖ, φ, ψ, et représentant, pour abréger, $T_1T_2\ldots T_\mu U_1^2U_2^2\ldots U_\nu^2$ par (TU),

$$F = \frac{A_0}{(TU)}\ldots(\omega\sqrt{P}X + \varphi\sqrt{R}Y)(\varpi\sqrt{P}X + e^{i\lambda}\psi\sqrt{R}Y)(\varpi\sqrt{P}X + e^{-i\lambda}\psi\sqrt{R}Y)\ldots$$

Or telle est l'expression de F à laquelle nous voulions arriver; par une simple raison d'homogénéité on en déduit cette conséquence importante, savoir :

Le produit de deux coefficients de F, *également éloignés des extrêmes, s'exprime de la manière suivante :*

$$A_iA_{n-i} = \frac{A_0^2(PR)^{\frac{1}{2}n}}{(TU)^2}\,(i),$$

la quantité désignée par (i) *dépendant seulement de* ω, ϖ, φ, ψ *et* λ.

On a, par exemple,

$$A_0 A_n = \frac{A_0^2 (PR)^{\frac{1}{2}n}}{(TU)^2} \omega_1 \ldots \omega_\mu \varphi_1 \ldots \varphi_\mu \varpi_1^2 \ldots \varpi_\nu^2 \psi_1^2 \ldots \psi_\nu^2.$$

3° Cette quantité (i), qui est évidemment réelle, a une valeur numérique essentiellement limitée, et dont le maximum s'obtient, quel que soit i, en annulant les arguments λ, et, en faisant

$$\omega = \varpi = \varphi = \psi = \frac{1}{\sqrt{n}},$$

on obtient ainsi la limite

$$(i) < \frac{1}{n^n} \left(\frac{n.n-1\ldots n-i+1}{1.2\ldots i} \right)^2.$$

Je pense pouvoir supprimer la démonstration, qu'on trouvera sans peine.

4° Il n'a point été introduit jusqu'ici que la forme quadratique Φ soit réduite. Or cette condition donne, en représentant par D le déterminant $PR - Q^2$,

$$PR < \tfrac{4}{3} D,$$

d'où l'on déduit la limitation

$$A_i A_{n-i} < \left(\frac{4}{3}\right)^{\frac{1}{2}n} (i) \frac{A_0^2 D^{\frac{1}{2}n}}{(TU)^2}.$$

On est ainsi conduit à étudier avec attention l'expression

$$\theta = \frac{A_0^2 D^{\frac{1}{2}n}}{(TU)^2},$$

et, en premier lieu, à chercher comment elle dépend des variables t, u restées entièrement arbitraires. J'observe à cet effet qu'on a

$$A_0 = f(m, n) = a_0(m + \alpha_1 n)\ldots(m + \alpha_\mu n)(m + \beta_1 n)(m + \gamma_1 n)\ldots (m + \beta_\nu n)(m + \gamma_\nu n).$$

On a posé d'ailleurs

$$T^2 = t^2(m + \alpha n)^2, \qquad U^2 = u^2(m + \beta n)(m + \gamma n),$$

et l'on en déduit immédiatement que

$$\frac{A_0^2}{(TU)^2} = \frac{a_0^2}{(tu)^2}.$$

En second lieu, le déterminant $PR - Q^2$ de Φ peut être remplacé par le déterminant de φ, où n'entrent que les variables t et u; on a ainsi

$$\theta = \frac{a_0^2 D^{\frac{1}{2}n}}{(tu)^2}.$$

Telle est donc la fonction de t, u et des qualités propres seulement à la forme f, et qui sert à limiter les coefficients de toutes les formes contenues dans (f).

5° Il importe de bien voir comment cette fonction θ est liée analytiquement à la classe entière des formes équivalentes à f. A cet effet, considérons une transformée quelconque F, déduite de f par la substitution

$$x = mX + m_0Y, \qquad y = nX + n_0Y.$$

La fonction Θ, relative à F, s'obtiendra en remplaçant dans θ les quantités

$$a_0, \quad \alpha, \quad \beta, \quad \gamma$$

respectivement par

$$A_0, \quad \mathfrak{a}, \quad \mathfrak{b}, \quad \mathfrak{c}.$$

Mettons encore à la place des variables t et u, de θ, d'autres lettres T et U; cela fait, je dis que θ et Θ coïncideront en prenant

$$T^2 = t^2(m + \alpha n)^2, \qquad U^2 = u^2(m + \alpha n)(m + \beta n).$$

Effectivement, on trouvera comme tout à l'heure

$$\frac{A_0^2}{(TU)^2} = \frac{a_0^2}{(tu)^2}.$$

D'autre part, ainsi qu'on l'a établi précédemment, la forme quadratique Φ, composée avec F, de même que φ avec f, savoir :

$$\Phi = T_1^2(X + \mathfrak{a}_1Y)^2 + \ldots + T_\mu^2(X + \mathfrak{a}_\mu Y)^2 + 2U_1^2(X + \mathfrak{b}_1Y)(X + \mathfrak{c}_1Y) + \ldots$$

ou bien, dans l'hypothèse admise,

$$\Phi = t_1^2(m + \alpha_1 n)^2(X + \mathfrak{a}_1Y)^2 + \ldots + t_\mu^2(m + \alpha_\mu n)^2(X + \mathfrak{a}_\mu Y)^2 + \ldots$$

se déduira de φ par la substitution

$$x = mX + m_0Y, \qquad y = nX + n_0Y;$$

donc les déterminants de ces deux formes seront les mêmes; donc le rapport établi entre les variables de Θ et celles de θ rend ces deux fonctions identiques.

De là se tirent deux conséquences importantes.

Premièrement : Les fonctions θ et Θ, relatives à deux formes équivalentes f et F, prennent les mêmes valeurs lorsque les variables passent par tous les états de grandeur, et ont même minimum. Ce minimum sera pour nous la définition du déterminant de la forme binaire de degré quelconque.

Secondement : Les formes quadratiques φ et Φ, déduites de deux formes différentes f et F, avec les valeurs de t et u d'une part, T et U de l'autre, qui donnent le minimum des fonctions θ et Θ, deviendront équivalentes en même temps que f et F. Ainsi, Φ se déduira de φ, par la même substitution que F de f. Pour rappeler cette propriété, nous appellerons, dorénavant, la forme quadratique φ *la correspondante de f*.

VI.

Les considérations précédentes nous conduisent à nommer *formes binaires de même déterminant* l'ensemble des fonctions homogènes de même degré, pour lesquelles le minimum absolu de la fonction θ aura une même valeur. Nous donnerons aussi le nom de *réduites* d'une forme f à la forme unique, ou aux formes de l'ensemble (f), qui correspondent à ce minimum de θ. Cela étant, on établira facilement ces propositions :

1° *Les formes équivalentes ont les mêmes réduites.*

Supposons que le minimum de la fonction θ, relative à f, s'obtienne pour les valeurs

$$t = \tau, \qquad u = \upsilon;$$

le même minimum de la fonction Θ, relative à une transformée équivalente F, déduite de f, en faisant

$$x = mX + m_0 Y, \qquad y = nX + n_0 Y,$$

correspondra aux valeurs

$$T^2 = \tau^2(m + \alpha n)^2, \qquad U = \upsilon^2(m + \beta n)(m + \gamma n).$$

Or il a été démontré plus haut que les formes de (f) et (F) correspondantes à des valeurs de t, u, T, U, liées de cette manière, étaient précisément les mêmes.

Cette proposition fait dépendre l'équivalence de deux formes, de l'égalité absolue entre les réduites, ou les groupes de réduites qui leur correspondent.

2° *Les formes à coefficients entiers, de même déterminant* θ, *se distribuent en un nombre fini de classes.*

Toutes ces formes ne donnent, en effet, qu'un nombre limité de réduites, car ces réduites étant représentées par

$$F = A_0 X^n + A_1 X^{n-1} Y + \ldots + A_{n-1} X Y^{n-1} + A_n Y^n,$$

on a, pour toutes les valeurs du nombre entier i, de zéro à n, la limitation

$$A_i A_{n-i} < \left(\frac{4}{3}\right)^{\frac{1}{2}n} \frac{1}{n^n} \left(\frac{n.n-1\ldots n-i+1}{1.2\ldots i}\right)^2 \theta.$$

VII.

Pour première application des principes qui viennent d'être exposés, nous considérons les formes quadratiques à facteurs réels. Alors la fonction θ, comme on le voit immédiatement, est indépendante des variables t_1, t_2 et se réduit à l'expression connue du déterminant. On a alors l'exemple unique dans les formes à deux indéterminées, mais qui se reproduira dans la suite de ces recherches, et un peu plus étendu, d'un nombre infini de réduites pour une forme donnée. Effectivement, les variables t_1, t_2 restant arbitraires, les réduites d'une forme f donnent l'ensemble désigné par le symbole (f), et il s'agit maintenant de les obtenir par la réduction continuelle de la forme définie φ, lorsque les variables passent par tous les états de grandeur. Pour employer les notations habituelles, nous poserons

$$f = ax^2 + 2bxy + cy^2 = a(x + \alpha y)(x + \alpha' y);$$

on aura

$$\theta = a^2 \frac{t_1^2 t_2^2 (\alpha - \alpha')^2}{t_1^2 t_2^2} = a^2(\alpha - \alpha')^2 = 4(b^2 - ac),$$

et, en introduisant dans φ le rapport $\left(\frac{t_2}{t_1}\right)^2$, qui y figure seul au fond,

$$\varphi = (x + \alpha y)^2 + \lambda(x + \alpha' y)^2;$$

de sorte que l'ensemble (f) des réduites s'obtiendra en faisant dans f toutes les substitutions propres à réduire φ, lorsque λ varie d'une manière continue de zéro à l'infini.

En restant dans le cas général, où les coefficients de f sont des quantités quelconques, nous nous fonderons d'abord sur l'observation suivante :

1° Concevons qu'on attribue aux indéterminées de φ tous les systèmes possibles de valeurs entières; soient considérés toutefois comme distincts deux systèmes, tels que x, y et $-x$, $-y$, et qu'on range par ordre croissant de grandeur les valeurs obtenues.

On aura ainsi une suite qui dépendra de la valeur de λ, et que nous désignerons par le symbole (λ); en ayant soin, si plusieurs systèmes des indéterminées reproduisaient une même valeur de φ, de les réunir pour les comprendre dans un même groupe.

Cela étant, faisons croître λ d'une manière continue de zéro à l'infini positif, et cherchons comment s'introduisent des changements dans l'ordre des termes de l'ensemble (λ). J'observe à cet effet que tous ces termes sont des fonctions continues de λ, de telle sorte qu'en passant d'une valeur déterminée λ_0 à une autre infiniment voisine, $\lambda_0 + d\lambda$, on n'altérera jamais l'ordre de deux termes consécutifs, tant que leur différence sera une quantité finie. Mais supposons que les groupes formés de la réunion de deux ou plusieurs termes offrent, pour la valeur particulière λ_0, des valeurs numériques égales; on voit clairement que deux termes réunis pour $\lambda = \lambda_0$ auront d'abord été séparés, puis auront interverti leurs rangs, en passant d'une valeur un peu inférieure à une valeur un peu supérieure à λ_0. Car, en représentant λ par une abscisse, ces deux termes seraient les ordonnées de deux droites qui, après leur intersection, changent de position relative par rapport à l'axe des x.

C'est donc toujours en devenant égaux que deux termes consécutifs échangent leurs places pour entrer dans une suite nouvelle. Avec cette observation bien simple, l'opération arithmétique de la réduction continuelle de φ, pour toutes les valeurs positives de λ, de zéro à l'infini, devient facile à saisir, comme on va le voir.

2° Prenons pour point de départ une transformée déduite de φ, dont les coefficients extrêmes soient inégaux. Ces coefficients représenteront, comme on l'a établi, les deux premiers minima de φ; donc, lorsque λ, croissant d'une manière continue, atteint la limite au delà de laquelle une nouvelle réduite vient s'offrir, l'une ou l'autre de ces deux circonstances aura nécessairement lieu. Ou bien le troisième minimum deviendra égal au second, puis le remplacera, ou bien les deux premiers minima deviendront eux-mêmes égaux et intervertiront leur ordre. Le premier cas pourra d'abord se présenter plusieurs fois de suite, mais le second finira nécessairement par arriver; car, à moins d'être indépendant de λ, un même terme ne pourrait toujours être le premier minimum. Il est évident d'ailleurs qu'il n'aura lieu qu'une seule fois; ce qui conduit à le considérer d'une manière particulière. Nous nommerons donc *réduites principales* les formes de (f), auxquelles correspondent des réduites de φ dont les coefficients extrêmes sont égaux; toutes les autres recevront le nom d'*intermédiaires*. Cela posé, lorsque, λ croissant d'une manière continue, une transformée réduite de φ cesse de l'être, par suite de l'échange du troisième minimum avec le second, la substitution propre à obtenir la réduite suivante sera nécessairement

$$x = X + Y, \qquad y = Y,$$

ou son inverse

$$x = X - Y, \qquad y = Y.$$

En effet, le coefficient de X^2 reste égal au premier minimum, et celui de Y^2 est bien le troisième, en employant la première ou la seconde substitution, selon que le coefficient moyen sera négatif ou positif. De la même manière on obtiendra donc ainsi toute réduite intermédiaire de (f) au moyen de la réduite précédente. En second lieu, si une réduite de φ cesse de l'être, par suite de l'échange des deux premiers minima, on aura la substitution

$$x = Y, \qquad y = -X.$$

Mais alors on sera parvenu à l'une des réduites principales de (f), que cette substitution changera en son associée opposée. Et en continuant les opérations, on verra de nouveau s'offrir une suite de réduites intermédiaires, puis une réduite principale suivie de son associée opposée, et ainsi jusqu'à l'infini. Nommons, pour abréger, P et Q les substitutions

$$x = X + Y, \qquad y = Y \qquad \text{et} \qquad x = Y, \qquad y = -X:$$

en partant d'une réduite principale, de rang quelconque, la substitution pour obtenir la suivante sera Q, suivie de P ou son inverse P^{-1}, prise autant de fois de suite qu'il se présentera de formes intermédiaires, c'est-à-dire QP^i, le nombre entier i étant positif ou négatif. Et, en général, on peut résumer les opérations relatives à la réduction de la forme φ, pour toutes les valeurs de λ, croissant d'une manière continue de zéro à l'infini positif dans la formule

$$\ldots QP^i QP^j QP^k \ldots .$$

3° Les formes de (f), que nous avons nommées *principales*, ont des caractères distinctifs de toutes les autres, et qu'il importe d'établir.

A cet effet, soit

$$F = AX^2 + 2BXY + CY^2 = A(X + aY)(X + a'Y)$$

une transformée quelconque de f, obtenue par la substitution

$$x = mX + m_0 Y, \qquad y = nX + n_0 Y,$$

on prouvera d'abord immédiatement que F appartiendra à (f), si la forme définie

$$\Phi = (X + aY)^2 + \lambda(X + a'Y)^2$$

est réduite, en attribuant à λ une valeur positive convenable, et cette condition est à la fois nécessaire et suffisante. Mais, si l'on veut de plus que F soit une forme principale, il faut qu'on puisse faire

$$1 + \lambda = a^2 + \lambda a'^2;$$

ainsi, l'une des quantités a et a' doit être plus grande et l'autre plus petite que l'unité. D'ailleurs, d'après la valeur de λ, Φ devient

$$\Phi = \left(\frac{a^2 - a'^2}{1 - a'^2}\right)\left(X^2 + Y^2 + 2\,\frac{1 + aa'}{a + a'}\,XY\right);$$

donc, pour que ce soit une forme réduite, on doit poser

$$4\left(\frac{1 + aa'}{a + a'}\right)^2 < 1.$$

Réciproquement, cette condition nécessaire est à elle seule suffisante, car on peut l'écrire ainsi :

$$4(1 - a^2)(1 - a'^2) + 3(a + a')^2 < 0;$$

donc, $1 - a^2$ et $1 - a'^2$ sont de signes contraires, et il est possible de prendre pour Φ la valeur particulière

$$(1-a'^2)(X+aY)^2-(1-a^2)(X+a'Y)^2=(a^2-a'^2)\left(X^2+Y^2+2\frac{1+aa'}{a+a'}XY\right),$$

qui est bien une forme définie réduite, dont les coefficients extrêmes sont égaux.

Ainsi, pour qu'une transformée $F = (A, B, C)$ soit une réduite principale, il faut et il suffit que la valeur absolue du coefficient moyen ne soit pas inférieure à la valeur absolue de la somme des coefficients extrêmes.

4° On a supposé implicitement, dans tout ce qui précède, qu'à une forme définie donnée corresponde toujours une réduite unique. Il en est effectivement ainsi en général; cependant nous devons tenir compte des cas d'exception, qui se présentent précisément dans les conditions précédentes, savoir, lorsque le second et le troisième, ou bien les deux premiers minima, sont égaux entre eux. On a alors deux réduites qui diffèrent seulement par le signe du coefficient moyen et, dans (f), deux formes différentes qui leur correspondent. Mais, de ces deux formes, l'une d'elles répond à la réduite unique pour une valeur de λ un peu inférieure, l'autre à la réduite unique pour une valeur de λ un peu supérieure à celle qui rend égaux les deux minima. Enfin, dans le cas plus particulier où les trois premiers minima seraient tous égaux, on aurait une forme définie proportionnelle à $x^2 \pm xy + y^2$, et susceptible de se transformer elle-même par une substitution de la forme $P^{\mp 1}Q$. Quatre formes de (f), correspondantes à cette réduite, seront alors deux principales et leurs opposées.

VIII.

Nous avons toujours supposé jusqu'ici que les coefficients de la forme quadratique f étaient des quantités quelconques. Voyons maintenant les circonstances remarquables qui se présentent lorsqu'on les suppose entiers. Alors l'ensemble (f) des réduites ne comprend plus qu'un nombre fini de formes distinctes, puisque leurs coefficients sont limités. Donc, lorsque la réduction continuelle de φ, pour des valeurs croissantes de λ, aura conduit à une forme déjà obtenue, la nature même des opérations montre clairement qu'elles se reproduiront dès lors périodiquement en faisant croître λ jusqu'à l'infini, ou en le faisant décroître jusqu'à zéro. Ainsi (f) sera composé d'un groupe de formes en nombre fini se reproduisant une infinité de fois. Nous pouvons donc raisonner comme le fait M. Gauss, § 187, pour obtenir toutes les classes distinctes de formes de déterminant D. Calculons pour cela l'ensemble Ω des réduites principales, en employant tous les nombres A, B, C satisfaisant aux conditions

$$B^2 - AC = D, \qquad B^2 \geqq (A + C)^2,$$

et prenons l'une d'elles, F. Il résulte immédiatement de nos principes qu'à la période des réduites principales de (F) appartiendront toutes les formes équivalentes de Ω. Cette période obtenue, on prendra une autre forme G de Ω qui n'y soit pas comprise, et l'on calculera de même la période des réduites principales de (G). De là on déduira une nouvelle classe distincte de la précédente, et l'on poursuivra les mêmes opérations jusqu'à ce qu'on ait épuisé toutes les formes de Ω. Alors on aura obtenu toutes les classes différentes de déterminant D, représentées chacune, non par une forme unique, mais par une période répétée indéfiniment d'un petit nombre de réduites principales. Ces périodes ne coïncident pas absolument avec celles de M. Gauss, comme on le voit par la définition des réduites données § 183. Remarquons néanmoins qu'elles présentent, comme celles de l'illustre analyste, une série de formes dont chacune est contiguë à la précédente par la première partie. En effet, la substitution QP^i, par laquelle on passe de l'une à l'autre, est précisément le type des substitutions qui donnent une transformée contiguë. On pourrait même sans doute calculer le nombre i, par la condition que la forme contiguë soit une réduite principale; mais je laisserai cette recherche au lecteur.

IX.

Nous avons encore à présenter quelques considérations sur le problème important dont l'objet est de trouver toutes les transformations possibles de deux formes équivalentes l'une dans l'autre.

La belle solution donnée par M. Gauss, § 162, dépend d'une méthode profonde et cachée, qui, si je ne me trompe, reparaît encore dans d'autres circonstances, par exemple dans les recherches relatives à la multiplication des classes. J'aurais plutôt à essayer d'en pénétrer les principes qu'à y ajouter quelque chose; aussi je me bornerai à déduire des considérations précédentes ce cas particulier :

Le calcul de l'ensemble désigné par (f) *donne toutes les transformations possibles des réduites principales et intermédiaires en elles-mêmes.*

Soit $F = A(x + ay)(x + a'y)$ l'une d'elles : nous savons que toutes les autres réduites s'obtiendront par la réduction continuelle de la forme définie

$$\Phi = (x + ay)^2 + \lambda(x + a'y)^2,$$

et cette forme définie, comme correspondante à F, est elle-même réduite, par exemple pour $\lambda = \lambda_0$. Soit donc

$$x = mX + m_0 Y, \qquad y = nX + n_0 Y$$

la substitution qui change F en elle-même; par cette substitution, la forme

$$\frac{1}{(m + an)^2}(x + ay)^2 + \frac{\lambda_0}{(m + a'n)^2}(x + a'y)^2$$

deviendra précisément Φ, quand on y fait $\lambda = \lambda_0$; ainsi donc, en réduisant la forme définie dans l'hypothèse

$$\lambda = \lambda_0\left(\frac{m + an}{m + a'n}\right)^2,$$

on obtiendra bien une transformée semblable quelconque de F.

Maintenant, nommons P la substitution qui reproduit F, pour la première fois lorsque λ croît depuis la valeur λ_0, d'une manière continue jusqu'à une certaine limite λ_1; à partir de cette limite, les opérations se reproduiront périodiquement jusqu'à l'infini; c'est donc la substitution P, prise un nombre quelconque de fois, qui donnera toutes les transformations semblables. Et, si l'on considère les valeurs décroissantes de λ, de λ_1 à λ_0, on aura dans un ordre inverse la même série d'opérations, qu'on pourra prolonger à l'infini, dans l'autre sens, et qui donnera pour transformations semblables la substitution inverse P^{-1}, prise de même un nombre quelconque de fois. Les mêmes choses auraient lieu relativement à la transformation de toute réduite F en — F, lorsque cette transformation est possible.

X.

L'équation $x^2 - Dy^2 = 1$ a une infinité de solutions.

En prenant, en effet, $f = x^2 - Dy^2$, on a l'une des réduites intermédiaires comprises dans (f), car la forme définie correspondante

$$(x + y\sqrt{D})^2 + \lambda(x - y\sqrt{D})^2$$

est réduite pour $\lambda = 1$. De là résulte l'existence d'une infinité de transformations semblables, telles que

$$x = mX + m_0 Y, \qquad y = nX + n_0 Y,$$

et toutes donnent nécessairement

$$m^2 - Dn^2 = 1.$$

Pour obtenir la loi de toutes ces solutions, nous emploierons la méthode suivante. Soit $\Pi(z)$ une fonction égale, pour toutes les valeurs réelles de z, au minimum de la forme

$$e^{2z}(x + y\sqrt{D})^2 + e^{-2z}(x - y\sqrt{D})^2,$$

lorsqu'on y suppose x et y entiers. Je dis que toute solution $x = a$, $y = b$, de l'équation proposée, donnera un indice de périodicité de la fonction Π. On pourra déterminer, en effet, une quantité réelle ω, telle que

$$e^{\omega} = a + b\sqrt{D}, \qquad e^{-\omega} = a - b\sqrt{D},$$

et l'on trouvera

$$\Pi(z + \omega) = e^{2z}\left(\frac{x + y\sqrt{D}}{a - b\sqrt{D}}\right)^2 + e^{-2z}\left(\frac{x - y\sqrt{D}}{a + b\sqrt{D}}\right)^2.$$

Or on peut faire

$$x + y\sqrt{D} = (a - b\sqrt{D})(X + Y\sqrt{D}),$$
$$x - y\sqrt{D} = (a + b\sqrt{D})(X - Y\sqrt{D}),$$

car cela revient à la substitution au déterminant 1 :

$$x = +aX - bDY, \qquad y = -bX + aY;$$

donc $\Pi(z+\omega)$ ne diffère pas de $\Pi(z)$.

Or la fonction $\Pi(z)$ est, par sa définition, du genre des fonctions parfaitement déterminées dans toute l'étendue des valeurs réelles de la variable : donc, d'après l'observation bien connue de M. Jacobi, tous les indices de périodicité, tels que ω, sont des multiples entiers du plus petit d'entre eux. Autrement dit : toutes les solutions $x = A$, $y = B$ de l'équation proposée se tirent de la solution unique $x = a$, $y = b$ (pour laquelle $a + b\sqrt{D}$ est le plus petit possible) par la formule

$$A + B\sqrt{D} = (a + b\sqrt{D})^i,$$

i étant un nombre entier positif ou négatif.

Toutes ces solutions d'ailleurs s'obtiendront en cherchant effectivement les minima successifs de $\Pi(z)$, ou bien, ce qui est au fond la même chose, en formant la période de $x^2 - Dy^2$. On a, en effet, cette proposition plus générale :

Toute représentation de minimum absolu d'une forme à facteurs réels

$$f = a(x + \alpha y)(x + \alpha' y)$$

sera donnée en cherchant, pour des valeurs convenables de t et t', le minimum de la forme définie

$$\varphi = t^2(x + \alpha y)^2 + t'^2(x + \alpha' y)^2.$$

Supposons que f soit le plus petit possible pour

$$x = a, \qquad y = b.$$

Si le minimum de φ, dans l'hypothèse suivante

$$t = \frac{1}{a + \alpha b}, \qquad t' = \frac{1}{a + \alpha' b},$$

n'était pas donné par le même système de valeurs, c'est qu'il en existerait un autre

$$x = A, \qquad y = B,$$

tel qu'on ait

$$\left(\frac{A + \alpha B}{a + \alpha b}\right)^2 + \left(\frac{A + \alpha' B}{a + \alpha' b}\right)^2 < 2;$$

or on en conclurait

$$\left(\frac{A + \alpha B}{a + \alpha b}\right)^2 \left(\frac{A + \alpha' B}{a + \alpha' b}\right)^2 < 1;$$

donc f ne serait pas, contre l'hypothèse, un minimum absolu pour $x = a$, $y = b$.

XI.

M. Gauss a encore déduit du développement de la période de la forme $(1, 0, -D)$ la décomposition en deux carrés du déterminant, lorsqu'il est un nombre premier $4n + 1$. Ce beau résultat dépend des spéculations les plus élevées de l'Arithmétique transcendante, car il repose en entier sur cette proposition : *que les formes proprement primitives de déterminant premier $4n + 1$ n'ont jamais qu'une classe ambiguë*. Je vais essayer cependant, sans sortir des considérations élémentaires, de donner la raison de ces rapports singuliers, entre deux points bien différents de la théorie des formes quadratiques.

Soient a et b deux nombres entiers, tels qu'on ait

$$a^2 - Db^2 = -\Delta,$$

Δ étant essentiellement positif. La période de $(1, 0, -D)$ contiendra une transformée obtenue par la réduction de la forme que nous avons nommée φ dans l'hypothèse suivante :

$$\varphi = (x + y\sqrt{D})^2 (a + b\sqrt{D}) - (x - y\sqrt{D})^2 (a - b\sqrt{D}) = 2\sqrt{D}(b, a, bD).$$

Or on obtient ainsi une forme à coefficients entiers de déterminant $-\Delta$. Soit donc

$$(\mathbf{A}, \mathbf{B}, \mathbf{C})$$

l'une quelconque des réduites pour ce déterminant, et

$$x = mX + m_0 Y, \qquad y = nX + n_0 Y$$

la substitution propre à passer de (b, a, bD) à $(\mathbf{A}, \mathbf{B}, \mathbf{C})$. Cette substitution se présentera nécessairement pour déduire de $(1, 0, -D)$ l'une des réduites principales ou intermédiaires de sa période; soit (A, B, C) cette réduite, on aura, d'une part,

$$AX^2 + 2BXY + CY^2 = (mX + m_0Y)^2 - D(nX + n_0Y)^2,$$

et de l'autre

$$\begin{aligned}\mathbf{A}X^2 + 2\mathbf{B}XY + \mathbf{C}Y^2 = b(mX + m_0Y)^2 \\ + 2a(mX + m_0Y)(nX + n_0Y) + bD(nX + n_0Y)^2;\end{aligned}$$

or on tire aisément de là l'équation suivante

$$A\mathbf{C} - 2B\mathbf{B} + C\mathbf{A} = 0,$$

dont nous allons montrer les conséquences.

Soit, en effet, $\Delta = 1, 2, 3, 4, 5$, etc. Au moyen des réduites connues pour ces déterminants, on trouvera successivement

$$A + C = 0, \quad 2A + C = 0,$$
$$3A + C = 0, \quad 4A + C = 0, \qquad 5A + C = 0$$

ou

$$A - B + C = 0, \quad A + C = 0, \quad 3A - 2B + 2C = 0, \quad \ldots,$$

et ces relations donneront les représentations suivantes du déterminant D,

$$A^2 + B^2, \quad 2A^2 + B^2, \quad 3A^2 + B^2, \quad 4A^2 + B^2, \quad 5A^2 + B^2$$

ou

$$B^2 - AB + A^2, \quad A^2 + B^2, \quad B^2 - AB + \tfrac{3}{2}A^2.$$

Dans la dernière, A est nécessairement un nombre pair, et, en écrivant 2A à la place de A, elle devient

$$B^2 - 2AB + 6A^2 \quad \text{ou} \quad (B - A)^2 + 5A^2;$$

ainsi la représentation de D, par la forme $(1, 0, +5)$, s'obtiendra par le développement de la période de $(1, 0, D)$ toutes les fois que l'équation

$$a^2 - Db^2 = -5$$

sera possible. Mais, de tous ces cas, le premier est le seul où nous puissions affirmer que la forme (A, B, C) est une réduite principale; alors, en effet, la relation $B^2 > (A + C)^2$ se réduit à $B^2 > 0$, qui est satisfaite d'elle-même. Le second a été l'objet de recherches de M. Göpel, auteur à jamais illustre du Mémoire *Adumbrati levis theoriæ functionum Abelianarum,* comme on le voit dans la Notice où M. Jacobi a rendu un digne hommage à sa mémoire.

Dans ce champ de recherches sur les fonctions abéliennes, ouvertes en même temps par un autre géomètre dont il eût été l'émule, tous ceux qui suivront ses traces trouveront, à côté de leurs méditations, le regret d'une destinée cruelle. Qu'il me soit permis, pour avoir eu quelques pensées en partage avec M. Göpel, de joindre l'expression sincère de ce regret à celle de mon admiration pour son génie.

XII.

En passant des formes quadratiques à facteurs réels aux formes de degré plus élevé, la recherche des classes distinctes pour un déterminant donné dépend en premier lieu de la détermination du minimum de la fonction que nous avons désignée par θ. On n'a plus alors cet ensemble de circonstances analytiques remarquables que nous venons de parcourir, mais que nous retrouverons dans la théorie des formes à facteurs linéaires que nous avons définies § II. Le fait le plus important à observer, en abordant la théorie des formes cubiques, biquadratiques, etc., consiste peut-être dans l'existence pour chaque degré d'un certain nombre de formes comme celles que nous avons nommées précédemment *correspondantes*. M. Eisenstein a découvert le premier une correspondante du second degré pour les formes cubiques, et l'on peut voir le rôle qu'elle joue dans ses savantes recherches sur le nombre des classes distinctes pour un déterminant donné. Nos principes, comme on va voir, conduisent directement à cette même forme.

Posons, pour employer les notations suivies,

$$f = ax^3 + 3bx^2y + 3cxy^2 + dy^3:$$

on aura pour la fonction θ deux expressions bien distinctes, l'une pour le cas où les facteurs linéaires $x + \alpha y$, $x + \alpha' y$, $x + \alpha'' y$ sont réels, savoir :

$$\theta = a^2 \frac{[t^2 t'^2(\alpha - \alpha')^2 + t^2 t''^2(\alpha - \alpha'')^2 + t'^2 t''^2(\alpha' - \alpha'')^2]^{\frac{3}{2}}}{t^2 t'^2 t''^2},$$

l'autre pour le cas où, $x + \alpha y$ étant réel, $x + \alpha' y$ et $x + \alpha'' y$ sont imaginaires conjugués

$$\theta = a^2 \frac{[2t^2t'^2(\alpha-\alpha')(\alpha-\alpha'')-t'^4(\alpha'-\alpha'')^2]^{\frac{3}{2}}}{t^2t'^4}.$$

Ces deux expressions différentes peuvent néanmoins être rapprochées l'une de l'autre de la manière suivante :

Faisons dans la première

$$t^2 = \tau^2(\alpha'-\alpha'')^2, \qquad t'^2 = \tau'^2(\alpha-\alpha'')^2, \qquad t''^2 = \tau''^2(\alpha-\alpha')^2,$$

et dans la seconde

$$t^2 = -\tau^2(\alpha'-\alpha'')^2, \qquad t'^2 = \tau'^2(\alpha-\alpha')(\alpha-\alpha''),$$

elles deviendront respectivement

$$\theta = a^2(\alpha-\alpha')(\alpha-\alpha'')(\alpha'-\alpha'')\left[\left(\frac{\tau\tau'}{\tau''^2}\right)^{\frac{2}{3}}+\left(\frac{\tau\tau''}{\tau'^2}\right)^{\frac{2}{3}}+\left(\frac{\tau'\tau''}{\tau^2}\right)^{\frac{2}{3}}\right]^{\frac{3}{2}},$$

$$\theta = a^2(\alpha-\alpha')(\alpha-\alpha'')(\alpha'-\alpha'')\left[-2\left(\frac{\tau}{\tau'}\right)^{\frac{2}{3}}-\left(\frac{\tau'^2}{\tau^2}\right)^{\frac{2}{3}}\right]^{\frac{3}{2}}.$$

Or il est visible que, au facteur $\sqrt{-1}$ près, la seconde valeur se déduit de la première en y supposant $\tau''=\tau'$. D'un autre côté, le minimum de l'expression

$$\left(\frac{\tau\tau'}{\tau''^2}\right)^{\frac{2}{3}}+\left(\frac{\tau\tau''}{\tau'^2}\right)^{\frac{2}{3}}+\left(\frac{\tau'\tau''}{\tau^2}\right)^{\frac{2}{3}},$$

composée de trois parties dont le produit est l'unité, s'obtiendra en rendant les variables égales, et la même hypothèse donnera la même valeur pour le minimum de la seconde fonction. Posant

$$\begin{aligned}&a^4(\alpha-\alpha')^2(\alpha-\alpha'')^2(\alpha'-\alpha'')^2\\&\quad=27(-a^2d^2+3b^2c^2-4ac^3-4db^3+6abcd)=27\mathbf{D},\end{aligned}$$

on trouvera respectivement, pour les minima des deux expressions, les valeurs

$$\sqrt{3^6.\mathbf{D}} \quad \text{et} \quad \sqrt{-3^6.\mathbf{D}},$$

et, pour les formes définies auxquelles nous avons donné le nom général de *correspondantes*,

$$\varphi = +(\alpha'-\alpha'')^2(x+\alpha y)^2+(\alpha-\alpha'')^2(x+\alpha' y)^2+(\alpha-\alpha')^2(x+\alpha'' y)^2,$$
$$\varphi = -(\alpha'-\alpha'')^2(x+\alpha y)^2+2(\alpha-\alpha')(\alpha-\alpha'')(x+\alpha' y)(x+\alpha'' y).$$

La différence analytique de ces deux formes manifeste la différence de nature entre les formes cubiques à facteurs réels et à facteurs imaginaires ; dans le premier cas, φ s'exprime rationnellement par les coefficients de f, et l'on arrive à la forme de M. Eisenstein en multipliant par le facteur a^2, savoir :

$$\varphi = (ac - b^2)x^2 + (ad - bc)xy + (bd - c^2)y^2.$$

Dans le second, il n'en est plus de même, et l'opération de la réduction exigera le calcul numérique de la racine réelle $-\alpha$. Mais les limitations des coefficients pour les transformées réduites

$$AX^3 + 3BX^2Y + 3CXY^2 + DY^3$$

dépendent toujours de ces formules

$$AD < \left(\frac{4}{3}\right)^{\frac{3}{2}}\sqrt{\mathbf{D}}, \qquad BC < \left(\frac{4}{3}\right)^{\frac{3}{2}}\sqrt{\mathbf{D}},$$

en ayant soin de prendre la valeur absolue de $\mathbf{D}$.

La correspondante à coefficients rationnels peut être aussi rattachée à une origine différente de celle que nous venons de lui donner, en la considérant comme le déterminant du système

$$\begin{matrix} \dfrac{d^2 f}{dx^2} & \dfrac{d^2 f}{dx\,dy}, \\[2ex] \dfrac{d^2 f}{dx\,dy} & \dfrac{d^2 f}{dy^2}, \end{matrix}$$

et de là se déduirait une démonstration facile de sa propriété caractéristique. Mais je veux surtout faire remarquer comment cette seconde expression conduit au théorème suivant :

Qu'en multipliant φ par elle-même, le produit est toujours transformable en son opposée.

Partons à cet effet des substitutions

$$X = (ax + by)x' + (bx + cy)y',$$
$$Y = (bx + cy)x' + (cx + dy)y',$$

et représentons par φ, φ', Φ les déterminants des systèmes

$$\begin{vmatrix} ax + by & bx + cy \\ bx + cy & cx + dy \end{vmatrix}, \quad \begin{vmatrix} ax' + by' & bx' + cy' \\ bx' + cy' & cx' + dy' \end{vmatrix}, \quad \begin{vmatrix} cX - bY & dX - cY \\ bX - aY & cX - bY \end{vmatrix}.$$

On trouvera d'abord, en résolvant successivement par rapport à x', y' et x, y,

$$x' = \frac{X(cx + dy) - Y(bx + cy)}{\varphi}, \quad y' = \frac{-(bx + cy)X + (ax + by)Y}{\varphi},$$

$$x = \frac{X(cx' + dy') - Y(bx' + cy')}{\varphi'}, \quad y = \frac{-(bx' + cy')X + (ax' + by')Y}{\varphi'}.$$

Les deux premières formules donneront ensuite

$$x = \varphi\,\frac{x'(cX - bY) + y'(dX - cY)}{\Phi},$$

$$y = \varphi\,\frac{-y'(cX - bY) + x'(-bX + aY)}{\Phi},$$

et, en égalant entre elles les deux valeurs obtenues, par exemple pour x, on trouvera

$$\varphi\varphi' = \Phi.$$

Or on vérifie de suite que Φ est précisément l'opposée des deux correspondantes semblables φ et φ'; ce qui démontre la proposition énoncée.

Si, de plus, le coefficient moyen étant pair, ces formes sont proprement primitives, Φ, composée de nouveau avec φ, donnera la forme principale de même déterminant; toutes les classes de formes cubiques auront une correspondante quadratique, dont la triplication donnera cette forme principale. Mais il a été établi en outre, par M. Eisenstein, qu'à toute classe quadratique $\sqrt[3]{k}$ répondait effectivement une seule et unique classe cubique, lorsque le déterminant n'avait pas de diviseur carré. Ce beau théorème montre, comme on voit, un rapport digne de remarque entre deux théories qui n'offrent au premier abord aucun point de contact.

Paris, juillet 1850.

SUR LA THÉORIE

DES

FORMES QUADRATIQUES TERNAIRES INDÉFINIES.

Journal de Crelle, Tome 47.

M. Gauss a distingué les formes quadratiques ternaires en *définies* et *indéfinies,* suivant qu'elles sont réductibles par une substitution réelle aux formes

$$\pm(x^2+y^2+z^2) \quad \text{et} \quad \pm(x^2+y^2-z^2).$$

Nous considérerons dans cette Note les formes

$$f = ax^2 + a'y^2 + a''z^2 + 2byz + 2b'xz + 2b''xy,$$

réductibles à

$$X^2 + Y^2 - Z^2;$$

et tout ce que nous en dirons s'appliquera de soi-même à l'espèce des formes indéfinies qui appartiennent à l'autre type

$$-x^2 - y^2 + z^2.$$

Il est bon cependant d'observer que ces deux types sont essentiellement distincts l'un de l'autre, c'est-à-dire qu'il est impossible de trouver aucune substitution réelle qui change

$$x^2 + y^2 - z^2 \quad \text{en} \quad -X^2 - Y^2 + Z^2.$$

Le *déterminant,* ou, d'après la nouvelle dénomination de M. Sylvester, l'*invariant* de f, sera

$$\Delta = ab^2 + a'b'^2 + a''b''^2 - 2bb'b'' - aa'a'';$$

la forme adjointe g sera

$$g = \frac{d\Delta}{da}x^2 + \frac{d\Delta}{da'}y^2 + \frac{d\Delta}{da''}z^2 + \frac{d\Delta}{db}yz + \frac{d\Delta}{db'}xz + \frac{d\Delta}{db''}xy.$$

En même temps que la forme indéfinie f, nous considérerons la forme *définie*

$$\varphi = f + 2(\lambda x + \mu y + \nu z)^2,$$

où λ, μ, ν sont des indéterminées réelles, assujetties à vérifier la condition

$$g(\lambda, \mu, \nu) = -\Delta.$$

Cela étant, on concevra qu'on calcule la suite infinie des substitutions propres à réduire φ lorsque les indéterminées λ, μ, ν passent par tous les états possibles de grandeur. Chacune de ces substitutions faite dans f donnera une certaine transformée. Nous désignerons leur ensemble par le symbole (f), et nous aurons les propositions suivantes :

I. *Si deux formes ternaires f et* F *sont équivalentes,* (f) *et* (F) *contiendront les mêmes formes et seront identiques.*

II. *Si la forme ternaire f a pour coefficients des nombres entiers,* (f) *ne contiendra qu'un nombre* essentiellement limité *de transformées distinctes.*

Effectivement, si l'on représente par $F = \begin{pmatrix} A, & A', & A'' \\ B, & B', & B'' \end{pmatrix}$ l'une quelconque des formes contenues dans (f), on a ce théorème :

III. *Les cinq expressions*

$$AB^2, \quad A'B'^2, \quad A''B''^2, \quad BB'B'', \quad AA'A''$$

sont comprises entre les limites

$$+2\Delta \quad \text{et} \quad -2\Delta.$$

De là suit que la totalité des formes pour lesquelles Δ est le même ne donneront qu'un nombre fini de symboles (f) distincts les uns des autres, c'est-à-dire que les formes ternaires indéfinies de même invariant ne donnent jamais qu'un nombre limité de classes.

IV. *Les substitutions propres à réduire φ contiendront toutes les substitutions qui peuvent changer en elles-mêmes les diverses formes de* (f).

Le calcul numérique de la réduction continuelle de la forme φ, lorsque λ, μ, ν passent par tous les états de grandeur, sous la condition

$$g(\lambda, \mu, \nu) = -\Delta,$$

m'a conduit à de longues et pénibles recherches dont le théorème suivant est le point de départ :

Lorsque φ cesse d'être réduit par une variation infiniment petite de λ, μ, ν, la substitution qu'il faut employer pour le réduire de nouveau est l'une des soixante-deux substitutions d'Eisenstein, par lesquelles une forme définie réduite se change en elle-même.

La même proposition a encore lieu à l'égard de cet autre genre de formes φ, savoir :

$$\varphi = \lambda(ax + a'y + a''z)^2 + \mu(bx + b'y + b''z)^2 + \nu(cx + c'y + c''z)^2,$$

que j'ai introduites dans l'étude des formes cubiques

$$f = (ax + a'y + a''z)(bx + b'y + b''z)(cx + c'y + c''z).$$

J'espère pouvoir donner, dans une autre occasion, le résultat de mes recherches sur cette question si difficile; mais, pour approfondir la nature des substitutions qui changent en elle-même une forme indéfinie, j'ai employé l'analyse suivante :

Étant proposé de découvrir la substitution de x, y, z en X, Y, Z qui donne identiquement

$$f(x, y, z) = f(X, Y, Z), \tag{1}$$

j'imagine que les trois premières variables, ainsi que les trois dernières, soient exprimées par des indéterminées auxiliaires ξ, η, ζ, et cela de manière qu'on ait

$$\left\{\begin{aligned} x + X &= 2\xi, \\ y + Y &= 2\eta, \\ z + Z &= 2\zeta. \end{aligned}\right. \tag{2}$$

Sous ces conditions on va voir qu'il est facile d'obtenir les expressions de x, y, z et X, Y, Z en ξ, η, ζ. Effectivement, il viendra en premier lieu

$$f(2\xi - X, 2\eta - Y, 2\zeta - Z) = f(X, Y, Z), \tag{3}$$

d'où, en développant et réduisant,

$$2f(\xi, \eta, \zeta) = X\frac{df}{d\xi} + Y\frac{df}{d\eta} + Z\frac{df}{d\zeta}. \tag{4}$$

Or il est visible qu'on satisfera de la manière la plus générale à cette équation en prenant

$$(5)\quad \begin{cases} X = \xi + \nu \dfrac{df}{d\eta} - \mu \dfrac{df}{d\zeta}, \\ Y = \eta + \lambda \dfrac{df}{d\zeta} - \nu \dfrac{df}{d\xi}, \\ Z = \zeta + \mu \dfrac{df}{d\xi} - \lambda \dfrac{df}{d\eta}, \end{cases}$$

λ, μ, ν désignant trois quantités arbitraires. Réciproquement, si l'on a vérifié ainsi l'équation (4), on en conclura nécessairement l'équation (3). Les formules générales ([1]), pour la transformation en elle-même de la forme f, s'obtiendront donc en résolvant les équations (5) par rapport à ξ, η, ζ et substituant les valeurs obtenues dans les relations

$$(6)\quad \begin{cases} x = 2\xi - X, \\ y = 2\eta - Y, \\ z = 2\zeta - Z. \end{cases}$$

Mais la conclusion suivante, à laquelle je suis arrivé d'abord par une analyse plus difficile, n'exige pas qu'on fasse ce calcul. Ajoutons les équations (5); après les avoir respectivement multipliées par λ, μ, ν, il viendra

$$(7)\quad \lambda X + \mu Y + \nu Z = \lambda\xi + \mu\eta + \nu\zeta,$$

et l'on en déduit, par les équations (6),

$$\lambda X + \mu Y + \nu Z = \lambda x + \mu y + \nu z.$$

Voici donc une fonction linéaire qui se change en elle-même par la substitution qui change aussi la forme f en elle-même. Cela posé, il est visible qu'au point de vue de la recherche présente des substitutions à coefficients entiers, les indéterminées λ, μ, ν doivent avoir des valeurs rationnelles; ainsi l'on peut faire ces quantités proportionnelles à trois entiers l, m, n, sans diviseur commun.

([1]) L'analyse de M. Hermite ne prouve pas qu'on obtient sans aucune exception toutes les substitutions transformant la forme en elle-même; ce point essentiel a été ultérieurement complété par M. Hermite. (*Journal de Crelle*, t. 78.)
E. P.

D'après cela, choisissant six autres nombres l', m', n', l'', m'', n'', de manière que le déterminant du système

$$l,\ m,\ n;\quad l',\ m',\ n';\quad l'',\ m'',\ n''$$

soit l'unité, posons

$$(8)\quad \begin{cases} l\,x + m\,y + n\,z = u, & l\,X + m\,Y + n\,Z = U, \\ l'x + m'y + n'z = v, & l'X + m'Y + n'Z = V, \\ l''x + m''y + n''z = w; & l''X + m''Y + n''Z = W. \end{cases}$$

A la substitution proposée entre les variables x, y, z, d'une part, X, Y, Z de l'autre, succédera une nouvelle substitution entre les deux groupes u, v, w et U, V, W d'une manière toute spéciale; par ce fait, l'équation correspondante à (6) devient alors simplement

$$u = U.$$

Or cela équivaut à dire que, pour cette substitution, les indéterminées analogues à μ et ν sont nulles, l'autre restant encore arbitraire. Ainsi l'on en fera aisément le calcul en employant les relations

$$u = 2\xi - U, \qquad v = 2\eta - V, \qquad w = 2\zeta - W$$

et

$$U = \xi, \qquad V = \eta + \lambda\frac{dF}{d\zeta}, \qquad W = \zeta - \lambda\frac{dF}{d\eta},$$

dans lesquelles $F(u, v, w)$ sera la transformée de $f(x, y, z)$, obtenue par la substitution (8). Mettant $\frac{1}{2}\lambda$ à la place de λ, et posant

$$F = \begin{pmatrix} A, & A', & A'' \\ B, & B', & B'' \end{pmatrix}, \qquad G \text{ (forme adjointe de F)} = \begin{pmatrix} \mathfrak{A}, & \mathfrak{A}', & \mathfrak{A}'' \\ \mathfrak{B}, & \mathfrak{B}', & \mathfrak{B}'' \end{pmatrix},$$

on trouvera

$$\begin{aligned} u &= U, \\ v &= \frac{2\lambda(-B' - \lambda\mathfrak{B}'')}{1 - \lambda^2\mathfrak{A}}\,U + \frac{(1 - 2\lambda B + \lambda^2\mathfrak{A})V - 2\lambda A''W}{1 - \lambda^2\mathfrak{A}}, \\ w &= \frac{2\lambda(B'' - \lambda\mathfrak{B}')}{1 - \lambda^2\mathfrak{A}}\,U + \frac{2\lambda A'V + (1 + 2\lambda B + \lambda^2\mathfrak{A})W}{1 - \lambda^2\mathfrak{A}}. \end{aligned}$$

Faisons encore

$$\frac{1 + \lambda^2\mathfrak{A}}{1 - \lambda^2\mathfrak{A}} = p, \qquad \frac{2\lambda}{1 - \lambda^2\mathfrak{A}} = q,$$

d'où

$$p^2 - \mathfrak{A}q^2 = 1,$$

et il viendra

$$(9)\quad \begin{cases} u = \mathrm{U}, \\ v = \left(-q\mathrm{B}' - \dfrac{q^2}{p+1}\mathfrak{B}''\right)\mathrm{U} + (p - \mathrm{B}q)\mathrm{V} - q\mathrm{A}''\mathrm{W}, \\ w = \left(q\mathrm{B}'' - \dfrac{q^2}{p+1}\mathfrak{B}'\right)\mathrm{U} + q\mathrm{A}'\mathrm{V} + (p + \mathrm{B}q)\mathrm{W}. \end{cases}$$

Ces formules sont celles auxquelles nous voulions parvenir ; elles ne contiennent de fraction que la quantité $\frac{q^2}{p+1}$, qui peut ne pas se réduire à un nombre entier par la seule condition

$$p^2 - \mathfrak{A}q^2 = 1.$$

Cependant, si nous employons, au lieu des nombres p et q, les suivants

$$\mathrm{P} = p^2 + \mathfrak{A}q^2, \qquad \mathrm{Q} = 2pq,$$

qui donnent aussi

$$\mathrm{P}^2 - \mathfrak{A}\mathrm{Q}^2 = 1,$$

on trouvera alors

$$\frac{\mathrm{Q}^2}{\mathrm{P}+1} = \frac{4p^2q^2}{p^2 + \mathfrak{A}q^2 + 1} = 2q^2,$$

et la formule de substitution ne renfermera plus que des nombres entiers. Le nombre $\mathfrak{A}$, qui joue ici un rôle essentiel, a pour valeur $g(l, m, n)$; il doit être évidemment positif pour que la substitution ne soit pas identique. Ce sont donc *les entiers pour lesquels la forme adjointe est positive* qui sont les éléments essentiels de notre solution.

En résumé : si nous désignons par S la substitution (8), par Σ la substitution (9), la formule abrégée $\mathrm{S}^{-1}\Sigma\mathrm{S}$ donnera en nombres entiers la relation entre les deux groupes de variables x, y, z et X, Y, Z, par laquelle $f(x, y, z)$ se change en $f(\mathrm{X}, \mathrm{Y}, \mathrm{Z})$.

Comme conséquence de la méthode précédente, on obtient aisément les théorèmes suivants, que je me bornerai à énoncer :

I. *Soit*

$$\begin{aligned} x &= a\mathrm{X} + a'\mathrm{Y} + a''\mathrm{Z}, \\ y &= b\mathrm{X} + b'\mathrm{Y} + b''\mathrm{Z}, \\ z &= c\mathrm{X} + c'\mathrm{Y} + c''\mathrm{Z} \end{aligned}$$

une substitution S *de déterminant* un, *qui change en elle-même une forme quadratique, l'équation du troisième degré qu'on ormera en égalant à zéro le déterminant du système*

$$\begin{vmatrix} a-\lambda & a' & a'' \\ b & b'-\lambda & b'' \\ c & c' & c''-\lambda \end{vmatrix}$$

*dmettra pour une de ses racines l'*unité, *et pour les autres* *eux valeurs réciproques.*

II. *Si l'on représente ces deux racines réciproques par* $= e^{\omega\sqrt{-1}}$ *et* $\frac{1}{\lambda} = e^{-\omega\sqrt{-1}}$, *la condition pour que la substitution* S, *rise n fois de suite, donne en dernier lieu une substitution* *dentique, est donnée par l'équation* $n\omega = 2\pi$; *et les seules* *aleurs possibles du nombre n, si les coefficients sont entiers,* *ont* $n = 2, 3, 4, 6$.

III. *Il existe un nombre infini de formes quadratiques ter-* *aires qu'une même substitution change en elles-mêmes; et* *on peut les représenter ainsi*

$$f = kA^2 + lBC,$$

, B, C *désignant trois fonctions linéaires déterminées, et* , *l deux coefficients arbitraires. Toutes les substitutions qui* *hangent en elles-mêmes ces diverses formes s'obtiendront en* *aisant*

$$A = \pm \mathfrak{A}, \qquad B = \lambda \mathfrak{B}, \qquad C = \frac{1}{\lambda} \mathfrak{C},$$

, $\mathfrak{B}$, $\mathfrak{C}$ *désignant trois fonctions de même forme que* A, B, C, *ais relatives à d'autres variables, et* λ *une constante arbi-* *aire.*

Paris, mai 1853.

SUR LA

THÉORIE DES FORMES QUADRATIQUES.

Journal de Crelle, Tome 47.

PREMIER MÉMOIRE.

La méthode que j'ai exposée dans un précédent article, pour obtenir toutes les transformations en elle-même d'une forme ternaire indéfinie, exige, comme élément analytique essentiel, la connaissance des systèmes d'entiers qui rendent positive la forme adjointe. La nature d'une pareille condition fait bien voir que les transformations *semblables* d'une forme indéfinie impliquent nécessairement dans leurs expressions un nombre *infini* d'entiers arbitraires. Les considérations que nous développerons ici montreront même la possibilité de donner aux formules de transformations une expression qui offre explicitement un nombre infini d'entiers indéterminés. Nous insistons sur ce point, parce qu'il nous semble caractéristique dans la théorie des formes quadratiques. D'autres formes donneront lieu, en effet, à un nombre pareillement infini de substitutions semblables, mais toutes ces substitutions s'expriment avec un nombre essentiellement limité d'entiers arbitraires. Telles sont les formes du $n^{\text{ième}}$ degré, décomposables en n facteurs linéaires, pour lesquelles on a la proposition suivante :

Soit a le nombre des facteurs linéaires réels, b le nombre des couples de facteurs imaginaires conjugués et $\omega + 1$ *la somme de ces nombres : toutes les substitutions semblables seront données symboliquement par la formule*

$$S_1^{m_1} S_2^{m_2} S_3^{m_3} \ldots S_\omega^{m_\omega},$$

où m_1, m_2, ... sont des entiers arbitraires et $S_1, S_2, \ldots, \omega$ substitutions telles qu'aucune d'elles ne puisse s'exprimer par les produits des puissances des autres.

On peut encore démontrer, par rapport à ces formes, qu'en nommant S et T deux substitutions semblables quelconques, on a toujours

$$ST = TS.$$

Au contraire, dans la théorie des formes ternaires indéfinies, une pareille relation n'existe qu'autant que S et T sont les puissances d'une même substitution, auquel cas la relation proposée se vérifie d'elle-même. Nous rappellerons encore que la connaissance d'une transformation semblable d'une forme quadratique ternaire ne définit pas complètement cette forme, de sorte qu'une substitution donnée change en elles-mêmes une infinité de formes ternaires distinctes. Par le théorème suivant on verra, au contraire, comment une forme décomposable en facteurs linéaires est connue, à un facteur près, lorsqu'on donne une de ces transformations en elle-même.

Désignons cette substitution par Σ, et concevons qu'on forme $\Sigma^2, \Sigma^3, \ldots, \Sigma^i$ en représentant par cette notation la même substitution, prise 2, 3, ..., i fois de suite, et, pour fixer les idées, supposons la substitution Σ donnée par les formules

$$\begin{aligned} x &= aX + a'Y + \ldots + a^{(n-1)}U, \\ y &= bX + b'Y + \ldots + b^{(n-1)}U, \\ &\ldots\ldots\ldots\ldots\ldots\ldots, \\ u &= kX + k'Y + \ldots + k^{(n-1)}U, \end{aligned}$$

et la substitution Σ^i par les suivantes

$$\begin{aligned} x_i &= a_iX + a'_iY + \ldots + a_i^{(n-1)}U, \\ y_i &= b_iX + b'_iY + \ldots + b_i^{(n-1)}U, \\ &\ldots\ldots\ldots\ldots\ldots\ldots, \\ u_i &= k_iX + k'_iY + \ldots + k_i^{(n-1)}U. \end{aligned}$$

En formant le déterminant du système

$$\begin{vmatrix} X & Y & \ldots & U \\ x & y & \ldots & u \\ x_2 & y_2 & \ldots & u_2 \\ \ldots & \ldots & \ldots & \ldots \\ x_{n-1} & y_{n-1} & \ldots & u_{n-1} \end{vmatrix},$$

on aura, à un facteur numérique près, la forme en X, Y, ..., U, décomposable en facteurs linéaires, et que la susbtitution Σ change en elle-même. Je me réserve de démontrer prochainement ces théorèmes, sur la forme décomposable en facteurs. Le dernier exige qu'aucune puissance de la substitution Σ ne puisse donner la substitution identique

$$x = X, \quad y = Y, \quad \ldots, \quad u = U.$$

Ces exemples de la grande différence que l'on doit établir entre la théorie des formes quadratiques et celle des formes décomposables en facteurs, au point de vue de la recherche des substitutions semblables, ajoutent encore, ce me semble, à l'intérêt de la question difficile que nous avons abordée pour le cas des formes ternaires. En se bornant d'abord en quelque sorte au point de vue algébrique, on est conduit à plusieurs théorèmes qui nous ont paru dignes d'intérêt, et que nous exposerons avec détail. Nous donnerons ensuite un nouveau développement aux considérations arithmétiques déjà présentées dans notre premier article.

PREMIÈRE PARTIE.

I.

L'analyse que j'ai exposée précédemment dans le *Journal de Crelle* donne sous la forme suivante, au moyen de trois indéterminées λ, μ, ν, l'expression de toutes les substitutions qui changent en elle-même une forme quadratique ternaire. Posons, en conservant les mêmes notations,

$$f = ax^2 + a'y^2 + a''z^2 + 2byz + 2b'xz + 2b''xy = \begin{pmatrix} a, & a', & a'' \\ b, & b', & b'' \end{pmatrix},$$
$$\Delta = ab^2 + a'b'^2 + a''b''^2 - 2bb'b'' - aa'a'',$$

et représentons la forme adjointe par

$$g = \begin{pmatrix} b^2 - a'a'', & b'^2 - aa'', & b''^2 - aa' \\ ab - b'b'', & a'b' - bb'', & a''b'' - bb' \end{pmatrix}.$$

Nous aurons souvent besoin d'employer la valeur de g lorsqu'on met λ, μ, ν pour la première, la deuxième et la troisième indéterminée; nous la désignerons par γ, de sorte que

$$\gamma = g(\lambda, \mu, \nu),$$

et nous posons enfin

$$\Pi = \lambda X + \mu Y + \nu Z.$$

Cela étant, on aura identiquement

$$f(x, y, z) = f(X, Y, Z),$$

en prenant

$$(1)\quad \begin{cases} (1-\gamma)x = (1+\gamma)X + \mu\dfrac{df}{dZ} - \nu\dfrac{df}{dY} - \dfrac{d\gamma}{d\lambda}\Pi, \\ (1-\gamma)y = (1+\gamma)Y + \nu\dfrac{df}{dX} - \lambda\dfrac{df}{dZ} - \dfrac{d\gamma}{d\mu}\Pi, \\ (1-\gamma)z = (1+\gamma)Z + \lambda\dfrac{df}{dY} - \mu\dfrac{df}{dX} - \dfrac{d\gamma}{d\nu}\Pi. \end{cases}$$

On peut le démontrer directement de la manière suivante :

Déduisons en premier lieu des formules (1) les valeurs des trois fonctions linéaires $\dfrac{df}{dx}, \dfrac{df}{dy}, \dfrac{df}{dz}$; on trouvera sans peine

$$(2)\quad \begin{cases} (1-\gamma)\dfrac{df}{dx} = (1+\gamma)\dfrac{df}{dX} + 2\left(Y\dfrac{d\gamma}{d\nu} - Z\dfrac{d\gamma}{d\mu}\right) - 4\lambda\Delta\Pi, \\ (1-\gamma)\dfrac{df}{dy} = (1+\gamma)\dfrac{df}{dY} + 2\left(Z\dfrac{d\gamma}{d\lambda} - X\dfrac{d\gamma}{d\nu}\right) - 4\mu\Delta\Pi, \\ (1-\gamma)\dfrac{df}{dz} = (1+\gamma)\dfrac{df}{dZ} + 2\left(X\dfrac{d\gamma}{d\mu} - Y\dfrac{d\gamma}{d\lambda}\right) - 4\nu\Delta\Pi, \end{cases}$$

et nous allons en conclure l'identité

$$(1-\gamma)^2\left(x\frac{df}{dx} + y\frac{df}{dy} + z\frac{df}{dz}\right) = (1-\gamma)^2\left(X\frac{df}{dX} + Y\frac{df}{dY} + Z\frac{df}{dZ}\right).$$

Multipliant à cet effet, membre à membre, les deux premières équations de (1) et (2), nous disposerons de la manière suivante les divers termes du produit

$$\begin{aligned} (1-\gamma)^2 x\frac{df}{dx} = {} & 2(1+\gamma)X\left(Y\frac{d\gamma}{d\nu} - Z\frac{d\gamma}{d\mu}\right) + (1+\gamma)\frac{df}{dX}\left(\mu\frac{df}{dZ} - \nu\frac{df}{dY}\right) \\ & - 4\lambda\Pi\Delta\left(\mu\frac{df}{dZ} - \nu\frac{df}{dY}\right) - 2\frac{d\gamma}{d\lambda}\Pi\left(Y\frac{d\gamma}{d\nu} - Z\frac{d\gamma}{d\mu}\right) \\ & + (1+\gamma)^2 X\frac{df}{dX} + 2\left(\mu\frac{df}{dZ} - \nu\frac{df}{dY}\right)\left(Y\frac{d\gamma}{d\nu} - Z\frac{d\gamma}{d\mu}\right) \\ & + 4\lambda\frac{d\gamma}{d\lambda}\Delta\Pi^2 - 4(1+\gamma)\Delta\lambda X\Pi - (1+\gamma)\frac{d\gamma}{d\lambda}\frac{df}{dX}\Pi, \end{aligned}$$

et nous concevons qu'on ait opéré de même pour les produits

$$(1-\gamma)^2 y\,\frac{df}{dy},\qquad (1-\gamma)^2 z\,\frac{df}{dz}.$$

Or, en ajoutant membre à membre les équations ainsi formées, on va voir se présenter diverses sommes partielles de termes dont l'évaluation est très facile. Considérons d'abord le premier terme mis en évidence dans $(1-\gamma)^2 x\,\frac{df}{dx}$, savoir :

$$2(1+\gamma)\,X\left(Y\frac{d\gamma}{d\nu}-Z\frac{d\gamma}{d\mu}\right);$$

ses analogues dans les valeurs de

$$(1-\gamma)^2 y\,\frac{df}{dy}\quad\text{et}\quad(1-\gamma)^2 z\,\frac{df}{dz}$$

seront

$$2(1+\gamma)\,Y\left(Z\frac{d\gamma}{d\lambda}-X\frac{d\gamma}{d\nu}\right)\quad\text{et}\quad 2(1+\gamma)\,Z\left(X\frac{d\gamma}{d\mu}-Y\frac{d\gamma}{d\lambda}\right),$$

et leur somme, que nous désignerons par le signe Σ mis devant le premier terme, s'exprime évidemment par un déterminant à trois colonnes, de sorte qu'on a

$$\Sigma\,2(1+\gamma)\,X\left(Y\frac{d\gamma}{d\nu}-Z\frac{d\gamma}{d\mu}\right)=2(1+\gamma)\begin{vmatrix} X, & X, & \dfrac{d\gamma}{d\lambda}\\ Y, & Y, & \dfrac{d\gamma}{d\mu}\\ Z, & Z, & \dfrac{d\gamma}{d\nu}\end{vmatrix}=0,$$

puisque deux colonnes du déterminant sont identiques. Or, on trouvera de même

$$\Sigma(1+\gamma)\frac{df}{dX}\left(\mu\frac{df}{dZ}-\nu\frac{df}{dY}\right)=(1+\gamma)\begin{vmatrix} \dfrac{df}{dX}, & \dfrac{df}{dX}, & \lambda\\ \dfrac{df}{dY}, & \dfrac{df}{dY}, & \mu\\ \dfrac{df}{dZ}, & \dfrac{df}{dZ}, & \nu\end{vmatrix}=0,$$

$$\Sigma\,4\lambda\Pi\Delta\left(\mu\frac{df}{dZ}-\nu\frac{df}{dY}\right)=4\Pi\Delta\begin{vmatrix} \lambda, & \lambda, & \dfrac{df}{dX}\\ \mu, & \mu, & \dfrac{df}{dY}\\ \nu, & \nu, & \dfrac{df}{dZ}\end{vmatrix}=0$$

et

$$\Sigma \Pi \frac{d\gamma}{d\lambda}\left(Y \frac{d\gamma}{d\nu} - Z \frac{d\gamma}{d\mu}\right) = \Pi \begin{vmatrix} \frac{d\gamma}{d\lambda}, & \frac{d\gamma}{d\lambda}, & X \\ \frac{d\gamma}{d\mu}, & \frac{d\gamma}{d\mu}, & Y \\ \frac{d\gamma}{d\nu}, & \frac{d\gamma}{d\nu}, & Z \end{vmatrix} = 0.$$

Maintenant, il est à évaluer cinq autres sommes partielles dont aucune ne s'évanouit plus. On a d'abord

$$\Sigma(1+\gamma)^2 X \frac{df}{dX} = (1+\gamma)^2\left(X \frac{df}{dX} + Y \frac{df}{dY} + Z \frac{df}{dZ}\right).$$

Pour calculer ensuite

$$\Sigma 2\left(\mu \frac{df}{dZ} - \nu \frac{df}{dY}\right)\left(Y \frac{d\gamma}{d\nu} - Z \frac{d\gamma}{d\mu}\right),$$

on emploiera une formule élémentaire de la théorie des déterminants qui exprime une somme de produits de déterminants à deux colonnes par un déterminant qui est lui-même à deux colonnes. En ayant aussi égard à la relation suivante, qui est facile à démontrer,

$$\frac{d\gamma}{d\lambda}\frac{df}{dX} + \frac{d\gamma}{d\mu}\frac{df}{dY} + \frac{d\gamma}{d\nu}\frac{df}{dZ} = 4\Delta(\lambda X + \mu Y + \nu Z),$$

on trouvera

$$\Sigma 2\left(\mu \frac{df}{dZ} - \nu \frac{df}{dY}\right)\left(Y \frac{d\gamma}{d\nu} - Z \frac{d\gamma}{d\mu}\right) = 8\Delta\Pi^2 - 4\gamma\left(X \frac{df}{dX} + Y \frac{df}{dY} + Z \frac{df}{dZ}\right);$$

enfin, il viendra immédiatement

$$\Sigma 4\lambda \frac{d\gamma}{d\lambda}\Delta\Pi^2 = 8\gamma\Delta\Pi^2,$$

$$\Sigma 4(1+\gamma)\Delta\lambda X \Pi = 4(1+\gamma)\Delta\Pi^2,$$

$$\Sigma(1+\gamma)\frac{d\gamma}{d\lambda}\frac{df}{dX}\Pi = 4(1+\gamma)\Delta\Pi^2,$$

et, en ajoutant et réduisant, on obtiendra finalement, comme nous l'avons annoncé,

$$(1-\gamma)^2\left(X \frac{df}{dX} + Y \frac{df}{dY} + Z \frac{df}{dZ}\right),$$

de sorte qu'on a identiquement

$$f(x, y, z) = f(X, Y, Z).$$

Nous allons maintenant donner quelques conséquences de ces formules que nous venons de démontrer, pour la transformation en elle-même d'une forme ternaire.

II.

La première de ces conséquences est le théorème exprimé par l'égalité

$$\lambda x + \mu y + \nu z = \lambda X + \mu Y + \nu Z,$$

et que nous avons précédemment fait connaître. Nous y joindrons la remarque suivante :

Selon que la substitution par laquelle f se change en elle-même est au déterminant $+1$ ou -1, il existe une fonction linéaire que la même substitution reproduit identiquement ou reproduit changée de signe.

III.

En mettant en évidence les indéterminées X, Y, Z, dans les formules (1), de sorte qu'elles deviennent

$$\begin{aligned} x &= aX + a'Y + a''Z, \\ y &= bX + b'Y + b''Z, \\ z &= cX + c'Y + c''Z, \end{aligned}$$

les racines de l'équation du troisième degré que l'on forme en égalant à zéro le déterminant du système

$$\begin{vmatrix} a-t & a' & a'' \\ b & b'-t & b'' \\ c & c' & c''-t \end{vmatrix}$$

seront

$$t = 1, \qquad t = \frac{1-\sqrt{\gamma}}{1+\sqrt{\gamma}}, \qquad t = \frac{1+\sqrt{\gamma}}{1-\sqrt{\gamma}}.$$

Ainsi l'on voit que cette équation est *réciproque,* comme nous l'avons déjà dit.

IV.

En formant l'expression

$$x + \frac{1}{2}\left(\nu \frac{df}{dy} - \mu \frac{df}{dz}\right),$$

on trouvera qu'elle reproduit une expression de même nature en X, Y, Z, mais où les signes de μ et ν sont changés, de sorte qu'on obtient

$$x + \frac{1}{2}\left(\nu \frac{df}{dy} - \mu \frac{df}{dz}\right) = X - \frac{1}{2}\left(\nu \frac{df}{dY} - \mu \frac{df}{dZ}\right),$$

et l'on trouvera de même

$$y + \frac{1}{2}\left(\lambda \frac{df}{dz} - \nu \frac{df}{dx}\right) = Y - \frac{1}{2}\left(\lambda \frac{df}{dZ} - \nu \frac{df}{dX}\right),$$

$$z + \frac{1}{2}\left(\mu \frac{df}{dx} - \lambda \frac{df}{dy}\right) = Z - \frac{1}{2}\left(\mu \frac{df}{dX} - \lambda \frac{df}{dY}\right).$$

Ces formules montrent qu'en désignant par S la substitution (1), S^{-1} se déduira immédiatement de S, en y changeant λ, μ, ν de signe.

V.

Faisons suivre S d'une nouvelle substitution S', où l'on aurait mis λ', μ', ν' au lieu de λ, μ, ν. La substitution composée SS' changeant f en elle-même sera nécessairement comprise dans la même forme analytique que S et S', et devra se déduire des formules (1), en mettant au lieu de λ, μ, ν des quantités $\mathfrak{L}$, $\mathfrak{M}$, $\mathfrak{N}$, fonctions de λ, μ, ν et de λ', μ', ν'. Or voici l'expression de ces quantités :

Posons

$$l = \mu\nu' - \nu\mu', \qquad m = \nu\lambda' - \lambda\nu', \qquad n = \lambda\mu' - \mu\lambda',$$

$$L = al + b''m + b'n = \frac{1}{2}\frac{df}{dl},$$

$$M = b''l + a'm + bn = \frac{1}{2}\frac{df}{dm},$$

$$N = b'l + bm + a''n = \frac{1}{2}\frac{df}{dn},$$

et

$$\Gamma = \frac{1}{2}\left(\lambda' \frac{d\gamma}{d\lambda} + \mu' \frac{d\gamma}{d\mu} + \nu' \frac{d\gamma}{d\nu}\right),$$

on aura

$$\mathfrak{L} = \frac{\lambda + \lambda' + L}{1 + \Gamma},$$

$$\mathfrak{M} = \frac{\mu + \mu' + M}{1 + \Gamma},$$

$$\mathfrak{N} = \frac{\nu + \nu' + N}{1 + \Gamma}.$$

Ainsi, les fonctions linéaires que les substitutions S et S′ changent en elles-mêmes étant

$$\lambda x + \mu y + \nu z \quad \text{et} \quad \lambda' x + \mu' y + \nu' z,$$

la fonction linéaire que reproduit la substitution composée SS′ sera

$$\mathfrak{L} x + \mathfrak{M} y + \mathfrak{N} z,$$

ou, en omettant le facteur numérique $\frac{1}{1+\Gamma}$,

$$(\lambda x + \mu y + \nu z) + (\lambda' x + \mu' y + \nu' z) + (Lx + My + Nz).$$

C'est ce qu'on peut, comme on va voir, établir directement.

D'après le théorème (IV) définissons la substitution S par les équations

$$(3)\quad \begin{cases} x + \frac{1}{2}\left(\nu \frac{df}{dy} - \mu \frac{df}{dz}\right) = X - \frac{1}{2}\left(\nu \frac{df}{dY} - \mu \frac{df}{dZ}\right), \\ y + \frac{1}{2}\left(\lambda \frac{df}{dz} - \nu \frac{df}{dx}\right) = Y - \frac{1}{2}\left(\lambda \frac{df}{dZ} - \nu \frac{df}{dX}\right), \\ z + \frac{1}{2}\left(\mu \frac{df}{dx} - \lambda \frac{df}{dy}\right) = Z - \frac{1}{2}\left(\mu \frac{df}{dX} - \lambda \frac{df}{dY}\right), \end{cases}$$

et la substitution S′ par les relations analogues

$$(4)\quad \begin{cases} X + \frac{1}{2}\left(\nu' \frac{df}{dY} - \mu' \frac{df}{dZ}\right) = U - \frac{1}{2}\left(\nu' \frac{df}{dV} - \mu' \frac{df}{dW}\right), \\ Y + \frac{1}{2}\left(\lambda' \frac{df}{dZ} - \nu' \frac{df}{dX}\right) = V - \frac{1}{2}\left(\lambda' \frac{df}{dW} - \nu' \frac{df}{dU}\right), \\ Z + \frac{1}{2}\left(\mu' \frac{df}{dX} - \lambda' \frac{df}{dY}\right) = W - \frac{1}{2}\left(\mu' \frac{df}{dU} - \lambda' \frac{df}{dV}\right), \end{cases}$$

de sorte que SS′ s'obtienne, en éliminant X, Y, Z, et exprimant x, y, z en U, V, W.

Posons ensuite, pour abréger,

$$\pi = \lambda x + \mu y + \nu z, \quad \varpi = \lambda X + \mu Y + \nu Z, \quad \Pi = \lambda U + \mu V + \nu W,$$
$$\pi' = \lambda' x + \mu' y + \nu' z, \quad \varpi' = \lambda' X + \mu' Y + \nu' Z, \quad \Pi' = \lambda' U + \mu' V + \nu' W,$$
$$\varphi = Lx + My + Nz, \quad \psi = LX + MY + NZ, \quad \Phi = LU + MV + NW;$$

nous obtiendrons immédiatement la relation

$$\pi' + \varphi = \varpi' - \psi,$$

en ajoutant les équations (3) respectivement multipliées, la première par λ', la seconde par μ' et la troisième par ν'. Si l'on opère de même sur les équations (4) avec λ, μ, ν, il viendra

$$\varpi - \psi = \Pi + \Phi.$$

Or on a à la fois

$$\pi = \varpi,$$
$$\varpi' = \Pi';$$

on en conclut la relation proposée, savoir :

$$\pi + \pi' + \varphi = \Pi + \Pi' + \Phi.$$

VI.

La substitution composée SS' peut être définie par trois relations linéaires entre π, π', φ et Π, Π', Φ. Posons, à cet effet,

$$\gamma' = g(\lambda', \mu', \nu')$$

et

$$(1-\gamma')\pi = p, \qquad (1-\gamma)\Pi' = -P,$$
$$(1-\gamma)\pi' + 2(1+\Gamma)\pi = q, \qquad (1-\gamma')\Pi + 2(1+\Gamma)\Pi' = -Q,$$
$$2(\pi + \pi' + \varphi) = r, \qquad 2(\Pi + \Pi' + \Phi) = -R;$$

on aura les équations suivantes :

$$p = Q - R,$$
$$q = P - R,$$
$$r = \quad - R.$$

Nous remarquerons encore le résultat de la substitution des

variables π, π', φ aux variables x, y, z dans la forme ternaire proposée. En posant en premier lieu

$$\begin{aligned} \lambda x + \mu y + \nu z &= \pi, \\ \lambda' x + \mu' y + \nu' z &= \pi', \\ L x + M y + N z &= \varphi, \end{aligned}$$

on a identiquement

$$f(x, y, z) f(l, m, n) = \varphi^2 - \gamma' \pi^2 + 2\Gamma \pi\pi' - \gamma \pi'^2.$$

On trouvera encore

$$g(x, y, z) = \Delta f(l, m, n) \zeta^2 + \gamma \xi^2 + 2\Gamma \xi\eta + \gamma' \eta^2,$$

en employant la substitution transposée

$$\begin{aligned} x &= \lambda \xi + \lambda' \eta + L \zeta, \\ y &= \mu \xi + \mu' \eta + M \zeta, \\ z &= \nu \xi + \nu' \eta + N \zeta. \end{aligned}$$

D'ailleurs, la forme

$$\begin{vmatrix} \gamma, & \gamma', & \Delta f(l, m, n) \\ 0, & 0, & \Gamma \end{vmatrix}$$

est l'adjointe de

$$\begin{vmatrix} -\gamma', & -\gamma, & 1 \\ 0, & 0, & \Gamma \end{vmatrix}.$$

VII.

Les propositions précédentes peuvent être présentées sous un autre point de vue, comme se rattachant à la théorie de la composition des formes. Elles nous semblent offrir, en effet, les premiers exemples de l'extension de la théorie, donnée par M. Gauss pour les formes binaires, aux formes quadratiques d'un plus grand nombre d'indéterminées. Concevons qu'au lieu des formules (1) on prenne les suivantes, où l'on a supprimé le dénominateur et introduit une nouvelle indéterminée ρ, de sorte qu'elles deviennent homogènes relativement à λ, μ, ν, ρ, savoir :

$$\begin{aligned} x &= (\rho^2 + \gamma) X + \rho \left(\mu \frac{df}{dZ} - \nu \frac{df}{dY} \right) - \frac{d\gamma}{d\lambda} \Pi, \\ y &= (\rho^2 + \gamma) Y + \rho \left(\nu \frac{df}{dX} - \lambda \frac{df}{dZ} \right) - \frac{d\gamma}{d\mu} \Pi, \\ z &= (\rho^2 + \gamma) Z + \rho \left(\lambda \frac{df}{dY} - \mu \frac{df}{dX} \right) - \frac{d\gamma}{d\nu} \Pi ; \end{aligned}$$

on aura

$$f(x, y, z) = f(X, Y, Z)[\rho^2 - g(\lambda, \mu, \nu)]^2.$$

Ainsi toute forme ternaire est composée d'elle-même et du carré de la forme quaternaire $\rho^2 - g(\lambda, \mu, \nu)$. Nous joindrons à ce théorème les résultats suivants, qui dépendent des mêmes principes. Faisons, pour abréger,

$$\xi = \mu Z - \nu Y,$$
$$\eta = \nu X - \lambda Z,$$
$$\zeta = \lambda Y - \mu X,$$
$$\mathfrak{G} = \lambda \frac{dg}{dX} + \mu \frac{dg}{dY} + \nu \frac{dg}{dZ};$$

la substitution

$$x = (\rho^2 + \gamma) X + \rho \frac{df}{d\xi} - \lambda \mathfrak{G},$$
$$y = (\rho^2 + \gamma) Y + \rho \frac{df}{d\eta} - \mu \mathfrak{G},$$
$$z = (\rho^2 + \gamma) Z + \rho \frac{df}{d\zeta} - \nu \mathfrak{G}$$

donnera identiquement

$$g(x, y, z) = g(X, Y, Z)[\rho^2 - g(\lambda, \mu, \nu)]^2.$$

Soit encore

$$\mathfrak{f} = \lambda \frac{df}{dX} + \mu \frac{df}{dY} + \nu \frac{df}{dZ},$$
$$\varphi = f(\lambda, \mu, \nu).$$

En posant

$$x = (\varphi + \Delta\rho^2) X + \rho \frac{dg}{d\xi} - \lambda \mathfrak{f},$$
$$y = (\varphi + \Delta\rho^2) Y + \rho \frac{dg}{d\eta} - \mu \mathfrak{f},$$
$$z = (\varphi + \Delta\rho^2) Z + \rho \frac{dg}{d\zeta} - \nu \mathfrak{f};$$

on aura

$$f(x, y, z) = f(X, Y, Z)[\Delta\rho^2 - f(\lambda, \mu, \nu)]^2.$$

Ce dernier résultat, conséquence immédiate du précédent, offre sous une forme analytique nouvelle les expressions générales des substitutions semblables pour les formes ternaires; on les déduira sans peine, d'ailleurs, des formules (1). Enfin, on trouvera

$$g(x, y, z) = g(X, Y, Z)[\Delta\rho^2 - f(\lambda, \mu, \nu)]^2,$$

en employant la substitution

$$x = (\varphi + \Delta\rho^2)\mathrm{X} + \rho\left(\mu\frac{dg}{d\mathrm{Z}} - \nu\frac{dg}{d\mathrm{Y}}\right) - \frac{d\varphi}{d\lambda}\mathrm{H},$$

$$y = (\varphi + \Delta\rho^2)\mathrm{Y} + \rho\left(\nu\frac{dg}{d\mathrm{X}} - \lambda\frac{dg}{d\mathrm{Z}}\right) - \frac{d\varphi}{d\mu}\mathrm{H},$$

$$z = (\varphi + \Delta\rho^2)\mathrm{Z} + \rho\left(\lambda\frac{dg}{d\mathrm{Y}} - \mu\frac{dg}{d\mathrm{X}}\right) - \frac{d\varphi}{d\nu}\mathrm{H}.$$

VIII.

L'étude des formes quaternaires de déterminant carré, qui viennent se présenter dans les théorèmes précédents, savoir :

$$\rho^2 - g(\lambda, \mu, \nu) \quad \text{et} \quad \Delta\rho^2 - f(\lambda, \mu, \nu),$$

conduira à d'importantes notions arithmétiques. Dans un autre travail nous essayerons d'approfondir la nature de ces formes, qui nous paraissent devoir offrir une nouvelle application de l'idée ingénieuse des *nombres idéaux* de M. Kummer. Elles donnent lieu effectivement aux théorèmes de composition que nous allons énoncer, et dont on trouvera sans peine la démonstration par ce qui précède. Posons

$$\mathfrak{L} = \lambda\rho' + \lambda'\rho + \mathrm{L},$$
$$\mathfrak{M} = \mu\rho' + \mu'\rho + \mathrm{M},$$
$$\mathfrak{N} = \nu\rho' + \nu'\rho + \mathrm{N},$$
$$\mathfrak{R} = \rho\rho' + \Gamma,$$

où L, M, N, Γ ont la signification donnée (§ V). On aura identiquement

$$\mathfrak{R}^2 - g(\mathfrak{L}, \mathfrak{M}, \mathfrak{N}) = [\rho^2 - g(\lambda, \mu, \nu)][\rho'^2 - g(\lambda', \mu', \nu')].$$

En second lieu, faisons

$$\mathfrak{L} = \lambda\rho' + \frac{1}{2}\left(\mu'\frac{df}{d\nu} - \nu'\frac{df}{d\mu}\right) + \frac{1}{2}\frac{dg}{d\lambda'}\rho,$$

$$\mathfrak{M} = \mu\rho' + \frac{1}{2}\left(\nu'\frac{df}{d\lambda} - \lambda'\frac{df}{d\nu}\right) + \frac{1}{2}\frac{dg}{d\mu'}\rho,$$

$$\mathfrak{N} = \nu\rho' + \frac{1}{2}\left(\lambda'\frac{df}{d\mu} - \mu'\frac{df}{d\lambda}\right) + \frac{1}{2}\frac{dg}{d\nu'}\rho,$$

$$\mathfrak{R} = \rho\rho' + \lambda\lambda' + \mu\mu' + \nu\nu';$$

on aura

$$\Delta\mathfrak{N}^2 - f(\mathfrak{L}, \mathfrak{M}, \mathfrak{N}) = [\Delta\rho^2 - f(\lambda, \mu, \nu)][\rho'^2 - g(\lambda', \mu', \nu')].$$

Ces deux théorèmes comprennent, comme cas particuliers, ceux d'Euler et de Lagrange, sur le produit de deux sommes de quatre carrés, ou de deux fonctions de la forme

$$x^2 + ay^2 + bz^2 + abu^2.$$

IX.

Nous avons déjà dit qu'en désignant par S et S' deux substitutions semblables quelconques on ne pouvait avoir la relation

$$SS' = S'S$$

qu'en supposant S et S' exprimables par les puissances d'une même substitution. C'est ce qu'on peut établir de la manière suivante :

D'après le théorème du § V, si l'on désigne par $\lambda, \mu, \nu; \lambda', \mu', \nu'$ les quantités qui déterminent les substitutions S et S', et par $\mathfrak{L}$, $\mathfrak{M}$, $\mathfrak{N}$ celles qui déterminent la substitution composée S, S', on aura

$$\mathfrak{L} = \frac{\lambda + \lambda' + L}{1 + \Gamma},$$

$$\mathfrak{M} = \frac{\mu + \mu' + M}{1 + \Gamma},$$

$$\mathfrak{N} = \frac{\nu + \nu' + N}{1 + \Gamma}.$$

Cela étant, si l'on permute simultanément λ et λ', μ et μ', ν et ν' de manière à obtenir les quantités analogues à $\mathfrak{L}$, $\mathfrak{M}$, $\mathfrak{N}$ pour la substitution S'S, on trouvera immédiatement que ces quantités ne diffèrent des précédentes que par les signes de L, M, N. La condition $SS' = S'S$ entraîne donc les relations

$$L = 0, \qquad M = 0, \qquad N = 0$$

et, par suite, celles-ci :

$$l = 0, \qquad m = 0, \qquad n = 0,$$

puisque le déterminant relatif aux trois fonctions linéaires L, M, N est essentiellement différent de zéro. Or les valeurs de l, m, n font voir que λ, μ, ν sont aussi respectivement proportionnelles à λ', μ', ν'; la proposition annoncée revient donc à celle-ci :

Toutes les substitutions semblables où λ, μ, ν *sont proportionnels à trois nombres constants se réduisent aux puissances d'une seule substitution.*

Pour le faire voir, observons en premier lieu que ces quantités λ, μ, ν ont nécessairement des valeurs *rationnelles*, si la substitution est à coefficients entiers. Nous pouvons donc supposer en général

$$\lambda = k\alpha, \qquad \mu = k\beta, \qquad \nu = k\gamma,$$

λ, μ, ν étant trois entiers constants sans diviseurs communs, et k un facteur rationnel arbitraire. Cela posé, prenons six autres membres α', β', γ'; α'', β'', γ'', de telle sorte que le déterminant du système

$$\begin{vmatrix} \alpha & \beta & \gamma \\ \alpha' & \beta' & \gamma' \\ \alpha'' & \beta'' & \gamma'' \end{vmatrix}$$

soit l'unité; en faisant

$$\begin{aligned} \alpha\, x + \beta\, y + \gamma\, z &= u, \\ \alpha' x + \beta' y + \gamma' z &= v, \\ \alpha'' x + \beta'' y + \gamma'' z &= w, \end{aligned}$$

la forme ternaire proposée $f(x, y, z)$ se changera en une forme équivalente que nous désignerons par $F(u, v, w)$ et dont les substitutions semblables se déduiront immédiatement de celles de la proposée. Désignons, en effet, spécialement par S les transformations semblables de f, où α, β, γ sont supposés constants; k étant seul variable, les transformations semblables correspondantes de F seront données par la formule symbolique

$$\Sigma S \Sigma^{-1},$$

où Σ est la substitution employée ci-dessus, entre les variables x, y, z et u, v, w. Or il suffira de prouver que $\Sigma S \Sigma^{-1}$ est de la forme T^n; car de l'équation

$$\Sigma S \Sigma^{-1} = T^n$$

on tirera, comme on le voit, bien facilement

$$S = \Sigma^{-1} T^n \Sigma = (\Sigma^{-1} T \Sigma)^n.$$

Or, comme nous l'avons remarqué dans notre premier article, les transformations semblables de $F(u, v, w)$, données par la formule $\Sigma S \Sigma^{-1}$, sont caractérisées en ce que la fonction linéaire que ces transformations reproduisent est simplement la variable u. Appliquant donc cette forme F aux formules générales (1), nous y devrons faire μ et ν nuls, pour en déduire l'expression particulière des transformations $\Sigma S \Sigma^{-1}$. On trouvera ainsi, en supposant $F(u, v, w) = \begin{pmatrix} A, A', A'' \\ B, B', B'' \end{pmatrix}$ et l'adjointe $= \begin{pmatrix} \mathfrak{A}, \mathfrak{A}', \mathfrak{A}'' \\ \mathfrak{B}, \mathfrak{B}', \mathfrak{B}'' \end{pmatrix}$,

$$\begin{aligned} u &= U, \\ v &= \frac{(1 - 2B\lambda + \mathfrak{A}\lambda^2)V - 2A''\lambda W - 2(B'\lambda + \mathfrak{B}''\lambda^2)U}{1 - \mathfrak{A}\lambda^2}, \\ w &= \frac{2A'\lambda V + (1 + 2B\lambda + \mathfrak{A}\lambda^2)W + 2(B''\lambda - \mathfrak{B}'\lambda^2)U}{1 - \mathfrak{A}\lambda^2}; \end{aligned}$$

et c'est là le type des substitutions que nous devons ramener à la forme T^n. Observons à cet effet qu'en y supposant nulles les variables u et U, elles doivent fournir les substitutions semblables de la forme binaire

$$A'v^2 + 2Bvw + A''w^2.$$

Cela nous conduit à faire

$$\frac{1 + \mathfrak{A}\lambda^2}{1 - \mathfrak{A}\lambda^2} = p, \qquad \frac{2\lambda}{1 - \mathfrak{A}\lambda^2} = q,$$

p et q vérifiant l'équation

$$p^2 - \mathfrak{A}q^2 = 1.$$

Or il vient ainsi

$$\begin{aligned} u &= U, \\ v &= (p - Bq)V - A''qW - \left(B'q + \frac{(p-1)\mathfrak{B}''}{\mathfrak{A}}\right)U, \\ w &= A'qV + (p + Bq)W + \left(B''q - \frac{(p-1)\mathfrak{B}'}{\mathfrak{A}}\right)U; \end{aligned}$$

d'où l'on tire

$$\begin{aligned} &\mathfrak{A}w - \mathfrak{B}'u + (B''u + A'v + Bw)\sqrt{\mathfrak{A}} \\ &\quad = (p + q\sqrt{\mathfrak{A}})\left[\mathfrak{A}W - \mathfrak{B}'U + (B''U + A'V + BW)\sqrt{\mathfrak{A}}\right] \end{aligned}$$

et

$$\begin{aligned} &\mathfrak{A}w - \mathfrak{B}'u - (B''u + A'v + Bw)\sqrt{\mathfrak{A}} \\ &\quad = (p - q\sqrt{\mathfrak{A}})\left[\mathfrak{A}W - \mathfrak{B}'U - (B''U + A'V + BW)\sqrt{\mathfrak{A}}\right]. \end{aligned}$$

Mais on sait qu'on peut faire

$$p + q\sqrt{\mathfrak{A}} = (P + Q\sqrt{\mathfrak{A}})^n,$$

les entiers P et Q étant les moindres nombres qui vérifient la condition

$$P^2 - \mathfrak{A}Q^2 = 1.$$

La substitution considérée étant donc définie par les équations

$$u = U,$$

$$\begin{aligned}
&\mathfrak{A}w - \mathfrak{B}'u + (B''u + A'v + Bw)\sqrt{\mathfrak{A}} \\
&\quad = (P + Q\sqrt{\mathfrak{A}})^n [\mathfrak{A}W - \mathfrak{B}'U + (B''U + A'V + BW)\sqrt{\mathfrak{A}}], \\
&\mathfrak{A}w - \mathfrak{B}'u - (B''u + A'v + Bw)\sqrt{\mathfrak{A}} \\
&\quad = (P - Q\sqrt{\mathfrak{A}})^n [\mathfrak{A}W - \mathfrak{B}'U - (B''U + A'V + BW)\sqrt{\mathfrak{A}}],
\end{aligned}$$

il est évident qu'elle résulte de la substitution particulière pour laquelle $n = 1$, prise n fois successivement.

X.

L'expression générale des transformations semblables donnée au § I peut être présentée sous une forme analytique bien différente, en cherchant à mettre en évidence les fonctions qui se reproduisent à un facteur constant près, comme nous venons d'être conduit à le faire. On y parvient aisément de la manière suivante :

Désignons par λ', μ', ν' trois quantités entièrement arbitraires, et employons les mêmes notations qu'au § V, pour désigner des expressions analytiques de même forme, savoir :

$$\begin{aligned}
\pi &= \lambda x + \mu y + \nu z, & \Pi &= \lambda X + \mu Y + \nu Z, \\
\pi' &= \lambda' x + \mu' y + \nu' z, & \Pi' &= \lambda' X + \mu' Y + \nu' Z, \\
\varphi &= Lx + My + Nz, & \Phi &= LX + MY + NZ;
\end{aligned}$$

nous trouverons d'abord, en ajoutant les équations (1), après les avoir respectivement multipliées par λ', μ', ν',

$$(1 - \gamma)\pi' = (1 + \gamma)\Pi' - 2\Phi - 2\Gamma\Pi.$$

En second lieu, nous déduirons des équations (2) les suivantes :

$$(1-\gamma)\left(\mu\frac{df}{dz}-\nu\frac{df}{dy}\right)=(1+\gamma)\left(\mu\frac{df}{dZ}-\nu\frac{df}{dY}\right)+4\gamma X-2\frac{d\gamma}{d\lambda}\Pi,$$

$$(1-\gamma)\left(\nu\frac{df}{dx}-\lambda\frac{df}{dz}\right)=(1+\gamma)\left(\nu\frac{df}{dX}-\lambda\frac{df}{dZ}\right)+4\gamma Y-2\frac{d\gamma}{d\mu}\Pi,$$

$$(1-\gamma)\left(\lambda\frac{df}{dy}-\mu\frac{df}{dx}\right)=(1+\gamma)\left(\lambda\frac{df}{dY}-\mu\frac{df}{dX}\right)+4\gamma Z-2\frac{d\gamma}{d\nu}\Pi.$$

Puis, en les ajoutant après les avoir multipliées, la première par λ', la seconde par μ', la troisième par ν', il viendra

$$(1-\gamma)\varphi=(1+\gamma)\Phi-2\gamma\Pi'+2\Gamma\Pi.$$

Ainsi, l'introduction des quantités arbitraires λ', μ', ν' nous conduit à cette transformation remarquable des équations (1), savoir :

$$\begin{aligned}\pi&=\Pi,\\(1-\gamma)\pi'&=-2\Gamma\Pi+(1+\gamma)\Pi'-2\Phi,\\(1-\gamma)\varphi&=\quad 2\Gamma\Pi-2\gamma\Pi'+(1+\gamma)\Phi;\end{aligned}$$

et nous en conclurons en dernier lieu les relations suivantes, auxquelles nous voulions parvenir et qu'on vérifiera facilement :

$$\pi=\Pi,$$

$$\gamma\pi'-\Gamma\pi+\varphi\sqrt{\gamma}=\frac{1-\sqrt{\gamma}}{1+\sqrt{\gamma}}(\gamma\Pi'-\Gamma\Pi+\Phi\sqrt{\gamma}),$$

$$\gamma\pi'-\Gamma\pi-\varphi\sqrt{\gamma}=\frac{1+\sqrt{\gamma}}{1-\sqrt{\gamma}}(\gamma\Pi'-\Gamma\Pi-\Phi\sqrt{\gamma}).$$

Il est digne de remarque que les coefficients de la forme ternaire, les quantités λ, μ, ν, qui définissent la substitution par laquelle cette forme se change en elle-même, et enfin les quantités entièrement arbitraires λ', μ', ν' ne figurent plus dans les coefficients de ces nouvelles relations que par les deux constantes γ et Γ.

XI.

Les théorèmes de compositions relatifs aux formes quaternaires

$$\rho^2-g(\lambda,\mu,\nu)\quad\text{et}\quad\Delta\rho^2-f(\lambda,\mu,\nu),$$

donnés au § VIII, ont été déduits des expressions générales pour les transformations semblables des formes ternaires. Réciproquement, on peut obtenir ces expressions générales comme conséquence des théorèmes du § VIII par la méthode suivante :

Considérons le produit des trois facteurs

$$[\rho^2 - g(\lambda, \mu, \nu)][\rho'^2 - g(\lambda', \mu', \nu')][\rho''^2 - g(\lambda'', \mu'', \nu'')],$$

mis sous la forme

$$\mathfrak{R}^2 - g(\mathfrak{L}, \mathfrak{M}, \mathfrak{N}).$$

Pour obtenir les valeurs de $\mathfrak{L}$, $\mathfrak{M}$, $\mathfrak{N}$, $\mathfrak{R}$ nous poserons

$$\delta = \begin{vmatrix} \lambda & \lambda' & \lambda'' \\ \mu & \mu' & \mu'' \\ \nu & \nu' & \nu'' \end{vmatrix}, \quad \begin{aligned} l &= \mu'\nu'' - \nu'\mu'', & l' &= \mu''\nu - \nu''\mu, & l'' &= \mu\nu' - \nu\mu', \\ m &= \nu'\lambda'' - \lambda'\nu'', & m' &= \nu''\lambda - \lambda''\nu, & m'' &= \nu\lambda' - \lambda\nu', \\ n &= \lambda'\mu'' - \mu'\lambda'', & n' &= \lambda''\mu - \mu''\lambda, & n'' &= \lambda\mu' - \mu\lambda'; \end{aligned}$$

$$\mathrm{L} = \frac{1}{2}\frac{df}{dl}, \qquad \mathrm{L}' = \frac{1}{2}\frac{df'}{dl'}, \qquad \mathrm{L}'' = \frac{1}{2}\frac{df''}{dl''},$$

$$\mathrm{M} = \frac{1}{2}\frac{df}{dm}, \qquad \mathrm{M}' = \frac{1}{2}\frac{df'}{dm'}, \qquad \mathrm{M}'' = \frac{1}{2}\frac{df''}{dm''},$$

$$\mathrm{N} = \frac{1}{2}\frac{df}{dn}, \qquad \mathrm{N}' = \frac{1}{2}\frac{df'}{dn'}, \qquad \mathrm{N}'' = \frac{1}{2}\frac{df''}{dn''};$$

$$\Gamma = \frac{1}{2}\left(\lambda''\frac{d\gamma'}{d\lambda'} + \mu''\frac{d\gamma'}{d\mu'} + \nu''\frac{d\gamma'}{d\nu'}\right),$$

$$\Gamma' = \frac{1}{2}\left(\lambda\frac{d\gamma''}{d\lambda''} + \mu\frac{d\gamma''}{d\mu''} + \nu\frac{d\gamma''}{d\nu''}\right),$$

$$\Gamma'' = \frac{1}{2}\left(\lambda'\frac{d\gamma}{d\lambda} + \mu'\frac{d\gamma}{d\mu} + \nu'\frac{d\gamma}{d\nu}\right),$$

où l'on a mis, pour abréger,

$$f, \ f', \ f''; \qquad \gamma, \ \gamma', \ \gamma''$$

pour

$$f(l, m, n), \ f(l', m', n'), \ f(l'', m'', n''); \ g(\lambda, \mu, \nu), \ g(\lambda', \mu', \nu'), \ g(\lambda'', \mu'', \nu'').$$

Cela étant, on aura les expressions suivantes :

$$\begin{aligned} \mathfrak{L} &= (\rho\rho'\lambda'' + \rho'\rho''\lambda + \rho''\rho\lambda') + (\rho\mathrm{L} - \rho'\mathrm{L}' + \rho''\mathrm{L}'') + (\lambda\Gamma - \lambda'\Gamma' + \lambda''\Gamma''), \\ \mathfrak{M} &= (\rho\rho'\mu'' + \rho'\rho''\mu + \rho''\rho\mu') + (\rho\mathrm{M} - \rho'\mathrm{M}' + \rho''\mathrm{M}'') + (\mu\Gamma - \mu'\Gamma' + \mu''\Gamma''), \\ \mathfrak{N} &= (\rho\rho'\nu'' + \rho'\rho''\nu + \rho''\rho\nu') + (\rho\mathrm{N} - \rho'\mathrm{N}' + \rho''\mathrm{N}'') + (\nu\Gamma - \nu'\Gamma' + \nu''\Gamma''), \\ \mathfrak{R} &= (\rho\rho'\rho'' + \rho\Gamma + \rho'\Gamma' + \rho''\Gamma'' + \Delta\delta). \end{aligned}$$

Maintenant faisons

$$\lambda'' = -\lambda, \qquad \mu'' = -\mu, \qquad \nu'' = -\nu, \qquad \rho'' = \rho;$$

on aura

$$L = L'', \qquad L' = 0,$$
$$\Gamma = -\Gamma'', \qquad \Gamma' = -g(\lambda, \mu, \nu);$$

et, le déterminant δ s'évanouissant, la valeur de $\mathfrak{R}$ deviendra

$$\mathfrak{R} = \rho'[\rho^2 - g(\lambda, \mu, \nu)].$$

L'équation

$$\mathfrak{R}^2 - g(\mathfrak{L}, \mathfrak{M}, \mathfrak{N}) = [\rho^2 - g(\lambda, \mu, \nu)][\rho'^2 - g(\lambda', \mu', \nu')][\rho''^2 - g(\lambda'', \mu'', \nu'')]$$

se réduisant donc à la suivante :

$$\rho'^2[\rho^2 - g(\lambda, \mu, \nu)]^2 - g(\mathfrak{L}, \mathfrak{M}, \mathfrak{N}) = [\rho^2 - g(\lambda, \mu, \nu)]^2[\rho'^2 - g(\lambda', \mu', \nu')],$$

donnera

$$g(\mathfrak{L}, \mathfrak{M}, \mathfrak{N}) = g(\lambda', \mu', \nu')[\rho^2 - g(\lambda, \mu, \nu)]^2,$$

et l'on en conclura

$$g\left(\frac{\mathfrak{L}}{\mathfrak{R}}, \frac{\mathfrak{M}}{\mathfrak{R}}, \frac{\mathfrak{N}}{\mathfrak{R}}\right) = g\left(\frac{\lambda'}{\rho'}, \frac{\mu'}{\rho'}, \frac{\nu'}{\rho'}\right).$$

D'ailleurs on obtient pour $\mathfrak{L}$, $\mathfrak{M}$, $\mathfrak{N}$ les expressions suivantes :

$$\mathfrak{L} = (\rho^2 + \gamma)\lambda' + 2\rho L - 2\lambda\Gamma'',$$
$$\mathfrak{M} = (\rho^2 + \gamma)\mu' + 2\rho M - 2\mu\Gamma'',$$
$$\mathfrak{N} = (\rho^2 + \gamma)\nu' + 2\rho N - 2\nu\Gamma'';$$

de sorte que l'on retrouve ainsi l'un des théorèmes donnés au § VII. Mais il y a une autre conséquence à déduire des considérations précédentes.

Nommons respectivement S, S', S'' les transformations semblables de la forme ternaire f, qui sont définies par les quantités $\frac{\lambda}{\rho}, \frac{\mu}{\rho}, \frac{\nu}{\rho}; \frac{\lambda'}{\rho'}, \frac{\mu'}{\rho'}, \frac{\nu'}{\rho'}; \frac{\lambda''}{\rho''}, \frac{\mu''}{\rho''}, \frac{\nu''}{\rho''}$; les quantités analogues par lesquelles sera déterminée la substitution composée S S' S'' seront évidemment $\frac{\mathfrak{L}}{\mathfrak{R}}, \frac{\mathfrak{M}}{\mathfrak{R}}, \frac{\mathfrak{N}}{\mathfrak{R}}$. Or l'hypothèse admise précédemment, savoir :

$$\frac{\lambda''}{\rho''} = -\frac{\lambda}{\rho}, \qquad \frac{\mu''}{\rho''} = -\frac{\mu}{\rho}, \qquad \frac{\nu''}{\rho''} = -\frac{\nu}{\rho},$$

revient à supposer la substitution S'' l'inverse de la substitution S (*voir* § IV) : donc toute substitution, telle que

$$S\,S'\,S^{-1},$$

se tire de S', en y remplaçant $\frac{\lambda'}{\rho'}$, $\frac{\mu'}{\rho'}$, $\frac{\nu'}{\rho'}$ par trois fonctions linéaires de ces quantités qui donnent précisément une transformation en elle-même de la forme adjointe.

SECONDE PARTIE.

Nous venons de résumer tout ce que nous avons pu jusqu'à présent tirer de l'étude algébrique des formules générales de substitution par lesquelles une forme ternaire quelconque se change en elle-même. Si nous nous sommes un peu étendus sur ces considérations, c'est dans l'espoir de les lier un jour par de nouvelles recherches à l'étude arithmétique des substitutions semblables, que nous avons entreprises sous un point de vue si différent en le faisant dépendre de la réduction continuelle d'une forme ternaire définie à paramètres variables. Afin qu'on puisse mieux saisir ce qu'il y a de général dans ce point de vue, nous réunirons ici les deux questions de l'équivalence des formes décomposables en facteurs linéaires, et de l'équivalence des formes quadratiques indéfinies, traitées par le même principe arithmétique. Dans d'autres Mémoires nous donnerons les démonstrations des théorèmes que nous allons énoncer, désirant surtout en ce moment appeler l'attention du lecteur sur l'identité de la méthode appliquée à des genres de formes d'une nature si différente.

I.

Deux formes sont dites *équivalentes* lorsqu'on peut obtenir l'une d'elles en faisant dans l'autre une substitution linéaire et homogène, à coefficients entiers et au déterminant *un*. C'est en cela du moins que consiste l'*équivalence arithmétique*. En admettant des quantités quelconques pour les coefficients de la substitution, on aura la notion de ce qu'on peut appeler l'*équivalence algébrique*. Dans le cas des formes quadratiques à un nombre quelconque n d'indéterminées, et des formes du $n^{\text{ième}}$ degré, décomposables en a facteurs linéaires, un seul et même fait analytique très simple léroule de cette notion. Ces formes, en effet, sont toujours algébriquement équivalentes; les premières comme réductibles à une somme de n carrés $x_0^2 + x_1^2 + \ldots + x_{n-1}^2$, les secondes comme réductibles à un produit de n variables $x_0, x_1, x_2, \ldots, x_{n-1}$. De là ésulte, pour ces deux genres de formes, l'existence d'un seul *invariant,* c'est-à-dire d'une seule fonction des coefficients, qui la reproduit dans une transformée obtenue par une substitution algébrique, multipliée par une puissance donnée du déterminant de ette substitution. S'il s'agit d'une forme quadratique à n indéterminées $f(x_0, x_1, \ldots, x_{n-1})$, nous définirons cet invariant comme le léterminant du système linéaire

$$\frac{1}{2}\frac{df}{dx_0}, \quad \frac{1}{2}\frac{df}{dx_1}, \quad \frac{1}{2}\frac{df}{dx_2}, \quad \ldots, \quad \frac{1}{2}\frac{df}{dx_{n-1}}.$$

Pour une forme décomposable en facteurs linéaires

$$F = u_0 u_1 u_2 \ldots u_{n-1},$$

ù l'on suppose

$$u_i = a_i x_0 + b_i x_1 + c_i x_2 + \ldots + k_i x_{n-1},$$

ous le définirons comme le carré du déterminant relatif aux fonctions

$$u_0, \quad u_1, \quad u_2, \quad \ldots, \quad u_{n-1}.$$

Dans ces deux cas l'invariant, que nous désignerons par Δ, se eproduira dans toute transformée, multiplié par le carré du déerminant de la substitution.

II.

On peut particulariser la nature de l'équivalence algébrique de eux formes, en exigeant que les coefficients de la substitution oient des quantités réelles. Sous ce point de vue, les formes dont ous nous occupons n'offrent plus une seule espèce chacune, et, n supposant leurs coefficients des quantités réelles, on a les proositions suivantes :

1° Les formes du $n^{\text{ième}}$ degré, décomposables en n facteurs liéaires, sont réductibles par des substitutions algébriques réelles, à $\frac{1}{2}(n+1)$ ou $\frac{1}{2}(n+2)$ types distincts, suivant que n est *impair* ou *pair*. L'un de ces types est encore le produit $x_0 x_1 \ldots x_{n-1}$ des variables, et les autres s'obtiendront en groupant deux à deux les indéterminées, et remplaçant successivement le produit des indéterminées d'un même groupe par la somme de leurs carrés. Nous les nommerons en général *types factoriels*, et le nombre des facteurs d'un type, qui seront formés d'une somme de deux carrés, sera l'*indice* de ce type.

2° Les formes quadratiques à n indéterminées sont réductibles par des substitutions réelles à $n+1$ types distincts, dont l'un est la somme $x_0^2 + x_1^2 + \ldots + x_{n-1}^2$ des carrés des indéterminées, les autres s'en déduisant en faisant précéder du signe *moins* le carré de l'une, de deux, etc. ou de toutes les indéterminées. Nous nommerons *indice* d'un type quadratique le nombre des carrés qui sont ainsi précédés du signe *moins*.

La proposition relative à l'équivalence réelle des formes décomposables en facteurs revient à la notion élémentaire des racines réelles ou imaginaires des équations algébriques; celle qui concerne les formes quadratiques, à la distinction géométrique des diverses courbes ou surfaces du second degré, dans les cas de trois ou quatre indéterminées.

III.

Les considérations précédentes impliquent ce théorème : *que deux types différents ne peuvent être identifiés par aucune substitution réelle ;* elles conduisent aussi à la recherche des conditions qui doivent être remplies par une forme pour qu'elle soit réductible à un type donné. Pour les formes quadratiques, M. Cauchy a donné l'expression suivante de ces conditions. Soient $f(x_0, x_1, \ldots, x_{n-1})$ la forme proposée, Δ_i l'invariant de la forme à i indéterminées, qu'on obtient en faisant

$$x_i = 0, \qquad x_{i+1} = 0, \qquad x_{i+2} = 0, \qquad \ldots, \qquad x_{n-1} = 0;$$

le nombre des termes négatifs de la suite

$$\Delta_1, \quad \frac{\Delta_2}{\Delta_1}, \quad \frac{\Delta_3}{\Delta_2}, \quad \ldots, \quad \frac{\Delta_n}{\Delta_{n-1}}$$

donnera immédiatement l'indice du type auquel appartient la forme proposée. Le premier terme Δ_1 est le coefficient de x_0^2, et il faut remarquer que, si l'une des quantités Δ, Δ_i, par exemple, vient à s'évanouir, on devra considérer les deux termes $\frac{\Delta_{i-1}}{\Delta_i}$ et $\frac{\Delta_i}{\Delta_{i+1}}$ comme donnant, l'un un signe *plus* et l'autre un signe *moins*. Remarquons qu'en appliquant la même règle à une transformée de f les quantités Δ_1, Δ_2, ... changent toutes en général, mais de manière que le nombre des termes positifs et négatifs de la nouvelle suite soit exactement le nombre des termes positifs et négatifs de l'ancienne.

IV.

Un premier point de contact entre la théorie des formes décomposables en facteurs et la théorie des formes quadratiques consiste en ce que la connaissance des caractères propres aux divers types quadratiques, que fournit si simplement la méthode de M. Cauchy, suffit pour arriver à la distinction des types factoriels. Soit, en effet,

$$F = u_0 u_1 \ldots u_{n-1}$$

la forme proposée, u_i désignant la même chose qu'au § I; il est aisé de voir que les coefficients de la forme quadratique

$$\varphi = \left(\frac{u_0}{a_0}\right)^2 + \left(\frac{u_1}{a_1}\right)^2 + \left(\frac{u_2}{a_2}\right)^2 + \ldots + \left(\frac{u_{n-1}}{a_{n-1}}\right)^2$$

s'exprimeront rationnellement par ceux de F. *Or le type factoriel de* F *et le type quadratique de* φ *ont précisément même indice*. Alors, si l'un des deux détermine l'autre, j'ajouterai la remarque suivante :

Soit ω une fonction rationnelle quelconque des quantités

$$\frac{b}{a}, \quad \frac{c}{a}, \quad \ldots, \quad \frac{k}{a},$$

et faisons

$$\omega_i = \theta\left(\frac{b_i}{a_i}, \frac{c_i}{a_i}, \ldots, \frac{k_i}{a_i}\right);$$

quelle que soit l'indéterminée z, les coefficients de la forme

$$f = \frac{1}{z-\omega_0}\left(\frac{u_0}{a_0}\right)^2 + \frac{1}{z-\omega_1}\left(\frac{u_1}{a_1}\right)^2 + \frac{1}{z-\omega_2}\left(\frac{u_2}{a_2}\right)^2 + \ldots + \frac{1}{z-\omega_{n-1}}\left(\frac{u_{n-1}}{a_{n-1}}\right)^2$$

s'exprimeront encore rationnellement par ceux de F, où l'indice du type quadratique auquel appartient cette nouvelle forme sera l'indice du type factoriel de F, augmenté du nombre des quantités ω qui sont supérieures à z. Ainsi le nombre des quantités ω qui sont comprises entre deux limites z_0 et z_1 sera déterminé par la différence entre l'indice du type quadratique f pour $z = z_0$ et l'indice du type quadratique de la même forme pour $z = z_1$.

V.

Arrivons maintenant à la question de l'équivalence arithmétique de deux formes décomposables en facteurs, et des transformations semblables de ces formes. Cette recherche, que nous allons rapprocher de celle qui est relative aux formes quadratiques indéfinies, repose sur les principes suivants :

Désignons par $\text{mod}^2 u$ le carré du module d'un facteur linéaire quelconque de F, c'est-à-dire le carré de ce facteur, s'il est *réel*, ou le produit qu'on obtient en le multipliant par le facteur conjugué s'il est *imaginaire*. Nous considérons en même temps avec F la forme quadratique définie

$$\varphi = \lambda_0^2 \,\text{mod}^2 u_0 + \lambda_1^2 \,\text{mod}^2 u_1 + \lambda_2^2 \,\text{mod}^2 u_2 + \ldots + \lambda_{n-1}^2 \,\text{mod}^2 u_{n-1},$$

où les quantités λ sont des indéterminées réelles quelconques auxquelles nous donnerons le nom d'*arguments,* et nous aurons les propositions qui suivent :

1° Concevant qu'on calcule toutes les substitutions propres à réduire φ, pour toutes les valeurs des arguments, et qu'on fasse chacune de ces substitutions dans F, on obtiendra ainsi une infinité de transformées dont nous désignerons l'ensemble par le symbole (F). Cela étant, si l'on opère de même sur une autre forme F', et que F et F' soient arithmétiquement équivalentes, (F) et (F') seront *identiques*. L'opération de réduction est faite ici dans le sens que je lui ai donné dans la troisième de mes Lettres à M. Jacobi sur la théorie des nombres.

2° En supposant entiers les coefficients de F, ceux des formes contenues dans (F) le seront pareillement, et auront des limites déterminées par une seule fonction des coefficients de F, à savoir l'invariant Δ.

3° Si l'on désigne par $\mathfrak{f}$ l'une des formes de (F), il n'y aura aucune transformation semblable de $\mathfrak{f}$ qui ne soit donnée par le calcul arithmétique de (F) tel que nous l'avons défini.

4° Toutes les formes F, à coefficients entiers et de même invariant Δ, sont réductibles à un nombre fini de classes distinctes. Une application de cette dernière conséquence, que nous allons indiquer en peu de mots, conduit à une notion importante sur les racines des équations à coefficients entiers.

Soit

$$\alpha x^n + \beta x^{n-1} + \ldots + \delta x + \varepsilon = \alpha(x - a_0)(x - a_1)\ldots(x - a_{n-1}) = 0$$

une équation à coefficients entiers de degré n. Représentons par Δ cette fonction entière des coefficients α, β, ... à laquelle les Géomètres anglais ont donné le nom de *discriminant*, et qu'on peut définir ainsi

$$\Delta = \alpha^{2(n-1)}(a_0 - a_1)^2(a_1 - a_2)^2\ldots(a_{n-2} - a_{n-1})^2,$$

le second membre renfermant le produit des carrés des différences des racines prises deux à deux. Si l'on pose

$$u_i = x_0 + a_i x_1 + a_i^2 x_2 + \ldots + a_i^{n-1} x_{n-1},$$

et qu'on considère la forme

$$F = \alpha^{n-1} u_0 u_1 u_2 \ldots u_{n-1},$$

les coefficients de cette forme seront tous entiers; et, d'après la définition que nous avons donnée, son invariant reproduira précisément le discriminant Δ. Observant donc que deux équations différentes, donnant lieu à des formes F arithmétiquement équivalentes, sont réductibles l'une à l'autre par une substitution rationnelle, on arrivera à ce théorème :

Les équations numériques, en nombre infini, pour lesquelles le discriminant a une même valeur, ne contiennent qu'un nombre essentiellement limité d'irrationnalités distinctes.

VI.

Considérons actuellement une forme quadratique quelconque *indéfinie* et à n indéterminées. Cette forme appartiendra à un type d'indice i, différent de zéro; de sorte qu'on pourra trouver d'une infinité de manières n fonctions linéaires réelles, u_0, u_1, ..., u_{n-1}, telles qu'on ait

$$F = -u_0^2 - u_1^2 - \ldots - u_{i-1}^2 + u_i^2 + u_{i+1}^2 + \ldots + u_{n-1}^2.$$

Supposons d'abord connu un seul système de pareilles fonctions : tous les autres s'obtiendront en posant

$$\begin{aligned} & -u_0^2 - u_1^2 - \ldots - u_{i-1}^2 + u_i^2 + u_{i+1}^2 + \ldots + u_{n-1}^2 \\ & = -U_0^2 - U_1^2 - \ldots - U_{i-1}^2 + U_i^2 + U_{i+1}^2 + \ldots + U_{n-1}^2 \end{aligned}$$

et en déterminant l'expression la plus générale des quantités U par les quantités u. Cela revient à la recherche algébrique des substitutions semblables du type quadratique d'indice i. Or la méthode donnée dans mon premier article sur les formes ternaires s'applique à des formes d'un nombre quelconque d'indéterminées, et conduira à exprimer rationnellement cette substitution au moyen de $\frac{1}{2}n(n-1)$ quantités arbitraires (¹). Nous leur donnerons le nom d'*arguments,* car on va voir qu'elles jouent le même rôle que les quantités λ du § V.

En effet, nous considérons, en même temps que la forme indéfinie proposée F, la forme définie

$$\varphi = U_0^2 + U_1^2 + U_2^2 + \ldots + U_{n-1}^2,$$

et nous aurons les propositions suivantes :

1° Concevant qu'on calcule toutes les substitutions propres à réduire φ, pour toutes les valeurs des arguments, et qu'on fasse chacune de ces substitutions dans F, on obtiendra ainsi une infi-

---

(¹) On pourrait, sans recourir à ma théorie, déduire ces expressions de celles qu'a données M. Cayley, pour le type d'indice zéro. Voyez, dans le *Journal de Crelle,* le beau Mémoire, sur les déterminants gauches, du savant géomètre anglais.

nité de transformées dont nous désignerons l'ensemble par le symbole (F). Cela fait, si deux formes F et F' sont arithmétiquement équivalentes, (F) et (F') seront identiques.

2° En supposant entiers les coefficients de F, ceux des formes contenues dans (F) le seront pareillement, et auront des limites déterminées par une seule fonction des coefficients de F, l'invariant Δ. Un exemple des limitations de ces coefficients a été donné dans mon premier article, pour le cas des formes ternaires.

3° Si l'on désigne par $\mathfrak{f}$ l'une des formes de (F), il n'y aura aucune transformation de $\mathfrak{f}$ en elle-même qui ne soit donnée par le calcul arithmétique de (F), tel qu'il a été défini.

4° Toutes les formes quadratiques à coefficients entiers, qui appartiennent au même type et ont même invariant Δ, sont réductibles à un nombre fini de classes distinctes.

Depuis l'année 1847, où je rencontrais les principes de la réduction des formes définies, j'ai cherché à plusieurs reprises la démonstration rigoureuse de ce dernier théorème, et je ne suis parvenu qu'après bien des efforts à la théorie qu'on vient de voir. Il me reste à montrer comment, pour les formes binaires de déterminant positif qui appartiennent en même temps aux formes quadratiques indéfinies et aux formes décomposables en facteurs linéaires, on est conduit au même résultat en appliquant les principes relatifs à ces deux cas.

Ayant fait

$$F = Ax^2 + 2Bxy + Cy^2 = (ax + by)(a'x + b'y) = uu',$$

nous aurons d'abord cette expression par le type quadratique binaire d'indice *un*, savoir :

$$F = v^2 - v'^2,$$

en posant

$$u + u' = 2v, \qquad u - u = 2v'.$$

Soient ensuite

$$U = \alpha v + \alpha' v', \qquad U' = \beta v + \beta' v',$$

et déterminons les constantes α, α', β, β' de manière à obtenir identiquement

$$U^2 - U'^2 = v^2 - v'^2.$$

On posera pour cela

$$\alpha^2 - \beta^2 = 1, \qquad \alpha\alpha' - \beta\beta' = 0, \qquad \alpha'^2 - \beta'^2 = -1,$$

d'où il sera facile de conclure

$$\beta^2 = \alpha'^2, \qquad \beta'^2 = \alpha^2.$$

Or la forme définie φ étant

$$\varphi = U^2 + U'^2 = (\alpha\nu + \alpha'\nu')^2 + (\beta\nu + \beta'\nu)^2,$$

elle deviendra par ces relations

$$\begin{aligned}\varphi &= (\alpha^2 + \beta^2)\nu^2 + 2(\alpha\alpha' + \beta\beta')\nu\nu' + (\alpha'^2 + \beta'^2)\nu' \\ &= (\alpha^2 + \alpha'^2)(\nu^2 + \nu'^2) + 4\alpha\alpha'\nu\nu'.\end{aligned}$$

Remettant maintenant au lieu de ν et ν' leurs valeurs en u et u', il viendra

$$\varphi = \tfrac{1}{2}(\alpha^2 + \alpha'^2)(u^2 + u'^2) + \alpha\alpha'(u^2 - u'^2) = \tfrac{1}{2}(\alpha + \alpha')^2 u^2 + \tfrac{1}{2}(\alpha - \alpha')^2 u'^2;$$

ce qui est précisément la forme quadratique définie à laquelle on serait amené, d'après le § V, en considérant F comme appartenant aux formes décomposables en facteurs linéaires. (Je reprendrai, dans un Mémoire spécial, la distribution en périodes des formes de déterminant positif, pour compléter et mettre fin en quelques points à ce que j'en ai déjà dit dans un Mémoire sur l'introduction des variables continues dans la théorie des nombres.)

VII.

Pour compléter ce qui nous reste à dire des principes communs à ces deux grandes théories arithmétiques des formes quadratiques à un nombre quelconque d'indéterminées, et des formes décomposables en facteurs linéaires, nous allons exposer comment on doit concevoir l'opération de la réduction continuelle de l'une en l'autre des formes précédemment désignés par φ. Nommons $\mathfrak{f}$, $\mathfrak{f}'$, $\mathfrak{f}''$, ... la série des formes contenues dans (F), F désignant soit une forme quadratique, soit une forme à facteurs linéaires, et S, S', S'', ... les substitutions par lesquelles on les a respectivement tirées de F.

En effectuant chacune de ces substitutions dans φ on aura les transformées correspondantes Φ, Φ', Φ'', ..., qui seront réduites pour certaines valeurs de leurs arguments. Or, il est très facile de voir, pour l'une et l'autre des formes φ, que toute transformée telle que Φ peut s'obtenir directement par $\mathfrak{f}$, d'après le mode même de formation de φ au moyen de F. Maintenant, pour arriver à saisir l'enchaînement de ces opérations arithmétiques de réduction continuelle, lorsque les arguments prennent toutes les valeurs possibles, nous observerons que, au lieu d'opérer toujours sur cette même forme φ, pour en déduire successivement Φ, Φ', Φ'', ..., on peut concevoir l'une quelconque de ces formes, obtenue au moyen d'une autre précédemment réduite, en y introduisant les valeurs des arguments pour lesquelles elle a cessé de l'être, et lui appliquant alors la méthode générale de réduction.

Or ici est l'origine d'une notion importante, que nous allons présenter d'abord, dans le cas particulier de deux arguments variables. Imaginons que ces deux arguments soient les coordonnées d'un point rapporté sur un plan à deux axes fixes, de sorte qu'à tout point de ce plan corresponde une forme φ entièrement déterminée. Indépendamment de toute connaissance sur la nature analytique des conditions que doivent remplir les coefficients d'une forme réduite, on peut concevoir l'existence d'une courbe séparant les points du plan auxquels correspond une forme Φ, toujours réduite, de ceux auxquels correspond une forme qui ne l'est plus. Cela posé, soient, à une distance infiniment voisine de cette courbe, Σ', Σ'', Σ''', ..., les diverses substitutions qu'il faudra successivement employer pour réduire de nouveau Φ ; nous nommerons *réduites adjacentes* à Φ les transformées Φ', Φ'', Φ''', ... qu'on obtiendra en faisant ces substitutions dans Φ. Et, si l'on appelle $\mathfrak{f}$ la forme de (F) à laquelle Φ correspond, nous donnerons le nom de *formes contiguës* à $\mathfrak{f}$, aux transformées $\mathfrak{f}'$, $\mathfrak{f}''$, $\mathfrak{f}'''$, ..., qui en résultent par les substitutions Σ', Σ'', Σ''', ... Dans le cas général, considérons l'ensemble des valeurs des arguments pour lesquelles une forme Φ est réduite, ces valeurs étant telles que cette forme cesse de l'être lorsqu'elles subissent une variation infiniment petite. Nommons encore Σ', Σ'', ... la *totalité* des substitutions propres à réduire Φ de nouveau, dans cette hypothèse d'un changement infiniment petit dans les arguments : les réduites adjacentes seront les transformées Φ', Φ'', ... qui résultent de Φ par les substitutions Σ', Σ'', ...; et, en nommant $\mathcal{F}$ la forme correspondante de Φ dans (F), ses contiguës seront les transformées $\mathcal{F}'$, $\mathcal{F}''$, ... qui s'en déduisent par les mêmes substitutions.

Cette notion des réduites adjacentes conduit à imaginer la disposition graphique suivante du calcul arithmétique de la réduction continuelle de φ :

Ayant représenté par les désignations abrégées Φ, Φ', Φ'', ... la série indéfinie des réduites quadratiques qui correspondent chacune à une forme de (F), nous concevrons qu'on fasse avec toutes ces formes un tableau dans lequel chacune d'elles sera immédiatement environnée de toutes celles qui lui sont adjacentes, et auxquelles on la joindra par autant de traits. De la sorte toute forme Φ se trouvera réunie par deux traits à une autre Φ'; car Φ ayant pour adjacente Φ', réciproquement Φ' aura pour adjacente Φ. Maintenant, si l'on place sur chaque double trait une désignation abrégée de la substitution par laquelle l'une des deux formes dépend de son adjacente, on aura la réunion de tous les éléments du calcul arithmétique dont nous avons essayé de donner une image claire et sensible.

On pourra encore, dans le tableau ainsi obtenu, remplacer chaque réduite quadratique par la forme $\mathcal{F}$ qui lui correspond dans (F); en conservant d'ailleurs toutes les indications de substitutions. De là résultera une disposition par groupes de formes contiguës, dont on va voir l'usage dans la démonstration du théorème suivant.

VIII.

Lorsque les coefficients de la forme F *sont entiers, que cette forme soit quadratique ou décomposable en facteurs linéaires, il existe un nombre fini de substitutions semblables, telles qu'on peut exprimer, par les produits des puissances de ces substitutions, toutes les transformations de cette forme en elle-même.*

Je dis en premier lieu qu'il suffit d'établir ce théorème pour une forme déterminée $\mathcal{F}$, de l'ensemble (F). Supposons, en effet, que F se change en $\mathfrak{f}$ par la substitution Σ, en désignant indéfiniment par S les substitutions semblables de $\mathfrak{f}$: toutes les substitutions de même nature relativement à F seront données, comme on sait, par la formule $\Sigma S \Sigma^{-1}$. Cela posé, admettons que S s'exprime par le produit de diverses substitutions S', S'', S''', ..., de sorte qu'on ait par exemple

$$S = S' S'' S'''.$$

En posant

$$T = \Sigma S \Sigma^{-1}, \qquad T' = \Sigma S' \Sigma^{-1}, \qquad T'' = \Sigma S'' \Sigma^{-1}, \qquad T''' = \Sigma S''' \Sigma^{-1},$$

on vérifiera de suite la relation

$$T = T' T'' T'''.$$

On voit par là comment à toute expression de la substitution S, par un produit d'autres substitutions, correspond une expression toute semblable pour la substitution T.

Cela posé, soit Φ la forme quadratique qui correspond à $\mathfrak{f}$. Cette forme sera réduite pour certaines valeurs de ses arguments; mais, en les faisant varier de nouveau, et considérant l'ensemble des substitutions qui se présentent successivement pour la réduire, nous avons fait la remarque (§ V et VI, 3°) qu'il n'y avait aucune transformation de $\mathfrak{f}$ en elle-même qui ne soit comprise dans cet ensemble de substitutions. En partant de cette proposition, qui est fondamentale pour ce que nous allons avoir à dire, nous raisonnons comme il suit.

Supposons formé le tableau complet des formes de (F), disposé par groupes de formes contiguës, ainsi qu'on l'a expliqué plus haut. En vertu du second théorème des § V et VI, ce tableau renfermera, répétées une infinité de fois chacune, un nombre essentiellement limité de formes différentes. Ainsi il s'agit de saisir, en général, par quel enchaînement de substitutions on peut toujours lier deux transformées identiques occupant dans le tableau deux places distinctes.

Pour y parvenir, nous concevrons qu'on groupe les formes du tableau de la manière suivante :

Partant d'abord de $\mathfrak{f}$, nous la joindrons à toutes ses contiguës, pour en faire un *premier* groupe (A). Ensuite nous regarderons la totalité des formes contiguës à (A) comme formant, d'une part,

(A) lui-même, et de l'autre un *second* groupe (B). Nous continuerons de même en regardant les formes contiguës à (A) et (B) comme formant, d'une part, (A) et (B) et, de l'autre, un *troisième* groupe (C). Enfin, ayant en général obtenu les groupes (A), (B), (C), ..., (K), le suivant (L) sera défini comme réunissant les formes qui, sans appartenir aux groupes précédents, leurs sont contiguës.

Cela posé, j'observe que si deux formes égales à $\mathfrak{f}$ se présentent à deux places différentes dans le tableau général, et qu'on les prenne l'une et l'autre pour points de départ d'une disposition par groupes, on arrivera identiquement aux mêmes résultats. On se rappelle, en effet, que toute forme quadratique Φ se déduit directement de sa correspondante $\mathfrak{f}$, dans l'ensemble (F); de sorte que deux transformées égales dans (F) ramènent des formes quadratiques offrant les mêmes fonctions des arguments et, par suite, les mêmes opérations de réductions successives.

Cela étant, considérons les groupes successifs dans lesquels on retrouve la forme $\mathfrak{f}$, qui a été prise pour point de départ. Autant de fois cette forme se trouvera reproduite dans un groupe, autant on aura de transformations en elle-même. Nommons S, S′, S″, ... ces substitutions. De ce que nous avons dit précédemment résulte que ce sera toujours l'une de ces substitutions qu'il faudra employer pour passer de $\mathfrak{f}$ (quelle que soit sa place dans le tableau) à la même forme placée dans le groupe le plus voisin. Donc, de proche en proche, on voit que la substitution à faire pour passer généralement de $\mathfrak{f}$ à la même forme, placée en tout autre point, résultera nécessairement de la combinaison successive des substitutions *fondamentales* S, S′, S″, ...

IX.

Il est possible de réduire *de moitié* le nombre de ces substitutions fondamentales; car on démontre immédiatement, comme conséquence de la manière dont elles ont été obtenues, qu'on y trouve simultanément S et S^{-1}, S′ et S'^{-1}, ... Mais c'est seulement pour les formes décomposables en facteurs linéaires que j'ai pu obtenir l'expression du nombre des substitutions fondamentales, entièrement indépendantes. Il est alors le même que celui des arguments essentiellement distincts dans la forme quadratique φ, c'est-à-dire, comme nous l'avons annoncé au commencement de ce Mémoire, la somme diminuée d'une unité du nombre des facteurs linéaires *réels* et du nombre des couples de facteurs *imaginaires* conjugués. La démonstration de ce théorème ([1]) sera pour nous l'objet d'un Mémoire particulier, dans lequel nous montrerons comment nos principes s'appliquent à l'étude des équations algébriques dont les coefficients sont des nombres entiers. Nous terminerons en remarquant que la présence d'un nombre illimité d'entiers arbitraires dans les transformations semblables des formes ternaires résulte des considérations précédentes. Car en supposant, pour fixer les idées, deux substitutions fondamentales S et S′, l'expression générale des transformations semblables serait de la forme

$$S^m S'^n S^p S'^q \ldots,$$

m, n, p, q étant des entiers positifs ou négatifs. Or aucune réduction ne saurait avoir lieu entre les nombres m, n, ..., à cause de l'impossibilité de permuter deux substitutions distinctes, comme nous l'avons démontrée (§ IX, 1re partie).

Paris, juin 1853.

([1]) Il ne semble pas que M. Hermite soit jamais revenu sur ce théorème, qui présente une grande analogie avec le théorème de Dirichlet sur le nombre des unités complexes fondamentales dans un corps algébrique. E. P.

SUR LA

THÉORIE DES FORMES QUADRATIQUES.

Journal de Crelle, Tome 47.

SECOND MÉMOIRE.

On sait avec quelle facilité on a pu étendre aux *nombres complexes* de la forme $a + b\sqrt{-1}$ la plupart des notions arithmétiques fondamentales relatives aux nombres *entiers* réels. Ainsi, des propositions élémentaires qui se rapportent à la divisibilité, on est parvenu rapidement jusqu'à ces propriétés plus profondes et plus cachées qui reposent sur la considération des formes quadratiques, sans rien changer d'essentiel aux principes des méthodes propres aux nombres réels. Il est cependant certaines circonstances où cette extension paraît exiger des principes nouveaux, et où l'on se trouve amené à suivre, dans plusieurs directions différentes, l'analogie entre les deux ordres de considérations arithmétiques. Nous nous proposons d'en offrir ici un exemple, auquel nous avons été conduit en étudiant la représentation d'un nombre par une *somme de quatre carrés*. Voici d'abord la méthode nouvelle que nous avons suivie dans cette question.

I.

Désignons par A un nombre entier *impair* ou *impairement pair;* nous commencerons par établir la possibilité de la congruence

$$x^2 + y^2 + 1 \equiv 0 \pmod{A}.$$

A cet effet, soit d'abord

$$A \equiv \varepsilon \pmod{4},$$

ε représentant $+1$ ou -1. La progression arithmétique ayant pour terme général

$$4Az + 2\varepsilon A - 1$$

ne contiendra que des nombres $\equiv 1 \pmod 4$, puisque

$$2\varepsilon A - 1 \equiv 2\varepsilon^2 - 1 \equiv 1 \pmod 4.$$

J'observe ensuite que le premier terme, $2\varepsilon A - 1$, et la raison $4A$ sont premiers entre eux, car on a identiquement

$$4AA - (2\varepsilon A - 1)(2\varepsilon A + 1) = 1.$$

Donc, d'après le théorème démontré par M. Dirichlet, cette progression contiendra une infinité de nombres premiers qui seront $\equiv 1 \pmod 4$, et, par suite, décomposables en *deux carrés*. On pourra faire ainsi, pour une infinité de valeurs de z,

$$4Az + 2\varepsilon A - 1 = x^2 + y^2,$$

d'où l'on conclura

$$x^2 + y^2 + 1 \equiv 0 \pmod A.$$

Soit, en second lieu,

$$A \equiv 2 \pmod 4.$$

Tout ce qui précède subsistera relativement à la nouvelle progression ayant pour terme général

$$2Az + A - 1.$$

Ainsi, la possibilité de la congruence

$$x^2 + y^2 + 1 \equiv 0 \pmod A$$

se trouve établie, pour tout module *impair* ou double d'un nombre *impair*.

II.

Considérons maintenant la forme quadratique définie à quatre indéterminées

$$f = (Ax + \alpha z + \beta u)^2 + (Ay + \alpha u - \beta z)^2 + z^2 + u^2,$$

où les nombres entiers α et β satisfont à la condition

$$\alpha^2 + \beta^2 + 1 \equiv 0 \pmod{A}.$$

L'invariant Δ de cette forme sera, en valeur absolue, A^4; car il s'obtiendra en multipliant l'invariant de

$$X^2 + Y^2 + Z^2 + U^2,$$

qui est l'*unité*, par le carré du déterminant de la substitution linéaire

$$\begin{aligned} Ax + \alpha z + \beta u &= X, \\ Ay + \alpha u - \beta z &= Y, \\ z &= Z, \\ u &= U; \end{aligned}$$

et l'on trouve bien facilement que ce déterminant est A^2. Cela étant, cherchons, pour des valeurs entières des indéterminées, le *minimum* de cette forme. D'après un théorème que j'ai donné en général (*voir* mes Lettres à M. Jacobi), il sera au-dessous de la limite $\left(\frac{4}{3}\right)^{\frac{3}{2}} \sqrt[4]{\Delta}$, et, par suite, d'après la valeur de Δ, moindre que $2A$. Mais il est aisé de reconnaître que les nombres représentables par f sont nécessairement $\equiv 0 \pmod{A}$; donc ce minimum ne peut qu'être A lui-même, qui se trouvera ainsi décomposé en une somme de quatre carrés.

III.

On peut rapprocher la démonstration précédente des méthodes relatives à la représentation des nombres par les formes quadratiques binaires, en la présentant sous le point de vue suivant. La forme

$$\frac{1}{A} f = A(x^2 + y^2) + 2\alpha(zx + yu) + 2\beta(xu - zy) + \frac{\alpha^2 + \beta^2 + 1}{A}(z^2 + u^2)$$

a ses coefficients entiers, et pour invariant l'*unité*. Elle est donc équivalente à

$$X^2 + Y^2 + Z^2 + U^2,$$

réduite unique qu'on obtient pour les formes quaternaires définies dont l'invariant est *un*. Soit donc

$$\begin{aligned} X &= mx + m'y + m''z + m'''u, \\ Y &= nx + n'y + n''z + n'''u, \\ Z &= px + p'y + p''z + p'''u, \\ U &= qx + q'y + q''z + q'''u \end{aligned}$$

une transformation de l'une de ces formes dans l'autre : on trouvera, en comparant les coefficients de x^2 et y^2, les représentations suivantes du nombre A, par une somme de quatre carrés :

$$A = m^2 + n^2 + p^2 + q^2,$$
$$A = m'^2 + n'^2 + p'^2 + q'^2.$$

Pour décomposer en deux carrés un nombre A, relativement auquel -1 est résidu quadratique, il faudrait de même considérer la forme

$$Ax^2 + 2\alpha xy + \frac{\alpha^2 + 1}{A} y^2,$$

où l'on suppose

$$\alpha^2 + 1 \equiv 0 \pmod{A},$$

et la substitution qui la lie à sa réduite $X^2 + Y^2$. Mais les considérations suivantes rattacheront à un ordre d'idées plus générales l'analogie que nous indiquons entre ces deux questions.

IV.

Représentons par v et w les variables *imaginaires*

$$x + y\sqrt{-1}, \quad z + u\sqrt{-1},$$

et par v_0 et w_0 leurs *conjuguées*

$$x - y\sqrt{-1}, \quad z - u\sqrt{-1}.$$

Soit de même

$$V = X + Y\sqrt{-1}, \quad W = Z + U\sqrt{-1},$$
$$V_0 = X - Y\sqrt{-1}, \quad W_0 = Z - U\sqrt{-1},$$

on pourra distinguer dans l'ensemble des substitutions réelles entre les deux groupes de variables x, y, z, u d'une part, X, Y, Z, U de l'autre, celles qui sont exprimables ainsi :

$$v = aV + bW, \quad w = cV + dW,$$
$$v_0 = a_0V_0 + b_0W_0, \quad w_0 = c_0V_0 + d_0W_0,$$

où a, b, c, d sont encore des quantités imaginaires quelconques, et a_0, b_0, c_0, d_0 leurs conjuguées respectives. On obtient de la sorte une classe parfaitement définie de substitutions réelles, par rapport auxquelles on peut se poser les questions fondamentales de la comparaison des formes quaternaires : les deux problèmes de l'équivalence algébrique, de l'équivalence arithmétique et de la représentation des nombres par ces formes. Pour l'objet que nous avons en vue en ce moment, nous nous bornerons aux formes quadratiques suivantes :

$$f = \mathrm{A}\, v v_0 + \mathrm{B}\, v w_0 + \mathrm{B}_0\, w v_0 + \mathrm{C}\, w w_0,$$

dans lesquelles les coefficients extrêmes A et C sont supposés réels, tandis que les coefficients moyens B, B_0 sont des quantités imaginaires conjuguées. Considérées par rapport aux variables primitives x, y, z, u, ces formes sont entièrement réelles, mais leur étude, au point de vue des substitutions que nous avons précédemment définies, repose essentiellement sur l'emploi des nombres complexes. On est alors conduit à leur attribuer un mode d'existence singulièrement analogue à celui des formes quadratiques binaires, bien qu'elles contiennent essentiellement quatre indéterminées.

Les considérations suivantes, que nous présentons comme une première esquisse d'une théorie vaste et féconde sur laquelle nous reviendrons à l'avenir, offriront plusieurs exemples de cette étroite analogie avec les formes binaires; mais on y verra en même temps le germe de notions arithmétiques toutes nouvelles, qui méritent peut-être de fixer un instant l'attention des Géomètres.

V.

Le fait algébrique, sur lequel repose en entier la théorie des formes

$$f = \mathrm{A}\, v v_0 + \mathrm{B}\, v u_0 + \mathrm{B}_0\, u v_0 + \mathrm{C}\, u u_0,$$

consiste en ce que la substitution

$$(1)\qquad \begin{cases} v = a\mathrm{V} + b\mathrm{U}, & v_0 = a_0\mathrm{V}_0 + b_0\mathrm{U}_0, \\ u = c\mathrm{V} + d\mathrm{U}, & u_0 = c_0\mathrm{V}_0 + d_0\mathrm{U}_0 \end{cases}$$

conduit à une transformée semblable

$$\mathrm{F} = \mathfrak{A}\mathrm{V}\mathrm{V}_0 + \mathfrak{B}\mathrm{V}\mathrm{U}_0 + \mathfrak{B}_0\mathrm{U}\mathrm{V}_0 + \mathfrak{C}\mathrm{U}\mathrm{U}_0,$$

dans laquelle les coefficients extrêmes $\mathfrak{A}$ et $\mathfrak{C}$ sont *réels* comme A et C, les coefficients moyens $\mathfrak{B}$ et $\mathfrak{B}_0$ étant des quantités *imaginaires* conjuguées comme B et B_0. On a, en effet,

$$\begin{aligned}
\mathfrak{A} &= A a a_0 + B a c_0 + B_0 a_0 c + C c c_0 = f(a, c; a_0, c_0),\\
\mathfrak{B} &= A a b_0 + B a d_0 + B_0 c b_0 + C c d_0 = a \frac{\partial f}{\partial b} + c \frac{\partial f}{\partial d},\\
\mathfrak{B}_0 &= A a_0 b + B_0 a_0 d + B c_0 b + C c_0 d = a_0 \frac{\partial f}{\partial b_0} + c_0 \frac{\partial f}{\partial d_0},\\
\mathfrak{C} &= A b b_0 + B b d_0 + B_0 b_0 d + C d d_0 = f(b, d; b_0, d_0),
\end{aligned}$$

et ce que nous disons résulte immédiatement de ces formules. On en tire ensuite les conséquences suivantes :

1° On a le théorème

$$\mathfrak{B}\mathfrak{B}_0 - \mathfrak{A}\mathfrak{C} = (ad - bc)(a_0 d_0 - b_0 c_0)(BB_0 - AC).$$

Ainsi l'expression $BB_0 - AC$ jouera dans notre théorie le rôle d'*invariant*. Nous la désignerons par Δ.

2° Nommant m et n deux constantes imaginaires quelconques, m_0 et n_0 leurs conjuguées, et posant

$$\begin{aligned}
m \frac{df}{dv} + n \frac{df}{du} &= V, \quad & m_0 \frac{df}{dv_0} + n_0 \frac{df}{du_0} &= V_0,\\
nv - mu &= U, & n_0 v_0 - m_0 u_0 &= U_0,
\end{aligned}$$

ce qui sera une substitution comprise dans la forme analytique générale des substitutions (1), je dis qu'on aura

$$f(v, u; v_0, u_0) f(m, n; m_0, n_0) = VV_0 - \Delta UU_0.$$

Effectivement, cette relation n'est autre que celle du théorème précédent, dans laquelle on a mis v et u au lieu de a et c, m et n au lieu de b et d. Nous allons voir qu'elle donne tout ce qui concerne l'équivalence algébrique des formes f.

Supposons d'abord Δ *positif*, et mettons $V\sqrt{\Delta}$ au lieu de V, il faudra au lieu de V_0 prendre $V_0\sqrt{\Delta}$, et alors la forme f deviendra

$$\frac{\Delta(VV_0 - UU_0)}{f(m, n; m_0, n_0)}.$$

Mais, si Δ est *négatif*, en remplaçant V par $V\sqrt{\Delta}$, il faudra mettre $-V_0\sqrt{\Delta}$ pour la quantité conjuguée, et alors f deviendra

$$\frac{-\Delta(VV_0+UU_0)}{f(m,n;m_0,n_0)}.$$

Enfin, par une nouvelle substitution qui consistera à multiplier V et U d'une part, V_0 et U_0 de l'autre, par un facteur et son conjugué, on obtiendra, au lieu des deux formes précédentes, celles-ci :

$$\pm(VV_0-UU_0),\qquad \pm(VV_0+UU_0).$$

Nous en conclurons ce théorème :

Les formes f peuvent toujours par les substitutions (1) *être ramenées à l'un des trois types quadratiques quaternaires, d'indice* zéro, *d'indice* deux *ou d'indice* quatre.

VI.

Ce qui précède montre que les formes f sont *définies* ou *indéfinies,* suivant que Δ est *négatif* ou *positif*. Nous pourrions aussi en conclure que, relativement aux substitutions (1), elles ne sauraient avoir d'autre invariant que la fonction Δ ou ses puissances. Mais, pour abréger, nous arrivons immédiatement aux principes relatifs à la représentation des nombres.

Rappelons d'abord qu'en désignant par m et n deux entiers complexes sans diviseurs communs, on peut toujours trouver deux autres nombres complexes μ et ν, tels qu'on ait

$$m\nu-n\mu=1.$$

Car, si l'on cherche par le procédé de M. Dirichlet le plus grand commun diviseur entre m et n, il est aisé de voir qu'un reste de rang quelconque dans cette opération s'exprime toujours par une somme de multiples complexes des nombres m et n. Le dernier de ces restes ayant, dans le cas présent, l'*unité* pour norme, pourra donc s'obtenir sous la même forme; d'où se conclut de suite la possibilité de la relation proposée. Cela étant, nous aurons les théorèmes qui suivent :

1° *Si un nombre* M *peut être représenté par la forme f, de manière que les valeurs complexes des indéterminées v et u,*

v_0 et u_0 soient premières entre elles, l'invariant Δ sera congru suivant le module M *à la somme de deux carrés.*

Supposant en effet
$$M = f(m, n;\, m_0, n_0),$$

et déterminant μ et ν par la relation

$$m\nu - n\mu = 1,$$

l'équation déjà considérée

$$f(m, n;\, m_0, n_0)\, f(\mu, \nu;\, \mu_0, \nu_0)$$
$$= \left(m\frac{df}{d\mu} + n\frac{df}{d\nu}\right)\left(m_0\frac{df}{d\mu_0} + n_0\frac{df}{d\nu_0}\right) - \Delta(m\nu - n\mu)(m_0\nu_0 - n_0\mu_0)$$

donnera
$$\Delta \equiv \left(m\frac{df}{d\mu} + n\frac{df}{d\nu}\right)\left(m_0\frac{df}{d\mu_0} + n_0\frac{df}{d\nu_0}\right) \pmod{M}.$$

Or le second membre, étant la norme de l'expression $m\dfrac{df}{d\mu} + n\dfrac{df}{d\nu}$, est une somme de deux carrés.

Nous voyons par là qu'à toute représentation propre de M par la forme f est attachée une solution de la congruence

$$x^2 + y^2 \equiv \Delta \pmod{M}$$

en prenant
$$x + y\sqrt{-1} = m\frac{df}{d\mu} + n\frac{df}{d\nu}.$$

D'ailleurs, quels que soient μ et ν dans la relation $m\nu - n\mu = 1$, les diverses valeurs qui en résulteront pour x et y seront congrues suivant le module M.

2° *Si le nombre* M *peut être représenté par f, en donnant aux indéterminées v et u les valeurs premières entre elles m et n, et à leurs conjuguées les valeurs m_0, n_0, et que le nombre complexe*

$$x + y\sqrt{-1}$$

soit la valeur de l'expression

$$m\frac{df}{d\mu} + n\frac{df}{d\nu},$$

les deux formes

$$f \text{ et } F = MVV_0 + (x + y\sqrt{-1})VU_0 + (x - y\sqrt{-1})UV_0 + \frac{x^2 + y^2 - \Delta}{M}UU_0$$

seront arithmétiquement équivalentes par la substitution

$$v = mV + \mu U, \qquad v_0 = m_0 V_0 + \mu_0 U_0,$$
$$u = nV + \nu U, \qquad u_0 = n_0 V_0 + \nu_0 U_0,$$

où les entiers complexes m, n, μ, ν *vérifieront la relation*

$$m\nu - n\mu = 1.$$

3° On remarquera la complète identité des théorèmes qui précèdent avec ceux des paragraphes **154**, **155** et **168** de l'Ouvrage de M. Gauss. Il en résulte qu'il n'est aucune représentation propre de M par la forme f qui ne puisse s'obtenir en calculant toutes les expressions

$$F = MVV_0 + (x + y\sqrt{-1})VU_0 + (x - y\sqrt{-1})V_0U + \frac{x^2 + y^2 - \Delta}{M}UU_0$$

composées avec le nombre M et les entiers complexes $x + y\sqrt{-1}$, solutions de la congruence

$$x^2 + y^2 \equiv \Delta \pmod{M},$$

et cherchant ensuite les transformations de f en chacune de ces formes. Et toutes ces représentations seront distinctes, si les formules de transformation sont comme ci-dessus :

$$v = mV + \mu U, \qquad v_0 = m_0 V_0 + \mu_0 U_0,$$
$$u = nV + \nu U, \qquad u_0 = n_0 V_0 + \nu_0 U_0,$$

les entiers m, n, μ, ν vérifiant toujours la condition

$$m\nu - n\mu = +1.$$

VII.

Après avoir fondé sur des principes identiques à ceux de M. Gauss, pour les formes binaires, les éléments de notre théorie, nous pourrons cependant voir se présenter déjà deux notions arithmétiques nouvelles et qui lui sont entièrement propres. La première consiste dans les divers ordres d'équivalence auxquels conduisent les substitutions

$$v = mV + \mu U, \qquad v_0 = m_0 V_0 + \mu_0 U_0,$$
$$u = nV + \nu U, \qquad u_0 = n_0 V_0 + \nu_0 U_0,$$

d'après les conditions

$$m\nu - n\mu = +1,$$
$$m\nu - n\mu = -1,$$
$$m\nu - n\mu = +\sqrt{-1},$$
$$m\nu - n\mu = -\sqrt{-1}.$$

Nous réservons pour un autre Mémoire l'étude approfondie des trois ordres d'équivalence *impropre*. La seconde, que nous voulons étudier dès à présent, consiste dans la forme nouvelle que vient prendre ici le caractère quadratique d'un nombre par rapport à un autre; car, au lieu de la congruence

$$x^2 \equiv \Delta \qquad (\text{mod } M)$$

de la théorie des formes binaires, nous avons la suivante :

$$x^2 + y^2 \equiv \Delta \qquad (\text{mod } M).$$

Pour plus de généralité, nous considérerons l'équation

$$x^2 + Ay^2 \equiv \Delta \qquad (\text{mod } M),$$

qui se présenterait dans la théorie des formes analogues à f, mais où l'on introduirait des nombres complexes $x + y\sqrt{-A}$ au lieu des nombres $x + y\sqrt{-1}$. La possibilité de la résolution, et, ce qui est plus difficile, la recherche du nombre total des solutions, reposent sur les lemmes suivants :

1° *Une congruence à un nombre quelconque d'inconnues, et dont le module est un nombre composé, peut toujours être ramenée au cas où le module est premier, ou une puissance d'un nombre premier.*

Soit, pour fixer les idées, $\varphi(x, y)$ une fonction entière et à coefficients entiers de deux inconnues x et y, et considérons le cas de la congruence

$$\varphi(x, y) \equiv 0 \qquad (\text{mod } M).$$

Si l'on nomme ses diverses solutions

$$x = x_1, \quad y = y_1,$$
$$x = x_2, \quad y = y_2,$$
$$\ldots\ldots, \quad \ldots\ldots,$$
$$x = x_\mu, \quad y = y_\mu,$$

tous les systèmes de nombres entiers qui rendent la fonction φ divisible par M seront renfermés dans les formules

$$(\mathrm{A})\qquad \begin{cases} x = x_1 + \mathrm{MX}, & y = y_1 + \mathrm{MY}, \\ x = x_2 + \mathrm{MX}, & y = y_2 + \mathrm{MY}, \\ \ldots\ldots\ldots\ldots, & \ldots\ldots\ldots\ldots, \\ x = x_\mu + \mathrm{MX}, & y = y_\mu + \mathrm{MY}. \end{cases}$$

On aura pareillement tous les systèmes qui rendent la fonction φ divisible par un autre entier M', au moyen des solutions de la congruence

$$\varphi(x, y) \equiv 0 \pmod{\mathrm{M}'},$$

que nous représenterons par

$$(\mathrm{A}')\qquad \begin{cases} x = x'_1, & y = y'_1, \\ x = x'_2, & y = y'_2, \\ \ldots\ldots, & \ldots\ldots, \\ x = x'_{\mu'}, & y = y'_{\mu'}. \end{cases}$$

Cela posé, s'il est possible de rendre la fonction φ divisible à la fois par M et M', il faudra que l'un des systèmes (A), par exemple

$$x = x_k + \mathrm{MX}, \qquad y = y_k + \mathrm{MY},$$

coïncide avec l'un des systèmes semblables déduit des formules (A'), par exemple

$$x = x'_{k'} + \mathrm{M'X'}, \qquad y = y'_{k'} + \mathrm{M'Y'}.$$

D'ailleurs, si l'on peut obtenir simultanément

$$x_k + \mathrm{MX} = x'_{k'} + \mathrm{M'X'}, \qquad y_k + \mathrm{MY} = y'_{k'} + \mathrm{M'Y'}$$

pour des valeurs entières de X, X', Y, Y', on rendra la fonction φ divisible à la fois par M et M', et, conséquemment, s'ils sont premiers entre eux, par leur produit. Or, en nous plaçant dans ce cas, on pourra déterminer deux nombres entiers M_0, M'_0, de manière à avoir

$$\mathrm{MM}_0 - \mathrm{M'M'_0} = 1,$$

et, si l'on fait

$$\mathrm{X} = (x'_{k'} - x_k)\,\mathrm{M}_0 + \xi\,\mathrm{M}', \qquad \mathrm{Y} = (y'_{k'} - y_k)\,\mathrm{M}_0 + \eta\,\mathrm{M}',$$
$$\mathrm{X}' = (x'_{k'} - x_k)\,\mathrm{M}'_0 + \xi\,\mathrm{M}, \qquad \mathrm{Y}' = (y'_{k'} - y_k)\,\mathrm{M}'_0 + \eta\,\mathrm{M}.$$

on trouvera, quels que soient les entiers arbitraires ξ et η,

$$x_k + MX = x'_{k'} + M'X' \quad \text{et} \quad y_k + MY = y'_{k'} + M'Y'.$$

Ce qui précède subsistant évidemment, quel que soit le nombre des inconnues de la congruence, montre, comme nous l'avons annoncé, qu'il suffit de savoir la résoudre lorsque le module est premier, ou une puissance d'un nombre premier.

2° *Si l'on désigne par* μ *et* μ' *les nombres de solutions de la congruence*

$$\varphi(x, y) \equiv 0$$

pour les modules M *et* M', *qu'on suppose essentiellement premiers entre eux,* $\mu\mu'$ *sera le nombre des solutions de la congruence*

$$\varphi(x, y) \equiv 0 \qquad (\text{mod } MM').$$

Il résulte en effet des valeurs qu'on vient d'obtenir pour X, X', Y, Y' les relations

$$\left.\begin{aligned} x_k + MX &= x'_{k'} + M'X' \equiv x'_{k'} MM_0 - x_k M'M'_0 \\ y_k + MY &= y'_{k'} + M'Y' \equiv y'_{k'} MM_0 - y_k M'M'_0 \end{aligned}\right\} \ (\text{mod } MM'),$$

de sorte qu'en combinant les μ formules (A) avec les μ' formules (A'), on aura les $\mu\mu'$ systèmes de nombres

$$x = x'_{k'} MM_0 - x_k M'M'_0, \qquad y = y'_{k'} MM_0 - y_k M'M'_0,$$

qui offriront des solutions de la congruence proposée suivant le module MM'. Or je dis qu'on n'aura jamais *à la fois*

$$\left.\begin{aligned} x'_{k'} MM_0 - x_k M'M'_0 &\equiv x'_{i'} MM_0 - x_i M'M'_0 \\ y'_{k'} MM_0 - y_k M'M'_0 &\equiv y'_{i'} MM_0 - y_i M'M'_0 \end{aligned}\right\} \ (\text{mod } MM');$$

car, suivant le module M d'abord, en observant que $M'M'_0 \equiv -1$, on en conclurait

$$x_k \equiv x_i,$$
$$y_k \equiv y_i,$$

et ensuite, suivant le module M', les mêmes relations donneraient

$$x'_{k'} \equiv x'_{i'},$$
$$y'_{k'} \equiv y'_{i'}.$$

On voit qu'on n'aurait pas opéré, comme il faut le supposer, sur deux systèmes (x_k, y_k), (x'_k, y'_k), et (x_i, y_i), (x'_i, y'_i) distincts l'un de l'autre.

3° *En supposant la congruence* $\varphi(x, y) \equiv 0$ *soluble pour un module premier,* p, *elle le sera également pour le module* p^n, *si la fonction* φ *est telle qu'on ne puisse avoir à la fois*

$$\varphi \equiv 0, \qquad \frac{d\varphi}{dx} \equiv 0, \qquad \frac{d\varphi}{dy} \equiv 0 \qquad (\bmod p).$$

Dans ce cas, en désignant par π *le nombre des solutions pour le module* p, *le nombre des solutions pour le module* p^n *sera* $p^{n-1}\pi$.

Représentons indéfiniment par $x \equiv \xi$, $y \equiv \eta$ les solutions de la congruence

$$\varphi(x, y) \equiv 0 \qquad (\bmod p^n),$$

tous les systèmes de nombres entiers, rendant la fonction φ divisible par p^n, seront compris dans les formules

$$x = \xi + p^n X, \qquad y = \eta + p^n Y.$$

Cela étant, je dis que sous les conditions énoncées il est possible de résoudre la même congruence suivant le module p^{n+1}. Effectivement, on pourra déterminer pour X et Y des valeurs telles que

$$\varphi(\xi + p^n X, \eta + p^n Y)$$

soit divisible par p^{n+1}; car, en développant, on voit qu'il suffira de rendre divisible par p l'ensemble des termes

$$\frac{1}{p^n}\varphi + X\frac{d\varphi}{d\xi} + Y\frac{d\varphi}{d\eta};$$

et cela sera toujours possible, si l'on n'a jamais simultanément

$$\frac{d\varphi}{d\xi} \equiv 0, \qquad \frac{d\varphi}{d\eta} \equiv 0 \qquad (\bmod p);$$

car l'équation indéterminée

$$\frac{1}{p^n}\varphi + X\frac{d\varphi}{d\xi} + Y\frac{d\varphi}{d\eta} = pZ$$

sera alors résoluble en nombres entiers. Soit $X = X_0$, $Y = Y_0$, un système quelconque de valeurs pour les inconnues X et Y, il est aisé de voir que toutes les solutions possibles seront données par les formules

$$\left.\begin{aligned} X &\equiv X_0 + t\frac{d\varphi}{d\eta} \\ Y &\equiv Y_0 - t\frac{d\varphi}{d\xi} \end{aligned}\right\} \pmod{p},$$

et que les valeurs de l'indéterminée t, non congrues suivant le module p, donneront autant de solutions distinctes. De là résulte cette expression des solutions de la congruence

$$\varphi(x,y) \equiv 0 \pmod{p^{n+1}};$$

$$\left.\begin{aligned} X &\equiv \xi + p^n\left(X_0 + t\frac{d\varphi}{d\eta}\right) \\ Y &\equiv \eta + p^n\left(Y_0 - t\frac{d\varphi}{d\xi}\right) \end{aligned}\right\} \pmod{p^{n+1}},$$

et comme on peut donner à t les valeurs $0, 1, 2, \ldots, p-1$, on voit qu'en désignant par $\pi^{(n)}$ le nombre des solutions pour le module p^n, le nombre des solutions pour le module p^{n+1} sera $\pi^{(n+1)} = p\pi^{(n)}$; d'où l'on conclut, comme nous l'avons annoncé,

$$\pi^{(n)} = p^{n-1}\pi.$$

VIII.

Les théorèmes précédents conduisent à une expression générale du nombre des solutions de la congruence $\varphi(x,y) \equiv 0$ suivant un module composé quelconque, lorsqu'on connaît les nombres de solutions pour des modules *premiers*. Soit, en effet,

$$M = p^n p_1^{n_1} \ldots p_\omega^{n_\omega}$$

l'expression du module décomposé en ses facteurs premiers, et π, $\pi_1, \ldots, \pi_\omega$ les nombres de solutions de la congruence proposée suivant les modules $p, p_1, \ldots, p_\omega$, on trouvera pour le nombre μ des solutions suivant le module M la valeur suivante :

$$\mu = p^{n-1}\pi \times p_1^{n_1-1}\pi_1 \ldots \times p_\omega^{n_\omega-1}\pi_\omega.$$

On aura

$$\mu = M \frac{\pi\pi_1\ldots\pi_\omega}{pp_1\ldots p_\omega}.$$

Pour des congruences à un nombre k d'inconnues, on aurait la formule analogue

$$\mu = M^{k-1} \frac{\pi\pi_1\ldots\pi_\omega}{(pp_1\ldots p_\omega)^{k-1}}.$$

Nous allons en faire l'application à la congruence particulière que nous avions principalement en vue, savoir

$$x^2 + Ay^2 \equiv \Delta \qquad (\text{mod}\, M).$$

Alors la détermination des nombres π, π_1, ... exige qu'on distingue deux cas, suivant que $-A$ est *non résidu* ou *résidu* de p. Nous allons les traiter successivement.

1° — A *non résidu de p*. — Dans ce cas, Δ lui-même peut être *résidu* ou *non résidu* de p, de sorte qu'on peut supposer

$$\Delta \equiv a^2 \quad \text{ou} \quad \Delta \equiv -Aa^2 \qquad (\text{mod}\, p);$$

d'où ces deux formes de congruences

$$x^2 + Ay^2 \equiv a^2 \quad \text{et} \quad x^2 + Ay^2 \equiv -Aa^2 \qquad (\text{mod}\, p).$$

Or, en faisant dans la première,

$$x \equiv a\xi, \qquad y \equiv a\eta \qquad (\text{mod}\, p),$$

et, dans la seconde,

$$x \equiv Aa\eta, \qquad y \equiv a\xi \qquad (\text{mod}\, p),$$

elles deviendront respectivement

$$\xi^2 + A\eta^2 \equiv 1 \quad \text{et} \quad \xi^2 + A\eta^2 \equiv -1.$$

Cela posé, $-A$ étant non résidu de p, on aura

$$(\xi + \eta\sqrt{-A})^p \equiv \xi - \eta\sqrt{-A} \qquad (\text{mod}\, p),$$

d'où

$$\xi^2 + A\eta^2 \equiv (\xi + \eta\sqrt{-A})^{p+1}.$$

Toutes les solutions des congruences proposées seront donc données par les $p+1$ nombres complexes $\xi + \eta\sqrt{-A}$, qui satisfont à l'une ou à l'autre des congruences binomes

$$z^{p+1} \equiv 1 \quad \text{et} \quad z^{p+1} \equiv -1 \pmod{p}.$$

Dans les deux cas le nombre π des solutions de la proposée, suivant le module premier p, suivant lequel $-$ A est *non résidu*, sera donc

$$\pi = p + 1.$$

2° $-$ A *résidu de* p. — Nous pouvons ici donner une méthode plus générale, n'exigeant pas comme tout à l'heure que le module soit un nombre premier. Supposant, en effet, $-$ A *résidu* d'un nombre entier quelconque M, on pourra trouver une représentation propre de ce nombre, ou d'un de ses multiples, par la forme principale, $x^2 + Ay^2$. Soient KM ce multiple, N une valeur de l'expression

$$\sqrt{-A} \pmod{KM}$$

et

$$M' = \frac{N^2 + A}{KM};$$

les deux formes

$$x^2 + Ay^2 \quad \text{et} \quad KMX^2 + 2NXY + M'Y^2$$

seront équivalentes. Or, soit

$$x = \alpha X + \beta Y,$$
$$y = \gamma X + \delta Y$$

une transformation de l'une dans l'autre. En effectuant cette substitution dans la congruence proposée, elle deviendra

$$2NXY + M'Y^2 \equiv \Delta \pmod{M}.$$

Cela étant, on voit qu'on peut attribuer à Y une valeur entière quelconque, mais sans diviseur commun avec le module M, et qu'on trouvera une valeur entière correspondante pour X, par la congruence du premier degré

$$2NXY \equiv \Delta - M'Y^2 \pmod{M}.$$

Cette congruence sera effectivement soluble, si 2N est aussi premier avec M; ce qui revient à supposer le module *impair* et le nombre A sans facteurs communs avec ce module, comme on le voit par la condition

$$N^2 + A \equiv 0 \pmod{M}.$$

La congruence proposée admettra donc autant de solutions qu'il y a de nombres moindres que M, et premiers avec M, car on ne pourra jamais avoir

$$\left.\begin{aligned} \alpha X + \beta Y &\equiv \alpha X' + \beta Y' \\ \gamma X + \delta Y &\equiv \gamma X' + \delta Y' \end{aligned}\right\} \pmod{M}$$

qu'en supposant à la fois

$$X \equiv X',$$
$$Y \equiv Y',$$

c'est-à-dire qu'aux solutions distinctes de la transformée en X et Y correspondent nécessairement des solutions distinctes de la congruence proposée.

Ce qui précède conduit à la valeur suivante du nombre μ des solutions pour un module M, par rapport auquel $-A$ est *résidu*. Supposant

$$M = p^n p_1^{n_1} \dots p_\omega^{n_\omega},$$

on aura

$$\mu = p^{n-1}(p-1) \times p_1^{n_1-1}(p_1-1) \dots \times p_\omega^{n_\omega-1}(p_\omega-1).$$

En combinant ensuite ce résultat avec celui qui a été obtenu précédemment pour les modules relativement auxquels $-A$ est *non résidu*, on arrive à l'expression générale du nombre des solutions que nous voulions obtenir. Si l'on suppose toujours

$$M = p^n p_1^{n_1} p_2^{n_2} \dots p_\omega^{n_\omega},$$

on trouvera sans peine pour cette expression générale la forme suivante :

$$\mu = \frac{M}{p p_1 \dots p_\omega}\left[p - \left(\frac{-A}{p}\right)\right]\left[p_1 - \left(\frac{-A}{p_1}\right)\right]\dots\left[p_\omega - \left(\frac{-A}{p_\omega}\right)\right],$$

dans laquelle $\left(\frac{-A}{p}\right)$ est $+1$ ou -1, suivant que $-A$ est *résidu* ou *non résidu* du nombre premier p.

IX.

Les principes relatifs à la représentation des nombres par les formes quaternaires, que nous étudions dans ce Mémoire, nous conduisent à la question de l'équivalence arithmétique de ces formes. Dans cette nouvelle recherche, nous pourrons suivre encore longtemps l'analogie qui nous a déjà servi de guide, et l'on va voir s'établir par là de nouveaux rapports entre la théorie des nombres *réels* et celle des nombres *complexes*.

Nous obtiendrons, en effet, pour la réduction des formes f, lorsqu'elles sont définies, des résultats entièrement semblables à ceux qui concernent les formes binaires de déterminant négatif. Puis, en faisant de ces résultats les éléments de principes nouveaux pour l'étude des fonctions homogènes à deux indéterminées et à coefficients complexes, nous donnerons un nouvel exemple de l'identité des méthodes relatives aux nombres réels et aux nombres complexes. Dans ce champ si vaste de recherches, nous nous proposerons surtout de revenir sur l'étude des formes du second degré, qui ont été déjà l'objet d'un Mémoire important de M. Dirichlet. Le travail du savant géomètre laissant de côté la question difficile de la distribution en *périodes* de ces formes de même déterminant, j'essaierai dans un Mémoire spécial de combler cette lacune. On aura d'ailleurs, par ce que nous dirons plus bas des fractions continues complexes, une idée des fractions que nous emploierons.

1° *A toute forme définie à coefficients quelconques*

$$f = \mathrm{A} v v_0 + \mathrm{B} v u_0 + \mathrm{B}_0 v_0 u + \mathrm{C} u u_0$$

correspond toujours une transformée arithmétiquement équivalente

$$\mathrm{F} = \mathfrak{A}\mathrm{V}\mathrm{V}_0 + \mathfrak{B}\mathrm{V}\mathrm{U}_0 + \mathfrak{B}_0\mathrm{V}_0\mathrm{U} + \mathfrak{C}\mathrm{U}\mathrm{U}_0,$$

telle que $\mathfrak{A}$ *soit non plus grand que* $\mathfrak{C}$, *et qu'en faisant*

$$\mathfrak{B} = m + n\sqrt{-1}, \qquad \mathfrak{B}_0 = m - n\sqrt{-1},$$

on ait, abstraction faite des signes,

$$2m \overline{\overline{<}} \mathfrak{A}, \qquad 2n \overline{\overline{<}} \mathfrak{A}.$$

Concevons qu'on effectue dans f toutes les substitutions

$$v = aV + bU, \qquad v_0 = a_0 V_0 + b_0 U_0,$$
$$u = cV + dU, \qquad u_0 = c_0 V_0 + d_0 U_0,$$

où a, b, c, d désignent indéfiniment des entiers complexes au déterminant $ad - bc \equiv 1$, et a_0, b_0, c_0, d_0 leurs conjugués respectifs. Cela étant, formons un premier groupe dans l'ensemble des transformées ainsi obtenues, de celles où le coefficient de VV_0 est le plus petit possible; puis, dans ce groupe, considérons toutes celles où le coefficient de UU_0 est lui-même un minimum. Je dis que la forme unique, ou les diverses formes auxquelles on parviendra de la sorte, vérifieront les conditions énoncées.

Supposons, en effet, que l'une d'elles soit

$$F = \mathfrak{A} VV_0 + \mathfrak{B} VU_0 + \mathfrak{B}_0 UV_0 + \mathfrak{C} UU_0$$

et qu'on ait

$$\mathfrak{B} = m + n\sqrt{-1}, \qquad \mathfrak{B}_0 = m - n\sqrt{-1}.$$

Désignons par μ et ν deux quantités dont la valeur absolue soit l'unité, et qui aient respectivement le même signe que m et n; si l'on fait dans F la substitution au déterminant *un*

$$V = V' - \mu U', \qquad V_0 = V'_0 - \mu U'_0,$$
$$U = U', \qquad U_0 = U'_0,$$

on trouvera une transformée

$$F' = \mathfrak{A}' V'V'_0 + \mathfrak{B}' V'U'_0 + \mathfrak{B}'_0 V'_0 U' + \mathfrak{C}' U'U'_0,$$

dans laquelle

$$\mathfrak{A}' = \mathfrak{A}, \qquad \mathfrak{C}' = \mathfrak{A} - 2\mu m + \mathfrak{C}.$$

Or il suit, de la manière même dont F a été définie et obtenue, qu'on aura nécessairement

$$\mathfrak{C} \overline{\gtrless} \mathfrak{A}, \qquad \mathfrak{C}' \overline{\gtrless} \mathfrak{C};$$

et cette dernière inégalité revient à

$$2\mu m \overline{\lessgtr} \mathfrak{A}.$$

Considérons en second lieu la substitution

$$V = V' + \nu\sqrt{-1}\, U', \qquad V_0 = V'_0 - \nu\sqrt{-1}\, U'_0,$$
$$U = U', \qquad U_0 = U'_0,$$

qui est encore au déterminant un, on arrivera tout à fait de même à la condition

$$2\sqrt{n} \overset{=}{<} \mathfrak{A}.$$

Ainsi notre théorème est démontré.

Nous donnerons le nom de *réduites* aux formes F, qui vérifient les conditions précédentes, et nous réservons pour la suite de ces recherches la discussion complète des divers cas dans lesquels deux formes réduites sont équivalentes sans être identiques, cette discussion étant intimement liée à celle des divers ordres d'équivalence impropre dont nous avons parlé plus haut.

2° Les conditions qui viennent d'être établies conduisent immédiatement à la suivante :

$$\mathfrak{B}\mathfrak{B}_0 < \tfrac{1}{2}\mathfrak{A}^2,$$

et *a fortiori*

$$\mathfrak{B}\mathfrak{B}_0 < \tfrac{1}{2}\mathfrak{A}\mathfrak{C}.$$

On en conclut

$$\mathfrak{A}\mathfrak{C} < 2(\mathfrak{A}\mathfrak{C} - \mathfrak{B}\mathfrak{B}_0),$$

ou encore

$$\mathfrak{A}\mathfrak{C} < 2(\mathrm{AC} - \mathrm{BB}_0),$$

puisque F et f ont même *invariant*. Cette notion d'invariant, si facile à obtenir, est au reste la seule que supposent les théorèmes que nous venons d'établir, et qui donnent lieu à une longue suite de conséquences, comme nous pensons l'avoir déjà montré à propos des formes binaires dans notre Mémoire sur l'introduction des variables continues dans la théorie des nombres. Suivant ici une marche analogue, nous allons traiter en premier lieu les questions relatives à l'approximation des quantités imaginaires quelconques, par des fractions rationnelles complexes.

Considérons, pour cela, la forme suivante :

$$f = (v - au)(v_0 - a_0 u_0) + \frac{uu_0}{\delta^2},$$

dans laquelle a est une quantité imaginaire, a_0 sa conjuguée, et δ une quantité réelle quelconque. Soit

$$\mathrm{F} = \mathfrak{A}\mathrm{VV}_0 + \mathfrak{B}\mathrm{VU}_0 + \mathfrak{B}_0\mathrm{V}_0\mathrm{U} + \mathfrak{C}\mathrm{UU}_0$$

sa réduite, et

$$v = m\mathrm{V} + \mu\mathrm{U}, \qquad v_0 = m_0\mathrm{V}_0 + \mu_0\mathrm{U}_0,$$
$$u = n\mathrm{V} + \nu\mathrm{U}, \qquad u_0 = n_0\mathrm{V}_0 + \nu_0\mathrm{U}_0$$

la substitution propre à l'obtenir. La condition $\mathfrak{A}\mathfrak{C} < -2\Delta$ donne pour le coefficient minimum $\mathfrak{A}$ la limite $\sqrt{-2\Delta}$. On a, d'ailleurs,

$$\Delta = -\frac{1}{\delta^2}, \qquad \mathfrak{A} = (m - an)(m_0 - a_0 n_0) + \frac{nn_0}{\delta^2};$$

ainsi, pour une valeur quelconque donnée à δ, on peut toujours déterminer deux entiers complexes, m et n, tels qu'on ait

$$(m - an)(m_0 - a_0 n_0) + \frac{nn_0}{\delta^2} < \frac{\sqrt{2}}{\delta}.$$

On tire de là les conséquences suivantes.

Premièrement, les expressions

$$(m - an)(m_0 - a_0 n_0) \quad \text{et} \quad \frac{nn_0}{\delta^2},$$

étant essentiellement positives, on a *a fortiori*

$$\text{(A)} \qquad (m - an)(m_0 - a_0 n_0) < \frac{\sqrt{2}}{\delta}, \quad \frac{nn_0}{\delta^2} < \frac{\sqrt{2}}{\delta} \quad \text{ou} \quad nn_0 < \delta\sqrt{2}.$$

Secondement, le produit des mêmes expressions étant moindre que le carré de leur demi-somme, on aura encore *a fortiori*

$$(m - an)(m_0 - a_0 n_0) \times \frac{nn_0}{\delta^2} < \frac{1}{2\delta^2},$$

ou bien

$$(m - an)(m_0 - a_0 n_0) < \frac{1}{2nn_0},$$

et

$$\text{(B)} \qquad \left(\frac{m}{n} - a\right)\left(\frac{m_0}{n_0} - a_0\right) < \frac{1}{2n^2 n_0^2}.$$

Or la *première* relation (A) montre qu'étant donnée une quantité imaginaire quelconque a, on peut toujours en approcher par une fraction rationnelle complexe $\frac{m}{n}$, de telle manière que la norme de $m - an$ soit moindre que toute quantité donnée.

La *seconde* relation (A) donne l'ordre de grandeur du dénominateur de la fraction lorsqu'on fixe au-dessous de quelle limite doit se trouver la norme de $m - an$.

La relation (B) donne d'une manière précise la limite de l'erreur $\frac{m}{n} - a$, à quelque valeur de δ que corresponde l'approximation obtenue.

D'un autre côté, si nous observons que, quel que soit δ, les entiers complexes m et n donnent le minimum de f, nous serons amenés à cette nouvelle conséquence :

Il n'existe aucun système de deux autres nombres complexes, m' et n', tels que, la norme de n' étant moindre que la norme de n, la norme de $m' - an'$ soit aussi moindre que celle de $m - an$.

Ainsi l'expression $(m - an)(m_0 - a_0 n_0)$ représente un *minimum* de l'expression $(v - au)(v_0 - a_0 u_0)$ relativement à toute valeur complexe entière n dont la norme ne dépasse pas une limite donnée. On peut encore dire que $\frac{m}{n}$ approche plus de a que toute fraction dont le dénominateur aurait une norme moindre ; car, l'hypothèse

$$n' n'_0 < n n_0,$$

entraînant

$$(m' - an')(m'_0 - a_0 n'_0) > (m - an)(m_0 - an_0),$$

on en déduit, en divisant membre à membre les inégalités qui sont de sens contraire,

$$\text{norme}\left(\frac{m'}{n'} - a\right) > \text{norme}\left(\frac{m}{n} - a\right).$$

Nous pouvons enfin établir d'une manière complète et rigoureuse un théorème sur les fractions $\frac{m}{n}$, que j'ai déjà donné dans mes Lettres à M. Jacobi sur la théorie des nombres.

Considérons deux minima consécutifs de la forme f, auxquels correspondent les deux systèmes d'entiers complexes

$$v = m, \quad u = n; \qquad v = m', \quad u = n';$$

on pourra concevoir deux valeurs infiniment voisines de δ, auxquelles appartiennent successivement les deux systèmes, de telle sorte qu'en désignant par ε une quantité infiniment petite, on ait

$$(m - an)(m_0 - a_0 n_0) + \frac{n n_0}{\delta^2} < \frac{\sqrt{2}}{\delta},$$

$$(m' - an')(m'_0 - a_0 n'_0) + \frac{n' n'_0}{(\delta + \varepsilon)^2} < \frac{\sqrt{2}}{\delta + \varepsilon}.$$

Mettons cette seconde inégalité sous la forme

$$(m' - an')(m'_0 - a_0 n'_0) + \frac{n' n'_0}{\delta^2} < \frac{\sqrt{2}}{\delta} + \eta,$$

η étant encore infiniment petit, et multiplions-la membre à membre avec la première. En faisant dans l'équation identique suivante :

$$\begin{aligned}(\mathrm{MM}_0 + \mathrm{NN}_0)(\mathrm{M}'\mathrm{M}'_0 + \mathrm{N}'\mathrm{N}'_0) \\ = (\mathrm{MM}'_0 + \mathrm{NN}'_0)(\mathrm{M}_0\mathrm{M}' + \mathrm{N}_0\mathrm{N}') + (\mathrm{M}'\mathrm{N} - \mathrm{MN}')(\mathrm{M}'_0\mathrm{N}_0 - \mathrm{M}_0\mathrm{N}'_0)\end{aligned}$$

(qu'on trouve en cherchant le produit des déterminants

$$\begin{vmatrix} \mathrm{N} & \mathrm{M} \\ \mathrm{N}' & \mathrm{M}' \end{vmatrix} \quad \text{et} \quad \begin{vmatrix} \mathrm{N}_0 & \mathrm{M}_0 \\ \mathrm{N}'_0 & \mathrm{M}'_0 \end{vmatrix}$$

qui figure dans le second membre) :

$$\begin{aligned} \mathrm{M} &= m - an, & \mathrm{M}_0 &= m_0 - a_0 n_0, \\ \mathrm{M}' &= m' - an', & \mathrm{M}'_0 &= m'_0 - a_0 n'_0; \\ \mathrm{N} &= \frac{n}{\delta}, & \mathrm{N}_0 &= \frac{n_0}{\delta}, \\ \mathrm{N}' &= \frac{n'}{\delta}, & \mathrm{N}'_0 &= \frac{n'_0}{\delta}, \end{aligned}$$

le produit des premiers membres prendra la forme

$$\text{norme}\left[(m - an)(m'_0 - a_0 n'_0) + \frac{n n'_0}{\delta^2}\right] + \frac{1}{\delta^2}\,\text{norme}\,(mn' - m'n),$$

le produit des seconds membres étant

$$\frac{2}{\delta^2} + \frac{\eta\sqrt{2}}{\delta}.$$

Or, en négligeant η vis-à-vis des quantités finies, on en conclura, après avoir multiplié par δ^2,

$$\text{norme}\,(mn' - m'n) < 2,$$

et, puisque m, n, m', n' sont des entiers complexes [1],

$$\text{norme}\,(mn' - m'n) = 1.$$

---

[1] On peut se demander pourquoi M. Hermite ne considère pas comme possible l'égalité norme $(mn' - m'n) = 2$. En réalité, cette égalité pourrait avoir lieu, mais alors il serait possible d'introduire une approximation intermédiaire satisfaisant à la condition cherchée. E. P.

Cette relation entre les fractions qui correspondent à deux approximations consécutives rattache complètement la théorie présente à la théorie élémentaire des fractions continues. Les principes sur lesquels nous nous sommes fondés ont donné bien rapidement, comme on voit, l'extension de cette théorie aux *nombres complexes*. La marche plus naturelle qui consisterait à prendre le point de départ dans le procédé donné par M. Dirichlet pour obtenir le plus grand commun diviseur entre deux quantités complexes serait au contraire sujette à de nombreuses difficultés. Il nous semble particulièrement impossible d'établir simplement, en se plaçant à ce point de vue, les propriétés de minimum des expressions $m - an$, $\frac{m}{n} - a$: propriétés caractéristiques du mode d'approximation des quantités réelles par les fractions continues, et que donne tout d'abord notre méthode. Quant au théorème exprimé par la relation

$$(m - an)(m_0 - a_0 n_0) < \frac{1}{2nn_0},$$

M. Dirichlet l'a donné avec une limite numérique moins précise dans son admirable Mémoire sur la théorie des formes quadratiques à coefficients et indéterminées complexes. Le procédé, si ingénieux et si simple, employé dans cette occasion par l'illustre analyste, tout en conduisant par la voie la plus rapide à un résultat important, ne me semble pas pouvoir donner les rapports qui existent entre deux approximations consécutives, et qu'il faut cependant obtenir pour mettre dans toute son évidence l'analogie entre les nombres réels et les nombres complexes.

3° *Les formes f, à coefficients entiers et de même invariant, peuvent être distribuées en un nombre fini de classes.*

Les limitations données précédemment pour les coefficients des formes réduites font voir, en effet, que le nombre de ces réduites est essentiellement fini pour un invariant donné. On les trouvera toutes d'ailleurs par la méthode suivante :

Soit Δ l'invariant proposé, et considérons, pour fixer les idées, seulement les formes *positives*. On prendra pour $\mathfrak{A}$ tous les nombres entiers réels qui ne surpassent pas $\sqrt{-2\Delta}$, et à chaque valeur de $\mathfrak{A}$ on fera correspondre une valeur de $\mathfrak{B}$, représentée par le nombre complexe $x + y\sqrt{-1}$; x, y constituant une solution de la congruence

$$x^2 + y^2 \equiv \Delta \pmod{\mathfrak{A}}$$

et tel qu'on ait en valeur absolue

$$2x \gtrless \mathfrak{A}, \qquad 2y \gtrless \mathfrak{A}.$$

Quant à $\mathfrak{C}$, on le déterminera par la relation

$$\mathfrak{B}\mathfrak{B}_0 - \mathfrak{A}\mathfrak{C} = \Delta,$$

qui fournira toujours une valeur entière. Mais s'il arrive qu'on obtienne par là quelques formes dans lesquelles $\mathfrak{C}$ soit $< \mathfrak{A}$, elles seront à rejeter, et les autres seront évidemment des formes réduites.

Considérons par exemple le cas de $\Delta = -1$, on aura la seule valeur $\mathfrak{A} = 1$, d'où $\mathfrak{B} = 0$ et, par suite, $\mathfrak{C} = 1$; ainsi, toutes les formes f d'invariant -1 sont réductibles par le genre spécial de substitutions que nous considérons ici à la seule forme

$$VV_0 + UU_0.$$

Ce résultat va nous conduire très simplement au théorème de Jacobi sur le nombre des représentations d'un nombre entier impair quelconque par une somme de quatre carrés.

XII.

1° *Dans la théorie des formes f un nombre impair quelconque* M *est représentable par la forme* $vv_0 + uu_0$.

Nous avons établi en effet que la congruence

$$x^2 + y^2 \equiv -1 \pmod{M}$$

est toujours résoluble pour tout module impair. Or toutes les formes

$$F = MVV_0 + (x + y\sqrt{-1})VU_0 + (x - y\sqrt{-1})V_0U + \frac{x^2 + y^2 + 1}{M}UU_0,$$

ayant pour invariant -1, seront équivalentes à la réduite unique $vv_0 + uu_0$, que nous avons trouvée dans ce cas. Cela étant, soit

$$v = aV + bU, \qquad v_0 = a_0V_0 + b_0U_0,$$
$$u = cV + dU, \qquad u_0 = c_0V_0 + d_0U_0$$

une quelconque des substitutions au déterminant $ad - bc = 1$, qui donnent

$$vv_0 + uu_0 = \mathrm{MVV}_0 + (x + y\sqrt{-1})\mathrm{VU}_0 + (x - y\sqrt{-1})\mathrm{V}_0\mathrm{U} + \frac{x^2+y^2+1}{\mathrm{M}}\mathrm{UU}_0,$$

on trouvera

$$\mathrm{M} = aa_0 + cc_0;$$

ce qui constitue une représentation de M par la forme $vv_0 + uu_0$, qui est une somme de quatre carrés quand on la considère par rapport aux variables réelles.

Mais, comme conséquence de la théorie des formes f, cette représentation possède ce caractère tout particulier que les deux entiers complexes a et c sont premiers entre eux. Nous sommes amenés par là à cette conclusion (¹) :

Tout nombre impair est décomposable en quatre carrés et, parmi ces décompositions, il en existe toujours de telles que la somme de deux carrés soit sans diviseurs communs avec la somme de deux autres.

2° Nous allons actuellement nous servir des propositions établies dans ce Mémoire, pour obtenir l'expression générale du nombre de toutes les représentations de cette espèce.

Représentons cette expression par $\varphi(\mathrm{M})$. Des théorèmes établis (§ VI) résulte qu'en désignant par μ le nombre des solutions de la congruence

$$x^2 + y^2 \equiv -1 \qquad (\mathrm{mod}\ \mathrm{M}),$$

et par δ le nombre des transformations en elle-même de la forme $vv_0 + uu_0$, on aura

$$\varphi(\mathrm{M}) = \mu\delta.$$

Or nous établirons dans la suite de ces recherches que $\delta = 8$, de sorte que si l'on fait

$$\mathrm{M} = p^n p_1^{n_1} \cdots p_\omega^{n_\omega},$$

on trouvera

$$\varphi(\mathrm{M}) = \frac{8\mathrm{M}}{pp_1\cdots p_\omega}\left[p - \left(\frac{-1}{p}\right)\right]\left[p_1 - \left(\frac{-1}{p_1}\right)\right]\cdots\left[p_\omega - \left(\frac{-1}{p_\omega}\right)\right].$$

Ainsi, dans le cas où M ne renferme qu'à la première puissance des

(¹) En réalité M. Hermite n'établit pas la proposition énoncée, car a et c étant premiers entre eux, il n'en est pas nécessairement de même pour aa_0 et cc_0. Le théorème est cependant probablement exact. E. P.

nombres premiers $\equiv -1 \pmod 4$, on aura

$$\left(\frac{-1}{p}\right) = -1, \qquad \left(\frac{-1}{p_1}\right) = -1, \qquad \ldots,$$

et la formule devenant

$$\varphi(M) = 8(p+1)(p_1+1)\ldots(p_\omega+1),$$

on voit apparaître la fonction remarquable qui donne la somme de tous les diviseurs de M. Mais alors on reconnaît de suite qu'il ne peut y avoir d'autres décompositions de M en quatre carrés, que celles qui résultent des représentations propres de M dans la théorie des formes f par $vv_0 + uu_0$. Donc, en désignant par $\Phi(M)$ l'expression générale de toutes les représentations de M par une somme de quatre carrés, on aura dans ce cas :

$$\Phi(M) = \varphi(M) = 8(p+1)(p_1+1)\ldots(p_\omega+1),$$

comme Jacobi l'a trouvé par la théorie des fonctions elliptiques.

3° Pour arriver en général à la détermination de $\Phi(M)$, il nous faut recourir aux représentations impropres de M, par la forme $vv_0 + uu_0$. Ces représentations ont lieu en faisant

$$v = kg, \qquad v_0 = k_0 g_0,$$
$$u = kh, \qquad u_0 = k_0 h_0,$$

k étant le plus grand commun diviseur des nombres complexes u et v. De là résulte

$$M = kk_0(gg_0 + hh_0);$$

par conséquent, M est divisible par kk_0, et la substitution

$$v = g, \qquad v_0 = g_0,$$
$$u = h, \qquad u_0 = h_0,$$

fournit une représentation propre du nombre $\frac{M}{kk_0}$ par la forme $vv_0 + uu_0$. Ayant ainsi trouvé les valeurs

$$v = g, \qquad v_0 = g_0,$$
$$u = h, \qquad u_0 = h_0,$$

on en déduira celles où k est le plus grand commun diviseur de v et u, en prenant

$$v = kg, \qquad v_0 = k_0 g_0,$$
$$u = kh, \qquad u_0 = k_0 h_0.$$

De là nous pouvons facilement conclure toutes les décompositions possibles d'un nombre en quatre carrés.

Soit, en effet,

$$M = \mathfrak{m}^2 + \mathfrak{m}'^2 + \mathfrak{m}''^2 + \mathfrak{m}'''^2.$$

Si, par exemple, les deux sommes $\mathfrak{m}^2 + \mathfrak{m}'^2$ et $\mathfrak{m}''^2 + \mathfrak{m}'''^2$ ont un diviseur commun, on sait par la théorie des formes binaires qu'il sera nécessairement une somme de deux carrés; donc, le plus grand commun diviseur m sera lui-même de la forme $m = \alpha^2 + \beta^2$, et la décomposition considérée résultera d'une représentation propre de $\frac{M}{m}$, par la forme $vv_0 + uu_0$.

4° Ces considérations bien simples nous conduisent à exprimer la fonction $\Phi(M)$ qui désigne le nombre de toutes les représentations de M par une somme de quatre carrés au moyen de la fonction $\varphi(M)$. Soient, en effet, $m_1, m_2, \ldots, m_i$ les différents diviseurs de M qui sont décomposables en deux carrés; $\mu_1, \mu_2, \ldots, \mu_i$ les nombres de représentations de chacun de ces diviseurs par une pareille somme; on aura

$$\Phi(M) = \mu_1 \varphi\left(\frac{M}{m_1}\right) + \mu_2 \varphi\left(\frac{M}{m_2}\right) + \ldots + \mu_i \varphi\left(\frac{M}{m_i}\right).$$

Cette relation va nous donner le théorème de Jacobi, que nous allons établir dans le cas où les nombres premiers qui divisent M n'y entrent qu'à la première puissance.

Décomposons à cet effet M en deux facteurs, P et Q, le premier formé du produit $pp_1 \ldots p_\omega$ des nombres premiers

$$\equiv +1 \pmod 4$$

le second du produit $qq_1 \ldots q_\varpi$ des nombres premiers

$$\equiv -1 \pmod 4.$$

Les diviseurs décomposables en deux carrés, et désignés dans la relation précédente par la lettre m, seront, comme on sait, les divers termes du développement

$$(1+p)(1+p_1)\ldots(1+p_\omega).$$

Or il résulte de la théorie des formes binaires que, pour un diviseur m, composé de λ facteurs premiers, le nombre μ correspondant sera 2^λ.

L'expression de $\varphi(M)$ peut donc s'écrire ainsi

$$\begin{aligned}\Phi(M) = \varphi(M) + 2\left[\varphi\left(\frac{M}{p}\right) + \varphi\left(\frac{M}{p_1}\right) + \ldots + \varphi\left(\frac{M}{p_\omega}\right)\right] \\ + 2^2\left[\varphi\left(\frac{M}{pp_1}\right) + \varphi\left(\frac{M}{pp_2}\right) + \ldots + \varphi\left(\frac{M}{p_{\omega-1}p_\omega}\right)\right] \\ + 2^3\left[\varphi\left(\frac{M}{pp_1p_2}\right) + \varphi\left(\frac{M}{pp_1p_3}\right) + \ldots + \varphi\left(\frac{M}{p_{\omega-2}p_{\omega-1}p_\omega}\right)\right], \\ \ldots\ldots\ldots\ldots\ldots\ldots\ldots\ldots\end{aligned}$$

Cela posé, d'après ce que nous avons obtenu précédemment en général,

$$\varphi(M) = 8(p-1)(p_1-1)\ldots(p_\omega-1)(q+1)(q_1+1)\ldots(q_\varpi+1);$$

d'où l'on conclut les relations

$$\begin{aligned}\varphi\left(\frac{M}{p}\right) &= \frac{\varphi(M)}{p-1}, \\ \varphi\left(\frac{M}{pp_1}\right) &= \frac{\varphi(M)}{(p-1)(p_1-1)}, \\ \varphi\left(\frac{M}{pp_1p_2}\right) &= \frac{\varphi(M)}{(p-1)(p_1-1)(p_2-1)}, \\ &\ldots\ldots\ldots\ldots\ldots\ldots,\end{aligned}$$

de sorte que l'expression de $\Phi(M)$ prend cette nouvelle forme

$$\begin{aligned}\Phi(M) = \varphi(M)\Bigg[1 + 2\sum\frac{1}{p-1} + 2^2\sum\frac{1}{(p-1)(p_1-1)} \\ + 2^3\sum\frac{1}{(p-1)(p_1-1)(p_2-1)} + \ldots\Bigg];\end{aligned}$$

les signes $\sum$ désignant successivement la somme des quantités $\frac{1}{p-1}$, la somme de leurs produits deux à deux, trois à trois, etc. Or il est évident qu'on a ainsi le développement du produit

$$\left(1+\frac{2}{p-1}\right)\left(1+\frac{2}{p_1-1}\right)\cdots\left(1+\frac{2}{p_\omega-1}\right)$$

qu'on peut ramener à

$$\frac{p+1}{p-1}\cdot\frac{p_1+1}{p_1-1}\cdots\frac{p_\omega+1}{p_\omega-1}.$$

Nous obtenons donc, en supprimant le facteur commun $(p-1)(p_1-1)\ldots(p_\omega-1)$,

$$\Phi(M)=8(p+1)(p_1+1)\ldots(p_\omega+1)(q+1)(q_1+1)\ldots(q_\varpi+1);$$

ce qui est précisément le théorème de Jacobi.

Pour le cas plus compliqué où le nombre M contient des diviseurs premiers à des puissances quelconques, nous remettons à le traiter lorsque nous publierons la suite de ces recherches, dans l'espérance de la présenter d'une manière plus concise et plus élégante que nous ne pourrions le faire maintenant.

Paris, août 1853.

NOTE

SUR UN

THÉORÈME RELATIF AUX NOMBRES ENTIERS.

Journal de Mathématiques pures et appliquées, t. XIII, 1re sér.; 1848.

Depuis longtemps j'avais trouvé de mon côté une démonstration élémentaire suivante du théorème relatif aux nombres premiers $4k+1$.

Supposant

$$a^2+1 \equiv 0 \qquad (\mathrm{mod}\ p),$$

convertissons $\frac{a}{p}$ en fraction continue jusqu'à ce qu'on obtienne deux réduites consécutives $\frac{m}{n}$, $\frac{m'}{n'}$, telles que n soit $<\sqrt{p}$ et $n'>\sqrt{p}$; on aura, comme on sait,

$$\frac{a}{p}=\frac{m}{n}+\frac{\varepsilon}{nn'},$$

où ε est <1. De là on tire

$$na-mp=\varepsilon\frac{p}{n'};$$

donc

$$(na-mp)^2<p.$$

Ajoutant membre à membre avec $n^2<p$, il vient

$$(na-mp)^2+n^2<2p.$$

Or le premier membre de cette inégalité est un multiple entier de p d'après la condition

$$a^2+1\equiv 0 \qquad (\mathrm{mod}\ p);$$

il faut donc qu'on ait précisément

$$(na-mp)^2+n^2=p.$$

SUR UNE QUESTION RELATIVE

A LA

THÉORIE DES NOMBRES.

Journal de Mathématiques pures et appliquées, t. XIV, 1re sér.; 1849.

Soient $n+1$ nombres entiers

$$\alpha,\quad \beta,\quad \gamma,\quad \ldots,\quad \varkappa,\quad \lambda,$$

dont le plus grand commun diviseur est l'unité; on propose de trouver tous les systèmes de $n(n+1)$ autres nombres, savoir :

$$\begin{array}{llll}
\alpha', & \alpha'', & \ldots, & \alpha^{(n)},\\
\beta', & \beta'', & \ldots, & \beta^{(n)},\\
\gamma', & \gamma'', & \ldots, & \gamma^{(n)},\\
\vdots & \vdots & & \vdots\\
\varkappa', & \varkappa'', & \ldots, & \varkappa^{(n)},\\
\lambda', & \lambda'', & \ldots, & \lambda^{(n)},
\end{array}$$

qui rendent le déterminant

$$\begin{array}{llllll}
\alpha, & \alpha', & \ldots, & \alpha^{(i)}, & \ldots, & \alpha^{(n)},\\
\beta, & \beta', & \ldots, & \beta^{(i)}, & \ldots, & \beta^{(n)},\\
\gamma, & \gamma', & \ldots, & \gamma^{(i)}, & \ldots, & \gamma^{(n)},\\
\vdots & \vdots & & \vdots & & \vdots\\
\varkappa, & \varkappa', & \ldots, & \varkappa^{(i)}, & \ldots, & \varkappa^{(n)},\\
\lambda, & \lambda', & \ldots, & \lambda^{(i)}, & \ldots, & \lambda^{(n)},
\end{array}$$

égal à plus ou moins un.

Solution. — Nommons respectivement

π_1	le plus grand commun diviseur de	α	et	β,
π_2	*idem*	π_1	et	γ,
π_3	*idem*	π_2	et	δ,
....				,
π_{n-1}	*idem*	π_{n-2}	et	$\varkappa$,
π_n	*idem*	π_{n-1}	et	λ;

dans l'hypothèse admise, π_n sera l'unité. Prenons ensuite les nombres entiers

$$a,\quad b,\quad c,\quad d,\quad \ldots,\quad k,\quad l,$$
$$c',\quad d',\quad \ldots,\quad k',\quad l',$$

d'après les conditions

$$\begin{aligned} a\beta - b\alpha &= \pi_1, \\ c'\gamma - c\pi_1 &= \pi_2, \\ d'\delta - d\pi_2 &= \pi_3, \\ &\ldots\ldots \\ k'\varkappa - k\pi_{n-2} &= \pi_{n-1}, \\ l'\lambda - l\pi_{n-1} &= \pi_n = 1. \end{aligned}$$

On satisfera à la question proposée par les valeurs suivantes :

$$\begin{aligned} \alpha^{(i)} &= am_i + \mathrm{M}_i\,\frac{\alpha}{\pi_1}, \\ \beta^{(i)} &= bm_i + \mathrm{M}_i\,\frac{\beta}{\pi_1}, \\ \gamma^{(i)} &= cn_i + \mathrm{N}_i\,\frac{\gamma}{\pi_2}, \\ \delta^{(i)} &= dp_i + \mathrm{P}_i\,\frac{\delta}{\pi_3}, \\ &\ldots\ldots, \\ \varkappa^{(i)} &= ks_i + \mathrm{S}_i\,\frac{\varkappa}{\pi_{n-1}}, \\ \lambda^{(i)} &= lt_i + \mathrm{T}_i\,\frac{\lambda}{\pi_n}, \end{aligned}$$

les quantités

$$\mathrm{M}_i,\quad \mathrm{N}_i,\quad \mathrm{P}_i,\quad \ldots,\quad \mathrm{S}_i$$

dépendant des nombres entiers

$$m_i,\quad n_i,\quad p_i,\quad \ldots,\quad s_i,\quad t_i$$

par les équations

$$M_i = c' n_i + N_i \frac{\pi_1}{\pi_2},$$

$$N_i = d' p_i + P_i \frac{\pi_2}{\pi_3},$$

$$\dots\dots\dots\dots\dots,$$

$$S_i = l' t_i + T_i \frac{\pi_{n-1}}{\pi_n},$$

et toutes les solutions possibles s'obtiendront en prenant toutes les valeurs des n^2 quantités

$$m_i,\quad n_i,\quad p_i,\quad \dots,\quad s_i,\quad t_i,$$

pour lesquelles le déterminant

$$\begin{matrix} m_1, & m_2, & \dots, & m_n, \\ n_1, & n_2, & \dots, & n_n, \\ p_1, & p_2, & \dots, & p_n, \\ \vdots & \vdots & & \vdots \\ s_1, & s_2, & \dots, & s_n, \\ t_1, & t_2, & \dots, & t_n, \end{matrix}$$

égale plus ou moins un.

Ainsi, par exemple, lorsque $n = 2$, s'il s'agit de rendre égal à l'unité le déterminant

$$\left\{ \begin{matrix} \alpha, & \alpha', & \alpha'' \\ \beta, & \beta', & \beta'' \\ \gamma, & \gamma', & \gamma'' \end{matrix} \right\} = \alpha(\beta'\gamma'' - \gamma'\beta'') + \beta(\gamma'\alpha'' - \alpha'\gamma'') + \gamma(\alpha'\beta'' - \beta'\alpha''),$$

on aura

$$\alpha' = a m_1 + M_1 \frac{\alpha}{\pi_1},$$

$$\beta' = b m_1 + M_1 \frac{\beta}{\pi_1},$$

$$\gamma' = c n_1 + N_1 \gamma,$$

avec

$$M_1 = c' n_1 + N_1 \pi_1,$$

ce qui donne

$$\alpha' = a m_1 + \frac{\alpha c'}{\pi_1} n_1 + N_1 \alpha,$$

$$\beta' = b m_1 + \frac{\beta c'}{\pi_1} n_1 + N_1 \beta,$$

$$\gamma' = c n_1 \qquad\qquad + N_1 \gamma;$$

on trouvera ensuite semblablement

$$\begin{aligned}
\alpha'' &= am_2 + \frac{\alpha c'}{\pi_1} n_2 + N_2 \alpha, \\
\beta'' &= bm_2 + \frac{\beta c'}{\pi_1} n_2 + N_2 \beta, \\
\gamma'' &= cn_2 \qquad\qquad + N_2 \gamma,
\end{aligned}$$

et l'on devra prendre pour m_1, n_1, m_2, n_2 indéfiniment tous les nombres entiers pour lesquels

$$m_1 n_2 - m_2 n_1 = \pm 1.$$

Si $n = 3$, la solution générale de l'équation

$$\left\{\begin{matrix} \alpha, & \alpha', & \alpha'', & \alpha''' \\ \beta, & \beta', & \beta'', & \beta''' \\ \gamma, & \gamma', & \gamma'', & \gamma''' \\ \delta, & \delta', & \delta'', & \delta''' \end{matrix}\right\} = \pm 1$$

sera de même comprise dans les formules

$$\begin{aligned}
\alpha' &= am_1 + \frac{\alpha c'}{\pi_1} n_1 + \frac{\alpha d'}{\pi_2} p_1 + P_1 \alpha, \\
\beta' &= bm_1 + \frac{\beta c'}{\pi_1} n_1 + \frac{\beta d'}{\pi_2} p_1 + P_1 \beta, \\
\gamma' &= cm_1 \qquad\qquad + \frac{\gamma d'}{\pi_2} p_1 + P_1 \gamma, \\
\delta' &= dp_1 \qquad\qquad\qquad\qquad + P_1 \delta; \\[1ex]
\alpha'' &= am_2 + \frac{\alpha c'}{\pi_1} n_2 + \frac{\alpha d'}{\pi_2} p_2 + P_2 \alpha, \\
\beta'' &= bm_2 + \frac{\beta c'}{\pi_1} n_2 + \frac{\beta d'}{\pi_2} p_2 + P_2 \beta, \\
\gamma'' &= cn_2 \qquad\qquad + \frac{\gamma d'}{\pi_2} p_2 + P_2 \gamma, \\
\delta'' &= dp_2 \qquad\qquad\qquad\qquad + P_2 \delta, \\[1ex]
\alpha''' &= am_3 + \frac{\alpha c'}{\pi_1} n_3 + \frac{\alpha d'}{\pi_2} p_3 + P_3 \alpha, \\
\beta''' &= bm_3 + \frac{\beta c'}{\pi_1} n_3 + \frac{\beta d'}{\pi_2} p_3 + P_3 \beta, \\
\gamma''' &= cn_3 \qquad\qquad + \frac{\gamma d'}{\pi_2} p_3 + P_3 \gamma, \\
\delta''' &= dp_3 \qquad\qquad\qquad\qquad + P_3 \delta.
\end{aligned}$$

Voici maintenant l'analyse qui nous a conduit à ces résultats :

Soient, pour abréger, A le déterminant des quantités

$$(A) \qquad \alpha^{(i)},\quad \beta^{(i)},\quad \gamma^{(i)},\quad \ldots,\quad \delta^{(i)},$$

B celui du système

$$(B) \qquad \left\{\begin{matrix} \xi, & \beta, & 0, & 0, & \ldots, & 0 \\ \xi', & -\alpha, & \gamma, & 0, & \ldots, & 0 \\ \xi'', & 0, & -\beta, & \delta, & \ldots, & 0 \\ \xi''', & 0, & 0, & -\gamma, & \ldots, & 0 \\ \vdots & \vdots & \vdots & \vdots & & \vdots \\ \xi^{(n-1)}, & 0, & 0, & 0, & \ldots, & \lambda \\ \xi^{(n)}, & 0, & 0, & 0, & \ldots, & -\varkappa \end{matrix}\right\},$$

dont la loi est facile à saisir, et où les quantités ξ sont définies par les équations

$$\begin{aligned} &\alpha\xi + \beta\xi' + \gamma\xi'' + \ldots + \lambda\xi^{(n)} = 1, \\ &\alpha'\xi + \beta'\xi' + \gamma'\xi'' + \ldots + \lambda'\xi^{(n)} = 0, \\ &\alpha''\xi + \beta''\xi' + \gamma''\xi'' + \ldots + \lambda''\xi^{(n)} = 0, \\ &\ldots\ldots\ldots\ldots\ldots\ldots\ldots\ldots\ldots\ldots, \\ &\alpha^{(n)}\xi + \beta^{(n)}\xi' + \gamma^{(n)}\xi'' + \ldots + \lambda^{(n)}\xi^{(n)} = 0. \end{aligned}$$

De la composition des systèmes (A) et (B) résultera le nouveau système

$$\begin{matrix} 1, & 0, & 0, & \ldots, & 0, & \ldots, & 0, \\ 0, & \alpha'\beta - \beta'\alpha, & \alpha''\beta - \beta''\alpha, & \ldots, & \alpha^{(i)}\beta - \beta^{(i)}\alpha, & \ldots, & \alpha^{(n)}\beta - \beta^{(n)}\alpha, \\ 0, & \beta'\gamma - \gamma'\beta, & \beta''\gamma - \gamma''\beta, & \ldots, & \beta^{(i)}\gamma - \gamma^{(i)}\beta, & \ldots, & \beta^{(n)}\gamma - \gamma^{(n)}\beta, \\ 0, & \gamma'\delta - \delta'\gamma, & \gamma''\delta - \delta''\gamma, & \ldots, & \gamma^{(i)}\delta - \delta^{(i)}\gamma, & \ldots, & \gamma^{(n)}\delta - \delta^{(n)}\gamma, \\ \vdots & \vdots & \vdots & & \vdots & & \vdots \\ 0, & \varkappa'\lambda - \lambda'\varkappa, & \varkappa''\lambda - \lambda''\varkappa, & \ldots, & \varkappa^{(i)}\lambda - \lambda^{(i)}\varkappa, & \ldots, & \varkappa^{(n)}\lambda - \lambda^{(n)}\varkappa. \end{matrix}$$

En appelant C son déterminant, ou, ce qui revient au même, celui des n^2 quantités

$$(C) \qquad \alpha^{(i)}\beta - \beta^{(i)}\alpha,\quad \beta^{(i)}\gamma - \gamma^{(i)}\beta,\quad \ldots,\quad \varkappa^{(i)}\lambda - \lambda^{(i)}\varkappa,$$

on aura, par un théorème connu,

$$C = AB.$$

Or on trouve facilement, au signe près,

$$B = \beta\gamma\delta\ldots\varkappa;$$

donc on peut remplacer la condition proposée, savoir

$$A = \pm 1,$$

par la suivante

$$C = \pm \beta\gamma\delta\ldots\varkappa,$$

dont nous allons nous occuper.

Exposons d'abord une transformation des termes du système (C); j'observe, à cet effet, que π_1 désignant le plus grand commun diviseur de α et β, on aura nécessairement

$$\alpha^{(i)}\beta - \beta^{(i)}\alpha = m_i\pi_1,$$

d'où l'on tire

$$\alpha^{(i)} = am_i + M_i\frac{\alpha}{\pi_1},$$

$$\beta^{(i)} = bm_i + M_i\frac{\beta}{\pi_1},$$

les nombres entiers m_i et M_i restant entièrement arbitraires, et a et b étant déterminés par l'équation

$$a\beta - b\alpha = \pi_1.$$

Au moyen de cette valeur de $\beta^{(i)}$, on trouve

$$\beta^{(i)}\gamma - \gamma^{(i)}\beta = b\gamma m_i + \frac{\beta}{\pi_1}(M_i\gamma - \gamma^{(i)}\pi_1).$$

Or, π_2 désignant le plus grand commun diviseur de π_1 et γ, on aura nécessairement

$$M_i\gamma - \gamma^{(i)}\pi_1 = n_i\pi_2,$$

d'où

$$M_i = c'n_i + N_i\frac{\pi_1}{\pi_2},$$

$$\gamma^{(i)} = cn_i + N_i\frac{\gamma}{\pi_2},$$

les nombres entiers n_i et N_i étant quelconques, c et c' dépendant de l'équation

$$c'\gamma - c\pi_1 = \pi_2.$$

La répétition du même calcul nous conduira de l'expression précédente de $\gamma^{(i)}$ à celle de $\delta^{(i)}$; il vient, en effet,

$$\gamma^{(i)}\delta - \delta^{(i)}\gamma = c\delta n_i + \frac{\gamma}{\pi_2}(N_i\delta - \delta^{(i)}\pi_2),$$

et posant encore

$$N_i\delta - \delta^{(i)}\pi_2 = p_i\pi_3,$$

π_3 étant le plus grand commun diviseur de π_2 et δ, on en conclura

$$N_i = d'p_i + P_i\frac{\pi_2}{\pi_3},$$
$$\delta^{(i)} = dp_i + P_i\frac{\delta}{\pi_3},$$

d et d' étant donnés par l'équation

$$d'\delta - d\pi_2 = \pi_3.$$

La loi que suivent ces opérations est maintenant évidente, et l'on en conclura, d'une part,

$$\alpha^{(i)}\beta - \beta^{(i)}\alpha = m_i\pi_1,$$
$$\beta^{(i)}\gamma - \gamma^{(i)}\beta = b\gamma m_i + \frac{\beta\pi_2}{\pi_1}n_i,$$
$$\gamma^{(i)}\delta - \delta^{(i)}\gamma = c\delta n_i + \frac{\gamma\pi_3}{\pi_2}p_i,$$
$$\ldots\ldots\ldots\ldots\ldots\ldots,$$
$$\varkappa^{(i)}\lambda - \lambda^{(i)}\varkappa = k\lambda s_i + \frac{\varkappa\pi_n}{\pi_{n-1}}t_i,$$

où il est essentiel d'observer que m_i, n_i, ..., s_i, t_i restent jusqu'à présent des entiers entièrement arbitraires.

D'un autre côté, nous obtenons d'ailleurs

$$\alpha^{(i)} = am_i + M_i\frac{\alpha}{\pi_1},$$
$$\beta^{(i)} = bm_i + M_i\frac{\beta}{\pi_1},$$
$$\gamma^{(i)} = cn_i + N_i\frac{\gamma}{\pi_2},$$
$$\delta^{(i)} = dp_i + P_i\frac{\delta}{\pi_3},$$
$$\ldots\ldots\ldots\ldots,$$
$$\varkappa^{(i)} = ks_i + S_i\frac{\varkappa}{\pi_{n-1}},$$
$$\lambda^{(i)} = lt_i + T_i\frac{\lambda}{\pi_n},$$

et les entiers M_i, N_i, P_i, ... s'expriment de proche en proche, uniquement par m_i, n_i, p_i, ... au moyen de ces autres équations

$$\begin{aligned}
\mathrm{M}_i &= c' n_i + \mathrm{N}_i \frac{\pi_1}{\pi_2},\\
\mathrm{N}_i &= d' p_i + \mathrm{P}_i \frac{\pi_2}{\pi_3},\\
&\cdots\cdots\cdots\cdots,\\
\mathrm{S}_i &= l' t_i + \mathrm{T}_i \frac{\pi_{n-1}}{\pi_n},
\end{aligned}$$

lesquelles ne laissent d'indéterminé que T_i.

Ces résultats obtenus, reportons-nous maintenant au système (C), qui a été transformé dans le suivant, savoir :

$$\begin{array}{cccccccc}
m_1\pi_1, & m_2\pi_1, & \ldots, & m_i\pi_1, & \ldots, & m_n\pi_1, \\
b\gamma m_1 + \frac{\beta\pi_2}{\pi_1} n_1, & b\gamma m_2 + \frac{\beta\pi_2}{\pi_1} n_2, & \ldots, & b\gamma m_i + \frac{\beta\pi_2}{\pi_1} n_i, & \ldots, & b\gamma m_n + \ldots \\
c\delta n_1 + \frac{\gamma\pi_3}{\pi_2} p_1, & c\delta n_2 + \frac{\gamma\pi_3}{\pi_2} p_2, & \ldots, & c\delta n_i + \frac{\gamma\pi_3}{\pi_2} p_i, & \ldots, & c\delta n_n + \ldots \\
\cdots\cdots\cdots, & \cdots\cdots\cdots, & & \cdots\cdots\cdots, & & \cdots\cdots \\
k\lambda s_1 + \frac{\varkappa\pi_n}{\pi_{n-1}} t_1, & k\lambda s_2 + \frac{\varkappa\pi_n}{\pi_{n-1}} t_2, & \ldots, & k\lambda s_i + \frac{\varkappa\pi_n}{\pi_{n-1}} t_i, & \ldots, & k\lambda s_n + \ldots
\end{array}$$

On reconnaît bien facilement qu'un pareil système provient de la composition des deux autres, que voici :

$$(1)\qquad \left\{\begin{array}{cccccc}
m_1, & m_2, & \ldots, & m_i, & \ldots, & m_n \\
n_1, & n_2, & \ldots, & n_i, & \ldots, & n_n \\
p_1, & p_2, & \ldots, & p_i, & \ldots, & p_n \\
\vdots & \vdots & & \vdots & & \vdots \\
s_1, & s_2, & \ldots, & s_i, & \ldots, & s_n \\
t_1, & t_2, & \ldots, & t_i, & \ldots, & t_n
\end{array}\right\}$$

et

$$(2)\qquad \left\{\begin{array}{cccccc}
\pi_1, & b\gamma, & 0, & 0, & \ldots, & 0 \\
0, & \frac{\beta\pi_2}{\pi_1}, & c\delta, & 0, & \ldots, & 0 \\
0, & 0, & \frac{\gamma\pi_3}{\pi_2}, & d\varepsilon, & \ldots, & 0 \\
0, & 0, & 0, & \frac{\delta\pi_4}{\pi_3}, & \ldots, & 0 \\
\vdots & \vdots & \vdots & \vdots & & \vdots \\
0, & 0, & 0, & 0, & \ldots, & k\lambda \\
0, & 0, & 0, & 0, & \ldots, & \frac{\varkappa\pi_n}{\pi_{n-1}}
\end{array}\right\};$$

donc son déterminant, et par suite celui du système (C), sont le produit des déterminants de ces deux systèmes.

Or le déterminant du système (2) se réduit à son terme principal

$$\beta\gamma\ldots\varkappa\pi_n,$$

ou simplement

$$\beta\gamma\ldots\varkappa,$$

puisque π_n est l'unité; la condition proposée

$$C = \pm\beta\gamma\ldots\varkappa$$

sera donc remplie en prenant égal à l'unité en valeur absolue le déterminant des n^2 nombres entiers du système (1), ce qui est la conclusion que nous avions annoncée, et qu'il s'agissait d'obtenir.

DÉMONSTRATION ÉLÉMENTAIRE

D'UNE

PROPOSITION RELATIVE AUX DIVISEURS

DE $x^2 + Ay^2$.

Journal de Mathématiques pures et appliquées, t. XIV, 1re sér.; 1849.

Je dis que, p désignant un diviseur de la forme $x^2 + Ay^2$, une puissance convenablement déterminée de p pourra toujours être représentée par cette forme, c'est-à-dire qu'on pourra toujours faire

$$p^\mu = X^2 + AY^2.$$

Soit, pour une valeur entière quelconque de μ, α_μ, une valeur de $\sqrt{-A}\ (\text{mod}\ p^\mu)$: l'expression

$$(xp^\mu - y\alpha_\mu)^2 + Ay^2$$

représentera toujours des nombres entiers divisibles par p^μ, et je dis en premier lieu qu'on pourra toujours déterminer x et y de telle manière qu'on ait

$$\frac{(xp^\mu - y\alpha_\mu)^2 + Ay^2}{p^\mu} < 2\sqrt{A}.$$

En effet, il suffira de développer en fraction continue $\frac{\alpha_\mu}{p^\mu}$, jusqu'à ce qu'on arrive à une réduite telle que, son dénominateur étant moindre que $\frac{p^{\frac{1}{2}\mu}}{\sqrt[4]{A}}$, cette limite soit atteinte ou surpassée par le dénominateur de la réduite suivante. Les valeurs de x et y seront respectivement le numérateur et le dénominateur de cette réduite. Cela posé, on voit que, par une infinité de valeurs de μ, on aura la représentation d'un même multiple de p^μ par la forme $x^2 + Ay^2$. Ainsi, en nommant k le multiplicateur, on trouvera nécessairement deux équations

$$kp^\mu = x^2 + Ay^2,$$
$$kp^{\mu'} = x'^2 + Ay'^2,$$

dans lesquelles $x - x'$ et $y - y'$ seront à la fois divisibles par k. Sous cette condition il vient, en multipliant membre à membre les deux équations précédentes,

$$k^2 p^{\mu+\mu'} = (xx' + Ayy')^2 + A(xy' - yx')^2.$$

Or $xy' - yx'$ est divisible par k, puisqu'on a

$$x \equiv x', \qquad y \equiv y' \qquad\qquad (\text{mod } k);$$

donc il en est de même de $xx' + Ayy'$, et, finalement, la puissance $\mu + \mu'$ de p se trouve bien représentée par la forme $x^2 + Ay^2$.

Il est facile de voir qu'une démonstration toute semblable s'applique au cas de A négatif; on a, au reste, un théorème plus général et dont voici l'énoncé :

p étant un diviseur de la norme d'un nombre complexe quelconque, formé avec les racines $m^{\text{ièmes}}$ *de l'unité, on pourra toujours déterminer une puissance entière de p qui soit représentée précisément par cette norme.*

SUR

LES FONCTIONS ALGÉBRIQUES.

Comptes rendus des séances de l'Académie des Sciences, tome XXXII, 1851.

1. Les propositions données par M. Puiseux, sur les racines des équations algébriques considérées comme fonctions d'une variable z, qui entre rationnellement dans leur premier membre, me semblent ouvrir un vaste champ de recherches destinées à jeter un grand jour sur la nature analytique de ce genre de quantités. Je me propose de donner ici le principe de ces recherches, et de faire voir comment elles conduisent à reconnaître si une équation quelconque

$$F(u, z) = 0$$

est résoluble algébriquement, c'est-à-dire si l'inconnue u peut être exprimée par une fonction de la variable z, ne contenant cette variable que sous les signes d'extraction de racines de degré entier. Les théorèmes auxquels nous serons ainsi amenés donneront, et sous un point de vue entièrement nouveau, le beau résultat obtenu par Abel sur la possibilité d'exprimer algébriquement $\sin \operatorname{am}\left(\frac{x}{n}\right)$ par $\sin \operatorname{am}(x)$. Je me borne ici à la question de la résolution par radicaux; plus tard je ferai, au même point de vue, l'étude des équations modulaires, et je montrerai comment les théorèmes de M. Puiseux conduisent à effectuer l'abaissement de ces équations dans les cas annoncés par Galois, dont les principes serviront d'ailleurs de base à tout ce que nous allons dire.

2. Soit

$$\Phi(z) = 0$$

l'équation dont les racines, mises pour z dans l'équation proposée

$$F(u, z) = 0,$$

lui font acquérir des racines multiples; désignons ces diverses valeurs de z par

$$z_0, \quad z_1, \quad \ldots, \quad z_{\mu-1},$$

et, après avoir tracé dans un plan deux axes rectangulaires, représentons-les par autant de points que nous nommerons respectivement

$$Z_0, \quad Z_1, \quad \ldots, \quad Z_{\mu-1}.$$

Soient enfin, pour un point quelconque P du plan,

$$u_0, \quad u_1, \quad \ldots, \quad u_{m-1},$$

toutes les racines de l'équation proposée; M. Puiseux, et c'est là une partie essentielle de ses recherches, a donné le moyen de trouver la substitution qui s'opère entre les valeurs initiales u_0, $u_1, \ldots, u_{m-1}$ des racines de la proposée, quand la variable z décrit un contour fermé partant du point P, et embrassant l'un des points $Z_0, Z_1, \ldots, Z_{\mu-1}$, pour revenir au même point P. Représentons symboliquement par S_i la substitution relative à un contour élémentaire comprenant le seul point Z_i; on aura les théorèmes suivants :

Théorème I. — *Toute fonction des racines u, invariable par les substitutions*

$$S_0, \quad S_1, \quad \ldots \quad S_{\mu-1},$$

pourra être exprimée rationnellement par la variable z; et aussi la proposition réciproque.

Théorème II. — *Toute fonction des racines u, déterminable rationnellement en z, est invariable par les mêmes substitutions*

$$S_0, \quad S_1, \quad \ldots, \quad S_{\mu-1}.$$

Le groupe des substitutions en question jouera donc précisément le même rôle que le groupe de l'équation irréductible en V de Galois.

Démonstration du théorème I. — Soit U la fonction des racines $u_0, u_1, \ldots, u_{m-1}$, qui vérifie les conditions du théorème I; il est évident qu'on pourra toujours établir entre cette fonction et la variable z une équation rationnelle. En second lieu, si l'on fait décrire au point P un contour fermé quelconque, la fonction reprendra toujours la même valeur initiale; donc, d'après une remarque qui appartient encore à M. Puiseux, U est une fonction entièrement rationnelle de z.

Démonstration du théorème II. — Toutes les valeurs que pourrait acquérir la fonction U, en appliquant aux racines $u_0, u_1, \ldots, u_{m-1}$, les substitutions $S_0, S_1, \ldots, S_{\mu-1}$, sont autant de valeurs initiales qu'on obtiendrait lorsque le point P, ayant décrit un contour quelconque, serait revenu à sa position primitive; si donc la fonction U remplit les conditions du théorème II, c'est-à-dire si elle est rationnelle, ces valeurs seront toutes les mêmes; donc, etc.

3. Je vais maintenant faire voir, par un exemple très simple, une première application de ce qui précède.

Le degré de l'équation proposée $F(u, z) = 0$ étant un nombre quelconque m, supposons que les divers systèmes circulaires de M. Puiseux soient tous identiques en embrassant toutes les racines, ou bien qu'ils soient réductibles tous aux puissances d'une même substitution circulaire d'ordre m, suivant l'expression employée par M. Cauchy, l'équation proposée sera résoluble par radicaux relativement à z.

En effet, si l'on désigne par α une racine quelconque de l'équation binome $\alpha^m = 1$, la fonction suivante

$$(u_0 + \alpha u_1 + \alpha^2 u_2 + \ldots + \alpha^{m-1} u_{m-1})^m$$

reprendra toujours la même valeur initiale, quel que soit le contour fermé qu'ait décrit le point mobile P en revenant à sa première position; donc cette fonction sera déterminable rationnellement en z; donc, etc.

4. Actuellement supposons que le degré m soit un nombre premier; la condition nécessaire et suffisante de solubilité par radicaux consiste en ce que toute fonction des racines invariable par les substitutions de cette forme spéciale, savoir :

$$\begin{pmatrix} u_k \\ u_{ak+b} \end{pmatrix},$$

a et b étant tous les entiers pris suivant le module m, ainsi que l'indice variable k, soit rationnellement connue.

Donc, d'après le théorème II, la condition nécessaire et suffisante de solubilité revient à ce que :

Les substitutions $S_1, S_2, \ldots, S_{\mu-1}$, données par les principes de M. Puiseux, soient toutes de la forme ci-dessous :

$$\begin{pmatrix} u_k \\ u_{ak+b} \end{pmatrix}.$$

Pour établir de la manière la plus simple la possibilité de la résolution par radicaux, je raisonnerai ainsi :

Posons

$$\varphi(\alpha) = (u_0 + \alpha u_1 + \alpha^2 u_2 + \ldots + \alpha^{m-1} u_{m-1})^m;$$

et désignons par ρ une racine primitive pour le nombre premier m; en employant une racine β de l'équation $\beta^{m-1} = 1$, nous considérerons la nouvelle fonction résolvante

$$T = [\varphi(\alpha) + \beta\varphi(\alpha^\rho) + \beta^2\varphi(\alpha^{\rho^2}) + \ldots + \beta^{n-2}\varphi(\alpha^{\rho^{n-2}})]^{n-1},$$

et je dis que cette fonction est invariable pour toutes les substitutions

$$\begin{pmatrix} u_k \\ u_{ak+b} \end{pmatrix}.$$

Pour cela, il suffit de prouver qu'elle ne varie point pour les deux substitutions

$$\begin{pmatrix} u_k \\ u_{k+1} \end{pmatrix}$$

et

$$\begin{pmatrix} u_k \\ u_{\rho k} \end{pmatrix};$$

car la précédente résulte des produits des puissances de celles-ci.

Or la première

$$\begin{pmatrix} u_k \\ u_{k+1} \end{pmatrix}$$

laisse invariables toutes les quantités

$$\varphi(\alpha), \quad \varphi(\alpha^\rho), \quad \varphi(\alpha^{\rho^2}), \quad \ldots, \quad \varphi(\alpha^{\rho^{m-2}}).$$

Quant à la seconde

$$\begin{pmatrix} u_k \\ u_{\rho k} \end{pmatrix}$$

elle n'a d'autre effet que de remplacer chaque terme de la suite ci-dessus par le précédent, le premier devenant le dernier; or une telle substitution n'altère pas la valeur de T, donc T est bien invariable par toutes les substitutions

$$\begin{pmatrix} u_k \\ u_{ak+b} \end{pmatrix}.$$

Donc enfin T est une fonction rationnelle de z, facilement déterminable par la théorie de M. Puiseux, si les divers systèmes circulaires pour les points $Z_0, Z_1, \ldots, Z_{\mu-1}$ sont de la forme que nous leur avons assignée.

SUR L'EXTENSION DU THÉORÈME DE M. STURM

A UN

SYSTÈME D'ÉQUATIONS SIMULTANÉES.

Comptes rendus des séances de l'Académie des Sciences,
tome XXXV, 1852.

Le théorème de M. Sturm a pour objet de déterminer le nombre des racines réelles d'une équation à une inconnue, qui sont comprises entre deux limites données. Je me suis proposé, dans le Mémoire que j'ai l'honneur de soumettre à l'Académie, une question analogue pour deux équations simultanées, et qu'on peut énoncer ainsi : Considérant l'une des inconnues comme l'abscisse, et l'autre comme l'ordonnée d'un point rapporté à deux axes rectangulaires, déterminer le nombre des points auxquels correspondent des solutions des équations proposées, et qui sont compris dans l'intérieur d'un rectangle donné. Cette question se trouve résolue de la manière suivante. Désignons les sommets du rectangle par les lettres a, b, c, d, et supposons les côtés ab et ad respectivement parallèles aux directions positives des axes des abscisses et des ordonnées. On substituera successivement les valeurs numériques des coordonnées de ces quatre points à la place des lettres x et y, dans une certaine suite de fonctions de ces deux variables; et en désignant par A, B, C, D les nombres de variations que présente cette suite, lorsqu'on prend pour les variables les coordonnées des points a, b, c, d, on aura, pour le nombre cherché, la valeur

$$n = \frac{A - B + C - D}{2}.$$

Ce résultat est, comme on voit, entièrement analogue à celui du théorème de M. Sturm; cette analogie se maintient encore lorsque l'on considère trois équations simultanées au lieu de deux. Désignant alors les inconnues par x, y, z, on les regardera comme les coordonnées d'un point de l'espace rapporté à trois axes rectangulaires, de sorte qu'à chaque solution des équations proposées réponde un point déterminé. Cela posé, considérons un parallélépipède droit, dont les bases parallèles au plan des xy soient les rectangles $abcd$, $a'b'c'd'$. Nous supposerons les côtés ab, ad parallèles aux directions positives des x et des y, et les droites aa', bb', cc', dd' parallèles à la direction positive de l'axe des z. Cela étant, le nombre des points représentant des solutions et compris dans l'intérieur de ce parallélépipède sera déterminé de la manière suivante :

Désignons respectivement par A, B, C, D, A', B', C', D' les nombres des variations que présente une certaine suite de fonctions de trois variables, lorsqu'on substitue à ces variables les valeurs numériques des coordonnées des points a, b, c, d, a', b', c', d', le nombre cherché sera donné par la formule

$$n = \tfrac{1}{4}[(A - A') - (B - B') + (C - C') - (D - D')].$$

Il est remarquable qu'il existe un grand nombre de suites jouissant ainsi de propriétés semblables à celles des fonctions de M. Sturm, dans la théorie des équations simultanées. Voici la plus simple pour le cas de deux équations prises, si l'on veut, sous la forme

$$F(x) = 0, \qquad y = \Phi(x),$$

$F(x)$ étant un polynome entier, et $\Phi(x)$ une fonction rationnelle de x.

Nommons $x_1, x_2, \ldots, x_m$ les racines de l'équation $F(x) = 0$, $y_1, y_2, \ldots, y_m$ les valeurs correspondantes de y, S_i la somme symétrique

$$x_1^i + x_2^i + \ldots + x_m^i,$$

et T_i la suivante

$$y_1 x_1^i + y_2 x_2^i + \ldots + y_m x_m^i;$$

le premier terme de la suite sera l'unité, et les autres les déterminants des systèmes

$$\begin{vmatrix} 1 & x \\ T_0 - S_0 y & T_1 - S_1 y \end{vmatrix}, \qquad \begin{vmatrix} 1 & x & x^2 \\ T_0 - S_0 y & T_1 - S_1 y & T_2 - S_2 y \\ T_1 - S_1 y & T_2 - S_2 y & T_3 - S_3 y \end{vmatrix},$$

$$\begin{vmatrix} 1 & x & x^2 & x^3 \\ T_0 - S_0 y & T_1 - S_1 y & T_2 - S_2 y & T_3 - S_3 y \\ T_1 - S_1 y & T_2 - S_2 y & T_3 - S_3 y & T_4 - S_4 y \\ T_2 - S_2 y & T_3 - S_3 y & T_4 - S_4 y & T_5 - S_5 y \end{vmatrix}, \quad \text{etc.};$$

le dernier terme est le déterminant à $m+1$ colonnes obtenu en continuant la même loi. En général, c'est au moyen de fonctions symétriques des racines des équations proposées que se trouvent immédiatement exprimées les fonctions analogues à celles de M. Sturm, et les propriétés de ces fonctions sont déduites de leur loi même de formation. L'idée d'introduire ainsi explicitement les racines est due à M. Sylvester, qui, le premier, a montré comment elles entraient dans la composition des fonctions de M. Sturm; M. Cayley a fait voir ensuite avec élégance comment les propriétés élémentaires des déterminants permettaient de transformer les premiers termes des formules de M. Sylvester en d'autres qui contiennent seulement les sommes des puissances semblables des racines [1]. Ce sont aussi des expressions analogues à ces sommes, pour le cas de deux équations simultanées, qui figurent dans nos formules et qui les rapprochent de celles du savant géomètre. Mais le fait le plus important qui ressort de mes recherches consiste dans l'existence d'une infinité de fonctions possédant les propriétés de celles de M. Sturm, pour une ou plusieurs équations. Cela ouvre la voie à des recherches importantes, sur lesquelles je pourrai peut-être revenir dans une autre occasion; je me bornerai pour le moment à cette remarque, que les conditions de réalité des racines d'une équation à une inconnue peuvent s'exprimer uniquement à l'aide des fonctions rationnelles des coefficients qu'on nomme *hyperdéterminants* ou *invariants*.

---

[1] Tomes IX et XIII du *Journal de Mathématiques* de M. Liouville.

REMARQUES

SUR

LE THÉORÈME DE M. STURM.

Comptes rendus des séances de l'Académie des Sciences, tome XXXVI; 1853.

En représentant par $V = 0$ une équation quelconque de degré m, dont les racines soient $a, b, \ldots, k, l$, et par $V_1, V_2, \ldots, V_m$ la suite des fonctions de M. Sturm, on a, d'après le beau théorème de M. Sylvester, les expressions

$$\frac{V_1}{V} = \sum \frac{1}{x-a},$$

$$\frac{V_2}{V} = \sum \frac{(a-b)^2}{(x-a)(x-b)},$$

$$\frac{V_3}{V} = \sum \frac{(a-b)^2(a-c)^2(b-c)^2}{(x-a)(x-b)(x-c)},$$

$$\ldots\ldots\ldots\ldots\ldots\ldots\ldots\ldots,$$

$$\frac{V_m}{V} = \frac{(a-b)^2(a-c)^2\ldots(k-l)^2}{(x-a)(x-b)\ldots(x-l)}.$$

J'ai remarqué qu'en désignant par A, B, ..., K, L des fonctions rationnelles semblables de $a, b, \ldots, k, l$, de telle sorte que

$$A = \varphi(a), \qquad B = \varphi(b), \qquad \ldots, \qquad L = \varphi(l),$$

les nouvelles fonctions

$$\frac{V_1}{V} = \sum \frac{1}{x-a},$$

$$\frac{\mathfrak{V}_2}{V} = \sum \frac{(A-B)^2}{(x-a)(x-b)},$$

$$\frac{\mathfrak{V}_3}{V} = \sum \frac{(A-B)^2(A-C)^2(B-C)^2}{(x-a)(x-b)(x-c)},$$

$$\ldots\ldots\ldots\ldots\ldots\ldots\ldots\ldots,$$

$$\frac{\mathfrak{V}_m}{V} = \frac{(A-B)^2(A-C)^2\ldots(K-L)^2}{(x-a)(x-b)\ldots(x-l)}$$

ont les mêmes propriétés que celles de M. Sturm. Ainsi l'on a cette proposition : Pour une valeur réelle de x, le nombre des termes positifs de la suite

$$\frac{V_1}{V}, \quad \frac{\varphi_2}{V_1}, \quad \frac{\varphi_3}{\varphi_2}, \quad \dots, \quad \frac{\varphi_m}{\varphi_{m-1}}$$

représente le nombre des couples de racines imaginaires de l'équation

$$V = 0,$$

augmenté du nombre des racines réelles moindres que x. Le nombre des termes négatifs serait le nombre de couples des racines imaginaires, plus le nombre des racines réelles supérieures à x. De là se tire immédiatement le théorème de M. Sturm, sous la forme que lui a donnée l'illustre géomètre; mais les énoncés précédents sont ceux que fournit d'abord la méthode que j'ai suivie.

En considérant deux équations à deux inconnues dont les solutions simultanées, en nombre m, soient

$$x = a, \quad y = a', \quad x = b, \quad y = b', \quad \dots, \quad x = k, \quad y = k', \quad x = l, \quad y = l',$$

je désigne d'une manière analogue par A, B, ..., K, L, des fonctions rationnelles semblables de ces solutions, de sorte que

$$A = \varphi(a, a'), \qquad B = \varphi(b, b'), \qquad \dots, \qquad L = \varphi(l, l').$$

Cela étant, les expressions suivantes, fonctions rationnelles symétriques de ces solutions, savoir :

$$\frac{U_1}{U} = \sum \frac{1}{(x-a)(y-a')},$$
$$\frac{U_2}{U} = \sum \frac{(A-B)^2}{(x-a)(y-a')(x-b)(y-b')},$$
$$\frac{U_3}{U} = \sum \frac{(A-B)^2(A-C)^2\dots(B-C)^2}{(x-a)(y-a')(x-b)(y-b')(x-c)(y-c')},$$

et, en dernier lieu,

$$\frac{U_m}{U} = \frac{(A-B)^2(A-C)^2\dots(K-L)^2}{(x-a)(y-a')(x-b)(y-b')\dots(x-l)(y-l')}$$

donnent lieu à cette proposition :

Pour un système donné de valeurs réelles de x et y, le nombre des termes positifs de la suite

$$\frac{U_1}{U}, \quad \frac{U_2}{U_1}, \quad \frac{U_3}{U_2}, \quad \ldots, \quad \frac{U_m}{U_{m-1}}$$

représente le nombre des couples de solutions imaginaires, augmenté du nombre des solutions simultanées réelles $x = a$, $y = a'$, pour lesquelles $(x - a)(y - a')$ est positif. Le nombre des termes négatifs serait le nombre des couples de solutions imaginaires augmenté du nombre des solutions réelles, pour lesquelles $(x - a)(y - a')$ est négatif.

D'après cela, si l'on représente par (x, y) le nombre des termes positifs de notre suite, on trouvera très aisément que le nombre des solutions simultanées réelles, pour lesquelles on a à la fois

$$x > x_0, \quad x < x_1,$$
$$y > y_0, \quad y < y_1,$$

est donné par la formule

$$\frac{1}{2}[(x_1, y_1) + (x_0, y_0) - (x_1, y_0) - (x_0, y_1)].$$

Ces nouvelles fonctions auxiliaires sont plus simples que celles auxquelles j'étais arrivé dans un précédent Mémoire; elles n'exigent point que l'on connaisse d'avance si, à une valeur de l'une des inconnues, correspond une seule ou plusieurs valeurs de l'autre inconnue. Dans le cas des solutions égales, elles se comportent comme celles de M. Sturm; la dernière fonction U_m s'évanouissant, toutes les autres U, U_1, U_2, ... acquièrent un facteur commun, tel que $(x - a)(y - a')$, et, après la suppression de ce facteur, la nouvelle suite présente, avec un terme de moins, exactement la même composition analytique et les mêmes propriétés que l'ancienne. On peut aussi démontrer que trois fonctions consécutives sont liées par une relation de la forme

$$PU_i + QU_{i+1} + RU_{i+2} = 0,$$

où les coefficients extrêmes sont des carrés, de sorte qu'en général, si une fonction s'évanouit, la précédente et la suivante sont de signes contraires. Mais c'est là une conséquence et non le principe de ma méthode, qui repose sur quelques propriétés élémentaires des formes quadratiques. On s'en rendra compte aisément en remarquant que les fonctions

$$\frac{\vartheta_2}{V}, \quad \frac{\vartheta_3}{V}, \quad \ldots, \quad \frac{\vartheta_m}{V}$$

sont respectivement les invariants des formes quadratiques

$$\sum \frac{1}{x-a}(X_0 + AX_1)^2,$$

$$\sum \frac{1}{x-a}(X_0 + AX_1 + A^2X_2)^2,$$

$$\ldots\ldots\ldots\ldots\ldots\ldots,$$

$$\sum \frac{1}{x-a}(X_0 + AX_1 + \ldots + A^{m-1}X_{m-1})^2.$$

J'ai ainsi retrouvé, dans une recherche purement algébrique, ce genre spécial de formes quadratiques, que j'ai considérées tant de fois dans mes recherches de théorie des nombres (*Journal de Crelle*, t. 40 et 41). Pour les équations à deux inconnues, les formes analogues sont

$$\sum \frac{1}{(x-a)(y-a')}(X_0 + AX_1)^2,$$

$$\sum \frac{1}{(x-a)(y-a')}(X_0 + AX_1 + A^2X_2)^2,$$

et, en dernier lieu,

$$\sum \frac{1}{(x-a)(y-a')}(X_0 + AX_1 + A^2X_2 + \ldots + A^{m-1}X_{m-1})^2.$$

SUR LA DÉCOMPOSITION

D'UN

NOMBRE EN QUATRE CARRÉS.

Comptes rendus des séances de l'Académie des Sciences, tome XXXVII; 1853.

Des recherches sur les nombres complexes m'ont conduit à la démonstration suivante du théorème de Fermat sur la décomposition d'un nombre en quatre carrés, que je vais exposer en peu de mots.

Désignant par A un nombre entier impair ou impairement pair, nous commencerons par établir la possibilité de la congruence

$$x^2 + y^2 + 1 \equiv 0 \pmod{A}.$$

A cet effet, soit d'abord

$$A \equiv \varepsilon \pmod{4},$$

ε représentant $+1$ ou -1; la progression arithmétique ayant pour terme général

$$4A z + 2\varepsilon A - 1,$$

ne contiendra que des nombres $\equiv 1 \pmod{4}$, puisque

$$2\varepsilon A - 1 \equiv 2\varepsilon^2 - 1 \equiv 1 \pmod{4}.$$

J'observe ensuite que le premier terme $2\varepsilon A - 1$ et la raison $4A$ sont premiers entre eux, car, de ces deux nombres, l'un est pair, l'autre impair, et la relation

$$4\varepsilon A - 2(2\varepsilon A - 1) = 2$$

montre qu'ils ne pourraient avoir d'autre diviseur commun que 2. Donc, d'après le théorème démontré par M. Dirichlet, cette progression contiendra une infinité de nombres premiers qui seront $\equiv 1 \pmod{4}$ et, par suite, décomposables en deux carrés. On pourra faire ainsi, pour une infinité de valeurs de z,

$$4Az + 2\varepsilon A - 1 = x^2 + y^2;$$

d'où l'on conclura

$$x^2 + y^2 + 1 \equiv 0 \pmod{A}.$$

Soit, en second lieu, $A \equiv 2 \pmod 4$; tout ce qui précède subsistera relativement à la nouvelle progression arithmétique, ayant pour terme général

$$2Az + A - 1.$$

Ainsi la possibilité de la congruence

$$x^2 + y^2 + 1 \equiv 0 \pmod{A}$$

se trouve établie pour tout module impair, ou double d'un nombre impair.

Considérons maintenant la forme quadratique définie à quatre indéterminées

$$f = (Ax + \alpha z + \beta u)^2 + (Ay - \beta z + \alpha u)^2 + z^2 + u^2,$$

où les nombres entiers α et β satisfont à la condition

$$\alpha^2 + \beta^2 + 1 \equiv 0 \pmod{A}.$$

L'invariant Δ de cette forme sera en valeur absolue A^4; donc, si l'on cherche son minimum pour des valeurs entières des indéterminées, on trouvera, d'après un théorème que j'ai donné en général, un nombre au-dessous de la limite $\left(\frac{4}{3}\right)^{\frac{3}{2}}\sqrt[4]{\Delta}$, et, par suite, moindre que $2A$. Mais il est aisé de reconnaître que les nombres représentables par f sont nécessairement des multiples de A; donc ce minimum ne peut qu'être A lui-même, qui se trouvera ainsi décomposé en une somme de quatre carrés.

Dans un de mes Mémoires (¹) sur la théorie des formes quadratiques, publié dans le *Journal de Crelle*, on pourra voir comment l'analyse précédente conduit à l'expression du nombre de toutes les décompositions possibles, que M. Jacobi a obtenu le premier par la théorie des fonctions elliptiques.

(¹) *Voir* p. 259 et suivantes de ce Volume. E. P.

REMARQUES

SUR UN

MÉMOIRE DE M. CAYLEY

RELATIF AUX DÉTERMINANTS GAUCHES.

(*Cambridge and Dublin Mathematical Journal*, IX, 1854.)

M. Cayley a nommé *système gauche symétrique* un système de n^2 quantités, représentées par $\lambda_{r,s}$ en attribuant aux indices toutes les valeurs entières depuis 1 jusqu'à n, lorsqu'on a la condition générale

$$\lambda_{r,s} = -\lambda_{s,r},$$

d'où résulte

$$\lambda_{r,r} = 0.$$

De pareils systèmes jouissent de propriétés importantes qui jouent un grand rôle dans les diverses circonstances analytiques où ils se présentent, et M. Cayley en a fait lui-même un nouvel usage pour la solution de cette question :

Obtenir toutes les transformations d'une forme quadratique en elle-même lorsque cette forme est une somme de carrés.

Je me propose de donner ici des formules analogues à celles de M. Cayley, pour la transformation en elle-même d'une forme quadratique quelconque.

Le problème peut être posé : $f(x_1, x_2, \ldots, x_n)$ désignant la forme quadratique proposée, trouver l'expression la plus générale des quantités $X_1, X_2, \ldots, X_n$, qui donnent

$$f(X_1, X_2, \ldots, X_n) = f(x_1, x_2, \ldots, x_n).$$

Pour cela, j'imagine que les quantités X et x soient exprimées par des indéterminées auxiliaires ξ, de sorte qu'on ait en général

$$X_r + x_r = 2\xi_r,$$

et, sous cette condition, on va voir qu'il est très facile d'obtenir l'expression générale de X et x en ξ. On a, en effet,

$$X_r = 2\xi_r - x_r;$$

donc

$$(1)\qquad f(X_1, X_2, \ldots) = f(2\xi_1 - x_1, 2\xi_2 - x_2, \ldots),$$

ou, en développant le second membre,

$$(2)\ f(X_1, X_2, \ldots) = 4f(\xi_1, \xi_2, \ldots) - 2\left(x_1 \frac{df}{d\xi_1} + x_2 \frac{df}{d\xi_2} + \ldots\right) + f(x_1, x_2, \ldots).$$

Donc, par la condition supposée,

$$f(X_1, X_2, \ldots) = f(x_1, x_2, \ldots),$$

cette équation se réduit à

$$(3)\qquad x_1 \frac{df}{d\xi_1} + x_2 \frac{df}{d\xi_2} + \ldots = 2f.$$

Or, la manière la plus générale de la vérifier en exprimant les quantités x en ξ, sera de faire

$$(4)\qquad x_r = \xi_r + \frac{1}{2} \sum_s^{n}{}_{1} \lambda_{r,s} \frac{df}{d\xi_s},$$

les indéterminées λ étant assujetties à la condition

$$\lambda_{r,s} = -\lambda_{s,r}.$$

On en conclut

$$X_r = 2\xi_r - x_r = \xi_r - \frac{1}{2} \sum_s^{n}{}_{1} \lambda_{r,s} \frac{df}{d\xi_s},$$

et il est facile de reconnaître *a posteriori* que ces expressions de X et x en ξ donnent bien

$$(5)\qquad f(X_1, X_2, \ldots) = f(x_1, x_2, \ldots).$$

Reprenant en effet l'équation (1) et l'équation (2), on verra par l'équation (3), équation satisfaite d'elle-même, qu'on retombe précisément sur l'équation (5) qui était à vérifier. Donc enfin, les expressions cherchées de X en x, qui donnent la transformation en elle-même d'une forme quelconque, s'obtiendront en résolvant par rapport aux quantités ξ les équations (4), et substituant les valeurs en x, qu'on aura trouvées de la sorte, dans les formules

$$X_r = 2\xi_r - x_r.$$

Considérons pour l'application les formes binaires

$$f = ax^2 + 2bxy + cy^2,$$

où nous mettons x et y au lieu de x_1 et x_2; nous aurons successivement

$$X + x = 2\xi,$$
$$Y + y = 2\eta,$$

et

$$x = \xi + \lambda(b\xi + c\eta) = \xi(1 + \lambda b) + \lambda c\eta,$$
$$y = \eta - \lambda(a\xi + b\eta) = -\lambda a\xi + (1 - \lambda b)\eta;$$

d'où, en résolvant,

$$\xi = \frac{(1 - \lambda b)x - \lambda cy}{1 - \lambda^2(b^2 - ac)},$$
$$\eta = \frac{\lambda ax + (1 + \lambda b)y}{1 - \lambda^2(b^2 - ac)}.$$

Soit, pour abréger,

$$b^2 - ac = D;$$

on trouvera

$$X = 2\xi - x = \frac{(1 - 2\lambda b + \lambda^2 D)x - 2\lambda cy}{1 - \lambda^2 D},$$
$$Y = 2\eta - y = \frac{2\lambda ax + (1 + 2\lambda b + \lambda^2 D)y}{1 - \lambda^2 D}.$$

Or ces formules, en posant

$$t = \frac{1 + \lambda^2 D}{1 - \lambda^2 D},$$
$$u = \frac{2\lambda}{1 - \lambda^2 D},$$

ce qui donne

$$t^2 - Du^2 = 1,$$

deviendront

$$X = x(t - bu) - cuy.$$
$$Y = xau + (t + bu)y.$$

C'est la forme analytique obtenue par M. Gauss pour la question arithmétique où l'on veut que les coefficients de la substitution soient des nombres entiers.

Enfin, si l'on fait l'application de la même méthode à une forme quadratique d'un nombre quelconque d'indéterminées dans le cas où elle est une somme de carrés, on trouvera immédiatement les résultats que M. Cayley a obtenus dans son beau Mémoire, et je m'empresse de dire que je dois à l'étude de ce Mémoire l'analyse que je viens d'indiquer en peu de mots. J'ajouterai cependant encore les théorèmes suivants, qui servent de lemmes à une recherche arithmétique importante.

I. *Ayant ramené à une somme de carrés de fonctions linéaires une forme quadratique quelconque, de sorte qu'on ait, par exemple,*

$$f = A^2 + B^2 + C^2 + \ldots,$$

si l'on désigne par $\mathfrak{A}, \mathfrak{B}, \mathfrak{C}, \ldots$ *ce que deviennent respectivement* A, B, C, ... *lorsqu'on fait dans* f *une substitution quelconque qui la change en elle-même, on aura évidemment*

$$\begin{aligned}\mathfrak{A} &= \alpha\,A + \beta\,B + \gamma\,C + \ldots,\\ \mathfrak{B} &= \alpha' A + \beta' B + \gamma' C + \ldots,\\ \mathfrak{C} &= \alpha'' A + \beta'' B + \gamma'' C + \ldots,\\ &\ldots\ldots\ldots\ldots\ldots\ldots\ldots\ldots,\end{aligned}$$

les quantités $\alpha, \beta, \gamma, \ldots$ *étant des constantes convenablement choisies. Cela posé, à une substitution qui change* f *en elle-même on pourra toujours faire correspondre une telle représentation de* f *par la forme*

$$A^2 + B^2 + C^2 + \ldots,$$

que l'expression

$$A\mathfrak{A} + B\mathfrak{B} + C\mathfrak{C} + \ldots$$

ne contienne aucun des rectangles AB, AC, ...

Pour donner une application de ce théorème, nous allons considérer le cas des formules quadratiques ternaires

$$f = A^2 + B^2 + C^2.$$

Alors des constantes α, β, γ, ..., devant être telles que

$$\mathfrak{A}^2 + \mathfrak{B}^2 + \mathfrak{C}^2 = A^2 + B^2 + C^2,$$

auront, d'après M. Cayley, les valeurs suivantes :

$$\begin{array}{lll} k\alpha = 1 + \lambda^2 - \mu^2 - \nu^2, & k\alpha' = 2(\lambda\mu - \nu), & k\alpha'' = 2(\lambda\nu + \mu), \\ k\beta = 2(\mu\lambda + \nu), & k\beta' = 1 - \lambda^2 + \mu^2 - \nu^2, & k\beta'' = 2(\mu\nu - \lambda), \\ k\gamma = 2(\nu\lambda - \mu) & k\gamma' = 2(\nu\mu + \lambda), & k\gamma'' = 1 - \lambda^2 - \mu^2 + \nu^2, \end{array}$$

où

$$k = 1 + \lambda^2 + \mu^2 + \nu^2,$$

et, à toute substitution S qui change f en elle-même, on pourra toujours faire correspondre un système de fonctions linéaires A, B, C, jouissant de la propriété qu'en devenant respectivement $\mathfrak{A}$, $\mathfrak{B}$, $\mathfrak{C}$ lorsqu'on effectue la substitution S, on aura les relations

$$\alpha' + \beta = 0, \qquad \alpha'' + \gamma = 0, \qquad \beta'' + \gamma' = 0.$$

De là se tire la conclusion que deux des quantités λ, μ, ν sont nulles. On peut donc faire, par exemple,

$$\begin{gathered} \mathfrak{A}^2 = A^2, \\ \mathfrak{B}^2 + \mathfrak{C}^2 = B^2 + C^2, \end{gathered}$$

ou bien

$$\begin{aligned} \mathfrak{A} &= \pm A, \\ \mathfrak{B} &= B\cos\theta + C\sin\theta, \\ \mathfrak{C} &= -B\sin\theta + C\cos\theta. \end{aligned}$$

De là ces théorèmes :

II. *Soit*

$$\begin{aligned} X &= px + p'y + p''z, \\ Y &= qx + q'y + q''z, \\ Z &= rx + r'y + r''z \end{aligned}$$

une substitution qui change en elle-même une forme ternaire quelconque ; l'une des racines λ *de l'équation*

$$\Lambda = \begin{vmatrix} p-\lambda & p' & p \\ q & q'-\lambda & q'' \\ r & r' & r''-\lambda \end{vmatrix} = 0$$

sera égale à ± 1, *et les deux autres seront réciproques.*

III. *Il existe une infinité de formes ternaires différentes de f que la substitution ci-dessus change en elles-mêmes, ces formes seront toutes données par l'expression*

$$F = kA^2 + l(B^2 + C^2),$$

k et l étant des constantes arbitraires. Cependant le cas des racines égales dans l'équation $\Lambda = 0$ doit être traité à part et exige une discussion spéciale que nous laisserons faire au lecteur.

SUR LA THÉORIE

DES

FONCTIONS HOMOGÈNES A DEUX INDÉTERMINÉES

(*Cambridge and Dublin Mathematical Journal*, mai 1854.)

PREMIÈRE PARTIE.

Mes premières recherches sur la théorie des formes à deux indéterminées ont eu pour objet la démonstration de cette proposition arithmétique élémentaire, *que les formes à coefficients entiers et en nombre infini, qui ont les mêmes invariants, ne donnent qu'un nombre essentiellement limité de classes distinctes*.

Une notion générale sur les invariants s'est offerte dans ces recherches, amenée par une considération purement arithmétique, la réduction des simples formes quadratiques définies, et l'application très facile que j'ai pu faire pour les formes cubiques et biquadratiques, m'a donné leurs invariants obtenus déjà par M. Cayley, en suivant une tout autre voie. Mais, à partir du cinquième degré, l'application de cette méthode devenait si pénible que j'ai dû renoncer à l'espoir d'en tirer *explicitement* les expressions de leurs invariants, et, à plus forte raison, celle des invariants des formes des degrés plus élevés. Ramené dernièrement à ces questions, j'ai été conduit à les envisager sous un point de vue nouveau, et j'ai pu enfin aborder les formes du cinquième degré qui n'avaient pu être traitées par ma première méthode. Les circonstances singulières que j'ai rencontrées dans cette recherche me semblent ajouter encore à l'intérêt de la grande théorie que MM. Cayley et Sylvester ont déjà enrichie de tant de découvertes

Mais j'ai eu surtout en vue la théorie arithmétique, dont j'ai ainsi trouvé les véritables éléments, comme l'on verra par la suite de mes recherches : dès à présent, néanmoins, on pourra reconnaître que la théorie des formes binaires, dans toute sa généralité, est étroitement liée à la *composition des classes quadratiques*, résultat singulier et qui ouvrira de nouvelles perspectives dans l'étude des propriétés les plus cachées des nombres. La loi de réciprocité dont M. Sylvester a bien voulu déjà annoncer la découverte étant le point de départ de mon analyse, je dirai d'abord en peu de mots en quoi elle consiste.

SECTION I.

Loi de réciprocité.

Elle est contenue dans le théorème :

A tout covariant d'une forme de degré m, et qui par rapport aux coefficients de cette forme est du degré p, correspond un covariant du degré m par rapport aux coefficients d'une forme du degré p.

Soient

$$f(x,y) = a(x+\alpha y)(x+\alpha' y)\ldots(x+\alpha^{(m-1)}y) = a.\text{norme}\,(x+\alpha y),$$

une forme du degré m décomposée en facteurs linéaires, et $\varphi(x, y)$ un covariant de cette forme du degré p quant aux coefficients, et d'un degré quelconque en x et y.

Si nous faisons

$$\mathrm{F} = a^p.\text{norme}(\mathrm{X}+\alpha\mathrm{Y}+\alpha^2\mathrm{Z}+\ldots+\alpha^p\mathrm{T}),$$

les coefficients de F seront des fonctions entières de degré p des coefficients de f, et l'on démontrera facilement ces deux lemmes :

1° *Toute fonction entière et du degré p des coefficients de f s'exprime linéairement par ceux de la forme* F.

2° *Les coefficients de* F *ne sauraient être liés par aucune relation du premier degré dont les coefficients seraient numériques, c'est-à-dire indépendants des coefficients de f. D'où* *résulte qu'une fonction du degré p de ces coefficients n'est absolument susceptible que d'une seule expression linéaire par ceux de* F.

Cela étant, voici comment du covariant $\varphi(x, y)$ qui se rapporte à la forme f du degré m, se déduit un covariant se rapportant à une forme du degré p.

Soit

$$f(x, y) = ax^m + mbx^{m-1}y + \frac{m \cdot m-1}{1 \cdot 2} cx^{m-2}y^2 + \ldots,$$

de sorte que les constantes a, b, c, ... soient ce que nous avons appelé *les coefficients de* f; nous leur donnerons une désignation plus expressive, en les représentant de cette manière

$$a = (x_0^m), \qquad b = (x_0^{m-1}y_0), \qquad c = (x_0^{m-2}y_0^2), \qquad \ldots;$$

ainsi l'expression de $f(x, y)$ deviendra, par la suppression des parenthèses, la puissance

$$(xx_0 + yy_0)^m.$$

Faisons de même

$$F = a^p.\text{norme}(X + \alpha Y + \alpha^2 Z + \ldots + \alpha^p T) = (XX_0 + YY_0 + \ldots + TT_0)^m,$$

en convenant, après le développement de la puissance, d'écrire, par exemple,

$$(X_0^m)X^m, \quad (X_0^{m-1}Y_0)X^{m-1}Y, \quad \ldots,$$

respectivement, au lieu de

$$X_0^m X^m, \quad X_0^{m-1}Y_0X^{m-1}Y, \quad \ldots,$$

ce qui sera une désignation commode des coefficients de F. Cela posé, d'après le premier des lemmes ci-dessus, on pourra, et d'une manière seulement, exprimer linéairement les coefficients du covariant $\varphi(x, y)$ par les quantités

$$(X_0^m), \quad (X_0^{m-1}Y_0), \quad \ldots;$$

or il se présente cette conséquence remarquable :

Ayant exprimé $\varphi(x, y)$ *par les quantités*

$$(X_0^m), \quad (X_0^{m-1}Y_0), \quad \ldots$$

concevons que l'on supprime les parenthèses, on arrivera par là à une fonction du $m^{\text{ième}}$ degré par rapport aux quantités

$$X_0, \quad Y_0, \quad Z_0, \quad \ldots, \quad T_0.$$

Or cette fonction sera un covariant de la forme suivante, de degré p,

$$X_0 x^p + p Y_0 x^{p-1} y + \frac{p.p-1}{1.2} Z_0 x^{p-2} y^2 + \ldots + T_0 y^p.$$

Rien d'ailleurs ne vient ici changer le degré des indéterminées x et y dans cette métamorphose que subit la fonction $\varphi(x, y)$; ainsi ce sont des covariants de même degré par rapport aux indéterminées qui se trouvent liés l'un à l'autre par la loi de réciprocité. Mais il y a une seconde manière de passer ainsi d'un covariant se rapportant à une forme d'un certain degré, à un covariant se rapportant à une forme d'un autre degré. L'analyse précédente conduit en effet, et très aisément, à ce second théorème :

Étant donné un covariant quelconque du $m^{\text{ième}}$ degré par rapport aux coefficients de la forme

$$X_0 x^p + p Y_0 x^{p-1} y + \frac{p.p-1}{1.2} Z_0 x^{p-2} y^2 + \ldots + T_0 y^p,$$

si l'on transforme en symboles, dans l'expression de ce covariant, les quantités

$$X_0^m, \quad X_0^{m-1} Y_0, \quad \ldots,$$

en les remplaçant respectivement par

$$(X_0^m), \quad (X_0^{m-1} Y_0), \quad \ldots$$

coefficients de la forme F, *ce covariant se transformera en un autre se rapportant à la forme $f(x, y)$, et du degré p relativement aux coefficients de cette forme.*

SECTION II.

Conséquences de la loi de réciprocité.

Nous considérons en premier lieu les invariants, qui sont un cas particulier des covariants, lorsqu'on suppose leur degré nul par rapport aux indéterminées x et y. La connaissance complète que nous avons des invariants des formes du second, troisième et quatrième degré, nous donnera alors immédiatement, pour des formes de degré quelconque, les invariants qui sont du second, troisième et quatrième degré par rapport aux coefficients de ces formes. Ainsi, les formes quadratiques

$$f = ax^2 + 2bxy + cy^2 = a(x + \alpha y)(x + \alpha' y)$$

ont pour expression générale de leurs invariants la fonction de degré 2μ,

$$\Delta = (b^2 - ac)^{\mu} = \frac{a^{2\mu}}{2^{2\mu}}(\alpha - \alpha')^{2\mu},$$

donc, toutes les formes de degré 2μ possèdent un invariant quadratique, que nous allons calculer. Soit pour cela

$$\begin{aligned} \mathrm{F} = a^{2\mu}(\mathrm{X} + \alpha \mathrm{X}' + \alpha^2 \mathrm{X}'' + \ldots + \alpha^{2\mu} \mathrm{X}^{(2\mu)}) \\ \times (\mathrm{X} + \alpha' \mathrm{X}' + \alpha'^2 \mathrm{X}'' + \ldots + \alpha'^{2\mu} \mathrm{X}^{(2\mu)}); \end{aligned}$$

en représentant symboliquement cette forme, suivant notre convention, par

$$\mathrm{F} = (\mathrm{X}\mathrm{X}_0 + \mathrm{X}'\mathrm{X}'_0 + \ldots + \mathrm{X}^{(2\mu)}\mathrm{X}_0^{(2\mu)})^2,$$

on trouvera bien aisément

$$(\mathrm{X}_0^{(i)2}) = a^{2\mu}\alpha^i\alpha'^i, \qquad 2(\mathrm{X}_0^{(i)}\mathrm{X}_0^{(j)}) = a^{2\mu}(\alpha^i\alpha'^j + \alpha^j\alpha'^i).$$

Maintenant, il viendra par le développement de la puissance

$$\begin{aligned} 2^{2\mu}\Delta = a^{2\mu}(\alpha - \alpha')^{2\mu} = a^{2\mu}[(\alpha^{2\mu} + \alpha'^{2\mu}) - \mu_1(\alpha^{2\mu-1}\alpha' + \alpha'^{2\mu-1}\alpha) \\ + \mu_2(\alpha^{2\mu-2}\alpha'^2 + \alpha'^{2\mu-2}\alpha^2) - \ldots], \end{aligned}$$

en rapprochant les termes équidistants des extrêmes, et nommant, pour abréger, $\mu_1, \mu_2, \ldots$ les coefficients binomiaux. Cela fait, on peut immédiatement introduire les coefficients de F, et il viendra

$$2^{2\mu}\Delta = 2(\mathrm{X}_0\mathrm{X}_0^{(2\mu)}) - 2\mu_1(\mathrm{X}'_0\mathrm{X}_0^{(2\mu-1)}) + 2\mu_2(\mathrm{X}''_0\mathrm{X}_0^{(2\mu-2)}) - \ldots,$$

le dernier terme qui seul ne contient pas en évidence le facteur 2 étant

$$(-1)^{\mu}\mu_{\mu}(\mathrm{X}_0^{(\mu)}\mathrm{X}_0^{(\mu)}).$$

Or tel est l'invariant quadratique de la forme

$$\mathrm{X}_0 x^{2\mu} + \mu_1 \mathrm{X}'_0 x^{2\mu-1}y + \mu_2 \mathrm{X}''_0 x^{2\mu-2}y^2 + \ldots + \mathrm{X}_0^{(2\mu)} y^{2\mu},$$

dont M. Cayley le premier a fait la découverte. Les formes cubiques

$$f = ax^3 + 3bx^2y + 3cxy^2 + dy^3,$$

ont pour invariants la fonction de degré 4μ,

$$\Delta = (a^2d^2 - 3b^2c^2 - 6abcd + 4b^3d + 4ac^3)^\mu,$$

donc, toutes les fonctions du degré 4μ, et celles-là seules, possèdent un invariant du troisième degré. Le théorème conduirait, si l'on ne le connaissait pas déjà, à l'invariant cubique des formes biquadratiques

$$f = ax^4 + 4bx^3y + 6cx^2y^2 + 4dxy^3 + ey^4.$$

Nous avons d'ailleurs l'invariant quadratique

$$\Delta = ae - 4bd + 3c^2,$$

et, si nous posons

$$\Delta' = ace + 2bcd - ad^2 - c^3 - b^2e,$$

les invariants des formes biquadratiques s'exprimeront par des sommes de termes de la forme

$$\Delta^m\Delta'^n,$$

où $2m + 3n$ a la même valeur qui est le degré de l'invariant, comme l'a démontré M. Sylvester. Donc, toutes les formes de degré $\mu = 2m + 3n$ possèdent des invariants du quatrième degré distincts en nombre égal à celui des solutions entières et positives de cette équation $\mu = 2m + 3n$. C'est là encore un des beaux résultats obtenus par M. Cayley dans son Mémoire sur les hyperdéterminants. Mais les conséquences de la loi de réciprocité, dont j'aurai besoin principalement dans la suite, se rapportant aux covariants, j'y arrive immédiatement en omettant beaucoup de remarques auxquelles les résultats précédents donneraient lieu.

Considérant d'abord les formes quadratiques

$$f = ax^2 + 2bxy + cy^2,$$

nous avons cette expression générale de leurs covariants, savoir :

$$\begin{aligned}\Phi &= 2^{2\mu}(b^2 - ac)^\mu(ax^2 + 2bxy + cy^2)^\nu \\ &= a^{2\mu+\nu}(\alpha - \alpha')^{2\mu}(x + \alpha y)^\nu(x + \alpha' y)^\nu,\end{aligned}$$

de degré $2\mu+\nu$ par rapport aux coefficients de f. Donc, faisant

$$2\mu+\nu=m,$$

nous aurons autant de covariants du second degré par rapport aux formes de degré m qu'il y a de solutions entières et positives de cette équation. D'ailleurs, le nombre 2ν représente le degré de chacun de ces covariants en x et y. Dans le cas où m est impair, et dans ce cas seulement, on peut faire $\nu=1$; on est alors conduit à un covariant du second degré en x et y, dont nous allons donner l'expression générale à cause de son importance. A cet effet, posons

$$m=2\mu+1, \qquad \Phi=\mathrm{A}x^2+\mathrm{B}xy+\mathrm{C}y^2,$$

de sorte que

$$\mathrm{A}=a^{2\mu+1}(\alpha-\alpha')^{2\mu}, \qquad \mathrm{B}=a^{2\mu+1}(\alpha-\alpha')^{2\mu}(\alpha+\alpha'),$$
$$\mathrm{C}=a^{2\mu+1}(\alpha-\alpha')^{2\mu}\alpha\alpha' ;$$

il s'agira d'exprimer ces diverses quantités au moyen des coefficients de la forme

$$\mathrm{F}=a^m(\mathrm{X}+\alpha\mathrm{X}'+\alpha^2\mathrm{X}''+\ldots+\alpha^m\mathrm{X}^{(m)})(\mathrm{X}+\alpha'\mathrm{X}'+\alpha'^2\mathrm{X}''+\ldots+\alpha'^m\mathrm{X}^{(m)})$$

coefficients dont nous avons précédemment employé les valeurs, savoir :

$$2(\mathrm{X}_0^{(i)}\mathrm{X}_0^{(j)})=a^m(\alpha^i\alpha'^j+\alpha^j\alpha'^i).$$

Or, on trouve immédiatement A et C par le même calcul qui nous a donné l'invariant quadratique des formes de degré pair, savoir

$$\mathrm{A}=2(\mathrm{X}_0^{(m-1)}\mathrm{X}_0)-2\mu_1(\mathrm{X}_0^{(m-2)}\mathrm{X}'_0)+2\mu_2(\mathrm{X}_0^{(m-3)}\mathrm{X}''_0)-\ldots,$$
$$\mathrm{C}=2(\mathrm{X}_0^{(m)}\mathrm{X}'_0)\quad-2\mu_1(\mathrm{X}_0^{(m-1)}\mathrm{X}''_0)+2\mu_2(\mathrm{X}_0^{(m-2)}\mathrm{X}'''_0)-\ldots;$$

quant à B, après quelques réductions très faciles, on obtiendra

$$\mathrm{B}=2(\mathrm{X}_0^{(m)}\mathrm{X}_0)-2(\mu_1-1)(\mathrm{X}_0^{(m-1)}\mathrm{X}'_0)+2(\mu_2-\mu_1)(\mathrm{X}_0^{(m-2)}\mathrm{X}''_0)-\ldots,$$

le dernier terme étant

$$2(-1)^{\mu}(\mu_\mu-\mu_{\mu-1})(\mathrm{X}_0^{(\mu+1)}\mathrm{X}_0^{(\mu)}).$$

Pour les formes cubiques

$$f=ax^3+3bx^2y+3cxy^2+dy^3,$$

nous avons le covariant quadratique

$$(b^2 - ac)x^2 + (bc - ad)xy + (c^2 - bd)y^2,$$

que donneraient les formules précédentes; mais, en le multipliant par une puissance μ de l'invariant du quatrième degré, on obtient un covariant du degré $4\mu + 2$ par rapport aux coefficients de f; donc, toutes les formes de degré $4\mu + 2$ ont un covariant quadratique en x et y, et du troisième degré par rapport à leurs coefficients. Cette conclusion, à laquelle il eût peut-être été difficile de parvenir par une autre voie, nous révèle ainsi l'existence d'un covariant quadratique pour toutes les formes dont le degré n'est pas un multiple de 4. Ces dernières, comme nous pourrons l'établir plus tard, possèdent elles-mêmes un covariant quadratique du cinquième degré par rapport à leurs coefficients, les seules formes biquadratiques exceptées. Les considérations dans lesquelles nous allons entrer vont montrer la grande importance de ces covariants quadratiques.

SECTION III.

Des formes canoniques.

Soit $f(x, y)$ une forme pour laquelle on ait reconnu l'existence d'un covariant du second degré en x et y,

$$\varphi(x, y) = Ax^2 + Bxy + Cy^2.$$

Posons

$$\Delta = B^2 - 4AC;$$

il existera, comme on sait, une infinité de substitutions, au déterminant *un*, propres à faire disparaître les coefficients des carrés des indéterminées et à réduire φ à l'expression suivante

$$\pm XY\sqrt{\Delta}.$$

Soit

$$(1)\qquad \begin{cases} x = \alpha X + \beta Y, \\ y = \gamma X + \delta Y \end{cases}$$

l'une quelconque de ces substitutions; toutes les autres s'en déduiront, comme on sait, en la faisant suivre de substitutions de la forme suivante

$$(2) \qquad X = \omega\eta, \qquad Y = -\frac{1}{\omega}\xi,$$

où ω est une quantité arbitraire. Cela posé, nous définirons comme forme canonique de $f(x, y)$ la transformée qui en résulte par la substitution (1). Cette forme canonique contiendra essentiellement dans les coefficients une quantité arbitraire ([1]) qu'on mettra en évidence, si l'on veut, en y faisant la substitution (2).

Mais posons d'abord

$$f(\alpha X + \beta Y, \gamma X + \delta Y) = F(X, Y);$$

nous aurons cette proposition fondamentale :

Toute fonction entière des coefficients de F, *qui se reproduit identiquement dans la transformée obtenue par la substitution* (2), *est une fonction rationnelle des coefficients de la proposée* $f(x, y)$, *le dénominateur de cette fonction étant une puissance de* Δ, *et le numérateur un invariant de* f. *En second lieu, toute fonction qui se reproduit au signe près redonne, si on la multiplie par* $\sqrt{\Delta}$, *la même expression que les précédentes.*

Voici donc le principe d'une nouvelle méthode pour la recherche des invariants, puisque tout invariant de la forme $f(x,y)$ s'exprime par une fonction semblable des coefficients de la transformée F, qui possédera évidemment la propriété mentionnée dans notre proposition. Nous allons en faire l'application aux formes du cinquième degré.

([1]) On aurait un second faisceau pour les formes canoniques en faisant dans une forme canonique particulière la substitution

$$X = \omega\xi, \qquad Y = \frac{1}{\omega}\eta.$$

E. P.

SECTION IV.

Recherche des invariants des formes du cinquième degré.

Nous représenterons la forme proposée par

$$f(x, y) = ax^5 + 5bx^4y + 10cx^3y^2 + 10c'x^2y^3 + 5b'xy^4 + a'y^5;$$

le covariant quadratique par

$$\varphi = (ab' - 4bc' + 3c^2)x^2 + (aa' - 3bb' + 2cc')xy + (a'b - 4b'c + 3c'^2)y^2,$$

et enfin la transformée canonique par

$$F = AX^5 + 5BX^4Y + 10CX^3Y^2 + 10C'X^2Y^3 + 5B'XY^4 + A'Y^5.$$

Cela posé, puisque le covariant quadratique de F se réduit par hypothèse à l'expression $XY\sqrt{\Delta}$, nous aurons, entre les coefficients de F, les relations suivantes :

$$AB' - 4BC' + 3C^2 = 0, \quad AA' - 3BB' + 2CC' = \sqrt{\Delta}, \quad A'B - 4B'C + 3C'^2 = 0,$$

et c'est sous ces conditions qu'il nous faut obtenir l'expression la plus générale d'une fonction entière des coefficients de F, qui ne change pas en y faisant la substitution

$$X = \omega\eta, \qquad Y = -\frac{1}{\omega}\xi.$$

Une analyse plus longue que difficile, et que je n'ai pas encore assez simplifiée pour l'exposer ici, m'a donné les propositions suivantes :

1° *Toute fonction entière des coefficients* A, B, C, ..., *qui ne change pas quand on transforme* F *par la substitution*

$$X = \omega\eta, \qquad Y = -\frac{1}{\omega}\xi,$$

est nécessairement de degré pair.

2° *Désignant par* μ *ce degré, si l'on a*

$$\mu \equiv 0 \pmod 4,$$

l'expression la plus générale d'une telle fonction sera

$$I = \Theta(AA', BB', CC'),$$

Θ *étant homogène et de degré* $\frac{1}{2}\mu$.

3° *Si l'on a*

$$\mu \equiv 2 \qquad (\text{mod } 4),$$

l'expression la plus générale sera

$$I = (ACB'^2 - A'C'B^2)\,\Theta_1(AA', BB', CC'),$$

Θ_1 *étant une fonction homogène de degré* $\frac{1}{2}\mu - 2$.

De cette dernière proposition découle immédiatement l'existence d'invariants de degré impairement pair, pour les formes du cinquième degré; en effet, si nous considérons l'expression

$$ACB'^2 - A'C'B^2,$$

qui change de signe par la substitution

$$X = \omega\eta, \qquad Y = -\frac{1}{\omega}\xi,$$

il résulte du théorème établi dans la section III que, en la multipliant par $\sqrt{\Delta}$, le produit sera nécessairement de la forme $\frac{I}{\Delta^k}$, I étant un invariant de $f(x, y)$; on a donc

$$I = \Delta^k\sqrt{\Delta}(ACB'^2 - A'C'B^2) = (AA' - 3BB' + 2CC')^{2k+1}(ACB'^2 - A'C'B^2),$$

ce qui est une fonction de degré impairement pair, quel que soit l'entier k, par rapport aux coefficients de F, et par suite par rapport à ceux de f, comme on la reconnaît avec une légère attention. Mais il nous faut encore approfondir la nature de ces quatre quantités

$$AA', \quad BB', \quad CC', \quad ACB'^2 - A'C'B^2,$$

qui viennent s'offrir comme éléments simples dans l'expression générale des invariants des formes du cinquième degré. C'est l'objet des considérations qui vont suivre.

SECTION V.

Des covariants similaires.

Revenant au cas général des formes de degré quelconque $f(x, y)$ qui ont un covariant quadratique, soit, comme plus haut,

$$F = AX^m + mBX^{m-1}Y + \ldots + mB'XY^{m-1} + A'Y^m,$$

la transformée à laquelle nous avons donné le nom de *forme canonique*. Par définition même, le covariant quadratique de F sera simplement $XY\sqrt{\Delta}$; cela posé, nous réunirons par la dénomination commune de covariants similaires de f ceux qui jouissent de cette propriété, qu'en y faisant la substitution par laquelle f devient F, leurs coefficients reproduisent toujours, à un facteur numérique près, les quantités A, B, ..., B', A', multipliées par une puissance de $\sqrt{\Delta}$. Cette définition dépend essentiellement du covariant quadratique en x et y, qu'on prend pour base de la réduction à la forme canonique, de sorte qu'on parviendra à un groupe différent de covariants similaires en employant, pour la réduction à la forme canonique, un covariant quadratique en x et y, mais d'un autre degré par rapport aux coefficients. Pour fixer les idées, nous ne considérerons que les groupes se rapportant aux covariants quadratiques dont nous avons en commençant établi l'existence par la loi de réciprocité, et nous en donnerons une première série, en nous fondant sur ce théorème :

Soient $\varphi(x, y)$ et $\psi(x, y)$ *deux covariants quelconques de* f, *le degré du second étant supposé non-inférieur à celui du premier, en faisant*

$$\varphi(y, -x) = \alpha x^p + p\beta x^{p-1}y + \ldots + p\beta' xy^{p-1} + \alpha' y^p,$$

la forme

$$\chi = \alpha \frac{d^p\psi}{dx^p} + p\beta \frac{d^p\psi}{dx^{p-1}dy} + \ldots + p\beta' \frac{d^p\psi}{dx\,dy^{p-1}} + \alpha' \frac{d^p\psi}{dy^p}$$

sera encore un covariant de f (¹).

(¹) En supposant $\varphi = \psi = f$, χ s'évanouit identiquement si le degré de f est impair, et reproduit, si le degré est pair, l'invariant quadratique de M. Cayley, que nous trouvons ainsi par une voie nouvelle et très simple.

Pour appliquer ce théorème, nous prendrons $\psi = f$, et nous supposerons φ une puissance du covariant quadratique, il viendra alors cette série

$$\sqrt{\Delta}\,\frac{d^2 F}{dx\,dy}, \quad \Delta\,\frac{d^4 F}{dx^2\,dy^2}, \quad \Delta\sqrt{\Delta}\,\frac{d^6 F}{dx^3\,dy^3}, \quad \ldots,$$

qui aboutit à un invariant, si le degré de F est pair, et à un covariant linéaire si ce degré est impair. Ce covariant linéaire s'évanouit identiquement dans le cas des formes cubiques, car on a alors

$$F = AX^3 + A'Y^3;$$

mais, ce cas excepté, il existe bien effectivement. Prenons pour exemple les formes du cinquième degré, le covariant sera alors

$$\Delta(CX + C'Y),$$

et, en supposant $C = 0$, $C' = 0$, on ne satisfait plus aux deux relations

$$AB' - 4BC' + 3C^2 = 0, \qquad A'B - 4B'C + 3C'^2 = 0,$$

qui seules existent entre les coefficients de F. J'insiste sur ce point en raison de la grande importance des covariants linéaires pour la théorie arithmétique des formes de degrés impairs, dans laquelle, comme j'essayerai de le faire voir, ils jouent un rôle capital. Mais, jusqu'à présent, nous n'avons obtenu qu'un petit nombre de covariants similaires; par le lemme suivant nous verrons qu'il en existe une infinité.

Nommons comme précédemment $\varphi(x, y)$ et $\psi(x, y)$ deux covariants quelconques de la forme proposée f; les coefficients du polynome homogène suivant en U *et* V

$$\varphi\left(Ux - V\,\frac{d\psi}{dy},\; Uy + V\,\frac{d\psi}{dx}\right)$$

seront de nouveau des covariants de f.

Nous ferons usage de ce lemme en supposant φ l'un quelconque des covariants similaires précédemment obtenus, et prenant pour ψ le covariant quadratique. Désignant alors par $\Phi(X, Y)$ la transformée de φ par la substitution canonique, celle du covariant qu-a dratique ψ étant dans le même cas $XY\sqrt{\Delta}$, on voit que les coefficients des termes en U et V, dans la forme

$$\Phi\left[X(U - V\sqrt{\Delta}),\ Y(U + V\sqrt{\Delta})\right],$$

seront effectivement, d'après notre définition, des covariants similaires. Maintenant chacun d'eux, par l'application répétée du même principe et de celui qui est fondé sur la différentiation, donnera évidemment naissance à une infinité d'autres, tous compris dans la même forme analytique simple, que nous allons indiquer d'une manière plus précise. Soit, pour abréger l'écriture, d'après la notation ingénieuse de M. Cayley,

$$F = (A, B, C, \ldots, C', B', A')(X, Y)^m,$$

de sorte que la première parenthèse renferme dans leur ordre les coefficients de la forme; donc les covariants similaires du même degré que F, et qui résultent des méthodes précédentes, seront de la forme

$$\Phi = \sqrt{\Delta^{2k+1}}(\alpha A, \beta B, \gamma C, \ldots, -\gamma C', -\beta B', -\alpha A')(X, Y)^m,$$

ou de la suivante

$$\Phi_1 = \Delta^{k_1}(\alpha A, \beta B, \gamma C, \ldots, \gamma C', \beta B', \alpha A')(X, Y)^m,$$

les quantités α, β, γ, ... étant des constantes numériques. Les autres de degrés $m-2$, $m-4$, ... sont de la forme

$$(\sqrt{\Delta})^i \frac{d^{2i}\Phi}{dX^i\,dY^i}, \quad (\sqrt{\Delta})^i \frac{d^{2i}\Phi_1}{dX^i\,dY^i}.$$

Cette remarquable simplicité d'expression que prennent par la substitution canonique une multitude de covariants de la forme f, qu'il eût été impossible d'obtenir jamais en fonction explicite des coefficients de cette forme, justifie, ce me semble, l'idée nouvelle des formes canoniques que j'introduis ici.

SECTION VI.

Recherches ultérieures sur les invariants des formes du cinquième degré.

Notre point de départ sera ce théorème auquel conduisent immédiatement les considérations précédentes : soient φ et φ_1 les covariants de f, qui deviennent respectivement par la substitution canonique les expressions désignées ci-dessus par Φ et Φ_1 ; ces covariants étant du même degré, on obtiendra un invariant en mettant, dans $\varphi(y, -x)$, $\dfrac{d^m \varphi_1}{dx^i\, dy^{m-i}}$ au lieu de $x^i y^{m-i}$, d'après un théorème énoncé plus haut.

De là se tire une méthode très simple, dont nous allons faire l'application aux formes du cinquième degré pour exprimer les quantités AA′, BB′, CC′, ... au moyen des coefficients de la forme proposée. Posons

$$f = (a, b, c, c', b', a')(x, y)^5;$$

le covariant quadratique, dans le même système de notation, sera

$$\varphi = (ab' - 4bc' + 3c^2,\ aa' - 3bb' + 2cc',\ a'b - 4b'c + 3c'^2)(x^2, xy, y^2),$$

et, en faisant

$$f\left(\mathrm{U}x - \mathrm{V}\frac{d\varphi}{dy},\ \mathrm{U}y + \mathrm{V}\frac{d\varphi}{dx}\right) = (f, f_1, f_2, f_3, f_4, f_5)(\mathrm{U}, \mathrm{V})^5,$$

les diverses formes $f, f_1, f_2, \ldots$ seront un groupe de covariants similaires, que nous allons employer à la composition de trois invariants I_0, I_1, I_2, à savoir :

I_0	en employant f avec	f_1.
I_1	id.	f_3.
I_2	id.	f_5.

Ces invariants seront respectivement des degrés 4, 8, 12, car il est aisé de voir que les covariants f_1, f_3, f_5 sont des degrés 3, 7 et 11. Cela posé, nommons $\mathrm{F}_1, \mathrm{F}_3, \mathrm{F}_5$ leurs transformées respectives par la substitution canonique, on aura très facilement ces expressions

$$\begin{aligned} F &= (A, B, C, C', B', A')(X, Y)^5, \\ -F_1 &= (A, \tfrac{3}{5}B, \tfrac{1}{5}C, -\tfrac{1}{5}C', -\tfrac{3}{5}B', -A')(X, Y)^5\sqrt{\Delta}, \\ -F_3 &= (A, -\tfrac{1}{5}B, -\tfrac{1}{5}C, \tfrac{1}{5}C', \tfrac{1}{5}B', -A')(X, Y)^5\sqrt{\Delta^3}, \\ -F_5 &= (A, -B, C, -C', B', -A')(X, Y)^5\sqrt{\Delta^5}, \end{aligned}$$

d'où l'on déduira

$$(\mathrm{I}) \qquad \begin{cases} I_0 = 2\sqrt{\Delta}(AA' - 3BB' + 2CC') = 2\Delta, \\ I_1 = 2\sqrt{\Delta^3}(AA' + BB' - 2CC'), \\ I_2 = 2\sqrt{\Delta^5}(AA' + 5BB' + 10CC'). \end{cases}$$

Voici donc un moyen d'obtenir explicitement, par les coefficients de f, les trois quantités AA', BB', CC', car le déterminant relatif aux équations précédentes est différent de zéro et égal à 2^6. Mais les expressions générales données (Section IV) contiennent en outre la quantité $ACB'^2 - A'C'B^2$, que nous obtiendrons de la manière suivante :

Considérons les covariants similaires ayant pour transformées canoniques

$$\sqrt{\Delta}\,\frac{d^2F}{dX\,dY} \quad \text{et} \quad \Delta\,\frac{d^4F}{dX^2\,dY^2},$$

en formant le cube du dernier on parviendra aux deux formes

$$\sqrt{\Delta}(B, C, C', B')(X, Y)^3,$$

et

$$\Delta^3(C^3, C^2C', CC'^2, C'^3)(X, Y)^3,$$

d'où l'on tire toujours, par le même principe, l'invariant du dix-huitième degré que nous nommerons I,

$$I = 3\Delta^3\sqrt{\Delta}(BC'^3 - B'C^3).$$

Mais, par les relations fondamentales

$$AB' - 4BC' + 3C^2 = 0, \qquad A'B - 4B'C + 3C'^2 = 0,$$

on obtient facilement

$$3(BC'^3 - B'C^3) = ACB'^2 - A'C'B^2,$$

d'où enfin

$$ACB'^2 - A'C'B^2 = \frac{1}{\Delta^3\sqrt{\Delta}}.$$

Voici donc, d'après les formules de la Section IV, la conclusion de notre théorie pour les formes du cinquième degré :

1° *L'expression la plus générale des invariants de ces formes dont le degré* $\mu \equiv 0 \pmod 4$ *est*

$$F\left(\sqrt{\Delta}, \frac{I_1}{\Delta\sqrt{\Delta}}, \frac{I_2}{\Delta^2\sqrt{\Delta}}\right),$$

F *étant une fonction homogène du degré* $\frac{1}{2}\mu$.

2° *L'expression la plus générale des invariants dont le degré* $\mu \equiv 2 \pmod 4$ *est*

$$\frac{1}{\Delta^3\sqrt{\Delta}} F_1\left(\sqrt{\Delta}, \frac{I_1}{\Delta\sqrt{\Delta}}, \frac{I_2}{\Delta^2\sqrt{\Delta}}\right),$$

F_1 *étant une fonction homogène de degré* $\frac{1}{2}\mu - 2$.

Ainsi un invariant quelconque, ou au moins son produit par une puissance de Δ, est une fonction rationnelle et entière des invariants fondamentaux Δ, I_1, I_2, I des degrés 4, 8, 12 et 18. Car les fonctions F et F_1 étant homogènes, on peut écrire

$$\mathbf{I} = \frac{1}{\Delta^{\frac{5}{4}\mu}} F(\Delta^3, \Delta I_1, I_2) \quad \text{et} \quad \mathbf{I}' = \frac{1}{\Delta^{\frac{1}{4}(5\mu-6)}} F_1(\Delta^3, \Delta I_1, I_2).$$

Nous voyons par là se révéler un caractère essentiel des formes de degré supérieur au quatrième, et qui consiste en ce que les invariants ne peuvent en général s'exprimer en fonction rationnelle d'un certain nombre d'entre eux supposés algébriquement indépendants. M. Cayley, M. Sylvester et moi avions longtemps pensé qu'en général les invariants des formes de $m^{\text{ième}}$ degré devaient s'exprimer par des fonctions entières de $m-2$ d'entre eux, et c'est même ce qui a empêché M. Sylvester de chercher à démontrer la loi de réciprocité dont il avait aussi présumé l'existence, une contradiction nécessaire s'étant manifestée entre cette loi et celle du nombre des invariants fondamentaux. Peut-être cependant, s'il m'est permis d'émettre une conjecture sur un sujet si profond et si difficile, doit-on penser qu'il sera possible d'obtenir, pour les formes d'un degré donné, un petit nombre de groupes d'invariants fondamentaux, types d'autant de séries générales dont l'ensemble comprendrait tous les invariants possibles. C'est ainsi, par exemple, que l'invariant du dix-huitième degré que nous venons d'obtenir pour les formes du cinquième degré s'offre comme le type de tous les invariants de degré impairement pair de ces formes. Sur ce sujet nous allons encore présenter quelques observations.

SECTION VII.

Recherche particulière sur l'invariant I du dix-huitième degré.

Je me propose de faire voir que le carré de I est, non seulement une fonction rationnelle, mais même une *fonction entière* des trois invariants nommés Δ, I_1 et I_2. Soit, à cet effet,

$$I_2 - 2I_1\Delta + 2\Delta^3 = 32J_3 \quad \text{et} \quad I_1 - 2\Delta^2 = 8J_2,$$

j'adopterai pour invariants fondamentaux J_2 et J_3 au lieu de I_1 et I_2, pour la commodité des calculs; et les équations (I) de la Section VI donneront ces expressions très simples

$$CC' = \frac{J_3}{\sqrt{\Delta^5}}, \qquad BB' = \frac{J_3 + J_2\Delta}{\sqrt{\Delta^5}}, \qquad AA' = \frac{J_3 + 3J_2\Delta + \Delta^3}{\sqrt{\Delta^5}}.$$

Cela posé, nous partirons de la relation suivante :

$$16(ACB'^2 - A'C'B^2)^2 = (AA'BB' - 16BB'CC' - 9C^2C'^2)^2 - 24^2BB'C^3C'^3,$$

qu'on trouvera identique, en vertu des équations fondamentales qu'on a entre les coefficients de la forme canonique, savoir :

$$AB' - 4BC' + 3C^2 = 0, \qquad A'B - 4B'C + 3C'^2 = 0.$$

On peut effectivement d'abord l'écrire ainsi

$$24^2BB'C^3C'^3 = (AA'BB' - 16BB'CC' - 9C^2C'^2)^2 - 16(ACB'^2 - A'C'B^2)^2,$$

ou, en décomposant en produit la différence des carrés,

$$\begin{aligned}24^2BB'C^3C'^3 = {} & [AA'BB' - 16BB'CC' - 9C^2C'^2 + 4(ACB'^2 - A'C'B^2)] \\ & \times [AA'BB' - 16BB'CC' - 9C^2C'^2 - 4(ACB'^2 - A'C'B^2)].\end{aligned}$$

Maintenant les équations

$$3C^2 = 4BC' - AB', \qquad 3C'^2 = 4B'C - A'B,$$

donneront, si on les multiplie membre à membre,

$$9C^2C'^2 = 16BB'CC' + AA'BB' - 4(ACB'^2 + A'C'B^2),$$

et, en substituant cette valeur de $C^2C'^2$ dans chacun des facteurs, on verra le premier devenir

$$8ACB'^2 - 32BB'CC' = 8B'C(AB' - 4BC') = -24B'C^3,$$

et le second se réduire d'une manière semblable à

$$8A'C'B^2 - 32BB'CC' = 8BC'(A'B - 4B'C) = -24BC'^3,$$

d'où suit l'identité annoncée. L'expression du carré de

$$ACB'^2 - A'C'B^2$$

étant alors ramenée à ne plus dépendre que des quantités

$$AA', \quad BB', \quad CC',$$

on trouvera, par la substitution des valeurs de ces quantités, une fonction des invariants Δ, J_2, J_3, et, en chassant le dénominateur,

$$\begin{aligned}&16\Delta^{10}(ACB'^2 - A'C'B^2)^2\\&\quad = (-24J_3^2 - 12J_2J_3\Delta + 3J_2^2\Delta^2 + J_3\Delta^3 + J_2\Delta^4)^2 - 24^2J_3^3(J_3 + J_2\Delta).\end{aligned}$$

Or il arrive que le second membre contient en facteur Δ^3, de sorte qu'en supprimant ce facteur il viendra

$$\begin{aligned}16\Delta^7(ACB'^2 - A'C'B^2)^2 &= 16I^2\\&= -24J_3(2J_3^2 + 3J_2^3) + 3\Delta J_2(3J_2^3 - 24J_3^2) - 18\Delta^2J_2^2J_3\\&\qquad + \Delta^3(J_3^2 + 6J_2^3) + 2J_2J_3\Delta^4 + J_2^2\Delta^5,\end{aligned}$$

ce qui est une fonction entière des trois invariants fondamentaux Δ, J_2 et J_3 (1).

(1) Dans les Sections VI et VII nous avons fait quelques changements en employant de suite les notations dont M. Hermite se sert dans la suite du Mémoire. En outre, la revision complète des calculs faite par M. Stouff nous a conduit à modifier certains coefficients numériques. E. P.

SECONDE PARTIE.

Depuis que la première Partie de ces recherches a été terminée, encouragé par la manière si bienveillante dont elles ont été accueillies par mon ami M. Sylvester, j'ai repris avec une nouvelle ardeur l'étude algébrique des formes du cinquième degré, et je vais y consacrer cette seconde Partie de mon travail en réservant en dernier lieu les considérations arithmétiques que j'ai annoncées dans l'Introduction. C'est sur une notion analytique nouvelle, celle des formes-types, qui sera tout à l'heure exposée en détail, que se fondent les résultats nouveaux que j'ai obtenus. Cette notion est essentiellement propre aux formes de degrés impairs, avec la seule exception des formes cubiques qui y échappent comme un cas singulier. Pour les formes de degrés pairs il existe quelque chose d'analogue, mais qui, jusqu'à présent, ne s'est présenté à moi que d'une manière plus compliquée. Aussi en parlerai-je seulement pour remarquer que les formes biquadratiques font alors exception, de sorte que les formes des premiers quatre degrés, pour des raisons diverses, doivent être considérées comme présentant des cas singuliers dans les théories générales qui ont pour objet les fonctions homogènes à deux indéterminées. C'est donc, au seul point de vue algébrique, un champ plus vaste et plus fécond de recherches, qui s'ouvre à partir des formes du cinquième degré, où l'on voit apparaître le rôle curieux d'éléments analytiques, qui n'existent pas pour les formes de degrés inférieurs. D'ailleurs c'est dans les méthodes simples et faciles qui se présentent dans cette étude qu'est l'avenir de la science algébrique, car elle seule peut donner les éléments qui distinguent et caractérisent les divers modes d'existence des racines des équations générales de tous les degrés. J'espère que cette dernière considération recevra sa sanction de ce que nous allons développer en particulier sur les formes du cinquième degré.

SECTION I.

Des formes-types.

La notion des formes-types repose sur l'existence des covariants linéaires, dont il a été déjà fait mention précédemment, et qu'on obtient de la manière suivante :

Soit, en employant la notation de M. Cayley,

$$f = (a, b, c, \ldots, c', b', a')(x, y)^m,$$

une forme de degré impair,

$$\begin{aligned}\theta = [&ab' - (m-1)bc' + \ldots,\\ &aa' - (m-2)bb' + \ldots,\ ba' - (m-1)b'c + \ldots](x^2, xy, y^2),\end{aligned}$$

le covariant quadratique de f, et Δ l'invariant de θ. Nommons S la substitution au déterminant *un* et aux variables X, Y, qui transforme θ en $\sqrt{\Delta}.XY$; cette même substitution, faite dans la proposée f, donnera ce que nous avons nommé la *transformée canonique*

$$F = (A, B, C, \ldots, C', B', A')(X, Y)^m.$$

Ainsi le caractère essentiel de la forme canonique F est que le covariant Θ, analogue à θ, se réduise à $\sqrt{\Delta}\,XY$; les coefficients A, B, ... sont donc liés par les relations

$$(1) \qquad AB' - (m-1)BC' + \ldots = 0, \qquad A'B - (m-1)B'C + \ldots = 0.$$

Ceci rappelé, voici comment s'obtient un covariant linéaire λ de la forme f. Élevons θ à la puissance de $\frac{1}{2}(m-1)$, ce qui donnera un covariant du degré $m-1$ en x et y, puis mettons y et $-x$ au lieu de x et y; cela fait, en remplaçant un terme quelconque $x^\alpha y^\beta$, par $\dfrac{d^{m-1}f}{dx^\alpha\, dy^\beta}$, on obtiendra, comme on sait, encore un covariant de f, et ce covariant sera bien du premier degré. Mais il est essentiel d'établir qu'il ne s'évanouit pas identiquement. Soit, à cet effet, Λ la transformée de λ, par la substitution S; on aura

$$\Lambda = \sqrt{\left(\Delta^{\frac{1}{2}(m-1)}\right)}\ \frac{d^{m-1}F}{dx^{\frac{1}{2}(m-1)}\, dy^{\frac{1}{2}(m-1)}};$$

supposant donc

$$\frac{d^{m-1}\mathrm{F}}{dx^{\frac{1}{2}(m-1)}\,dy^{\frac{1}{2}(m-1)}} = \mathrm{GX} + \mathrm{G'Y},$$

Λ ne pourra s'évanouir identiquement qu'autant qu'on aura $\mathrm{G} = 0$, $\mathrm{G'} = 0$, mais ces relations ne vérifient pas les équations (1), sauf le cas des formes cubiques. Dans ce cas, en effet, ayant

$$\mathrm{F} = (\mathrm{A}, \mathrm{B}, \mathrm{B'}, \mathrm{A'})(\mathrm{X}, \mathrm{Y})^3,$$

Λ sera

$$6\sqrt{\Delta}(\mathrm{BX} + \mathrm{B'Y}),$$

mais les relations (1)

$$\mathrm{AB'} - \mathrm{B}^2 = 0, \qquad \mathrm{A'B} - \mathrm{B'}^2 = 0$$

exigeront que $\mathrm{B} = 0$, $\mathrm{B'} = 0$. On en déduit effectivement

$$\mathrm{AA'BB'} = \mathrm{B}^2\mathrm{B'}^2,$$

d'où

$$\mathrm{BB'}(\mathrm{AA'} - \mathrm{BB'}) = 0.$$

Si donc le produit BB' n'est pas supposé nul, il faut qu'on ait $\mathrm{AA'} - \mathrm{BB'} = 0$, ce qui conduit à la conséquence absurde que l'invariant

$$(\mathrm{AA'} - \mathrm{BB'})^2 - 4(\mathrm{AB'} - \mathrm{B}^2)(\mathrm{A'B} - \mathrm{B'}^2)$$

de la forme cubique est égal à zéro. Les covariants linéaires n'ont donc d'existence effective qu'à partir des formes du cinquième degré

$$f = (a, b, c, c', b', a')(x, y)^5,$$

mais pour ces formes il y en aura un nombre infini, dont les degrés, par rapport aux coefficients a, b, c, ..., seront la série des nombres impairs, 5, 7, 9, ...

Le covariant du cinquième ordre sera celui que nous venons d'obtenir et dont le transformé par la substitution S est

$$120\Delta(\mathrm{CX} + \mathrm{C'Y});$$

le covariant du septième ordre résultera du précédent, en y remplaçant x et y par $\frac{d\theta}{dy}$ et $-\frac{d\theta}{dx}$; d'autres pourront s'obtenir en multipliant les précédents par des invariants de f. En se bornant à prendre pour multiplicateur une puissance de Δ, on obtiendra ainsi des covariants linéaires dont les degrés par rapport aux coefficients de f seront les nombres $4n+5$ et $4n+7$, c'est-à-dire la série des entiers impairs à commencer par 5. Nous en conclurons par la loi de réciprocité que toutes les formes dont les degrés sont des nombres impairs à partir de 5 possèdent un covariant linéaire du cinquième degré par rapport à leurs coefficients, et il est très facile d'établir qu'elles n'en possèdent pas dont les degrés soient au-dessous de cette limite. Mais pour abréger j'omettrai ce détail, et j'arrive immédiatement à la définition des formes-types. Soient, à cet effet, λ et λ_1 deux covariants linéaires distincts pour une même forme f; désignons par Σ la substitution

$$\lambda = \xi, \qquad \lambda_1 = \eta,$$

et par Φ la transformée de f en ξ et η. Je dis que les coefficients de cette forme Φ seront tous des invariants de f.

Pour le démontrer, voyons ce que deviennent les opérations précédentes en prenant pour point de départ une forme f', transformée de f par une substitution quelconque S. Soit δ le déterminant relatif à cette substitution S, λ' et λ'_1 les covariants analogues à λ et λ_1. En multipliant par des puissances convenables de δ, par exemple δ^α et δ^β, chacune des équations

$$\begin{aligned} \lambda' &= \xi', \\ \lambda'_1 &= \eta', \end{aligned}$$

il résulte de la nature même des covariants que les premiers membres pourront alors être censés provenir du résultat de la substitution S dans λ et λ_1. Ainsi par rapport aux quantités $\delta^\alpha\xi'$, $\delta^\beta\eta'$, la substitution Σ' analogue à Σ, c'est-à-dire la substitution par laquelle $\delta^\alpha\xi'$ et $\delta^\beta\eta'$ s'expriment en x' et y', sera $\Sigma' = \Sigma S$, et son inverse, qu'il faudra effectuer dans f', sera $\Sigma'^{-1} = S^{-1}\Sigma^{-1}$. Or on voit qu'en effectuant en premier la substitution S^{-1}, f' redevient f, et qu'en faisant ensuite la substitution Σ^{-1} on est ramené précisément à la forme Φ, par rapport aux indéterminées $\delta^\alpha\xi'$, $\delta^\beta\eta'$. De là résulte que les coefficients des formes Φ, relatives à f, et à une transformée de f, ne diffèrent que par des facteurs qui seront des puissances du déterminant de la substitution; ces coefficients seront des invariants de f; et c'est pour cette raison que nous donnons à Φ la dénomination de *forme-type*.

SECTION II.

Calcul de la forme-type du cinquième degré.

La définition que nous venons de donner ne spécifie pas les covariants linéaires qu'il faut employer dans la substitution qui conduit aux formes-types; il suffit que ces covariants soient bien distincts, c'est-à-dire que le déterminant relatif à la substitution effectuée soit différent de zéro. Mais dans le cas des formes du cinquième degré, que nous allons étudier, nous ferons choix des deux covariants linéaires les plus simples, qui sont respectivement du cinquième et du septième degré par rapport aux coefficients de la forme proposée. En effectuant dans ces covariants la substitution S qui transforme f dans la forme canonique F, ils deviendront

$$\lambda = 120\Delta(CX + C'Y), \qquad \lambda_1 = 120\Delta\sqrt{\Delta}(CX - C'Y),$$

expressions très simples, qui nous conduisent à faire le calcul de la forme-type, en opérant sur la transformée canonique F, ce qui est permis, puisqu'on parviendra identiquement au même résultat en prenant pour point de départ toute transformée de f, par une substitution au déterminant *un*. Cela posé, ayant

$$F = (A, B, C, C', B', A')(X, Y)^5,$$

nous ferons, en supprimant un facteur numérique,

$$\Delta(CX + C'Y) = \xi, \qquad \Delta\sqrt{\Delta}(CX - C'Y) = \eta,$$

et si nous représentons la transformée en ξ et η par

$$\Phi = (\mathfrak{A}, \mathfrak{B}, \mathfrak{C}, \mathfrak{C}', \mathfrak{B}', \mathfrak{A}')(\xi, \eta)^5,$$

il viendra ces expressions,

$$\mathfrak{A} = \frac{1}{(2CC'\Delta)^5}(AC'^5 + A'C^5 + 5BCC'^4 + 5B'C'C^4 + 20C^3C'^3),$$

$$\mathfrak{B} = \frac{1}{(2CC'\Delta)^5\sqrt{\Delta}}(AC'^5 - A'C^5 + 3BCC'^4 - 3B'C'C^4),$$

$$\mathfrak{C} = \frac{1}{(2CC'\Delta)^5\Delta}(AC'^5 + A'C^5 + BCC'^4 + B'C'C^4 - 4C^3C'^3),$$

et

$$\mathfrak{C}' = \frac{1}{(2CC'\Delta)^5\sqrt{\Delta^3}}(AC'^5 - A'C^5 - BCC'^4 + B'C'C^4),$$

$$\mathfrak{B}' = \frac{1}{(2CC'\Delta)^5\Delta^2}(AC'^5 + A'C^5 - 3BCC'^4 - 3B'C'C^4 + 4C^3C'^3),$$

$$\mathfrak{A}' = \frac{1}{(2CC'\Delta)^5\sqrt{\Delta^5}}(AC'^5 - A'C^5 - 5BCC'^4 + 5B'C'C^4).$$

D'après les théorèmes donnés au commencement de ces recherches, on reconnaît tout de suite qu'elles sont bien, comme nous l'avons annoncé, des invariants de la proposée f, et qu'elles s'exprimeront rationnellement par les fonctions que nous avons nommées Δ, J_2, J_3, et par l'invariant du dix-huitième ordre I. Mais ici se présente cette circonstance importante, qu'elles contiendront en dénominateur le seul invariant J_3, sans qu'on y voie figurer Δ, comme on pouvait s'y attendre d'après la théorie générale. Pour le faire voir, rappelons d'abord ces relations qui existent entre les invariants et les coefficients de la forme canonique, savoir :

$$AA' = \frac{1}{\sqrt{\Delta^5}}(J_3 + 3\Delta J_2 + \Delta^3),$$

$$BB' = \frac{1}{\sqrt{\Delta^5}}(J_3 + \Delta J_2),$$

$$CC' = \frac{1}{\sqrt{\Delta^5}}J_3,$$

$$ACB'^2 - A'C'B^2 = \frac{1}{\sqrt{\Delta^7}}I.$$

Nous en déduirons les valeurs des quantités $AC'^5 \pm A'C^5$ et $BC'^3 \pm B'C^3$, qui figurent dans les coefficients A, B, ..., par les équations suivantes :

$$\begin{gathered}36(AC'^5 + A'C^5) \\ = (AA' + 16CC')(AA'BB' + 16BB'CC' - 9C^2C'^2) - 64AA'BB'CC',\end{gathered}$$

$$12(BC'^3 + B'C^3) = -AA'BB' + 16BB'CC' + 9C^2C'^2,$$

$$9(AC'^5 - A'C^5) = (16CC' - AA')(ACB'^2 - A'C'B^2),$$

$$3(BC'^3 - B'C^3) = ACB'^2 - A'C'B^2.$$

Ces équations deviennent effectivement identiques, en vertu des relations fondamentales qui lient les coefficients de la forme canonique, savoir :

$$AB' - 4BC' + 3C^2 = 0, \qquad A'B - 4B'C + 3C'^2 = 0.$$

Quant à la méthode très facile par laquelle on les obtient, je pense pouvoir la supprimer pour abréger, car elle se présentera d'elle-même au lecteur qui se sera bien pénétré des principes de ces recherches. On en déduit

$$\mathfrak{A}' = \frac{1}{(2CC'\Delta)^5\sqrt{\Delta^5}}(CC' - AA')(ACB'^2 - A'C'B^2) = -1\,\frac{\Delta^2 + 3J_2}{2^5 J_3^5},$$

$$\mathfrak{C}' = \frac{1}{(2CC'\Delta)^5\sqrt{\Delta^3}}(13CC' - AA')(ACB'^2 - A'C'B^2) = -1\,\frac{\Delta^3 + 3\Delta J_2 - 12J_3}{2^5 J_3^5},$$

$$\mathfrak{B} = -\frac{1}{(2CC'\Delta)^5\sqrt{\Delta}}(25CC' - AA')(ACB'^2 - A'C'B^2) = -1\,\frac{\Delta^4 + 3\Delta^2 J_2 - 24\Delta J_3}{2^5 J_3^5}.$$

Le calcul des trois autres coefficients est un peu plus difficile et donne pour résultats

$$36\mathfrak{B}' = \frac{1}{(2CC'\Delta)^5\Delta^2}[-81C^3C'^3 + 112BB'C^2C'^2 - 9AA'C^2C'^2 - 23AA'BB'CC' + A^2A'^2BB']$$

$$= \frac{1}{2^5J_3^5}[\Delta^5J_2 + \Delta^4J_3 + 6\Delta^3J_2^2 - 15\Delta^2J_2J_3 - 3\Delta(10J_3^2 - 3J_2^3) - 54J_3J_2^2],$$

$$36\mathfrak{C} = \frac{1}{(2CC'\Delta)^5\Delta}[-261C^3C'^3 + 304BB'C^2C'^2 - 9AA'C^2C'^2 - 35AA'BB'CC' + A^2A'^2BB']$$

$$= \frac{1}{2^5J_3^5}[\Delta^6J_2 + \Delta^5J_3 + 6\Delta^4J_2^2 - 27\Delta^3J_2J_3 - 3\Delta^2(14J_3^2 - 3J_2^3) - 90\Delta J_3J_2^2 + 144J_2J_3^2],$$

$$36\mathfrak{A} = \frac{1}{(2CC'\Delta)^5}[711C^3C'^3 + 496BB'C^2C'^2 - 9AA'C^2C'^2 - 47AA'BB'CC' + A^2A'^2BB']$$

$$= \frac{1}{2^5J_3^5}[\Delta^7J_2 + \Delta^6J_3 + 6\Delta^5J_2^2 - 39\Delta^4J_2J_3 - 9\Delta^3(6J_3^2 - J_2^3) - 126\Delta^2J_3J_2^2 + 288\Delta J_2J_3^2 + 1152J_3^3].$$

Ainsi, il est démontré par le calcul que les coefficients de la forme-type deviennent des fonctions entières des quatre invariants fondamentaux lorsqu'on les multiplie par J_3^5, et c'est là une remarque qui nous conduira plus loin à des conséquences importantes.

SECTION III.

L'équation générale du cinquième degré est ramenée à ne dépendre que de deux paramètres.

Ce résultat suit immédiatement de l'expression de la forme-type que nous venons d'obtenir. Qu'on fasse, en effet,

$$K = \frac{J_2}{\Delta^2}, \qquad K' = \frac{J_3}{\Delta^3},$$

et l'on pourra écrire

$$\Phi = \frac{\Delta^6\sqrt{\Delta}}{(2J_3)^5}\left(\mathfrak{A}_0\sqrt{\Delta^5},\ \mathfrak{B}_0\sqrt{\Delta^4},\ \mathfrak{C}_0\sqrt{\Delta^3},\ \mathfrak{C}'_0\sqrt{\Delta^2},\ \mathfrak{B}'_0\sqrt{\Delta},\ \mathfrak{A}'_0\right)(\xi,\eta)^5,$$

$\mathfrak{A}_0$, $\mathfrak{B}_0$, ..., désignant respectivement ce que deviennent les numérateurs dans $\mathfrak{A}$, $\mathfrak{B}$, ..., quand on y remplace Δ, J_2, J_3 par 1, K, K'. Nommons de même I_0 ce que devient alors l'invariant I, il est clair qu'il suffit de mettre $\eta I_0\sqrt{\Delta}$, au lieu de η, pour ramener l'équation $\Phi = 0$ à contenir seulement les deux paramètres K et K'. Et s'il arrive que Δ soit une quantité négative, la réduction sera aussi bien obtenue en remplaçant η par $\eta I_0\sqrt{-\Delta}$; c'est la seule quantité irrationnelle qui figure dans la substitution, et il est aisé de voir que l'irrationnelle $I_0\sqrt{\Delta}$ disparaîtra dans l'équation transformée, de sorte que K et K' entreront rationnellement dans le résultat. L'équation à laquelle nous mène ainsi la notion des formes-types n'a pas la simplicité apparente de la réduite de l'équation du cinquième degré qu'a obtenue Jerrard, mais elle met en évidence les fonctions des coefficients dont dépend essentiellement la nature des racines, et tandis que l'ingénieuse découverte du géomètre anglais est restée jusqu'ici stérile, nous allons pouvoir immédiatement tirer d'importantes conséquences de notre transformée.

SECTION IV.

Les invariants de tous les degrés des formes du cinquième degré sont des fonctions entières des quatre invariants fondamentaux Δ, J_2, J_3 et I.

Dans la première Partie de ces recherches, j'ai obtenu pour les invariants dont le degré est $\equiv 0$ ou $\equiv 2 \pmod 4$ les expressions générales

$$\frac{\Theta_0(J_3, \Delta J_2, \Delta^3)}{\Delta^\mu} \quad \text{et} \quad \frac{I\Theta_1(J_3, \Delta J_2, \Delta^3)}{\Delta^\mu},$$

où entre en dénominateur une puissance de Δ; mais on peut aller plus loin et parvenir à des expressions entières par la considération de la forme-type. En effet, Φ étant une transformée de f, par une substitution linéaire au déterminant $\frac{1}{2J_3}$, comme il est aisé de le voir, tout invariant de f s'exprime au moyen d'une fonction semblable des coefficients de Φ, multiplié par une certaine puissance de J_3. Mais ces coefficients de la forme-type sont, comme nous l'avons établi, des fonctions entières des invariants fondamentaux divisées par une puissance de J_3; donc déjà, tout invariant de la forme proposée est une fonction entière des invariants fondamentaux, ou au moins une pareille fonction divisée par une puissance de J_3. Distinguant maintenant les deux cas où le degré des invariants est $\equiv 0$ ou $\equiv 2 \pmod 4$, nous reconnaîtrons bien aisément que l'expression générale

$$\frac{F(\Delta, J_2, J_3, I)}{J_3^\nu},$$

où F est une fonction entière, se réduit dans le premier à la forme

$$\frac{H_0(\Delta, J_2, J_3)}{J_3^\nu},$$

et dans le second à la forme

$$\frac{IH_1(\Delta, J_2, J_3)}{J_3^\nu},$$

H_0 et H_1 étant pareillement des fonctions entières. Cela suit, en effet, de ce que le carré et les puissances paires de l'invariant I du dix-huitième degré s'expriment en fonction entière de Δ, J_2 et J_3. Voici donc, par exemple, pour les invariants dont le degré est multiple de 4, deux expressions différentes qui doivent être égales :

$$\frac{\Theta_0(J_3, \Delta J_2, \Delta^3)}{\Delta^\mu} \quad \text{et} \quad \frac{H_0(\Delta, J_2, J_3)}{J_3^\nu};$$

or les trois quantités Δ, J_2, J_3 qui y figurent n'ont entre elles aucune relation et doivent être considérées comme absolument indépendantes ; l'égalité

$$\frac{H_0(\Delta, J_2, J_3)}{J_3^\nu} = \frac{\Theta_0(J_3, \Delta J_2, \Delta^3)}{\Delta^\mu}$$

entraîne donc que H_0 est divisible par J_3^ν et Θ par Δ^μ, c'est-à-dire que les invariants en question s'expriment en fonction entière de Δ, J_2 et J_3. Quant au second cas où le degré est $\equiv 2 \pmod 4$, il se traite tout à fait de même, car il conduit à l'égalité

$$\frac{I\Theta_1(J_3, \Delta J_2, \Delta^3)}{\Delta^\mu} = \frac{IH_1(\Delta, J_2, J_3)}{J_3^\nu},$$

qui, après la suppression du facteur I, coïncide avec celle qu'on vient d'obtenir ; ainsi donc, en général, tout invariant d'une forme du cinquième degré, dont le degré par rapport aux coefficients est $\equiv 0 \pmod 4$, est une fonction entière de Δ, J_2, J_3, et tout invariant dont le degré est $\equiv 2$ est le produit d'une pareille fonction multipliée par l'invariant I du dix-huitième degré. Les expressions suivantes :

$$\Sigma \alpha . \Delta^i J_2^{i'} J_3^{i''}, \qquad I \Sigma \alpha . \Delta^i J_2^{i'} J_3^{i''},$$

où les quantités α sont numériques, représentent donc tous les invariants des formes du cinquième degré, d'où l'on voit qu'il existe autant d'invariants linéairement indépendants, d'un degré donné m, qu'il y a de solutions entières et positives de l'une ou l'autre de ces équations

$$4i + 8i' + 12i'' = m,$$
$$18 + 4i + 8i' + 12i'' = m.$$

On en conclut, par la loi de réciprocité, que les formes d'un degré quelconque m ont autant d'invariants du cinquième degré par rapport à leurs coefficients qu'il y a de solutions entières et positives des mêmes équations. Ainsi, parmi les formes dont le degré est impairement pair, il faut aller jusqu'au dix-huitième degré pour rencontrer un invariant du cinquième ordre.

SECTION V.

Recherche particulière sur le discriminant des formes du cinquième degré.

MM. Cayley et Sylvester nomment, comme on sait, *discriminant d'une forme f* le résultat de l'élimination de $\frac{x}{y}$, entre les deux équations homogènes

$$\frac{df}{dx} = 0, \qquad \frac{df}{dy} = 0.$$

On obtient ainsi pour une forme de degré m un invariant de degré $2(m-1)$ qui, égalé à zéro, exprime que f a un facteur linéaire élevé au carré. Dans le cas des formes du cinquième degré, le discriminant est donc un invariant du huitième ordre, et qui, d'après la théorie précédente, doit être de cette forme $\alpha J_2 + \alpha' \Delta^2$, α et α' étant numériques. Mais nous allons en former l'expression par une méthode particulière et sans supposer les résultats généraux établis dans la précédente Section, dont nous voulons offrir ainsi une confirmation dans un cas spécial très important en lui-même. A cet effet, nous nous proposerons généralement d'obtenir les valeurs des invariants fondamentaux, lorsqu'il existe un facteur linéaire élevé au carré dans la forme proposée, c'est-à-dire lorsqu'on peut lui donner cette expression

$$f = (0, 0, a, b, c, d)(x, y)^5.$$

En observant qu'on peut mettre $x + ky$ au lieu de x sans que les deux premiers coefficients cessent d'être nuls, disposons de cette quantité k de manière à faire évanouir le coefficient de xy dans le covariant quadratique θ. Nous aurons ainsi une transformée

$$f_1 = (0, 0, a_1, b_1, c_1, d_1)(x, y)^5,$$

et il faudra que les nouveaux coefficients vérifient la condition $a_1 b_1 = 0$. Comme nous ne voulons point admettre de facteurs linéaires à la troisième puissance, il faudra faire $b_1 = 0$, et, si l'on écrit ainsi f_1 sous la forme

$$f_1 = \left(0, 0, \frac{4}{a^2}, 0, \frac{3}{b^2}, e\right)(x, y)^5,$$

le covariant θ sera

$$\theta = \frac{48}{a^2}\left(\frac{x^2}{a^2} - \frac{y^2}{b^2}\right),$$

ce qui nous conduit à remplacer encore $\frac{x}{a}$ et $\frac{y}{b}$ par X et Y. Nous trouverons de la sorte cette transformée des formes à facteur linéaire double

$$pY^5 + q(3XY^4 + 8X^3Y^2),$$

où p et q sont des constantes quelconques, et qui a pour covariant quadratique

$$\frac{48q^2}{25}(X^2 - Y^2).$$

Cela étant, il suffira de mettre X + Y et X — Y au lieu de X et Y pour obtenir la transformée canonique, qui sera

$$\begin{aligned} F &= p(X - Y)^5 + q(X - Y)^2(X + Y)[3(X - Y)^2 + 8(X + Y)^2], \\ &= p(X - Y)^5 + q(X - Y)^2(X + Y)(11X^2 + 10XY + 11Y^2), \\ &= (p + 11q, -p - \tfrac{1}{5}q, p - q, -p - q, p - \tfrac{1}{5}q, -p + 11q)(X, Y)^5. \end{aligned}$$

Voici donc en fonction des deux indéterminées p et q les valeurs suivantes, propres au cas d'un facteur linéaire élevé au carré dans la forme proposée, savoir :

$$AA' = -p^2 + 121q^2, \quad BB' = -p^2 + \tfrac{1}{25}q^2, \quad CC' = -p^2 + q^2,$$
$$ACB'^2 - A'C'B^2 = \tfrac{48}{5}pq(2p^2 + q^2).$$

On en tire

$$\sqrt{\Delta} = \frac{3.2^{10}}{25}q^2, \qquad \frac{J_2}{\sqrt{\Delta^3}} = -\frac{3.2^3}{25}q^2, \qquad \frac{J_3}{\sqrt{\Delta^5}} = q^2 - p^2,$$

d'où cette conclusion importante

$$\Delta^2 + 2^7 J_2 = 0.$$

Le discriminant des formes du cinquième degré est donc obtenu, puisque nous avons un invariant du huitième ordre $\Delta^2 + 2^7 J_2$ qui s'évanouit lorsqu'on suppose deux racines égales dans ces formes, et il se présente bien sous la forme valide d'après notre théorie générale. Exprimé par les coefficients de la forme canonique, il a cette valeur

$$\text{discriminant} = \Delta^2 + 2^7 J_2 = \sqrt{\Delta^3}(AA' + 125 BB' - 126 CC'),$$

de sorte qu'on a un procédé arithmétique facile pour calculer dans un cas donné cette fonction si importante. Remarquons encore, avant d'aller plus loin, la quantité

$$25\Delta^3 - 2^{11} J_3,$$

qui s'évanouit si la forme proposée contient deux facteurs linéaires différents élevés chacun au carré. Si l'on cherche, en effet, le discriminant de la forme cubique

$$\frac{F}{(X-Y)^2} = p(X-Y)^3 + q(X+Y)(11X^2 + 10XY + 11Y^2),$$

on le trouvera, abstraction faite d'un facteur numérique, égal à $q^2(2p^2 + q^2)$ et, d'après les relations précédentes, cette valeur s'exprime ainsi

$$25\,\frac{25\Delta^3 - 2^{11}J_3}{3 \cdot 2^{20}\Delta^2}.$$

Dans un instant nous allons reconnaître le rôle important que joue cette quantité ([1]).

SECTION VI.

Expression par les invariants fondamentaux du nombre des racines réelles et imaginaires de toute équation du cinquième degré.

La possibilité d'un pareil résultat est une conséquence immédiate de ces deux propriétés de la forme-type, d'être une transformée par une substitution réelle de la forme proposée, et d'avoir pour coefficients des invariants. Mais on sent combien il y a loin d'une telle possibilité à un résultat effectif; aussi, depuis l'époque

([1]) Dans le cas d'une forme contenant au cube un facteur linéaire, tous les invariants s'évanouissent, comme cela résulte d'un théorème général donné par mon ami M. Cayley dans le *Journal de Crelle*.

où je communiquais pour la première fois cette vue à mon ami M. Sylvester, avais-je désespéré d'aller plus loin, l'application du théorème de M. Sturm n'étant pas praticable sur l'équation littérale et compliquée qui aurait la forme-type pour son premier membre.

La méthode suivante, à laquelle je ne suis parvenu qu'après bien des efforts, me semble peut-être mériter un instant d'attention, car elle offrira, si je ne me trompe, une étude algébrique complète des racines de l'équation générale du cinquième degré, sous le point de vue de la distinction de ces racines comme quantités réelles et imaginaires, lorsqu'on attribue aux coefficients toutes les valeurs réelles possibles. Je ferai précéder cette recherche de quelques lemmes, afin de ne pas interrompre par la suite l'ordre des raisonnements.

LEMMES PRÉLIMINAIRES.

Lemme I. — *Le produit des carrés des différences des racines d'une équation de degré quelconque $f(x) = 0$ est positif ou négatif, selon que le nombre des racines imaginaires de cette équation est $\equiv 0$ ou $\equiv 2 \pmod 4$. Supposons cette proposition vraie pour une équation d'un degré déterminé $f(x) = 0$, nous allons démontrer qu'elle subsiste pour la nouvelle équation*

$$F(x) = (x - \alpha)(x - \beta) f(x) = 0.$$

Soient en effet D et $\mathbf{D}$ les discriminants, ou, pour plus de précision, les produits des carrés des différences des racines des équations $F = 0$, $f = 0$; on trouvera sans difficulté

$$D = (\alpha - \beta)^2 f^2(\alpha) f^2(\beta)\, \mathbf{D}.$$

D'où l'on voit qu'en supposant réelles les racines α et β, D et $\mathbf{D}$ seront de même signe, tandis qu'en les supposant imaginaires conjuguées, D et $\mathbf{D}$ seront de signes contraires, car le produit $f(\alpha) f(\beta)$ sera positif, et le facteur $(\alpha - \beta)^2$ négatif. La proposition annoncée se vérifie donc à l'égard de l'équation $F = 0$ si elle a lieu pour l'équation $f = 0$; ainsi elle est générale, puisqu'elle est vraie dans le cas du second degré. Les exemples suivants montreront déjà un usage de cette remarque.

Considérons une forme biquadratique

$$f = (a, b, c, b', a')(x, y)^4 = a(x - \alpha y)(x - \beta y)(x - \gamma y)(x - \delta y);$$

soient I l'invariant du second ordre

$$aa' - 4bb' + 3c^2$$

et D le discriminant

$$a^6(\alpha - \beta)^2(\alpha - \gamma)^2 \ldots (\gamma - \delta)^2.$$

Je dis qu'en supposant $I < 0$ la forme proposée aura deux ou quatre racines imaginaires, suivant que D sera négatif ou positif.

On a, en effet, ce qui se vérifie très aisément,

$$I = aa' - 4bb' + 3c^2 = \frac{a^2}{24}[(\alpha - \beta)^2(\gamma - \delta)^2 + (\alpha - \gamma)^2(\beta - \delta)^2 + (\alpha - \delta)^2(\beta - \gamma)^2];$$

donc, l'hypothèse $I < 0$ exclut le cas où toutes les racines sont réelles, et le lemme précédent suffit pour distinguer l'un de l'autre les deux autres cas seuls possibles où le nombre des racines imaginaires est deux ou quatre. Quelque chose d'analogue a lieu aussi pour le cinquième degré; nous allons l'indiquer, bien que nous n'ayons pas à nous en servir par la suite. Soient

$$f = (a, b, c, c', b', a')(x, y)^5 = a(x - \alpha y)(x - \beta y)(x - \gamma y)(x - \delta y)(x - \varepsilon y),$$

D le discriminant, $a^8(\alpha - \beta)^2 \ldots$ et Δ l'invariant qui figure dans nos recherches, savoir

$$(aa' - 3bb' + 2cc')^2 - 4(ab' - 4bc' + 3c^2)(a'b - 4b'c + 3c'^2);$$

on trouvera

$$\Delta = -\frac{a^4}{2.5^4}\Sigma(\alpha - \beta)^2(\beta - \gamma)^2(\gamma - \delta)^2(\delta - \varepsilon)^2(\varepsilon - \alpha)^2,$$

le signe Σ se rapportant aux termes qu'on déduit de celui que nous avons écrit par les permutations des racines.

Il s'ensuit que, en supposant Δ positif, la forme aura des racines imaginaires, et, comme précédemment, elle en aura deux ou quatre, suivant que D sera négatif ou positif.

En passant, remarquons encore cette relation

$$D = a^8(\alpha-\beta)^2\ldots(\delta-\varepsilon)^2 = 5^5(\Delta^2+2^7 J_2).$$

Lemme II. — *Il a été remarqué* (Section II) *que les coefficients de la forme-type avaient pour commun dénominateur* $(2J_3)^5$; *d'après cela, et pour plus de commodité, nous considérons par la suite au lieu de* φ_1 *la forme* $(2J_3)^5\varphi_1$, *c'est-à-dire nous ferons*

$$\Phi = (A,\ B,\ C,\ C',\ B',\ A')(\xi, \eta)^5,$$

les coefficients n'offrant plus J_3 *en dénominateur et ayant ainsi pour valeurs*

$$36A = \Delta^7 J_2 + \Delta^6 J_3 + 6\Delta^5 J_2^2 - 39\Delta^4 J_2 J_3 - 9\Delta^3(6J_3^2 - J_2^3)$$
$$- 126\Delta^2 J_3 J_2^2 + 288\Delta J_3^2 J_2 + 1152 J_3^3,$$
$$36C = \Delta^6 J_2 + \Delta^5 J_3 + 6\Delta^4 J_2^2 - 27\Delta^3 J_2 J_3 - 3\Delta^2(14J_3^2 - 3J_2^3)$$
$$- 90\Delta J_3 J_2^2 + 144 J_3^2 J_2,$$
$$36B' = \Delta^5 J_2 + \Delta^4 J_3 + 6\Delta^3 J_2^2 - 15\Delta^2 J_2 J_3 - 3\Delta(10J_3^2 - 3J_2^3) - 54 J_3 J_2^2;$$
$$9B = -I(\Delta^4 + 3\Delta^2 J_2 - 24\Delta J_3),$$
$$9C' = -I(\Delta^3 + 3\Delta J_2 - 12 J_3),$$
$$9A' = -I(\Delta^2 + 3J_2).$$

Cela posé, on aura ces relations remarquables,

$$(1)\qquad \begin{cases} AB' - 4BC' + 3C^2 = 16\Delta J_3^5, \\ A'B - 4B'C + 3C'^2 = -16 J_3^5; \\ AA' - 3BB' + 2CC' = 0. \end{cases}$$

$$(2)\qquad \begin{cases} A - 2\Delta C + \Delta^2 B' = 32 J_3^3, \\ B - 2\Delta C' + \Delta^2 A' = 0: \end{cases}$$

les premières résultent de l'expression du covariant quadratique de Φ, qu'on obtient bien aisément. Effectivement, cette forme Φ provient, par le fait de la suppression du dénominateur $(2J_3)^5$, de la transformée canonique F, par la substitution

$$\Delta(CX + C'Y) = 2J_3\xi, \qquad \Delta\sqrt{\Delta}(CX - C'Y) = 2J_3\eta;$$

donc son covariant quadratique proviendra, par la même substitution, du covariant $\sqrt{\Delta}XY$ relatif à F, multiplié par la quatrième puissance du déterminant de la substitution, c'est-à-dire par $(2J_3)^4$. Cela donne pour le covariant quadratique de la forme-type cette expression remarquable,

$$16 J_3^5 (\Delta \xi^2 - \eta^2),$$

d'où l'on tire de suite les équations (1).

En recherchant de la même manière le covariant linéaire du cinquième ordre de la forme-type, on obtiendra la valeur

$$120 (2 J_3)^{13} \xi ;$$

mais, d'après la loi générale de formation (Section I), ce covariant sera

$$\begin{aligned} & 2^8 J_3^{10} \left(\Delta^2 \frac{d^4 \Phi}{d\eta^4} - 2\Delta \frac{d^4 \Phi}{d\xi^2\, d\eta^2} + \frac{d^4 \Phi}{d\xi^4} \right) \\ & \quad = 120 . 2^8 J_3^{10} [(A - 2\Delta C + \Delta^2 B')\xi + (B - 2\Delta C' + \Delta^2 A')\eta], \end{aligned}$$

d'où l'on conclut les relations (2).

Il serait très important, pour la théorie des formes du cinquième degré, de calculer, comme nous venons de le faire, les valeurs d'un plus grand nombre de covariants de la forme-type ; on recueillerait ainsi des éléments précieux d'observation qui pourraient éclairer la nature des rapports de ces covariants avec la forme dont ils tirent naissance. Pour le moment, nous ne pouvons nous empêcher d'appeler l'attention du lecteur sur la simplicité des équations que nous venons de trouver entre les coefficients si compliqués de la forme-type ; elles vont nous donner une démonstration facile de la proposition suivante, qu'il importe d'établir pour la recherche spéciale que nous avons en vue dans cette Section.

LEMME III. — *L'équation du quatrième degré par rapport à* J_2, *qu'on forme en égalant à zéro l'invariant du dix-huitième ordre, a toujours deux racines réelles, et deux racines imaginaires.*

D'après la valeur que nous avons obtenue pour I^2, cette équation est

$$\begin{aligned} 16 I^2 = {} & \Delta^5 J_2^2 + 2\Delta^4 J_2 J_3 + \Delta^3 (J_3^2 + 6 J_2^3) - 18 \Delta^2 J_2^2 J_3 \\ & + 3\Delta (3 J_2^4 - 24 J_2 J_3^2) - 24 (2 J_3^3 + 3 J_2^3 J_3) = 0, \end{aligned}$$

ou, en ordonnant par rapport à J_2,

$$\begin{aligned} & 9\Delta J_2^4 + 6(\Delta^3 - 12 J_3) J_2^3 + (\Delta^5 - 18\Delta^2 J_3) J_2^2 \\ & \quad + (2\Delta^4 J_3 - 72 \Delta J_3^2) J_2 + \Delta^3 J_3^2 - 48 J_3^3 = 0. \end{aligned}$$

Elle est, comme on voit, assez compliquée pour qu'on puisse hésiter à y appliquer le théorème de M. Sturm; mais heureusement elle admet une transformée très simple. Effectivement, pour une valeur de J_2 qui satisfait à cette équation, les coefficients A, C, B' donnent, en vertu des équations (1) et (2),

$$AB' + 3C^2 = 16\Delta J_3^5,$$
$$B'C = 4J_3^5,$$
$$A - 2\Delta C + \Delta^2 B' = 32 J_3^3,$$

puisque B, C', A', contenant I en facteur, s'annulent. Or, en éliminant A et B', on trouve

$$3C^4 - 8\Delta J_3^5 C^2 + 128 J_3^8 C - 16\Delta^2 J_3^{10} = 0.$$

Ce résultat paraîtra bien remarquable, si l'on a égard à la complication de la valeur de C exprimée en fonction de J_2; quoi qu'il en soit, cette fonction étant rationnelle et entière par rapport à J_2, il suffira de raisonner sur l'équation en C, et d'établir qu'elle a bien deux racines réelles et deux racines imaginaires. Or le premier point résulte de ce que le dernier terme est essentiellement négatif, et le second de ce qu'en faisant

$$3C^4 - 8\Delta J_3^5 C^2 + 128 J_3^8 C - 16\Delta^2 J_3^{10} = (a, b, c, b', a')(C, 1)^4,$$

l'invariant du second ordre,

$$aa' - 4bb' + 3c^2,$$

a la valeur négative

$$-\tfrac{128}{3}\Delta^2 J_3^{10} \qquad \text{(Lemme I)}.$$

Des limites entre lesquelles se trouve toujours renfermé l'invariant J_2 de toute forme du cinquième degré à coefficients réels.

La forme-type, à laquelle nous avons ramené la forme générale du cinquième degré par une substitution linéaire, ne contenant plus que trois paramètres, Δ, J_2, J_3, on est naturellement conduit à étudier les racines de cette forme considérées comme fonctions de ces paramètres, tandis qu'on n'aurait jamais songé à se proposer la même question sur les racines elles-mêmes de la forme primitive, considérées comme fonctions de cinq quantités arbitraires.

Mais, dès l'abord de cette recherche, se présente une circonstance importante. En considérant pour les coefficients de la forme proposée, des valeurs réelles, les paramètres de la forme-type, qu'on ne devra pas déjà supposer imaginaires, ne peuvent même recevoir toutes les valeurs réelles possibles. Il entre, en effet, dans la forme-type, l'invariant I du dix-huitième ordre, qui doit être aussi essentiellement réel, de sorte que (étant algébriquement indépendantes) les quantités Δ, J_2, J_3, en tant qu'elles proviennent d'une forme réelle, sont assujetties à cette condition de rendre positive la fonction

$$16I^2 = 9\Delta J_2^4 + 6(\Delta^3 - 12J_3)J_2^3 + (\Delta^5 - 18\Delta^2 J_3)J_2^2 \\ + (2\Delta^4 J_3 - 72\Delta J_3^2)J_2 + \Delta^3 J_3^2 - 48 J_3^3.$$

Or, quels que soient Δ et J_3, nous avons démontré que l'équation $I^2 = 0$, en prenant J_2 pour inconnue, avait toujours deux racines réelles et deux racines imaginaires. Nommant donc j et j' ces racines réelles, il est aisé de voir qu'en supposant Δ positif, les valeurs de J_2 qui rendront la fonction I réelle seront nécessairement au dehors de l'intervalle compris entre j et j', tandis qu'en supposant Δ négatif ces valeurs seront comprises, au contraire, dans le même intervalle. Une observation très simple confirme cette conclusion que J_2 est nécessairement limité quand Δ est négatif; si l'on suppose, en effet, J_2 très grand, on trouvera, en employant les expressions données précédemment des coefficients A, B, ..., que la forme Φ devient sensiblement proportionnelle à $(\xi\sqrt{\Delta} - \eta)^5$, de sorte que les cinq racines se présenteraient toutes comme imaginaires, en devenant égales à la limite, tandis qu'on sait bien que leur commune valeur doit être réelle. Ces limites, que nous venons de trouver pour les valeurs de J_2, vont encore se présenter dans une circonstance importante, comme on va voir.

Des limites entre lesquelles les racines de la forme-type sont des fonctions continues de J_2, considéré comme une variable réelle.

Nous nous fonderons pour cette recherche sur ce théorème si important dans toute l'Analyse, que l'illustre géomètre, M. Cauchy, a démontré sous un point de vue plus général dans les *Nouveaux exercices de Mathématiques* (t. II, p. 109) : « Les racines d'une équation algébrique dont les coefficients contiennent, sous forme rationnelle, un paramètre, sont des fonctions continues de ce paramètre, tant qu'en variant suivant une loi donnée, en restant toujours réel, par exemple, il n'atteint pas une des valeurs particulières qui font acquérir des racines égales à l'équation proposée. Mais la quantité J_2, que nous considérons comme un paramètre variable entrant dans l'équation que nous voulons étudier, savoir,

$$(A, B, C, C', B', A')(x, 1)^5 = 0,$$

sous un radical carré I, nous ferons $y = Ix$, ce qui donnera l'équation en y,

$$(A, IB, I^2C, I^3C', I^4B', I^5A')(y, 1)^5 = 0,$$

dont tous les coefficients sont rationnels, puisque B, C', A' contiennent déjà I en facteur. Cela posé, nous allons, pour appliquer le théorème de M. Cauchy, calculer son discriminant. Or le discriminant D, de la forme primitive

$$f = (a, b, c, c', b', a')(x, y)^5,$$

se reproduisant dans toute transformée, multiplié par la vingtième puissance du déterminant de la substitution, on trouvera d'abord $(2J_3)^{20}.D$ pour le discriminant de Φ, et $(2J_3)^{20}.I^{20}.D$, pour celui de l'équation en y. Par là nous voyons que les valeurs de J_2, pour lesquelles les racines y deviennent discontinues [1], sont données par les équations

$$I = 0, \qquad D = \Delta^2 + 2^7 J_2 = 0.$$

Et comme le radical carré I est aussi fonction continue de J_2, entre les limites déterminées par l'équation $I = 0$, la relation $y = Ix$ montre qu'on peut regarder les racines x elles-mêmes comme fonctions continues de J_2, tant que cette variable, que nous supposons réelle, n'atteint pas la valeur $-2^{-7}\Delta^2$ ou l'une des quantités nommées précédemment j et j'. Peut-être devons-nous faire observer que nous ne considérons pas un autre genre de discontinuité, le passage à l'infini d'une racine, lorsque le coefficient A s'annule. La raison en est que, dans le voisinage d'une valeur

---

[1] On dirait plutôt aujourd'hui *sont irrégulières*, car il ne s'agit pas ici d'une véritable discontinuité. E. P.

réelle de J_2, qui donnerait $A = 0$, les inverses des cinq racines sont certainement des fonctions continues, et ne pourront passer du réel à l'imaginaire, ou de l'imaginaire au réel, lorsque J_2 aura atteint et dépassé la valeur particulière en question, en supposant toutefois, comme il arrive en général, que l'on n'a pas en même temps $B = 0$. On voit donc qu'aucun changement dans le mode d'existence des racines de la forme-type, comme quantités réelles et imaginaires, ne correspond à cette discontinuité particulière qui provient du passage par l'infini, et qu'ainsi elle n'est pas à considérer dans notre recherche (¹). »

Sur les valeurs des racines de la forme-type lorsque J_2 est égal à la limite j ou à la limite j'.

Nous avons précédemment distingué avec soin, dans l'ensemble des valeurs réelles de J_2, les intervalles entre lesquels cette quantité peut être regardée comme provenant d'une forme à coefficients réels. Franchir les limites assignées sera donc considérer ce que deviennent les racines de la forme-type, pour un état imaginaire des coefficients de la forme primitive. Cependant, si nous supposons toujours J_2 réel, ces valeurs imaginaires, qui viendront nécessairement s'offrir, ne seront point entièrement arbitraires, et seront soumises à des conditions spéciales. Or on va voir combien est utile la considération de ces valeurs limitées comme nous le disons, de manière que les invariants du quatrième, du huitième et du douzième ordre restent réels, l'invariant du dix-huitième étant seul affecté du facteur $\sqrt{-1}$. Effectivement, nous allons pouvoir suivre de la manière la plus facile et la plus claire comment les racines de la forme-type changent successivement de

(¹) Cette considération des inverses des racines sert aussi à établir, quand on recherche la distribution en systèmes circulaires des racines v d'une équation de la forme

$$N v^m + P v^{m-1} + \ldots = 0,$$

N, P, ... étant des polynomes entiers en z, que ces systèmes subsistent sans altération lorsque le contour décrit par la variable z vient à comprendre un nombre quelconque de points, auxquels correspondent des racines de l'équation $N = 0$. *Voyez* à ce sujet le n° 37 du Mémoire de M. Puiseux intitulé *Recherches sur les Fonctions algébriques* (*Journal de Liouville*, t. XV).

nature en passant du réel à l'imaginaire ou de l'imaginaire au réel, lorsque J_2 varie de $-\infty$ à $+\infty$, et, par suite, établir ce que sont ces racines dans un intervalle donné, résultat important auquel nous n'aurions pu parvenir en renonçant à ces valeurs de paramètre variable qui supposent nécessairement imaginaires les coefficients de la forme proposée. Voici, pour cet objet, les dernières propositions préliminaires que nous avons à démontrer. Je dis d'abord qu'en supposant $D = 0$, on aura

$$2^{32} I^2 = (25\Delta^3 - 3.2^{10} J_3)(25\Delta^3 - 2^{11} J_3)^2.$$

C'est une conséquence immédiate de la formule

$$\frac{I}{\sqrt{\Delta^7}} = ACB'^2 - A'C'B^2 = \frac{48}{5} pq(2p^2 + q^2),$$

donnée Section V. On trouvera, en effet, le résultat annoncé en élevant au carré et remplaçant p^2 et q^2 par leurs valeurs en J_3 et Δ, telles qu'elles résultent des formules de cette Section. Il s'ensuit que, pour $D = 0$, I sera réel ou imaginaire, suivant le signe de la quantité $25\Delta^3 - 3.2^{10} J_3$, et, par conséquent, le discriminant s'évanouira dans l'intervalle des valeurs admises ou des valeurs exclues de J_2, suivant que $25\Delta^3 - 3.2^{10} J_3$ sera positif ou négatif. Cela posé, je vais démontrer que si le discriminant ne s'évanouit qu'en dehors des limites $J_2 = j$, $J_2 = j'$, les racines de la forme-type présenteront pour ces deux limites un même nombre de quantités réelles et un même nombre de quantités imaginaires. Deux cas sont à distinguer suivant que Δ est positif ou négatif. Dans l'un et l'autre, les racines de la forme-type seront certainement entre les limites j et j' des fonctions continues de J_2; dans le second cas, les coefficients de l'équation étant réels, le nombre des racines réelles de l'équation ne peut changer entre j et j' que si D s'annule, ce qui n'a pas lieu. Dans le premier cas, on ne peut faire le même raisonnement. C'est donc seulement dans le second cas que notre proposition se trouve immédiatement établie, et, sous ce point de vue, le premier exigerait une discussion que la méthode suivante évite, car il n'y figure plus de considérations de continuité.

Lorsque $I = 0$, nous avons trouvé précédemment les relations

$$(1)\qquad AB' + 3C^2 = 16\Delta J_3^{\frac{5}{3}}, \qquad B'C = 4 J_3^{\frac{5}{3}}, \qquad A - 2\Delta C + \Delta^2 B' = 32 J_3^{\frac{3}{3}}$$

et aussi une équation ne contenant que C, et que nous présenterons sous cette forme

$$(2)\qquad (3C^2 + 4J_3^{\frac{5}{3}}\Delta)(C^2 - 4\Delta J_3^{\frac{5}{3}}) = -128 J_3^{\frac{8}{3}} C.$$

Cela posé, il s'agit d'en déduire les valeurs des quantités qui déterminent par leurs signes la nature des racines de l'équation

$$(A, 0, C, 0, B', 0)(x, 1)^5 = 0.$$

Or ces quantités sont $25C^2 - 5AB'$, en premier lieu, puis les rapports $\frac{C}{A}$, $\frac{B'}{A}$, mais en leur place il sera préférable de prendre les suivantes

$$5C^2 - AB', \quad AC, \quad AB',$$

ou même celles-ci

$$5C^2 - AB', \quad \frac{5C^2 - AB'}{AB'} \quad \text{et} \quad B'C,$$

ce qui est permis comme on le verra bien facilement. Mais, par l'équation (1), on trouvera

$$5C^2 - AB' = 8(C^2 - 2\Delta J_3^{\frac{5}{3}})$$

et

$$\frac{5C^2 - AB'}{AB'} = 8\,\frac{C^2 - 2\Delta J_3^{\frac{5}{3}}}{16\Delta J_3^{\frac{5}{3}} - 3C^2},$$

ce qui nous conduit à déterminer la nature des racines de notre équation par ces deux fonctions très simples

$$u = C^2 - 2\Delta J_3^{\frac{5}{3}}, \qquad v = \frac{C^2 - 2\Delta J_3^{\frac{5}{3}}}{16\Delta J_3^{\frac{5}{3}} - 3C^2},$$

car il est inutile de considérer la troisième $B'C$, qui conserve absolument la même valeur pour $J_2 = j$, $J_2 = j'$.

Or, en élevant au carré les deux membres de l'équation (2), on introduira partout le carré C^2, et une élimination facile alors donnera

$$(3)\qquad (3u + 10\Delta J_3^{\frac{5}{3}})^2(u - 2\Delta J_3^{\frac{5}{3}})^2 = 128^2 J_3^{\frac{16}{3}}(u + 2\Delta J_3^{\frac{5}{3}}),$$

$$(4)\qquad \Delta^3(30v + 5)^2(2v - 1)^2 = 2.32^2 J_3(8v + 1)(3v + 1)^3.$$

Chacune de ces équations aura, comme l'équation en C, deux racines imaginaires et deux racines réelles qui correspondent respectivement à $J_2 = j$, $J_2 = j'$; donc, pour l'une et pour l'autre, les racines réelles seront de mêmes signes ou de signes contraires, suivant que le dernier terme sera positif ou négatif. Or le dernier terme de (3) est

$$\left(\tfrac{4}{3}\right)^2 \Delta J_3^{20} (25\Delta^3 - 2^{11} J_3);$$

après avoir réduit à l'unité le coefficient de u^4, et, après avoir réduit à l'unité le coefficient de v^4, le dernier terme de (4) devient

$$\frac{25\Delta^3 - 2^{11} J_3}{12^2[25\Delta^3 - 3.2^{10} J_3]},$$

et que Δ soit positif ou négatif, il est aisé de voir que ces quantités sont positives. En effet, pour $\Delta > 0$, elles le sont évidemment si J_3 est négatif; mais, si J_3 est positif, la condition

$$25\Delta^3 - 3.2^{10} J_3 > 0.$$

qui est l'hypothèse, entraîne

$$25\Delta^3 - 2^{11} J_3 > 0,$$

et notre proposition est vérifiée. Enfin, pour $\Delta < 0$, elle est évidente si J_3 est positif; mais, si J_3 est négatif, l'hypothèse, qui est alors

$$25\Delta^3 - 3.2^{10} J_3 < 0.$$

entraîne

$$25\Delta^3 - 2^{11} J_3 < 0.$$

Donc, aux deux limites j et j', les trois quantités qui déterminent la nature des racines de la forme-type ont individuellement les mêmes signes, et ces racines présentent dans ces deux cas un même nombre de quantités réelles et imaginaires.

Ce que deviennent successivement les racines de la forme-type lorsque J_2 varie de $-\infty$ à $+\infty$.

Nous distinguerons quatre cas principaux dans cette recherche, que nous traiterons dans l'ordre suivant :

Premier cas

$$\Delta > 0, \quad 25\Delta^3 - 3.2^{10}J_3 > 0.$$

Deuxième cas

$$\Delta < 0, \quad 25\Delta^3 - 3.2^{10}J_3 > 0.$$

Troisième cas

$$\Delta > 0, \quad 25\Delta^3 - 3.2^{10}J_3 < 0.$$

Quatrième cas

$$\Delta < 0, \quad 25\Delta^3 - 3.2^{10}J_3 < 0.$$

Premier cas (1). — Les valeurs admises de J_2 forment alors deux séries, l'une de $-\infty$ à j, la seconde de j' à $+\infty$ (en nommant j la plus petite des quantités j et j'), et la condition

$$25\Delta^3 - 3.2^{10}J_3 > 0$$

signifie, comme il a été dit plus haut, que le discriminant s'évanouira nécessairement pour une valeur de J_2 comprise dans l'une des séries indiquées; nous admettrons, pour fixer les idées, que ce soit dans la première.

Cela posé, faisons croître J_2 par degrés insensibles à partir de $-\infty$; tant que le discriminant $D = \Delta^2 + 2^7 J_2$ ne viendra pas à s'annuler, les cinq racines resteront des fonctions continues, et aucun changement ne surviendra dans leur nature. Mais, pour $J_2 = -2^{-7}\Delta^2$, deux d'entre elles et deux seulement deviendront égales; de sorte que, dans le voisinage de cette valeur, elles pourront passer du réel à l'imaginaire ou de l'imaginaire au réel, en devenant discontinues, tandis que les trois autres resteront au contraire des fonctions continues de J_2.

(1) Dans la discussion de ce premier cas, M. Hermite s'appuie sur le fait exact, mais dont il n'indique pas la démonstration, que $-2^{-7}\Delta^2$ est dans l'intervalle $-\infty, j$, quand J_3 est positif, et dans l'intervalle $j', +\infty$ quand J_3 est négatif.

E. P.

En raison de cette circonstance, essayons d'en déterminer la nature. Pour cela, nous nous placerons précisément dans ce cas particulier où $D = 0$. Divisant la forme-type par le facteur linéaire qu'elle contient alors au carré, nous obtiendrons une forme cubique, dont il faudra calculer le discriminant. Mais, dans ce but, nous pouvons remplacer la forme-type Φ par la transformée canonique F, puisqu'elle s'en déduit en faisant une substitution au déterminant réel $2 J_3$. Alors un calcul très facile, qui a été exécuté à la Sect. V (*in finem*), conduit, abstraction faite d'un facteur positif, à la fonction déjà considérée plus haut

$$25 \Delta^3 - 2^{11} J_3 \text{ (1)}.$$

Il a été remarqué qu'elle était positive dans ce premier cas, où nous nous trouvons maintenant, où l'on a les conditions

$$\Delta > 0, \quad 25 \Delta^3 - 3 . 2^{10} J_3 > 0.$$

Ainsi, de ces trois racines fonctions continues de J_2 entre les limites $J_2 = -\infty$, $J_2 = j$, une seule est réelle et les deux autres sont imaginaires. Cela posé, il s'agirait de reconnaître, pour des valeurs de J_2 infiniment voisines de $-2^{-7} \Delta^2$, la nature des deux autres racines qui sont égales pour

$$J_2 = -2^{-7} \Delta^2.$$

Cette question rentre dans les principes connus, mais nous pouvons l'éviter en rappelant le premier lemme où il a été établi que la seule condition $D < 0$ assurait l'existence de deux racines imaginaires et de trois racines réelles. Puisqu'il y a dans l'équation deux racines imaginaires quel que soit J_2, il faudra que les deux racines qui deviennent égales quand le discriminant s'évanouit soient réelles, tant qu'il est négatif, et passent à l'imaginaire lorsque, après s'être annulé, le discriminant devient positif. Maintenant, J_2 continuant à croître, la forme-type offrira toujours quatre racines imaginaires et une racine réelle jusqu'à ce qu'on parvienne à la limite $J_2 = j$, à partir de laquelle on entre dans l'intervalle des valeurs exclues du paramètre. Alors les coefficients qui contiennent

---

(1) J'ai pris, suivant l'usage, le discriminant d'une forme cubique de signe contraire au produit des carrés des différences des racines de cette forme.

en facteur le radical carré deviennent, dans tout cet intervalle, imaginaires; cependant nous allons encore suivre les racines en les faisant dépendre d'une équation à coefficients réels. Pour cela, faisant dans la proposée

$$(A, B, C, C', B', A')(x, 1)^5 = 0, \qquad y = x\sqrt{-1},$$

nous aurons dans l'intervalle compris entre j et j' la transformée à coefficients réels

$$[A, \sqrt{-1}B, -C, -\sqrt{-1}C', B', \sqrt{-1}A'](y, 1)^5 = 0.$$

Dans cet intervalle et les limites comprises, les cinq racines y seront fonctions continues de J_2; ainsi leur nature dépend de leurs valeurs initiales, par exemple pour $J_2 = j$. Mais il est bien à remarquer qu'alors les quatre racines qui sont imaginaires peuvent avoir leurs parties réelles nulles; deux cas différents peuvent donc se présenter : les valeurs initiales des racines y seront toutes réelles, ou bien quatre d'entre elles seront imaginaires et une seule réelle.

C'est une question curieuse et délicate de reconnaître si les deux cas sont possibles, ou lequel peut seulement avoir lieu. Pour le résoudre, je remarquerai que l'équation en y, pour $J_2 = j$ par exemple, est de cette forme

$$(A, 0, -C, 0, B', 0)(y, 1)^5 = 0,$$

et que la quantité $\frac{B'}{A}$ est nécessairement positive. En effet, si elle était négative, on voit bien aisément que cette équation aurait nécessairement deux racines imaginaires et trois racines réelles. Et la même chose a lieu pour $J_2 = j'$, d'où il suit que le signe commun aux deux racines réelles de l'équation en

$$v = \frac{C^2 - 2\Delta J_3^{\frac{5}{3}}}{16\Delta J_3^{\frac{5}{3}} - 3C^2} = \frac{1}{8}\,\frac{5C^2 - AB'}{AB'}$$

sera celui de la quantité $5C^2 - AB'$ aux deux limites. Or l'équation en v a ses deux racines positives, car son premier membre, comme nous l'avons vu, est positif pour $v = 0$, et J_3 étant positif, par la substitution, on le trouvera négatif au contraire pour $v = \frac{1}{2}$; donc, nous avons une racine comprise entre zéro et $\frac{1}{2}$, et l'autre racine, qui est nécessairement de même signe, sera donc aussi positive. L'équation

$$Ay^4 - 10Cy^2 + 5B' = 0$$

a donc, par rapport à y^2, ses deux racines réelles, et, comme AB' est positif et que $B'C = 4J_3^5$ est aussi positif, ces deux valeurs de y^2 seront positives. Ainsi, l'équation en y, pour $J_2 = j$ et $J_2 = j'$, a ses racines toutes réelles, et le premier des deux cas dont nous avions admis la possibilité a seul lieu.

Au delà de la limite $J_2 = j'$, les coefficients de l'équation en x redeviennent réels, et dans cette seconde série des valeurs admises du paramètre, jusqu'à $J_2 = +\infty$, les cinq racines restent indéfiniment des fonctions continues, et offrent toujours une quantité réelle et quatre quantités imaginaires dont les valeurs initiales sont les produits du facteur $\sqrt{-1}$ par des quantités réelles.

Enfin, considérons le cas où le discriminant s'évanouit entre les limites $J_2 = +\infty$, $J_2 = j'$, et faisons alors décroître le paramètre variable de $+\infty$ à $-\infty$. Tout à fait comme précédemment, nous trouverons, dans l'intervalle compris entre les limites $+\infty$ et j', trois racines qui seront fonctions continues de J_2. Deux d'entre elles seront imaginaires et la troisième réelle, à cause de la condition $25\Delta^3 - 2^{11}J_3 > 0$. Quant aux deux autres, qui deviennent égales quand le discriminant s'évanouit, elles seront imaginaires tant que le discriminant D restera positif, et passeront à l'état réel en devenant irrégulières lorsque D, après s'être annulé, deviendra négatif. Nous parvenons ainsi à la limite $J_2 = j'$, avec deux racines imaginaires et trois racines réelles. Pour suivre ultérieurement les racines, dans l'intervalle des valeurs exclues, de $J_2 = j'$ à $J_2 = j$, nous ferons encore $y = x\sqrt{-1}$, et la transformée à coefficients réels aura dans toute cette étendue ses racines fonctions continues de J_2. Quant à leur nature, elle résulte cette fois sans ambiguïté des valeurs initiales, qui offrent trois quantités réelles et deux quantités imaginaires produits du facteur $\sqrt{-1}$ multiplié par des quantités réelles. Nous savons que dans ce cas J_3 est nécessairement négatif.

Enfin, lorsque le paramètre décroît de la limite j à $-\infty$, nous retrouvons pour les cinq racines des fonctions continues, parmi lesquelles deux sont imaginaires et les trois autres réelles.

Deuxième cas. — Les valeurs admises de J_2 forment une seule série de j à j', et la condition

$$25\Delta^3 - 3.2^{10} J_3 > 0$$

signifie que le discriminant s'évanouit dans cet intervalle. Faisant donc croître J_2 par degrés insensibles à partir de la limite j, tant qu'on n'atteindra pas la valeur $-2^{-7}\Delta^2$, pour laquelle D s'annule, les cinq racines demeureront des fonctions continues, et aucun changement ne surviendra dans leur nature. Mais, pour $D = 0$, deux d'entre elles présenteront alors une irrégularité en devenant égales, tandis que les trois autres resteront des fonctions continues jusqu'à la limite j'. En raisonnant comme dans le cas précédent, on verra que la nature de ces trois racines dépend encore de l'expression $25\Delta^3 - 2^{11} J_3$, qui maintenant peut être positive ou négative. Supposons-la d'abord positive; c'est admettre dans l'intervalle compris entre j et j' l'existence de deux racines imaginaires et d'une racine réelle. Donc, tant que le discriminant, avant de s'évanouir, restera négatif, les deux autres racines de l'équation seront réelles et, lorsque D deviendra positif après s'être annulé, elles passeront, en devenant discontinues, à l'état imaginaire. Ainsi donc, dans ce cas, deux racines imaginaires et trois racines réelles à l'origine $J_2 = j$, et quatre racines imaginaires avec une racine réelle à la limite supérieure $J_2 = j'$. Maintenant, si nous faisons encore $y = x\sqrt{-1}$, pour arriver à une transformée à coefficients réels entre les limites $J_2 = j$, $J_2 = -\infty$, d'une part, $J_2 = j'$, $J_2 = +\infty$, de l'autre, il est clair que dans ces deux intervalles les racines y ne présenteront plus aucune discontinuité et demeureront respectivement ce qu'elles sont aux deux origines. Or, pour $J_2 = j$ nous savons avoir, sur les cinq racines x, trois quantités réelles et deux imaginaires; donc, il en sera de même pour les racines y. Et, puisqu'il en est ainsi, l'expression $5C^2 - AB'$ est positive; alors, nous en conclurons qu'elle sera négative pour $J_2 = j'$, car le dernier terme de l'équation en u étant

$$\left(\frac{4}{3}\right)^2 \Delta J_3^{20} (25\Delta^3 - 2^{11} J_3),$$

à cause de $\Delta < 0$, les deux racines u sont de signes contraires. Donc, les racines x présentant quatre quantités imaginaires pour $J_2 = j'$, il en sera de même des racines y.

Supposons en second lieu

$$25\Delta^3 - 2^{11}J_3 < 0;$$

c'est admettre trois racines réelles comme fonctions continues de j à j'. Alors les deux autres racines, qui sont égales quand D s'annule, seront imaginaires pour $D < 0$, et deviendront réelles quand D passera à l'état positif. Ainsi, comme tout à l'heure, deux racines imaginaires et trois racines réelles à l'origine $J_2 = j$, mais cinq racines réelles à la limite $J_2 = j'$. Pour ce qui concerne les quantités $y = x\sqrt{-1}$, de $J_2 = j$ à $J_2 = -\infty$, elles seront fonctions continues, et, dans tout cet intervalle, présenteront, comme à l'origine, deux quantités imaginaires et trois réelles. De $J_2 = j'$ à $J_2 = +\infty$, elles seront encore continues, mais une seule sera réelle, les quatre autres imaginaires, et ayant pour valeurs initiales les produits du facteur $\sqrt{-1}$ multiplié par des quantités réelles.

Troisième cas. — Les deux derniers cas peuvent se ramener par la considération suivante aux deux premiers.

Concevons que dans la forme-type on change Δ et J_3 en $-\Delta$ et $-J_3$, en conservant J_2 avec son signe, on vérifiera que les coefficients A, B, C, C', B', A' deviendront respectivement

$$-A,\quad B\sqrt{-1},\quad C,\quad -C'\sqrt{-1},\quad -B',\quad A'\sqrt{-1};$$

donc, en mettant à la place de x, $x\sqrt{-1}$, et multipliant encore la transformée par $\sqrt{-1}$, on trouvera exactement le même résultat qu'en changeant les signes des invariants Δ et J_3. Or les conditions caractéristiques des deux derniers cas, savoir

$$\Delta > 0,\qquad 25\Delta^3 - 3.2^{10}J_3 < 0 \qquad \text{et} \qquad \Delta < 0,\qquad 25\Delta^3 - 3.2^{10}J_3 < 0,$$

reproduisent, par le changement de signe de Δ et J_3, celles des deux premiers. Ainsi, du second nous allons déduire le troisième, et du premier le quatrième, avec ce seul changement que tout ce qui a été dit des quantités x et y devra être transporté aux quantités y et x, x étant toujours l'inconnue de l'équation proposée, et y

désignant $x\sqrt{-1}$. Cela donne les conclusions suivantes, en commençant par le troisième cas. Alors les valeurs admises du paramètre forment les deux séries de $-\infty$ à j et de j' à $+\infty$.

Dans la première des cinq racines x, deux sont imaginaires et trois réelles; dans la seconde, quatre sont imaginaires, une seule est réelle, et, d'ailleurs, dans les deux séries elles restent toutes fonctions continues du paramètre. Pour les racines y, c'est dans l'intervalle compris de j à j' qu'elles dépendent d'une équation à coefficients réels, et deux cas sont à distinguer suivant que $25\Delta^3 - 2^{11}J_3$ est négatif ou positif. Dans le premier, sur les trois racines qui sont fonctions continues de j à j', une est réelle, et deux sont imaginaires. Quant aux deux autres racines qui deviennent discontinues pour $D = 0$, elles sont réelles si D est négatif, et imaginaires lorsque D est positif. Enfin, si $25\Delta^3 - 2^{11}J_3$ est positif, les trois racines qui sont fonctions continues sont réelles, et les deux autres sont imaginaires pour $D < 0$ et réelles pour $D > 0$.

Quatrième cas. — Résumé. — En nous bornant pour abréger aux racines x, on voit qu'elles seront toutes fonctions continues du paramètre dans l'intervalle des valeurs admises qui s'étend de j à j'. Maintenant, et d'après ce qui a été dit du premier cas, toutes ces racines seront réelles si J_3 est négatif, deux seront imaginaires et les trois autres réelles si J_3 est positif. Ici on ne voit plus figurer le discriminant; cependant il est bien facile de vérifier encore que pour J_3 négatif il a une valeur positive et pour J_3 positif une valeur négative. Effectivement, cette condition $J_3 < 0$ signifie, d'après ce que nous avons vu dans le premier cas, que le discriminant s'évanouit entre les limites $J_2 = -\infty$, $J_2 = j$; or, pour des valeurs croissantes du paramètre, il passe, en s'évanouissant, du négatif au positif, et arrive à l'état positif dans l'intervalle des valeurs admises. Au contraire, si J_3 est positif, il s'évanouit entre les limites $J_2 = j'$, $J_2 = +\infty$, et a conséquemment une valeur négative dans l'intervalle compris entre j et j'. Dans le troisième cas, le discriminant ne se trouve pas non plus immédiatement en évidence; mais, comme il s'évanouit alors dans l'intervalle compris de j à j', il est clair qu'il est négatif de $J_2 = -\infty$ à $J_2 = j$, et positif de $J_2 = j'$ à $J_2 = +\infty$.

Ces remarques faites, nous pouvons maintenant rapprocher les divers résultats que nous venons d'obtenir; nous formerons ainsi le tableau suivant, qui offre l'expression par les invariants fondamentaux du nombre des racines réelles et imaginaires de l'équation générale du cinquième degré :

$$\Delta^2 + 2^7 J_2 < 0 \ldots,$$

trois racines réelles, deux racines imaginaires;

$\Delta^2 + 2^7 J_2 > 0$:

$$\Delta < 0, \quad 25\Delta^3 - 3 . 2^{10} J_3 < 0,$$

cinq racines réelles;

$$\Delta < 0, \quad 25\Delta^3 - 3 . 2^{10} J_3 > 0, \quad 25\Delta^3 - 2^{11} J_3 < 0,$$

cinq racines réelles;

$$\Delta > 0, \quad \ldots,$$

une racine réelle, quatre imaginaires;

$$\Delta < 0, \quad 25\Delta^3 - 3 . 2^{10} J_3 > 0, \quad 25\Delta^3 - 2^{11} J_3 > 0,$$

une racine réelle, quatre imaginaires.

On comprend facilement comment dans certains cas le nombre des conditions a pu se réduire. Par exemple, avec $\Delta^2 + 2^7 J_2 > 0$ et $\Delta > 0$, on trouve une racine réelle et quatre racines imaginaires lorsque $25\Delta^3 - 3 . 2^{10} J_3$ est positif, et aussi lorsqu'il est négatif; on peut donc ne conserver que les deux premières conditions. Enfin, nous remarquerons, dans l'un des cas où il y a cinq racines réelles, que les conditions

$$\Delta < 0, \quad J_3 > 0$$

entraînent la suivante

$$25\Delta^3 - 3 . 2^{10} J_3 < 0,$$

qu'on pourra supprimer si l'on veut. La simplicité de ces résultats ne semble-t-elle pas indiquer que le théorème de M. Sturm, si beau dans sa généralité, est loin de fournir l'expression définitive des conditions de réalité des racines des équations algébriques?

SECTION VII.

Sur la réduite du sixième degré de l'équation générale du cinquième degré.

Lagrange a fait voir que la résolution par radicaux de l'équation du cinquième degré dépend, lorsqu'elle est possible, de la détermination d'une racine commensurable, d'une équation du sixième degré dont les coefficients dépendent rationnellement de ceux de la proposée. Mais jamais le calcul de cette réduite du sixième degré n'a été effective en général. La raison en est que les fonctions de cinq lettres les plus simples qui n'ont que six valeurs étant au moins du second degré par rapport à l'une de ces lettres, les coefficients de la réduite se présenteraient comme des fonctions des cinq coefficients de l'équation proposée montant jusqu'au douzième degré, et contiendraient par suite plusieurs centaines de termes. Or on va voir qu'on peut vaincre cette difficulté à l'aide des résultats que nous avons obtenus sur les invariants des formes du cinquième degré. Faisons, en effet,

$$\begin{aligned} f &= (a, b, c, c', b', a')(x, y)^5 \\ &= a(x - \alpha y)(x - \beta y)(x - \gamma y)(x - \delta y)(x - \varepsilon y), \end{aligned}$$

et considérons la fonction suivante des racines

$$\begin{aligned} \mathrm{J} = {} & a^4(\alpha - \beta)^2(\beta - \gamma)^2(\gamma - \delta)^2(\delta - \varepsilon)^2(\varepsilon - \alpha)^2 \\ & + a^4(\alpha - \gamma)^2(\beta - \delta)^2(\gamma - \varepsilon)^2(\delta - \alpha)^2(\varepsilon - \beta)^2, \end{aligned}$$

on reconnaîtra bien facilement qu'elle est susceptible seulement de six valeurs, et, en second lieu, qu'elle est un invariant de la forme f. Il en résulte que les coefficients de l'équation du sixième degré en t seront des fonctions rationnelles et entières de ces invariants fondamentaux, Δ, J_2, J_3, car l'invariant du dix-huitième ordre n'y entrera pas, les degrés par rapport aux coefficients de f étant multiples de 4.

Ainsi, qu'on représente cette équation en t par

$$t^6 + (1)\,t^5 + (2)\,t^4 + (3)\,t^3 + (4)\,t^2 + (5)\,t + (6) = 0,$$

(1), (2), etc. seront respectivement des fonctions linéaires des quantités placées en regard dans le tableau suivant :

(1)	Δ						
(2)	Δ^2	J_2					
(3)	Δ^3	ΔJ_2	J_3				
(4)	Δ^4	$\Delta^2 J_2$	ΔJ_3	J_2^2			
(5)	Δ^5	$\Delta^3 J_2$	$\Delta^2 J_3$	ΔJ_2^2	$J_2 J_3$		
(6)	Δ^6	$\Delta^4 J_2$	$\Delta^3 J_3$	$\Delta^2 J_2^2$	$\Delta J_2 J_3$	J_2^3	J_3^2.

On voit donc qu'on est ainsi amené à un calcul relativement très facile, et que je me réserve de développer dans une autre occasion. J'exposerai alors les propriétés de cette équation en t, qui sont analogues à celles de l'équation modulaire pour la transformation du cinquième ordre, sous ce point de vue que les fonctions non symétriques des racines qui s'expriment rationnellement par les coefficients varient ou ne changent pas dans les deux cas par les mêmes permutations de ces racines. Cette équation en t est également intéressante en ce qu'elle offre le type d'une classe d'équations du sixième degré réductibles au cinquième. La propriété distinctive et caractéristique de cette classe d'équations consiste en ce que l'une des valeurs de ces fonctions des racines qui, sans être symétriques par rapport à cinq d'entre elles, n'ont cependant que six déterminations possibles, est alors nécessairement rationnelle.

Je ne terminerai pas ces recherches sur les formes du cinquième degré, sans rappeler que mon ami M. Sylvester avait obtenu avant moi, dans son beau Mémoire sur le calcul des formes, la notion des invariants du quatrième, du huitième et du douzième ordre. En donnant aux formes du cinquième degré cette expression élégante

$$ax^5 + by^5 + cz^5,$$

sous la condition

$$x + y + z = 0,$$

M. Sylvester a trouvé pour ces invariants les valeurs

$$a^2b^2 + a^2c^2 + b^2c^2 - 2abc(a+b+c), \quad a^2b^2c^2(ab+ac+bc), \quad a^4b^4c^4,$$

qui sont des fonctions symétriques très simples des trois éléments a, b, c.

Enfin, l'invariant du dix-huitième ordre, qui joue un rôle si important dans ma théorie, s'est aussi présenté dans ses recherches, élevé au carré et indiquant, lorsqu'il s'évanouit, l'impossibilité de la réduction à la forme citée

$$ax^5 + by^5 + cz^5.$$

Exprimé en a, b, c, il a pour valeur

$$a^5 b^5 c^5 (a-b)(a-c)(b-c),$$

expression encore bien simple, et qui montre sous des points de vue très différents comment on est conduit aux mêmes notions analytiques dans cette vaste et féconde théorie des formes.

SUR LA THÉORIE

DES

FONCTIONS HOMOGÈNES

A DEUX INDÉTERMINÉES.

Journal de Crelle, Tome 52.

PREMIER MÉMOIRE.

Une proposition élémentaire et fondamentale dans la théorie arithmétique des formes consiste en ce que, pour un degré donné, et pour un nombre donné d'indéterminées, toutes les formes à coefficients entiers qui possèdent les mêmes *invariants* sont réductibles à un nombre fini de classes distinctes. Ce théorème a été démontré par Lagrange et Gauss pour les formes quadratiques à *deux* et à *trois* indéterminées; je l'ai étendu ensuite aux formes quadratiques *générales*, et à toutes celles qui sont décomposables en facteurs linéaires; ainsi il paraît bien vrai dans toute sa généralité. Mais, pour arriver à l'établir de cette sorte, il faudrait résoudre, dans toute leur étendue, les problèmes suivants, aussi beaux que difficiles.

Le premier, qui appartient à l'Algèbre, consiste à obtenir la notion complète de ces fonctions rationnelles entières des coefficients, nommées *invariants* par M. Sylvester, dans le sens primitivement attribué par M. Gauss au mot de *déterminant*.

Le second, qui est du ressort de l'Arithmétique, consiste à découvrir par quelles substitutions à coefficients entiers on peut transformer une forme donnée en une autre dont les coefficients aient des limites, fonctions seulement des *invariants*. Enfin, il faut une méthode propre à donner le système complet des formes réduites, représentant la totalité des classes distinctes pour des valeurs assignées *a priori* aux invariants.

En me bornant à la considération des formes à deux indéterminées, j'ai présenté un premier essai sur ces questions dans mon Mémoire *Sur l'introduction des variables continues dans la théorie des nombres*. Le principe dont j'ai fait usage fait résulter de la même analyse la notion des invariants et la théorie arithmétique de la réduction. Mais, dès le cinquième degré, l'application de ma méthode devient si compliquée que les résultats généraux ne se trouvaient établis qu'à titre de possibilité, et il restait à découvrir une méthode numériquement applicable. C'est ce qui a été l'objet de mes recherches assidues depuis plusieurs années, et j'espère y être enfin parvenu, mais pour le cas seulement des formes de degrés *impairs*. Une différence profonde se manifeste en effet dans la nature analytique des formes binaires, suivant que le degré est un nombre *pair* ou *impair*. Ces dernières me semblent plus faciles à traiter; j'ai trouvé qu'elles jouissent (sauf une exception, celle des formes cubiques) de cette propriété arithmétique générale que, pour un système donné de valeurs des invariants, les formes des diverses classes sont transformables les unes dans les autres par des substitutions linéaires au déterminant *un*, mais à coefficients fractionnaires; c'est-à-dire, en adoptant la notion proposée par M. Eisenstein, que les diverses classes qui ont les mêmes invariants ne forment qu'un genre. Les formes de degrés *pairs* m'ont présenté de plus grandes difficultés, que dès longtemps je ne puis espérer vaincre. Mais j'ai remarqué que le cas des formes *biquadratiques* se distinguait d'une manière toute particulière, comme le cas des formes *cubiques,* par rapport aux autres formes de degrés impairs. Aussi me suis-je proposé d'en faire une étude spéciale dans ce Mémoire, en développant à leur égard les principes fondés sur l'introduction de variables *continues* que j'ai précédemment exposés (*Journal de Crelle,* t. 41). J'offrirai ensuite avec plus d'étendue et plus de développement la nouvelle théorie dont j'ai donné une idée sommaire dans le *Journal de Mathématiques de Cambridge et Dublin* [*Sur la théorie des fonctions homogènes à deux indéterminées* (*Cambridge and Dublin Mathematical Journal,* 1854)], et qui m'a conduit aux résultats que je viens d'annoncer sur les formes de degrés impairs.

PREMIÈRE PARTIE.

THÉORIE ALGÉBRIQUE DES FORMES BIQUADRATIQUES.

I.

Sur les invariants et covariants biquadratiques.

Je ferai usage, dans ces recherches de la notation qu'emploie M. Cayley pour représenter d'une manière abrégée les formes à deux indéterminées. Elle consiste à poser

$$ax^m + mbx^{m-1}y + \frac{m\,m-1}{1.2}cx^{m-2}y^2 + \ldots + \frac{m\,m-1}{1.2}c'x^2y^{m-2}$$
$$+ mb'xy^{m-1} + a'y^m = (a, b, c, \ldots, c', b', a'\widehat{)}(x, y)^m,$$

et son principal avantage est d'indiquer commodément les opérations relatives aux substitutions linéaires. Par exemple, si la transformée

$$AX^m + mBX^{m-1}Y + \frac{m\,m-1}{1.2}CX^{m-2}Y^2 + \ldots$$
$$+ \frac{m\,m-1}{1.2}C'X^2Y^{m-2} + mB'XY^{m-1} + A'Y^m$$

a été obtenue en faisant

$$x = \alpha X + \beta Y, \qquad y = \gamma X + \delta Y,$$

on écrira

$$(a, b, c, \ldots, b', c', a'\widehat{)}(\alpha X + \beta Y, \gamma X + \delta Y)^m = (A, B, C, \ldots, C', B', A'\widehat{)}(X, Y)^m.$$

Cela posé, soit

$$f = (a, b, c, b', a'\widehat{)}(x, y)^4$$

l'expression générale d'une forme biquadratique, les deux fonctions

$$i = aa' - 4bb' + 3c^2, \qquad j = aca' + 2bcb' - ab'^2 - a'b^2 - c^3,$$

dont la découverte appartient à M. Cayley, sont les *invariants* fondamentaux de f. Elles jouissent de cette propriété, qu'en supposant

$$(a, b, c, b', a'\widehat{)}(\alpha x + \beta y, \gamma x + \delta y)^4 = (A, B, C, B', A'\widehat{)}(x, y)^4,$$

les fonctions semblables

$$I = AA' - 4BB' + 3C^2, \qquad J = ACA' + 2BCB' - AB'^2 - A'B^2 - C^3$$

vérifieront les égalités

$$I = i(\alpha\delta - \beta\gamma)^4, \qquad J = j(\alpha\delta - \beta\gamma)^6.$$

De plus, elles sont bien des invariants fondamentaux; car M. Sylvester a démontré que toute fonction rationnelle et entière de a, b, c, b', a' qui se reproduit, multipliée par une puissance du déterminant $\alpha\delta - \beta\gamma$, lorsqu'on y remplace a, b, c, b', a' par A, B, C, B', A', est nécessairement une fonction entière de i et j. Je pense pouvoir renvoyer pour les démonstrations de ces propositions importantes aux travaux des savants géomètres que je viens de citer, et arriver immédiatement à la notion des *covariants* de la forme *biquadratique*.

Et d'abord, je rappellerai qu'on nomme *covariant* d'une forme de degré quelconque

$$f = (a, b, c, \ldots c', b'. a' \widehat{)(} x, y)^m$$

toute autre forme

$$\varphi(a, b, c, \ldots; x, y)$$

dont les coefficients sont fonctions rationnelles et entières de a, b, c, ... et qui jouit de la propriété qu'exprime l'équation

$$(\alpha\delta - \beta\gamma)^K \varphi(a, b, c, \ldots; \alpha x + \beta y, \gamma x + \delta y) = \varphi(A, B, C, \ldots; x, y),$$

les quantités A, B, ... étant toujours celles qui donnent

$$(a, b, c, \ldots, c', b', a' \widehat{)(} \alpha x + \beta y, \gamma x + \delta y)^m = (A, B, C, \ldots \widehat{)(} x, y)^m.$$

Telle est, par exemple, relativement à toute forme f, la forme

$$\left(\frac{d^2 f}{dx\, dy}\right)^2 - \frac{d^2 f}{dx^2}\frac{d^2 f}{dy^2},$$

comme l'a démontré sous un point de vue plus général M. Hesse. Dans la théorie spéciale des formes biquadratiques, le covariant ainsi obtenu joue un rôle important; nous le désignerons par g, en posant

$$g = \frac{1}{144}\left[\left(\frac{d^2 f}{dx\, dy}\right)^2 - \frac{d^2 f}{dx^2}\frac{d^2 f}{dy^2}\right] = (b^2 - ac)x^4 + 2(bc - ab')x^3 y$$
$$+ (3c^2 - 2bb' - aa')x^2 y^2 + 2(b'c - a'b)xy^3 + (b'^2 - a'c)y^4.$$

De f et g on tire la notion d'un nouveau covariant du sixième degré, que je définirai ainsi

$$h = -\frac{1}{8}\begin{vmatrix} \frac{df}{dx}, & \frac{df}{dy} \\ \frac{dg}{dx}, & \frac{dg}{dy} \end{vmatrix}.$$

En faisant

$$h = (p, q, r, s, r', q', p' \widehat{)} (x, y)^6,$$

on aura ces valeurs

$$\begin{aligned} p &= a^2 b' - 3abc + 2b^3, \\ p' &= -a'^2 b + 3a'b'c - 2b'^3, \\ 6q &= +a^2 a' + 2abb' - 9ac^2 + 6b^2 c, \\ 6q' &= -a'^2 a - 2a'b'b + 9a'c^2 - 6b'^2 c, \\ 3r &= +aba' - 3acb' + 2b^2 b', \\ 3r' &= -a'b'a + 3a'cb - 2b'^2 b, \\ 2s &= a'b^2 - ab'^2. \end{aligned}$$

Il existe entre f, g, h et les invariants i, j une relation remarquable et importante, savoir :

$$(A) \qquad 4g^3 - if^2 g - jf^3 = h^2.$$

M. Cayley, qui m'a communiqué cette relation que j'avais aussi obtenue de mon côté, en a tiré une méthode ingénieuse et très originale pour la résolution de l'équation du quatrième degré. Comme cette résolution est un point essentiel de la théorie algébrique des formes biquadratiques, je vais la présenter sous le point de vue qui m'est propre, et y rattacher la démonstration de l'équation (A).

II.

Résolution de l'équation du quatrième degré.

Soit, en décomposant en les facteurs linéaires la forme proposée,

$$(a, b, c, b', a' \widehat{)} (x, y)^4 = a(x - \alpha y)(x - \beta y)(x - \gamma y)(x - \delta y).$$

La réduite du troisième degré s'obtient, comme on sait, en considérant la fonction résolvante

$$t = a(\alpha + \beta - \gamma - \delta),$$

dont il faut calculer le carré. Or on peut mettre t^2 sous cette forme

$$3t^2 = a^2[(\alpha-\beta)^2+(\alpha-\gamma)^2+(\alpha-\delta)^2+(\beta-\gamma)^2+(\beta-\delta)^2+(\gamma-\delta)^2]$$
$$+4a^2[(\alpha-\delta)(\beta-\gamma)+(\alpha-\gamma)(\beta-\delta)],$$

d'où, en posant

$$\theta = \frac{1}{12}a[(\alpha-\delta)(\beta-\gamma)+(\alpha-\gamma)(\beta-\delta)],$$

et évaluant en fonction des coefficients la somme des carrés des différences des racines

$$t^2 = 16(b^2 - ac + a\theta).$$

Cette quantité θ que nous avons introduite dépend, comme on le sait d'avance, d'une équation du troisième degré, qui aurait pour racines :

$$(\mathrm{B})\quad \left\{\begin{aligned} \theta_1 &= \frac{1}{12}a[(\alpha-\delta)(\beta-\gamma)+(\alpha-\gamma)(\beta-\delta)],\\ \theta_2 &= \frac{1}{12}a[(\alpha-\beta)(\delta-\gamma)+(\alpha-\gamma)(\delta-\beta)],\\ \theta_3 &= \frac{1}{12}a[(\alpha-\delta)(\gamma-\beta)+(\alpha-\beta)(\gamma-\delta)]. \end{aligned}\right.$$

Or cette équation s'obtient très facilement par la remarque suivante : Posons

$$(a, b, c, b', a')\widehat{\ }(mx+\mu y, nx+\nu y)^4$$
$$= (\mathrm{A}, \mathrm{B}, \mathrm{C}, \mathrm{B}', \mathrm{A}')\widehat{\ }(x, y)^4 = \mathrm{A}(x-ay)(x-by)(x-cy)(x-dy),$$

on aura ces valeurs pour le coefficient A et les racines de la transformée, savoir :

$$\mathrm{A} = a(m-\alpha n)(m-\beta n)(m-\gamma n)(m-\delta n),$$

$$a = -\frac{\mu-\alpha\nu}{m-\alpha n},\quad b = -\frac{\mu-\beta\nu}{m-\beta n},\quad c = -\frac{\mu-\gamma\nu}{m-\gamma n},\quad d = -\frac{\mu-\delta\nu}{m-\delta n};$$

d'où l'on conclura

$$\mathrm{A}(a-d)(b-c) = (m\nu-n\mu)^2 a(\alpha-\delta)(\beta-\gamma),$$
$$\mathrm{A}(a-c)(b-d) = (m\nu-n\mu)^2 a(\alpha-\gamma)(\beta-\delta),$$
$$\mathrm{A}(a-b)(c-d) = (m\nu-n\mu)^2 a(\alpha-\beta)(\gamma-\delta).$$

Ces relations montrent que les quantités θ se reproduisent dans toutes les transformées, multipliées par le déterminant de la substitution; ainsi les coefficients de l'équation dont elles dépendent sont des *invariants* de la forme proposée. Ces coefficients sont d'ailleurs des fonctions entières de a, b, c, b', a'; donc, d'après la proposition de M. Sylvester, ils s'expriment à fonction entière des quantités i et j. L'équation cherchée est ainsi de la forme suivante :

$$\theta^3 + \rho i \theta + \sigma j = 0,$$

ρ et σ étant numériques. En effet, le coefficient de θ^2 doit être nul, puisqu'il n'existe pas d'invariants du premier degré, et les deux autres ne peuvent être que proportionnels respectivement à i et j, qui sont les seuls invariants du second et du troisième degré. Pour trouver ρ et σ, considérons un cas particulier, par exemple celui de la forme

$$(1, 0, -1, 0, 0)\widehat{\ }(x, y)^4;$$

on a alors

$$i = 3, \qquad j = 1;$$
$$\theta_1 = -1, \qquad \theta_2 = \tfrac{1}{2}, \qquad \theta_3 = \tfrac{1}{2},$$

et, par suite, l'identité

$$(\theta - \tfrac{1}{2})^2(\theta + 1) = \theta^3 + 3\rho\theta + \sigma,$$

d'où

$$\rho = -\tfrac{1}{4}, \qquad \sigma = +\tfrac{1}{4}.$$

L'équation en θ est donc généralement

$$4\theta^3 - i\theta + j = 0.$$

Le *discriminant* de la forme proposée se ramène immédiatement au discriminant de cette équation en θ, car on tire des relations (B)

$$\theta_1 - \theta_2 = \tfrac{1}{4} a(\alpha - \gamma)(\beta - \delta),$$
$$\theta_1 - \theta_3 = \tfrac{1}{4} a(\alpha - \delta)(\beta - \gamma),$$
$$\theta_2 - \theta_3 = \tfrac{1}{4} a(\alpha - \beta)(\delta - \gamma),$$

donc

$$(\theta_1 - \theta_2)^2(\theta_1 - \theta_3)^2(\theta_2 - \theta_3)^2$$
$$= \frac{a^6}{4^6}(\alpha - \beta)^2(\alpha - \gamma)^2(\alpha - \delta)^2(\beta - \gamma)^2(\beta - \delta)^2(\gamma - \delta)^2 = \frac{1}{4^2}(i^3 - 27j^2).$$

Cette expression si importante se présente ainsi immédiatement sous la forme remarquable que lui a donnée M. Cayley. Dans le cas où elle est *négative,* deux des racines de la forme biquadratique sont imaginaires et les deux autres réelles. Mais, si elle est *positive,* elles peuvent être toutes réelles ou toutes imaginaires.

En général, le produit des carrés des différences des racines d'une équation de degré quelconque est positif ou négatif suivant que le nombre des racines imaginaires de cette équation est

$$\equiv 0 \quad \text{ou} \quad \equiv 2 \qquad (\text{mod. } 4).$$

La condition nécessaire et suffisante pour que, $i^3 - 27j^2$ étant positif, toutes les racines soient réelles, consiste en ce que les trois valeurs distinctes du carré de la fonction résolvante, c'est-à-dire les trois quantités

$$b^2 - ac + a\theta_1, \quad b^2 - ac + a\theta_2, \quad b^2 - ac + a\theta_3,$$

soient positives. Or leur somme est

$$3(b^2 - ac),$$

la somme de leurs produits deux à deux est

$$3(b^2 - ac)^2 - \tfrac{1}{4} ia^2,$$

et nous prouverons plus loin que leur produit est un carré; donc, pour qu'elles soient positives, il suffit d'écrire

$$b^2 - ac > 0, \qquad 12(b^2 - ac)^2 - ia^2 > 0.$$

On obtient ainsi, sous la forme la plus simple, et indépendamment du théorème de M. Sturm, les conditions de réalité des racines de l'équation générale du quatrième degré.

III.

Relation entre les formes f, g, h et conséquences de cette relation dans la théorie des fonctions elliptiques.

L'équation remarquable qui existe entre la forme proposée f et ses deux covariants g et h, savoir :

$$\text{(A)} \qquad 4g^3 - if^2g - jf^3 = h^2,$$

peut être obtenue par plusieurs méthodes. Celle que nous employons la rattachera à ce fait bien connu, et qu'il nous reste à établir, que le produit des trois valeurs distinctes du carré de la fonction résolvante, qui aura l'expression

$$4(b^2 - ac + a\theta_1)(b^2 - ac + a\theta_2)(b^2 - ac + a\theta_3)$$
$$= 4(b^2 - ac)^3 - ia^2(b^2 - ac) - ja^3,$$

est un *carré parfait*.

Partons pour cela de l'identité suivante :

$$(a, b, c, b', a')\widehat{\ }(x - by, ay)^4$$
$$= [a, 0, -a(b^2 - ac), a(a^2 b' - 3abc + 2b^3), ia^3 - 3a(b^2 - ac)^2]\widehat{\ }[x, y]^4,$$

où le second membre est une transformée par une substitution au déterminant a de la forme proposée. Il en résulte, pour l'invariant J de cette transformée, la valeur

$$J = ja^6.$$

Or, en calculant directement J, on trouve

$$J = a^3[4(b^2 - ac)^3 - ia^2(b^2 - ac) - (a^2 b' - 3abc + 2b^3)^2],$$

et, en égalant cette expression à ja^6, il vient

$$4(b^2 - ac)^3 - ia^2(b^2 - ac) - ja^3 = (a^2 b' - 3abc + 2b^3)^2;$$

ce qui démontre la proposition annoncée.

L'équation (A) s'en déduit de la manière suivante :

Posons

$$(a, b, c, b', a')\widehat{\ }(mx + \mu y, nx + \nu y)^4 = (A, B, C, B', A')\widehat{\ }(x, y)^4,$$

m et n étant des quantités arbitraires, et μ et ν étant telles que le déterminant de la substitution est

$$m\nu - n\mu = 1.$$

Relativement à la transformée ainsi obtenue, nous aurons

$$4(B^2 - AC)^3 - iA^2(B^2 - AC) - jA^3 = (A^2 B' - 3ABC + 2B^3)^2;$$

car les invariants i et j seront restés les mêmes. J'ajoute que les quantités

$$A, \quad B^2 - AC, \quad A^2 B' - 3ABC + 2B^3$$

deviendront respectivement f, g, h, en y mettant m et n au lieu de x et y, de sorte que nous tomberons précisément sur la relation à démontrer.

Soit en effet $\varphi(a, b, c, b', a'; x, y)$ l'une quelconque des formes f, g, h; nous aurons, comme il a été dit (§ I), la relation caractéristique pour les covariants

$$(m\nu - n\mu)^{K}\varphi(a, b, c, b', a'; mx + \mu y, nx + \nu y) = \varphi(A, B, C, B', A'; x, y),$$

ou seulement

$$\varphi(a, b, b, b', a'; mx + \mu y, nx + \nu y) = \varphi(A, B, C, B', A'; x, y),$$

puisque le déterminant de la substitution est l'*unité*. Faisons, dans cette identité,

$$x = 1, \qquad y = 0,$$

le second membre se réduira au coefficient de la puissance la plus élevée de x, c'est-à-dire, en supposant successivement

$$\varphi = f, g, h,$$

aux quantités

$$A, \quad B^2 - AC, \quad A^2B' - 3ABC + 2B^3.$$

Or, dans les mêmes circonstances, le premier membre représente les formes f, g, h lorsqu'on y met les quantités arbitraires m et n au lieu des indéterminées x et y, ainsi que nous voulions le démontrer.

La relation

$$4g^3 - if^2g - jf^3 = h^2$$

trouve une application immédiate à la théorie des *fonctions elliptiques*. Mettons-la sous la forme

$$\sqrt{4\left(\frac{g}{f}\right)^3 - i\left(\frac{g}{f}\right) - j} = \frac{h}{f^2}\sqrt{f},$$

en divisant par f^3 et extrayant la racine carrée des deux membres. Considérons ensuite l'indéterminée x comme une variable indépendante, et faisons

$$y = 1;$$

il suit du principe algébrique de Jacobi pour la transformation des intégrales elliptiques que la substitution rationnelle

$$z = \frac{g}{f} = \frac{\begin{array}{l}(b^2 - ac)x^4 + 2(bc - ab')x^3 + (3c^2 - 2bb' - aa')x^2 \\ \quad + 2(b'c - a'b)x + (b'^2 - a'c)\end{array}}{(a, b, c, b', a')(\widehat{x, 1})^4}$$

donnera

$$\int \frac{dz}{\sqrt{4z^3 - iz - j}} = \mathrm{M} \int \frac{dx}{\sqrt{(a, b, c, b', a')(\widehat{x, 1})^4}},$$

M étant une constante. Mettons encore $z\frac{j}{i}$ au lieu de z, l'intégrale

$$\int \frac{dz}{\sqrt{4z^3 - iz - j}}$$

sera ramenée à la suivante

$$\int \frac{dz}{\sqrt{\rho z^3 - z - 1}},$$

ρ désignant la constante $\frac{4j^2}{i^3}$. Ainsi nous avons la réduction de l'intégrale elliptique la plus générale à une autre plus simple où n'entre qu'un seul *paramètre*. Et l'on voit immédiatement que toutes les intégrales, liées à la proposée

$$\int \frac{dx}{\sqrt{(a, b, c, b', a')(\widehat{x, 1})^4}}$$

par une substitution linéaire quelconque

$$x = \frac{m\mathrm{X} + \mu}{n\mathrm{X} + \nu},$$

conduiront absolument à la même intégrale réduite, le rapport $\frac{j^2}{i^3}$ conservant la même valeur dans toutes ces transformées.

SECONDE PARTIE.

THÉORIE ARITHMÉTIQUE DES FORMES BIQUADRATIQUES.

I.

De la forme quadratique sur laquelle repose la théorie de la réduction.

Je considérerai spécialement, dans ce qui va suivre, les formes biquadratiques à racines *réelles*, et je me propose d'exposer à leur égard l'application de la méthode générale que j'ai donnée dans mon Mémoire *Sur l'introduction des variables continues dans la théorie des nombres*. Cette application aurait dû trouver immédiatement place à la suite de ce Mémoire, mais alors je n'avais pu encore réussir à lever plusieurs difficultés dont la solution sera maintenant très facile en se fondant sur les résultats que j'ai donnés ici dans la première Partie. Dans une autre occasion j'essaierai de traiter aussi les formes *biquadratiques* qui ont des racines *imaginaires* et qui me semblent devoir donner lieu à une étude intéressante.

Soit, comme précédemment,

$$f = (a, b, c, b', a' \widehat{)} (x, y)^4 = a(x - \alpha y)(x - \beta y)(x - \gamma y)(x - \delta y)$$

les racines α, β, γ, δ étant *réelles*. Le principe arithmétique de la théorie de la réduction repose sur la considération de la forme quadratique

$$\varphi = t(x - \alpha y)^2 + t'(x - \beta y)^2 + t''(x - \gamma y)^2 + t'''(x - \delta y)^2,$$

où les quantités t, t', t'', t''' sont des variables *réelles* et *positives*. Nommons Δ l'*invariant* de cette forme et S la substitution à coefficients entiers propre à la réduire pour un système donné de valeurs des quantités t. En effectuant dans f cette substitution S, on aura une transformée

$$F = (A, B, C, B', A' \widehat{)} (x, y)^4,$$

dont les coefficients vérifieront les conditions suivantes

$$(a) \quad AA' < \frac{1}{144} \frac{a^2 \Delta^2}{t t' t'' t'''}, \quad BB' < \frac{1}{144} \frac{a^2 \Delta^2}{t t' t'' t'''}, \quad C^2 < \frac{1}{144} \frac{a^2 \Delta^2}{t t' t'' t'''},$$

qu'on doit considérer en valeur absolue. Ces conditions, que j'ai données dans le Mémoire précité (§ V, 4°), conduisent à considérer attentivement la fonction

$$T = \frac{a^2 \Delta^2}{t t' t'' t'''}$$

et à rechercher les valeurs réelles et positives des variables t pour lesquelles elle prend la plus petite valeur possible. J'ai établi que ce minimum avait une valeur constante dans toutes les transformées équivalentes à la forme proposée, ce qui m'a permis de la prendre comme définition de l'invariant de la forme biquadratique. J'ai démontré aussi que φ devenait un covariant de f, lorsqu'on y remplacerait t, t', ... par les valeurs spéciales qui fournissent le minimum de T. Ce sont ces diverses conséquences de ma méthode générale que je vais développer seulement pour le cas particulier des formes biquadratiques. Je les ferai précéder de ces deux remarques :

Premièrement, aux inégalités

$$AA' < \tfrac{1}{144} T, \qquad BB' < \tfrac{1}{144} T, \qquad C^2 < \tfrac{1}{144} T$$

on peut joindre les suivantes

$$AB'^2 < \frac{1}{12^3} T^{\frac{3}{2}}, \qquad A'B^2 < \frac{1}{12^3} T^{\frac{3}{2}},$$

qui se tirent de la même analyse, afin, par exemple, d'obtenir une limite pour le coefficient B, si l'on suppose $B' = 0$, l'inégalité $BB' < \frac{1}{144} T$ ne pouvant plus alors être employée. On généralisera très facilement cette remarque, qui est essentielle pour prouver qu'il n'existe qu'un nombre fini de formes F, dont les coefficients vérifient un pareil système d'inégalités. Dans le cas présent, il n'y a à faire d'autre restriction que de supposer qu'on n'ait jamais simultanément

$$A = 0, \quad B = 0 \quad \text{ou} \quad A' = 0, \quad B' = 0,$$

c'est-à-dire que la forme quadratique n'a pas de racines *doubles,* comme on le voit aisément. Il est d'ailleurs inutile d'exclure le cas des racines commensurables, qui pourrait donner A ou $A' = 0$.

La *seconde* observation qui me reste à faire est relative à cette opération arithmétique de la réduction de la forme quadratique φ, pour tous les systèmes de valeurs des variables t, t', t'', t''', qui joue un rôle essentiel dans ma méthode. Divisons cette forme par le coefficient du premier terme, de sorte qu'elle devienne

$$x^2 - 2\xi xy + \eta y^2,$$

en posant

$$\xi = \frac{\alpha t + \beta t' + \gamma t'' + \delta t'''}{t + t' + t'' + t'''}, \qquad \eta = \frac{\alpha^2 t + \beta^2 t' + \gamma^2 t'' + \delta^2 t'''}{t + t' + t'' + t'''}.$$

Au lieu des quantités t, on pourra faire varier ξ et η; alors, ce qui caractérisera, pour une forme donnée, l'opération dont nous nous occupons est l'étendue des valeurs que pourront recevoir ces nouvelles variables lorsque les quantités passeront par tous les états de grandeur. Or la forme analytique de ξ et η rappelle immédiatement les expressions connues pour les coordonnées du point d'application de la résultante d'un système de forces parallèles. Considérons donc sur un plan quatre points A, B, C, D rapportés à des axes rectangulaires, et ayant pour abscisses α, β, γ, δ et pour ordonnées α^2, β^2, γ^2, δ^2. Le quadrilatère ABCD sera inscriptible dans une *parabole,* comme on le voit aisément, et par suite sera convexe. Si donc on applique aux divers sommets A, B, C, D des forces parallèles et de même sens, respectivement représentées par t, t', t'', t''', le point d'application de leur résultante sera situé dans son intérieur et y pourra occuper une position quelconque, suivant les valeurs des composantes. Les quantités ξ et η représentent donc les coordonnées d'un tel point; ce qui donne une image très nette des divers états de grandeur par lesquels elles devront passer pour correspondre à toutes les valeurs possibles que doivent prendre les quantités t, t', t'', t''' dans la forme φ.

II.

Détermination du minimum de la fonction T.

On trouve aisément pour l'invariant de la forme quadratique φ l'expression

$$\Delta = tt'(\alpha-\beta)^2 + tt''(\alpha-\gamma)^2 + tt'''(\alpha-\delta)^2 + t't''(\beta-\gamma)^2 + t't'''(\beta-\delta)^2 + t''t'''(\gamma-\delta)^2.$$

Cela posé, formons les équations

$$\frac{dT}{dt} = 0, \quad \frac{dT}{dt'} = 0, \quad \frac{dT}{dt''} = 0, \quad \frac{dT}{dt'''} = 0;$$

on verra qu'elles se réduisent aux suivantes :

$$2t\frac{d\Delta}{dt} - \Delta = 0, \quad 2t'\frac{d\Delta}{dt'} - \Delta = 0, \quad 2t''\frac{d\Delta}{dt''} - \Delta = 0, \quad 2t'''\frac{d\Delta}{dt'''} - \Delta = 0.$$

Maintenant prenons la somme de deux d'entre elles et retranchons-en la somme des deux autres. Il résultera de là trois combinaisons linéaires distinctes, que voici

$$tt'(\alpha-\beta)^2 = t''t'''(\gamma-\delta)^2, \qquad tt''(\alpha-\gamma)^2 = t't'''(\beta-\delta)^2,$$
$$tt'''(\alpha-\delta)^2 = t't''(\beta-\gamma)^2.$$

Avant d'en écrire les diverses solutions, faisons cette substitution

$$t = \frac{\tau}{(\alpha-\beta)(\alpha-\gamma)(\alpha-\delta)}, \qquad t'' = \frac{\tau''}{(\gamma-\alpha)(\gamma-\beta)(\gamma-\delta)},$$
$$t' = \frac{-\tau'}{(\beta-\alpha)(\beta-\gamma)(\beta-\delta)}, \qquad t''' = \frac{-\tau'''}{(\delta-\alpha)(\delta-\beta)(\delta-\gamma)};$$

il viendra plus simplement

$$\tau\tau' = \tau''\tau''', \qquad \tau\tau'' = \tau'\tau''', \qquad \tau\tau''' = \tau'\tau''.$$

Cela posé, comme nous avons seulement à déterminer les rapports des inconnues, prenons par exemple $\tau = 1$. On trouvera ces quatre systèmes de valeurs :

$$1^\circ \begin{cases} \tau = +1, \\ \tau' = +1, \\ \tau'' = +1, \\ \tau''' = +1, \end{cases} \quad 2^\circ \begin{cases} \tau = +1, \\ \tau' = -1, \\ \tau'' = +1, \\ \tau''' = -1, \end{cases} \quad 3^\circ \begin{cases} \tau = +1, \\ \tau' = +1, \\ \tau'' = -1, \\ \tau''' = -1. \end{cases} \quad 4^\circ \begin{cases} \tau = +1, \\ \tau' = -1, \\ \tau'' = -1, \\ \tau''' = +1. \end{cases}$$

Or il est essentiel de rechercher celui qui donne pour t, t', t'', t''' des quantités *positives*, comme l'exige la question. Supposons à cet effet, que α, β, γ, δ représentent les racines de la forme biquadratique, rangées par ordre décroissant de grandeur. Il est aisé de voir que le premier système conduit seul à des solutions *positives*, et que les trois autres doivent être écartés. Effectivement, si l'on fait pour un instant

$$\chi(x) = (x-\alpha)(x-\beta)(x-\gamma)(x-\delta),$$

les quantités t auront alors pour valeurs

$$t = +\frac{1}{\chi'(\alpha)}, \qquad t' = -\frac{1}{\chi'(\beta)}, \qquad t'' = +\frac{1}{\chi'(\gamma)}, \qquad t''' = -\frac{1}{\chi'(\delta)},$$

et l'on sait bien qu'on obtient des résultats alternativement positifs et négatifs, en substituant dans la fonction dérivée la série constante des racines. Nous sommes donc conduit à cette expression remarquable de la forme quadratique φ, que nous écrivons en introduisant le facteur $\frac{1}{a}$, savoir :

$$\varphi = \frac{1}{a}\left[\frac{(x-\alpha y)^2}{\chi'(\alpha)} - \frac{(x-\beta y)^2}{\chi'(\beta)} + \frac{(x-\gamma y)^2}{\chi'(\gamma)} - \frac{(x-\delta y)^2}{\chi'(\delta)}\right],$$

et il nous reste à former son invariant Δ, afin d'obtenir la valeur minimum de la fonction T.

Les quantités ξ et η, dont il a été question précédemment, représentent pour cette forme φ les coordonnées du point d'intersection des diagonales du quatrilatère ABCD.

A cet effet, nous observerons qu'on a, par une formule connue,

$$\frac{(x-\alpha y)^2}{\chi'(\alpha)} + \frac{(x-\beta y)^2}{\chi'(\beta)} + \frac{(x-\gamma y)^2}{\chi'(\gamma)} + \frac{(x-\delta y)^2}{\chi'(\delta)} = 0,$$

d'où résulte cette autre expression de φ :

$$\varphi = \frac{2}{a}\left[\frac{(x-\alpha y)^2}{\chi'(\alpha)} + \frac{(x-\gamma y)^2}{\chi'(\gamma)}\right].$$

Or on en tire sans difficulté

$$\Delta = \frac{4}{a^2}\,\frac{(\alpha-\gamma)^2}{\chi'(\alpha)\chi'(\gamma)}.$$

On a d'ailleurs

$$tt't''t''' = \frac{1}{a^4\chi'(\alpha)\chi'(\beta)\chi'(\gamma)\chi'(\delta)},$$

donc

$$\mathrm{T} = \frac{a^2\Delta^2}{tt't''t'''} = 16a^2(\alpha-\gamma)^4\,\frac{\chi'(\beta)\chi'(\delta)}{\chi'(\alpha)\chi'(\gamma)},$$

et, en supprimant les facteurs communs,

$$\mathrm{T} = 16a^2(\alpha-\gamma)^2(\beta-\delta)^2.$$

Nous retrouvons ainsi les invariants fondamentaux des formes biquadratiques, comme coefficients de l'équation du troisième degré qui déterminerait T en fonction de a, b, c, b', a'. Au fond, c'est l'équation en θ que nous avons trouvée dans la première Partie, en traitant la résolution algébrique de l'équation du quatrième degré, qui se présente de nouveau. Nous avons, en effet, trouvé

$$\theta_1 - \theta_2 = \tfrac{1}{4} a(\alpha - \gamma)(\beta - \delta),$$

donc

$$T = 16^2(\theta_1 - \theta_2)^2;$$

ce qui peut s'exprimer en fonction entière de la troisième racine θ_3. Les considérations suivantes vont nous conduire aux covariants g et h, de sorte que le système complet des éléments analytiques de la théorie des formes biquadratiques résultera naturellement des principes sur lesquels nous avons fondé la théorie arithmétique de la réduction.

III.

Expression par les coefficients de f de la forme quadratique φ qui correspond au minimum de T.

Nous allons d'abord vérifier *a posteriori* que la forme

$$\varphi = \frac{1}{a}\left[\frac{(x-\alpha y)^2}{\chi'(\alpha)} - \frac{(x-\beta y)^2}{\chi'(\beta)} + \frac{(x-\gamma y)^2}{\chi'(\gamma)} - \frac{(x-\delta y)^2}{\chi'(\delta)}\right],$$

qui correspond ainsi au minimum de T, est un *covariant* de f, comme nous le savons par la théorie générale. Soit à cet effet

$$(a, b, c, b', a')\widehat{\ }(mx + \mu y, nx + \nu y)^4$$
$$= (A, B, C, B', A')\widehat{\ }(x, y)^4 = A(x - \mathfrak{a}y)(x - \mathfrak{b}y)(x - \mathfrak{c}y)(x - \mathfrak{d}y)$$

et Φ la même forme que φ par rapport à la transformée

$$(A, B, C, B', A')\widehat{\ }(x, y)^4.$$

En posant

$$X(x) = (x - \mathfrak{a})(x - \mathfrak{b})(x - \mathfrak{c})(x - \mathfrak{d}),$$

on aura

$$\Phi = \frac{1}{A}\left[\frac{(x-\mathfrak{a}y)^2}{X'(\mathfrak{a})} - \frac{(x-\mathfrak{b}y)^2}{X'(\mathfrak{b})} + \frac{(x-\mathfrak{c}y)^2}{X'(\mathfrak{c})} - \frac{(x-\mathfrak{d}y)^2}{X'(\mathfrak{d})}\right].$$

Or, au moyen des valeurs données (première Partie, § II) pour A, $\mathfrak{a}$, $\mathfrak{b}$, $\mathfrak{c}$, $\mathfrak{d}$, on trouvera immédiatement

$$mx + \mu y - \alpha(nx + \nu y) = (m - \alpha n)(x - \mathfrak{a}y),$$
$$mx + \mu y - \beta(nx + \nu y) = (m - \beta n)(x - \mathfrak{b}y),$$
$$mx + \mu y - \gamma(nx + \nu y) = (m - \gamma n)(x - \mathfrak{c}y),$$
$$mx + \mu y - \delta(nx + \nu y) = (m - \delta n)(x - \mathfrak{d}y)$$

et

$$\frac{(m - \alpha n)^2}{a\chi'(\alpha)} = \frac{1}{AX'(\mathfrak{a})}(m\nu - n\mu)^3,$$
$$\frac{(m - \beta n)^2}{a\chi'(\beta)} = \frac{1}{AX'(\mathfrak{b})}(m\nu - n\mu)^3,$$
$$\frac{(m - \gamma n)^2}{a\chi'(\gamma)} = \frac{1}{AX'(\mathfrak{c})}(m\nu - n\mu)^3,$$
$$\frac{(m - \delta n)^2}{a\chi'(\delta)} = \frac{1}{AX'(\mathfrak{d})}(m\nu - n\mu)^3;$$

d'où résulte qu'on obtient

$$(m\nu - n\mu)^3 \Phi,$$

en mettant dans φ, $mx + \mu y$ et $nx + \nu y$ au lieu de x et y.

Cela posé, pour évaluer φ au moyen des coefficients de f, nous observerons que la fonction résolvante

$$\alpha - \beta + \gamma - \delta$$

varie ou conserve sa valeur pour les mêmes permutations des racines α, β, γ, δ, que la forme φ, de sorte que, suivant l'expression de Lagrange, on a ainsi deux fonctions semblables de ces racines. Or nous avons précédemment obtenu (première Partie, § II) le carré de la fonction résolvante en fonction de la quantité θ, d'où il suit que le carré de φ s'exprimera rationnellement par les coefficients de la forme proposée f et cette même quantité θ. Mais il importe de fixer avec précision celle des trois quantités que nous avons désignées par θ_1, θ_2, θ_3, qui entrera ainsi dans l'expression de φ^2. Et, d'abord, les trois valeurs

$$(\alpha + \beta - \gamma - \delta)^2, \quad (\alpha + \delta - \gamma - \beta)^2, \quad (\alpha + \gamma - \beta - \delta)^2$$

s'expriment respectivement par θ_1, θ_2, θ_3; c'est donc la racine θ_3 que nous aurons à employer, et qu'il faut essayer de caractériser, de manière à la faire reconnaître sans ambiguïté.

Rappelons, à cet effet, les relations

$$\theta_1 - \theta_2 = \tfrac{1}{4} a(\alpha - \gamma)(\beta - \delta), \qquad \theta_1 - \theta_3 = \tfrac{1}{4} a(\alpha - \delta)(\beta - \gamma),$$
$$\theta_2 - \theta_3 = \tfrac{1}{4} a(\alpha - \beta)(\delta - \gamma).$$

Comme nous avons supposé les racines α, β, γ, δ rangées par ordre décroissant de grandeur, on voit qu'on aura

$$\theta_1 - \theta_2 > 0, \qquad \theta_1 - \theta_3 > 0, \qquad \theta_2 - \theta_3 < 0,$$

si le coefficient a est *positif*, et, s'il est *négatif*,

$$\theta_1 - \theta_2 < 0, \qquad \theta_1 - \theta_3 < 0, \qquad \theta_2 - \theta_3 > 0;$$

donc, dans les deux cas, θ_3 est la racine moyenne, comprise entre les deux autres θ_1 et θ_2.

Ce point important établi, voici comment on obtiendra φ^2. De la seconde des expressions précédemment données, savoir :

$$\varphi = \frac{2}{a}\left[\frac{(x - \alpha y)^2}{\chi'(\alpha)} + \frac{(x - \gamma y)^2}{\chi'(\gamma)}\right],$$

on conclura aisément

$$\varphi = \frac{-2}{a^2(\alpha - \beta)(\delta - \gamma).(\alpha - \delta)(\beta - \gamma)}$$
$$\times [a(\alpha - \beta + \gamma - \delta),\ a(\beta\delta - \alpha\gamma),\ a(\alpha\beta\gamma - \alpha\gamma\delta - \alpha\beta\delta - \beta\gamma\delta)]\widehat{(x, y)}^2$$

Le facteur irrationnel

$$\frac{2}{a^2(\alpha - \beta)(\delta - \gamma).(\alpha - \delta)(\beta - \gamma)}$$

est un *invariant*, comme égal à

$$\frac{1}{8(\theta_1 - \theta_3)(\theta_2 - \theta_3)};$$

ainsi la forme plus simple

$$\psi = [a(\alpha - \beta + \gamma - \delta),\ a(\beta\delta - \alpha\gamma),\ a(\alpha\beta\gamma + \alpha\gamma\delta - \alpha\beta\delta - \beta\gamma\delta)]\widehat{(x, y)}^2$$

sera un *covariant* de f, aussi bien que φ. Or le carré de son premier terme s'obtient de suite par la formule

$$a^2(\alpha + \gamma - \beta - \delta)^2 = 16(b^2 - ac + a\theta_3).$$

On en conclut le résultat suivant, auquel nous voulions parvenir, savoir :

$$\psi^2 = 16(g + \theta_3 f),$$

f étant la forme proposée et g le *covariant* dont nous avons donné la définition au commencement de ce Mémoire. En effet, on peut dire en général que deux covariants d'une même forme, qui ont leurs premiers termes égaux, sont par cela seul nécessairement identiques. C'est une conséquence immédiate de ce que nous avons établi (Première partie, § III), en déduisant les fonctions f, g et h seulement de leurs premiers termes

$$a, \quad b^2 - ac \quad \text{et} \quad a^2 b' - 3abc + 2b^3.$$

Nous sommes ainsi ramené par une voie nouvelle à la considération du covariant g, et aussi à la relation importante

$$4g^3 - if^2 g - jf^3 = 4(g + \theta_1 f)(g + \theta_2 f)(g + \theta_3 f) = h^2.$$

Chacun des facteurs

$$g + \theta_1 f, \quad g + \theta_2 f, \quad g + \theta_3 f$$

se trouve être en effet le carré d'une forme quadratique analogue à ψ. (Cette propriété a été aussi obtenue par M. Cayley, qui m'en a donné récemment communication ; elle est le point de départ de la méthode de résolution de l'équation générale du quatrième degré, dont j'ai parlé au commencement de ce Mémoire.) Ainsi leur produit est bien un carré parfait. En même temps, nous obtenons la décomposition en trois facteurs du second degré du covariant h, d'où l'on peut conclure la résolution de l'équation $h = 0$.

IV.

Des questions arithmétiques dont les résultats précédents donnent la solution.

Étant proposées deux formes biquadratiques f et f', on pourra reconnaître si elles sont équivalentes, ou non, en calculant leurs transformées réduites F et F'. Pour obtenir ces transformées réduites, on formera l'équation en θ, qui sera la même pour f et f';

car on doit d'abord supposer à ces deux formes les mêmes *invariants*. Cela fait, on choisira la racine moyenne de cette équation en θ, et l'on en déduira les deux formes quadratiques ψ et ψ', en extrayant la racine carrée des fonctions

$$f + \theta g, \quad f' + \theta g'.$$

La réduite F s'obtiendra en effectuant dans f la substitution à coefficients entiers et au déterminant *un*, propre à réduire ψ, et la réduite F' en effectuant dans f' la substitution propre à réduire ψ'. Maintenant il suit de notre théorie : la condition nécessaire et suffisante pour que f et f' soient *équivalentes* est que F et F' soient *identiques*.

En second lieu, si l'on propose de calculer le système complet des formes réduites qui ont les mêmes *invariants* i et j, on déduit de la valeur minimum de T, ci-dessus obtenue, savoir :

$$T = 16^2(\theta_1 - \theta_2)^2,$$

où θ_1 et θ_2 désignent la plus grande et la plus petite racine de l'équation en θ, la règle suivante :

On calculera tous les systèmes de nombres entiers A, B, C, B', A' *qui vérifient en valeur absolue les conditions*

$$AA' < (\tfrac{4}{3})^2(\theta_1 - \theta_2)^2, \qquad BB' < (\tfrac{4}{3})^2(\theta_1 - \theta_2)^2, \qquad C' < \tfrac{4}{3}(\theta_1 - \theta_2),$$
$$AB'^2 < (\tfrac{4}{3})^3(\theta_1 - \theta_2)^3, \qquad A'B^2 < (\tfrac{4}{3})^3(\theta_1 - \theta_2)^3.$$

Ces systèmes, en nombre évidemment fini, donneront autant de formes F', F'', F''', ... *On choisira les réduites destinées à représenter définitivement les classes distinctes de mêmes invariants, en calculant les formes quadratiques* $\sqrt{(F + \theta_3 G)}$, $\sqrt{(F' + \theta_3 G')}$, ... *et conservant seulement celles des formes* F, F', ... *auxquelles correspondront ainsi des formes quadratiques réduites, où le coefficient moyen ne surpasse pas celui de* x^2, *qui lui-même ne doit pas surpasser celui de* y^2.

Dans une autre occasion, j'espère pouvoir présenter des applications numériques de cette théorie; je me bornerai maintenant à remarquer cette circonstance que, pour les formes quadratiques à facteurs réels, l'invariant j est essentiellement limité par la valeur donnée de i. Effectivement, comme le discriminant $i^3 - 27j^2$ doit être positif, il faut qu'on ait $j^2 < \frac{1}{27} i^3$; on peut donc dire que toutes les formes biquadratiques à racines réelles

$$(a, b, c, b', a' \widehat{)(} x, y)^4,$$

pour lesquelles la fonction $aa' - 4bb' + 3c^2$ a une valeur donnée, sont réductibles à un nombre fini de classes distinctes.

Paris, juillet 1854.

SUR LA THÉORIE

DES

FONCTIONS HOMOGÈNES

A DEUX INDÉTERMINÉES.

Journal de Crelle, Tome 52.

SECOND MÉMOIRE.

Dans mon premier Mémoire, qui a pour principal objet l'étude des formes biquadratiques, j'ai eu soin de considérer séparément la théorie *algébrique* et la théorie *arithmétique* de ces formes. Relativement aux formes *quadratiques,* une pareille distinction serait inutile, en raison du petit nombre de notions algébriques qu'il est nécessaire d'établir comme base des considérations arithmétiques. Mais, dès qu'on s'élève aux formes *binaires* de degré quelconque, on voit la théorie algébrique prendre un développement inattendu et digne du plus grand intérêt. En effet, en présence des éléments analytiques nouveaux dont elle manifeste l'existence, les notions les plus simples et les plus faciles qui nous sont requises par l'étude des formes quadratiques viennent alors s'offrir sous un tout autre aspect, et parfois, donnent naissance à des notions nouvelles. Je me propose d'en montrer ici un exemple, en traitant de la distribution en ordres des formes *cubiques* et *biquadratiques.*

M. Eisenstein, dans son beau Mémoire intitulé : *Nouveaux théorèmes d'Arithmétique transcendante,* publié dans le *Journal de Crelle,* t. 35, a déjà remarqué que la présence des formes adjointes, dans la théorie des formes quadratiques *ternaires,* conduisait à faire reposer la distribution en ordres de ces formes sur un principe nouveau et différent de celui que M. Gauss a donné pour les formes *binaires*. Nous allons voir que, pour les formes *cubiques* et *biquadratiques*, le principe de M. Eisenstein va lui-même se présenter sous un jour plus étendu, et conduira à trois subdivisions différentes de la totalité des formes qui possèdent les mêmes *invariants fondamentaux*.

C'est là d'ailleurs un résultat qui appartient en propre aux formes dont nous parlons; de sorte que la forme du cinquième degré et celle de degrés plus élevés donnent lieu pour la distribution en ordres à des considérations toutes différentes. Plusieurs autres faits se présenteront, comme nous l'avons déjà annoncé dans la suite de ces recherches, pour manifester dans des circonstances variées cette différence de nature qu'on rapproche naturellement de cette différence analytique si profonde, entre les racines des équations des quatre premiers degrés, qui s'expriment par simples radicaux, et celles de degrés plus élevés qu'il est impossible d'obtenir de cette manière.

Dans l'espérance que de pareilles considérations intéresseraient peut-être, j'ai développé, avec détails, l'application aux formes du *cinquième* degré des propositions algébriques générales sur lesquelles reposent la distribution en ordre des formes binaires. Plusieurs des résultats qui se présenteront dans cette application se retrouveront d'ailleurs et joueront un rôle important dans l'étude spéciale des formes du cinquième degré, à laquelle je consacrerai prochainement un nouveau Mémoire.

I.

Principe de la distribution en ordres des formes binaires.

Il est un point de vue sous lequel la notion des ordres de classes quadratiques de même *déterminant* s'étend immédiatement à toutes les formes, quel que soit leur degré et le nombre de leurs indéterminées. Ainsi, en ne considérant que les formes *binaires* et leur appliquant la méthode suivie par M. Gauss dans le § 226 des *Disquisitiones Arithmeticæ*, on peut nommer *primitives* toutes les formes

$$f = (a, b, c, \ldots)(x, y)^m$$

de mêmes *invariants*, dans lesquelles le plus grand commun diviseur de a, b, c, ... est l'unité. Cela dit, l'ordre *proprement primitif* sera défini comme réunissant toutes les formes dans lesquelles le plus grand commun diviseur de

$$a, \quad mb, \quad \frac{m.m-1}{1.2}c, \quad \ldots$$

sera l'unité, et ensuite on obtiendra autant d'ordres *improprement primitifs* que le plus grand commun diviseur de ces mêmes nombres pourra recevoir de valeurs distinctes.

Maintenant, si l'on passe aux formes

$$F = (A, B, C, \ldots)(x, y)^m,$$

dont les coefficients A, B, C, ... ont un plus grand commun diviseur δ, on pourra les nommer *dérivées* des formes primitives

$$f = \frac{1}{\delta}F.$$

Cela posé, pour chaque valeur de δ, on aura un groupe de formes dérivées, dont la distribution en ordres suivra immédiatement celle des formes primitives qui leur correspondent. Rien de plus facile, on le voit, que cette première extension des principes de M. Gauss qu'il nous a suffi d'indiquer en peu de mots. Mais, dès qu'on considère d'autres formes que les formes *quadratiques* à deux indéterminées, on voit intervenir de nouveaux éléments analytiques qui jouent dans toute la théorie un rôle essentiel; ce sont les formes *adjointes* et les formes nommées *covariants* par M. Sylvester. Ces deux genres de formes ne sont pas essentiellement distincts, comme on le sait, dans la théorie des formes *binaires*; ils se ramènent aux seuls covariants, dont je crois devoir encore rappeler la propriété caractéristique.

Soit

$$f = (a, b, c, \ldots \widehat{)(x, y})^m$$

une forme binaire, et supposons qu'on ait identiquement

$$(a, b, c, \ldots\widehat{)(\xi x + \xi' y}, \eta x + \eta' y)^m = (A, B, C, \ldots\widehat{)(x, y})^m;$$

on donnera le nom de *covariant* de f à toute fonction

$$\varphi(a, b, c, \ldots; x, y)$$

rationnelle et entière en $a, b, c, \ldots; x, y$, qui satisfait à la condition

$$\text{(A)} \quad (\xi\eta' - \eta\xi')^s \varphi(a, b, c, \ldots; \xi x + \xi' y, \eta x + \eta' y) = \varphi(A, B, C, \ldots; x, y);$$

l'exposant de la puissance à laquelle est élevé le déterminant de la substitution $\xi\eta' - \eta\xi'$ étant *entier* et *positif*. Cela posé, il est bien facile de reconnaître que le plus grand commun diviseur des coefficients d'un *covariant* quelconque φ, de la forme f, sera un élément numérique, caractéristique de la classe entière à laquelle appartient cette forme. Nommant, pour un instant, φ' une expression *semblable* à φ, mais se rapportant à une forme f' arithmétiquement équivalente à f, il suit de l'équation (A) que φ et φ' seront elles-mêmes arithmétiquement *équivalentes* et auront nécessairement le même plus grand commun diviseur pour leurs coefficients. L'ensemble des classes $f, f_1, f_2, \ldots$, qui ont les mêmes *invariants,* peut être ainsi divisé en ordres en appliquant le principe même de M. Gauss, tel que nous l'avons présenté tout à l'heure, aux *covariants* $\varphi, \varphi_1, \varphi_2, \ldots$ qui leur correspondent respectivement. Et, par là, on voit s'offrir autant de divisions en ordres que de covariants distincts, de sorte que l'idée arithmétique très simple, qui nous a été donnée par la théorie des formes quadratiques, reçoit, par le fait de l'existence des divers covariants, un développement aussi intéressant que difficile à suivre. On est conduit en effet à ces problèmes, sources de belles recherches analytiques :

1° *Trouver tous les covariants des formes d'un degré donné.*

2° *Trouver comment dépendent des* invariants *fondamentaux, les diviseurs d'un* covariant *quelconque, qui fournissent les caractères d'une division en ordres, relative à ce covariant.*

3° *Comparer entre elles toutes les divisions en ordres qui reposent sur la considération des divers covariants.*

C'est la solution de ces questions que nous nous proposons d'offrir pour les formes *cubiques* et *biquadratiques*. Elle se fonde principalement sur les propositions générales que nous allons établir.

II.

Propositions sur les covariants des formes binaires.

Première proposition. — *Soient g et h deux covariants quelconques de la forme*

$$f = (a, b, c, \ldots)\widehat{(x, y)}^m,$$

de sorte qu'en faisant

$$(a, b, c, \ldots)\widehat{(}kx + \varkappa y,\ lx + \lambda y)^m = (\mathrm{A}, \mathrm{B}, \mathrm{C}, \ldots)\widehat{(x, y)}^m$$

et, pour abréger,

$$\omega = k\lambda - \varkappa l,$$

on ait

$$(1)\qquad \omega^s g(a, b, c, \ldots;\ kx + \varkappa y,\ lx + \lambda y) = g(\mathrm{A}, \mathrm{B}, \mathrm{C}, \ldots;\ x, y),$$

$$(2)\qquad \omega^t h(a, b, c, \ldots;\ kx + \varkappa y,\ lx + \lambda y) = h(\mathrm{A}, \mathrm{B}, \mathrm{C}, \ldots;\ x, y).$$

Je dis qu'en posant

$$(3)\quad g\left(a, b, c, \ldots;\ x\mathrm{X} - \frac{\partial h}{\partial y}\,\mathrm{Y},\ y\mathrm{X} + \frac{\partial h}{\partial x}\,\mathrm{Y}\right) = \theta(a, b, c, \ldots;\ x, y, \mathrm{X}, \mathrm{Y}),$$

on aura l'identité

$$(4)\ \omega^s\theta(a, b, c, \ldots;\ kx + \varkappa y,\ lx + \lambda y, \mathrm{X}, \omega^{t+1}\mathrm{Y}) = \theta(\mathrm{A}, \mathrm{B}, \mathrm{C}, \ldots;\ x, y, \mathrm{X}, \mathrm{Y}).$$

Ainsi les coefficients des divers termes en X et Y dans cette fonction θ se vérifieront de même nature que (1) et (2), et seront dès lors des covariants de f.

Soit

$$\xi = kx + \varkappa y, \qquad \eta = lx + \lambda y,$$
$$u = x\mathrm{X} - \frac{\partial h}{\partial y}\,\mathrm{Y}, \qquad v = y\mathrm{X} + \frac{\partial h}{\partial x}\,\mathrm{Y};$$

nommons U et V ce que deviennent respectivement u et v quand on remplace les coefficients $a, b, c, \ldots$, qui entrent dans la forme h, par A, B, C, ..., de sorte que

$$(5)\quad \mathrm{U} = x\mathrm{X} - \frac{\partial h(\mathrm{A}, \mathrm{B}, \mathrm{C}, \ldots;\ x, y)}{\partial y}\,\mathrm{Y}, \quad \mathrm{V} = y\mathrm{X} + \frac{\partial h(\mathrm{A}, \mathrm{B}, \mathrm{C}, \ldots;\ x, y)}{\partial x}\,\mathrm{Y},$$

je vais établir comme lemme qu'on aura

$$(6)\quad \begin{cases} kU + \varkappa V = \xi X - \omega^{t+1} \dfrac{\partial h(a, b, c, \ldots; \xi, \eta)}{\partial \eta} Y, \\ lU + \lambda V = \eta X + \omega^{t+1} \dfrac{\partial h(a, b, c, \ldots; \xi, \eta)}{\partial \xi} Y. \end{cases}$$

J'observe pour cela que l'identité (2), ou, ce qui revient au même, celle-ci :

$$\omega^t h(a, b, c, \ldots; \xi, \eta) = h(A, B, C, \ldots; x, y),$$

donne, par la différentiation,

$$(7)\quad \frac{\partial h(A, B, C, \ldots; x, y)}{\partial x} = \omega^t \left[k \frac{\partial h(a, b, c, \ldots; \xi, \eta)}{\partial \xi} + l \frac{\partial h(a, b, c, \ldots; \xi, \eta)}{\partial \eta} \right],$$

$$(8)\quad \frac{\partial h(A, B, C, \ldots; x, y)}{\partial y} = \omega^t \left[\varkappa \frac{\partial h(a, b, c, \ldots; \xi, \eta)}{\partial \xi} + \lambda \frac{\partial h(a, b, c, \ldots; \xi, \eta)}{\partial \eta} \right].$$

Or les équations (5) donnent immédiatement

$$kU + \varkappa V = (kx + \varkappa y) X + \left[\varkappa \frac{\partial h(A, B, C, \ldots; x, y)}{\partial x} - k \frac{\partial h(A, B, C, \ldots; x, y)}{\partial y} \right] Y,$$

$$lU + \lambda V = (lx + \lambda y) X + \left[\lambda \frac{\partial h(A, B, C, \ldots; x, y)}{\partial x} - l \frac{\partial h(A, B, C, \ldots; x, y)}{\partial y} \right] Y,$$

et, en substituant les valeurs des deux dérivées partielles que fournissent les équations (7) et (8), il vient précisément les équations (6) que nous nous proposions d'établir.

Cela posé, revenons à la relation (1), que nous allons reproduire en écrivant U et V au lieu de x et y, savoir :

$$(9)\quad \omega^s g(a, b, c, \ldots; kU + \varkappa V, lU + \lambda V) = g(A, B, C, \ldots; U, V),$$

et à la relation (3), par laquelle est définie la fonction θ,

$$(10)\quad g(a, b, c, \ldots; u, v) = \theta(a, b, c, \ldots; x, y, X, Y).$$

Si, dans cette dernière identité, nous substituons A, B, C, ... à a, b, c, ..., il faudra aussi mettre U et V au lieu de u et v, et il viendra

$$g(A, B, C, \ldots; U, V) = \theta(A, B, C, \ldots; x, y, X, Y),$$

ou bien, à cause de l'équation (9),

$$\omega^s g(a, b, c, \ldots; kU + \varkappa V, lU + \lambda V) = \theta(A, B, C, \ldots; x, y, X, Y).$$

Maintenant, il résulte du lemme précédemment établi (équat. 6) que

$$kU + \varkappa V, \quad lU + \lambda V,$$

qui entrent dans le premier membre, sont ce que deviennent respectivement u et v lorsqu'on y remplace x et y par ξ et η, et qu'on multiplie Y par ω^{t+1}. L'expression

$$g(a, b, c, \ldots; kU + \varkappa V, lU + \lambda V)$$

n'est donc autre chose, en vertu de l'équation (10), que

$$\theta(a, b, c, \ldots; \xi, \eta, X, \omega^{t+1} Y),$$

et nous obtenons de la sorte la relation que nous voulions établir, savoir :

$$\omega^s \theta(a, b, c, \ldots; \xi, \eta, X, \omega^{t+1} Y) = \theta(A, B, C, \ldots; x, y, X, Y).$$

On peut aisément juger, par cette première proposition, de la multitude des *covariants* qui existent pour une forme donnée. Ainsi, en prenant g et h égaux à f, qui est évidemment un *covariant* par rapport à elle-même, on en obtiendra un certain nombre, avec lesquels on pourra encore employer le même théorème. Si donc on ne retrouve pas ainsi des formes obtenues précédemment, on verra de nouveaux covariants naître de tous ceux qui se sont déjà présentés, et il semble bien difficile de déduire de là une expression analytique générale pour tant de quantités qui peuvent, tout en restant dans le même principe, naître les unes des autres de tant de manières différentes. Voici ce qu'il m'a été donné de trouver après de longues méditations sur ce sujet :

Seconde proposition. — *Nommons* covariants associés *à h ceux qui résultent de la première proposition lorsqu'on suppose g égal à la forme f : je dis que tout covariant de f, quel qu'il soit, ou au moins son produit par une puissance entière de h, sera une fonction rationnelle et entière des* covariants associés.

Pour mieux préciser d'abord, cette notion des *covariants associés*, reprenons l'expression analytique qui leur donne naissance, savoir :

$$\left(a, b, c, \ldots\right)\widehat{\left(x\mathrm{X} - \frac{\partial h}{\partial y}\mathrm{Y},\ y\mathrm{X} + \frac{\partial h}{\partial x}\mathrm{Y}\right)}^{m}.$$

Il conviendra, en nommant n le degré de h en x et y, d'écrire $\frac{1}{n}$ Y au lieu de Y. Cela étant, si l'on met en évidence les coefficients des divers termes en X et Y, il est clair que celui de X^m sera la forme proposée f, et, en faisant

$$\left(a, b, c, \ldots\right)\widehat{\left(x\mathrm{X} - \frac{1}{n}\frac{\partial h}{\partial y}\mathrm{Y},\ y\mathrm{X} + \frac{1}{n}\frac{\partial h}{\partial x}\mathrm{Y}\right)}^{m} = \left(f, h_1, h_2, \ldots, h_m\right)\widehat{\left(\mathrm{X}, \mathrm{Y}\right)}^{m},$$

ces quantités $h_1, h_2, \ldots, h_m$ seront ce que nous nommons dorénavant les *covariants associés* à h.

Cela posé, soit

$$\pi(a, b, c, \ldots; x, y)$$

un covariant quelconque de f; nous pourrons écrire les deux identités

$$(a, b, c, \ldots)\widehat{(x\mathrm{X} + x'\mathrm{Y},\ y\mathrm{X} + y'\mathrm{Y})}^{m} = (\mathrm{A}, \mathrm{B}, \mathrm{C}, \ldots)\widehat{(\mathrm{X}, \mathrm{Y})}^{m},$$

$$(xy' - yx')^{\mu}\pi(a, b, c, \ldots; x\mathrm{X} + x'\mathrm{Y},\ y\mathrm{X} + y'\mathrm{Y}) = \pi(\mathrm{A}, \mathrm{B}, \mathrm{C}, \ldots; \mathrm{X}, \mathrm{Y}),$$

μ étant un certain nombre entier. Maintenant faisons

$$x' = -\frac{1}{n}\frac{\partial h}{\partial y}, \qquad y' = \frac{1}{n}\frac{\partial h}{\partial x};$$

les coefficients A, B, C, ... deviendront respectivement $f, h_1, h_2, \ldots,$ et le déterminant $xy' - yx'$ la forme h elle-même. Supposons encore, dans la seconde équation,

$$\mathrm{X} = 1, \qquad \mathrm{Y} = 0;$$

son second membre se réduira évidemment au coefficient de la puissance la plus élevée de X, fonction rationnelle et entière de A, B, C, ... que nous désignerons par (A, B, C, ...). Il vient donc ainsi l'équation suivante :

$$(11) \qquad h^{\mu}\pi(a, b, c, \ldots; x, y) = (f, h_1, h_2, \ldots),$$

par laquelle notre proposition se trouve démontrée.

Pour en montrer immédiatement une application, nous allons

faire voir que tous les covariants d'une forme quadratique

$$f = (a, b, c \widehat{)(} x, y)^2$$

s'obtiennent en multipliant une puissance de f par une puissance de l'invariant $b^2 - ac$.

Remarquons d'abord que le second membre de la relation (11) est homogène en f, h_1, h_2, ..., car il provient de l'expression $(A, B, C, \ldots)$, qui est nécessairement homogène en A, B, C, ... puisque, en général, tout covariant d'une forme est une fonction entière homogène des coefficients de cette forme. Cela étant, on trouve, en prenant $h = f$,

$$\left(a, b, c \widehat{\Big)\Big(} x\mathrm{X} - \frac{1}{2}\frac{\partial f}{\partial y}\mathrm{Y},\ y\mathrm{X} + \frac{1}{2}\frac{\partial f}{\partial x}\mathrm{Y}\right)^2 = [f, 0, (ac - b^2)f \widehat{](} \mathrm{X}, \mathrm{Y})^2$$

et

$$f^{\mu}\pi(a, b, c;\ x, y) = [f, 0, (ac - b^2)f].$$

Or, le second membre devant être homogène par rapport aux deux quantités f et $(ac - b^2)f$, ne peut être que le produit d'une puissance de f par une fonction de l'invariant, et, pour qu'un tel résultat soit aussi homogène en a, b, c, cette fonction de l'invariant doit être proportionnelle à une simple puissance. Donc, tout covariant de la forme quadratique proposée, fonction rationnelle et entière de x, y, et a, b, c par définition, est compris dans la formule

$$(b^2 - ac)^i f^k,$$

i et k étant entiers.

Si simple et si prévu que fût ce résultat, je n'ai pas cru inutile de l'établir rigoureusement à cause des conséquences qui s'en déduiront par l'application de la loi de réciprocité : conséquences que j'ai déjà indiquées dans le Journal de M. Thompson. D'ailleurs il montre, sous un certain point de vue, comment les formes *quadratiques* se distinguent des formes *cubiques* et *biquadratiques*, dont nous allons nous occuper, tout en partageant avec elles une propriété caractéristique que nous verrons tout à coup disparaître dans les formes du *cinquième* degré. Nous ferons précéder ces questions de quelques remarques sur le système particulier des covariants qui sont associés à la forme proposée.

III.

Sur le système des covariants associés à la forme proposée.

On l'obtient en mettant en évidence les divers termes en X et Y dans l'expression

$$\left(a, b, c, \ldots\right)\widehat{}\left(x\mathrm{X} - \frac{1}{m}\frac{\partial f}{\partial y}\mathrm{Y},\ y\mathrm{X} + \frac{1}{m}\frac{\partial f}{\partial x}\mathrm{Y}\right)^m,$$

de sorte que, si nous faisons

$$\left(a, b, c, \ldots\right)\widehat{}\left(x\mathrm{X} - \frac{1}{m}\frac{\partial f}{\partial y}\mathrm{Y},\ y\mathrm{X} + \frac{1}{m}\frac{\partial f}{\partial x}\mathrm{Y}\right)^m = (f, f_1, f_2, \ldots, f_m)\widehat{}(\mathrm{X}, \mathrm{Y})^m,$$

les covariants associés à f se trouveront désignés par $f_1, f_2, \ldots, f_m$. Leurs premiers termes s'obtiennent facilement; car, en faisant $y = 0$ dans les expressions

$$x\mathrm{X} - \frac{1}{m}\frac{\partial f}{\partial y}\mathrm{Y} \quad \text{et} \quad y\mathrm{X} + \frac{1}{m}\frac{\partial f}{\partial x}\mathrm{Y},$$

elles deviennent simplement

$$x\mathrm{X} - bx^{m-1}\mathrm{Y} \quad \text{et} \quad ax^{m-1}\mathrm{Y}.$$

En faisant, pour abréger,

$$\frac{1}{m.\overline{m-1}\ldots\overline{i+1}}\frac{\partial^{m-i} f}{\partial x^{m-i}} = \varphi_i(x, y),$$

on trouvera ainsi

$$f_i = \varphi_i(-b, a)\,x^{(i+1)m-2i} + \ldots.$$

Ce coefficient $\varphi_i(-b, a)$ est divisible par a, comme on le voit aisément; il s'ensuit que, en employant la méthode donnée dans mon premier Mémoire, pour déduire un covariant de son premier terme on obtiendra la forme f en facteur commun dans la série entière des covariants associés. Cette remarque faite, je vais étudier de plus près les quotients $\frac{1}{a}\varphi_i(-b, a)$, en supposant à i les valeurs 1, 2, 3, 4, 5, et en écrivant les coefficients de f suivant l'ordre alphabétique

$$\frac{1}{a}\varphi_1(-b, a) = 0,$$

$$\frac{1}{a}\varphi_2(-b, a) = -b^2 + ac,$$

$$\frac{1}{a}\varphi_3(-b, a) = 2b^3 - 3abc + a^2 d,$$

$$\frac{1}{a}\varphi_4(-b, a) = -3b^4 + 6acb^2 - 4bda^2 + ea^3,$$

$$\frac{1}{a}\varphi_5(-b, a) = 4b^5 - 10acb^3 + 10b^2da^2 - 5bea^3 + fa^4.$$

Introduisons pour cela les expressions suivantes, savoir :

A, invariant de $\varphi_2(x, y) = b^2 - ac$,

B, » $\varphi_3(x, y) = (bc - ad)^2 - 4(b^2 - ac)(c^2 - bd)$,

C, » $\varphi_4(x, y) = ae - 4bd + 3c^2$,

D, » $\varphi_5(x, y) = (af - 3be + 2cd)^2 - 4(ae - 4bd + 3c^2)(bf - 4ce + 3d^2)$,

on vérifiera sans peine les relations

$$\frac{1}{a}\varphi_2(-b, a) = -A,$$

$$\frac{1}{a}\varphi_3(-b, a) = \frac{1}{2}\frac{\partial B}{\partial d},$$

$$\frac{1}{a}\varphi_4(-b, a) = a^2 C - 3A^2,$$

$$\frac{1}{a}\varphi_5(-b, a) = A\frac{\partial B}{\partial d} + \frac{1}{2}a^2\frac{\partial D}{\partial f}.$$

Cela posé, soient g, g' les invariants analogues à A, C, mais relatifs aux formes

$$\frac{1}{m.m-1}\left(\frac{\partial^2 f}{\partial x^2}, \frac{\partial^2 f}{\partial x\,\partial y}, \frac{\partial^2 f}{\partial y^2}\right)\!\widehat{}\left(X, Y\right)^2,$$

$$\frac{1}{m.m-1.m-2.m-3}\left(\frac{\partial^4 f}{\partial x^4}, \frac{\partial^4 f}{\partial x^3\,\partial y}, \frac{\partial^4 f}{\partial x^2\,\partial y^2}, \frac{\partial^4 f}{\partial x\,\partial y^3}, \frac{\partial^4 f}{\partial y^4}\right)\!\widehat{}\left(X, Y\right)^4,$$

et h et h' les quantités

$$h = \frac{1}{m(m-2)}\left(\frac{\partial g}{\partial x}\frac{\partial f}{\partial y} - \frac{\partial g}{\partial y}\frac{\partial f}{\partial x}\right),$$

$$h' = \frac{1}{m(m-4)}\left(\frac{\partial g'}{\partial x}\frac{\partial f}{\partial y} - \frac{\partial g'}{\partial y}\frac{\partial f}{\partial x}\right),$$

on aura ces expressions des premiers covariants associés de f, savoir :

$$f_2 = -fg,$$
$$f_3 = fh,$$
$$f_4 = f(f^2g' - 3g^2),$$
$$f_5 = f(2gh - f^2h').$$

Cela résulte immédiatement de ce que leurs termes les plus élevés en x ont précisément pour coefficients les quantités

$$\varphi_2(-b, a), \quad \varphi_3(-b, a), \quad \ldots.$$

Mais je ne m'arrêterai pas à le vérifier, m'étant seulement proposé de faire voir comment viennent s'offrir, dans ma théorie, les covariants auxquels M. Sylvester a donné les désignations de *Hessiens* ou d'*Émanants*, et qui ont été nommés précédemment g, g'.

IV.

Division en ordres des formes cubiques.

D'après ce que nous avons dit en commençant, le point de départ de cette théorie de la division en ordres est la recherche complète de tous les covariants des formes *cubiques*. Nous allons nous en occuper en nous fondant sur les propositions générales précédemment établies.

Soit la forme proposée

$$f = (a, b, c, d)\widehat{\ }(x, y)^3;$$

on trouvera d'abord pour ses covariants associés, f_1 étant identiquement nul, les expressions

$$f_2 = -fg, \qquad f_3 = +fh.$$

Afin d'introduire par la suite $2g$ au lieu de g, nous écrivons

$$f_2 = -\tfrac{1}{2}fg,$$

et nous aurons ces valeurs

$$g = [2(b^2 - ac),\ bc - ad,\ 2(c^2 - bd)]\widehat{\ }(x, y)^2,$$

$$h = \begin{pmatrix} 2b^3 - 3abc + a^2d,\ b^2c + abd - 2ac^2, \\ -c^2b + 2b^2d - acd,\ -2c^3 + 3bcd - ad^2 \end{pmatrix}\widehat{\ }\begin{pmatrix} x, y \end{pmatrix}^3.$$

Cela posé, recherchons si d'autres covariants ne naîtraient pas, par exemple, du développement de

$$\left(\widehat{a, b, c, d}\right)\left(x\mathrm{X} - \frac{1}{2}\frac{\partial g}{\partial y}\mathrm{Y},\ y\mathrm{X} + \frac{1}{2}\frac{\partial g}{\partial x}\mathrm{Y}\right)^3.$$

Or on trouve sans peine que

$$\left(\widehat{a, b, c, d}\right)\left(x\mathrm{X} - \frac{1}{2}\frac{\partial g}{\partial y}\mathrm{Y},\ y\mathrm{X} + \frac{1}{2}\frac{\partial g}{\partial x}\mathrm{X}\right)^3 = (\widehat{f, h, \Delta f, \Delta h})(\mathrm{X}, \mathrm{Y})^3,$$

Δ désignant l'invariant unique de f, savoir :

$$\begin{aligned}\Delta &= (bc - ad)^2 - 4(b^2 - ac)(c^2 - bd)\\ &= 4ac^3 + 4db^3 + a^2d^2 - 6abcd - 3b^2c^2.\end{aligned}$$

Ce sont donc encore f et h qui se présentent, mais accompagnés maintenant de l'*invariant* Δ. Notre seconde proposition (§ II) conduit ainsi à ces deux conclusions :

Tout covariant θ *de la forme* cubique f *est exprimable, soit de cette manière :*

$$(1)\qquad \theta = \frac{\Pi(f, g, h)}{f^\mu},$$

soit de la suivante :

$$(2)\qquad \theta = \frac{\Phi(f, h, \Delta)}{g^\nu},$$

les deux numérateurs étant des fonctions rationnelles et entières des diverses quantités qui y entrent, et les exposants μ *et* ν *étant entiers. Or, de là, il est facile de conclure que* θ *peut également s'exprimer par une fonction entière de* f, g, h *et* Δ.

Pour établir la démonstration, j'observe d'abord que deux quelconques de ces trois quantités f, g, h peuvent être regardées comme entièrement indépendantes. On le voit en considérant un cas particulier. Soit, par exemple,

$$f = x^3 + y^3;$$

on trouvera

$$g = -2xy,\qquad h = x^3 - y^3;$$

quantités qui, envisagées deux à deux, ne peuvent être liées par aucune relation indépendante de x et y. Mais, entre f, g et h, une telle relation existe nécessairement et s'obtient en comparant les invariants des deux formes

$$(a, b, c, d \widehat{)} (x, y)^3 \quad \text{et} \quad (f, 0, -\tfrac{1}{2} fg, fh \widehat{)} (X, Y)^3,$$

qui sont respectivement

$$\Delta \quad \text{et} \quad f^4 h^2 - \tfrac{1}{2} f^4 g^3.$$

Or, la seconde résultant de la première, par la substitution linéaire au déterminant f, qui donne naissance aux covariants associés à f, on trouvera

$$\Delta f^6 = f^4 h^2 - \tfrac{1}{2} \Delta f^4 g^3$$

et, plus simplement,

(3) $$\Delta f^2 + \tfrac{1}{2} g^3 = h^2.$$

(Cette équation a été récemment indiquée par M. Cayley dans un Mémoire intitulé : *Nouvelles recherches sur les covariants.*)

Cela posé, j'observe que les numérateurs dans les expressions (1) et (2) de θ pourront être ramenés, en vertu de cette relation, à contenir seulement la première puissance de h; ainsi, on pourra écrire

$$\Pi(f, g, h) = \Pi_0(f, g, \Delta) + h \Pi_1(f, g, \Delta),$$
$$\Phi(f, h, \Delta) = \Phi_0(f, g, \Delta) + h \Phi_1(f, g, \Delta),$$

les nouvelles fonctions Π_0, Π_1, Φ_0, Φ_1 étant essentiellement entières en f, g et Δ.

Égalons maintenant les deux expressions du covariant θ; il viendra

$$\frac{1}{f^\mu} \Pi_0(f, g, \Delta) + \frac{h}{f^\mu} \Pi_1(f, g, \Delta) = \frac{1}{g^\nu} \Phi_0(f, g, \Delta) + \frac{h}{g^\nu} \Phi_1(f, g, \Delta).$$

Or je dis qu'on devra avoir séparément

(4) $$\frac{1}{f^\mu} \Pi_0(f, g, \Delta) = \frac{1}{g^\nu} \Phi_0(f, g, \Delta),$$

(5) $$\frac{1}{f^\mu} \Pi_1(f, g, \Delta) = \frac{1}{g^\nu} \Phi_1(f, g, \Delta).$$

Effectivement, s'il n'en était pas ainsi, on aurait entre f, g, h une équation essentiellement distincte de (3), contenant h au premier degré seulement. Il serait donc possible, en éliminant cette quantité, d'obtenir entre f et g une relation indépendante de x et y; contrairement à ce que nous avons précédemment établi. Or l'égalité (4), lorsqu'on a chassé les dénominateurs, prouve immédiatement que Π_0 est divisible par f^μ, et Φ_0 par g^ν. Une conséquence toute semblable se tire de l'égalité (5). Ainsi nous avons ce théorème :

Tout covariant de la forme cubique proposée f est une fonction entière de f, g, h et de l'invariant Δ; le covariant h pouvant être regardé comme entrant seulement au premier degré dans cette fonction.

De là découlent beaucoup de conséquences sur lesquelles nous aurons à revenir dans la suite de ces recherches. En nous bornant maintenant à ce qui se rapporte à la division des formes *cubiques*, nous voyons que cette division peut être faite de trois manières différentes.

Soient, en effet, $f, f', f'', \ldots, f^{(i)}$ les formes par lesquelles on peut représenter la totalité des classes *cubiques* différentes pour un même invariant Δ; à ces formes correspondront, d'une part, les covariants *quadratiques* g, g', g'', ..., $g^{(i)}$ et, de l'autre, les covariants *cubiques*, h, h', h'', ..., $h^{(i)}$. Cela posé, chacun de ces trois groupes de formes, que pour abréger nous nommerons (f), (g) et (h), pourra tout d'abord être individuellement divisé en ordres, en appliquant le principe de M. Gauss, tel que nous l'avons présenté (§ I). Or, en réunissant dans le même groupe toutes les formes de (f), dont les covariants quadratiques appartiennent au même ordre dans (g), on obtiendra une seconde division en ordres de (f), que nous dirons attachée à g. Et semblablement, si l'on prend pour point de départ la division en ordres de (h), et qu'on réunisse encore dans un même groupe les formes de (f), dont les covariants *cubiques* appartiennent au même ordre de (h), on arrivera à une troisième division en ordres de (f), que nous dirons attachée à h. De ces deux dernières divisions, celle qui est attachée à g a la plus grande importance, comme nous nous réservons de le montrer dans un autre Mémoire. Elle sert de base, en effet, à la détermination complète du nombre des classes cubiques pour un invariant donné; recherche que M. Eisenstein a déjà traitée d'une manière aussi ingénieuse qu'élégante, mais seulement dans un cas particulier. Pour ce qui regarde la division en ordres attachée au covariant h, je ne puis la justifier que par l'analogie avec la précédente, car jusqu'ici je n'ai pas encore été amené à en faire usage, et à la caractériser par quelque propriété arithmétique particulière. Cependant, dans plusieurs circonstances, j'ai vu le covariant h jouer un rôle important, et j'en vais citer un exemple qui se rapporte précisément à la recherche du nombre des classes *cubiques*. Il est nécessaire, dans la méthode que j'ai suivie, d'obtenir l'expression analytique de toutes les formes pour lesquelles le covariant quadratique est le même. Or, f désignant une forme déterminée dont le covariant quadratique est g, toutes les autres qui auront le même covariant seront données par la formule $tf + uh$, h étant le covariant cubique de f; t et u des constantes liées par la relation

$$t^2 - \Delta u^2 = 1.$$

Il me reste encore à indiquer comment les diviseurs communs des coefficients de f, g ou h dépendent de Δ. Or, en nommant λ, μ, ν ces diviseurs, et remarquant que les invariants de f, g, h, à savoir : Δ, Δ et Δ^3, sont respectivement des fonctions homogènes du quatrième, du deuxième et encore du quatrième ordre, des coefficients de ces formes, on voit immédiatement que

λ^4	est un diviseur de	Δ,
μ^2	id.	Δ,
ν^4	id.	Δ^3.

A ces relations il faut aussi joindre les suivantes :

λ^2	est un diviseur des coefficients de	g,
λ^3	id.	h,
μ	id.	$2h$.

Les deux premières sont évidentes, et la troisième suit de l'équation

$$6h = \frac{\partial g}{\partial x}\frac{\partial f}{\partial y} - \frac{\partial g}{\partial y}\frac{\partial f}{\partial x},$$

dont le second membre contient le facteur *trois*, qui est amené par les dérivées partielles $\frac{\partial f}{\partial x}$, $\frac{\partial f}{\partial y}$.

V.

Division en ordres des formes biquadratiques.

La recherche du système complet des covariants est le point de départ de cette question, comme de la précédente. Nous allons la traiter en nous proposant de mettre dans tout son jour l'analogie que nous avons reconnue à cet égard entre les formes *cubiques* et *biquadratiques*.

Soit, en conservant les dénominations de mon premier Mémoire,

$$f = (a, b, c, b', a' \widehat{)} (x, y)^4$$

la forme proposée; ses covariants associés seront, d'après les formules générales données à la fin du § III,

$$\begin{aligned} f_1 &= 0, \\ f_2 &= -fg, \\ f_3 &= fh, \\ f_4 &= f(if^2 - 3g^2), \end{aligned}$$

i étant *l'invariant quadratique*

$$aa' - 4bb' + 3c^2;$$

g et h, les *covariants* que nous avons déjà considérés, savoir :

$$\begin{aligned} g = [\,& b^2 - ac,\ \tfrac{1}{2}(bc - ab'),\ \tfrac{1}{6}(3c^2 - 2bb' - aa'), \\ & \tfrac{1}{2}(b'c - a'b),\ b'^2 - a'c \widehat{]} (x, y)^4, \end{aligned}$$

$$h = (p, q, r, s, r', q', p' \widehat{)} (x, y)^6,$$

en faisant pour abréger

$$p = 2b^3 - 3abc + a^2 b', \qquad 6q = 6b^2 c - 9ac^2 + 2abb' + a^2 a', \qquad \ldots.$$

Cela posé, les covariants associés à g résulteront de l'identité suivante :

$$\left(a, b, c, b', a' \widehat{\Big)} \left(xX - \frac{1}{4}\frac{\partial g}{\partial y} Y,\ yX + \frac{1}{4}\frac{\partial g}{\partial x} Y\right)^2\right.$$
$$= [f,\ \tfrac{1}{2}h,\ -\tfrac{1}{4}f(jf + ig),\ -\tfrac{1}{8}h(jf + ig),\ -jg^3 + \tfrac{1}{16}h(jf + ig)^2 \widehat{]} (X, Y)^4,$$

qu'on vérifiera par un calcul un peu long, quoique sans difficulté, en réduisant les covariants à leurs premiers termes. Il en résulte que nous retrouvons les quantités f, g, h accompagnées des deux invariants i et j. Ainsi la seconde proposition du § II conduit à ces conclusions :

Tout covariant θ *de la forme biquadratique* f *est exprimable, soit de cette manière :*

$$\theta = \frac{\Pi(f, g, h : i)}{f^{\mu}}, \tag{1}$$

soit de la suivante :

$$\theta = \frac{\Phi(f, g, h ; i, j)}{g^{\nu}}; \tag{2}$$

les deux numérateurs étant des fonctions rationnelles et entières des diverses quantités qui y entrent, et les exposants μ, ν *étant entiers.*

Je vais maintenant établir que θ peut également s'exprimer par une fonction entière de f, g, h, i et j. J'observe d'abord que f et g ne sauraient être liés par aucune relation indépendante de x et y; comme on le voit en considérant le cas particulier de $f = x^4 + y^4$, qui donne $g = -x^2y^2$. Mais une telle relation existe entre f, g et h, et a été établie dans mon premier Mémoire, savoir :

$$4g^3 - igf^2 - jf^3 = h^2.$$

Or, on voit que les numérateurs, dans les expressions (1) et (2) de θ, pourront être ramenés, à l'aide de cette relation, à ne contenir que la première puissance de h. Ainsi on pourra écrire

$$\begin{aligned} \Pi(f, g, h;\ i) &= \Pi_0(f, g;\ i, j) + h\Pi_1(f, g;\ i, j), \\ \Phi(f, g, h;\ i, j) &= \Phi_0(f, g;\ i, j) + h\Phi_1(f, g;\ i, j), \end{aligned}$$

les nouvelles fonctions Π_0, Π_1, Φ_0, Φ_1, étant essentiellement entières en f, g, i et j. Il suit de là, en égalant les deux expressions du covariant θ,

$$\begin{aligned} &\frac{1}{f^{\mu}}\,\Pi_0(f, g;\ i, j) + \frac{h}{f^{\mu}}\,\Pi_1(f, g;\ i, j) \\ &= \frac{1}{g^{\nu}}\,\Phi_0(f, g;\ i, j) + \frac{h}{g^{\nu}}\,\Phi_1(f, g;\ i, j); \end{aligned}$$

donc, achevant de raisonner absolument comme nous l'avons fait pour les formes *cubiques*, on obtiendra les équations séparées

$$\frac{1}{f^\mu} \Pi_0(f, g; i, j) = \frac{1}{g^\nu} \Phi_0(f, g; i, j),$$

$$\frac{1}{f^\mu} \Pi_1(f, g; i, j) = \frac{1}{g^\nu} \Phi_1(f, g; i, j).$$

desquelles il résulte que Π_0 et Π_1 sont divisibles par f^μ; Φ_0 et Φ_1 par g^ν. Ainsi nous avons ce théorème :

Tout covariant de la forme biquadratique *f est une fonction rationnelle et entière de f, g, h et des deux invariants i, j, le covariant h pouvant être regardé comme entrant seulement au premier degré dans cette relation.*

Pour procéder maintenant à la division en ordres, il conviendra d'introduire, au lieu de g et h, $6g$ et $6h$, qui ne contiendront aucun coefficient fractionnaire. La méthode que nous avons employée pour les formes *cubiques* donnera alors trois divisions différentes de l'ensemble des classes distinctes qui ont les mêmes invariants i et j. L'une sera directement déduite de la considération des diviseurs communs aux coefficients des formes qui représentent ces classes; les autres seront respectivement attachées à $6g$ et $6h$. Mais, moins avancés dans l'étude arithmétique des formes *biquadratiques*, nous ne pouvons encore, comme nous l'avons annoncé pour les formes *cubiques*, attribuer à aucune de ces divisions d'autres propriétés que celles-là mêmes qui leur servent de définition. Nous nous bornerons donc à la recherche des relations qui existent entre les diviseurs des coefficients des formes f, $6g$, $6h$, et les invariants i, j, recherche qui exige plus de développement que dans la théorie des formes cubiques; car elle dépend de la détermination des divers invariants de $6g$ et $6h$. Nous nous occuperons d'abord, à cet égard, de la forme g, mais en nous plaçant à un point de vue plus général, afin d'en tirer occasion de présenter quelques remarques sur un beau théorème qu'a donné M. Hesse, et qu'on peut énoncer ainsi :

Soit F *une forme biquadratique composée linéairement en f et g, savoir :*

$$F = tf - ug,$$

t et u étant des constantes; si l'on nomme G le covariant déduit de F, comme g de f, on aura

$$G = u'g - t'f,$$

u' et t' désignant de nouvelles constantes.

Une nouvelle démonstration de ce théorème résulte d'abord immédiatement de notre proposition, que tous les covariants des formes biquadratiques sont des fonctions entières de f, g, h. Effectivement, la forme G, qui, comme on le voit aisément, est un covariant de f, doit être, comme cela se voit *a priori*, du *quatrième* degré en x et y. Or les seuls covariants du quatrième degré qui puissent résulter d'une fonction entière de f, g, h sont des fonctions linéaires de f et g. G est donc, comme la forme F elle-même, une expression de cette nature. Cela étant, on trouvera, comme il suit, t' et u' au moyen de t et u. Nommons I, J et H les quantités analogues à i, j et h pour la forme F. Entre ces quantités on aura la relation

$$4G^3 - IGF^2 - JF^3 = H^2,$$

que j'écrirai ainsi :

$$(4, 0, -\tfrac{1}{3} I, -J\widehat{)}(G, F)^3 = H^2.$$

Or, on reconnaît immédiatement par l'expression de H au moyen des dérivées partielles $\frac{dF}{dx}$, $\frac{dG}{dx}$, $\frac{dF}{dy}$, $\frac{dG}{dy}$ que l'on a

$$H = (tu' - ut')h.$$

Nous pouvons donc poser

$$\begin{aligned}&(4, 0, -\tfrac{1}{3} I, -J\widehat{)}(G, F)^3 \\ &\quad = H^2 = (tu' - ut')^2 h^2 = (tu' - ut')^2 (4, 0, -\tfrac{1}{3} i, -j\widehat{)}(g, f)^3,\end{aligned}$$

et, en observant que les équations

$$F = tf - ug, \qquad G = u'g - t'f$$

donnent

$$f = \frac{uG + u'F}{tu' - ut'}, \qquad g = \frac{tG + t'F}{tu' - ut'},$$

$$\begin{aligned}&(4, 0, -\tfrac{1}{3} I, -J\widehat{)}(G, F)^3 \\ &\quad = (tu' - ut')^2 \left(4, 0, -\frac{1}{3} i, -j\right)\widehat{\left(\frac{tG + t'F}{tu' - ut'}, \frac{uG + u'F}{tu - ut'}\right)}^3,\end{aligned}$$

cette dernière relation peut elle-même évidemment se ramener à la suivante :

$$(3)\quad \left\{\begin{aligned} &(tu'-ut')(4,\ 0,\ -\tfrac{1}{3}\mathrm{I},\ -\mathrm{J})\widehat{\ }(\mathrm{G},\ \mathrm{F})^3 \\ &\quad=(4,\ 0,\ -\tfrac{1}{3}i,\ -j)\widehat{\ }(t\mathrm{G}+t'\mathrm{F},\ u\mathrm{G}+u'\mathrm{F})^3, \end{aligned}\right.$$

que nous allons traiter comme identique par rapport à G et F.

A cet effet, je désigne pour un instant par $\varphi(t,\ u)$ la forme cubique

$$(4,\ 0,\ -\tfrac{1}{3}i,\ -j)\widehat{\ }(t,\ u)^3.$$

On trouvera, en égalant les coefficients de G^3 et $\mathrm{G}^2\mathrm{F}$, ces deux équations :

$$4(tu'-ut')=\varphi(t,\ u),$$

$$0=t'\frac{d\varphi}{dt}+u'\frac{d\varphi}{du},$$

desquelles on tirera

$$t'=-\frac{1}{12}\frac{d\varphi}{du},\qquad u'=\frac{1}{12}\frac{d\varphi}{dt};$$

expressions bien simples, comme on voit.

Mais notre principal objet est d'obtenir les invariants I et J, qu'il nous faudra tout à l'heure employer dans le cas particulier où $\mathrm{F}=6g$. Soient, dans ce but, χ et ψ les covariants quadratique (¹) et cubique de φ, savoir :

$$\chi=\left(\frac{4}{3}i,\ 2j,\ \frac{1}{9}i^2\right)\widehat{\ }\left(t,\ u\right)^2,$$

$$\psi=\left(-16j,\ -\frac{8}{9}i^2,\ -\frac{4}{3}ij,\ +\frac{2}{27}i^3-4j^2\right)\widehat{\ }\left(t,\ u\right)^3,$$

on trouvera, en employant les valeurs obtenues pour t' et u',

$$\left(4,\ 0,\ -\frac{1}{3}i,\ -j\right)\widehat{\ }\left(t\mathrm{G}-\frac{1}{12}\frac{d\varphi}{du}\mathrm{F},\ u\mathrm{G}+\frac{1}{12}\frac{d\varphi}{dt}\mathrm{F}\right)^3$$

$$=\left(\varphi,\ 0,\ -\frac{1}{4^2}\varphi\chi,\ \frac{1}{4^3}\varphi\psi\right)\widehat{\ }\left(\mathrm{G},\ \mathrm{F}\right)^3;$$

car nous avons été amenés à faire usage précédemment de la substi-

(¹) Ce covariant χ est le covariant désigné par g dans le paragraphe III et la moitié de celui ainsi désigné dans le paragraphe IV. E. P.

tution qui donne naissance aux covariants associés. L'équation (3) devient ainsi, en remplaçant $tu' - ut'$ par $\frac{1}{4}\varphi$,

$$\frac{1}{4}\varphi\left(4, 0, -\frac{1}{3}\mathrm{I}, -\mathrm{J}\right)\widehat{\left(\mathrm{G}, \mathrm{F}\right)}^3 = \left(\varphi, 0, -\frac{1}{4^2}\varphi\chi, \frac{1}{4^3}\varphi\psi\right)\widehat{\left(\mathrm{G}, \mathrm{F}\right)}^3,$$

et l'on en tire

$$\mathrm{I} = \frac{3}{4}\chi = \left(i, \frac{3}{2}j, \frac{1}{12}i^2\right)\widehat{\left(t, u\right)}^2,$$

$$\mathrm{J} = -\frac{1}{16}\psi = \left(j, \frac{1}{18}i^2, \frac{1}{12}ij, \frac{54j^2 - i^3}{6^3}\right)\widehat{\left(t, u\right)}^3.$$

En particulier, si l'on suppose $t = 0$, $u = -6$, afin d'obtenir $\mathrm{F} = 6g$, on trouvera

$$\mathrm{I} = 3i^2, \qquad \mathrm{J} = i^3 - 54j^2.$$

C'est là le résultat que nous voulions établir pour arriver à caractériser les nombres entiers, diviseurs des coefficients de $6g$.

Nous allons maintenant procéder à une recherche analogue relativement aux coefficients de la forme $6h$. Cette recherche tout d'abord semble plus difficile; car nous ne possédons aucune proposition sur les invariants des formes du sixième degré. Mais il se présente ici le premier exemple d'un fait remarquable que nous verrons plus tard se reproduire dans bien des circonstances. La forme h possède, en effet, cette singulière propriété que tous ses invariants sont ou le discriminant, ou les puissances du discriminant de la forme biquadratique proposée f. Voici, je crois, la manière la plus facile de le démontrer. Imaginons que, par une substitution S, au déterminant un, on fasse évanouir dans f les coefficients de x^3y et xy^3, de sorte que la transformée obtenue soit

$$\mathrm{F} = (\mathrm{A}, 0, \mathrm{C}, 0, \mathrm{A}')\widehat{(\mathrm{X}, \mathrm{Y})}^4.$$

Cette substitution, effectuée dans h, donnera précisément pour transformée la forme H qu'on déduirait de F, par la même loi que h de f. Or on trouve ainsi

$$\mathrm{H} = [0, \tfrac{1}{6}\mathrm{A}(\mathrm{AA}' - 9\mathrm{C}^2), 0, 0, 0, -\tfrac{1}{6}\mathrm{A}'(\mathrm{AA}' - 9\mathrm{C}^2), 0]\widehat{(\mathrm{X}, \mathrm{Y})}^6.$$

Cela posé, un invariant quelconque de h, fonction homogène de p, q, r, s, r', q', p', ne changera pas de valeur en substituant à ces coefficients ceux de la transformée H. Mais, par là, cet invariant devient une fonction homogène des deux seules quantités

$$A(AA'-9C^2) \quad \text{et} \quad A'(AA'-9C^2),$$

et même une fonction qui ne doit pas changer par rapport à la substitution

$$X = KX', \qquad Y = \frac{Y'}{K},$$

en désignant par K une constante quelconque; il ne peut donc être que *proportionnel* à une puissance du produit

$$AA'(AA'-9C^2)^2.$$

Or ce produit s'exprime aisément en i et j; car, F étant une transformée de f par une substitution au déterminant 1, on a

$$i = AA' + 3C^2, \qquad j = C(AA' - C^2),$$

et, par suite, le discriminant Δ a pour valeur

$$\Delta = i^3 - 27j^2 = AA'(AA'-9C^2)^2;$$

d'où résulte ce que nous avons annoncé.

Ceci établi, on sait par un théorème de M. Cayley que l'expression

$$pp' - 6qq' + 15rr' - 10s^2$$

est un invariant de la forme

$$(p, q, r, s, r', q', p' \widehat{)(x, y)}^6,$$

de sorte qu'on doit avoir, en désignant par μ une quantité numérique,

$$pp' - 6qq' + 15rr' - 10s^2 = \mu\Delta.$$

Or, en supposant $b = 0$, $b' = 0$, on trouve de suite que μ doit être $\frac{1}{6}$; nous avons donc pour la forme $6h$ un invariant du *second degré* par rapport à ses coefficients, et dont la valeur est 6Δ. Ce dernier résultat et les expressions précédemment obtenues pour les invariants de $6g$ donnent les conséquences suivantes :

Désignant par λ, μ, ν les diviseurs des coefficients des *formes* f, $6g$, $6h$,

λ^2 est un diviseur de l'invariant		i,
λ^3	id.	j,
μ^2	id.	$3i^2$,
μ^3	id.	$i^3 - 54j^2$,
ν^2	id.	6Δ

ou

$$6(i^3 - 27j^2).$$

A ces relations il faut aussi joindre celles-ci, qu'il nous suffira d'indiquer :

λ^2 est un diviseur des coefficients de		$6g$,
λ^3	id.	$6h$,
μ	id.	$8h$.

Comme pour les formes cubiques, la dernière résulte de l'équation

$$8h = \frac{dg}{dx}\frac{df}{dy} - \frac{dg}{dy}\frac{df}{dx}.$$

Je terminerai par une remarque qui ne sera pas peut-être sans importance au point de vue arithmétique, et qui se tire des formules que j'ai données pour le théorème de M. Hesse. Elle consiste en ce que le discriminant Δ est en *facteur* dans le covariant G, et les deux invariants I et J de la forme

$$F = i^2 f + 18 jg.$$

VI.

Sur les covariants des formes du cinquième degré.

Il a été précédemment établi que tous les covariants des formes cubiques et biquadratiques s'expriment en fonction rationnelle et entière de deux d'entre eux, et de la forme proposée. Ces deux covariants fondamentaux ont, comme nous l'avons vu, une origine commune, et se trouvent dans le groupe des covariants associés à la forme primitive. Or cette propriété fondamentale n'existe plus pour les formes du *cinquième* degré, et il devient alors impossible d'exprimer tous les covariants en fonction entière de ceux que nous avons définis comme associés à la proposée. Effectivement, les formules générales données à la fin du § III mettent en évidence ces quatre covariants associés, g, g', h, h', dont voici les premiers termes :

$$\begin{aligned} g &= (b^2 - ac)x^6 + \ldots, \\ g' &= (ae - 4bd + 3c^2)x^2 + \ldots, \\ h &= (2b^3 - 3abc + a^2d)x^9 + \ldots, \\ h' &= [2b(ae - 4bd + 3c^2) - a(af - 3be + 2cd)]x^5 + \ldots, \end{aligned}$$

la forme primitive étant supposée

$$f = (a, b, c, d, e, f \widehat{)} (x, y)^5.$$

Or il existe au moins un covariant *cubique* qu'on pourra, par exemple, définir comme l'invariant j de la forme *biquadratique* suivante :

$$\left(\frac{\partial^4 f}{\partial x^4}, \frac{\partial^4 f}{\partial x^3 \partial y}, \frac{\partial^4 f}{\partial x^2 \partial y^2}, \frac{\partial^4 f}{\partial x \partial y^3}, \frac{\partial^4 f}{\partial y^4}\right) \widehat{\left(X, Y\right)}^4,$$

et qui ne pourra jamais s'exprimer par une fonction entière de f, g, g', h, h', qui sont respectivement des degrés 5, 6, 2, 9 et 5.

Il existe donc bien, au point de vue algébrique, un caractère important qui appartient exclusivement aux formes de degrés moindres que *cinq;* mais il y a, même pour ces formes, des propriétés qu'on doit regarder comme exceptionnelles, et qui peuvent véritablement les faire considérer comme des cas singuliers dans les théories générales. Ainsi, les formes cubiques ne possèdent point de covariants linéaires, qui se présentent pour toutes les autres formes de degrés impairs. Les formes biquadratiques n'ont pas non plus de covariants quadratiques qui se présentent, au contraire, pour toutes les autres formes de degrés pairs. Or, de là découlent, dans la nature de ces formes, de profondes différences, que nous nous attacherons à apprécier et à faire ressortir dans la suite de nos recherches.

Paris, juillet 1854.

SUR

LE NOMBRE DES RACINES D'UNE ÉQUATION ALGÉBRIQUE

COMPRISES ENTRE DES LIMITES DONNÉES.

(Extrait d'une Lettre à M. Borchardt, *Journal de Crelle*, t. 52).

..... En poursuivant mes recherches sur le théorème de M. Sturm j'ai réussi à traiter par les mêmes principes les équations à coefficients imaginaires, ce qui m'a conduit au théorème de M. Cauchy pour le cas du rectangle, du cercle et d'une infinité d'autres courbes qui sont même à branches infinies, comme l'hyperbole. La théorie des formes quadratiques vient ainsi donner pour ces théorèmes des démonstrations indépendantes de toute considération de continuité, comme celle que vous avez déjà pu conclure vous-même de ce que j'ai dit au sujet du théorème de M. Sturm dans les *Comptes rendus de l'Académie* (¹) (1853, 1er sem., p. 294). La réduction d'une forme quadratique à une somme de carrés, qui a été le sujet de votre Mémoire sur l'équation dont dépendent les inégalités séculaires, joue le principal rôle dans mes recherches. Seulement, au lieu des substitutions où la somme des carrés des variables qu'on introduit est égale à la somme des carrés des variables primitives, je considère des substitutions réelles quelconques. On a alors cette proposition dont je donnerai une démonstration très facile, dans la suite des Mémoires sur les formes quadratiques que je destine au *Journal de Crelle :* De quelque manière que l'on fasse évanouir les rectangles d'une forme quadratique par une substitution réelle, le nombre des carrés qui se présenteront affectés de coefficients de mêmes signes, sera constant. Ce nombre est ainsi un véritable invariant pour l'ensemble des formes équivalentes par

(¹) *Voyez* page 284 de ce volume. E. P.

des substitutions réelles. Maintenant voici le premier théorème qu'il faut établir, pour traiter les équations à coefficients imaginaires.

I.

Soient

$$X = x + ix', \qquad Y = y + iy', \qquad \ldots, \qquad U = u + iu'$$

n variables imaginaires, i désignant $\sqrt{-1}$, *et*

$$X_0 = x - ix', \qquad Y_0 = y - iy', \qquad \ldots, \qquad U_0 = u - iu'$$

leurs conjuguées respectives; la forme quadratique suivante :

$$\begin{aligned} \varphi = \;& X_0(a_{1,1}X + a_{1,2}Y + \ldots + a_{1,n}U) \\ &+ Y_0(a_{2,1}X + a_{2,2}Y + \ldots + a_{2,n}U) \\ &+ \ldots\ldots\ldots\ldots\ldots\ldots\ldots\ldots \\ &+ U_0(a_{n,1}X + a_{n,2}Y + \ldots + a_{n,n}U) \end{aligned}$$

sera évidemment réelle en mettant en évidence $x, y, \ldots, u$; $x', y', \ldots, u'$, *si les constantes* $a_{\mu,\nu}$ *et* $a_{\nu,\mu}$ *sont des quantités imaginaires conjuguées, ce qui suppose réelles* $a_{1,1}, a_{2,2}, \ldots, a_{n,n}$.

Sous cette condition nommons $\Delta_1, \Delta_2, \Delta_3, \ldots, \Delta_n$ les déterminants qui suivent :

$$\Delta_1 = a_{1,1}, \qquad \Delta_2 = \begin{vmatrix} a_{1,1} & a_{1,2} \\ a_{2,1} & a_{2,2} \end{vmatrix},$$

$$\Delta_3 = \begin{vmatrix} a_{1,1} & a_{1,2} & a_{1,3} \\ a_{2,1} & a_{2,2} & a_{2,3} \\ a_{3,1} & a_{3,2} & a_{3,3} \end{vmatrix}, \qquad \ldots, \qquad \Delta_n = \begin{vmatrix} a_{1,1} & a_{1,2} & \ldots & a_{1,n} \\ a_{2,1} & a_{2,2} & \ldots & a_{2,n} \\ \ldots & \ldots & \ldots & \ldots \\ a_{n,1} & a_{n,2} & \ldots & a_{n,n} \end{vmatrix}.$$

Tous ces déterminants sont réels, car ils se reproduisent en mettant les colonnes horizontales à la place des colonnes verticales, ou $a_{\nu,\mu}$ au lieu de $a_{\mu,\nu}$; ce qui revient à changer dans les éléments $\sqrt{-1}$ en $-\sqrt{-1}$. Cela étant, si l'on fait évanouir les rectangles de la forme φ par une substitution réelle, le nombre des carrés qui se présenteront avec des coefficients positifs sera double du nombre des termes positifs de la suite

$$\Delta_1, \quad \frac{\Delta_2}{\Delta_1}, \quad \frac{\Delta_3}{\Delta_2}, \quad \ldots, \quad \frac{\Delta_n}{\Delta_{n-1}}$$

et le nombre des carrés multipliés par des coefficients négatifs sera le double du nombre des termes négatifs de la même suite. On voit par ce théorème que les formes telles que φ se comportent comme des formes à un nombre d'indéterminées moitié moindre, ce qui est surtout important pour l'Arithmétique, comme je l'ai démontré dans la théorie nouvelle dont j'ai fait dépendre la décomposition des nombres en quatre carrés. Mais la considération de ce genre de formes me semble également indispensable pour arriver au théorème suivant, qui est un théorème fondamental.

II.

Soit

$$F(z) = Az^n + Bz^{n-1} + \ldots + Kz + L = 0$$

une équation dont les coefficients sont des quantités imaginaires quelconques, et a, b, c, ..., k *ses racines; nommons* A_0, B_0, ..., K_0, L_0 *les quantités conjuguées de* A, B, ..., K, L, *et posons*

$$F_0(z) = A_0 z^n + B_0 z^{n-1} + \ldots + K_0 z + L_0.$$

La forme quadratique suivante :

$$\begin{aligned}\varphi = \; & \frac{i}{F_0(a)F'(a)}(x + ay + \ldots + a^{n-1}u)^2 \\ & + \frac{i}{F_0(b)F'(b)}(x + by + \ldots + b^{n-1}u)^2 \\ & + \ldots\ldots\ldots\ldots\ldots\ldots\ldots\ldots \\ & + \frac{i}{F_0(k)F'(k)}(x + ky + \ldots + k^{n-1}u)^2,\end{aligned}$$

fonction symétrique des racines a, b, ..., k, sera toujours réelle, et jouira de cette propriété que, si l'on fait évanouir les rectangles, le nombre des carrés affectés de coefficients *positifs* sera égal au nombre des racines a, b, ..., k, dans lesquelles le coefficient de i sera *positif*, et le nombre des carrés affectés de coefficients *négatifs* égal au nombre des racines dans lesquelles le coefficient de i est *négatif*.

Pour le démontrer, je vais introduire, comme plus haut, les indéterminées imaginaires conjuguées

$$X = x + ix', \quad X_0 = x - ix', \quad Y = y + iy', \quad Y_0 = y - iy', \quad \ldots,$$
$$U = u + iu', \quad U_0 = u - iu',$$

et en posant, pour abréger,

$$\theta(a) = X + aY + \ldots + a^{n-1}U, \qquad \theta_0(a) = X_0 + aY_0 + \ldots + a^{n-1}U_0,$$

je considérerai la nouvelle forme

$$\Phi = \frac{i}{F_0(a)F'(a)}\theta(a)\theta_0(a) + \frac{i}{F_0(b)F'(b)}\theta(b)\theta_0(b) + \ldots$$
$$+ \frac{i}{F_0(k)F'(k)}\theta(k)\theta_0(k) = \sum \frac{i}{F_0(a)F'(a)}\theta(a)\theta_0(a).$$

En désignant par φ' ce que devient φ, lorsqu'on met $x', y', \ldots, u'$ au lieu de $x, y, \ldots, u$, on aura évidemment

$$\Phi = \varphi + \varphi';$$

mais il sera beaucoup plus facile de raisonner sur cette forme Φ que sur φ, qui contient un nombre d'indéterminées deux fois moindre. Pour démontrer en premier lieu la réalité des coefficients, je remarquerai que les racines de l'équation

$$F_0(z) = 0$$

seront les conjuguées $a_0, b_0, \ldots, k_0$ des racines de la proposée; de sorte qu'on aura, par la décomposition en fractions simples,

$$\frac{\theta(a)}{F_0(a)} = \frac{\theta(a_0)}{(a-a_0)F'_0(a_0)} + \frac{\theta(b_0)}{(a-b_0)F'_0(b_0)} + \ldots + \frac{\theta(k_0)}{(a-k_0)F'_0(k_0)};$$

d'où cette expression de Φ, savoir :

$$\begin{aligned}\Phi = {} & \frac{i\theta_0(a)}{F'(a)}\left[\frac{\theta(a_0)}{(a-a_0)F'_0(a_0)} + \frac{\theta(b_0)}{(a-b_0)F'_0(b_0)} + \ldots + \frac{\theta(k_0)}{(a-k_0)F'_0(k_0)}\right] \\ & + \frac{i\theta_0(b)}{F'(b)}\left[\frac{\theta(a_0)}{(b-a_0)F'_0(a_0)} + \frac{\theta(b_0)}{(b-b_0)F'_0(b_0)} + \ldots + \frac{\theta(k_0)}{(b-k_0)F'_0(k_0)}\right] \\ & + \ldots\ldots\ldots\ldots\ldots\ldots\ldots\ldots\ldots\ldots \\ & + \frac{i\theta_0(k)}{F'(k)}\left[\frac{\theta(a_0)}{(k-a_0)F'_0(a_0)} + \frac{\theta(b_0)}{(k-b_0)F'_0(b_0)} + \ldots + \frac{\theta(k_0)}{(k-k_0)F'_0(k_0)}\right].\end{aligned}$$

Or, en réunissant les termes contenus dans une même colonne verticale, on trouvera de suite

$$\Phi = \sum \frac{-i\theta_0(a_0)\theta(a_0)}{F(a_0)F'_0(a_0)},$$

ce qui est bien l'expression primitive, dans laquelle on a changé $+i$ en $-i$.

Ce premier point établi, je fais la substitution suivante :

$$\frac{\Theta(a_0)}{F'_0(a_0)} = \xi, \qquad \frac{\Theta(b_0)}{F'_0(b_0)} = \eta, \qquad \ldots, \qquad \frac{\Theta(k_0)}{F'_0(k_0)} = \upsilon,$$
$$\frac{\Theta_0(a)}{F'(a)} = \xi_0, \qquad \frac{\Theta_0(b)}{F'(b)} = \eta_0, \qquad \ldots, \qquad \frac{\Theta_0(k)}{F'(k)} = \upsilon_0,$$

ξ et ξ_0, η et η_0, ..., υ et υ_0 étant des variables imaginaires conjuguées. De là résultera évidemment une substitution toute réelle, entre les éléments réels des indéterminées X, Y, ..., U et $\xi, \eta, \ldots, \upsilon$, puisque le système des équations posées ne change pas en mettant $-i$ au lieu de $+i$. Ainsi, lorsqu'on fait évanouir les rectangles, le nombre des coefficients des carrés qui ont un signe donné sera le même pour la forme Φ et la transformée en $\xi, \eta, \ldots, \upsilon$, savoir :

$$\begin{aligned}\psi = \quad & i\xi_0\left(\frac{\xi}{a-a_0} + \frac{\eta}{a-b_0} + \ldots + \frac{\upsilon}{a-k_0}\right) \\ & + i\eta_0\left(\frac{\xi}{b-a_0} + \frac{\eta}{b-b_0} + \ldots + \frac{\upsilon}{b-k_0}\right) \\ & + \ldots\ldots\ldots\ldots\ldots\ldots\ldots\ldots \\ & + i\upsilon_0\left(\frac{\xi}{k-a_0} + \frac{\eta}{k-b_0} + \ldots + \frac{\upsilon}{k-k_0}\right).\end{aligned}$$

Or il est facile d'appliquer à cette transformée le théorème I, et d'obtenir le terme général de la suite

$$\Delta_1, \quad \frac{\Delta_2}{\Delta_1}, \quad \frac{\Delta_3}{\Delta_2}, \quad \ldots, \quad \frac{\Delta_n}{\Delta_{n-1}}.$$

Je considère pour cela le déterminant Δ_m relatif aux m premières variables et aux racines $a, b, \ldots, f, g$; le rapport de déterminants $\frac{\Delta_m}{\Delta_{m-1}}$ sera la valeur de $\frac{\mu'}{\mu}$ qu'on tirera des équations linéaires

$$\begin{aligned}&\frac{i\xi}{a-a_0} + \frac{i\eta}{a-b_0} + \ldots + \frac{i\lambda}{a-f_0} + \frac{i\mu}{a-g_0} = \xi', \\ &\frac{i\xi}{b-a_0} + \frac{i\eta}{b-b_0} + \ldots + \frac{i\lambda}{b-f_0} + \frac{i\mu}{b-g_0} = \eta', \\ &\ldots\ldots\ldots\ldots\ldots\ldots\ldots\ldots\ldots\ldots \\ &\frac{i\xi}{g-a_0} + \frac{i\eta}{g-b_0} + \ldots + \frac{i\lambda}{g-f_0} + \frac{i\mu}{g-g_0} = \mu',\end{aligned}$$

dans l'hypothèse particulière que les seconds membres, à l'exception de μ', soient nuls.

Or, on satisfait à ces équations de la manière suivante :

Soit

$$\Pi(z) = (z-a)(z-b)\ldots(z-g), \quad \Pi_0(z) = (z-a_0)(z-b_0)\ldots(z-g_0),$$

on fera

$$i\xi = \frac{\Pi(a_0)}{\Pi'_0(a_0)}\left[\frac{\xi'\Pi_0(a)}{(a_0-a)\Pi'(a)} + \frac{\eta'\Pi_0(b)}{(a_0-b)\Pi'(b)} + \ldots + \frac{\mu'\Pi_0(g)}{(a_0-g)\Pi'(g)}\right],$$

$$i\eta = \frac{\Pi(b_0)}{\Pi'_0(b_0)}\left[\frac{\xi'\Pi_0(a)}{(b_0-a)\Pi'(a)} + \frac{\eta'\Pi_0(b)}{(b_0-b)\Pi'(b)} + \ldots + \frac{\mu'\Pi_0(g)}{(b_0-g)\Pi'(g)}\right],$$

. . . .

$$i\mu = \frac{\Pi(g_0)}{\Pi'_0(g_0)}\left[\frac{\xi'\Pi_0(a)}{(g_0-a)\Pi'(a)} + \frac{\eta'\Pi_0(b)}{(g_0-b)\Pi'(b)} + \ldots + \frac{\mu'\Pi_0(g)}{(g_0-g)\Pi'(g)}\right],$$

ce qui donnera de suite, pour le cas particulier qu'on a en vue,

$$\frac{\mu'\Pi(g_0)\Pi_0(g)}{(g_0-g)\Pi'_0(g_0)\Pi'(g)},$$

donc

$$\frac{\mu'}{\mu} = \frac{\Delta_m}{\Delta_{m-1}} = i(g_0-g) : \text{Norme}\ \frac{\Pi_0(g)}{\Pi'(g)},$$

quantité qui a précisément le signe du coefficient de i dans la racine g. Ainsi, les coefficients des carrés dans la forme Ψ, ou dans la forme Φ, lorsqu'on aura fait évanouir les rectangles, offriront un nombre de termes positifs et de termes négatifs double du nombre des termes positifs et négatifs de la suite

$$i(a_0-a), \quad i(b_0-b), \quad \ldots, \quad i(k_0-k);$$

donc, à cause de la relation $\Phi = \varphi + \varphi'$, *le nombre des coefficients des carrés qui offriront un signe donné, lorsqu'on fera évanouir les rectangles dans la forme* φ, *sera égal au nombre des termes, ayant ce même signe, dans la série des coefficients de* i *des racines* $a, b, \ldots, k$.

III.

Les résultats précédents sembleront sans doute inapplicables dans la pratique, à cause de la difficulté d'évaluer les fonctions symétriques des racines qui se présentent pour les coefficients de la forme quadratique φ. Mais ce n'est là qu'une difficulté apparente, comme vous allez voir. Reprenons l'expression

$$\varphi = \sum \frac{i}{F_0(a)\,F'(a)}\,(x + ay + \ldots + a^{n-1}u)^2,$$

et faisons la substitution suivante, que m'a suggérée la notion des formes adjointes, telle que je l'ai indiquée dans une de mes Lettres à M. Jacobi (¹) (*Journal de Crelle*, t. 40, p. 263 et suiv.) sur la théorie des nombres.

Posons

$$\frac{1}{2}\frac{d\varphi}{dx} = z_0, \qquad \frac{1}{2}\frac{d\varphi}{dy} = z_1, \qquad \ldots, \qquad \frac{1}{2}\frac{d\varphi}{du} = z_{n-1}.$$

Un calcul extrêmement simple montre que, si l'on désigne par

$$\mathfrak{f}(a), \quad \mathfrak{f}(b), \quad \ldots, \quad \mathfrak{f}(k)$$

ce que deviennent les quotients

$$\frac{F(z)}{z-a}, \quad \frac{F(z)}{z-b}, \quad \ldots, \quad \frac{F(z)}{z-k},$$

quand on y remplace z^μ par z_μ, on obtiendra la transformée

$$\mathfrak{f} = \sum \frac{-iF_0(a)}{F'(a)}\,[\mathfrak{f}(a)]^2.$$

Or cette transformée, qu'on peut substituer pour notre objet à la forme φ, s'évalue immédiatement et sous forme explicitement réelle, au moyen des coefficients de l'équation proposée

$$F(z) = 0.$$

Considérez pour cela l'expression

$$\sum \frac{F_0(a)}{F'(a)}\,\frac{F(z)}{z-a}\,\frac{F(z')}{z'-a},$$

où z et z' sont deux variables distinctes ; elle se transforme succes-

(¹) *Voir* p. 137 de ce Volume. E. P.

sivement de la manière qu'expriment ces relations, savoir :

$$\begin{aligned}\sum \frac{F_0(a)}{F'(a)} \frac{F(z)}{z-a} \frac{F(z')}{z'-a} &= F(z)F(z') \sum \frac{F_0(a)}{F'(a)} \frac{1}{(z-a)(z'-a)} \\ &= \frac{F(z)F(z')}{z'-z} \sum \frac{F_0(a)}{F'(a)} \left(\frac{1}{z-a} - \frac{1}{z'-a}\right) \\ &= \frac{F(z)F(z')}{z'-z} \left[\frac{F_0(z)}{F(z)} - \frac{F_0(z')}{F(z')}\right] \\ &= \frac{F(z')F_0(z) - F(z)F_0(z')}{z'-z}.\end{aligned}$$

Ainsi la transformée $\mathfrak{f}$ sera ce que deviendra l'expression évidemment réelle

$$-i\,\frac{F(z')F_0(z) - F(z)F_0(z')}{z'-z},$$

quand, après avoir effectué la division, on remplace successivement

$$z^0, \quad z^1, \quad z^2, \quad \ldots, \quad z^{n-1},$$

puis

$$z'^0, \quad z'^1, \quad z'^2, \quad \ldots, \quad z'^{n-1},$$

par

$$z_0, \quad z_1, \quad z_2, \quad \ldots, \quad z_{n-1}.$$

Soit, par exemple,

$$F(z) = az^2 + bz + c + i(a'z^2 + b'z + c');$$

on trouvera

$$\frac{1}{2}\,\frac{F(z')F_0(z) - F(z)F_0(z')}{z'-z} = (ab' - ba')zz' + (ac' - ca')(z+z') + bc' - cb'$$

et, par suite, cette expression de $\mathfrak{f}$:

$$\tfrac{1}{2}\mathfrak{f} = (ab' - ba')z_1^2 + 2(ac' - ca')z_0z_1 + (bc' - cb')z_0^2.$$

Cette méthode pour obtenir la forme $\mathfrak{f}$ et les rapports de cette forme avec les racines de l'équation $F(z) = 0$ étant bien établis, voici les premières conséquences à en tirer.

IV.

Soit Φ le coefficient de i dans l'expression $\varphi(x+iy)$, où φ est une fonction rationnelle à coefficients réels ou imaginaires. Si l'on considère x et y comme deux coordonnées rectangulaires dans un plan, l'équation $\Phi = 0$ représentera une courbe, relativement à laquelle nous distinguerons dans ce plan deux régions différentes. Je dirai que les points dont ces coordonnées substituées dans la fonction Φ la rendent positive occupent la région positive, et que ceux qui la rendent négative occupent la région négative. Cela posé, représentons géométriquement chacune des racines imaginaires $a, b, \ldots, k$ par un point dont l'abscisse et l'ordonnée seraient la partie réelle et le coefficient de i de cette racine, on pourra déterminer combien de points ainsi obtenus se trouvent dans l'une ou l'autre des régions que nous avons définies. En effet, si l'on élimine z entre les équations

$$F(z) = 0, \qquad u = \varphi(z),$$

l'équation en u aura pour racines

$$\varphi(a), \quad \varphi(b), \quad \ldots, \quad \varphi(k);$$

ainsi la forme quadratique, déduite de cette équation, conduira à déterminer le nombre de ces racines, dans lesquelles le coefficient de i a un signe donné, et par conséquent le nombre des racines $a, b, \ldots, k$, de l'équation proposée qui occupent la région positive ou négative, relativement à la courbe $\Phi = 0$.

Soit, pour premier exemple,

$$\varphi(z) = (z - \xi - i\eta)^2;$$

les coefficients de i, dans les racines de l'équation en u, nous conduisent alors au nombre des racines de l'équation proposée

$$F(z) = 0,$$

qui sont renfermées dans l'intérieur d'un rectangle, ayant ses côtés parallèles aux axes coordonnés. Désignons par $\pi(\xi, \eta)$ le nombre des termes positifs contenus dans les coefficients des carrés après l'évanouissement des rectangles, lorsqu'on opère sur la forme quadratique relative à l'équation en u; l'expression

$$\tfrac{1}{2}[\pi(\xi, \eta) - \pi(\xi_0, \eta) - \pi(\xi, \eta_0) + \pi(\xi_0, \eta_0)]$$

représentera précisément le nombre de ces racines qui sont contenues dans le rectangle, ayant pour coordonnées de ses sommets les points

$$x = \xi, \quad y = \eta, \quad x = \xi_0, \quad y = \eta, \quad x = \xi, \quad y = \eta_0, \quad x = \xi_0, \quad y = \eta_0.$$

En effet, si l'on représente l'une quelconque des quantités a, b, ..., k par $x+iy$, le coefficient de i dans les racines de u sera $(x-\xi)(y-\eta)$, donc $\pi(\xi,\eta)$ sera le nombre des quantités x, y, contenues dans les deux angles opposés par le sommet, ayant les côtés parallèles aux axes coordonnés, et pour l'origine le point $x=\xi$, $y=\eta$, l'un de ces angles ayant ses côtés parallèles aux directions positives des axes. La différence

$$\pi(\xi,\eta)-\pi(\xi_0,\eta)$$

représentera, dans l'intérieur des deux parallèles,

$$x=\xi, \qquad x=\xi_0,$$

l'excès du nombre des racines, dans lesquelles y est $>\eta$, sur le nombre des racines dans lesquelles y est $<\eta$, si l'on a toutefois $\xi_0<\xi$, et l'on en conclut de suite la formule ci-dessus, en considérant une nouvelle ordonnée $\eta_0<\eta$, et retranchant les deux différences

$$\pi(\xi,\eta)-\pi(\xi_0,\eta), \qquad \pi(\xi,\eta_0)-\pi(\xi_0,\eta_0).$$

Si nous prenons, en second lieu,

$$\varphi(z)=Pz^2+Qz+R,$$

la forme quadratique relative à l'équation en u donnera le nombre des racines qui sont dans l'intérieur, et le nombre des racines qui sont à l'extérieur d'une hyperbole équilatère, placée dans le plan d'une manière quelconque. Enfin, nous remarquerons les propositions suivantes :

1° *Soit $\pi(\zeta)$ le nombre des termes positifs contenus dans les coefficients des carrés, pour la forme quadratique relative à l'équation*

$$F(z+i\zeta)=0,$$

la différence $\pi(\zeta)-\pi(\zeta_0)$ sera le nombre des racines $a, b, \ldots, k$, dans lesquelles le coefficient de i est entre les limites ζ, ζ_0.

2° *L'expression semblable $\pi(\zeta)-\pi(\zeta_0)$, relativement à l'équation*

$$F(\zeta-iz)=0,$$

donnera le nombre des racines dont les parties réelles sont entre les limites ζ, ζ_0.

3° *Relativement à l'équation*

$$F\left(\zeta\frac{z+i}{z-i}\right)=0,$$

$\pi(\zeta)$ *sera le nombre des racines dont le module est moindre que* ζ.

En général, on trouvera le nombre des racines contenues dans l'intérieur de courbes fermées, si la fonction φ est le quotient de deux polynomes du même degré.

V.

La forme quadratique

$$\sum\frac{i\theta^2(a)}{F_0(a)\,F'(a)},$$

composée avec les racines a, b, ..., k de l'équation

$$F(z)=0,$$

où

$$\theta(a)=x+ay+\ldots+a^{n-1}u,$$

et qui m'a conduit sans aucune considération de continuité aux cas précédents du théorème de M. Cauchy, est susceptible d'une transformation remarquable, par laquelle nous allons retrouver les énoncés mêmes de l'illustre géomètre. Soit

$$F(z)=pf(z)+p_1f_1(z),\qquad F_0(z)=qf(z)+q_1f_1(z),$$

p, p_1, q, q_1 étant des constantes quelconques, telles cependant que les degrés de F et f soient égaux.

Nommons α, β, ..., $\varkappa$ les racines de l'équation $f(z)=0$, et représentons par ω le déterminant $\begin{vmatrix} p_1 & p \\ q_1 & q \end{vmatrix}$: je dis qu'on aura cette équation

$$\frac{\theta^2(a)}{F_0(a)\,F'(a)}+\frac{\theta^2(b)}{F_0(b)\,F'(b)}+\ldots+\frac{\theta^2(k)}{F_0(k)\,F'(k)}$$
$$=\frac{1}{\omega}\left[\frac{\theta^2(\alpha)}{f_1(\alpha)f'(\alpha)}+\frac{\theta^2(\beta)}{f_1(\beta)f'(\beta)}+\ldots+\frac{\theta^2(\varkappa)}{f_1(\varkappa)f'(\varkappa)}\right].$$

Désignons respectivement par φ et φ' les deux formes

$$\sum \frac{\theta^2(a)}{F_0(a)F'(a)}, \qquad \sum \frac{\theta^2(\alpha)}{f_1(\alpha)f'(\alpha)},$$

par Δ et Δ' leurs invariants, par χ et χ' leurs formes adjointes.

Comme je l'ai remarqué dans une de mes Lettres à M. Jacobi, sur la théorie des nombres, les invariants de χ et χ' seront Δ^{n-1}, Δ'^{n-1}, et leurs formes adjointes : $\Delta^{n-2}\varphi$ et $\Delta'^{n-2}\varphi'$. Cela posé, et d'après la définition même que j'ai donnée des formes adjointes, les formes $\frac{\chi}{\Delta}$, $\frac{\chi'}{\Delta'}$ sont représentées, en vertu du théorème IV, par les expressions symboliques

$$\frac{F(z')F_0(z) - F(z)F_0(z')}{z'-z} \quad \text{et} \quad \frac{f(z')f_1(z) - f(z)f_1(z')}{z'-z}.$$

Or les relations

$$F(z) = pf(z) + p_1 f_1(z), \qquad F_0(z) = qf(z) + q_1 f_1(z)$$

font voir que la première est le produit de la seconde multipliée par le déterminant ω. Ainsi, nous avons déjà

$$\frac{\chi}{\Delta} = \omega \frac{\chi'}{\Delta'}.$$

De cette équation identique on conclut d'abord, en égalant les invariants des deux formes $\frac{\chi}{\Delta}$ et $\omega\frac{\chi'}{\Delta'}$,

$$\frac{\Delta^{n-1}}{\Delta^n} = \omega^n \frac{\Delta'^{n-1}}{\Delta'^n} \qquad \text{ou} \qquad \Delta' = \omega^n \Delta.$$

En égalant ensuite les formes adjointes, il vient

$$\frac{\Delta^{n-2}\varphi}{\Delta^{n-1}} = \omega^{n-1}\frac{\Delta'^{n-2}\varphi'}{\Delta'^{n-1}} \qquad \text{ou} \qquad \frac{\varphi}{\Delta} = \omega^{n-1}\frac{\varphi'}{\Delta'}$$

et, par suite,

$$\varphi = \frac{1}{\omega}\varphi' \text{ (1)}.$$

(1) Remarquez que $\frac{1}{\Delta} = A_0^n F_0(a)F_0(b)\ldots F_0(k)$: c'est donc la fonction qui provient de l'élimination de z entre $F(z) = 0$, $F_0(z) = 0$. On peut l'obtenir sous

Je vais faire usage de ce résultat, en supposant

$$F(z) = f(z) + if_1(z), \qquad F_0(z) = f(z) - if_1(z),$$

f et f_1 étant des fonctions réelles dont la première soit de degré n, condition qu'on peut toujours remplir en multipliant, si cela est nécessaire, F par une constante imaginaire. Dans ce cas, l'identité

$$\begin{aligned}\varphi &= \frac{i\theta^2(a)}{F_0(a)\,F'(a)} + \frac{i\theta^2(b)}{F_0(b)\,F'(b)} + \ldots + \frac{i\theta^2(k)}{F_0(k)\,F'(k)}\\ &= \frac{1}{2}\left[\frac{\theta^2(\alpha)}{f_1(\alpha)f'(\alpha)} + \frac{\theta^2(\beta)}{f_1(\beta)f'(\beta)} + \ldots + \frac{\theta^2(\varkappa)}{f_1(\varkappa)f'(\varkappa)}\right],\end{aligned}$$

où α, β, ..., $\varkappa$ sont les racines de l'équation réelle $f(z) = 0$, conduit à ces théorèmes (¹) :

Nommons, pour abréger, π et ν les nombres de termes positifs et négatifs que présentent les coefficients des carrés de la forme φ, après l'évanouissement des rectangles. D'après mon théorème fondamental, *π sera le nombre des racines de l'équation* $F(z) = 0$, *dont le coefficient de i est positif, et ν le nombre de ces racines dans lesquelles le coefficient de i est négatif.*

Or ces deux nombres vont recevoir une acception nouvelle.

La variable z croissant de $-\infty$ à $+\infty$, π sera le nombre de fois où le rapport $\frac{f(z)}{f_1(z)}$ passe en s'évanouissant du positif au négatif, plus le nombre des couples de racines imaginaires de l'équation $f(z) = 0$, et ν le nombre de fois où le même rapport passe en s'évanouissant du négatif au positif, augmenté encore du nombre des couples de racines imaginaires de la même équation.

Supposons en premier lieu les racines α, β, ..., $\varkappa$, toutes réelles ;

---

forme de déterminant, puisque $\frac{1}{\Delta}$ est l'invariant de la forme représentée symboliquement par $\frac{F(z')\,F_0(z) - F(z)\,F_0(z')}{z' - z}$.

(¹) La fonction désignée ici par φ diffère par le facteur i de la fonction désignée plus haut par la même lettre. E. P.

on pourra faire évanouir les rectangles de φ par la substitution

$$\frac{\theta(\alpha)}{f'(\alpha)} = X, \qquad \frac{\theta(\beta)}{f'(\beta)} = Y, \qquad \frac{\theta(\varkappa)}{f'(\varkappa)} = U,$$

ce qui donnera la transformée

$$\frac{f'(\alpha)}{f_1(\alpha)} X^2 + \frac{f'(\beta)}{f_1(\beta)} Y^2 + \ldots + \frac{f'(\varkappa)}{f_1(\varkappa)} U^2.$$

Or, en s'évanouissant par exemple pour $z = \alpha$, le rapport $\frac{f(z)}{f_1(z)}$ passera, pour des valeurs croissantes de la variable, du négatif au positif, ou du positif au négatif, suivant que la quantité $\frac{f'(\alpha)}{f_1(\alpha)}$ sera positive ou négative; ainsi, dans ce cas, les nombres π et ν ont bien la signification indiquée.

En second lieu, supposons la présence des racines imaginaires, et soient par exemple α et β deux racines conjuguées. Relativement à ces deux racines on fera

$$\frac{\theta(\alpha)}{[f_1(\alpha) f'(\alpha)]^{\frac{1}{2}}} = X + iY, \qquad \frac{\theta(\beta)}{[f_1(\beta) f'(\beta)]^{\frac{1}{2}}} = X - iY,$$

ce qui donnera

$$\frac{\theta^2(\alpha)}{f_1(\alpha) f'(\alpha)} + \frac{\theta^2(\beta)}{f_1(\beta) f'(\beta)} = 2X^2 - 2Y^2.$$

Ainsi, en général (toutes choses égales d'ailleurs), *deux racines imaginaires conjuguées donnent lieu à la différence de deux carrés, lorsqu'on fait évanouir les rectangles par une substitution réelle, ce qui donne bien la signification attribuée aux nombres* π *et* ν.

On en conclut que *la différence* $\pi - \nu$ *sera l'excès du nombre de fois où le rapport* $\frac{f(z)}{f_1(z)}$ *passe en s'évanouissant du positif au négatif, sur le nombre de fois où ce rapport passe en s'évanouissant du négatif au positif.*

Ce sera donc l'indice intégral

$$\mathbf{J}_{-\infty}^{+\infty} \frac{f(z)}{f_1(z)},$$

qui représente par suite la différence entre le nombre des racines de l'équation $F(z) = 0$, dans lesquelles le coefficient de i est positif, et le nombre de ces racines, pour lesquelles ce coefficient est négatif. Cette remarque, faite déjà par M. Sturm dans son Mémoire sur le théorème de M. Cauchy, a les conséquences que nous allons indiquer.

VI.

Considérons une courbe fermée C, rapportée à des axes rectangulaires, et dont les coordonnées s'expriment par les formules

$$x = \frac{\varphi(t)}{\chi(t)}, \qquad y = \frac{\varphi_1(t)}{\chi(t)},$$

les fonctions χ, φ, φ_1 étant entières. Je supposerai qu'en faisant croître t depuis $-\infty$ jusqu'à $+\infty$, on obtienne, en revenant au point de départ, tous les points de cette courbe. Cela étant, j'observe que le théorème de M. Cauchy, pour un contour quelconque, est évident lorsqu'on l'applique à l'équation $z = 0$.

Il suffit, en effet, d'un peu d'attention pour reconnaître qu'en suivant la courbe C, toujours dans le même sens, jusqu'à ce qu'on revienne au point de départ, le rapport $\frac{x}{y}$ passera, en s'évanouissant, autant de fois du positif au négatif que du négatif au positif, si l'origine des coordonnées est en dehors de la courbe. Au contraire, si l'origine se trouve dans son intérieur, ce rapport passera en s'évanouissant, deux fois de plus du positif au négatif que du négatif au positif.

Cela posé, un simple changement d'origine, en rapportant la courbe à de nouveaux axes, passant par le point

$$x = \alpha, \qquad y = \beta,$$

permettra d'étendre le théorème de M. Cauchy à l'équation

$$z - \alpha - i\beta = 0.$$

De là résulte que nous pouvons immédiatement déterminer l'indice intégral relatif à toutes les équations imaginaires de la forme

$$\varphi(t) + i\varphi_1(t) - (a + i\beta)\chi(t) = 0;$$

et, par suite, l'excès du nombre de leurs racines dans lesquelles le coefficient de i est positif, sur le nombre de leurs racines dans lesquelles ce coefficient est négatif, cet excès étant zéro ou deux, suivant que le point $x = \alpha$, $y = \beta$ est extérieur ou intérieur à la courbe C.

Cela posé, faisons dans l'équation proposée

$$F(z) = 0, \qquad z = \frac{\varphi(t) + i\varphi_1(t)}{\chi(t)};$$

en appliquant ce qui précède au résultat de cette substitution dans chacun des facteurs simples $z - a$, $z - b$, ..., $z - k$, de $F(z)$, on arrive à cette proposition :

L'excès du nombre des racines de l'équation

$$F\left[\frac{\varphi(t) + i\varphi_1(t)}{\chi(t)}\right] = 0,$$

dans lesquelles le coefficient de i est positif, sur le nombre des racines dans lesquelles ce coefficient est négatif, est égal à deux fois le nombre des racines a, b, ..., k de l'équation $F(z) = 0$, *qui sont renfermées dans l'intérieur de la courbe* C. *Ainsi, en désignant par μ ce nombre, et en nommant* P *et* N *le nombre des termes positifs et négatifs qui se présentent dans la forme quadratique relative à l'équation en t, lorsqu'on a fait évanouir les rectangles, on aura la relation*

$$\mu = \frac{1}{2}(P - N).$$

Voilà où je me suis arrêté dans l'étude de cette découverte si belle et si grande de M. Cauchy. J'ai été amené à cette étude en grande partie par des recherches sur des questions arithmétiques, qui, depuis l'année 1847, ont appelé mon attention sur les formes quadratiques composées d'une somme de carrés de fonctions semblables des racines d'une même équation. Aussi ai-je éprouvé une véritable satisfaction à rattacher à la considération de ces formes ces magnifiques théorèmes de M. Sturm et M. Cauchy, qui ouvrent l'ère nouvelle de l'Algèbre moderne. Sous ce nouveau point de vue, d'ailleurs, le fait de l'existence d'une infinité de systèmes de fonctions jouissant des mêmes propriétés pour la détermination des nombres des racines réelles ou imaginaires, qui sont comprises entre des limites données, se présente dès les premiers pas et d'une manière qui en fait mieux saisir le caractère et l'importance.

Parmi les formes variées dont le théorème de M. Sturm est ainsi susceptible, la suivante me semble la plus simple :

Soit l'équation proposée

$$f(z) = 0.$$

Nommons f_1 la dérivée de f, et désignons, comme précédemment, par $\pi(\zeta)$ le nombre des termes positifs de la forme quadratique qui a pour expression symbolique

$$\frac{(z-\zeta)f(z')f_1(z) - (z'-\zeta)f(z)f_1(z')}{z'-z},$$

lorsqu'on a fait évanouir les rectangles; le nombre des racines réelles comprises entre deux limites ζ et ζ_0 sera

$$\pi(\zeta) - \pi(\zeta_0).$$

Une analyse particulière m'a donné, pour la détermination du nombre total des racines réelles et imaginaires, cet autre théorème :

Soit, sous forme homogène,

$$u = f(x, y)$$

le premier membre de l'équation proposée du degré n. Posons

$$u_0 = f(x_0, y_0)$$

et considérons l'expression

$$\frac{1}{xy_0 - x_0 y}\left(\frac{du}{dx}\frac{du_0}{dy_0} - \frac{du}{dy}\frac{du_0}{dx_0}\right).$$

En remplaçant, la division faite,

$$x_0^{n-2}, \quad x_0^{n-3}y_0, \quad \ldots, \quad x_0 y_0^{n-3}, \quad y_0^{n-2}$$

d'une part, et de l'autre

$$x^{n-2}, \quad x^{n-3}y, \quad \ldots, \quad xy^{n-3}, \quad y^{n-2},$$

respectivement par X, Y, ..., V, *on obtiendra une forme qua-*

dratique (u); *et, relativement à cette forme, la quantité désignée précédemment par* $\pi - \nu$ *sera le nombre total des racines réelles de l'équation* $u = 0$, *moins une unité.*

Soit u' ce que devient u par la substitution

$$x = \lambda x' + \mu y', \qquad y = \lambda_0 x' + \mu_0 y';$$

les deux formes quadratiques (u) et (u') seront équivalentes, et si l'on nomme $X', Y', \ldots, V'$ les indéterminées de (u'), la substitution pour passer de l'une à l'autre s'obtiendra par l'identité suivante :

$$(X, Y, \ldots, V)(x, y)^{n-2} = (X', Y', \ldots, V')(\lambda x + \lambda_0 y, \mu x + \mu_0 y)^{n-2},$$

où, d'après l'excellente notation de M. Cayley,

$$(X, Y, \ldots, V)(x, y)^{n-2} = X x^{n-2} + \frac{n-2}{1} Y x^{n-3} y + \ldots + V y^{n-2}.$$

Hyères, 28 janvier 1854.

SUR

LE NOMBRE LIMITÉ D'IRRATIONALITÉS

AUXQUELLES SE RÉDUISENT LES RACINES DES ÉQUATIONS A COEFFICIENTS ENTIERS COMPLEXES D'UN DEGRÉ ET D'UN DISCRIMINANT DONNÉS.

(Extrait d'une Lettre à M Borchardt, *Journal de Crelle,* t. 53.)

Permettez-moi, en continuant en quelque sorte ce que je vous ai écrit au sujet de la détermination des racines imaginaires des équations algébriques, de vous entretenir des questions arithmétiques auxquelles je songeais, lorsque chemin faisant j'ai été ainsi amené aux théorèmes de M. Cauchy et de M. Sturm. Ces questions arithmétiques avaient pour objet la théorie des nombres complexes, et en particulier l'étude des formes décomposables en facteurs linéaires, lorsque les coefficients sont des entiers de l'espèce $a + b\sqrt{-1}$. Pour le cas des entiers réels, la réduction des formes quadratiques définies avait été, comme vous savez, l'instrument analytique que j'avais surtout mis en œuvre; mais, pour passer de là aux nombres complexes, il fallait à ma méthode une modification que j'ai été bien longtemps à découvrir. C'est le hasard en effet qui me l'a donnée, en traitant de la décomposition des nombres en quatre carrés, sous le point de vue que j'ai indiqué dans le Tome 47 de ce *Journal*. Je vais essayer de vous en donner une idée précise en démontrant le théorème que j'ai eu déjà occasion d'énoncer dans une note de mon travail sur la théorie de la transformation des fonctions abéliennes :

Les racines de toutes les équations à coefficients entiers complexes, d'un degré donné, et pour lesquelles le discriminant (déterminant de Gauss) a la même valeur, ne représentent qu'un nombre essentiellement limité d'irrationalités distinctes [1].

[1] Comme le rappelle M. Hermite, ce théorème a été énoncé par lui pour la

J'aurai, pour cela, deux points principaux à établir. Le premier consiste dans la théorie arithmétique de la réduction de ces formes quadratiques à indéterminées imaginaires conjuguées que j'ai fait servir à la démonstration du théorème de M. Cauchy. En désignant par $x, y, z, \ldots, v$, $n+1$ indéterminées imaginaires, et par x_0, $y_0, z_0, \ldots, v_0$ leurs conjuguées respectives, elles sont, comme vous savez, définies de cette manière :

$$\begin{aligned} f = \;& x_0(a_{0,0}x + a_{0,1}y + a_{0,2}z + \ldots + a_{0,n}v) \\ &+ y_0(a_{1,0}x + a_{1,1}y + a_{1,2}z + \ldots + a_{1,n}v) \\ &+ \ldots\ldots\ldots\ldots\ldots\ldots\ldots\ldots \\ &+ v_0(a_{n,0}x + a_{n,1}y + a_{n,2}z + \ldots + a_{n,n}v) \end{aligned}$$

avec la condition que $a_{\mu,\nu}$ et $a_{\nu,\mu}$ seront des quantités imaginaires conjuguées. En mettant en évidence, tant dans les coefficients que dans les indéterminées, les parties réelles et les coefficients de $\sqrt{-1}$, la forme f sera si l'on veut un cas particulier des formes réelles à $2n+2$ indéterminées, mais qu'on traite, grâce au jeu des quantités imaginaires, par les procédés essentiellement propres aux formes à $n+1$ indéterminées seulement. Sans insister davantage sur cette considération que j'ai développée ailleurs dans le cas de $n=1$, j'énoncerai les propositions algébriques suivantes qui, si simples qu'elles soient, doivent être au moins indiquées pour ne rien omettre dans l'enchaînement des idées.

1° En faisant, dans f, la substitution

$$\mathrm{S}\left\{\begin{aligned} x &= \alpha X + \alpha' Y + \ldots + \alpha^{(n)} V, \\ y &= \beta X + \beta' Y + \ldots + \beta^{(n)} V, \\ z &= \gamma X + \gamma' Y + \ldots + \gamma^{(n)} V, \\ &\ldots\ldots\ldots\ldots\ldots\ldots\ldots, \\ v &= \lambda X + \lambda' Y + \ldots + \lambda^{(n)} V; \end{aligned}\right.$$

$$\mathrm{S}_0\left\{\begin{aligned} x_0 &= \alpha_0 X_0 + \alpha_0' Y_0 + \ldots + \alpha_0^{(n)} V_0, \\ y_0 &= \beta_0 X_0 + \beta_0' Y_0 + \ldots + \beta_0^{(n)} V_0, \\ z_0 &= \gamma_0 X_0 + \gamma_0' Y_0 + \ldots + \gamma_0^{(n)} V_0, \\ &\ldots\ldots\ldots\ldots\ldots\ldots\ldots, \\ v_0 &= \lambda_0 X_0 + \lambda_0' Y_0 + \ldots + \lambda_0^{(n)} V_0. \end{aligned}\right.$$

---

première fois dans son Mémoire sur la transformation des fonctions abéliennes (*voir* plus loin p. 477). Quant au théorème analogue relatif aux nombres réels, M. Hermite l'avait démontré antérieurement (p. 225 de ce Volume). E. P.

où α et α_0, β et β_0, etc. sont des quantités imaginaires conjuguées, on aura une transformée *de même nature :*

$$\begin{aligned} F = \;& X_0(A_{0,0}X + A_{0,1}Y + A_{0,2}Z + \ldots + A_{0,n}V) \\ & + Y_0(A_{1,0}X + A_{1,1}Y + A_{1,2}Z + \ldots + A_{1,n}V) \\ & \ldots\ldots\ldots\ldots\ldots\ldots\ldots\ldots\ldots \\ & + V_0(A_{n,0}X + A_{n,1}Y + A_{n,2}Z + \ldots + A_{n,n}V), \end{aligned}$$

de sorte que $A_{\mu,\nu}$ et $A_{\nu,\mu}$ seront comme $a_{\mu,\nu}$ et $a_{\nu,\mu}$ des quantités conjuguées.

2° Soient D, d, ω, ω_0 les déterminants des systèmes suivants :

$$D = \begin{Bmatrix} A_{0,0} & A_{0,1} & \ldots & A_{0,n} \\ A_{1,0} & A_{1,1} & \ldots & A_{1,n} \\ \ldots & \ldots & \ldots & \ldots \\ A_{n,0} & A_{n,1} & \ldots & A_{n,n} \end{Bmatrix}, \qquad d = \begin{Bmatrix} a_{0,0} & a_{0,1} & \ldots & a_{0,n} \\ a_{1,0} & a_{1,1} & \ldots & a_{1,n} \\ \ldots & \ldots & \ldots & \ldots \\ a_{n,0} & a_{n,1} & \ldots & a_{n,n} \end{Bmatrix};$$

$$\omega = \begin{Bmatrix} \alpha & \alpha' & \ldots & \alpha^{(n)} \\ \beta & \beta' & \ldots & \beta^{(n)} \\ \ldots & \ldots & \ldots & \ldots \\ \lambda & \lambda' & \ldots & \lambda^{(n)} \end{Bmatrix}, \qquad \omega_0 = \begin{Bmatrix} \alpha_0 & \alpha'_0 & \ldots & \alpha_0^{(n)} \\ \beta_0 & \beta'_0 & \ldots & \beta_0^{(n)} \\ \ldots & \ldots & \ldots & \ldots \\ \lambda_0 & \lambda'_0 & \ldots & \lambda_0^{(n)} \end{Bmatrix};$$

on aura l'équation

$$D = d\omega\omega_0,$$

d'où résulte que d peut être regardé comme l'invariant de la forme f.

En vue de la théorie de la réduction, j'ajouterai cette remarque qu'en posant

$$\begin{aligned} g = a_{0,0}f - \frac{df}{dx}\frac{df}{dx_0} = \;& y_0(b_{1,1}y + b_{1,2}z + \ldots + b_{1,n}v) \\ & + z_0(b_{2,1}y + b_{2,2}z + \ldots + b_{2,n}v) \\ & + \ldots\ldots\ldots\ldots\ldots\ldots\ldots\ldots \\ & + v_0(b_{n,1}y + b_{n,2}z + \ldots + b_{n,n}v) \end{aligned}$$

où

$$b_{\mu,\nu} = a_{0,0}a_{\mu,\nu} - a_{\mu,0}a_{0,\nu},$$

on obtient une forme aux indéterminées y et y_0, z et z_0, ..., v et v_0 qui est un *covariant* de f, relativement à la substitution (S, S_0) quand on y suppose

$$\alpha = 1, \qquad \beta = 0, \qquad \gamma = 0, \qquad \ldots, \qquad \lambda = 0.$$

Et si l'on appelle D' l'invariant de g, on aura

$$D' = a_{0,0}^{n-1}D.$$

Cela posé, je vais établir qu'étant donnée une forme f *définie*, on peut trouver, pour les coefficients de la substitution S, des nombres entiers complexes, dont le déterminant ω soit *un*, et tels que dans la transformée F on ait

$$(a) \qquad A_{0,0}A_{1,1}\ldots A_{n,n} < 2^{\frac{n(n+1)}{2}} D.$$

Ce sera cette transformée que j'appellerai *réduite*. A cet effet, je considère l'ensemble des formes déduites de f, par toutes les substitutions (S, S_0) à coefficients entiers complexes et au déterminant 1. Je distingue ensuite, dans ces transformées, celles où le coefficient de XX_0 est le plus petit possible. Parmi ces dernières, je dis qu'il en existe une que je représenterai ainsi :

$$\begin{aligned} F = \;& X_0(A_{0,0}X + A_{0,1}Y + \ldots + A_{0,n}V) \\ &+ Y_0(A_{1,0}X + A_{1,1}Y + \ldots + A_{1,n}V) \\ &+ \ldots\ldots\ldots\ldots\ldots\ldots\ldots\ldots \\ &+ V_0(A_{n,0}X + A_{n,1}Y + \ldots + A_{n,n}V) \end{aligned}$$

et remplissant ces deux conditions : premièrement, que la forme

$$\begin{aligned} G = A_{0,0}F - \frac{dF}{dX}\frac{dF}{dX_0} = \;& Y_0(B_{1,1}Y + B_{1,2}Z + \ldots + B_{1,n}V) \\ &+ Z_0(B_{2,1}Y + B_{2,2}Z + \ldots + B_{2,n}V) \\ &+ \ldots\ldots\ldots\ldots\ldots\ldots\ldots\ldots \\ &+ V_0(B_{n,1}Y + B_{n,2}Z + \ldots + B_{n,n}V) \end{aligned}$$

soit réduite dans le sens propre aux formes à n paires d'indéterminées ; secondement, que les parties réelles et les coefficients de $\sqrt{-1}$ dans les diverses quantités $A_{0,\mu}$ soient moindres en valeur absolue que la moitié du coefficient minimum $A_{0,0}$. En effet, en faisant dans F la substitution

$$\begin{aligned} X &= \mathfrak{x} + \mathfrak{m}\mathfrak{y} + \mathfrak{n}\mathfrak{z} + \ldots + \mathfrak{r}\mathfrak{v}, \\ Y &= \mathfrak{m}'\mathfrak{y} + \mathfrak{n}'\mathfrak{z} + \ldots + \mathfrak{r}'\mathfrak{v}, \\ Z &= \mathfrak{m}''\mathfrak{y} + \mathfrak{n}''\mathfrak{z} + \ldots + \mathfrak{r}''\mathfrak{v}, \\ &\ldots\ldots\ldots\ldots\ldots\ldots\ldots\ldots, \\ V &= \mathfrak{m}^{(n)}\mathfrak{y} + \mathfrak{n}^{(n)}\mathfrak{z} + \ldots + \mathfrak{r}^{(n)}\mathfrak{v}, \\ X_0 &= \mathfrak{x}_0 + \mathfrak{m}_0\mathfrak{y}_0 + \mathfrak{n}_0\mathfrak{z}_0 + \ldots + \mathfrak{r}_0\mathfrak{v}_0, \\ Y_0 &= \mathfrak{m}'_0\mathfrak{y}_0 + \mathfrak{n}'_0\mathfrak{z}_0 + \ldots + \mathfrak{r}'_0\mathfrak{v}_0, \\ Z_0 &= \mathfrak{m}''_0\mathfrak{y}_0 + \mathfrak{n}''_0\mathfrak{z}_0 + \ldots + \mathfrak{r}''_0\mathfrak{v}_0, \\ &\ldots\ldots\ldots\ldots\ldots\ldots\ldots\ldots, \\ V_0 &= \mathfrak{m}^{(n)}_0\mathfrak{y}_0 + \mathfrak{n}^{(n)}_0\mathfrak{z}_0 + \ldots + \mathfrak{r}^{(n)}_0\mathfrak{v}_0, \end{aligned}$$

on trouvera une transformée $\mathfrak{f}$, dans laquelle le coefficient de $\mathfrak{r}\mathfrak{r}_0$ sera encore $A_{0,0}$ et où la forme $\mathfrak{G}$ analogue à G, savoir

$$\mathfrak{G} = A_{0,0}\mathfrak{f} - \frac{d\mathfrak{f}}{d\mathfrak{r}}\frac{d\mathfrak{f}}{d\mathfrak{r}_0},$$

sera (d'après ce qui a été dit tout à l'heure) la transformée de G par la substitution :

$$\begin{aligned}
Y &= \mathfrak{m}'\mathfrak{y} \quad + \mathfrak{n}'\mathfrak{z} \quad + \ldots + \mathfrak{r}'\mathfrak{v},\\
Z &= \mathfrak{m}''\mathfrak{y} \quad + \mathfrak{n}''\mathfrak{z} \quad + \ldots + \mathfrak{r}''\mathfrak{v},\\
&\ldots\ldots\ldots\ldots\ldots\ldots\ldots\ldots,\\
V &= \mathfrak{m}^{(n)}\mathfrak{y} + \mathfrak{n}^{(n)}\mathfrak{z} + \ldots + \mathfrak{r}^{(n)}\mathfrak{v}_0;\\
Y_0 &= \mathfrak{m}'_0\mathfrak{y}_0 + \mathfrak{n}'_0\mathfrak{z}_0 + \ldots + \mathfrak{r}'_0\mathfrak{v}_0,\\
Z_0 &= \mathfrak{m}''_0\mathfrak{y}_0 + \mathfrak{n}''_0\mathfrak{z}_0 + \ldots + \mathfrak{r}''_0\mathfrak{v}_0,\\
&\ldots\ldots\ldots\ldots\ldots\ldots\ldots\ldots,\\
V_0 &= \mathfrak{m}_0^{(n)}\mathfrak{y}_0 + \mathfrak{n}_0^{(n)}\mathfrak{z}_0 + \ldots + \mathfrak{r}_0^{(n)}\mathfrak{v}_0.
\end{aligned}$$

Mais cette substitution est la plus générale entre les n paires d'indéterminées conjuguées, et peut être employée à réduire la forme $\mathfrak{G}$; on voit donc bien qu'on peut admettre, dans l'ensemble des formes dont j'ai parlé, l'existence d'une transformée remplissant la première des conditions énoncées. Quant à la seconde, on y satisfait à l'aide des entiers complexes $\mathfrak{m}$, $\mathfrak{n}$, ..., $\mathfrak{r}$, qui restent jusqu'ici arbitraires; en désignant, en effet, pour un instant, par $\mathfrak{a}_{0,\mu}$ les coefficients de $\mathfrak{f}$ qui correspondent à $A_{0,\mu}$, on a les relations

$$\begin{aligned}
\mathfrak{a}_{0,1} &= \mathfrak{m}A_{0,0} + \mathfrak{m}'A_{0,1} + \mathfrak{m}''A_{0,2} + \ldots + \mathfrak{m}^{(n)}A_{0,n},\\
\mathfrak{a}_{0,2} &= \mathfrak{n}A_{0,0} + \mathfrak{n}'A_{0,1} + \mathfrak{n}''A_{0,2} + \ldots + \mathfrak{n}^{(n)}A_{0,n},\\
&\ldots\ldots\ldots\ldots\ldots\ldots\ldots\ldots\ldots\ldots,\\
\mathfrak{a}_{0,n} &= \mathfrak{r}A_{0,0} + \mathfrak{r}'A_{0,1} + \mathfrak{r}''A_{0,2} + \ldots + \mathfrak{r}^{(n)}A_{0,n},
\end{aligned}$$

et l'on voit qu'on peut déterminer les entiers complexes $\mathfrak{m}$, $\mathfrak{n}$, ..., $\mathfrak{r}$, de manière que la partie réelle et le coefficient de $\sqrt{-1}$ dans $\mathfrak{a}_{0,1}$, $\mathfrak{a}_{0,2}$, ..., $\mathfrak{a}_{0,n}$ soient au-dessous de $\frac{1}{2}A_{0,0}$. Admettant donc l'existence de la forme F, remplissant les deux conditions précédentes, nous allons supposer que la relation (a) soit vraie à l'égard des formes réduites contenant n paires d'indéterminées et nous en conclurons qu'elle a lieu nécessairement dans les formes qui en renferment $n+1$. Elle se trouvera ainsi établie dans toute sa généralité puisqu'elle a lieu comme je l'ai fait voir ailleurs (*Journal de Crelle*, t. 47) pour $n = 1$. A cet effet, j'observe que, les coefficients de la forme G ayant pour expression générale

$$B_{\mu,\nu} = A_{0,0}A_{\mu,\nu} - A_{\mu,0}A_{0,\nu},$$

on trouvera, lorsque les deux indices sont égaux,

$$B_{\mu,\mu} = A_{0,0}A_{\mu,\mu} - A_{\mu,0}A_{0,\mu};$$

de sorte que ces quantités peuvent alors être regardées comme les invariants de formes quadratiques à deux paires d'indéterminées

$$(A_{0,0},\ A_{\mu,0},\ A_{0,\mu},\ A_{\mu,\mu}),$$

formes qui seront définies et réduites : définies, car nous avons supposé f et, par suite, F elle-même définie, et réduites, parce que le coefficient minimum $A_{0,0}$ sera au plus égal à $A_{\mu,\mu}$, et que la partie réelle comme le coefficient de $\sqrt{-1}$ dans $A_{\mu,0}$ sont, en valeur absolue, au-dessous de la limite $\frac{1}{2}A_{0,0}$. Donc, d'après ce que j'ai établi dans le Mémoire précité, on aura

$$A_{0,0}A_{\mu,\mu} < 2B_{\mu,\mu}$$

et, par suite,

$$A_{0,0}^{n}A_{1,1}A_{2,2}\ldots A_{n,n} < 2^{n}B_{1,1}B_{2,2}\ldots B_{n,n}.$$

Mais, en admettant la relation (a) pour les formes réduites G, qui contiennent n paires d'indéterminées et dont l'invariant est $A_{0,0}^{n-1}$ D, on aura

$$B_{1,1}B_{2,2}\ldots B_{n,n} < 2^{\frac{n(n-1)}{2}}A_{0,0}^{n-1}D;$$

or on en conclut, après avoir multiplié membre à membre par l'inégalité précédente et supprimé le facteur $A_{0,0}^{n-1}$,

$$A_{0,0}A_{1,1}A_{2,2}\ldots A_{n,n} < 2^{\frac{n(n+1)}{2}}D.$$

C'est ce résultat qui tout à l'heure me servira de base pour la théorie de la réduction des formes décomposables en facteurs linéaires, et qui sont à coefficients et indéterminées complexes. Mais j'indiquerai d'abord la conséquence suivante qui s'en tire immédiatement.

Concevons qu'en vue de la théorie des formes f telle que je l'envisage ici, on modifie l'idée arithmétique de *classe*, de manière à désigner ainsi l'ensemble des transformées déduites d'une forme donnée, par ces substitutions spéciales (S, S_0) lorsqu'on attribue aux coefficients tous les systèmes de valeurs entières complexes, pour lesquelles le déterminant $\omega = 1$, on aura ce théorème : *La totalité des formes de la même expression analytique f, lorsqu'on les suppose définies, et à coefficients entiers tant réels que complexes, ne représente pour un invariant donné qu'un nombre essentiellement limité de classes distinctes.* Effectivement, dans la réduite F, tous les coefficients réels $A_{\mu,\mu}$ sont limités en vertu de la relation (a) et les modules des coefficients imaginaires $A_{\mu,\nu}$ le sont par la condition

$$A_{\mu,\mu} A_{\nu,\nu} - A_{\mu,\nu} A_{\nu,\mu} > 0,$$

qui résulte, comme on le voit immédiatement, de ce qu'on suppose F une forme définie. On n'aura donc pour une valeur donnée de l'invariant qu'un nombre limité de réduites et, par conséquent, un nombre limité de classes.

Je passe maintenant au second point qui me reste à traiter pour arriver à mon théorème.

Soit φ une forme à n indéterminées imaginaires, $x, y, \ldots, u$, à coefficients complexes, et décomposable en n facteurs linéaires, savoir :

$$\begin{aligned}
A &= ax + a'y + \ldots + a^{(n-1)}u,\\
B &= bx + b'y + \ldots + b^{(n-1)}u,\\
&\ldots\ldots\ldots\ldots\ldots\ldots\ldots\ldots,\\
L &= lx + l'y + \ldots + l^{(n-1)}u,
\end{aligned}$$

de sorte qu'on ait

$$\varphi = AB \ldots L.$$

Ces quantités A, B, ..., L ne se trouveront point complètement déterminées par la forme donnée φ, car il est clair qu'on peut multiplier par un facteur constant chacune d'elles, pourvu que le produit de tous ces facteurs constants soit l'unité. J'observe cependant que le déterminant Δ, relatif au système de ces fonctions linéaires, ne subira aucun changement par l'introduction de ces multiplicateurs arbitraires, car en remplaçant A, B, ..., L, par $t_1 A$, $t_2 B$, ..., $t_n L$ le déterminant relatif aux nouvelles fonctions sera

$$t_1 t_2 \ldots t_n \Delta,$$

et l'on doit faire, comme nous l'avons dit,

$$t_1 t_2 \ldots t_n = 1.$$

Nous pouvons donc, désormais, regarder Δ comme absolument déterminé par la forme proposée φ. Cela posé, j'introduis encore les facteurs linéaires conjugués de A, B, ..., L, qui seront, en suivant la notation déjà employée,

$$\begin{aligned}
A_0 &= a_0 x_0 + a'_0 y_0 + \ldots + a_0^{(n-1)} u_0,\\
B_0 &= b_0 x_0 + b'_0 y_0 + \ldots + b_0^{(n-1)} u_0,\\
&\ldots\ldots\ldots\ldots\ldots\ldots\ldots\ldots\\
L_0 &= l_0 x_0 + l'_0 y_0 + \ldots + l_0^{(n-1)} u_0,
\end{aligned}$$

et dont le déterminant sera désigné par Δ_0. Puis je compose, avec ces deux groupes de fonctions, la forme quadratique suivante, de la nature de celles qui nous ont occupé précédemment, savoir

$$f = AA_0 + BB_0 + \ldots + LL_0.$$

Cette forme dépendra essentiellement des multiplicateurs arbitraires que l'on peut introduire dans les fonctions linéaires A, B, ..., mais, quels que soient ces multiplicateurs, son invariant D sera la quantité entièrement connue

$$D = \Delta\Delta_0,$$

de plus elle sera toujours définie, et l'on pourra lui appliquer la méthode de réduction exposée plus haut. Concevons donc que pour un système déterminé des facteurs linéaires A, B, ..., L, on ait obtenu la substitution propre à effectuer cette réduction, et que je continuerai de représenter par la notation (S, S_0). En effectuant la partie de cette substitution désignée par S, dans A, B, ..., L, je supposerai qu'ils deviennent

$$\begin{aligned}
\mathfrak{A} &= \mathfrak{a} X + \mathfrak{a}' Y + \ldots + \mathfrak{a}^{(n-1)} U,\\
\mathfrak{B} &= \mathfrak{b} X + \mathfrak{b}' Y + \ldots + \mathfrak{b}^{(n-1)} U,\\
&\ldots\ldots\ldots\ldots\ldots\ldots\ldots\ldots\\
\mathfrak{L} &= \mathfrak{l} X + \mathfrak{l}' Y + \ldots + \mathfrak{l}^{(n-1)} U,
\end{aligned}$$

tandis que, par la substitution S_0, les facteurs conjugués A_0, B_0, ...,

L_0 se changent en

$$\mathfrak{A}_0 = \mathfrak{a}_0 X_0 + \mathfrak{a}'_0 Y_0 + \ldots + \mathfrak{a}_0^{(n-1)} U_0,$$
$$\mathfrak{B}_0 = \mathfrak{b}_0 X_0 + \mathfrak{b}'_0 Y_0 + \ldots + \mathfrak{b}_0^{(n-1)} U_0,$$
$$\ldots\ldots\ldots\ldots\ldots\ldots,$$
$$\mathfrak{L}_0 = \mathfrak{l}_0 X_0 + \mathfrak{l}'_0 Y_0 + \ldots + \mathfrak{l}_0^{(n-1)} U_0.$$

De là résultera pour la transformée de φ, par la substitution S, l'expression

$$\Phi = \mathfrak{A}\mathfrak{B}\ldots\mathfrak{L},$$

et pour la transformée réduite de f, par la substitution (S, S_0), la suivante

$$F = \mathfrak{A}\mathfrak{A}_0 + \mathfrak{B}\mathfrak{B}_0 + \ldots + \mathfrak{L}\mathfrak{L}_0.$$

Cela étant, je vais démontrer qu'en supposant la forme donnée φ, à coefficients entiers complexes, et irréductible, dans ce sens que l'équation $\varphi = 0$ n'admette d'autres solutions entières que

$$x = 0, \qquad y = 0, \qquad \ldots, \qquad u = 0,$$

les coefficients de Φ, qui seront aussi des entiers complexes, auront tous des valeurs finies et limitées par l'invariant $D = \Delta\Delta_0$.

Soient, à cet effet, $\sigma, \sigma_1, \ldots, \sigma_{n-1}$, les coefficients de XX_0, YY_0, ..., UU_0, dans la forme réduite F, à savoir

$$\sigma = \mathfrak{a}\mathfrak{a}_0 + \mathfrak{b}\mathfrak{b}_0 + \ldots + \mathfrak{l}\mathfrak{l}_0,$$
$$\sigma_1 = \mathfrak{a}'\mathfrak{a}'_0 + \mathfrak{b}'\mathfrak{b}'_0 + \ldots + \mathfrak{l}'\mathfrak{l}'_0,$$
$$\ldots\ldots\ldots\ldots\ldots\ldots,$$
$$\sigma_{n-1} = \mathfrak{a}^{(n-1)}\mathfrak{a}_0^{(n-1)} + \mathfrak{b}^{(n-1)}\mathfrak{b}_0^{(n-1)} + \ldots + \mathfrak{l}^{(n-1)}\mathfrak{l}_0^{(n-1)}.$$

Ces relations peuvent s'écrire de la manière suivante

$$1 = \operatorname{mod}^2 \frac{\mathfrak{a}}{\sqrt{\sigma}} + \operatorname{mod}^2 \frac{\mathfrak{b}}{\sqrt{\sigma}} + \ldots + \operatorname{mod}^2 \frac{\mathfrak{l}}{\sqrt{\sigma}},$$
$$1 = \operatorname{mod}^2 \frac{\mathfrak{a}'}{\sqrt{\sigma_1}} + \operatorname{mod}^2 \frac{\mathfrak{b}'}{\sqrt{\sigma_1}} + \ldots + \operatorname{mod}^2 \frac{\mathfrak{l}'}{\sqrt{\sigma_1}},$$
$$\ldots\ldots\ldots\ldots\ldots\ldots,$$
$$1 = \operatorname{mod}^2 \frac{\mathfrak{a}^{(n-1)}}{\sqrt{\sigma_{n-1}}} + \operatorname{mod}^2 \frac{\mathfrak{b}^{(n-1)}}{\sqrt{\sigma_{n-1}}} + \ldots + \operatorname{mod}^2 \frac{\mathfrak{l}^{(n-1)}}{\sqrt{\sigma_{n-1}}},$$

et montrent alors que les modules des quantités $\frac{\mathfrak{a}}{\sqrt{\sigma}}, \frac{\mathfrak{b}}{\sqrt{\sigma}}, \ldots$ sont tous inférieurs à l'unité. Il en résulte qu'en représentant par Ψ le produit des facteurs,

$$\begin{gathered}\frac{\mathfrak{a}}{\sqrt{\sigma}}X+\frac{\mathfrak{a}'}{\sqrt{\sigma_1}}Y+\ldots+\frac{\mathfrak{a}^{(n-1)}}{\sqrt{\sigma_{n-1}}}U,\\ \frac{\mathfrak{b}}{\sqrt{\sigma}}X+\frac{\mathfrak{b}'}{\sqrt{\sigma_1}}Y+\ldots+\frac{\mathfrak{b}^{(n-1)}}{\sqrt{\sigma_{n-1}}}U,\\ \ldots\ldots\ldots\ldots\ldots\ldots\ldots,\\ \frac{\mathfrak{l}}{\sqrt{\sigma}}X+\frac{\mathfrak{l}'}{\sqrt{\sigma_1}}Y+\ldots+\frac{\mathfrak{l}^{(n-1)}}{\sqrt{\sigma_{n-1}}}U,\end{gathered}$$

c'est-à-dire ce que devient Φ, lorsqu'on y remplace X, Y, ..., U par

$$\frac{1}{\sqrt{\sigma}}X,\quad \frac{1}{\sqrt{\sigma_1}}Y,\quad \ldots,\quad \frac{1}{\sqrt{\sigma_{n-1}}}U,$$

les modules des coefficients de cette transformée sont eux-mêmes limités. En effet, si pour fixer les idées nous considérons le coefficient d'un quelconque des termes de Ψ, que nous représenterons par $X^pY^q\ldots U^s$, les exposants étant des entiers dont la somme est n, on trouve sans peine que la valeur *maximum* de son module est donnée par le facteur numérique qui multiplie le même terme $X^pY^q\ldots U^s$ dans la puissance polynomiale

$$\frac{1}{n^{\frac{1}{2}n}}(X+Y+\ldots+U)^n.$$

Cela posé, convenons de désigner, par les expressions symboliques suivantes

$$\{X^pY^q\ldots U^s\}\quad \text{et}\quad [X^pY^q\ldots U^s],$$

les modules des coefficients de $X^pY^q\ldots U^s$ dans Φ et Ψ. Il est clair qu'on aura, d'après la relation qui lie les deux formes,

$$(1)\qquad \{X^pY^q\ldots U^s\}=[X^pY^q\ldots U^s]\sqrt{\sigma^p\sigma_1^q\ldots\sigma_{n-1}^s}$$

et, en particulier, pour les coefficients des puissances les plus élevées des indéterminées,

$$(2)\qquad \begin{cases}\{X^n\}=[X^n]\sqrt{\sigma^n},\\ \{Y^n\}=[Y^n]\sqrt{\sigma_1^n},\\ \ldots\ldots\ldots\ldots\ldots,\\ \{U^n\}=[U^n]\sqrt{\sigma_{n-1}^n}.\end{cases}$$

Or, en multipliant ces équations membre à membre, il vient

$$\{X^n\}\{Y^n\}\ldots\{U^n\} = [X^n][Y^n]\ldots[U^n]\sqrt{(\sigma\sigma_1\ldots\sigma_{n-1})^n};$$

mais, d'après la relation caractéristique pour les formes quadratiques réduites, et la valeur de l'invariant de F, que nous avons trouvé précédemment égal à $\Delta\Delta_0$, on a

$$\sigma\sigma_1\ldots\sigma_{n-1} < 2^{\frac{1}{2}n(n-1)}\Delta\Delta_0;$$

il en résulte donc que

$$\{X^n\}\{Y^n\}\ldots\{U^n\} < [X^n][Y^n]\ldots[U^n].2^{\frac{n^2(n-1)}{4}}\sqrt{\Delta\Delta_0}$$

et finalement, en ayant égard aux limites des quantités $[X^n]$, $[Y^n]$, ...,

$$\{X^n\}\{Y^n\}\ldots\{U^n\} < \frac{2^{\frac{1}{4}n^2(n-1)}}{n^{\frac{1}{2}n^2}}(\Delta\Delta_0)^{\frac{1}{2}n}.$$

Voici donc déjà les coefficients des puissances les plus élevées dans la forme Φ, limités au moyen de l'invariant $\Delta\Delta_0$. Et c'est en ce moment que nous employons la condition d'irréductibilité de cette forme telle qu'elle a été posée plus haut, de manière qu'aucun de ces coefficients ne puisse être supposé s'évanouir. N'ayant obtenu en effet qu'une limite de leur produit, dans le cas où l'un d'eux serait nul, on ne pourrait plus rien conclure sur les autres. Maintenant et à l'aide des valeurs de ces quantités : $\{X^n\}$, $\{Y^n\}$, ..., nous obtiendrons des limites pour les coefficients des autres termes, en déduisant des coefficients (1) et (2) la suivante

$$\begin{aligned}&\{X^pY^q\ldots U^s\}\{X^n\}^{1-\frac{p}{n}}\{Y^n\}^{1-\frac{q}{n}}\ldots\{U^n\}^{1-\frac{s}{n}}\\ &\quad= [X^pY^q\ldots U^s][X^n]^{1-\frac{p}{n}}[Y^n]^{1-\frac{q}{n}}\ldots[U^n]^{1-\frac{s}{n}}\sqrt{(\sigma\sigma_1\ldots\sigma_{n-1})^n}\end{aligned}$$

et remplaçant, dans le second membre, $[X^pY^q\ldots U^s]$, $[X^n]$, $[Y^n]$, ... et le produit $\sigma\sigma_1\ldots\sigma_{n-1}$ par leurs limites supérieures. Il vient ainsi, en désignant $(p, q, \ldots, s)$ le coefficient de $X^pY^q\ldots U^s$ dans la puissance $(X+Y+\ldots+U)^n$:

$$\{X^pY^q\ldots U^s\}\{X^n\}^{1-\frac{p}{n}}\{Y^n\}^{1-\frac{q}{n}}\ldots\{U^n\}^{1-\frac{s}{n}} < (p, q, \ldots, s)\frac{2^{\frac{1}{4}n^2(n-1)}}{n^{\frac{1}{2}n^2}}(\Delta\Delta_0)^{\frac{1}{2}n}.$$

Nous sommes ainsi parvenu à la proposition annoncée sur la réduction des formes décomposables en facteurs linéaires, et qui nous autorise à donner, aux transformées telles que Φ, le nom de *formes réduites*. Mon théorème sur les racines des équations algébriques à coefficients entiers complexes en est une conséquence immédiate, comme vous allez voir.

Soit

$$P\rho^n + Q\rho^{n-1} + \ldots + R\rho + S = 0$$

une équation de cette nature. En désignant ses racines par a, b, c, ..., k, l le discriminant, ou déterminant de Gauss, sera le nombre entier complexe

$$\mathfrak{D} = P^{2(n-1)}(a-b)^2(a-c)^2\ldots(k-l)^2.$$

Cela posé, faisons dépendre de cette équation une forme φ à coefficients entiers complexes, que nous définirons de cette manière :

$$\varphi = P^{n-1}(x + ay + a^2z + \ldots + a^{n-1}u)(x + by + b^2z + \ldots + b^{n-1}u)\ldots$$
$$\times (x + ly + l^2z + \ldots + l^{n-1}u).$$

Nous remarquerons d'abord que, pour cette forme, la quantité Δ est précisément $\sqrt{\mathfrak{D}}$. Soient, en effet,

$$\begin{aligned} A &= x + ay + \ldots + a^{n-1}u, \\ B &= x + by + \ldots + b^{n-1}u, \\ &\ldots\ldots\ldots\ldots\ldots\ldots, \\ L &= x + ly + \ldots + l^{n-1}u; \end{aligned}$$

d'après sa définition même, Δ sera le produit de P^{n-1} multiplié par le déterminant relatif au système des facteurs linéaires A, B, ..., L. Or, on sait que ce déterminant est la fonction alternée égale au produit des différences des racines a, b, ..., l, de sorte qu'on a bien $\Delta = \sqrt{\mathfrak{D}}$. Je dis maintenant que les racines de deux équations différentes, auxquelles correspondent des formes φ, arithmétiquement équivalentes, doivent être regardées comme présentant les mêmes irrationalités. Soient, en effet,

$$\mathfrak{P}\rho^n + \mathfrak{Q}\rho^{n-1} + \ldots + \mathfrak{R} + \mathfrak{S} = 0$$

et

$$\Phi = \mathfrak{P}^{n-1}(X + \mathfrak{a}Y + \ldots + \mathfrak{a}^{n-1}U)(X + \mathfrak{b}Y + \ldots + \mathfrak{b}^{n-1}U)\ldots$$
$$\times (X + \mathfrak{l}Y + \ldots + \mathfrak{l}^{n-1}U)$$

une seconde équation, ayant pour racines $\mathfrak{a}, \mathfrak{b}, \ldots, \mathfrak{l}$, avec la forme correspondante. S'il est possible de déduire Φ de φ, par une substitution à coefficients entiers complexes et au déterminant *un*, c'est-à-dire d'avoir identiquement $\varphi = \Phi$, en prenant

$$\begin{aligned} x &= \alpha X + \alpha' Y + \ldots + \alpha^{(n-1)} U, \\ y &= \beta X + \beta' Y + \ldots + \beta^{(n-1)} U, \\ &\ldots\ldots\ldots\ldots\ldots\ldots\ldots\ldots, \\ u &= \varkappa X + \varkappa' Y + \ldots + \varkappa^{(n-1)} U, \end{aligned}$$

on pourra, en désignant par $t_1, t_2, \ldots, t_n$ des constantes, poser les relations

$$\begin{aligned} x + ay + \ldots + a^{n-1}u &= t_1(X + \mathfrak{a}Y + \ldots + \mathfrak{a}^{n-1}U), \\ x + by + \ldots + b^{n-1}u &= t_2(X + \mathfrak{b}Y + \ldots + \mathfrak{b}^{n-1}U), \\ &\ldots\ldots\ldots\ldots\ldots\ldots\ldots\ldots\ldots\ldots\ldots\ldots; \\ x + ly + \ldots + l^{n-1}u &= t_n(X + \mathfrak{l}Y + \ldots + \mathfrak{l}^{n-1}U). \end{aligned}$$

Or, en effectuant la substitution et désignant pour abréger la fonction entière à coefficients entiers complexes $\alpha^{(i)} + \beta^{(i)}\rho + \ldots + \varkappa^{(i)}\rho^{n-1}$ par $\theta_i(\rho)$, ces relations donneront

$$\begin{aligned} X\theta(a) + Y\theta_1(a) + \ldots + U\theta_{n-1}(a) &= t_1(X + \mathfrak{a}Y + \ldots + \mathfrak{a}^{n-1}U), \\ X\theta(b) + Y\theta_1(b) + \ldots + U\theta_{n-1}(b) &= t_2(X + \mathfrak{b}Y + \ldots + \mathfrak{b}^{n-1}U), \\ &\ldots\ldots\ldots\ldots\ldots\ldots\ldots\ldots\ldots\ldots\ldots\ldots, \\ X\theta(l) + Y\theta_1(l) + \ldots + U\theta_{n-1}(l) &= t_n(X + \mathfrak{l}Y + \ldots + \mathfrak{l}^{n-1}U). \end{aligned}$$

On en conclura les expressions suivantes des racines $\mathfrak{a}, \mathfrak{b}, \ldots, \mathfrak{l}$ par $a, b, \ldots, l$,

$$\begin{array}{llll} \mathfrak{a} = \dfrac{\theta_1(a)}{\theta(a)}, & \mathfrak{a}^2 = \dfrac{\theta_2(a)}{\theta(a)}, & \ldots, & \mathfrak{a}^{n-1} = \dfrac{\theta_{n-1}(a)}{\theta(a)}, \\ \mathfrak{b} = \dfrac{\theta_1(b)}{\theta(b)}, & \mathfrak{b}^2 = \dfrac{\theta_2(b)}{\theta(b)}, & \ldots, & \mathfrak{b}^{n-1} = \dfrac{\theta_{n-1}(b)}{\theta(b)}, \\ \ldots\ldots\ldots, & \ldots\ldots\ldots, & \ldots, & \ldots\ldots\ldots\ldots; \\ \mathfrak{l} = \dfrac{\theta_1(l)}{\theta(l)}, & \mathfrak{l}^2 = \dfrac{\theta_2(l)}{\theta(l)}, & \ldots, & \mathfrak{l}^{n-1} = \dfrac{\theta_{n-1}(l)}{\theta(l)}, \end{array}$$

et il est visible qu'en partant de la substitution inverse, pour déduire φ de Φ, on arrivera à des expressions toutes semblables qui donneront les racines $a, b, \ldots, l$, au moyen de $\mathfrak{a}, \mathfrak{b}, \ldots, \mathfrak{l}$. Nous sommes donc bien autorisé par là à regarder les racines des deux équations comme présentant les mêmes irrationalités.

Cela posé, considérons l'ensemble des équations de degré n, ayant même discriminant, avec la série des formes φ, qui correspondent à chacune d'elles. Ces formes, en nombre infini, ayant toutes le même invariant $\Delta\Delta_0$, à savoir le module du discriminant, seront réductibles à un nombre limité de réduites Φ. Or, les équations, dont les racines pourront présenter des irrationalités distinctes, seront celles-là seules auxquelles correspondent des formes ayant des transformées réduites différentes [1]. Elles seront donc bien essentiellement, comme je l'ai annoncé, en nombre fini.

---

[1] En effet, des formes ayant même réduite sont arithmétiquement équivalentes, et il a été expliqué plus haut comment les racines des équations dont elles dépendent offrent dès lors les mêmes irrationalités. Voyez au reste, sur cette question de l'équivalence des formes décomposables en facteurs linéaires, mon premier Mémoire sur la théorie des formes quadratiques (*Journal de Crelle*, t. 47).

SUR

L'INVARIABILITÉ DU NOMBRE DES CARRÉS POSITIFS

ET DES CARRÉS NÉGATIFS DANS LA TRANSFORMATION DES POLYNOMES HOMOGÈNES DU SECOND DEGRÉ.

(Extrait d'une Lettre à M. Borchardt, *Journal de Crelle*, t. 53).

Paris, ce 24 avril 1856.

..... Dans le cas où vous le jugeriez convenable, vous pourriez publier la démonstration suivante, du principe découvert par Jacobi, et employé par lui à la démonstration des belles formules pour les conditions de réalité des racines des équations algébriques, que vous avez données dans votre Mémoire sur l'équation à l'aide de laquelle, etc. Rien d'ailleurs n'est plus simple que d'établir ce principe que j'énoncerai ainsi :

Quelque substitution réelle que l'on emploie pour réduire un polynome homogène du second degré à une somme de carrés, le nombre des coefficients de ces carrés qui auront un signe donné sera toujours le même.

Supposons, en effet, qu'un polynome homogène du second degré f, à $n+1$ indéterminées $x, y, \ldots, v$, se réduise à l'expression suivante

$$f = \varepsilon_0 x_0^2 + \varepsilon_1 x_1^2 + \ldots + \varepsilon_n x_n^2,$$

en faisant

$$(1) \quad \left\{ \begin{array}{l} x = \alpha x_0 + \alpha' x_1 + \ldots + \alpha^{(n)} x_n, \\ y = \beta x_0 + \beta' x_1 + \ldots + \beta^{(n)} x_n, \\ \ldots\ldots\ldots\ldots\ldots\ldots\ldots\ldots, \\ v = \lambda x_0 + \lambda' x_1 + \ldots + \lambda^{(n)} x_n. \end{array} \right.$$

Si l'on donne une seconde substitution également réelle,

$$(2)\qquad \begin{cases} x = a\mathrm{X}_0 + a'\mathrm{X}_1 + \ldots + a^{(n)}\mathrm{X}_n, \\ y = b\,\mathrm{X}_0 + b'\mathrm{X}_1 + \ldots + b^{(n)}\mathrm{X}_n, \\ \ldots\ldots\ldots\ldots\ldots\ldots\ldots\ldots, \\ v = l\mathrm{X}_0 + l'\mathrm{X}_1 + \ldots + l^{(n)}\mathrm{X}_n, \end{cases}$$

de laquelle résulte la transformation analogue

$$f = \eta_0\mathrm{X}_0^2 + \eta_1\mathrm{X}_1^2 + \ldots + \eta_n\mathrm{X}_n^2,$$

il s'agit de prouver que le nombre des coefficients ε, qui auront un signe donné, sera égal au nombre des coefficients η, qui auront le même signe.

A cet effet, et pour fixer les idées, supposons négatifs $\varepsilon_0, \varepsilon_1, \ldots, \varepsilon_i$ et positifs les coefficients suivants : $\varepsilon_{i+1}, \varepsilon_{i+2}, \ldots, \varepsilon_n$. Supposons aussi que $\eta_0, \eta_1, \ldots, \eta_k$ soient négatifs, tandis que $\eta_{k+1}, \eta_{k+2}, \ldots, \eta_n$ seront positifs. On aura d'abord en égalant entre elles les deux expressions de la forme f,

$$\varepsilon_0 x_0^2 + \varepsilon_1 x_1^2 + \ldots + \varepsilon_n x_n^2 = \eta_0\mathrm{X}_0^2 + \eta_1\mathrm{X}_1^2 + \ldots + \eta_n\mathrm{X}_n^2$$

les variables étant liées par ces équations

$$(3)\qquad \begin{cases} \alpha x_0 + \alpha' x_1 + \ldots + \alpha^{(n)} x_n = a\mathrm{X}_0 + a'\mathrm{X}_1 + \ldots + a^{(n)}\mathrm{X}_n, \\ \beta x_0 + \beta' x_1 + \ldots + \beta^{(n)} x_n = b\,\mathrm{X}_0 + b'\mathrm{X}_1 + \ldots + b^{(n)}\mathrm{X}_n, \\ \ldots\ldots\ldots\ldots\ldots\ldots\ldots\ldots\ldots\ldots\ldots\ldots, \\ \lambda x_0 + \lambda' x_1 + \ldots + \lambda^{(n)} x_n = l\mathrm{X}_0 + l'\mathrm{X}_1 + \ldots + l^{(n)}\mathrm{X}_n. \end{cases}$$

Avant d'aller plus loin, j'observe qu'on pourra toujours les résoudre par rapport aux indéterminées x ou X, si l'invariant de f est différent de zéro, et si aucune des quantités ε et η n'est nulle. Soient, en effet, J l'invariant de f, δ et d les déterminants relatifs aux substitutions (1) et (2); on aura

$$\varepsilon_0\,\varepsilon_1 \ldots \varepsilon_n = \mathrm{J}\,\delta^2,$$

$$\eta_0\eta_1 \ldots \eta_n = \mathrm{J}\,d^2,$$

de sorte que d et δ ne pourront jamais être supposés nuls sous les conditions admises.

Cela remarqué, remplaçons $x_0, x_1, \ldots, x_i$ d'une part, x_{i+1},

$x_{i+2}, \ldots, x_n$ de l'autre, par

$$\frac{x_0}{\sqrt{-\varepsilon_0}}, \quad \frac{x_1}{\sqrt{-\varepsilon_1}}, \quad \ldots, \quad \frac{x_i}{\sqrt{-\varepsilon_i}} \quad \text{et} \quad \frac{x_{i+1}}{\sqrt{\varepsilon_{i+1}}}, \quad \frac{x_{i+2}}{\sqrt{\varepsilon_{i+2}}}, \quad \ldots, \quad \frac{x_n}{\sqrt{\varepsilon_n}}.$$

Remplaçons de même $X_0, X_1, \ldots, X_k$ par

$$\frac{X_0}{\sqrt{-\eta_0}}, \quad \frac{X_1}{\sqrt{-\eta_1}}, \quad \ldots, \quad \frac{X_k}{\sqrt{-\eta_k}}$$

et $X_{k+1}, X_{k+2}, \ldots, X_n$ par

$$\frac{X_{k+1}}{\sqrt{\eta_{k+1}}}, \quad \frac{X_{k+2}}{\sqrt{\eta_{k+2}}}, \quad \ldots, \quad \frac{X_n}{\sqrt{\eta_n}};$$

puis effectuons, par rapport à ces nouvelles indéterminées, la résolution des équations (3). On sera par là amené à la relation suivante

$$\begin{aligned} &-x_0^2 - x_1^2 - \ldots - x_i^2 + x_{i+1}^2 + x_{i+2}^2 + \ldots + x_n^2 \\ &= -X_0^2 - X_1^2 - \ldots - X_k^2 + X_{k+1}^2 + X_{k+2}^2 + \ldots + X_n^2, \end{aligned}$$

où l'on pourra supposer

$$(4) \quad \begin{cases} x_0 = p_0 X_0 + q_0 X_1 + \ldots + s_0 X_n, \\ x_1 = p_1 X_0 + q_1 X_1 + \ldots + s_1 X_n, \\ \ldots\ldots\ldots\ldots\ldots\ldots\ldots\ldots\ldots, \\ x_n = p_n X_0 + q_n X_1 + \ldots + s_n X_n, \end{cases}$$

les coefficients étant essentiellement *réels*. Or, je vais établir l'impossibilité d'une telle relation dès que l'on suppose k différent de i. Pour fixer les idées j'admettrai que l'on ait $k > i$, et j'observerai que, parmi les diverses équations auxquelles les coefficients de la substitution (4) doivent satisfaire, on voit s'offrir en premier lieu celle-ci

$$-p_0^2 - p_1^2 - \ldots - p_i^2 + p_{i+1}^2 + p_{i+2}^2 + \ldots + p_n^2 = -1,$$

qui ne pourrait évidemment être vérifiée que pour des valeurs imaginaires des quantités p, si l'on avait

$$p_0 = 0, \qquad p_1 = 0, \qquad \ldots, \qquad p_i = 0.$$

Or, on va voir comment de la substitution (4) il est possible d'en déduire une nouvelle, qui, transformant le polynome

$$(5)\qquad -x_0^2 - x_1^2 - \ldots - x_i^2 + x_{i+1}^2 + x_{i+2}^2 + \ldots + x_n^2$$

en

$$(6)\qquad -X_0^2 - X_1^2 - \ldots - X_k^2 + X_{k+1}^2 + X_{k+2}^2 + \ldots + X_n^2,$$

ait encore ses coefficients réels, et de plus présente ce caractère, que l'indéterminée X_0 ait disparu dans les expressions des indéterminées $x_0, x_1, \ldots, x_{k-1}$. Comme on suppose $k > i$, $k - 1$ sera au moins égal à i et, les conditions précédemment énoncées se trouvant réalisées, notre théorème se trouve par là même démontré.

A cet effet, nous remarquerons que l'on peut, sans changer le polynome (6), y remplacer X_0 et X_1 par

$$\cos\varphi X_0 + \sin\varphi X_1, \quad \sin\varphi X_0 - \cos\varphi X_1$$

et introduire par là un angle arbitraire dans les formules (4), qui deviendront

$$\begin{aligned}
x_0 &= (p_0 \cos\varphi + q_0 \sin\varphi)X_0 + (p_0 \sin\varphi - q_0 \cos\varphi)X_1 + \ldots,\\
x_1 &= (p_1 \cos\varphi + q_1 \sin\varphi)X_0 + (p_1 \sin\varphi - q_1 \cos\varphi)X_1 + \ldots,\\
&\ldots\ldots\ldots\ldots\ldots\ldots\ldots\ldots\ldots\ldots\ldots\ldots\ldots\ldots\\
x_n &= (p_n \cos\varphi + q_n \sin\varphi)X_0 + (p_n \sin\varphi - q_n \cos\varphi)X_1 + \ldots.
\end{aligned}$$

Maintenant et quels que soient les coefficients p et q, etc. on pourra disposer de cet angle, de manière à avoir

$$p_0 \cos\varphi + q_0 \sin\varphi = 0,$$

et l'on sera amené à une nouvelle substitution également réelle, où l'indéterminée X_0 aura déjà disparu dans la valeur de x_0. Cela fait, partons de cette nouvelle substitution pour y introduire de nouveau un angle arbitraire, en remplaçant X_1 et X_2 par

$$\cos\varphi X_1 + \sin\varphi X_2, \quad \sin\varphi X_1 - \cos\varphi X_2,$$

ce qui se fera encore sans changer le polynome (6). On voit, en raisonnant comme tout à l'heure, que l'on pourra annuler le coefficient de X_1 dans l'expression de x_0. Or, des calculs analogues pourront être continués, jusqu'à ce que l'on soit amené à remplacer X_{k-1} et X_k par

$$\cos\varphi X_{k-1} + \sin\varphi X_k, \quad \sin\varphi X_{k-1} - \cos\varphi X_k,$$

et, en dernière analyse, on voit que de la substitution (4) on aura déduit, par des opérations toujours possibles, une substitution réelle dans laquelle X_0, X_1, ..., X_{k-1} auront disparu de l'expression de l'indéterminée x_0. Ce premier point établi, nous concevons qu'on répète, en raisonnant sur l'indéterminée suivante x_1, des opérations toutes semblables, mais en se bornant à faire disparaître de proche en proche, dans l'expression de cette indéterminée, les coefficients de X_0, X_1, ..., X_{k-2}. On n'aura ainsi besoin d'introduire dans les substitutions successives que les indéterminées X_0, X_1, ..., X_{k-1}, de sorte que, ces calculs faits, on ne verra, reparaître dans la valeur de x_0 aucune des indéterminées qui en ont déjà été éliminées. Cela posé, il est clair qu'en raisonnant d'une manière analogue successivement sur x_2, x_3, etc., on sera en dernier lieu conduit à faire disparaître la seule indéterminée X_0, de la valeur de x_{k-1}. Elle ne se trouvera point d'ailleurs dans les indéterminées précédentes x_{k-2}, x_{k-3}, ..., x_0, et de la sorte on sera parvenu à une dernière substitution, conséquence de la substitution (4), transformant encore le polynome (5) dans le polynome (6) et qui tombe dans le cas indiqué plus haut, où il est manifestement impossible que les coefficients soient des quantités réelles.

SUR

LES FORMES CUBIQUES A DEUX INDÉTERMINÉES.

Quarterly Journal of pure and applied Mathematics, t. I, 1857.

Dans mon Mémoire *Sur l'introduction des variables continues dans la théorie des nombres* (*Journal de M. Crelle*, t. 41) ([1]), j'ai fondé la réduction arithmétique des formes cubiques sur la considération de certaines formes quadratiques, fonctions rationnelles des racines de ces formes, et qui jouissent de propriétés singulières, que je vais indiquer en peu de mots.

Soit la forme cubique proposée

$$f = (A, B, B', A')(x, y)^3 = A(x - \alpha y)(x - \beta y)(x - \gamma y).$$

Suivant que les racines seront toutes réelles, ou que l'une d'elles le sera seulement et, par exemple, β et γ étant imaginaires conjuguées, ces formes seront

$$(1) \qquad \lambda(x - \alpha y)^2 + \mu(x - \beta y)^2 + \nu(x - \gamma y)^2,$$

et

$$(2) \qquad \lambda(x - \alpha y)^2 + 2\mu(x - \beta y)(x - \gamma y),$$

λ, μ, ν étant des constantes arbitraires. Ce sont là du moins les expressions telles qu'elles sont envisagées dans le Mémoire cité précédemment. Mais pour ce que je vais avoir à dire, je modifierai ces expressions de la manière suivante, en considérant au lieu de la forme quadratique (1)

$$A^2[\lambda(\beta - \gamma)^2(x - \alpha y)^2 + \mu(\alpha - \gamma)^2(x - \beta y)^2 + \nu(\alpha - \beta)^2(x - \gamma y)^2] = g,$$

([1]) *Voir* p. 164 de ce Volume. E. P.

et, au lieu de la forme (2),

$$A^2[-\lambda(\beta-\gamma)^2(x-\alpha y)^2+2\mu(\alpha-\beta)(\alpha-\gamma)(x-\beta y)(x-\gamma y)]=h.$$

Il est aisé de voir que l'on arrive ainsi à obtenir deux covariants de la forme proposée, quels que soient λ, μ, ν. Cela posé, soit

$$F=(\mathfrak{A},\mathfrak{B},\mathfrak{B}',\mathfrak{C}')(x,y)^3-\mathfrak{A}(x-ay)(x-by)(x-cy),$$

en prenant

$$\mathfrak{A}=-A^2A'-2B^3+3ABB',\qquad \mathfrak{B}=-B^2B'-AA'B+2AB'^2,$$
$$\mathfrak{A}'=A'^2A+2B'^3-3A'BB',\qquad \mathfrak{B}'=B'^2B+AA'B'-2A'B^2,$$

de sorte que F soit le covariant cubique de f. Or, pour concevoir deux formes quadratiques, G et H, composées avec F, comme g et h le sont respectivement avec f, ces formes seront

$$\mathfrak{A}^2[l(b-c)^2(x-ay)^2+m(a-c)^2(x-by)^2+n(a-b)^2(x-cy)^2]=G$$

et

$$\mathfrak{A}^2[-l(b-c)^2(x-ay)^2+2m(a-b)(a-c)(x-cy)]=H;$$

or, elles jouissent de cette propriété singulière que l'on aura

1° $$G=\Delta g,$$

où Δ est l'invariant de la forme proposée f, en prenant

$$l=-\lambda+\frac{2}{3}(\lambda+\mu+\nu),$$
$$m=-\mu+\frac{2}{3}(\lambda+\mu+\nu),$$
$$n=-\nu+\frac{2}{3}(\lambda+\mu+\nu);$$

2° $$H=\Delta h,$$

en faisant

$$l=\frac{-\lambda+4\mu}{3},$$
$$m=\frac{+2\lambda-\mu}{3}.$$

Ces formules donnent d'ailleurs

$$lm+ln+mn=\lambda\mu+\lambda\nu+\mu\nu,$$
$$m^2+2lm=\mu^2+2\lambda\mu.$$

Parmi les nombreuses conséquences arithmétiques qui résultent de là, je me bornerai à indiquer les suivantes :

Supposons $\lambda = \mu = \nu = 1$, les équations donneront $l = m = n = 1$; or, dans ces hypothèses, les formes quadratiques g et h jouissent de cette propriété qu'en effectuant, dans la proposée f, la substitution propre à réduire g, ou la substitution propre à réduire h, suivant que les racines α, β, γ seront toutes réelles ou non, les transformées obtenues seront des formes réduites, dans le sens propre aux formes cubiques. Or, les formes G et H étant, dans le cas où nous nous plaçons, respectivement proportionnelles à g et h, on voit que l'on aura à employer précisément la même substitution pour réduire une forme cubique donnée f et son covariant F.

En d'autres termes, on peut également dire qu'une forme donnée cubique et son covariant cubique sont toujours simultanément de formes réduites ou non réduites, propriété remarquable et qui ne se retrouve pas dans la théorie des formes quadratiques ternaires, où les adjointes des formes réduites ne le sont pas elles-mêmes en général.

LETTRE A CAYLEY

SUR LES FORMES CUBIQUES.

Quarterly Journal of pure and applied Mathematics, t. I, 1857.

Samedi, 3 mars.

Mon cher Monsieur,

Dans un Mémoire que j'ai adressé il y a bientôt un an à M. Crelle, j'ai annoncé des recherches sur la théorie dont vous vous êtes vous-même occupé et cette recherche doit faire suite à un Mémoire publié dans le Tome 41, dans lequel vous pouvez voir, sur la duplication de la forme

$$\left\{ b^2 - ac, \frac{1}{2}(bc - ad), c^2 - bd \right\} (x, y)^2,$$

des calculs qui ne sont pas sans analogie avec ceux que vous me communiquez (¹). Voici le principe de ces recherches :

Soient la forme proposée $f = (a, b, c, d)(x, y)^3$, φ le covariant ci-dessus $(p, q, r)(x, y)^2$, $p = b^2 - ac$, $2q = bc - ad$, $r = c^2 - bd$, et F le covariant cubique

$$\begin{aligned} F = (A, B, C, D)(x, y)^3 = \; & (ax^2 + 2bxy + cy^2)(qx + ry) \\ & -(bx^2 + 2cxy + dy^2)(px + qy); \end{aligned}$$

on a ce théorème algébrique :

L'expression la plus générale des formes cubiques ayant le même covariant quadratique φ est

$$F = tf + uF,$$

(¹) Cette Lettre répond à une Lettre de Cayley insérée aussi dans le Tome I du *Quarterly Journal*. E. P.

t et u satisfaisant à l'équation

$$t^2 - \Delta u^2 = 1, \qquad \Delta = q^2 - pr.$$

Cela posé, et introduisant une division en ordres des formes cubiques, basée sur la division en ordres des formes quadratiques φ, j'établis ce lemme :

Si φ appartient à l'ordre P. P., *t et u devront être entiers pour que les coefficients de* F *soient entiers comme ceux de la proposée.*

Voici la démonstration :

Soit $F = (A, B, C, D)(x, y)^3$, on aura

$$\mathrm{a} = at + \mathrm{A}u, \qquad \mathrm{b} = bt + \mathrm{B}u, \qquad \mathrm{c} = ct + \mathrm{C}u, \qquad \mathrm{d} = dt + \mathrm{D}u,$$
$$a\mathrm{d} - b\mathrm{c} + c\mathrm{b} - d\mathrm{a} = 8\Delta u,$$
$$\mathrm{aD} - \mathrm{bC} + \mathrm{cD} - \mathrm{dA} = 4\Delta t,$$

donc $8\Delta u$, $4\Delta t$ sont entiers.

Je joins ensuite à l'équation

$$\mathrm{a} = at + \mathrm{A}u$$

celle-ci

$$q\mathrm{a} - p\mathrm{b} = \mathrm{A}t + a\Delta u;$$

il en résulte, pour dénominateur commun de t et u,

$$\mathrm{A}^2 - a^2\Delta = p^3.$$

Or, on peut supposer que l'on raisonne sur f, ou une transformée de f, telle que le coefficient p du covariant φ soit premier à Δ et impair, comme le fait souvent Dirichlet. Trouvant donc $4\Delta t =$ entier, $p^3 t =$ entier, je multiplie par λ et μ pris tels que $4\Delta\lambda + p^3\mu = 1$ et j'ajoute, etc.; de même pour u.

Voici donc, si Δ est positif, une infinité de formes à coefficients entiers, qui ont un même covariant φ, à savoir les formes

$$F = tf + uF,$$

t et u satisfaisant à l'équation $t^2 - \Delta u^2 = 1$.

Or, je fais dans F cette substitution

$$(1) \qquad \left\{ \begin{array}{l} x = (\mathrm{T} + q\mathrm{U})\chi + \tau\mathrm{UY} \\ y = -p\mathrm{U}\chi + (\mathrm{T} - q\mathrm{U})y \end{array} \right\} \quad \mathrm{T}^2 - \Delta\mathrm{U}^2 = 1,$$

et en écrivant pour abréger

$$(t+u\sqrt{\Delta})(\mathrm{T}+\mathrm{U}\sqrt{\Delta})^3 = \mathrm{t}+\mathrm{u}\sqrt{\Delta},$$

je trouve pour résultant

$$\mathrm{t}f+\mathrm{u}\mathrm{F};$$

d'où je conclus aisément que toutes les formes $tf+u\mathrm{F}$, qui correspondent aux solutions en nombre infini de l'équation $t^2-\Delta u^2=1$, se ramènent, par la substitution dont il s'agit, à celles où $(t+u\sqrt{\Delta})$ est une puissance moindre que 3, de la solution fondamentale $\tau+\upsilon\Delta$. Voici donc seulement les formes non équivalentes qui donnent le même covariant φ :

I.	f,
II.	$\tau f+\upsilon\mathrm{F}$,
III.	$(\tau^2+\Delta\upsilon^2)f+2\tau\upsilon\mathrm{F}$.

Je les dis non équivalentes, car, s'il y a un moyen de les transformer l'une dans l'autre, comme elles ont toutes même covariant quadratique φ, ce ne pourra être qu'en employant les substitutions qui changent φ en lui-même, c'est-à-dire les substitutions déjà considérées (1) et dont on a vu l'effet.

Le cas où le coefficient q est impair me semble pouvoir se traiter de même; mais, occupé en ce moment d'une autre recherche, je ne me sens pas le courage nécessaire pour l'entreprendre.

Recevez, Monsieur, l'assurance des sentiments de votre très dévoué

C. H.

P.-S. N'y a-t-il pas quelque chose à compléter dans cette partie de votre méthode où vous dites : « ... ayant trouvé

$$(\mathrm{A}, -\mathrm{B}, \mathrm{C})(\xi, \eta)^2 = (\mathrm{A}, -\mathrm{B}, \mathrm{C})(\xi_1, \eta_1)^2,$$

ce qui implique que ξ_1 *et* η_1 *soient des fonctions linéaires de* ξ, η » [1]. Pourquoi?

---

[1] *Quarterly Journal*, t. I, 1857, p. 86.

EXTRAIT D'UNE LETTRE A SYLVESTER

SUR LES SOLUTIONS DE L'ÉQUATION $ax + by = n$.

Quarterly Journal of pure and applied Mathematics, t. I, 1857.

Je vous renouvelle, et avec plus d'instance, la demande que je vous faisais dans ma dernière lettre, de me parler en détail de votre découverte du nombre des solutions entières et positives de l'équation

$$ax + by + cz + \ldots = n.$$

L'intérêt que vous me marquez avoir pris à cette question m'a engagé à m'en occuper, et sans être sorti jusqu'à présent du cas si simple de l'équation $ax + by = n$, j'en ai vu assez pour être convaincu qu'elle est effectivement très digne d'attention. En attendant que vous me communiquiez vos formules générales, voici de mon côté ce que j'ai rencontré. Me proposant d'abord de déterminer par une méthode directe le système complet des solutions entières et positives de l'équation $ax + by = n$ (où a et b sont positifs et sans diviseurs communs) j'opère comme il suit. Je remarque, en premier lieu, qu'on a

$$ax < n, \qquad by < n,$$

ce qui conduit à faire

$$x = \mathrm{E}\left(\frac{n}{a}\right) - x', \qquad y = \mathrm{E}\left(\frac{n}{b}\right) - y'.$$

$\mathrm{E}\left(\frac{n}{a}\right)$, $\mathrm{E}\left(\frac{n}{b}\right)$ étant les plus grands nombres entiers contenus dans $\frac{n}{a}$, $\frac{n}{b}$, et les nouvelles indéterminées x' et y' devant être nécessairement positives, comme les premières x et y.

Substituant et faisant, pour abréger,

$$n - a\,\mathrm{E}\left(\frac{n}{a}\right) = \alpha, \qquad n - b\,\mathrm{E}\left(\frac{n}{b}\right) = \beta,$$

α et β étant positifs et respectivement moindres que a et b, il vient la transformée

$$ax' + by' = n - \alpha - \beta = n',$$

où n est remplacé par n', quantité plus petite, mais certainement positive, car autrement la proposée ne serait pas résoluble dans le sens que nous entendons. Continuons en faisant

$$x' = \mathrm{E}\left(\frac{n'}{a}\right) - x'', \qquad y' = \mathrm{E}\left(\frac{n'}{b}\right) - y'',$$

$$n' - a\,\mathrm{E}\left(\frac{n'}{a}\right) = \alpha', \qquad n' - b\,\mathrm{E}\left(\frac{n'}{b}\right) = \beta';$$

on aura cette nouvelle transformée

$$ax'' + by'' = n' - \alpha' - \beta' = n''.$$

Répétant les mêmes opérations, et posant d'une manière générale

$$x^i = \mathrm{E}\left(\frac{n^i}{a}\right) - x^{i+1}, \qquad y^i = \mathrm{E}\left(\frac{n^i}{b}\right) - y^{i+1},$$

$$n^i - a\,\mathrm{E}\left(\frac{n^i}{a}\right) = \alpha^i, \qquad n^i - b\,\mathrm{E}\left(\frac{n^i}{b}\right) = \beta^i,$$

$$n^i - \alpha^i - \beta^i = n^{i+1},$$

on aura la transformée du rang $i+1$

$$ax^{i+1} + by^{i+1} = n^{i+1},$$

dont les indéterminées sont liées aux indéterminées primitives par les relations

$$x = \mathrm{E}\left(\frac{n}{a}\right) - \mathrm{E}\left(\frac{n'}{a}\right) + \mathrm{E}\left(\frac{n''}{a}\right) - \ldots + (-1)^i\,\mathrm{E}\left(\frac{n^i}{a}\right) - (-1)^i x^{i+1},$$

$$y = \mathrm{E}\left(\frac{n}{b}\right) - \mathrm{E}\left(\frac{n'}{b}\right) + \mathrm{E}\left(\frac{n''}{b}\right) - \ldots + (-1)^i\,\mathrm{E}\left(\frac{n^i}{b}\right) - (-1)^i y^{i+1},$$

sorte de développement en suite convergente, puisque les nombres n, n', n'', ... vont toujours en décroissant. Mais ces nombres, si la proposée est effectivement soluble, sont positifs et ne peuvent diminuer indéfiniment; ainsi, après un nombre fini d'opérations, on en trouvera nécessairement deux consécutifs, n^i et n^{i+1} par exemple, égaux entre eux. Or cela entraîne $\alpha^i + \beta^i = 0$ et, par suite, $\alpha^i = 0$, $\beta^i = 0$, puisque toutes les quantités α et β sont positives; il s'ensuit que

$$n^i = a\,\mathrm{E}\left(\frac{n^i}{a}\right) = b\,\mathrm{E}\left(\frac{n^i}{b}\right),$$

c'est-à-dire que n^i est un multiple de ab, a et b étant premiers entre eux par hypothèse. Soit $n^i = \omega ab$; la transformée de rang i (qui se reproduirait identiquement dans les opérations, si on les continuait) aura cette forme

$$ax^i + by^i = \omega ab,$$

qui montre que l'on doit faire

$$x^i = b\xi, \qquad y^i = a\eta,$$

où ξ et η sont des entiers et satisfont à la relation

$$\xi + \eta = \omega.$$

Voici donc les expressions analytiques de toutes les solutions entières et positives de l'équation proposée,

$$(\mathrm{A}) \quad \begin{cases} x = \mathrm{E}\left(\frac{n}{a}\right) - \mathrm{E}\left(\frac{n'}{a}\right) + \mathrm{E}\left(\frac{n''}{a}\right) - \ldots + (-)^{i-1}\mathrm{E}\left(\frac{n^{i-1}}{a}\right) + (-)^i b\xi, \\ y = \mathrm{E}\left(\frac{n}{b}\right) - \mathrm{E}\left(\frac{n'}{b}\right) + \mathrm{E}\left(\frac{n''}{b}\right) - \ldots + (-)^{i-1}\mathrm{E}\left(\frac{n^{i-1}}{b}\right) + (-)^i a\eta, \end{cases}$$

en attribuant à ξ et η les $\omega + 1$ systèmes de valeurs qui satisfont à la condition $\xi + \eta = \omega$. C'est bien évident, car la totalité des solutions (entières et positives) d'une transformée du rang quelconque i s'obtient par les formules ci-dessus

$$x^i = \mathrm{E}\left(\frac{n^i}{a}\right) - x^{i+1}, \qquad y^i = \mathrm{E}\left(\frac{n^i}{b}\right) - y^{i+1},$$

où x^{i+1} et y^{i+1} doivent être des solutions positives de la transformée suivante, et toutes celles-ci doivent être employées sans exception, aucune d'elles ne pouvant conduire à des valeurs négatives pour x^i et y^i, car elles ont respectivement pour limites supérieures

$$\mathrm{E}\left(\frac{n^{i+1}}{a}\right), \quad \mathrm{E}\left(\frac{n^{i+1}}{b}\right),$$

et l'on a

$$n^{(i+1)} < n^i.$$

Les expressions (A) me semblent d'un calcul arithmétique plus facile que celles que l'on tirerait de la méthode si connue d'Euler ou de Lagrange. Au fond, cette méthode revient à joindre à l'équation proposée $ax + by = n$, une autre $a'x + b'y = t$; t étant une nouvelle indéterminée, a' et b' étant déduits par les fractions continues de a et b, de manière que $ab' - ba' = 1$. De ces deux équations on tire

$$x = nb' - bt, \qquad y = at - na',$$

et il faudrait en dernier lieu déterminer les valeurs de t qui rendent x et y positifs. Mais j'en viens à la détermination de ω ; je me fonde à cet effet sur cette remarque très simple, qu'en appliquant ma méthode à l'équation $ax + by = \mathrm{N}$, où $\mathrm{N} = n + kab$, k étant un nombre entier, on trouve la série N', N'', ..., correspondant parfaitement à la série des nombres n', n'', ..., de sorte que l'on a toujours

$$\mathrm{N}' = n' + kab, \qquad \mathrm{N}'' = n'' + kab, \qquad \text{etc.}..$$

Ainsi, lorsque l'on sera parvenu à la limite des opérations, c'est-à-dire lorsque $n^i = \omega ab$, N^i sera $(\omega + k)ab$; le nombre des solutions entières et positives de la nouvelle équation est donc égal au nombre des solutions de la première, augmenté de k. Cela posé, désignons par ϖ le plus grand entier contenu dans $\frac{n}{ab}$, et faisons $n = \varpi ab + \nu$, ω sera évidemment égal à ϖ plus le nombre des solutions de l'équation $ax + by = \nu$. Mais si cette équation est possible, comme ν est inférieur à ab, l'application de ma méthode conduira pour dernière transformée à $\xi + \eta = 0$, qui n'admet qu'une seule solution, $\xi = 0$, $\eta = 0$; ainsi $\omega = \varpi$ ou $\varpi + 1$, suivant que l'équation $ax + by = \nu$ est impossible, ou possible, en nombres entiers et positifs.

Bain-de-Bretagne, 12 juin.

SUR LA THÉORIE

DE LA

TRANSFORMATION DES FONCTIONS ABÉLIENNES.

Comptes rendus de l'Académie des Sciences, t. XL, 1855.

I.

En représentant par φx un polynome du cinquième ou du sixième degré en x, et posant

$$(1) \quad \begin{cases} \displaystyle\int_{x_0}^{x} \frac{dx}{\sqrt{\varphi x}} + \int_{y_0}^{y} \frac{dy}{\sqrt{\varphi y}} = u, \\ \displaystyle\int_{x_0}^{x} \frac{x\,dx}{\sqrt{\varphi x}} + \int_{y_0}^{y} \frac{y\,dy}{\sqrt{\varphi y}} = v, \end{cases}$$

on sait, par les travaux de Göpel et de M. Rosenhain, que $x+y$ et xy s'expriment par des fractions dont le numérateur et le dénominateur sont des fonctions des arguments u et v, qui ont une valeur unique et finie pour toutes les valeurs finies réelles ou imaginaires de ces arguments. Ces illustres géomètres ont en même temps donné, sous une forme analogue, l'expression analytique de treize autres fonctions de u et de v qui dépendent algébriquement, mais d'une manière irrationnelle, des deux premières. Comme elles sont aussi à sens unique pour toutes les valeurs finies des arguments, il est impossible de ne pas les conserver dans le calcul, et le système complet des quinze fonctions se présente dans l'étude des transcendantes abéliennes du premier ordre, comme $\sin am\, u$, $\cos am\, u$ et $\Delta am\, u$ dans la théorie des transcendantes elliptiques. Je désignerai ces quinze fonctions par $f_1(u, v)$, $f_2(u, v)$, $\ldots$, $f_{15}(u, v)$, et par $f(u, v)$ l'une quelconque d'entre elles. Semblablement, je nommerai $F_1(u, v)$, $F_2(u, v)$, ..., $F_{15}(u, v)$ les fonctions de même nature auxquelles on parviendrait en prenant pour point de départ les équations

$$(2) \quad \left\{ \begin{aligned} \int_{x_0}^{x} \frac{\alpha + \beta x}{\sqrt{\psi x}}\,dx + \int_{y_0}^{y} \frac{\alpha + \beta y}{\sqrt{\psi y}}\,dy &= u, \\ \int_{x_0}^{x} \frac{\gamma + \delta x}{\sqrt{\psi x}}\,dx + \int_{y_0}^{y} \frac{\gamma + \delta y}{\sqrt{\psi y}}\,dx &= v. \end{aligned} \right.$$

où α, β, γ, δ sont des constantes et ψx un polynome du cinquième ou du sixième degré en x. Maintenant je poserai, comme il suit, le problème de la transformation des fonctions abéliennes du premier ordre :

Le polynome φx étant donné, déterminer les coefficients de ψx et les constantes α, β, γ, δ, de telle sorte que les quinze fonctions $F(u, v)$ puissent s'exprimer rationnellement par les quinze fonctions $f(u, v)$.

II.

On sait que les fonctions symétriques rationnelles de x et y, définies comme fonctions de u et v par les équations (1), possèdent quatre paires de périodes simultanées, et que ces périodes, ou au moins leurs doubles, appartiennent aux quinze fonctions $f(u, v)$. Ainsi, en désignant par les lettres ω et υ les indices simultanés de périodicité, on aura quatre relations de cette forme

$$\begin{aligned} f(u + \omega_0,\ v + \upsilon_0) &= f(u,\ v), \\ f(u + \omega_1,\ v + \upsilon_1) &= f(u,\ v), \\ f(u + \omega_2,\ v + \upsilon_2) &= f(u,\ v), \\ f(u + \omega_3,\ v + \upsilon_3) &= f(u,\ v). \end{aligned}$$

Mais il existe entre ces périodes, telles qu'on les tire du calcul intégral, une liaison exprimée par l'équation suivante :

$$(3) \qquad \omega_0 \upsilon_3 - \omega_3 \upsilon_0 + \omega_1 \upsilon_2 - \omega_2 \upsilon_1 = 0.$$

Et si l'on nomme Ω_i et Υ_i les quantités analogues à ω_i et υ_i, dans les fonctions $F(u, v)$, on aura de même

$$(4) \qquad \Omega_0 \Upsilon_3 - \Omega_3 \Upsilon_0 + \Omega_1 \Upsilon_2 - \Omega_2 \Upsilon_1 = 0.$$

Cela posé, si l'on demande que les fonctions $F(u, v)$ s'expriment rationnellement par les fonctions $f(u, v)$, il faudra évidemment que les périodes simultanées ω_i et υ_i appartiennent à F, et soient, par suite, des sommes de multiples entiers des périodes Ω_i et Υ_i. On devra donc avoir ces relations linéaires à coefficients entiers, savoir :

$$(5)\quad \left\{\begin{array}{ll} \omega_0 = a_0\Omega_0 + a_1\Omega_1 + a_2\Omega_2 + a_3\Omega_3, & \upsilon_0 = a_0\Upsilon_0 + a_1\Upsilon_1 + a_2\Upsilon_2 + a_3\Upsilon_3, \\ \omega_1 = b_0\Omega_0 + b_1\Omega_1 + b_2\Omega_2 + b_3\Omega_3, & \upsilon_1 = b_0\Upsilon_0 + b_1\Upsilon_1 + b_2\Upsilon_2 + b_3\Upsilon_3, \\ \omega_2 = c_0\Omega_0 + c_1\Omega_1 + c_2\Omega_2 + c_3\Omega_3, & \upsilon_2 = c_0\Upsilon_0 + c_1\Upsilon_1 + c_2\Upsilon_2 + c_3\Upsilon_3, \\ \omega_3 = d_0\Omega_0 + d_1\Omega_1 + d_2\Omega_2 + d_3\Omega_3, & \upsilon_3 = d_0\Upsilon_0 + d_1\Upsilon_1 + d_2\Upsilon_2 + d_3\Upsilon_3. \end{array}\right.$$

Mais, à cause des relations (3) et (4), on voit que les nombres entiers qui composent le système linéaire

$$(6)\quad \left\{\begin{array}{cccc} a_0 & a_1 & a_2 & a_3 \\ b_0 & b_1 & b_2 & b_3 \\ c_0 & c_1 & c_2 & c_3 \\ d_0 & d_1 & d_2 & d_3 \end{array}\right\}$$

ne sont pas entièrement arbitraires. L'étude arithmétique des propriétés de ces systèmes particuliers de seize lettres, qui vient ainsi s'offrir, a été le point de départ de mes recherches et m'a donné les résultats suivants.

III.

En premier lieu, et pour satisfaire à la relation

$$\omega_0\upsilon_3 - \omega_3\upsilon_0 + \omega_1\upsilon_2 - \omega_2\upsilon_1 = 0,$$

sous la condition

$$\Omega_0\Upsilon_3 - \Omega_3\Upsilon_0 + \Omega_1\Upsilon_2 - \Omega_2\Upsilon_1 = 0,$$

il faut poser les équations (¹)

$$(7)\quad \left\{\begin{array}{l} a_0d_1 + b_0c_1 - c_0b_1 - d_0a_1 = 0, \\ a_0d_2 + b_0c_2 - c_0b_2 - d_0a_2 = 0, \\ a_0d_3 + b_0c_2 - c_0b_3 - d_0a_3 = a_1d_2 + b_1c_2 - c_1b_2 - d_1a_2, \\ a_1d_3 + b_1c_3 - c_1b_3 - d_1a_3 = 0, \\ a_2d_3 + b_2c_3 - c_2b_3 - d_2a_3 = 0. \end{array}\right.$$

(¹) M. Hermite suppose ici implicitement que les fonctions abéliennes sont *générales*. Il le dit d'ailleurs explicitement au § XIV. E. P.

Faisons

$$a_0 d_3 + b_0 c_3 - c_0 b_3 - d_0 a_3 = a_1 d_2 + b_1 c_2 - c_1 b_2 - d_1 a_2 = k;$$

on aura les propositions suivantes :

1° Le déterminant de système linéaire (6) est un carré parfait, à savoir k^2.

2° Si deux systèmes linéaires sont soumis aux conditions (7), on obtiendra, en les composant, un nouveau système linéaire, pour lequel elles auront également lieu. Et en exprimant la relation de composition par l'équation

$$\begin{Bmatrix} a_0 & a_1 & a_2 & a_3 \\ b_0 & b_1 & b_2 & b_3 \\ c_0 & c_1 & c_2 & c_3 \\ d_0 & d_1 & d_2 & d_3 \end{Bmatrix} \times \begin{Bmatrix} \alpha_0 & \alpha_1 & \alpha_2 & \alpha_3 \\ \beta_0 & \beta_1 & \beta_2 & \beta_3 \\ \gamma_0 & \gamma_1 & \gamma_2 & \gamma_3 \\ \delta_0 & \delta_1 & \delta_2 & \delta_3 \end{Bmatrix} = \begin{Bmatrix} A_0 & A_1 & A_2 & A_3 \\ B_0 & B_1 & B_2 & B_3 \\ C_0 & C_1 & C_2 & C_3 \\ D_0 & D_1 & D_2 & D_3 \end{Bmatrix},$$

on trouvera, si l'on pose comme précédemment,

$$a_0 d_3 + b_0 c_3 - c_0 b_3 - d_0 a_3 = a_1 d_2 + b_1 c_2 - c_1 b_2 - d_1 a_2 = k,$$
$$\alpha_0 \delta_3 + \beta_0 \gamma_3 - \gamma_0 \beta_3 - \delta_0 \alpha_3 = \alpha_1 \delta_2 + \beta_1 \gamma_2 - \gamma_1 \beta_2 - \delta_1 \alpha_2 = \varkappa,$$
$$A_0 D_3 + B_0 C_3 - C_0 B_3 - D_0 A_3 = A_1 D_2 + B_1 C_2 - C_1 B_2 - D_1 A_2 = K,$$

l'équation

$$K = k\varkappa.$$

3° Si $\varkappa = 1$, on aura donc $K = k$; alors je définirai comme équivalents les systèmes

$$\begin{Bmatrix} a_0 & a_1 & a_2 & a_3 \\ b_0 & b_1 & b_2 & b_3 \\ c_0 & c_1 & c_2 & c_3 \\ d_0 & d_1 & d_2 & d_3 \end{Bmatrix} \quad \text{et} \quad \begin{Bmatrix} A_0 & A_1 & A_2 & A_3 \\ B_0 & B_1 & B_2 & B_3 \\ C_0 & C_1 & C_2 & C_3 \\ D_0 & D_1 & D_2 & D_3 \end{Bmatrix}.$$

Cela posé, lorsque k est premier, le nombre total des systèmes non équivalents est

$$1 + k + k^2 + k^3.$$

4° Ces systèmes non équivalents sont représentés par ces quatre types, où les lettres i désignent des nombres entiers arbitrairement pris dans la série o, 1, 2, ..., $k-1$:

$$\text{I}\begin{Bmatrix} 1 & 0 & 0 & 0 \\ 0 & 1 & 0 & 0 \\ 0 & 0 & k & 0 \\ 0 & 0 & 0 & k \end{Bmatrix}, \quad \text{II}\begin{Bmatrix} 1 & 0 & 0 & 0 \\ 0 & k & i & 0 \\ 0 & 0 & 1 & 0 \\ 0 & 0 & 0 & k \end{Bmatrix}, \quad \text{III}\begin{Bmatrix} k & i & 0 & i' \\ 0 & 1 & 0 & 0 \\ 0 & 0 & k & -i \\ 0 & 0 & 0 & 1 \end{Bmatrix}, \quad \text{IV}\begin{Bmatrix} k & 0 & i & i' \\ 0 & k & i'' & i \\ 0 & 0 & 1 & 0 \\ 0 & 0 & 0 & 1 \end{Bmatrix}.$$

5° A l'un quelconque d'entre eux correspond toujours un autre, et un seul, tel qu'en les composant, on obtienne le système

$$\begin{Bmatrix} k & 0 & 0 & 0 \\ 0 & k & 0 & 0 \\ 0 & 0 & k & 0 \\ 0 & 0 & 0 & k \end{Bmatrix},$$

ou un système équivalent à celui-là.

6° Soit

$$\begin{Bmatrix} \mathfrak{a}_0 & \mathfrak{a}_1 & \mathfrak{a}_2 & \mathfrak{a}_3 \\ \mathfrak{b}_0 & \mathfrak{b}_1 & \mathfrak{b}_2 & \mathfrak{b}_3 \\ \mathfrak{c}_0 & \mathfrak{c}_1 & \mathfrak{c}_2 & \mathfrak{c}_3 \\ \mathfrak{d}_0 & \mathfrak{d}_1 & \mathfrak{d}_2 & \mathfrak{d}_3 \end{Bmatrix}$$

un nouveau système linéaire, pour lequel on ait

$$\mathfrak{a}_0\mathfrak{d}_3 + \mathfrak{b}_0\mathfrak{c}_3 - \mathfrak{c}_0\mathfrak{b}_3 - \mathfrak{d}_0\mathfrak{a}_3 = \mathfrak{a}_1\mathfrak{d}_2 + \mathfrak{b}_1\mathfrak{c}_2 - \mathfrak{c}_1\mathfrak{b}_2 - \mathfrak{d}_1\mathfrak{a}_2 = 1.$$

On pourra représenter dans toute leur généralité les systèmes correspondant à un nombre premier k, en faisant, et dans l'ordre qui est indiqué, la composition suivante :

$$\begin{Bmatrix} \mathfrak{a}_0 & \mathfrak{a}_1 & \mathfrak{a}_2 & \mathfrak{a}_3 \\ \mathfrak{b}_0 & \mathfrak{b}_1 & \mathfrak{b}_2 & \mathfrak{b}_3 \\ \mathfrak{c}_0 & \mathfrak{c}_1 & \mathfrak{c}_2 & \mathfrak{c}_3 \\ \mathfrak{d}_0 & \mathfrak{d}_1 & \mathfrak{d}_2 & \mathfrak{d}_3 \end{Bmatrix} \times \begin{Bmatrix} k & 0 & 0 & 0 \\ 0 & k & 0 & 0 \\ 0 & 0 & 1 & 0 \\ 0 & 0 & 0 & 1 \end{Bmatrix} \times \begin{Bmatrix} \alpha_0 & \alpha_1 & \alpha_2 & \alpha_3 \\ \beta_0 & \beta_1 & \beta_2 & \beta_3 \\ \gamma_0 & \gamma_1 & \gamma_2 & \gamma_3 \\ \delta_0 & \delta_1 & \delta_2 & \delta_3 \end{Bmatrix}.$$

IV.

Les propositions que je viens d'énoncer montrent avec évidence que les systèmes linéaires composés de seize éléments assujettis à vérifier les équations (7), sont entièrement analogues aux systèmes linéaires à quatre lettres $\begin{Bmatrix} a_0 & a_1 \\ b_0 & b_1 \end{Bmatrix}$ (¹). Les considérations suivantes rendront cette analogie encore plus manifeste. Je rappellerai d'abord ce que M. Gauss nomme *substitution adjointe* à une substitution donnée. Soit, par exemple, la substitution S, entre quatre indéterminées

$$\begin{aligned} x &= a_0 X + a_1 Y + a_2 Z + a_3 U, \\ y &= b_0 X + b_1 Y + b_2 Z + b_3 U, \\ z &= c_0 X + c_1 Y + c_2 Z + c_3 U, \\ u &= d_0 X + d_1 Y + d_2 Z + d_3 U. \end{aligned}$$

et Δ le déterminant du système

$$\begin{Bmatrix} a_0 & a_1 & a_2 & a_3 \\ b_0 & b_1 & b_2 & b_3 \\ c_0 & c_1 & c_2 & c_3 \\ d_0 & d_1 & d_2 & d_3 \end{Bmatrix},$$

la substitution Σ adjointe à S sera

$$\begin{aligned} \mathfrak{x} &= \frac{d\Delta}{da_0}\mathfrak{X} + \frac{d\Delta}{da_1}\mathfrak{Y} + \frac{d\Delta}{da_2}\mathfrak{Z} + \frac{d\Delta}{da_3}\mathfrak{U}, \\ \mathfrak{y} &= \frac{d\Delta}{db_0}\mathfrak{X} + \frac{d\Delta}{db_1}\mathfrak{Y} + \frac{d\Delta}{db_2}\mathfrak{Z} + \frac{d\Delta}{db_3}\mathfrak{U}, \\ \mathfrak{z} &= \frac{d\Delta}{dc_0}\mathfrak{X} + \frac{d\Delta}{dc_1}\mathfrak{Y} + \frac{d\Delta}{dc_2}\mathfrak{Z} + \frac{d\Delta}{dc_3}\mathfrak{U}, \\ \mathfrak{u} &= \frac{d\Delta}{dd_0}\mathfrak{X} + \frac{d\Delta}{dd_1}\mathfrak{Y} + \frac{d\Delta}{dd_2}\mathfrak{Z} + \frac{d\Delta}{dd_3}\mathfrak{U}. \end{aligned}$$

Mais c'est seulement en vue de la théorie des formes quadratiques à plus de deux indéterminées que M. Gauss introduit cette notion, car une substitution entre deux indéterminées étant

$$\begin{aligned} x &= a_0 X + a_1 Y, \\ y &= b_0 X + b_1 Y, \end{aligned}$$

(¹) *Voyez* sur les systèmes linéaires une Lettre que m'a adressée M. Eisenstein (*Journal de M. Liouville*, t. XVII), et dans les *Comptes rendus de l'Académie de Berlin* (juin 1852), un article du même géomètre, intitulé : *Uber die vergleichung von solchen ternären quadratischen Formen, welche verschiedene determinanten haben*.

on obtient, pour la substitution adjointe,

$$\begin{aligned} \mathfrak{x} &= b_1 \mathfrak{X} - b_0 \mathfrak{Y}, \\ \mathfrak{y} &= -a_1 \mathfrak{X} + a_0 \mathfrak{Y}, \end{aligned}$$

et il est visible qu'on passe de la première à la seconde en faisant

$$\begin{aligned} x &= \mathfrak{y}, & X &= \mathfrak{Y}, \\ y &= -\mathfrak{x}, & Y &= -\mathfrak{X}. \end{aligned}$$

Or une propriété toute semblable appartient aux substitutions à quatre indéterminées, dont les coefficients vérifient les équations (7). Alors, en effet, la substitution adjointe Σ se déduit de S en faisant

$$\begin{aligned} x &= \mathfrak{u}, & y &= \mathfrak{z}, & z &= -\mathfrak{y}, & u &= -\mathfrak{x}, \\ X &= k\mathfrak{U}, & Y &= k\mathfrak{Z}, & Z &= -k\mathfrak{Y}, & U &= -k\mathfrak{X}. \end{aligned}$$

Ce résultat découle de ce qu'on peut remplacer le système des équations (7) par le suivant :

$$\begin{aligned} a_0 b_3 + a_1 b_2 - a_2 b_1 - a_3 b_0 &= 0, \\ a_0 c_3 + a_1 c_2 - a_2 c_1 - a_3 c_0 &= 0, \\ a_0 d_3 + a_1 d_2 - a_2 d_1 - a_3 d_0 &= k, \\ b_0 c_3 + b_1 c_2 - b_2 c_1 - b_3 c_0 &= k, \\ b_0 d_3 + b_1 d_2 - b_2 d_1 - b_3 d_0 &= 0, \\ c_0 d_3 + c_1 d_2 - c_2 d_1 - c_3 d_0 &= 0, \end{aligned}$$

qui lui est entièrement équivalent.

V.

Un dernier lemme nous reste encore à établir avant d'aborder la théorie de la transformation des fonctions abéliennes. Soit

$$f = \sum a_{i,j} x_i x_j$$

l'expression générale d'une forme à quatre indéterminées, les coefficients vérifiant la relation $a_{i,j} = a_{j,i}$ et le signe $\sum$ s'étendant aux valeurs 0, 1, 2, 3 des deux indices. En établissant entre les coefficients de cette forme les équations suivantes :

$$a_{00}a_{23} - a_{03}^2 = a_{11}a_{22} - a_{12}^2,$$
$$a_{00}a_{23} + a_{22}a_{01} - a_{02}(a_{03} + a_{12}) = 0,$$
$$a_{11}a_{23} + a_{33}a_{01} - a_{13}(a_{12} + a_{03}) = 0,$$
$$a_{00}a_{13} - a_{11}a_{02} + a_{01}(a_{12} - a_{03}) = 0,$$
$$a_{22}a_{13} - a_{33}a_{02} - a_{23}(a_{12} - a_{03}) = 0;$$

elle jouira de cette propriété que, la forme adjointe étant désignée par

$$\mathfrak{f}(\mathfrak{X}_0, \mathfrak{X}_1, \mathfrak{X}_2, \mathfrak{X}_3),$$

on aura

$$f(x_0, x_1, x_2, x_3) = \mathfrak{f}(\mathfrak{X}_0, \mathfrak{X}_1, \mathfrak{X}_2, \mathfrak{X}_3),$$

en faisant

$$x_0 = \sqrt{\delta}\,\mathfrak{X}_3, \qquad x_1 = \sqrt{\delta}\,\mathfrak{X}_2, \qquad x_2 = -\sqrt{\delta}\,\mathfrak{X}_1, \qquad x_3 = -\sqrt{\delta}\,\mathfrak{X}_0.$$

La quantité δ est donnée par la relation

$$a_{00}a_{33} + a_{01}a_{23} - a_{02}a_{13} - a_{03}^2 = a_{11}a_{22} + a_{01}a_{23} - a_{02}a_{13} - a_{12}^2 = \delta,$$

et son carré est précisément l'invariant de f.

De là résulte facilement la proposition suivante : Soit

$$F = \sum A_{i,j} X_i X_j$$

une transformée de f, obtenue par la substitution linéaire

$$x_0 = a_0 X_0 + a_1 X_1 + a_2 X_2 + a_3 X_3,$$
$$x_1 = b_0 X_0 + b_1 X_1 + b_2 X_2 + b_3 X_3,$$
$$x_2 = c_0 X_0 + c_1 X_1 + c_2 X_2 + c_3 X_3,$$
$$x_3 = d_0 X_0 + d_1 X_1 + d_2 X_2 + d_3 X_3,$$

dont les éléments vérifient les équations (7), les coefficients $A_{i,j}$ seront soumis aux mêmes conditions que ceux de la proposée.

Ainsi, on aura

$$A_{00}A_{33} - A_{03}^2 = A_{11}A_{22} - A_{12}^2,$$
$$A_{00}A_{23} + A_{22}A_{01} - A_{02}(A_{03} + A_{12}) = 0,$$
$$A_{11}A_{23} + A_{33}A_{01} - A_{13}(A_{12} + A_{03}) = 0,$$
$$A_{00}A_{13} - A_{11}A_{02} + A_{01}(A_{12} - A_{03}) = 0,$$
$$A_{22}A_{13} - A_{33}A_{02} - A_{23}(A_{12} - A_{03}) = 0,$$

et enfin, si l'on pose

$$A_{00}A_{33}+A_{01}A_{23}-A_{02}A_{13}-A_{03}^2=A_{11}A_{22}+A_{01}A_{23}-A_{02}A_{13}-A_{12}^2=\Delta,$$

on obtiendra

$$\Delta=k^2\delta.$$

Ce résultat montre qu'on peut isoler en quelque sorte les formes f des formes générales à quatre indéterminées, pour les comparer entre elles par les substitutions spéciales que nous avons définies. On pourra ainsi se poser sous ce point de vue le problème de l'équivalence arithmétique de ces formes, établir la notion de classe, rechercher les rapports entre les classes distinctes qui correspondent à une même valeur de δ. Dans un Mémoire publié dans le *Journal de Crelle,* tome 47, page 343, j'ai déjà donné un exemple d'une théorie arithmétique conçue de cette manière, et qui se rapporte à des formes à quatre indéterminées d'une nature analogue à celle des formes binaires. Mais il me suffit ici d'avoir donné la notion des formes f, dont on va voir le rôle important dans la théorie des fonctions abéliennes.

VI.

Les propriétés des fonctions de deux arguments analogues à la transcendante Θ, que Jacobi a introduite dans la théorie des fonctions elliptiques, étant la base de nos recherches, il est nécessaire que nous les rappelions en peu de mots.

Soit d'abord

$$F(\Omega_0 x+\Omega_1 y,\ \Upsilon_0 x+\Upsilon_1 y)=\mathfrak{f}(x,y),$$

en ayant égard à la relation

$$\Omega_0\Upsilon_3-\Omega_3\Upsilon_0+\Omega_1\Upsilon_2-\Omega_2\Upsilon_1=0,$$

on trouvera qu'aux périodes simultanées de F, représentées par

$$\begin{array}{ll}\Omega_0, & \Upsilon_0,\\ \Omega_1, & \Upsilon_1,\\ \Omega_2, & \Upsilon_2,\\ \Omega_3, & \Upsilon_3,\end{array}$$

correspondent respectivement dans la fonction transformée $\mathfrak{f}$, les périodes

$$\begin{matrix} 1, & 0, \\ 0, & 1, \\ H, & G', \\ G, & H, \end{matrix}$$

où l'on fait, pour abréger,

$$G = \frac{\Omega_3 \Upsilon_1 - \Omega_1 \Upsilon_3}{\Omega_0 \Upsilon_1 - \Omega_1 \Upsilon_0}, \qquad H = \frac{\Omega_2 \Upsilon_1 - \Omega_1 \Upsilon_2}{\Omega_1 \Upsilon_0 - \Omega_0 \Upsilon_1}, \qquad G' = \frac{\Omega_0 \Upsilon_2 - \Omega_2 \Upsilon_0}{\Omega_0 \Upsilon_1 - \Omega_1 \Upsilon_0}.$$

Cela posé, désignons par $\Phi(x, y)$ la forme quadratique

$$G x^2 + 2 H xy + G' y^2,$$

et soit

$$(8) \qquad \Theta(x, y) = \sum (-1)^{mq+np} e^{i\pi[(2m+\mu)x+(2n+\nu)y]+\frac{1}{4}i\pi\Phi(2m+\mu, 2n+\nu)};$$

la sommation s'étendant à toutes les valeurs entières de m et n, depuis $-\infty$ à $+\infty$. En attribuant aux quantités p, q, μ, ν toutes les combinaisons possibles des valeurs 0 et 1, on obtiendra les seize fonctions par lesquelles Göpel et M. Rosenhain ont exprimé les numérateurs et le dénominateur commun de $\mathfrak{f}_1(x, y)$, $\mathfrak{f}_2(x, y)$, ..., $\mathfrak{f}_{15}(x, y)$. Ces fonctions, que nous réunirons dans une même forme analytique, en gardant les quantités p, q, μ, ν, vérifient, comme on le reconnaît très facilement, les relations suivantes :

$$(9) \qquad \begin{cases} \Theta(x+1, y) = (-1)^{\mu}\,\Theta(x, y), \\ \Theta(x, y+1) = (-1)^{\nu}\,\Theta(x, y), \\ \Theta(x+H, y+G') = (-1)^{p}\,\Theta(x, y)\, e^{-i\pi(2y+G')}, \\ \Theta(x+G, y+H) = (-1)^{q}\,\Theta(x, y)\, e^{-i\pi(2x+G)}. \end{cases}$$

Et, réciproquement, ces relations déterminent la série (8), sauf un facteur constant; qu'on suppose, en effet,

$$\Theta(x, y) = \sum A_{m,n}(-1)^{mq+np} e^{i\pi[(2m+\mu)x+(2n+\nu)y]+\frac{1}{4}i\pi\Phi(2m+\mu, 2n+\nu)},$$

on trouvera, en substituant, que les deux premières sont satisfaites, quel que soit $A_{m,n}$, et les deux dernières donneront, en égalant dans les deux membres les coefficients des mêmes exponentielles,

$$A_{m,n+1} = A_{m,n},$$
$$A_{m+1,n} = A_{m,n};$$

d'où il suit bien que le coefficient $A_{m,n}$ est un facteur constant.

La forme que nous avons donnée à la série (8) met également en évidence la relation

$$(10)\quad \Theta(x, y) = e^{i\pi(\mu x+\nu y)+\frac{1}{4}i\pi\Phi(\mu,\nu)}\,\Theta_0\left(x+\frac{\mu G+\nu H+q}{2},\; y+\frac{\mu H+\nu G'+p}{2}\right),$$

en appelant pour un instant Θ_0 celle des seize fonctions dans laquelle p, q, μ, ν sont tous égaux à zéro. On voit par là qu'en augmentant les arguments de demi-périodes, on peut aussi exprimer les seize fonctions par l'une quelconque d'entre elles.

Enfin nous aurons cette propriété

$$(11)\qquad \Theta(-x, -y) = (-1)^{p\nu+q\mu}\,\Theta(x, y),$$

d'où résulte que les fonctions impaires correspondront aux valeurs de p, q, μ, ν, qui donneront

$$p\nu + q\mu = 1 \pmod 2.$$

Ces fonctions, comme l'a déjà remarqué Göpel, sont au nombre de six.

VII.

Ces préliminaires établis, nous aborderons, comme il suit, le problème de la transformation.

Soit, en conservant les notations du § III,

$$\begin{pmatrix} a_0 & a_1 & a_2 & a_3 \\ b_0 & b_1 & b_2 & b_3 \\ c_0 & c_1 & c_2 & c_3 \\ d_0 & d_1 & d_2 & d_3 \end{pmatrix}$$

un système linéaire, dont les éléments sont des nombres entiers qui vérifient les équations

$$\begin{aligned}
a_0 d_1 + b_0 c_1 - c_0 b_1 - d_0 a_1 &= 0,\\
a_0 d_2 + b_0 c_2 - c_0 b_2 - d_0 a_2 &= 0,\\
a_0 d_3 + b_0 c_3 - c_0 b_3 - d_0 a_3 &= k,\\
a_1 d_2 + b_1 c_2 - c_1 b_2 - d_1 a_2 &= k,\\
a_1 d_3 + b_1 c_3 - c_1 b_3 - d_1 a_3 &= 0,\\
a_2 d_3 + b_1 c_3 - c_2 b_3 - d_2 a_3 &= 0.
\end{aligned}$$

Pour abréger l'écriture, représentons un instant par z_i la fonction linéaire $a_i x + b_i y$, i désignant l'un des nombres 0, 1, 2, 3, et posons

$$(12)\quad \Theta(z_0 + G z_3 + H z_2,\ z_1 + H z_3 + G' z_2)\, e^{i\pi[z_0 z_3 + z_1 z_2 + \Phi(z_3, z_2)]} = \Pi(x, y);$$

on aura ce théorème :

La fonction $\Pi(x, y)$ *satisfait à ces équations de même forme que les équations* (9), *savoir :*

$$(13)\quad \begin{cases} \Pi(x+1, y) = (-1)^{\mathfrak{m}}\, \Pi(x, y), \\ \Pi(x, y+1) = (-1)^{\mathfrak{n}}\, \Pi(x, y), \\ \Pi(x+h, y+g') = (-1)^{\mathfrak{p}}\, \Pi(x, y)\, e^{-i\pi h(2y+g')}, \\ \Pi(x+g, y+h) = (-1)^{\mathfrak{q}}\, \Pi(x, y)\, e^{i\pi h(2x+g)}, \end{cases}$$

et si l'on représente, pour simplifier, les quantités $a_i b_j - a_j b_i$, $a_i c_j - a_j c_i$, ..., *par* $(ab)_{ij}$, $(ac)_{ij}$, *etc., les valeurs de* g, h, g' *et de* $h^2 - gg'$ *seront*

$$(14)\quad \begin{cases} g = \dfrac{(db)_{01} + (db)_{31} G + 2(db)_{03} H + (db)_{02} G' + (db)_{23}(H^2 - GG')}{(ab)_{01} + (ab)_{31} G + 2(ab)_{03} H + (ab)_{02} G' + (ab)_{23}(H^2 - GG')}, \\[2ex] h = \dfrac{(ad)_{01} + (ad)_{31} G + [2(ad)_{03} - k] H + (ad)_{02} G' + (ad)_{23}(H^2 - GG')}{(ab)_{01} + (ab)_{31} G + 2(ab)_{03} H + (ab)_{02} G' + (ab)_{23}(H^2 - GG')}, \\[2ex] g' = \dfrac{(ac)_{01} + (ac)_{31} G + 2(ac)_{03} H + (ac)_{02} G' + (ac)_{23}(H^2 - GG')}{(ab)_{01} + (ab)_{31} G + 2(ab)_{03} H + (ab)_{02} G' + (ab)_{23}(H^2 - GG')}, \\[2ex] h^2 - gg' = \dfrac{(cd)_{01} + (cd)_{31} G + 2(cd)_{03} H + (cd)_{02} G' + (cd)_{23}(H^2 - GG')}{(ab)_{01} + (ab)_{31} G + 2(ab)_{03} H + (ab)_{02} G' + (ab)_{23}(H^2 - GG')}. \end{cases}$$

On aura enfin, pour les nombres entiers $\mathfrak{m}$, $\mathfrak{n}$, $\mathfrak{p}$, $\mathfrak{q}$, *les expressions*

$$(15)\quad \begin{cases} \mathfrak{m} = \mu a_0 + \nu a_1 + p a_2 + q a_3 + a_0 a_3 + a_1 a_2, \\ \mathfrak{n} = \mu b_0 + \nu b_1 + p b_2 + q b_3 + b_0 b_3 + b_1 b_2, \\ \mathfrak{p} = \mu c_0 + \nu c_1 + p c_2 + q c_3 + c_0 c_3 + c_1 c_2, \\ \mathfrak{q} = \mu d_0 + \nu d_1 + p d_2 + q d_3 + d_0 d_3 + d_1 d_2. \end{cases}$$

Nous ajouterons comme corollaire à ce théorème, qu'en résolvant les équations (14), par rapport à G, H, G', $H^2 - GG'$, on obtient

$$(16)\quad \begin{cases} G = \dfrac{(cd)_{02} + (ac)_{02} g + 2(bc)_{02} h + (db)_{02} g' + (ab)_{02}(h^2 - gg')}{(cd)_{23} + (ac)_{23} g + 2(bc)_{23} h + (db)_{23} g' + (ab)_{23}(h^2 - gg')}, \\[2ex] H = \dfrac{(cd)_{12} + (ac)_{12} g + [2(bc)_{12} - k] h + (db)_{12} g' + (ab)_{12}(h^2 - gg')}{(cd)_{23} + (ac)_{23} g + 2(bc)_{23} h + (db)_{23} g' + (ab)_{23}(h^2 - gg')}, \\[2ex] G' = \dfrac{(cd)_{31} + (ac)_{31} g + 2(bc)_{31} h + (db)_{31} g' + (ab)_{31}(h^2 - gg')}{(cd)_{23} + (ac)_{23} g + 2(bc)_{23} h + (db)_{23} g' + (ab)_{23}(h^2 - gg')}, \\[2ex] H^2 - GG' = \dfrac{(cd)_{01} + (ac)_{01} g + 2(bc)_{01} h + (db)_{01} g' + (ab)_{01}(h^2 - gg')}{(cd)_{23} + (ac)_{23} g + 2(bc)_{23} a + (db)_{23} g' + (ab)_{23}(h^2 - gg')}. \end{cases}$$

Les résultats que je viens d'énoncer mettent immédiatement en évidence la méthode que j'ai suivie dans la question de la transformation. Cette méthode, bien naturelle et bien simple, consiste à introduire le système de seize fonctions θ, analogues à Θ, mais dans lesquelles G, H, G' auront été remplacés par g, h, g', puis à employer les relations (13), pour exprimer $\text{H}(x, y)$ par des combinaisons entières et homogènes de ces seize fonctions. En effet, on voit de suite que le facteur exponentiel $e^{i\pi(z_0 z_3 + z_1 z_2 + \Phi(z_3, z_2))}$ étant indépendant des quantités p, q, μ, ν, disparaîtra dans le quotient de deux fonctions différentes $\text{H}(x, y)$, qui correspondent à deux systèmes distincts de valeurs de ces quantités. Or, ces quotients représenteront les quinze fonctions $\mathfrak{L}$ aux arguments $z_0 + \text{G} z_3 + \text{H} z_2$, $z_1 + \text{H} z_3 + \text{G}' z_2$, exprimées rationnellement par les quinze quotients provenant de la division de deux fonctions $\theta(x, y)$. Mais avant d'exposer cette méthode, nous avons à approfondir la question suivante, qui mérite un examen attentif.

VIII.

La fonction $\Theta(x, y)$, étant seulement définie par la série

$$\sum (-1)^{mq+np}\, e^{i\pi[(2m+\mu)x + (2n+\nu)y] + \frac{1}{4} i\pi \Phi(2m+\mu, 2n+\nu)},$$

n'a d'existence qu'autant que cette série est convergente. Or, en posant

$$\text{G} = \mathfrak{G}_0 + i\mathfrak{G}, \qquad \text{H} = \mathfrak{H}_0 + i\mathfrak{H}, \qquad \text{G}' = \mathfrak{G}'_0 + i\mathfrak{G}'', \qquad \text{H}^2 - \text{GG}' = \mathfrak{D}_0 + i\mathfrak{D},$$

on trouve que la condition nécessaire et suffisante de convergence consiste en ce que la forme quadratique $(\mathfrak{G}, \mathfrak{H}, \mathfrak{G}')$ soit définie et positive. Il est donc indispensable, lorsqu'on introduit le système des fonctions $\theta(x, y)$, de s'assurer si la condition analogue, relative aux éléments g, h, g', se trouve remplie. Ainsi, en posant, pour mettre encore en évidence les parties réelles et les coefficients de i,

$$g = \mathfrak{g}_0 + i\mathfrak{g}, \qquad h = \mathfrak{h}_0 + i\mathfrak{h}, \qquad g' = \mathfrak{g}'_0 + i\mathfrak{g}', \qquad h^2 - gg' = \mathfrak{d}_0 + i\mathfrak{d},$$

nous avons à reconnaître si la forme $(\mathfrak{g}, \mathfrak{h}, \mathfrak{g}')$ est elle-même définie et positive.

A cet effet, j'introduis la forme suivante à quatre indéterminées

$$\begin{aligned}f(x_0, x_1, x_2, x_3) = {}&\mathfrak{G}' x_0^2 + + \mathfrak{G} x_1^2 + (\mathfrak{G}'\mathfrak{D}_0 - \mathfrak{G}'_0\mathfrak{D}) x_2^2 + (\mathfrak{G}\mathfrak{D}_0 - \mathfrak{G}_0\mathfrak{D}) x_3^2 \\ &- 2\mathfrak{H} x_0 x_1 - 2(\mathfrak{G}'_0\mathfrak{H} - \mathfrak{G}'\mathfrak{H}_0) x_0 x_2 - 2(\mathfrak{G}_0\mathfrak{H} - \mathfrak{G}\mathfrak{H}_0) x_1 x_3 \\ &- 2(\mathfrak{D}\mathfrak{H}_0 - \mathfrak{D}_0\mathfrak{H}) x_2 x_3 - 2(\mathfrak{H}\mathfrak{H}_0 - \mathfrak{G}\mathfrak{G}'_0) x_1 x_2 - 2(\mathfrak{H}\mathfrak{H}_0 - \mathfrak{G}_0\mathfrak{G}') x_0 x_3,\end{aligned}$$

et je représente par $\mathfrak{M}$ le module du dénominateur commun des valeurs de g, h, g', dans les équations (14) du § VII, de sorte que

$$\begin{aligned}\mathfrak{M}^2 = {}&[(ab)_{01} + (ab)_{31}\mathfrak{G}_0 + 2(ab)_{03}\mathfrak{H}_0 + (ab)_{02}\mathfrak{G}'_0 + (ab)_{23}\mathfrak{D}_0]^2, \\ &+ [(ab)_{31}\mathfrak{G} + 2(ab)_{03}\mathfrak{H} + (ab)_{02}\mathfrak{G}' + (ab)_{23}\mathfrak{D}]^2.\end{aligned}$$

Cela fait, on aura les théorèmes exprimés par les relations suivantes :

$$\mathfrak{g} x^2 + 2\mathfrak{h} xy + \mathfrak{g}' y^2 = \frac{k}{\mathfrak{M}^2} f(b_0 x - a_0 y, b_1 x - a_1 y, b_2 x - a_2 y, b_3 x - a_3 y),$$

$$\mathfrak{h}^2 - \mathfrak{g}\mathfrak{g}' = \frac{k^2}{\mathfrak{M}^2}(\mathfrak{H}^2 - \mathfrak{G}\mathfrak{G}').$$

Comme la seconde montre que les déterminants $\mathfrak{h}^2 - \mathfrak{g}\mathfrak{g}'$, $\mathfrak{H}^2 - \mathfrak{G}\mathfrak{G}'$ sont de même signe, il suffira de prouver que l'un des coefficients $\mathfrak{g}$ ou $\mathfrak{g}'$ est positif, pour être assuré que $(\mathfrak{g}, \mathfrak{h}, \mathfrak{g}')$ est une forme définie et positive comme $(\mathfrak{G}, \mathfrak{H}, \mathfrak{G}')$. Par là on se trouve amené à la considération de cette expression remarquable

$$f(x_0, x_1, x_2, x_3)$$

qui présente le type général des formes à quatre indéterminées dont j'ai donné précédemment la notion (§ V). Ainsi, en désignant la forme adjointe par $\mathfrak{f}(\mathfrak{X}_0, \mathfrak{X}_1, \mathfrak{X}_2, \mathfrak{X}_3)$, on a cette propriété caractéristique que f se change en $\mathfrak{f}$ par la substitution

$$\begin{aligned}x_0 &= (\mathfrak{H}^2 - \mathfrak{G}\mathfrak{G}')\mathfrak{X}_3, & x_1 &= (\mathfrak{H}^2 - \mathfrak{G}\mathfrak{G}')\mathfrak{X}_2, \\ x_2 &= -(\mathfrak{H}^2 - \mathfrak{G}\mathfrak{G}')\mathfrak{X}_1, & x_3 &= -(\mathfrak{H}^2 - \mathfrak{G}\mathfrak{G}')\mathfrak{X}_0.\end{aligned}$$

De là résulte une analogie très grande avec les formes binaires; au point de vue algébrique, par exemple, on reconnaît qu'elles sont réductibles par des substitutions réelles à l'une de ces trois espèces :

(I) $$X_0^2 + X_1^2 + X_2^2 + X_3^2,$$

(II) $$-X_0^2 - X_1^2 - X_2^2 - X_3^2,$$

(III) $$X_0^2 + X_1^2 - X_2^2 - X_3^2,$$

mais seulement à l'une d'elles, de sorte qu'on doit exclure celles-ci :

$$\pm(X_0^2 + X_1^2 + X_2^2 - X_3^2).$$

Mais je n'insiste pas davantage, en ce moment, sur cette analogie, et je vais, en appliquant les formules connues, montrer que f appartient à l'espèce (1). Il faut pour cela calculer les invariants des formes $f(x_0, x_1, 0, 0)$, $f(x_0, x_1, x_2, 0)$, et enfin l'invariant de f elle-même. Ces invariants sont respectivement

$$\mathcal{G}\mathcal{G}' - \mathcal{H}^2, \quad \mathcal{G}'(\mathcal{G}\mathcal{G}' - \mathcal{H}^2)^2 \quad \text{et} \quad (\mathcal{G}\mathcal{G}' - \mathcal{H}^2)^4.$$

En y joignant l'unité et le coefficient de x_0^2, on forme ainsi la suite caractéristique

$$1, \quad \mathcal{G}', \quad \mathcal{G}\mathcal{G}' - \mathcal{H}^2, \quad \mathcal{G}'(\mathcal{G}\mathcal{G}' - \mathcal{H}^2)^2 \quad (\mathcal{G}\mathcal{G}' - \mathcal{H}^2)^4.$$

Or cette suite ne présente que des *permanences*, puisqu'on admet par hypothèse que $\mathcal{G}$, $\mathcal{G}'$, $\mathcal{G}\mathcal{G}' - \mathcal{H}^2$ sont des quantités positives. De là résulte que la forme f est réductible par une substitution réelle à une somme de quatre carrés; ainsi les quantités

$$\mathfrak{g} = \frac{k}{\mathfrak{M}^2} f(b_0, b_1, b_2, b_3), \qquad \mathfrak{g}' = \frac{k}{\mathfrak{M}^2} f(a_0, a_1, a_2, a_3),$$

sont bien essentiellement positives.

IX.

En posant

$$g x^2 + 2 h x y + g' y^2 = \varphi(x, y),$$

les seize fonctions dont l'existence se trouve démontrée par ce qui précède, seront représentées ainsi :

$$\theta(x, y) = \sum (-1)^{\mathfrak{m}\mathfrak{q} + \mathfrak{n}\mathfrak{p}} e^{i\pi[(2m + \mathfrak{m})x + (2n + \mathfrak{n})y] + \frac{1}{4} i\pi\varphi(2m + \mathfrak{m}, 2n + \mathfrak{n})},$$

les nombres $\mathfrak{m}$, $\mathfrak{n}$, $\mathfrak{p}$, $\mathfrak{q}$ étant, comme μ, ν, p, q, égaux à zéro ou à l'unité. Elles satisfont aux équations suivantes, entièrement semblables aux équations (9), et qui les définissent à un facteur constant près, savoir :

$$\theta(x + 1, y) = (-1)^{\mathfrak{m}}\, \theta(x, y), \qquad \theta(x, y + 1) = (-1)^{\mathfrak{n}}\, \theta(x, y),$$
$$\theta(x + h, y + g') = (-1)^{\mathfrak{p}}\, \theta(x, y)\, e^{-i\pi(2y + g')},$$
$$\theta(x + g, y + h) = (-1)^{\mathfrak{q}}\, \theta(x, y)\, e^{-i\pi(2x + g)}.$$

Il s'agit maintenant de les employer pour exprimer la fonction $\Pi(x, y)$, que nous avons définie par les quatre relations (13), § VII. A cet effet, je remarquerai d'abord qu'ayant

$$\Pi(x, y) = \Theta(x, y)\, e^{i\pi[z_0 z_3 + z_1 z_2 + \Phi(z_2, z_3)]},$$

on peut joindre à ces relations fondamentales la suivante :

$$\Pi(-x, -y) = \Pi(x, y)(-1)^{p\nu + q\mu}.$$

Or, il est très facile d'établir qu'en supposant k impair, on a

$$p\nu + q\mu \equiv \mathfrak{p}\mathfrak{n} + \mathfrak{q}\mathfrak{m} \pmod 2,$$

de sorte que nous pouvons écrire

$$(16\ bis) \qquad \Pi(-x, -y) = \Pi(x, y)(-1)^{\mathfrak{p}\mathfrak{n} + \mathfrak{q}\mathfrak{m}}.$$

Cela posé, je fais abstraction de toute autre propriété de la fonction $\Pi(x, y)$ et, ne gardant absolument que les relations (13) et (16 *bis*), je cherche en premier lieu combien elles impliquent de constantes arbitraires dans la fonction qu'elles servent à définir.

Pour cela, soit

$$\Pi(x, y) = \sum (-1)^{\mathfrak{p}\mathfrak{n} + \mathfrak{q}\mathfrak{m}} A_{m,n}\, e^{i\pi[(2m + \mathfrak{m})x + (2n + \mathfrak{n})y] + \frac{i\pi}{4k}\varphi(2m + \mathfrak{m}, 2n + \mathfrak{n})}.$$

On satisfera ainsi, quel que soit $A_{m,n}$, aux deux premières,

$$\Pi(x + 1, y) = (-1)^{\mathfrak{m}}\, \Pi(x, y), \qquad \Pi(x, y + 1) = (-1)^{\mathfrak{n}}\, \Pi(x, y);$$

quant aux deux suivantes, elles donneront, en comparant dans les deux membres les coefficients des mêmes exponentielles,

$$(17) \qquad A_{m+k,n} = A_{m,n}, \qquad A_{m,n+k} = A_{m,n};$$

enfin on tirera de l'équation (16 *bis*), cette dernière condition

$$(18) \qquad A_{-m-\mu, -n-\nu} = A_{m,n}.$$

Or les équations (17) font voir que tous les coefficients $A_{m,n}$ s'exprimeront par ceux où les indices sont moindres que k, et qui sont en nombre égal à k^2. Distinguons maintenant celui dont les indices vérifient les conditions

$$m \equiv -m - \mu, \qquad n \equiv -n - \nu \pmod k,$$

qui sont évidemment possibles, puisque le module est impair.

L'équation (18) sera alors une identité, et le coefficient dont nous parlons restera arbitraire; mais, en vertu de cette même relation, tous les autres, qui sont au nombre de k^2-1, seront égaux deux à deux. De là nous tirons cette proposition :

L'expression la plus générale de la fonction $\Pi(x,y)$ *qui est définie par les relations* (13) *et* (16 *bis*), *renferme* $\frac{k^2-1}{2}$ *coefficients entièrement indépendants.*

X.

Les considérations précédentes sont également applicables à des valeurs paires du nombre k. Soient par exemple, pour $k=2$, les relations

$$(19)\quad \begin{aligned} &\Pi(x+1,y)=\Pi(x,y),\qquad \Pi(x,y+1)=\Pi(x,y),\\ &\Pi(x+h,y+g')=\Pi(x,y)\,e^{-2i\pi(2y+g')},\\ &\Pi(x+g,y+h)\;=\Pi(x,y)\,e^{-2i\pi(2x+g)}; \end{aligned}$$

on trouvera, en posant

$$\Pi(x,y)=\sum A_{m,n}\,e^{i\pi(2mx+2ny)+\frac{i\pi}{2}\varphi(m,n)},$$

les conditions

$$A_{m+2,n}=A_{m,n},\qquad A_{m,n+2}=A_{m,n}.$$

Donc $\Pi(x,y)$ est la somme de quatre séries déterminées, à savoir celles qui se trouvent multipliées respectivement par les coefficients $A_{0,0}$, $A_{0,1}$, $A_{1,0}$, $A_{1,1}$, qui restent seuls arbitraires. Or on satisfait également aux équations (19), en prenant pour $\Pi(x,y)$ le carré d'une quelconque des fonctions $\theta(x,y)$. Donc ces carrés s'expriment linéairement par quatre nouvelles fonctions, et de là se tire immédiatement la réduction algébrique des seize fonctions θ, à quatre d'entre elles, prises arbitrairement.

XI.

En général, toutes les relations algébriques et différentielles des fonctions θ peuvent être obtenues d'une manière analogue. Ici ce sont les relations algébriques qu'il nous importe de considérer, et particulièrement celles où entrent d'une manière homogène le plus petit nombre de fonctions, et qui sont en même temps du degré le moins élevé. Telle est par exemple, après les relations quadratiques, l'équation mémorable du quatrième degré obtenue par Göpel ([1]) entre P', S', P'', S'', qui se déduisent de l'expression générale de θ, en faisant :

Pour

P',	$m=0$,	$n=0$,	$p=0$,	$q=1$,
P'',	$m=0$,	$n=0$,	$p=0$,	$q=0$,
S',	$m=1$,	$n=1$,	$p=1$,	$q=0$,
S'',	$m=1$,	$n=1$,	$p=0$,	$q=1$.

Je vais encore établir l'existence de cette équation, et des autres du même genre, qui ont aussi lieu entre quatre fonctions, car elles sont fondamentales pour ce qui va suivre.

Soit, à cet effet, $\Pi(x, y)$ une fonction ainsi définie

$$(19)\quad \begin{cases} \Pi(x+1, g) = \Pi(x, y), \\ \Pi(x, y+1) = \Pi(x, y), \\ \Pi(x+h, y+g') = \Pi(x, y)\, e^{-4i\pi(2y+g')}, \\ \Pi(x+g, y+h) = \Pi(x, y)\, e^{-4i\pi(2x+g)}. \end{cases}$$

En la supposant représentée par la série

$$\sum A_{m,n}\, e^{i\pi(2mx+2ny)+\frac{i\pi}{4}\varphi(m,n)},$$

on trouvera, pour déterminer les coefficients, les relations

$$A_{m+4,n} = A_{m,n}, \qquad A_{m,n+4} = A_{m,n},$$

et si l'on veut exprimer que le développement représente une fonction paire, on y joindra la suivante :

$$A_{-m,-n} = A_{m,n}.$$

Alors les coefficients se réduisent à ceux-ci :

$$A_{0,0},\quad A_{0,2},\quad A_{2,0},\quad A_{2,2},\quad A_{0,1},\quad A_{1,0},\quad A_{0,3},\quad A_{1,1},\quad A_{1,2},\quad A_{1,3}$$

([1]) Voyez Tome 25 du *Journal de Crelle*, le Mémoire de l'illustre géomètre : *Theoriæ transcendentium Abelianarum primi ordinis adumbratio levis*.

et la fonction $\Pi(x, y)$ sera la somme des dix séries entièrement déterminées, et multipliées respectivement par ces coefficients qui demeurent arbitraires. Cela posé, soient θ_0, θ_1, θ_2, θ_3 quatre des seize fonctions θ; nommons θ_i l'une d'elles, et $\mathfrak{m}_i$, $\mathfrak{n}_i$, $\mathfrak{p}_i$, $\mathfrak{q}_i$ les valeurs des nombres $\mathfrak{m}$, $\mathfrak{n}$, $\mathfrak{p}$, $\mathfrak{q}$, qui la caractérisent. Faisons encore, pour abréger, $s_i = \mathfrak{p}_i\mathfrak{n}_i + \mathfrak{q}_i\mathfrak{m}_i$; on satisfera évidemment aux équations (19), en prenant pour $\Pi(x, y)$ les quatrièmes puissances de ces fonctions, et les carrés de leurs produits deux à deux, quels que soient $\mathfrak{m}_i$, $\mathfrak{n}_i$, $\mathfrak{p}_i$, $\mathfrak{q}_i$. Or on peut joindre à ces expressions, qui sont au nombre de dix, le produit $\theta_0\theta_1\theta_2\theta_3$, si l'on pose, suivant le module 2,

$$(20)\qquad \begin{cases} \mathfrak{m}_0 + \mathfrak{m}_1 + \mathfrak{m}_2 + \mathfrak{m}_3 \equiv 0, & \mathfrak{n}_0 + \mathfrak{n}_1 + \mathfrak{n}_2 + \mathfrak{n}_3 \equiv 0, \\ \mathfrak{p}_0 + \mathfrak{p}_1 + \mathfrak{p}_2 + \mathfrak{p}_3 \equiv 0, & \mathfrak{q}_0 + \mathfrak{q}_1 + \mathfrak{q}_2 + \mathfrak{q}_3 \equiv 0, \\ \qquad s_0 + s_1 + s_2 + s_3 \equiv 0. \end{cases}$$

Sous ces conditions, on obtient nécessairement, entre les onze quantités que nous considérons, une relation linéaire, puisque toutes s'expriment linéairement par dix fonctions déterminées. Or l'existence de cette relation suffit à notre objet, et nous n'aurons pas à employer les valeurs des coefficients, qu'il serait d'ailleurs bien facile de trouver. Nous nous bornerons aux remarques suivantes :

1° On satisfait aux équations (20) de la manière la plus générale, en prenant, suivant le module 2,

$$\begin{array}{llll} \mathfrak{m}_0 \equiv \mathbf{m}, & \mathfrak{m}_1 \equiv \mathbf{m} + \mathbf{m}_1, & \mathfrak{m}_2 \equiv \mathbf{m} + \mathbf{m}_2, & \mathfrak{m}_3 \equiv \mathbf{m} + \mathbf{m}_1 + \mathbf{m}_2, \\ \mathfrak{n}_0 \equiv \mathbf{n}, & \mathfrak{n}_1 \equiv \mathbf{n} + \mathbf{n}_1, & \mathfrak{n}_2 \equiv \mathbf{n} + \mathbf{n}_2, & \mathfrak{n}_3 \equiv \mathbf{n} + \mathbf{n}_1 + \mathbf{n}_2, \\ \mathfrak{p}_0 \equiv \mathbf{p}, & \mathfrak{p}_1 \equiv \mathbf{p} + \mathbf{p}_1, & \mathfrak{p}_2 \equiv \mathbf{p} + \mathbf{p}_2, & \mathfrak{p}_3 \equiv \mathbf{p} + \mathbf{p}_1 + \mathbf{p}_2, \\ \mathfrak{q}_0 \equiv \mathbf{q}, & \mathfrak{q}_1 \equiv \mathbf{q} + \mathbf{q}_1, & \mathfrak{q}_2 \equiv \mathbf{q} + \mathbf{q}_2, & \mathfrak{q}_3 \equiv \mathbf{q} + \mathbf{q}_1 + \mathbf{q}_2, \end{array}$$

$\mathbf{m}$, $\mathbf{n}$, $\mathbf{p}$, $\mathbf{q}$, étant arbitraires, et les autres entiers devant vérifier la condition

$$\mathbf{p}_1\mathbf{n}_2 + \mathbf{p}_2\mathbf{n}_1 + \mathbf{q}_1\mathbf{m}_2 + \mathbf{q}_2\mathbf{m}_1 \equiv 0.$$

2° Des quatre fonctions θ_0, θ_1, θ_2, θ_3, deux peuvent être arbitrairement choisies parmi les seize fonctions θ. Ce choix fait, il existe trois systèmes distincts de deux autres fonctions qu'on peut leur associer, de manière à satisfaire aux équations (20).

3° Les fonctions θ_0, θ_1, θ_2, θ_3 peuvent être paires, ou bien deux seront paires et les deux autres impaires : aucune relation algébrique du quatrième degré n'aura lieu entre quatre fonctions impaires.

XII.

Je considère maintenant une fonction homogène de $\theta_0, \theta_1, \theta_2, \theta_3$, dont le degré soit le nombre impair k. Une telle fonction s'exprimera linéairement par des quantités de la forme $\theta_0^{\mathfrak{a}}\theta_1^{\mathfrak{b}}\theta_2^{\mathfrak{c}}\theta_3^{\mathfrak{d}}$, où $\mathfrak{a}$, $\mathfrak{b}$, $\mathfrak{c}$, $\mathfrak{d}$ sont des entiers positifs dont la somme est k. Cela posé, en assujettissant ces nombres aux conditions particulières

$$\mathfrak{b} + \mathfrak{d} \equiv \varepsilon, \qquad \mathfrak{c} + \mathfrak{d} \equiv \eta \qquad (\text{mod. } 2),$$

ε et η étant o ou 1, on formera quatre espèces bien distinctes de fonctions homogènes, que je désignerai ainsi :

$$\begin{array}{llll}
\Pi_0(x, y) & \text{lorsqu'on fera} & \varepsilon = 0, & \eta = 0; \\
\Pi_1(x, y) & \quad » & \varepsilon = 1, & \eta = 0; \\
\Pi_2(x, y) & \quad » & \varepsilon = 0, & \eta = 1; \\
\Pi_3(x, y) & \quad » & \varepsilon = 1, & \eta = 1;
\end{array}$$

et l'on aura ce théorème :

Les fonctions $\Pi_0(x, y)$, $\Pi_1(x, y)$, $\Pi_2(x, y)$, $\Pi_3(x, y)$ *correspondent respectivement à* θ_0, θ_1, θ_2, θ_3; *de telle sorte qu'en représentant par* $\Pi_i(x, y)$ *l'une quelconque d'entre elles, l'indice pouvant recevoir les valeurs* 0, 1, 2, 3, *on aura les relations suivantes :*

$$(21)\quad \left\{\begin{array}{c}
\Pi_i(x+1, y) = (-1)^{\mathfrak{m}_i}\Pi_i(x, y), \quad \Pi_i(x, y+1) = (-1)^{\mathfrak{n}_i}\Pi_i(x, y), \\
\Pi_i(x+h, y+g') = (-1)^{\mathfrak{p}_i}\Pi_i(x, y)\, e^{-i\pi k(2y+g')}, \\
\Pi_i(x+g, y+h) = (-1)^{\mathfrak{q}_i}\Pi_i(x, y)\, e^{-i\pi k(2x+g)}, \\
\Pi_i(-x-y) = (-1)^{\delta_i}\Pi_i(x, y),
\end{array}\right.$$

qui sont analogues aux équations de définition de la fonction θ_i, *savoir :*

$$\begin{array}{c}
\theta_i(x+1, y) = (-1)^{\mathfrak{m}_i}\theta_i(x, y), \qquad \theta_i(x, y+1) = (-1)^{\mathfrak{n}_i}\theta_i(x, y), \\
\theta_i(x+h, y+g') = (-1)^{\mathfrak{p}_i}\theta_i(x, y)\, e^{-i\pi(2y+g')}, \\
\theta_i(x+g, y+h) = (-1)^{\mathfrak{q}_i}\theta_i(x, y)\, e^{-i\pi(2x+g)}, \\
\theta_i(-x, -y) = (-1)^{\delta_i}\theta_i(x, y).
\end{array}$$

Je vais maintenant établir que les quatre fonctions $\Pi_i(x, y)$ contiennent, sous forme linéaire, un nombre égal à $\frac{k^2+1}{2}$ de coefficients indépendants. Concevons, pour cela, qu'en employant l'équation homogène et du quatrième degré, dont nous avons établi l'existence entre θ_0, θ_1, θ_2, θ_3, on élimine, dans ces fonctions, toutes les puissances de l'une des quantités θ, de θ_3 par exemple, qui surpasse la troisième. Cette réduction faite, toutes les expressions $\theta_0^{\mathfrak{a}}\theta_1^{\mathfrak{b}}\theta_2^{\mathfrak{c}}\theta_3^{\mathfrak{d}}$, où l'exposant $\mathfrak{d}$ ne surpasse pas 3, seront linéairement indépendantes. Car, s'il en était autrement, on aurait une seconde relation algébrique, homogène entre θ_0, θ_1, θ_2, θ_3, d'où résulterait que les seize fonctions θ s'exprimeraient algébriquement par deux seulement d'entre elles; et, par suite, que deux quelconques des quotients quadruplement périodiques seraient fonctions algébriques l'un de l'autre. Nous conclurons de là, qu'il existe précisément autant de coefficients arbitraires dans $\Pi_i(x, y)$ que de solutions distinctes, en nombres entiers et positifs, des équations

$$\mathfrak{a}+\mathfrak{b}+\mathfrak{c}+\mathfrak{d}=k, \qquad \mathfrak{b}+\mathfrak{d}\equiv\varepsilon, \qquad \mathfrak{c}+\mathfrak{d}\equiv\eta \qquad (\text{mod } 2),$$

lorsqu'on suppose successivement

$$\mathfrak{d}=0,\ 1,\ 2,\ 3.$$

Or, on trouve sans peine que le nombre de ces solutions est $\frac{k^2+1}{2}$, c'est-à-dire précisément égal au nombre des coefficients indépendants qui entrent linéairement dans la fonction définie par les équations (13) et (16 *bis*) ([1]). Cela posé, il a été établi, § XI, que sur les quatre systèmes de quantités m_i, n_i, p_i, q_i, deux sont arbitraires. On pourra donc, en disposant seulement de l'un d'eux, prendre

([1]) La coïncidence de ces deux nombres est si importante, au point de vue où je me suis placé dans la théorie de la transformation, que je crois devoir donner le calcul qui sert à l'établir. Soient ε_1 et η_1 les valeurs 0 ou 1, déterminées par les conditions

$$\varepsilon_1\equiv\varepsilon+1, \qquad \eta_1\equiv\eta+1 \qquad (\text{mod } 2),$$

on trouvera immédiatement que, pour

$$\mathfrak{d}=0, \qquad \mathfrak{d}=2,$$

les nombres de solutions sont respectivement les coefficients des puissances x^k et par exemple

$$\left.\begin{array}{l} m_0 = \mathfrak{m} \equiv \mu a_0 + \nu a_1 + p a_2 + q a_3 + a_0 a_3 + a_1 a_2 \\ n_0 = \mathfrak{n} \equiv \mu b_0 + \nu b_1 + p b_2 + q b_3 + b_0 b_3 + b_1 b_2 \\ p_0 = \mathfrak{p} \equiv \mu c_0 + \nu c_1 + p c_2 + q c_3 + c_0 c_3 + c_1 c_2 \\ q_0 = \mathfrak{q} \equiv \mu d_0 + \nu d_1 + p d_2 + q d_3 + d_0 d_3 + d_1 d_2 \end{array}\right\} \pmod 2,$$

et pour $i = 0$ faire ainsi coïncider les équations (21) avec les rela-

---

x^{k-2} dans le produit

$$(1 + x + x^2 + \ldots)(x^\varepsilon + x^{\varepsilon+2} + x^{\varepsilon+4} + \ldots)(x^{\eta} + x^{\eta+2} + x^{\eta+4} + \ldots) = \frac{x^{\varepsilon+\eta}}{(1-x)(1-x^2)^2},$$

tandis que, pour

$$\mathfrak{d} = 1, \qquad \mathfrak{d} = 3,$$

ces mêmes nombres sont les coefficients de x^{k-1} et x^{k-3} dans le produit

$$(1 + x + x^2 + \ldots)(x^{\varepsilon_1} + x^{\varepsilon_1+2} + x^{\varepsilon_1+4} + \ldots)(x^{\eta_1} + x^{\eta_1+2} + x^{\eta_1+4} + \ldots) = \frac{x^{\varepsilon_1+\eta_1}}{(1-x)(1-x^2)^2}.$$

De là on conclut que, pour

$$\mathfrak{d} = 0, 1, 2, 3,$$

le nombre total des relations est donné par le coefficient de x^k dans le développement de la fonction

$$\frac{x^{\varepsilon+\eta}(1 + x^2) + x^{\varepsilon_1+\eta_1}(x + x^3)}{(1-x)(1-x^2)^2}.$$

Passons maintenant aux valeurs particulières de ε et η. Lorsque ces quantités sont nulles toutes deux, cette fonction devient

$$\frac{(1 + x^2)(1 + x^3)}{(1-x)(1-x^2)^2},$$

et, dans les trois autres cas, elle se présente toujours comme égale à

$$\frac{(1 + x^2)(x + x^2)}{(1-x)(1-x^2)^2}.$$

Mais les développements de ces fractions ont même partie impaire, car leur différence est la fonction paire $\frac{x^2+1}{x^2-1}$; donc, pour des valeurs impaires de k, le nombre des solutions des équations proposées ne dépend pas des valeurs de ε et η. Ce nombre sera ainsi le quart de celui qui se rapporte à l'équation unique

$$\mathfrak{a} + \mathfrak{b} + \mathfrak{c} + \mathfrak{d} = k,$$

en supposant $\mathfrak{d} = 0, 1, 2, 3$. Or, suivant ces cas, on trouve successivement les nombres

$$\frac{(k+1)(k+2)}{2}, \quad \frac{k(k+1)}{2}, \quad \frac{k(k-1)}{2}, \quad \frac{(k-1)(k-2)}{2},$$

et leur somme, divisée par 4, est bien égale à $\frac{k^2+1}{2}$.

tions (13) et (16 *bis*). Nous sommes amené par là à cette proposition fondamentale de la théorie de la transformation des transcendantes abéliennes du premier ordre :

La fonction

$$\Pi(x, y) = \Theta(z_0 + G z_3 + H z_2,\ z_1 + H z_3 + G' z_2)\, e^{i\pi[z_0 z_3 + z_1 z_2 + \Phi(z_2, z_3)]}$$

aux modules G, H, G′ *peut être exprimée par une fonction entière et homogène, du degré* k, *des quatre fonctions* $\theta_0(x, y)$, $\theta_1(x, y)$, $\theta_2(x, y)$, $\theta_3(x, y)$ *aux modules* g, h, g', *qui dépendent des premiers par les équations* (14).

XIII.

Mais ce n'est pas une seulement des seize fonctions Θ qui s'exprime ainsi par θ_0, θ_1, θ_2, θ_3. En prenant en effet pour $\Pi(x, y)$ successivement les quatre fonctions homogènes de ces quantités que nous avons précédemment nommées $\Pi_0(x, y)$, $\Pi_1(x, y)$, $\Pi_2(x, y)$, $\Pi_3(x, y)$, et qui toutes renferment linéairement $\frac{k^2+1}{2}$ constantes arbitraires, on satisfera de la manière la plus générale aux équations (13) et (16 *bis*) pour quatre systèmes différents de valeurs des nombres μ, ν, p, q. Et les valeurs de ces nombres s'obtiendront en posant

$$\begin{aligned}
\mathfrak{m}_i &\equiv \mu a_0 + \nu a_1 + p a_2 + q a_3 + a_0 a_3 + a_1 a_2,\\
\mathfrak{n}_i &\equiv \mu b_0 + \nu b_1 + p b_2 + q b_3 + b_0 b_3 + b_1 b_2,\\
\mathfrak{p}_i &\equiv \mu c_0 + \nu c_1 + p c_2 + q c_3 + c_0 c_3 + c_1 c_2,\\
\mathfrak{q}_i &\equiv \mu d_0 + \nu d_1 + p d_2 + q d_3 + d_0 d_3 + d_1 d_2,
\end{aligned}$$

suivant le module 2. Pour plus de clarté, je désigne par μ_i, ν_i, p_i, q_i, celles qui correspondent à $\mathfrak{m}_i$, $\mathfrak{n}_i$, $\mathfrak{p}_i$, $\mathfrak{q}_i$, et je fais $s_i = \nu_i p_i + \mu_i q_i$; on trouvera alors très facilement

$$\left.\begin{array}{ll}
\mu_0 + \mu_1 + \mu_2 + \mu_3 \equiv 0, & \nu_0 + \nu_1 + \nu_2 + \nu_3 \equiv 0\\
p_0 + p_1 + p_2 + p_3 \equiv 0, & q_0 + q_1 + q_2 + q_3 \equiv 0
\end{array}\right\} \pmod 2.$$

$$s_0 + s_1 + s_2 + s_3 \equiv 0.$$

Or ces relations sont de même forme que les équations (20), § XI, et l'on en conclut cette proposition :

Les quatre fonctions Θ *que nous exprimons par des fonctions* *homogènes et du degré k, de θ_0, θ_1, θ_2, θ_3, sont liées, comme celles-ci, par une équation homogène du quatrième degré.*

XIV.

Les résultats précédents conduisent immédiatement aux relations entre les quotients quadruplement périodiques qui proviennent de la division de deux fonctions Θ, et ceux qui proviennent de la division de deux fonctions θ. Ces derniers, en regardant g, h, g' comme arbitraires, représenteront les fonctions périodiques les plus générales, auxquelles donnent naissance les intégrales ultra-elliptiques de première classe, lorsqu'on aura remplacé les arguments x et y par d'autres qui en dépendent linéairement d'une manière quelconque. On obtient ainsi la solution du problème de la transformation, tel que nous l'avons posé en commençant. Mais nous allons présenter la relation obtenue entre les fonctions Θ et θ de différents modules, sous une forme analytique mieux appropriée aux considérations qui nous restent à développer.

Nous ferons, dans ce but, la substitution suivante :

$$x = \mathrm{x} + h\mathrm{z} + g\mathrm{u}, \qquad y = \mathrm{y} + g'\mathrm{z} + h\mathrm{u},$$

et nous poserons

$$\zeta(\mathrm{x}, \mathrm{y}, \mathrm{z}, \mathrm{u}, g, h, g') = \theta(\mathrm{x} + h\mathrm{z} + g\mathrm{u},\ \mathrm{y} + g'\mathrm{z} + h\mathrm{u});$$

remplaçant ainsi la fonction θ aux deux arguments x et y, par la fonction ζ, qui dépendra de x, y, z, u. Cela posé, soient

$$\mathfrak{X} = a_0\mathrm{x} + b_0\mathrm{y} + c_0\mathrm{z} + d_0\mathrm{u}, \qquad \mathfrak{Y} = a_1\mathrm{x} + b_1\mathrm{y} + c_1\mathrm{z} + d_1\mathrm{u},$$
$$\mathfrak{Z} = a_2\mathrm{x} + b_2\mathrm{y} + c_2\mathrm{z} + d_2\mathrm{u}, \qquad \mathfrak{U} = a_3\mathrm{x} + b_3\mathrm{y} + c_3\mathrm{z} + d_3\mathrm{u},$$

on trouvera aisément ces relations importantes [1] :

$$z_0 + \mathrm{G} z_3 + \mathrm{H} z_2 = \mathfrak{X} + \mathrm{G}\,\mathfrak{U} + \mathrm{H}\,\mathfrak{Z},$$
$$z_1 + \mathrm{H} z_3 + \mathrm{G}' z_2 = \mathfrak{Y} + \mathrm{H}\,\mathfrak{U} + \mathrm{G}'\mathfrak{Z},$$
$$\begin{aligned} z_0 z_3 + z_1 z_2 + \Phi(z_3, z_2) = {} & a_3(\mathfrak{X} + \mathrm{H}\,\mathfrak{Z} + \mathrm{G}\,\mathfrak{U})(\mathrm{x} + h\mathrm{z} + g\mathrm{u}) \\ & + b_3(\mathfrak{X} + \mathrm{H}\,\mathfrak{Z} + \mathrm{G}\,\mathfrak{U})(\mathrm{y} + g'\mathrm{z} + h\mathrm{u}) \\ & + a_2(\mathfrak{Y} + \mathrm{G}'\mathfrak{Z} + \mathrm{H}\,\mathfrak{U})(\mathrm{x} + h\mathrm{z} + g\mathrm{u}) \\ & + b_2(\mathfrak{Y} + \mathrm{G}'\mathfrak{Z} + \mathrm{H}\,\mathfrak{U})(\mathrm{x} + g'\mathrm{z} + h\mathrm{u}). \end{aligned}$$

---

[1] On se souvient qu'au § VII, la quantité $a_i x + b_i y$ a été désignée, pour abréger, par z_i.

Pour abréger l'écriture, représentons par χ cette expression de la forme quadratique $z_0 z_3 + z_1 z_2 + \Phi(z_3, z_2)$, et convenons de mettre en indice à la fonction ζ les valeurs des nombres $\mathfrak{m}$, $\mathfrak{n}$, $\mathfrak{p}$, $\mathfrak{q}$, qui figurent dans la fonction θ dont elle dérive, nous aurons alors ce nouvel énoncé des théorèmes de transformation :

Les quatre fonctions représentées par

$$e^{i\pi\chi}\zeta_{\mu_i \nu_i p_i q_i}(\mathfrak{X}, \mathfrak{Y}, \mathfrak{Z}, \mathfrak{V}, G, H, G'),$$

le nombre i pouvant recevoir les valeurs 0, 1, 2, 3, *s'expriment par des fonctions entières homogènes, et du degré k des quatre quantités analogues*

$$\zeta_{\mathfrak{m}_i \mathfrak{n}_i \mathfrak{p}_i \mathfrak{q}_i}(x, y, z, u, g, h, g').$$

Les modules g, h, g' *dépendent de* G, H, G' *par les équations* (14), § VII, *et les quatre nombres* μ_i, ν_i, p_i, q_i *de* $\mathfrak{m}_i$, $\mathfrak{n}_i$, $\mathfrak{p}_i$, $\mathfrak{q}_i$ *par les relations*

$$\left.\begin{aligned}
\mathfrak{m}_i &\equiv \mu_i a_0 + \nu_i a_1 + p_i a_2 + q_i a_3 + a_0 a_3 + a_1 a_2,\\
\mathfrak{n}_i &\equiv \mu_i b_0 + \nu_i b_1 + p_i b_2 + q_i b_3 + b_0 b_3 + b_1 b_2,\\
\mathfrak{p}_i &\equiv \mu_i c_0 + \nu_i c_1 + p_i c_2 + q_i c_3 + c_0 c_3 + c_1 c_2,\\
\mathfrak{q}_i &\equiv \mu_i d_0 + \nu_i d_1 + p_i d_2 + q_i d_3 + d_0 d_3 + d_1 d_2,
\end{aligned}\right\} \pmod 2,$$

auxquelles il faut joindre les suivantes :

$$\left.\begin{aligned}
&\mathfrak{m}_0 + \mathfrak{m}_1 + \mathfrak{m}_2 + \mathfrak{m}_3 \equiv 0, \qquad \mathfrak{n}_0 + \mathfrak{n}_1 + \mathfrak{n}_2 + \mathfrak{n}_3 \equiv 0,\\
&\mathfrak{p}_0 + \mathfrak{p}_1 + \mathfrak{p}_2 + \mathfrak{p}_3 \equiv 0, \qquad \mathfrak{q}_0 + \mathfrak{q}_1 + \mathfrak{q}_2 + \mathfrak{q}_3 \equiv 0,\\
&\qquad \mathfrak{s}_0 + \mathfrak{s}_1 + \mathfrak{s}_2 + \mathfrak{s}_3 \equiv 0,
\end{aligned}\right\} \pmod 2,$$

et celles-ci, qui en sont, comme nous l'avons dit, la conséquence :

$$\left.\begin{aligned}
&\mu_0 + \mu_1 + \mu_2 + \mu_3 \equiv 0, \qquad \nu_0 + \nu_1 + \nu_2 + \nu_3 \equiv 0,\\
&p_0 + p_1 + p_2 + p_3 \equiv 0, \qquad q_0 + q_1 + q_2 + q_3 \equiv 0,\\
&\qquad s_0 + s_1 + s_2 + s_3 \equiv 0.
\end{aligned}\right\} \pmod 2.$$

XV.

En partant de ces résultats, je vais déterminer combien s'obtiennent de transformations distinctes lorsque le nombre impair k est supposé premier. Je me fonderai à cet effet sur cette proposition :

Considérant la substitution

$$\left\{\begin{aligned} \mathfrak{X} &= \alpha_0 X + \alpha_1 Y + \alpha_2 Z + \alpha_3 U,\\ \mathfrak{Y} &= \beta_0 X + \beta_1 Y + \beta_2 Z + \beta_3 U,\\ \mathfrak{Z} &= \gamma_0 X + \gamma_1 Y + \gamma_2 Z + \gamma_3 U,\\ \mathfrak{U} &= \delta_0 X + \delta_1 Y + \delta_2 Z + \delta_3 U,\end{aligned}\right.$$

dont les coefficients sont des nombres entiers assujettis aux conditions

$$\begin{aligned} \alpha_0\delta_1 + \beta_0\gamma_1 - \gamma_0\beta_1 - \delta_0\alpha_1 &= 0,\\ \alpha_0\delta_2 + \beta_0\gamma_2 - \gamma_0\beta_2 - \delta_0\alpha_2 &= 0,\\ \alpha_0\delta_3 + \beta_0\gamma_3 - \gamma_0\beta_3 - \delta_0\alpha_3 &= 1,\\ \alpha_1\delta_2 + \beta_1\gamma_2 - \gamma_1\beta_2 - \delta_1\alpha_2 &= 1,\\ \alpha_1\delta_3 + \beta_1\gamma_3 - \gamma_1\beta_3 - \delta_1\alpha_3 &= 0,\\ \alpha_2\delta_3 + \beta_2\gamma_3 - \gamma_2\beta_3 - \delta_2\alpha_3 &= 0,\end{aligned}$$

en la faisant suivre des quatre suivantes :

$$\text{I.}\ \left\{\begin{aligned} X &= x,\\ Y &= y,\\ Z &= kz,\\ U &= ku,\end{aligned}\right. \qquad \text{II.}\ \left\{\begin{aligned} X &= x,\\ Y &= ky,\\ Z &= iy + z,\\ U &= ku,\end{aligned}\right.$$

$$\text{III.}\ \left\{\begin{aligned} X &= kx,\\ Y &= ix + y,\\ Z &= kz,\\ U &= i'x - iz + u,\end{aligned}\right. \qquad \text{IV.}\ \left\{\begin{aligned} X &= kx,\\ Y &= ky,\\ Z &= ix + i'y + z,\\ U &= i''x + iy + u,\end{aligned}\right.$$

où i, i', i'' désignent des entiers positifs inférieurs à k, on pourra obtenir dans toute sa généralité la substitution

$$\begin{aligned} \mathfrak{X} &= a_0 x + b_0 y + c_0 z + d_0 u,\\ \mathfrak{Y} &= a_1 x + b_1 y + c_1 z + d_1 u,\\ \mathfrak{Z} &= a_2 x + b_2 y + c_2 z + d_2 u,\\ \mathfrak{U} &= a_3 x + b_3 y + c_3 z + d_3 u,\end{aligned}$$

dont les coefficients sont assujettis aux relations fondamentales

$$\begin{aligned} a_0 d_1 + b_0 c_1 - c_0 b_1 - d_0 a_1 &= 0,\\ a_0 d_2 + b_0 c_2 - c_0 b_2 - d_0 a_2 &= 0,\\ a_0 d_3 + b_0 c_3 - c_0 b_3 - d_0 a_3 &= k,\\ a_1 d_2 + b_1 c_2 - c_1 b_2 - d_1 a_2 &= k,\\ a_1 d_3 + b_1 c_3 - c_1 b_3 - d_1 a_3 &= 0,\\ a_2 d_3 + b_2 c_3 - c_2 b_3 - d_2 a_3 &= 0.\end{aligned}$$

Cette proposition renferme, comme on voit, la théorie arithmétique de la réduction des systèmes linéaires

$$\begin{Bmatrix} a_0 & b_0 & c_0 & d_0 \\ a_1 & b_1 & c_1 & d_1 \\ a_2 & b_2 & c_2 & d_2 \\ a_3 & b_3 & c_3 & d_3 \end{Bmatrix},$$

en se fondant sur la notion d'équivalence qui a été nommée, par Eisenstein, l'*équivalence à gauche des systèmes*. En prenant, au contraire, l'équivalence à droite des substitutions pour point de départ, on obtiendra les substitutions ou systèmes réduits que j'ai donnés § II. On en conclut que toutes les transformations des fonctions abéliennes qui répondent à un nombre premier k, résultent des transformations particulières où l'on emploie les substitutions réduites I, II, III, IV, combinées avec les transformations où figurent les substitutions au déterminant un. Or le nombre des substitutions réduites étant $1+k+k^2+k^3$, on obtient précisément autant de transformations distinctes, dans lesquelles les fonctions $\zeta(X, Y, Z, U)$ sont exprimées par des polynomes homogènes et de degré k, contenant quatre des fonctions $\zeta(x, y, z, u)$. Nous n'avons plus ainsi qu'à passer des fonctions $\zeta(X, Y, Z, U)$ aux fonctions $\zeta(\mathfrak{X}, \mathfrak{Y}, \mathfrak{Z}, \mathfrak{U})$, les arguments $\mathfrak{X}, \mathfrak{Y}, \mathfrak{Z}, \mathfrak{U}$ étant liés aux arguments X, Y, Z, U par les équations (22). Or, en omettant les modules, pour abréger l'écriture, la dépendance de ces fonctions est exprimée par la relation

$$e^{i\pi\chi}\zeta_{\mu,\nu,p,q}(\mathfrak{X}, \mathfrak{Y}, \mathfrak{Z}, \mathfrak{U}) = \text{const.}\,\zeta_{\mathfrak{m},\mathfrak{n},\mathfrak{p},\mathfrak{q}}(X, Y, Z, U),$$

dans laquelle

$$\left.\begin{aligned} \mathfrak{m} &\equiv \mu\alpha_0 + \nu\alpha_1 + p\alpha_2 + q\alpha_3 + \alpha_0\alpha_3 + \alpha_1\alpha_2 \\ \mathfrak{n} &\equiv \mu\beta_0 + \nu\beta_1 + p\beta_2 + q\beta_3 + \beta_0\beta_3 + \beta_1\beta_2 \\ \mathfrak{p} &\equiv \mu\gamma_0 + \nu\gamma_1 + p\gamma_2 + q\gamma_3 + \gamma_0\gamma_3 + \gamma_1\gamma_2 \\ \mathfrak{q} &\equiv \mu\delta_0 + \nu\delta_1 + p\delta_2 + q\delta_3 + \delta_0\delta_3 + \delta_1\delta_2 \end{aligned}\right\} \pmod 2.$$

Cela posé, si l'on a

$$\mathfrak{m} \equiv \mu, \qquad \mathfrak{n} \equiv \nu, \qquad \mathfrak{p} \equiv p, \qquad \mathfrak{q} \equiv q \pmod 2,$$

la fonction ζ se trouvant changée en elle-même, la combinaison de cette transformation avec celles qui correspondent aux substitutions réduites ne donnera point de formules nouvelles. Mais si les nombres $\mathfrak{m}$, $\mathfrak{n}$, $\mathfrak{p}$, $\mathfrak{q}$ ne coïncident pas tous avec μ, ν, p, q, la combinaison de cette transformation aura évidemment pour effet de permuter les expressions des diverses fonctions ζ, dans les formules de transformation relatives aux substitutions réduites.

On est amené par là à une considération entièrement semblable à celle qui a été présentée par Abel dans la théorie des fonctions elliptiques, et qui a pour conséquence de multiplier par six le nombre total des transformations données pour la première fois par Jacobi. Seulement, il faut bien remarquer que les expressions rationnelles de la forme

$$y' = \frac{\alpha + \beta y}{\alpha' + \beta' y},$$

considérées par Abel ([1]), conduisent à des relations irrationnelles, si l'on compare deux intégrales elliptiques prises l'une et l'autre à partir de la limite zéro.

Dans la théorie de la transformation de fonctions abéliennes, le nombre de ces transformations distinctes dans lesquelles $k = 1$ est égal au nombre des substitutions différentes, représentées par les équations (22), lorsqu'on prend les coefficients suivant le module 2. Or, en ayant égard aux relations qui existent entre les coefficients, on trouve ce nombre égal à 720, c'est-à-dire au produit : 2.3.4.5.6; nous avons ainsi ce théorème :

Le nombre des transformations distinctes des fonctions abéliennes qui correspondent à un nombre premier k est

$$720(1 + k + k^2 + k^3).$$

XVI.

Parmi ces diverses transformations, celles qui correspondent aux quatre types de substitutions réduites, lorsqu'on y suppose égaux à zéro les nombres entiers i, i', i'', méritent une attention particu-

([1]) Voyez les *Œuvres d'Abel*, tome I, page 379. Ce point de la théorie de la transformation sur lequel insiste l'illustre géomètre, est effectivement de la plus grande importance, par exemple dans la recherche des modules qui donnent lieu à une multiplication complexe.

lière. On voit alors, en effet, se présenter immédiatement la notion importante des *transformations supplémentaires*, qui, sous le point de vue le plus général, résulte de la cinquième des propositions arithmétiques données § III. Les substitutions que nous allons ainsi considérer, dans les théorèmes de transformation, seront les suivantes :

$$\text{I.}\ \begin{cases} X = x, \\ Y = y, \\ Z = kz, \\ U = ku, \end{cases} \qquad \text{II.}\ \begin{cases} X = x, \\ Y = ky, \\ Z = z, \\ U = ku, \end{cases} \qquad \text{III.}\ \begin{cases} X = kx, \\ Y = y, \\ Z = kz, \\ U = u, \end{cases} \qquad \text{IV.}\ \begin{cases} X = kz, \\ Y = ky, \\ Z = z, \\ U = u. \end{cases}$$

Alors on trouve que la forme quadratique désignée par χ, § XIV, s'évanouit, et que les nombres caractéristiques m_i, n_i, p_i, q_i sont respectivement égaux à μ_i, ν_i, p_i, q_i (¹). Écrivant donc, pour abréger, ζ_i au lieu de $\zeta_{\mu_i,\nu_i,p_i,q_i}$, et introduisant les modules transformés dans la fonction où se fait la substitution relative aux arguments, on aura cette proposition :

Les quatre fonctions représentées par chacun de ces quatre types (²) :

$$\begin{array}{ll} \text{I.} & \zeta_i\left(x,\ y,\ kz,\ ku,\ \frac{1}{k}G,\ \frac{1}{k}H,\ \frac{1}{k}G'\right), \\ \text{II.} & \zeta_i\left(x,\ ky,\ z,\ ku,\ \frac{1}{k}G,\ H,\ kG'\right), \\ \text{III.} & \zeta_i\left(hx,\ y,\ kz,\ u,\ kG,\ H,\ \frac{1}{k}G'\right), \\ \text{IV.} & \zeta_i(kx,\ ky,\ z,\ u,\ kG,\ kH,\ kG'), \end{array}$$

s'expriment par des polynomes entiers homogènes et du degré k, composés des quatre fonctions

$$\zeta_i(x,\ y,\ z,\ u,\ G,\ H,\ G').$$

(¹) Cette dernière circonstance peut toujours être réalisée à l'égard de toutes les substitutions réduites. Rien n'empêche, en effet, de prendre pour chacun des nombres désignés par i, i', i'' un système quelconque de résidus suivant le module k, au lieu des résidus minima $0, 1, 2, \ldots, k-1$. Or, en faisant choix des k nombres pairs $0, 2, 4, \ldots, 2(k-1)$, on voit immédiatement qu'on aura

$$m_i \equiv \mu_i, \quad n_i \equiv \nu_i, \quad p_i \equiv p_i, \quad q_i \equiv q_i, \quad \bmod 2.$$

(²) On peut remarquer que les transformations relatives aux fonctions I et IV correspondent parfaitement à ce que Jacobi nomme, dans la théorie des fonctions elliptiques, *transformatio prima, moduli majoris in minorem* et *transformatio secunda minoris in majorem*. (Fundamenta, p. 56.)

Cela posé, il est clair qu'en appliquant l'une après l'autre les transformations relatives aux fonctions I et IV ou II et III, on parviendra de ces deux manières à l'expression de

$$\zeta_i(kx, ky, kz, ku, G, H, G'),$$

par des polynomes entiers homogènes et du degré k^2, contenant les quatre fonctions aux mêmes modules

$$\zeta_i(x, y, z, u, G, H, G').$$

Revenons maintenant des fonctions ζ aux fonctions de deux arguments dont elles tirent leur origine, nous obtiendrons le théorème fondamental de la multiplication des transcendantes abéliennes, à savoir que *les quatre fonctions* $\Theta_i(kx, ky)$ *sont des polynomes entiers, homogènes et du degré* k^2 *composés des quatre fonctions* $\Theta_i(x, y)$.

XVII.

Les formules de multiplication pour les quotients quadruplement périodiques, provenant de la division de deux fonctions Θ, découlent naturellement des théorèmes qui viennent d'être établis. Seulement, il importe de préciser les divers groupes de trois quotients, qui correspondront respectivement aux divers groupes de quatre fonctions Θ_i, dont les nombres caractéristiques μ_i, ν_i, p_i, q_i sont assujettis aux conditions

$$(20\,bis)\quad \left\{\begin{array}{ll} \mu_0 + \mu_1 + \mu_2 + \mu_3 \equiv 0, & \nu_0 + \nu_1 + \nu_2 + \nu_3 \equiv 0, \\ p_0 + p_1 + p_2 + p_3 \equiv 0, & q_0 + q_1 + q_2 + q_3 \equiv 0, \\ \multicolumn{2}{c}{s_0 + s_1 + s_2 + s_3 \equiv 0,} \end{array}\right\} \pmod 2.$$

Je me fonderai, pour cela, sur la distinction de ces quotients en deux genres bien différents, telle que l'a faite M. Veierstrass, non seulement pour les fonctions abéliennes du premier ordre que nous considérons en ce moment, mais pour celles d'un ordre quelconque [1]. Les quotients du premier genre, en adoptant les

[1] Voyez *Journal de Crelle*, tome 47, ou dans le *Journal de Liouville* (traduction de M. Wœpcke), le Mémoire dans lequel ce savant géomètre a donné un aperçu de ses grandes et belles découvertes. Voyez aussi, dans le tome XI du *Recueil des Savants Étrangers*, le Mémoire de M. Rosenhain couronné par l'Académie,

notations de cet auteur, seront désignés par al $(x, y)_\alpha$, avec un seul indice qui recevra les valeurs 0, 1, 2, 3, 4. Ils s'expriment comme il suit, par les fonctions $\Theta_{\mu,\nu,p,q}$, savoir :

$$\mathrm{al}_0 = \frac{\Theta_{1000}}{\Theta_{0000}},$$

$$\mathrm{al}_1 = \frac{\Theta_{1001}}{\Theta_{0000}},$$

$$\mathrm{al}_2 = \frac{\Theta_{0101}}{\Theta_{0000}},$$

$$\mathrm{al}_3 = \frac{\Theta_{0111}}{\Theta_{0000}},$$

$$\mathrm{al}_4 = \frac{\Theta_{0011}}{\Theta_{0000}}.$$

Ceux du second genre seront représentés par $\mathrm{al}(x, y)_{\alpha.\beta}$, avec deux indices, devant chacun recevoir encore les valeurs 0, 1, 2, 3, 4, et qu'on pourra permuter entre eux. Ils sont au nombre de dix, et s'expriment de cette manière :

$$\mathrm{al}_{0.1} = \mathrm{al}_{1.0} = \frac{\Theta_{0001}}{\Theta_{0000}},$$

$$\mathrm{al}_{0,2} = \mathrm{al}_{2.0} = \frac{\Theta_{1101}}{\Theta_{0000}}.$$

$$\mathrm{al}_{0.3} = \mathrm{al}_{3.0} = \frac{\Theta_{1111}}{\Theta_{0000}},$$

$$\mathrm{al}_{0.4} = \mathrm{al}_{4.0} = \frac{\Theta_{1011}}{\Theta_{0000}},$$

$$\mathrm{al}_{1.2} = \mathrm{al}_{2.1} = \frac{\Theta_{1100}}{\Theta_{0000}},$$

$$\mathrm{al}_{1,3} = \mathrm{al}_{3.1} = \frac{\Theta_{1110}}{\Theta_{0000}},$$

$$\mathrm{al}_{1.4} = \mathrm{al}_{4.1} = \frac{\Theta_{1010}}{\Theta_{0000}},$$

$$\mathrm{al}_{2.3} = \mathrm{al}_{3.2} = \frac{\Theta_{0010}}{\Theta_{0000}},$$

$$\mathrm{al}_{2,4} = \mathrm{al}_{4,2} = \frac{\Theta_{0110}}{\Theta_{0000}},$$

$$\mathrm{al}_{3,4} = \mathrm{al}_{4,3} = \frac{\Theta_{0100}}{\Theta_{0000}};$$

---

et qui, beaucoup plus complet sous ce point de vue que celui de Göpel, renferme les expressions du système des quinze quotients périodiques, telles (sauf une légère modification) que les donne M. Weierstrass.

les indices des fonctions Θ étant déterminés dans ces formules par la condition qu'en supposant

$$\mathrm{al}_\alpha = \frac{\Theta_{\mu\nu pq}}{\Theta_{0000}}, \qquad \mathrm{al}_\beta = \frac{\Theta_{\mu'\nu'p'q'}}{\Theta_{0000}}, \qquad \mathrm{al}_{\alpha,\beta} = \frac{\Theta_{\mu''\nu''p''q''}}{\Theta_{0000}},$$

μ'', ν'', p'', q'' soient les valeurs 0 ou 1, qui satisfont aux relations

$$\left.\begin{array}{ll} \mu'' \equiv \mu + \mu', & \nu'' \equiv \nu + \nu' \\ p'' \equiv p + p', & q'' \equiv q + q' \end{array}\right\} \text{mod. } 2.$$

Cela posé, on aura ce théorème :

Tous les groupes de trois quotients $\mathrm{al}(x,y)$ *formés avec quatre fonctions dont les nombres caractéristiques* μ_i, ν_i, p_i, q_i *vérifient les équations* (20 *bis*) *seront compris dans cette forme générale :*

$$\mathrm{al}(x,y)_\alpha, \qquad \mathrm{al}(x,y)_{\beta,\gamma}, \qquad \mathrm{al}(x,y)_{\delta,\varepsilon},$$

sous la condition que les indices α, β, γ, δ, ε seront tous différents les uns des autres.

Cette condition admise, le théorème fondamental pour la multiplication des arguments dans les fonctions abéliennes quadruplement périodiques s'énonce ainsi :

Les trois fonctions

$$\mathrm{al}(kx,ky)_\alpha, \qquad \mathrm{al}(kx,ky)_{\beta,\gamma}, \qquad \mathrm{al}(kx,ky)_{\delta,\varepsilon}$$

sont des fractions rationnelles, ayant pour numérateurs et dénominateur commun des polynomes entiers et du degré k^2, *par rapport à*

$$\mathrm{al}(x,y)_\alpha, \qquad \mathrm{al}(x,y)_{\beta,\gamma}, \qquad \mathrm{al}(x,y)_{\delta,\varepsilon}.$$

Ces trois fonctions sont d'ailleurs liées par une équation du quatrième degré, conséquence de l'équation homogène et du même degré qui existe entre les quatre fonctions $\Theta_i(x,y)$.

XVIII.

C'est aux résultats précédents que je me suis arrêté jusqu'ici dans l'étude de la transformation des fonctions abéliennes, et je vais terminer cet exposé succinct de mes recherches, en faisant voir comment cette théorie analytique de la transformation se trouve étroitement liée à la théorie analytique des formes quadratiques dont j'ai parlé § IV. Reprenons le théorème du § XIV, consistant en ce que :

Les quatre fonctions représentées par

$$e^{i\pi\chi}\zeta_{\mu_i\nu_i p_i q_i}(\mathfrak{X}, \mathfrak{Y}, \mathfrak{Z}, \mathfrak{U}, G, H, G'),$$

si l'on attribue à l'indice i les valeurs 0, 1, 2, 3, *s'expriment au moyen de fonctions homogènes et du degré k, des quatre quantités*

$$\zeta_{\mathfrak{m}_i\mathfrak{n}_i\mathfrak{p}_i\mathfrak{q}_i}(x, y, z, u, g, h, g'),$$

les modules g, h, g' dépendant de G, H, G', *par les équations* (14) *du* § VII, *et les arguments* $\mathfrak{X}$, $\mathfrak{Y}$, $\mathfrak{Z}$, $\mathfrak{U}$ de x, y, z, u, *par celles-ci :*

$$(22)\qquad\begin{cases} \mathfrak{X} = a_0 x + b_0 y + c_0 z + d_0 u, \\ \mathfrak{Y} = a_1 x + b_1 y + c_1 z + d_1 u, \\ \mathfrak{Z} = a_2 x + b_2 y + c_2 z + d_2 u, \\ \mathfrak{U} = a_3 x + b_3 y + c_3 z + d_3 u. \end{cases}$$

Or, à cette relation ainsi formulée entre les transcendantes ζ, de différents arguments et de différents modules, correspond la relation arithmétique que donne le théorème suivant :

Soit

$$G = \mathcal{G}_0 + i\mathcal{G}, \quad H = \mathcal{H}_0 + i\mathcal{H}, \quad G' = \mathcal{G}'_0 + i\mathcal{G}'', \quad H^2 - GG' = \mathcal{D}_0 + i\mathcal{D},$$
$$g = \mathfrak{g}_0 + i\mathfrak{g}, \quad h = \mathfrak{h}_0 + i\mathfrak{h}, \quad g' = \mathfrak{g}'_0 + i\mathfrak{g}', \quad h^2 - gg' = \mathfrak{d}_0 + i\mathfrak{d};$$

nommons $\mathfrak{F}(\mathfrak{X}, \mathfrak{Y}, \mathfrak{Z}, \mathfrak{U})$ *la forme quadratique qui s'est déjà présentée* § VIII, *savoir :*

$$\begin{aligned} \mathfrak{F}(\mathfrak{X}, \mathfrak{Y}, \mathfrak{Z}, \mathfrak{U}) = {} & \mathcal{G}'\mathfrak{X}^2 + \mathcal{G}\mathfrak{Y}^2 + (\mathcal{G}'\mathcal{D}_0 - \mathcal{G}'_0\mathcal{D})\mathfrak{Z}^2 \\ & + (\mathcal{G}\mathcal{D}_0 - \mathcal{G}_0\mathcal{D})\mathfrak{U}^2 - 2\mathcal{H}\mathfrak{X}\mathfrak{Y} - 2(\mathcal{G}'_0\mathcal{H} - \mathcal{G}'\mathcal{H}_0)\mathfrak{X}\mathfrak{Z} \\ & - 2(\mathcal{G}_0\mathcal{H} - \mathcal{G}\mathcal{H}_0)\mathfrak{Y}\mathfrak{U} - 2(\mathcal{D}\mathcal{H}_0 - \mathcal{D}_0\mathcal{H})\mathfrak{Z}\mathfrak{U} \\ & - 2(\mathcal{H}\mathcal{H}_0 - \mathcal{G}\mathcal{G}'_0)\mathfrak{Y}\mathfrak{Z} - 2(\mathcal{H}\mathcal{H}_0 - \mathcal{G}_0\mathcal{G}')\mathfrak{X}\mathfrak{U}, \end{aligned}$$

et considérons de même l'expression semblable

$$\begin{aligned} \mathfrak{f}(x, y, z, u) = {} & \mathfrak{g}'x^2 + \mathfrak{g}y^2 + (\mathfrak{g}'\mathfrak{d}_0 - \mathfrak{g}'_0\mathfrak{d})z^2 + (\mathfrak{g}\mathfrak{d}_0 - \mathfrak{g}_0\mathfrak{d})u^2 \\ & - 2\mathfrak{h}xy - 2(\mathfrak{g}'_0\mathfrak{h} - \mathfrak{g}'\mathfrak{h}_0)xz - 2(\mathfrak{g}_0\mathfrak{h} - \mathfrak{g}\mathfrak{h}_0)yu \\ & - 2(\mathfrak{d}\mathfrak{h}_0 - \mathfrak{d}_0\mathfrak{h})zu - 2(\mathfrak{h}\mathfrak{h}_0 - \mathfrak{g}\mathfrak{g}'_0)yz - 2(\mathfrak{h}\mathfrak{h}_0 - \mathfrak{g}_0\mathfrak{g}')xu. \end{aligned}$$

Les variables $\mathfrak{X}$, $\mathfrak{Y}$, $\mathfrak{Z}$, $\mathfrak{U}$ étant liées à x, y, z, u par les équations (22), dont les coefficients sont des nombres entiers assujettis aux conditions fondamentales

$$(23)\quad \left\{\begin{aligned} a_0d_1 + b_0c_1 - c_0b_1 - d_0a_1 &= 0,\\ a_0d_2 + b_0c_2 - c_0b_2 - d_0a_2 &= 0,\\ a_0d_3 + b_0c_3 - c_0b_3 - d_0a_3 &= k,\\ a_1d_2 + b_1c_2 - c_1b_2 - d_1a_2 &= k,\\ a_1d_3 + b_1c_3 - c_1b_3 - d_1a_3 &= 0,\\ a_2d_3 + b_2c_3 - c_2b_3 - d_2a_3 &= 0,\end{aligned}\right.$$

on aura identiquement

$$\frac{\mathfrak{F}(\mathfrak{X}, \mathfrak{Y}, \mathfrak{Z}, \mathfrak{U})}{\mathfrak{H}^2 - \mathfrak{G}\mathfrak{G}'} = k\,\frac{\mathfrak{f}(x, y, z, u)}{\mathfrak{h}^2 - \mathfrak{g}\mathfrak{g}'}.$$

Telle est donc la nature de la relation entre ces deux formes quadratiques, semblablement composées avec les modules G, H, G′ et g, h, g', que la première se change en la seconde multipliée par k, au moyen de la substitution qui transforme les transcendantes ζ aux modules G, H, G′, en des fonctions homogènes et du degré k, des transcendantes analogues aux modules g, h, g'. On voit ainsi comment vient se présenter cette étude arithmétique de formes particulières à quatre indéterminées, où l'on n'emploie pas comme instrument analytique les substitutions les plus générales entre deux groupes de quatre variables, mais les substitutions particulières (22) définies par les équations (23), et qui reproduisent des formes du même genre. C'est précisément à cette idée que je me suis déjà trouvé conduit dans un autre travail (*Journal de Crelle*, t. **47**, p. 343), en ayant en vue l'étude purement arithmétique des nombres entiers complexes $a + b\sqrt{-1}$ J'ai pu alors traiter, par les méthodes propres aux formes binaires, les principales questions concernant les formes particulières à quatre indéterminées qui étaient l'objet de mes recherches, et ajouter par là de nouveaux caractères de similitude entre les nombres entiers réels et les nombres complexes (¹).

(¹) En poursuivant les recherches que je viens de rappeler, j'ai obtenu le théorème suivant, qui offre un nouvel exemple de cette analogie :

Les équations à coefficients entiers complexes et en nombre infini de la forme $az^n + bz^{n-1} + \ldots + gz + h = 0$, *pour lesquelles la norme du discriminant* (*c'est-*

Un pareil rapprochement entre les formes $\mathfrak{F}(\mathfrak{X}, \mathfrak{Y}, \mathfrak{Z}, \mathfrak{V})$ et les formes binaires semble également devoir se présenter : on peut du moins le présumer, d'après les propriétés relatives aux formes adjointes, énoncées au § VIII, et surtout par cette expression remarquable et facile à vérifier, savoir :

$$\begin{aligned}\mathfrak{F}(\mathfrak{X}, \mathfrak{Y}, \mathfrak{Z}, \mathfrak{V}) = {} & \mathfrak{G}''\mathfrak{X}_1^2 - 2\mathfrak{H}\mathfrak{X}_1\mathfrak{Y}_1 + \mathfrak{G}\mathfrak{Y}_1^2 \\ & + (\mathfrak{G}\mathfrak{G}'' - \mathfrak{H}^2)(\mathfrak{G}''\mathfrak{Z}^2 + 2\mathfrak{H}\mathfrak{Z}\mathfrak{V} + \mathfrak{G}\mathfrak{V}^2),\end{aligned}$$

où j'ai fait, pour abréger,

$$\mathfrak{X}_1 = \mathfrak{X} + \mathfrak{H}_0\mathfrak{Z} + \mathfrak{G}_0\mathfrak{V}, \qquad \mathfrak{Y}_1 = \mathfrak{Y} + \mathfrak{G}''_0\mathfrak{Z} + \mathfrak{H}_0\mathfrak{V}.$$

Cependant l'analogie de ces formes particulières, que j'ai nommées à indéterminées imaginaires conjuguées avec les formes binaires, ne persiste pas toujours ; parfois, comme je l'ai fait voir, il arrive qu'on ait à la suivre dans plusieurs directions différentes, et bientôt on est amené à des questions où la nature des formes à quatre variables se manifeste sous un point de vue qui lui est propre, et qui exige de nouveaux principes. Les mêmes circonstances viendront-elles s'offrir dans les questions analogues dont le point de départ s'est trouvé dans la théorie des fonctions abéliennes? C'est là un ordre de considérations arithmétiques aussi intéressantes que difficiles, sur lesquelles je pourrai peut-être un jour offrir aux amis de la science le résultat de mes recherches.

à-dire du nombre entier complexe, égal à $a^{2(n-1)}$ multiplié par le produit symétrique des carrés des différences des racines), conserve la même valeur, ne contiennent qu'un nombre essentiellement limité d'irrationalités distinctes. (Voyez pour le théorème analogue, relatif aux nombres réels, le *Journal de Crelle*, t. 47, p. 335.)

REMARQUE SUR UN THÉORÈME DE CAUCHY.

Comptes rendus de l'Académie des Sciences, t. XLI.

C'est à M. Cauchy qu'on doit la première démonstration générale de la réalité des racines de l'équation remarquable à l'aide de laquelle se déterminent les inégalités séculaires des éléments du mouvement elliptique des planètes. Cette équation s'obtient, comme on sait, en égalant à zéro le déterminant du système

$$\Theta = \begin{Bmatrix} a_{1,1}-\theta & a_{2,1} & \dots & a_{n,1} \\ a_{1,2} & a_{2,2}-\theta & \dots & a_{n,2} \\ a_{1,3} & a_{2,3} & \dots & a_{n,3} \\ \dots & \dots & \dots & \dots \\ a_{1,n} & a_{2,n} & \dots & a_{n,n}-\theta \end{Bmatrix},$$

dont les éléments $a_{\mu,\nu}$ sont des quantités réelles soumises à cette condition,

$$a_{\mu,\nu} = a_{\nu,\mu}.$$

J'ai fait, au sujet de cette équation, la remarque suivante que l'illustre géomètre a bien voulu m'engager à communiquer à l'Académie. Supposons que les éléments $a_{\mu,\nu}$ du déterminant cessent d'être réels et prennent des valeurs imaginaires quelconques, mais avec la condition que $a_{\mu,\nu}$ et $a_{\nu,\mu}$ soient des quantités conjuguées. Il est aisé de voir que le nouveau déterminant ainsi formé et que je nommerai Ω, sera essentiellement réel quoique composé d'éléments imaginaires. Il ne change pas de valeur en effet en y mettant $-\sqrt{-1}$ au lieu de $\sqrt{-1}$, car on ne fait ainsi que remplacer $a_{\mu,\nu}$ par $a_{\nu,\mu}$, c'est-à-dire substituer les colonnes horizontales aux colonnes verticales, et l'on sait bien que cette transposition n'altère pas la valeur d'un déterminant. Cela posé, l'équation $\Omega = 0$ conserve la propriété si remarquable de l'équation $\Theta = 0$, *elle a toutes ses racines essentiellement réelles*. On peut le démontrer de plusieurs manières, par exemple en transformant le déterminant Ω en un autre à éléments réels, d'un nombre double de colonnes et symétrique par rapport à la diagonale, de manière à retrouver précisément la forme analytique du déterminant Θ. On obtient aussi une démonstration directe en employant la belle et savante méthode qu'a donnée mon ami M. le Dr Borchardt, de Berlin, pour calculer les fonctions de M. Sturm dans le cas de l'équation Θ = o. Quoi qu'il en soit, la réalité des racines une fois établie, on détermine par la règle suivante combien il s'en trouve entre deux limites données θ_0 et θ_1. Nommons Ω_i le déterminant du système

$$\left\{\begin{matrix} a_{1,1}-\theta & a_{2,1} & \dots & a_{i,1} \\ a_{1,2} & a_{2,2}-\theta & \dots & a_{i,2} \\ \dots & \dots\dots & \dots & \dots \\ a_{1,i} & a_{2,i} & \dots & a_{i,i}-\theta \end{matrix}\right\}$$

calculé de manière que le terme principal ait le signe +, et désignons par (θ) le nombre des termes positifs de la suite

$$\Omega_1, \quad \Omega_2, \quad \Omega_3, \quad \dots, \quad \Omega_n.$$

Si l'on suppose $\theta_1 > \theta_0$, la quantité (θ_0) sera plus grande que (θ_1), *et la différence* $(\theta_0) - (\theta_1)$ *sera précisément égale au nombre des racines de l'équation* Ω = o *qui sont comprises entre* θ_0 et θ_1. On remarquera que la suite

$$\Omega_1, \quad \Omega_2, \quad \Omega_3, \quad \dots, \quad \Omega_n$$

est plus simple que la suite des dérivées du premier membre de l'équation proposée qui serviraient d'ailleurs au même usage à cause de la réalité de toutes ses racines, et sans doute il serait possible de passer directement de la seconde suite à la première, comme l'a fait M. Cauchy dans une circonstance analytique très semblable (*Comptes rendus*, t. XL, p. 1329). Mais, au point de vue où je me suis placé, l'équivalence des deux suites, comme l'existence d'une infinité d'autres qui jouissent des mêmes propriétés, se déduisent immédiatement d'une proposition élémentaire et fondamentale de la théorie des formes quadratiques. Au reste, c'est dans l'étude algébrique des formes quadratiques, mais des formes quadratiques d'une nature toute particulière et dont je vais donner la définition, que vient s'offrir d'une manière directe l'équation Ω = o. Leur caractère principal consiste en ce que les indéterminées y sont partagées en deux groupes de variables imaginaires, lés variables de l'un des groupes étant les conjuguées des variables de l'autre groupe. Ainsi, en représentant $2n$ variables imaginaires par

$$X = x + x'\sqrt{-1}, \quad Y = y + y'\sqrt{-1}, \quad \ldots, \quad U = u + u'\sqrt{-1},$$
$$X_0 = x - x'\sqrt{-1}, \quad Y_0 = y - y'\sqrt{-1}, \quad \ldots, \quad U_0 = u - u'\sqrt{-1},$$

on aura l'expression analytique suivante de ces formes, savoir

$$\begin{aligned}\varphi = \;& X_0(a_{1,1}X + a_{1,2}Y + \ldots + a_{1,n}U)\\ &+ Y_0(a_{2,1}X + a_{2,2}Y + \ldots + a_{2,n}U)\\ &+ \ldots\ldots\ldots\ldots\ldots\ldots\ldots\ldots\\ &+ U_0(a_{n,1}X + a_{n,2}Y + \ldots + a_{n,n}U),\end{aligned}$$

et cette expression sera évidemment réelle en mettant en évidence $x, y, \ldots, u, x', y', \ldots, u'$, si les constantes $a_{\mu,\nu}$ et $a_{\nu,\mu}$ sont comme précédemment des quantités imaginaires conjuguées. C'est principalement en vue de l'étude arithmétique des nombres entiers complexes de la forme $a + b\sqrt{-1}$ que j'ai introduit la notion de ces nouvelles formes, comme on pourra le voir dans un de mes Mémoires publiés dans le *Journal de Crelle*, t. 47. Mais, dans ce Mémoire, je me suis borné au cas le plus simple où l'on considère seulement deux paires d'indéterminées imaginaires conjuguées. Depuis, en essayant d'étendre ces premières recherches, j'ai reconnu qu'elles conduisaient à des principes nouveaux et féconds pour l'étude des équations algébriques à coefficients complexes. Ainsi, au seul point de vue algébrique, je me suis trouvé amené à la détermination du nombre de leurs racines qui sont comprises dans l'intérieur d'un rectangle, d'un cercle et d'une infinité d'autres courbes fermées ou à branches infinies comme l'hyperbole [1]. Ce sont autant de cas du beau théorème de M. Cauchy sur le nombre des racines qui sont renfermées dans un contour quelconque, et dont la démonstration très facile et très simple présente ce caractère particulier d'être indépendante de toute considération de continuité.

---

[1] Voyez sur ces questions l'extrait d'une Lettre que j'ai adressée à M. Borchardt et qui a été publiée dans le *Journal de Crelle*, t. 52.

SUR QUELQUES FORMULES RELATIVES

A LA

TRANSFORMATION DES FONCTIONS ELLIPTIQUES.

Comptes rendus de l'Académie des Sciences, t. XLVI.

L'expression générale des quatre fonctions θ sur lesquelles repose la théorie des fonctions elliptiques est, comme on sait, la suivante :

$$(\mathrm{A}) \qquad \theta_{\mu,\nu}(x) = \sum_{-\infty}^{+\infty}{}_{m} (-1)^{m\nu} e^{i\pi\left[(2m+\mu)x + \frac{\omega}{4}(2m+\mu)^2\right]},$$

μ et ν étant zéro ou l'unité et ω une constante imaginaire telle, qu'en faisant

$$\omega = \omega_0 + i\omega_1$$

on ait ω_1 essentiellement différent de zéro et positif. Ces quatre fonctions sont définies, à un facteur constant près, par les équations

$$\theta_{\mu,\nu}(x+1) = (-1)^{\mu}\theta_{\mu,\nu}(x),$$
$$\theta_{\mu,\nu}(x+\omega) = (-1)^{\nu}\theta_{\mu,\nu}(x)\, e^{-i\pi(2x+\omega)},$$

et elles jouissent des propriétés exprimées par les relations suivantes :

$$\theta_{\mu,\nu}(-x) = (-1)^{\mu\nu}\theta_{\mu,\nu}(x),$$
$$\theta_{\mu+2,\nu}(x) = (-1)^{\nu}\theta_{\mu,\nu}(x),$$
$$\theta_{\mu,\nu+2}(x) = \theta_{\mu,\nu}(x),$$
$$\theta_{\mu+\mu',\nu+\nu'}(x) = \theta_{\mu',\nu'}\left(x + \frac{\mu\omega+\nu}{2}\right) e^{i\pi\left(\mu x + \frac{\mu^2\omega}{4} + \frac{\nu\mu'}{2}\right)}.$$

La première de ces relations montre que des quatre fonctions θ une seule est impaire, celle qui correspond aux valeurs $\mu = 1$, $\nu = 1$; les deux suivantes montrent comment la formule (A), quels que soient les entiers μ et ν, ne donne effectivement que quatre fonctions distinctes; enfin la dernière permet d'exprimer ces fonctions par une seule d'entre elles. A ces relations nous joindrons enfin, bien que nous n'ayons pas à l'employer ici, la suivante, qui fournit des équations algébriques ou différentielles auxquelles satisfont nos fonctions, et où je suppose

$$\mu - \mu' = \alpha, \qquad \nu - \nu' = \beta,$$

savoir :

$$\begin{aligned}
&2\theta_{\mu,\nu}(x+y)\theta_{\mu',\nu'}(x-y)\theta_{\alpha,0}(0)\theta_{0,\beta}(0)\\
&\quad = \theta_{\mu,\nu}(x)\theta_{\mu',\nu'}(x)\theta_{\alpha,0}(y)\theta_{0,\beta}(y)\\
&\quad\quad + (-1)^{\nu}\theta_{\mu+1,\nu}(x)\theta_{\mu'+1,\nu'}(x)\theta_{\alpha+1,0}(y)\theta_{1,\beta}(y)\\
&\quad\quad + (-1)^{\nu}\theta_{\mu+1,\nu+1}(x)\theta_{\mu'+1,\nu'+1}(x)\theta_{\alpha+1,1}(y)\theta_{1,\beta+1}(y)\\
&\quad\quad + \theta_{\mu,\nu+1}(x)\theta_{\mu',\nu'+1}(x)\theta_{\alpha,1}(y)\theta_{0,\beta+1}(y).
\end{aligned}$$

Cela posé, soient a, b, c, d des entiers tels, que $ad - bc = k$, k étant essentiellement différent de zéro et positif, faisons

$$\begin{aligned}
\Omega &= \frac{c + d\omega}{a + b\omega},\\
\mathfrak{m} &= a\mu + b\nu + ab,\\
\mathfrak{n} &= c\mu + d\nu + cd,\\
\Pi(x) &= \theta_{\mu,\nu}[(a+b\omega)x]\, e^{i\pi b(a+b\omega)x^2},
\end{aligned}$$

on aura les relations fondamentales

$$\begin{aligned}
\Pi(x+1) &= (-1)^{\mathfrak{m}}\,\Pi(x),\\
\Pi(x+\Omega) &= (-1)^{\mathfrak{n}}\,\Pi(x)\,e^{-ki\pi(2x+\Omega)},
\end{aligned}$$

qui servent à exprimer $\Pi(x)$, quels que soient μ et ν, au moyen des quatre fonctions analogues à θ, mais relatives au module Ω, et que nous représenterons par

$$\Theta_{\mu,\nu}(x).$$

A cet effet, je désigne par T_i une fonction homogène du degré i des carrés de deux des fonctions Θ; cela étant, on aura pour k impair cette expression très simple

$$\Pi(x) = \Theta_{\mathfrak{m},\mathfrak{n}}(x)\,T_{\frac{k-1}{2}}.$$

Laissant ici de côté la détermination de ces fonctions désignées par $T_{\frac{k-1}{2}}$, je vais seulement, dans le cas de $k = 1$, où T est une simple constante, en donner la valeur, qui exige une analyse assez délicate.

Supposons le nombre b positif, comme on le peut toujours, car, s'il en était autrement on chercherait la formule de transformation relative au système des nombres $-a$, $-b$, $-c$, $-d$, ainsi qu'on y est autorisé par la nature de la condition $ad - bc = 1$, qui n'est pas altérée par ce changement et, cette formule trouvée, on en déduirait immédiatement celle qu'il s'agissait primitivement d'obtenir, la constante T restant la même ou changeant seulement de signe, comme il est aisé de le reconnaître par le changement dont nous parlons. Cela étant, on aura

$$T = \frac{\delta \sum_{\rho=0}^{b-1} e^{-i\pi \frac{a\left(\rho - \frac{1}{2}b\right)^2}{b}}}{\sqrt{-ib(a + b\omega)}},$$

δ étant une racine huitième de l'unité dont voici la détermination :

$$\delta = e^{-\frac{1}{4} i\pi(ac\mu^2 + 2bc\mu\nu + bd\nu^2 + 2abc\mu + 2abd\nu + ab^2c)},$$

et le signe du radical carré $\sqrt{-ib(a + b\omega)}$ étant pris de manière que la partie réelle de ce radical soit positive ([1]).

Des cas particuliers de cette relation ont été déjà donnés par Jacobi dans un Mémoire sur l'équation différentielle à laquelle satisfont les séries

$$1 \pm 2q + 2q^4 \pm 2q^9 + \ldots, \quad 2\sqrt[4]{q} + 2\sqrt[4]{q^9} + 2\sqrt[4]{q^{25}} + \ldots$$

(*Journal de Crelle*, t. 34, et *Journal de Liouville*, traduction de M. Puiseux). Mais l'illustre auteur, laissant de côté la détermination de δ, se borne à annoncer que le signe de la constante dépend de la quantité désignée par le symbole $\left(\frac{a}{b}\right)$ dans la théorie

([1]) Pour $b = 0$, la formule de transformation se réduit à l'équation suivante :

$$\theta_{\mu,\nu}(x, \omega) = e^{-\frac{i\pi}{4}\alpha\mu^2}\, \theta_{m,n}(x, \omega + \alpha),$$

α étant un nombre entier arbitraire, m étant égal à μ et n à $\alpha(\mu + 1) + \nu$.

des résidus quadratiques. Ce fait si remarquable résulte, en effet, des propriétés de la série

$$\sigma = \sum_{0}^{b-1} {}_{\rho}\, e^{-i\pi \frac{a\left(\rho - \frac{1}{2}b\right)^2}{b}},$$

qui se trouve comme facteur dans la valeur de T. Soit d'abord

$$b = 2^{\alpha}\beta,$$

β étant impair, on aura

$$\sigma = e^{\frac{i\pi}{8}[3(a\beta+1)^2+(\beta-1)^2+2]}\left(-\frac{a}{\beta}\right)\sqrt{b},$$

si α est impair, et

$$\sigma = e^{\frac{i\pi}{8}[3(a\beta+1)^2+(\beta-1)^2+\alpha^2+1]}\left(-\frac{a}{\beta}\right)\sqrt{b},$$

lorsque α est pair.

En second lieu, supposons b impair; alors on pourra déterminer deux nombres entiers m et n par l'équation

$$a = mb - 8n,$$

et l'on aura

$$\sigma = e^{-\frac{mi\pi}{4}}\left(\frac{n}{b}\right) i^{\left(\frac{b-1}{2}\right)^2}\sqrt{b}.$$

Ces résultats (¹) se déduisent des formules données par Gauss dans le célèbre Mémoire intitulé : *Summatio serierum quarumdam singularium;* seulement j'ai fait usage, pour éviter autant que possible une énumération de cas, de la forme sous laquelle elles ont été présentées par M. Lebesgue dans un Mémoire

---

(¹) Peut-être n'est-il pas inutile d'observer que l'imaginaire i, qui figure dans la série σ ou dans l'expression de cette série par les symboles de la théorie des résidus quadratiques, est absolument la même quantité qui entre dans la définition des fonctions θ par l'équation (A). Je ferai enfin remarquer que σ se présente toujours, comme le produit de $\sqrt{b}$, par une racine huitième de l'unité; de sorte qu'en résumé la constante T a cette valeur

$$\mathrm{T} = \frac{\varepsilon}{\sqrt{a+b\omega}} \quad \text{où} \quad \varepsilon^8 = 1.$$

intitulé : *Sur le symbole* $\left(\frac{a}{b}\right)$ *et sur quelques-unes de ses applications*. Je remarque enfin que l'introduction des nombres μ et ν d'une part, $\mathfrak{m}$ et $\mathfrak{n}$ de l'autre, permet de résumer dans une seule équation, savoir :

$$\Pi(x) = \theta_{\mu,\nu}[(a+b\omega)x,\, \omega]\, e^{i\pi b(a+b\omega)x^2} = \mathrm{T}\,\theta_{\mathfrak{m},\mathfrak{n}}\left(x,\, \frac{c+d\omega}{a+b\omega}\right),$$

ce que Jacobi nomme la théorie des formes en nombre infini des fonctions θ, théorie sur laquelle il avait annoncé un travail important que la mort l'a empêché de publier.

SUR QUELQUES FORMULES RELATIVES

À LA

TRANSFORMATION DES FONCTIONS ELLIPTIQUES.

Journal de Mathématiques pures et appliquées, 2e sér., t. III.

L'expression générale des quatre fonctions θ sur lesquelles repose la théorie des fonctions elliptiques est, comme on sait, la suivante :

$$(\mathrm{A}) \qquad \theta_{\mu,\nu}(x) = \sum_{m}^{+\infty}{}_{-\infty} (-1)^{m\nu} e^{i\pi\left[(2m+\mu)x + \frac{\omega}{4}(2m+\mu)^2\right]},$$

μ et ν étant zéro ou l'unité et ω une constante imaginaire telle que, en faisant

$$\omega = \omega_0 + i\omega_1,$$

on ait ω_1 essentiellement différent de zéro et positif. Ces quatre fonctions sont définies, à un facteur constant près, par les équations

$$\theta_{\mu,\nu}(x+1) = (-1)^{\mu}\,\theta_{\mu,\nu}(x),$$
$$\theta_{\mu,\nu}(x+\omega) = (-1)^{\nu}\,\theta_{\mu,\nu}(x)\,e^{-i\pi(2x+\omega)},$$

et elles jouissent des propriétés exprimées par les relations suivantes :

$$\theta_{\mu,\nu}(-x) = (-1)^{\mu\nu}\,\theta_{\mu,\nu}(x),$$
$$\theta_{\mu+2,\nu}(x) = (-1)^{\nu}\,\theta_{\mu,\nu}(x),$$
$$\theta_{\mu,\nu+2}(x) = \theta_{\mu,\nu}(x),$$
$$\theta_{\mu+\mu',\nu+\nu'}(x) = \theta_{\mu',\nu'}\left(x + \frac{\mu\omega+\nu}{2}\right) e^{i\pi\left(\mu x + \frac{\mu^2\omega}{4} - \frac{\nu\mu'}{2}\right)}.$$

La première de ces relations montre que des quatre fonctions θ une seule est impaire, celle qui correspond aux valeurs $\mu = 1$, $\nu = 1$; les deux suivantes montrent comment la formule (A), quels que soient les entiers μ et ν, ne donne effectivement que quatre fonctions distinctes; enfin la dernière permet d'exprimer ces fonctions par une seule d'entre elles. A ces relations nous joindrons enfin, bien que nous n'ayons pas à l'employer ici, la suivante, qui fournit les équations algébriques ou différentielles auxquelles satisfont nos fonctions, et où je suppose

$$\mu - \mu' = \alpha, \qquad \nu - \nu' = \beta,$$

savoir :

$$\begin{aligned}
2\theta_{\mu,\nu}(x+y)\,\theta_{\mu',\nu'}(x-y)\,\theta_{\alpha,0}(0)\,\theta_{0,\beta}(0)
&= \theta_{\mu,\nu}(x)\,\theta_{\mu',\nu'}(x)\,\theta_{\alpha,0}(y)\,\theta_{0,\beta}(y)\\
&\quad + (-1)^{\nu}\,\theta_{\mu+1,\nu}(x)\,\theta_{\mu'+1,\nu'}(x)\,\theta_{\alpha+1,0}(y)\,\theta_{1,\beta}(y)\\
&\quad + (-1)^{\nu}\,\theta_{\mu+1,\nu+1}(x)\,\theta_{\mu'+1,\nu'+1}(x)\,\theta_{\alpha+1,1}(y)\,\theta_{1,\beta+1}(y)\\
&\quad + \theta_{\mu,\nu+1}(x)\,\theta_{\mu',\nu'+1}(x)\,\theta_{\alpha,1}(y)\,\theta_{0,\beta+1}(y).
\end{aligned}$$

Cela posé, soient a, b, c, d des entiers tels que $ad - bc = k$, k étant essentiellement différent de zéro et positif, faisons

$$\begin{aligned}
\Omega &= \frac{c + d\omega}{a + b\omega},\\
\mathfrak{m} &= a\mu + b\nu + ab,\\
\mathfrak{n} &= c\mu + d\nu + cd,\\
\Pi(x) &= \theta_{\mu,\nu}[(a + b\omega)x]\,e^{i\pi b(a+b\omega)x^2},
\end{aligned}$$

on aura les relations fondamentales

$$\begin{aligned}
\Pi(x+1) &= (-1)^{\mathfrak{m}}\,\Pi(x),\\
\Pi(x+\Omega) &= (-1)^{\mathfrak{n}}\,\Pi(x)\,e^{-ki\pi(2x+\Omega)},
\end{aligned}$$

qui servent à exprimer $\Pi(x)$, quels que soient μ et ν, au moyen des quatre fonctions analogues à θ, mais relatives au module Ω, et que nous représenterons par

$$\Theta_{\mu,\nu}(x).$$

A cet effet, je désigne par T_i une fonction homogène du degré i des carrés de deux des fonctions Θ; cela étant, on aura pour k impair cette expression très simple

$$\Pi(x) = \Theta_{\mathfrak{m},\mathfrak{n}}(x)\,T_{\frac{k-1}{2}}.$$

Laissant ici de côté la détermination de ces fonctions désignées par $T_{\frac{k-1}{2}}$, je vais seulement, dans le cas de $k = 1$, où T est une simple constante, en donner la valeur, qui exige une analyse assez délicate.

Supposons le nombre b positif, comme on le peut toujours, car s'il en était autrement on chercherait la formule de transformation relative au système des nombres $-a$, $-b$, $-c$, $-d$, ainsi qu'on y est autorisé par la nature de la condition $ad - bc = 1$, qui n'est pas altérée par ce changement, et, cette formule trouvée, on en déduirait immédiatement celle qu'il s'agissait primitivement d'obtenir, la constante T restant la même ou changeant seulement de signe, comme il est aisé de le reconnaître par le changement dont nous parlons. Cela étant, on aura

$$T = \frac{\delta \sum_{0}^{b-1}{}_{\rho}\, e^{-i\pi \frac{a\left(\rho - \frac{1}{2}b\right)^2}{b}}}{\sqrt{-ib(a+b\omega)}},$$

δ étant une racine huitième de l'unité dont voici la détermination :

$$\delta = e^{-\frac{1}{4}i\pi(ac\mu^2 + 2bc\mu\nu + bd\nu^2 + 2abc\mu + 2abd\nu + ab^2c)}.$$

et le signe du radical carré $\sqrt{-ib(a+b\omega)}$ étant pris de manière que la partie réelle de ce radical soit positive ([1]).

Des cas particuliers de cette relation ont été déjà donnés par Jacobi dans un Mémoire sur l'équation différentielle à laquelle satisfont les séries

$$1 \pm 2q + 2q^4 \pm 2q^9 + \ldots, \qquad 2\sqrt[4]{q} + 2\sqrt[4]{q^9} + 2\sqrt[4]{q^{25}} + \ldots$$

(*Journal de Crelle*, t. 34 et *Journal de Liouville*, traduction de M. Puiseux). Mais l'illustre auteur, laissant de côté la détermination de δ, se borne à annoncer que le signe de la constante dépend de la quantité désignée par le symbole $\left(\frac{a}{b}\right)$ dans la théorie

---

([1]) Pour $b = 0$, la formule de transformation se réduit à l'équation suivante :

$$\theta_{\mu,\nu}(x, \omega) = e^{-\frac{i\pi}{4}\alpha\mu^2}\,\theta_{m,n}(x, \omega + \alpha),$$

α étant un nombre entier arbitraire, m étant égal à μ et n à $\alpha(\mu + 1) + \nu$.

des résidus quadratiques. Ce fait si remarquable résulte, en effet, des propriétés de la série

$$\sigma = \sum_{0}^{b-1} e^{-i\pi \frac{a\left(\rho - \frac{1}{2}b\right)^2}{b}},$$

qui se trouve comme facteur dans la valeur de T. Soit d'abord

$$b = 2^{\alpha}\beta,$$

β étant impair, on aura

$$e^{\frac{i\pi}{4}\left[1+\frac{3(a\beta+1)^2+(\beta-1)^2}{2}\right]}\left(\frac{-a}{\beta}\right)\sqrt{b},$$

si α est impair, et

$$e^{\frac{i\pi}{4}\left[1+\frac{3(a\beta+1)^2+(\beta-1)^2+a^2-1}{2}\right]}\left(\frac{-a}{\beta}\right)\sqrt{b},$$

lorsque α est pair.

En second lieu, supposons b impair; alors on pourra déterminer deux nombres entiers m et n par l'équation

$$a = mb - 8n,$$

et l'on aura

$$\sigma = e^{-\frac{mi\pi}{4}}\left(\frac{n}{b}\right)i^{\left(\frac{b-1}{2}\right)^2}\sqrt{b}.$$

Ces résultats (¹) se déduisent des formules données par Gauss dans le célèbre Mémoire intitulé : *Summatio serierum quarumdam singularium;* seulement j'ai fait usage, pour éviter autant que possible une énumération de cas, de la forme sous laquelle elles ont été présentées par M. Lebesgue dans un Mémoire intitulé : *Sur le symbole* $\left(\frac{a}{b}\right)$ *et sur quelques-unes de ses applications*. Je remarque enfin que l'introduction des nombres μ

(¹) Peut-être n'est-il pas inutile d'observer que l'imaginaire i, qui figure dans la série σ ou dans l'expression de cette série par les symboles de la théorie des résidus quadratiques, est absolument la même quantité qui entre dans la définition des fonctions θ par l'équation (A). Je ferai enfin remarquer que σ se présente toujours, comme le produit de $\sqrt{b}$, par une racine huitième de l'unité; de sorte qu'en résumé la constante T a cette valeur

$$T = \frac{\varepsilon}{\sqrt{a+b\omega}} \quad \text{où} \quad \varepsilon^8 = 1.$$

et ν d'une part, $\mathfrak{m}$ et $\mathfrak{n}$ de l'autre, permet de résumer dans une seule équation, savoir

$$\Pi(x) = \theta_{\mu,\nu}[(a + b\omega)x,\ \omega]e^{i\pi b(a+b\omega)x^2} = \mathrm{T}\theta_{\mathfrak{m},\mathfrak{n}}\left(x,\ \frac{c + d\omega}{a + b\omega}\right),$$

ce que Jacobi nomme la *théorie des formes en nombre infini des fonctions* θ, théorie sur laquelle il avait annoncé un travail important que la mort l'a empêché de publier.

Pour établir les formules précédentes, je m'occuperai d'abord des deux égalités

$$\Pi(x + 1) = (-1)^{\mathfrak{m}}\,\Pi(x),$$
$$\Pi(x + \Omega) = (-1)^{\mathfrak{n}}\,\Pi(x)e^{-ki\pi(2x+\Omega)},$$

dans lesquelles, ainsi que je l'ai dit plus haut, on a

$$\mathfrak{m} = a\mu + b\nu + ab,$$
$$\mathfrak{n} = c\mu + d\nu + cd,$$
$$\Omega = \frac{c + d\omega}{a + b\omega}$$

et

$$k = ad - bc.$$

Pour cela, j'observe que l'on peut écrire

$$\Pi(x) = \theta_{\mu,\nu}[(a + b\omega)x]e^{i\pi b(a+b\omega)x^2} = \sum_{m}^{-\infty,+\infty} e^{i\pi\varphi(x,m)},$$

en posant

$$\varphi(x,\ m) = b(a + b\omega)x^2 + (2m + \mu)(a + b\omega)x + \frac{\omega}{4}(2m + \mu)^2 - m\nu.$$

Or cette fonction jouit de la propriété exprimée par l'équation suivante :

$$\varphi(x + 1,\ m) - \varphi(x,\ m + b) = 2am + \mathfrak{m} \equiv \mathfrak{m} \pmod 2,$$

que l'on vérifie par un calcul très facile, et il en résulte que l'on peut écrire

$$\Pi(x + 1) = \sum_{m}^{-\infty,+\infty} e^{i\pi\varphi(x+1,m)} = (-1)^{\mathfrak{m}}\sum_{m}^{-\infty,+\infty} e^{i\pi\varphi(x,m+b)},$$

et, par suite,

$$\Pi(x + 1) = (-1)^{\mathfrak{m}}\,\Pi(x),$$

car le nombre m devant prendre toutes les valeurs, depuis $-\infty$

jusqu'à $+\infty$, on peut, sans altérer la somme $\sum$, changer m en $m+b$ dans la fonction $\varphi(x, m)$.

Soit ensuite, pour un moment,

$$\Pi_0(x) = e^{i\pi k\Omega x^2}\,\Pi(\Omega x) = \sum_{-\infty}^{+\infty}{}_m\, e^{i\pi\varphi_0(x,m)},$$

il est clair que la nouvelle fonction $\varphi_0(x, m)$ sera liée à celle dont nous venons de parler par l'égalité

$$\varphi_0(x, m) = k\Omega x^2 + \varphi(\Omega x, m).$$

Or, en recourant à la valeur de Ω et réduisant les deux termes en x^2, on obtiendra immédiatement

$$\varphi_0(x, m) = d(c+d\omega)x^2 + (2m+\mu)(c+d\omega)x + \frac{\omega}{4}(2m+\mu)^2 - m\nu,$$

de sorte que l'on peut passer de la fonction $\varphi(x, m)$ à la fonction $\varphi_0(x, m)$ par le simple changement de a et b en c et d. On a donc la relation

$$\varphi_0(x+1, m) - \varphi_0(x, m+d) \equiv 2cm + \mathrm{m} \equiv \mathrm{n} \pmod 2,$$

et, par suite, celle-ci :

$$\Pi_0(x+1) = (-1)^{\mathrm{n}}\,\Pi_0(x).$$

On en déduit que l'on a, relativement à la fonction $\Pi(x)$,

$$e^{i\pi k\Omega(x+1)^2}\,\Pi(\Omega x + \Omega) = (-1)^{\mathrm{n}} e^{i\pi k\Omega x^2}\,\Pi(x),$$

d'où, après avoir dans les deux membres supprimé le facteur $e^{i\pi k\Omega x^2}$ et remplacé Ωx par x,

$$\Pi(x+\Omega) = (-1)^{\mathrm{n}}\,\Pi(x)\,e^{-ki\pi(2x+\Omega)}.$$

Ces deux égalités démontrées, voici maintenant comment on parvient, dans le cas où l'on suppose $k=1$, à la détermination de la constante T dans l'équation

$$\theta_{\mu,\nu}[(a+b\omega)x, \omega]\,e^{i\pi b(a+b\omega)x^2} = \mathrm{T}\,\theta_{\mathrm{m},\mathrm{n}}\left(x, \frac{c+d\omega}{a+b\omega}\right).$$

Remplaçant d'abord les fonctions par leurs développements et mettant pour cela dans le second membre Ω au lieu de $\dfrac{c+d\omega}{a+b\omega}$,

on aura

$$(A)\qquad \sum_{-\infty}^{+\infty}{}_m\, e^{i\pi\varphi(x,m)} = \mathrm{T}\sum_{-\infty}^{+\infty}{}_m\, (-1)^{m\mathfrak{n}}\, e^{i\pi\left[(2m+\mathfrak{m})x+\frac{\Omega}{4}(2m+\mathfrak{m})^2\right]}.$$

Cela posé, nous introduirons au lieu de $\varphi(x, m)$ l'expression

$$\psi(x, m) = \varphi(x, m) - \mathfrak{m}x,$$

ce qui permettra de supprimer dans les deux membres de l'équation précédente le facteur $e^{\mathfrak{m}i\pi x}$, de manière à avoir

$$\sum_{-\infty}^{+\infty}{}_m\, e^{i\pi\psi(x,m)} = \mathrm{T}\sum_{-\infty}^{+\infty}{}_m\, (-1)^{m\mathfrak{n}}\, e^{i\pi\left[2mx+\frac{\Omega}{4}(2m+\mathfrak{m})^2\right]}.$$

On en conclura, par suite, en intégrant entre les limites zéro et l'unité,

$$\int_0^1 \sum_{-\infty}^{+\infty}{}_m\, e^{i\pi\psi(x,m)}\,dx = \mathrm{T}e^{i\pi\mathfrak{m}^2\frac{\Omega}{4}},$$

et il s'agira maintenant d'obtenir l'intégrale définie du premier membre. A cet effet, j'observe que la fonction $\psi(x, m)$ donne lieu à cette relation

$$\psi(x+1, m) \equiv \psi(x, m+b) \pmod 2,$$

ou plus généralement

$$\psi(x+n, m) \equiv \psi(x, m+nb) \pmod 2,$$

n désignant un entier arbitraire. Supposons donc, comme il a été admis précédemment, que b soit différent de zéro et positif, et décomposons la série des nombres entiers m en b progressions arithmétiques dont la raison soit b, on aura

$$\begin{aligned}\sum_{-\infty}^{+\infty}{}_m\, e^{i\pi\psi(x,m)} = {} & \sum_{-\infty}^{+\infty}{}_n\, e^{i\pi\psi(x,nb)} \\ & + \sum_{-\infty}^{+\infty}{}_n\, e^{i\pi\psi(x,nb+1)} \\ & + \sum_{-\infty}^{+\infty}{}_n\, e^{i\pi\psi(x,nb+2)} \\ & \ldots\ldots\ldots\ldots\ldots \\ & + \sum_{-\infty}^{+\infty}{}_n\, e^{i\pi\psi(x,nb+b-1)}.\end{aligned}$$

Or, en vertu de la propriété de la fonction $\psi(x, m)$, cette relation pourra encore s'écrire

$$\sum_{-\infty}^{+\infty}{}_m e^{i\pi\psi(x,m)} = \sum_{-\infty}^{+\infty}{}_n e^{i\pi\psi(x+n,0)}$$
$$+\sum_{-\infty}^{+\infty}{}_n e^{i\pi\psi(x+n,1)}$$
$$+\sum_{-\infty}^{+\infty}{}_n e^{i\pi\psi(x+n,2)}$$
$$\cdots\cdots\cdots\cdots$$
$$+\sum_{-\infty}^{+\infty}{}_n e^{i\pi\psi(x+n,b-1)}.$$

Ainsi l'intégrale définie cherchée

$$\int_0^1 \sum_{-\infty}^{+\infty}{}_m e^{i\pi\psi(x,m)}\,dx$$

se trouve exprimée par la somme d'un nombre b d'intégrales telles que

$$\int_0^1 \sum_{-\infty}^{+\infty}{}_n e^{i\pi\psi(x+n,\rho)}\,dx,$$

ρ formant la suite des valeurs $0, 1, 2, \ldots, b-1$. Maintenant, en vertu d'une transformation bien connue de ces sortes d'expressions, on a simplement

$$\int_0^1 \sum_{-\infty}^{+\infty}{}_n e^{i\pi\psi(x+n,\rho)}\,dx = \int_{-\infty}^{+\infty} e^{i\pi\psi(x,\rho)}\,dx,$$

de sorte que l'on parvient pour la détermination de T à cette relation

$$\mathrm{T}\,e^{i\pi\frac{\Omega}{4}\mathfrak{m}^2} = \sum_0^{b-1}{}_\rho \int_{-\infty}^{+\infty} e^{i\pi\psi(x,\rho)}\,dx.$$

Les intégrales qui y figurent s'obtiennent par la formule

$$\int_{-\infty}^{+\infty} e^{i\pi(px^2+qx+r)}\,dx = \frac{1}{\sqrt{-ip}}\,e^{i\pi\frac{4pr-q^2}{4p}},$$

où le radical carré $\sqrt{-ip}$ est pris de manière que la partie réelle soit positive. Ce résultat est dû, comme on sait, à M. Cauchy, et a été donné par l'illustre géomètre dans les anciens *Exercices mathématiques*. On en conclut par un calcul très facile la valeur de la constante T, qui se présente d'abord sous cette forme (¹)

$$T = \frac{\delta \sum e^{-i\pi \frac{a\left(\rho - \frac{1}{2}b\right)^2}{b}}}{\sqrt{-ib(a+b\omega)}},$$

δ ayant pour valeur

$$e^{-\frac{i\pi}{4b}(a\mu^2 - 2\mu\mathfrak{m} + d\mathfrak{m}^2 - ab^2)}.$$

Pour prouver ensuite que δ est une racine huitième de l'unité, il faut remplacer $\mathfrak{m}$ par sa valeur

$$a\mu + b\nu + ab,$$

et l'on parvient ainsi, en faisant usage de l'équation

$$ad - bc = 1,$$

à l'expression

$$\delta = e^{-\frac{i\pi}{4}(ac\mu^2 + 2bc\mu\nu + bd\nu^2 + 2abc\mu + 2abd\nu + ab^2c)}.$$

Quant à la réduction aux symboles de la théorie des résidus quadratiques par les formules de Gauss de la somme

$$\sum_{0}^{b-1}{}_{\rho}\, e^{-i\pi \frac{a\left(\rho - \frac{1}{2}b\right)^2}{b}},$$

je pense qu'il suffit d'avoir donné les résultats du calcul sans rapporter le calcul lui-même qui est sans difficulté, et je terminerai cette Note en donnant les formules pour l'expression des fonctions $\mathrm{II}(x)$ par les fonctions $\Theta_{\mathfrak{m},\mathfrak{n}}(x)$ au module Ω lorsque le nombre $k = ad - bc$ est pair.

(¹) On a supposé b positif. La formule donnant T subsiste, quel que soit le signe de b, en convenant que la somme Σ s'étend aux valeurs $0, 1, 2, \ldots, \beta - 1$, où β représente la valeur absolue de b.

Pour cela je distinguerai deux cas :

1° $$(m+1)(n+1) \equiv 1 \pmod 2.$$

Alors, pour $\mu\nu \equiv 0 \pmod 2$, on a

$$\Pi(x) = T_{\frac{k}{2}},$$

et pour $\mu\nu \equiv 1 \pmod 2$,

$$\Pi(x) = \Theta_{0,0}(x)\,\Theta_{0,1}(x)\,\Theta_{1,0}(x)\,\Theta_{1,1}(x)\,T_{\frac{k-4}{2}};$$

2° $$(m+1)(n+1) \equiv 0 \pmod 2.$$

En supposant encore $\mu\nu \equiv 0 \pmod 2$, on aura

$$\Pi(x) = \Theta_{m,0}(x)\,\Theta_{0,n}(x)\,T_{\frac{k-2}{2}},$$

et pour $\mu\nu \equiv 1 \pmod 2$,

$$\Pi(x) = \Theta_{1,1}(x)\,\Theta_{m+1,n+1}(x)\,T_{\frac{k-2}{2}}.$$

T_i, comme il a été dit précédemment, désigne une fonction de degré i des carrés de deux des fonctions Θ. Je me réserve de revenir dans une autre occasion sur ces formules pour la transformation des fonctions elliptiques, qui représentent pour un ordre donné une classe de transformations qu'il importe de considérer d'une manière particulière dans l'ensemble de toutes les transformations possibles.

FIN DU TOME I.

TABLE DES MATIÈRES.

FIN DE LA TABLE DES MATIÈRES DU TOME I.

30776 PARIS — IMPRIMERIE GAUTHIER-VILLARS, QUAI DES GRANDS-AUGUSTINS, 55.

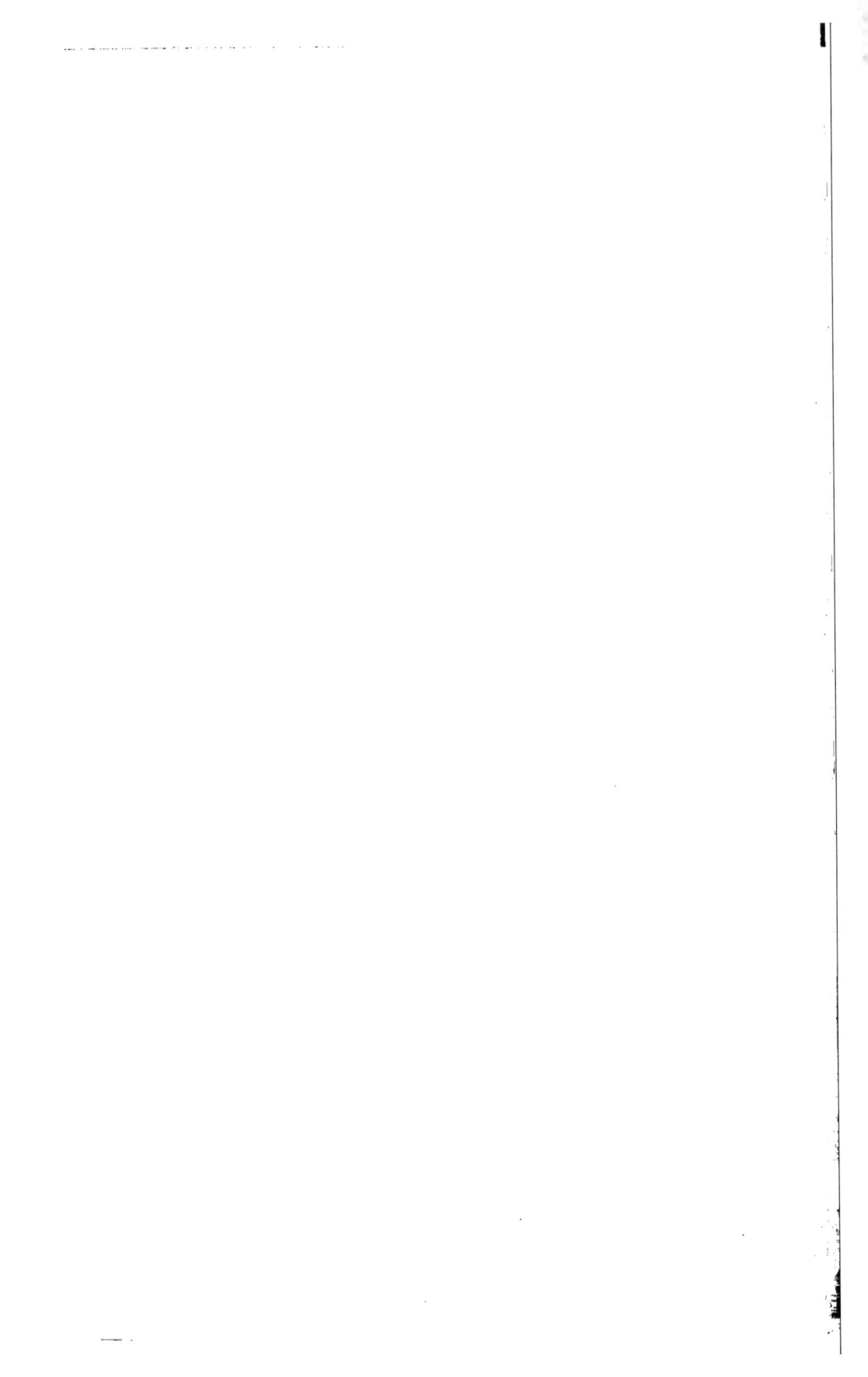